# 探地雷达原理与应用

## （第 2 版）

曾昭发　刘四新　冯旭　等 编著

鹿　琪　王者江　李　静　参编

电子工业出版社
Publishing House of Electronics Industry
北京·BEIJING

## 内 容 简 介

探地雷达是用高频无线电波来确定介质内部物质分布规律及属性的一种地球物理方法，它利用宽带电磁波以脉冲形式来探测地表之下的物体或结构，或者确定不可视的物体或结构。经过几十年的发展，探地雷达逐渐趋于成熟，且由于具有高分辨率、高效率等优点而广泛应用于工程、环境和资源等浅部地球物理领域，取得了很好的效果。本书介绍探地雷达的基本原理、天线、系统、测量方法与技术、数据处理、解释与模拟及其在不同领域中的应用。

本书是在充分吸收国内外研究成果的基础上编著而成的，目的是以教学用书的形式，为在校大学生和从事探地雷达研究与应用的工程技术人员提供一本内容详细的教材或参考书。

**图书在版编目（CIP）数据**

探地雷达原理与应用/曾昭发等编著. —2 版. —北京：电子工业出版社，2023.9

ISBN 978-7-121-46214-6

Ⅰ. ①探… Ⅱ. ①曾… Ⅲ. ①探地雷达 Ⅳ.①TN959.1

中国国家版本馆 CIP 数据核字（2023）第 158344 号

责任编辑：谭海平

印　　刷：北京天宇星印刷厂

装　　订：北京天宇星印刷厂

出版发行：电子工业出版社

　　　　　北京市海淀区万寿路 173 信箱　　邮编：100036

开　　本：787×1092　1/16　印张：29　　字数：816.6 千字

版　　次：2010 年 10 月第 1 版

　　　　　2023 年 9 月第 2 版

印　　次：2023 年 9 月第 1 次印刷

定　　价：129.00 元

# 再版前言

快速发展的探地雷达已成为近地表领域应用最广泛的方法之一，相关的行业包括传统的极地探测、工程与环境、农业、应急探测、军事和生命探测等。2010 年，我们出版了《探地雷达原理与应用》一书，十多年过去了，探地雷达技术发生了较大的变化。为了反映这些变化，我们在上一版的基础上，对探地雷达进行了新的总结：在天线部分增加了 Vivadi 天线，这种天线在宽带和超宽带浅层测量中应用广泛；在测量技术部分，增加了多极化和 MIMO 探地雷达测量，以及三维探地雷达的测量系统与技术；在数据处理部分，增加了数学分析中各种变换（希尔伯特变换、曲波变换和希尔伯特-黄变换）在探地雷达数据处理中的作用。探地雷达在道路探测等领域的快速发展，积累了大量探地雷达数据，促进了基于深度学习的探地雷达数据解释方法的快速发展。在数据解释一章中，增加了智能解释、全波形反演和多极化探地雷达数据的解释；在机载探地雷达中，由于无人机探地雷达的快速发展，增加了相应的内容，同时完善了冰雷达和直升机探地雷达部分。在应用部分，增加了探地雷达在道路坍塌方面的探测应用，扩充了土壤探测、考古探测以及军事探测、极地和深空探测等内容。此外，还对上一版中的错误进行了修正。

曾昭发修订了上一版本中的问题，增加了道路坍塌探测、土壤探测、MIMO 探测和 Vivadi 天线等部分；冯暄完善了多极化探测和多极化探地雷达数据解释、穿墙探测；刘四新补充了数值模拟中的一些边界吸收条件，完善了钻孔雷达和机载探地雷达部分；鹿琪完成了考古探测、含水量探测等内容；李静完成了数学分析在数据处理方面的新应用，以及探地雷达数据的智能解释；槐楠完成了全波形反演和阻抗反演解释；张领完善了探地雷达在极地和深空探测中的应用部分；王者江完善了探地雷达数据处理部分。

在这些年的研究与教学中，我们发展了极低频极化探地雷达、MIMO 探地雷达、穿墙探测和多极化探测等技术，以及在数据的处理与解释中建立随机等效介质的探测与成像方法，但由于篇幅所限，书中未深入展开这部分内容。在一些新应用的介绍中，也只简单介绍方法应用前提和个别实例，有进一步需求的读者可以根据我们提供的线索追踪相关文献。

由于水平有限，在新版中仍有不如意的地方，或者存在错误的地方，敬请批评指正。在编写本书的过程中，我们从相关文献中引用了大量工作实例且在文中做了标注，若有标注不完整的地方，请相关文献的作者原谅。

全书彩插

编著者

2023 年 1 月于吉林大学

# 前　　言

探地雷达（Ground Penetrating Radar，GPR）是用高频无线电波来确定介质内部物质分布规律及属性的一种地球物理方法，它利用宽带电磁波以脉冲形式来探测地表之下的物体或结构，或者确定不可视的物体或结构。探地雷达是一种较新的地球物理方法，20 世纪 90 年代后逐渐成熟。探地雷达的发展和成熟既伴随着各种各样的探测应用，又得到高新技术发展的推动。

探地雷达的发展大致可分为三个阶段，即发明阶段（1904—1960）、发展阶段（1960—1980）和成熟阶段（1980—目前）。早在 1910 年，德国人 Letmbach 和 Löwy 就在一份德国专利中阐明了探地雷达的基本概念。Hdlsenbeck（1926）首个提出应用电磁脉冲技术探测地下目标物，指出介电常数变化界面会产生电磁波反射。最早利用脉冲电磁波技术重复获得地下介质的探测结果出现在 1961 年美国空军的报告中。由于地下介质比空气具有更强的电磁能量衰减特性，加之地质情况复杂，电磁波在地下的传播要比在空气中的传播复杂得多。因此，探地雷达应用初期仅限于对电磁波吸收很弱的冰层、岩盐等介质的探测。

登月和对月球探测的需要，使得人们开始重视使用脉冲电磁波来探测地下介质，主要原因是探地雷达在该领域的应用具有明显的优势，即能利用发射的电磁波对介质内部进行遥测。20 世纪 70 年代后，随着电子技术的发展及先进数据处理技术的应用，探地雷达的应用从冰层、盐矿等弱耗介质逐渐扩展到土层、煤层和岩层等有耗介质。探地雷达的实际应用范围迅速扩大，现已覆盖考古、矿产资源勘探、灾害地质勘察、岩土工程调查、工程质量检测、工程建筑物结构调查和军事探测等众多领域，并且开发了地面、钻孔与卫星上应用的探地雷达系统。同时，很多专家出版了关于探地雷达的专著，如 L. B. Conyers 于 1997 年撰写了 *Ground Penetrating Radar for Archaeology*，D. Daniels 于 2007 年撰写了 *Ground Penetrating Radar*，Harry M. Jol 于 2009 年撰写了 *Ground Penetrating Radar Theory and Applications* 等，这些探地雷达书籍为广泛推广探地雷达技术做出了重要贡献。

在我国，探地雷达的研究和应用也逐渐成熟。应用地球物理专家、仪器系统制造专家和其他领域应用探地雷达的专家，都熟悉探地雷达的性能，并且具备了解决问题的能力。1994 年由李大心教授编著的《探地雷达方法与应用》，推动了探地雷达在我国的发展与应用。探地雷达在我国稳步发展，20 世纪 90 年代发表的探地雷达相关文章数量直线上升。进入 21 世纪，探地雷达出现了稳定发展的趋势。2006 年，曾昭发等编著了《探地雷达原理及应用》，较为系统地介绍了理论和方法。2006 年，粟毅、黄春琳等出版了《探地雷达理论与应用》；2007 年，耿玉岭、贾学民等出版了《公路路面无损检测中的探地雷达研究》；2009 年和 2010 年，杨峰分别出版了《公路路基地质雷达探测技术研究》和《地质雷达探测原理与方法研究》。经过这些年的发展，探地雷达的应用实践和应用领域逐渐增加。

根据多年来的应用实践，我们编著了这本教科书，书中每章的后面都提供习题，供读者自学和参考。

本书是在充分吸收国内外研究成果的基础上编著而成的，目的是为广大探地雷达应用人员和相关技术人员、在校高年级本科生、研究生提供一本教学参考书。在本书的撰写过程中，曾昭发教授完成了第 1 章～第 6 章、第 9 章全部以及第 7 章、第 11 章、第 12 章的部分撰写工作，刘四新教授完成了第 7 章、第 10 章和第 11 章的撰写工作；冯晅教授完成了第 14 章和第 18 章全部和

第 17 章的部分撰写工作；王者江副教授完成了第 8 章的撰写工作；鹿琪副教授完成了第 16 章全部和第 17 章的部分撰写工作；薛建高级工程师完成了第 11 章～第 15 章的撰写。全书由曾昭发、刘四新统稿。

在编著者进行探地雷达研究和本书的撰写过程中，挪威地质工程公司（NGI）的孔凡年教授、日本东北大学的佐藤源之教授给予了诸多帮助和指导；中国科学院方广有研究员、吉林大学林君教授给予了指导，阅读了部分稿件，并提出了修改意见。浙江大学田钢教授为本书的撰写提供了大量有益的建议，同时参与了其中许多实例的野外和室内工作。在图形的制作和清绘过程中，黄航、贾建秀两位老师付出了辛勤的劳动。本书成稿后，国电昆明勘查设计研究院的曾宪强、张志清，华南物探公司的孟凡强等，提供了大量的建议。书中一定还有许多不妥或错误之处，请专家批评指正。

编著者

2010 年 9 月于吉林大学

# 目　　录

# 第1章　探地雷达的起源及特点

## 1.1　探地雷达的基本概念

探地雷达（Ground Penetrating Radar，GPR）是用高频无线电波来确定介质内部物质分布规律及属性的一种探测方法。探地雷达方法具有许多名称，如地面探测雷达（Ground-Probing Radar）、地下雷达（Subsurface Radar）、地质雷达（GeoRadar）、脉冲雷达（Impulse Radar）、表面穿透雷达（Surface Penetrating Radar）等，都是指利用宽带电磁波以脉冲形式来探测地表之下或确定不可视的物体内部分布或结构。探地雷达是目前应用比较广泛的名称，是一种较新的探测方法，在20世纪90年代后逐渐发展成熟。探地雷达的发展既得到高新技术的推动，又受益于各种各样的应用，导致其应用逐渐超出"探地"范畴。

探地雷达采用高频电磁波进行探测，频率范围一般为1MHz～10GHz。早期探地雷达的频率范围主要是1～1000MHz，随着宽带技术、超宽带技术的发展，其频带范围逐渐扩大，甚至与合成孔径雷达（Synthetic Aperture Radar，SAR）技术结合在一起，形成SAR-GPR技术（Nguyen，2009）。

探地雷达的探测系统包括发射天线和接收天线，以及控制收发和数据存储的控制系统。由于天线的频带范围限制，不同的天线一般具有不同的频率范围，同时也控制着探测深度和分辨率。探地雷达采用较低频率和较窄带宽电磁波进行探测时，得到的探测深度较大，分辨率相对较低；反之，探地雷达采用较高频率和宽带频率范围电磁波进行探测时，探测深度浅，但能得到较高的分辨率。

探地雷达探测一般以电磁脉冲形式进行，脉冲在介质中的传播遵循惠更斯原理、费马原理和斯涅尔定律，发生反射、折射等现象，其运动学规律与地震勘探方法相似（见图1.1）。这也是地震数据采集、处理和解释方法技术广泛应用于探地雷达的基础。

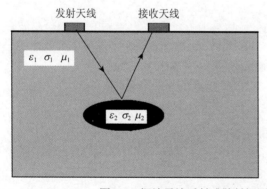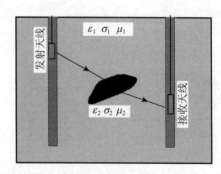

图1.1　探地雷达反射或散射探测和透射探测方法原理示意图

## 1.2　探地雷达的发展历史

探地雷达的发展大致分为三个阶段，即发明阶段（1904—1960）、发展阶段（1960—1980）和成熟阶段（1980—目前）。

第一个阶段的主要成就是提出了采用电磁波进行地下探测的概念，阐明了其可行性，开展了简单的试验。第二个阶段的主要成就是研究出了探地雷达系统，逐步将探地雷达系统在低耗介质中的探测发展到有耗介质的探测，建立了电磁波脉冲完成地下探测的基本理论。第三个阶段的主要成就是理清了探地雷达进行地下探测的机理，建立了数据采集、数据处理和解释的方法技术，广泛地开展了探地雷达应用，取得了非常好的探测效果，成为一种成熟的探测技术。

根据出版的文献（Annna，2002），下面介绍探地雷达的发展历史。

## 1. 第一阶段：探地雷达发明阶段

1864 年，麦克斯韦（James Clerk Maxwell）建立了电磁波传播的基本理论。1886 年，赫兹（Heinrich Hertz）建立了电磁波反射的基本理论。1924 年，英国物理学家 Edward Victor Appleton 采用电磁反射波估计了电离层的高度，这是使用电磁波进行探测的首个成果。1935 年，英国物理学家 Robert Watson-Watt 开发了第一台雷达系统，这是首个电磁探测系统。英国加入第二次世界大战后，在英国南部和东部海岸建立了雷达网络来探测敌人的舰船和飞机（Calligeros, Hehir, and Jacobs 网站）。这一时期关于无线电波的传播规律的研究，主要集中在地面之上或沿地表传播方面，主要应用目标是军事领域的目标。

1904 年，Hulsemeyer 首次尝试用电磁波信号来探测远距离地面金属体，这是探地雷达的雏形。早在 1910 年，德国人 Letmbach 和 Löwy 就在一份德国专利中阐明了采用电磁波探测地下介质的基本概念。Hdlsenbeck（1926）首个提出应用电磁脉冲技术探测地下目标物，并且指出介电常数变化界面会产生电磁波反射。

根据 Gary R. Olhoeft 搜集的资料，首次开展探地雷达测量的是德国地球物理学家 W. Stern，他于 1929 年利用电磁波脉冲在奥地利探测冰川的深度。之后，利用电磁波探测地下介质一直被人们遗忘。

1951 年，B. O. Steenson 用雷达探测了冰川的厚度。之后，El Said（1956）尝试利用空气直达信号和地下水位面反射信号进行干涉，以获得地下水位的深度，出现了首份利用无线电波探测有耗介质的报告和论文。然而，这一时期电磁波在地下介质中的传播规律研究取得了较大的进展（J. Wait，1955），但频率较低，主要用于较大深度的电磁探测。

20 世纪 50 年代末，美国空军的飞机在格陵兰冰层上降落时，因高度计出现误差而坠毁（Waite and Schmidt，1961），于是出现了第二份利用电磁波探测地下介质的报告，并且发现电磁波有效的穿透能力可用于地下介质的探测。这是首份能够重复进行地下探测而获得地下介质分布规律的报告。这项研究开辟了采用无线电波探测地下介质的新纪元。

## 2. 第二阶段：探地雷达发展阶段

在这个阶段的初期，主要研究活动是采用无线电波探测冰雪层。1960 年，John C. Cook 在其文章 *Proposed monocycle-pulse, VHF radar for airborne ice and snow measurements*（Cook，1960）中提出采用雷达波探测地下介质层。Cook 及其同事继续研究，开发了能够探测地下介质的雷达系统（Moffatt and Puskar，1976），主要工作目标区集中在极圈附近。研究小组包括剑桥的 Scott 极地研究所，威斯康星大学的 Bailey 等（1964），地球物理和极圈研究中心的研究人员，以及 Bentley（1964）和 Walford（1964）等。20 世纪 60 年代后期，麻省理工学院（MIT）为美国部队研制出一套探地雷达系统，用于美国军队在越南进行地下坑道探测。

1965—1970 年，在冰层探测工作继续进行的同时，研究工作扩展到利用无线电波探测一些其他低耗介质，如探测煤矿（Cook，1973）和探测盐矿（Holser et al.，1972；Unterberger，1978；Thierbach，1973）。这一时期美国开始了"阿波罗"计划的研究工作。月球表面的介质是低损耗介质，因此开展了采用电磁波探测月球介质的实验（Annan，1973）。

1967 年，与 Stern 的冰层探测仪相似的系统被开发出来，并搭乘到了阿波罗 17 号上，以对月球进行探测。在 20 世纪 70 年代前，还未出现商用探地雷达系统，只有研究单位开发的探测系统。1970—1975 年，探地雷达取得了巨大进展。在美国阿波罗 17 号月球探测计划中，采用相干探测方式，在月球轨道完成了月球表面介质电性的探测实验（Simmons, et al., 1973；Ward, et al., 1973）。

Moffatt and Puskar（1976）提供了最原始也最实用的探地雷达系统，系统采用改良天线，在地下层面的探测中获得了较好的信噪比，并且应用该系统进行了多项探测，如探测地下坑道、断层和矿产等。利用该系统探测土壤含水量时，获得了探地雷达成功应用于探测地下岩石和土壤的异常和变化的实例。1970 年，Harison 在南极冰层上取得了 800～1200m 穿透深度的资料；1974 年，Unterberger R. R.开展了盐矿夹层探测等实验。

1972 年，Rex Morey 和 Art Drake 成立地球物理测量系统公司（Geophysical Survey Systems Inc.），开始销售商用探地雷达系统，这标志着探地雷达的快速发展和广泛应用。

在理论研究上，Olhoeft（1975）的研究成果成功地阐明了在无线电波频段上，地质介质的电性变化规律，以及介质的电导率和介电极化之间的关系。

1975—1980 年，由于探地雷达仪器设备和理论研究成果的出现，探地雷达的应用领域逐渐扩大。例如，加拿大在地质调查（Annan and Davis，1976）中，采用探地雷达测量结果确定加拿大北极圈附近永冻区地层的分布情况，解决了自加拿大北极圈到南部石油天然气运输管道在冻结土壤环境地区的工程施工问题。同时，美国将探地雷达应用于阿拉斯加地区的石油天然气管道的选线工作。

Moffatt and Puskar（1976）提供了探地雷达基本理论和地下介质的电磁波速度的计算方法。Ulriksen（1982）和其他研究者提出了处理和分析探地雷达数据的方法技术。Wyatt, Waddell, and Sexton（1996）介绍了探地雷达的数据采集、处理和分析的简单流程。期间，更加清楚研究了采用无线电波的散射来探测冰川的理论机制。Watts and England（1976）提出了散射机理和采用低频雷达进行探测的方法技术。斯坦福大学研究所报告了采用探地雷达在考古学方面的应用（Dolphin et al., 1978）。

在加拿大西部，探地雷达成功应用于钾矿的勘查（Annan，1988）和煤矿的开发应用（Coon et al., 1981）。Davis and Annan（1986）采用井中雷达探测了核废料埋藏地点的岩石质量问题。期间，探地雷达的商用仪器获得广泛应用，表现出了巨大的发展空间。GSSI 仍然是唯一的探地雷达供应公司，但 Ensco/Xadar 开始研究并生产探地雷达。

在该时期探地雷达的应用实践中，由于仪器笨重、体积达、耗电量大，很难利用这些设备进行长距离探测或遥远地区探测。数据处理也主要采用石油勘探中的地震数据处理方法和软件。

### 3. 第三阶段：探地雷达的成熟阶段

在这个阶段的初期，许多预想采用探地雷达能取得较好效果的领域，实际情况表明其环境并不适合探地雷达的应用，致使人们对探地雷达的研究和应用兴趣减弱。一些研究集中于分析这种不适用性是仪器原因还是介质的响应原因。

日本的 OYO 公司与 Xadar 联合开发了 Georadar 探地雷达产品，这种产品在欧洲取得了成功。

1981 年，A-Cubed 公司成立并开始开发探地雷达。Davis 等（1985）开发了低频数字探地雷达，它是 Pulse EKKO 探地雷达系列的前身。

瑞典地质调查局进行了钻孔雷达的开发研究（Olsson et al., 1987），目的是评价核废料处理中地下介质的完整性和水文地质特性。

Ulriksen（1982）提供了探地雷达应用于道路探测和埋设管线探测的成功实例。同时，许多非商业开发者研究了便携式、数字记录、光缆传输的探地雷达系统。

美国军队和西南研究所研究了采用钻孔雷达探测军事敏感地区的地下坑道（Owen，1981）。

探地雷达的成熟标志是人们较好地理解了探地雷达的优缺点。同时，近地表的问题研究促进了人们对高分辨率探测结果的需求。探地雷达是最高分辨率地球物理方法，美国环境保护机构立项对污染土地进行调查和清理（Benson et al.，1984），极大地促进了探地雷达的发展。

更低频率、全数字化探地雷达产品的出现，促进了探地雷达的发展，扩大了应用领域，如农业土壤分类（Doolittle and Asmussen，1992）、无损检测和生物体探测。地震勘探中的数值模拟方法也用于探地雷达（Annan and Chua，1992）模拟，以便更好地分析目标体的异常响应。

1988 年，探头和软件公司从 A-Cibed 公司中分离出来，着手 Pulse EKKO 探地雷达的开发和生产。1990—1995 年，迎来了探地雷达发展的高潮。

在商业领域，GSSI 公司获取了巨大的商业利益，并被日本的 OYO 公司收购。Mala Geoscience 从瑞典地质调查局分离出来，进行探地雷达的开发和生产；英国的 ERA 在未爆炸物（UXO）和地雷探测领域的研究更加活跃。探头和软件公司成长非常快，并在世界范围内销售其 Pulsse EKKO 产品。

地球物理和电子工程领域的专家更加注重探地雷达领域的研究，出现了多道采集（Fisher et al.，1992）、数字处理（Maijala，1992；Gerlitz, et al.，1993）、二维数字模拟（Zeng et al.，1995；Cai and McMechan，1995）等。Roberts and Daniels（1996）开始研究三维数字模拟。探地雷达的应用逐渐向考古学（Goodman，1994）、环境（Brewster and Annan，1994）和地质调查（Jol，1996）及一些新领域扩展。环境领域应用中的钻孔雷达开发也取得了成果（Redman et al.，1996）。

每两年举行一次的探地雷达国际会议（International Conference on Ground Penetrating Radar）和先进探地雷达国际研讨会（International Workshop on Advanced Ground Penetrating Radar，IWAGPR）更加规范，极大促进了探地雷达的交流和发展。

1995—2000 年，计算机的发展和高速采集技术推动了探地雷达的进步。探地雷达的全三维数字模拟更流行，尽管计算量仍然很大（Holliger and Bergmann，2000；Lampe and Holliger，2000）。由于计算机的发展，存储、处理大量数据非常容易实现，使得三维探地雷达测量和地下介质成像三维可视化成为可能（Grasmueck，1996；Annan et al.，1997）。由于市场需要，生产了大量不同类型的探地雷达，即探地雷达在向专业化领域发展。同时，出现了许多实力较强的研究小组。

另一个进展是出现了全极化探地雷达系统（Roberts and Daniels，1996）和 GPS 一体化的探地雷达系统（Greaves et al.，1996）。

在第三阶段，探地雷达仍以坚实的步伐发展，硬件系统更加稳健可靠，出现了各种模拟工具和分析软件，并向混合物的电性质和混合物质之间的相互作用方向发展，可以更清楚地理解介质的响应特征。探地雷达发展趋势还表现在成像和解释技术的研究上，特别是有耗介质和各向异性介质等探测。多道、三维探地雷达仪器技术快速发展，在城市道路塌陷探测方面的有效应用清晰地展示了隐患体的三维范围和形状。由于在公路、城市探测、工程检测中探地雷达数据量的急剧增加，基于人工智能的数据处理和解释技术也得到了发展。

2017 年的 Reichman 等和 2018 年的 Dinh 等采用深度学习进行了探地雷达数据处理和目标识别。此后，AI 技术在探地雷达数据处理和解释中发展迅速，包括基于数据和图像的两类应用，在数据模拟、数据处理、目标识别、参数反演等方面取得广泛进展。

总之，探地雷达是伴随着军事需要（第二次世界大战）和大型科学研究计划（美国"阿波罗"）的需要而发展起来的，在工程、环境和考古等方面发挥着巨大的作用。

我国在引进国外探地雷达仪器的同时，也开始自主研发探地雷达系统。20 世纪 70 年代初，西安交通大学、青岛电波传播研究所、成都电子科技大学、北京邮电大学等单位先后开展了探地雷达的研制工作。虽然我国的探地雷达研究起步较晚，但是及时引进和借鉴了国外的先进技术，30 多年来在该领域取得了较为突出的成果，许多单位推出了自己的探地雷达样机，如表 1.1 所示。

表 1.1　国产探地雷达样机

| 单位/机构 | 雷达系统 | 单位/机构 | 雷达系统 |
| --- | --- | --- | --- |
| 青岛电波传播研究所 | LT、LTD 系列探地雷达 | 中国科学院长春地理研究所 | SI$^2$R 型探地雷达 |
| 中国科学院电子研究所 | CAS 系列探地雷达 | 中国矿业大学（北京） | GR 系列探地雷达 |
| 吉林大学 | GEST 探地雷达 | 东南大学 | GPR-1 型探地雷达 |
| 航天科工二院 25 所 | CBS-9000、CR-20 等探地雷达 | 京爱迪尔国际探测技术有限公司 | CBS-9000 系列 |

这些雷达系统逐步成熟，在硬件和软件方面取得了较大的进展。我国自主研发的探地雷达系统打破了长期以来进口产品在国内的垄断地位，逐渐在市场上占有一席之地，如青岛电波传播研究所的 LTD 系列探地雷达。

## 1.3　探地雷达的优越性

### 1．高分辨率

探地雷达采用高频脉冲电磁波进行探测，其运动学规律与地震勘探方法的类似，因此其探测结果具有的最大优越性就体现在高分辨率上。电磁脉冲子波宽度窄，因此能获得非常高的分辨率（见后面的介绍）。在纵向和横向，探地雷达的发射和接收效率很高，可以进行连续探测，例如在公路路面的探测中，车载探地雷达以 40km/h 以上的速度进行探测时，距离采样间隔能达到 1cm。可见，探地雷达最突出的优点是探地雷达的高分辨率，这也是探地雷达优于其他地球物理方法的重要标志。

地震勘探方法（如反射地震勘探）采用震源子波进行勘探，地震波在介质中以波动形式传播，能够得到较高的纵向分辨率。然而，由于震源和检波器的限制，获得厘米级分辨率仍然比较困难。探地雷达不同中心频率的天线具有不同的尺寸，能够进行不同要求的探测，相较于地震方法，具有高分辨率和方便等特点。其他地球物理方法如重磁方法、直流电法等采用位场进行探测，分辨率很低。低频电磁法采用扩散场进行探测，分辨率也较低。

### 2．高效率

一方面，探地雷达采用高频发射器，采样和接收时间很短，可以高效率地进行探测。另一方面，探地雷达的天线不需要与地下接触，探测速度快，可以极大地节省人力和物力。传统地球物理方法如直流电法具有笨重的供电设备、接地系统和复杂的野外探测系统，效率较低。地震方法也需要复杂的震源和接收装置，施工效率低。

### 3．无损探测

探地雷达采用天线系统发射和接收电磁波，电磁波通过天线发射后，电磁波能够通过空气耦合到地下介质中，并在地下介质中传播。遇到阻抗变化时，电磁波便发生反射和折射现象，然后接收天线接收到通过介质的电磁波。这种探测对介质不会有任何损伤。

**4. 结果直观、可靠**

探地雷达采用剖面法进行探测，结果直观地反映了地下介质的变化规律。即使不进行复杂的数据处理，普通工作人员也能解释资料。

## 1.4 探地雷达的局限性

探地雷达作为重要的探测方法，也与其他探测方法一样，存在着一些缺陷。这些缺陷的存在，限制了探地雷达的应用。

探地雷达采用高频电磁波进行探测，在高导介质中传播时具有较大的衰减，因此限制了雷达波的穿透能力。此外，对于电磁脉冲，不同频率成分的衰减程度不同，高频成分衰减较严重，而低频成分衰减较少，探测时会降低探测的分辨率，这是探地雷达的一个主要局限性。

探地雷达采用电磁波进行探测，电磁波在地下介质中的传播受介电常数、电导率和磁导率的综合影响。而在这三个物性参数中，介电常数的作用相对较大。与自然界中的主要介质和工程环境领域的主要人造介质相比，水的介电常数较大（相对介电常数为81，一般岩石的相对介电常数约为6），因此在探地雷达探测的响应中，水具有较大的影响。有些研究人员采用这一特性，利用探地雷达来探测含水量并分析地下水的分布。但是，这同时也为探地雷达的探测带来了困难，因为地表的气候条件变化较快，地面的干湿将严重影响探测结果，还会影响探地雷达探测资料的重复性，给资料的评价和结果解释带来困难。在随时间变化的监测中，地表条件的变化会对结果产生很大的影响，探测结果解释不容易。

探地雷达测量的是介质的电性阻抗差异。阻抗差异表现为介电常数、电导率和磁导率的综合贡献，其中介电常数的贡献较大，因此不可避免地存在多解性和探测结果的复杂性，主要表现在探测异常多、探测异常复杂，以及很难进行目标的认定和识别。

另外，尽管探地雷达存在高分辨率的特点，但在实际应用中仍然存在许多多尺度的介质问题。到目前为止，针对多尺度的目标介质，除了采用等效参数进行解释，还未充分利用探地雷达的多分辨率性质，这也限制了探地雷达的进一步应用。

与其他地球物理方法相比，探地雷达具有许多优越性，但也由于上述局限性，在很多领域的应用效果受到限制。总之，探地雷达的应用要有针对性。

## 1.5 探地雷达的发展趋势

**1. 方法技术**

高效、稳定的探地雷达系统的研究，一直是探地雷达领域的重要研究方向。探地雷达的未来发展领域很多，如数据处理、图像识别方法、解释模型研究及更逼真的模拟方法与软件。探地雷达在界面探测中取得了很好的结果，将来在介质内部属性探测方面的需求将不断增加，因此也是探地雷达潜在的应用方向。

**2. 应用领域**

未来使用探地雷达的领域还有能源、通信设施和矿产资源勘查，使用者包括城市工程管理单位、无损检测组织、军事和安全单位、建筑师、考古学家和科研工作者等。探地雷达的设计人员将考虑目前探地雷达的应用领域，并且不断地拓宽探地雷达的适用领域。其中的一种可能是，提供一种标准的系统，使得频率范围和天线类型可根据所探测的目标进行改变，数据处理和显示也可根据探测目标而进行修改。这样，就可廉价地制造设备；另一种可能是，提供一种目标固定的探测系统，但处理软件可以固化到硬件中，以便提供快速的测量和自动解释。

## 1.6  探地雷达的应用

探地雷达的应用领域远远超出了"探地"范畴。例如，人工建筑探测、穿墙探测、医学成像探测与病患监测等，都属于该技术的应用范畴。探地雷达的广泛应用是推动其快速发展的主要原因。到目前为止，探地雷达已成为常规的探测技术，可以解决各种问题，例如，为了介绍探地雷达的应用，在 *Journal of Applied Geophysics*、*Journal of Environmental and Engineering Geophysics* 等期刊中提供了探地雷达的专辑。

（1）**工程领域**。例如，水利工程、电力工程、公路交通工程、城市建筑等应用及工程质量检测与评价。从工程的前期设计探测、场地基础探测，到施工建设中的探测和工程结束的质量检测，再到工程运行过程中的质量监测等，探地雷达都有着广泛的应用。

（2）**环境领域**。污染物的分布调查是探地雷达的重要应用之一。例如，垃圾场的渗漏、地面和加油站附近的油气渗漏污染、工业污水排放导致的污染等，都是探地雷达的应用领域，结合其他地球物理方法得到渗漏范围、污染程度，就可为治理提供重要的基础资料。

（3）**水文地质调查**。2008 年，*Vadose Zone Journal* 推出了探地雷达在水文地质探测和调查中的应用专辑。水的介电常数很大，具有较强的探地雷达异常响应，因此是探地雷达应用于水文地质探测的重要基础。探地雷达不仅用于评价地下水及确定介质的含水量，而且目前逐渐发展到确定流体的传导率和介质孔隙度等参数的探测。

（4）**考古研究**。由于无损、高分辨率和连续探测的特点，探地雷达很早就应用于考古探测领域，目前不仅应用于陆地考古探测，而且广泛应用于江河等淡水领域的水下考古。

（5）**基础地质调查**。探地雷达很早就应用于基础地质调查，如夏威夷大学利用探地雷达分析地质露头的结构，因此已成为地质观察的重要手段。

（6）**矿产勘查**。早在 20 世纪 70 年代，探地雷达就应用于岩盐矿的探测，因为岩盐介质对电磁波的衰减较小，有较大的探测深度。其后，探地雷达逐渐应用于其他矿产和煤炭等能源的探测。

（7）**军事、侦探和反恐探测**。利用电磁方法探测地下坑道在许多战争中就已开始。探地雷达应用于地雷和穿墙探测属于比较新的探测领域，但发展较快，已成为一种重要方法，其突出特点是不仅可以探测金属目标，而且可以探测非金属目标。

（8）**极地探测**。这也是探地雷达的传统探测领域。极地的冰是低损耗介质，人们很早就利用探地雷达进行冰川厚度和沉积过程的探测与分析。目前，探地雷达是极地探测的最重要方法之一，它不仅分析冰层的参数，而且分析冰层的各向异性参数。

（9）**星球探测**。探地雷达的发展得到了美国"阿波罗"计划的大力推进。探地雷达能够进行远距离遥测，月球探测和其他星球的探测已成为探地雷达应用的重要方向。近年来，根据各种探测和观察，人们认为火星上存在冰盖，即火星上可能有水（Timothy，2003）。为了验证这一观点，开展探地雷达探测是重要的途径之一。人们还开展了大量研究工作，为探地雷达探测火星的冰的存在性做了大量准备工作（Kerr，2005）。

（10）**生物、医学探测**。探地雷达的应用领域仍在不断扩展，不仅可以进行"对地"探测，而且可以开展生物和医学方面的探测。例如，在植物方面，对大树结构和内部情况进行调查；又如，在人体探测方面，探地雷达已用于疾病诊断等。

# 习　　题

**1.1** 探地雷达采用的电磁波频率范围在什么波段？该波段电磁波的主要特点有哪些？

**1.2** 探地雷达的主要特点有哪些？

**1.3** 探地雷达的应用领域有哪些变化？

# 参考文献

[1] Alumbaugh, D. L. and Newman, G. A. *Fast Frequency-domain Electromagnetic Modeling of a 3-D Earth using Finite Differences*[J]. Extended abstracts from the Society of Exploration Geophysicists 1994 Annual Meeting, Los Angeles, California, p. 369-373.

[2] Annan, A. P. and Davis, J. L. *Impulse Radar Soundings in Permafrost*[J]. Radio Science, 1976, Vol. 11, p. 383-394.

[3] Annan, A. P. and Chua, L. T. *Ground Penetrating Radar Performance Predictions*[R]. The Geological Survey of Canada, 1992, Paper 90-94, p. 5-13.

[4] Annan, A. P. and Davis, J. L. *Methodology for Radar Transillumination Experiments*[R]. *Report of Activities,* Geological Survey of Canada, 1978, Paper, 78-1B, p. 107-110.

[5] Annan, A. P., Davis, J. L., and Gendzwill, D. *Radar Sounding in Potash Mines, Saskatchewan*[J]. Canada. Geophysics, 1988, Vol. 53, p. 1556-1564.

[6] Annan, A. P. *Practical Processing of GPR Data*[J]. Proceedings of the Second Government Workshop on Ground Penetrating Radar, October, 1993, Columbus, Ohio.

[7] Annan, A. P., Davis, J. L., and Johnston, G. B. *Maximizing 3D GPR Image Resolution*: *A Simple Approach*[J]. Proceedings of the High Resolution Geophysics Workshop, University of Arizona, 1997, Tucson, AZ, January 6-9, 1997.

[8] Annan, A. P. *Radio Interferometry Depth Sounding: Part I - heoretical discussion*[J]. Geophysics, 1973, Vol. 38, p. 557-580.

[9] Annan, A. P. *Transmission Dispersion and GPR*[J]. JEG, Vol. 0, January 1996, p. 125-136.

[10] Bailey, J. T., Evans, S., and Robin, G. de Q. *Radio Echo Sounding of Polar Ice Sheets*[J]. Nature, 1964, Vol. 204, No. 4957, p. 420-421.

[11] Benson, R. C., Glaccum, R. A., and Noel, M. R.*Geophysical Techniques for Sensing Buried Wastes and Waste Migration*[R]. US EPA Contract No. 68-03-3053, 1984, Environmental Monitoring Systems Laboratory. Office of R&D. US EPA, Las Vegas, Nevada 89114. 236p.

[12] Bentley, C. R. *The Structure of Antarctica and Tts Ice Cover*: *Research in Geophysics, Vol. 2: Solid Earth and Interface Phenomena*[M]. Cambridge Mass., Technology Press of Massachusetts Institute of Technology, 1964, p. 335-389.

[13] Bergmann, T., Blanch, J. O., Robertson, J. O. A., and Holliger, K. *A Simplified Lax-Wendroff Correction for Staggered-grid FDTD Modeling of Electromagnetic Wave Propagation in Frequency-dependent Media*[J]. Geophysics, Vol. 64, No. 5, p. 1369-1377.

[14] Brewster, M. L. and Annan, A. P. *Ground-penetrating Radar Monitoring of a Controlled DNAPL Release: 200 MHz radar*[J]. Geophysics, 1994, Vol. 59, p. 1211-1221.

[15] Cai, J. and McMechan, G. A. *Ray-based Synthesis of Bistatic Ground-penetrating Radar Profiles*[J]. Geophysics, 1995, Vol. 60, p. 87-96.

[16] Cook, J. C. *Radar Exploration through Rock in Advance of Mining*[J]. Trans. Society Mining Engineers, AIME, 1973, Vol. 254, p. 140-146.

[17] Coon, J. B., Fowler, J. C., and Schafers, C. J. *Experimental Uses of Short Pulse Radar in Coal Seams*[J].

Geophysics, , 1981, Vol. 46, No. 8, p. 1163-1168.

[18] Davis, J. L. and Annan, A. P. *Ground Penetrating Radar for High-resolution Mapping of Soil and Rock Stratigraphy*[J]. Geophysical Prospecting, 1989, Vol. 37, p. 531-551.

[19] Davis, J. L. and Annan, A. P. *Borehole Radar Sounding in CR-6, CR-7 and CR-8 at Chalk River*[R]. Ontario. Technical Record TR-401, 1986, Atomic Energy of Canada Ltd.

[20] Davis, J. L., Annan, A. P, Black, G., and Leggatt, C. D. *Geological Sounding with Low Frequency Radar*[C]. extended abstracts, 55th Annual International Meeting of the Society of Exploration Geophysics, 1985, Washington, D. C.

[21] Dinh K., Gucunski N., Trung H. Duong. A*n algorithm for automatic localization and detection of rebars from GPR data of concrete bridge decks*[J]. Automation in Construction, 2018,Volume 89, 2018, p. 292-298

[22] Dolphin, L. T., et al. *Radar Probing of Victorio Peak, New Mexico*[J]. Geophysics, 1978, Dec., Vol. 43, No. 7, p. 1441-1448.

[23] Doolittle, J. A. and Asmussen, L. E. *Ten Years of Applications of Ground Penetrating Radar by United States Department of Agriculture*[J]. Proceedings of the Fourth International Conference on Ground Penetrating Radar, Geological Survey of Finland, 1992, Special Paper 16, p. 139-147.

[24] El Said, M. A. H. *Geophysical Prospection of Underground Water in the Desert by means of Electromagnetic Interference Fringes*[J]. 1956, Pro. I. R. E., Vol. 44, p. 24-30 and 940.

[25] Fisher, E., McMechan, G. A., and Annan, A. P. *Acquisition and Processing of Wide Aperture Ground Penetrating Radar Data*[J]. Geophysics, 1992, Vol. 57, p. 495.

[26] Fisher, E., McMechan, G. A., Annan, A. P., and Cosway, S. W. *Examples of Reverse-time Migration of Single-channel, Ground-penetrating Radar Profiles*[J]. Geophysics, 1992, Vol. 57, p. 577-586.

[27] Gerlitz, K., Knoll, M. D., Cross, G. M., Luzitano, R. D., and Knight, R. *Processing Ground Penetrating Radar Data to Improve Resolution of Near-surface Targets*[J]. Proceeding of the Symposium on the Application of Geophysics to Engineering and Environmental Problems, 1993, San Diego, California.

[28] Goodman, D. *Ground-penetrating Radar Simulation in Engineering and Archaeology*[J]. Geophysics, 1994,  Vol. 59, p. 224-232.

[29] Grasmueck, M. *3-D Ground-penetrating Radar Applied to Fracture Imaging in Gneiss*[J]. Geophysics, 1996, Vol. 61, p. 1050-1064.

[30] Greaves, R. J., Lesmes, D. P., Lee, J. M., and Toksoz, M. N. *Velocity Variation and Water Content Estimated from Multi-offset, Ground Penetrating Radar*[J]. Geophysics, 1996, Vol. 61, No. 3, May-June 1996, p. 683-695.

[31] Holser, W. T., Brown, R. J., Roberts, F. A., Fredrikkson, O. A., and Unterberger, R. R. *Radar Logging of a Salt Dome*[J]. Geophysics, 1972, Vol. 37, p. 889-906.

[32] Jol, H. *Digital Ground Penetrating Radar (GPR): A New Geophysical Tool for Coastal Barrier Research (Examples from the Atlantic, Gulf and Pacific Coasts, U. S. A.)*[J]. J. Coastal Research, Fall 1996.

[33] Kerr R. A. *Ice or Lava Sea on Mars? A Transatlantic Debate Erupts*[J]. Science 4 March 2005: Vol. 307. No. 5714, pp. 1390-1391, DOI: 10.1126/science. 307.5714.1390a.

[34] Lampe B. and Holliger K. *Finite-difference Modelling of Ground-penetrating Radar Antenna Radiation: 556 bis 560*[J]. Proceedings of the 8th International Conference on Ground Penetrating Radar, Gold Coast, Australia, 2000.

[35] Morey, R. M. *Continuous Subsurface Profiling by Impulse Radar*[J]. Proceedings of Engineering Foundations Conference on Subsurface Exploration for Underground Excavations and Heavy Construction. Henniker, 1974, N. H., p. 213-232.

[36] Olhoeft, G. R. *The Electrical Properties of Permafrost*[D]. Ph.D. Thesis, University of Toronto, 11975, 72 pages.

[37] Olhoeft, G. R. *Electrical Properties from $10^{-3}$ to $10^9 Hz$—Physics and Chemistry*[J]. Proceedings of the 2nd International Symposium on the Physics and Chemistry of Porous Media, American Institute of Physics Conference Proceedings, 1987, Vol. 154, p. 281-298.

[38] Olsson, O., Falk, L., Forslund, O., and Sandberg, E. *Crosshole Investigations—Results from Borehole Radar Investigations*[J]. Stripa Project TR 87-11. SKB, Stockholm, Sweden, 1987.

[39] Owen, T. R. *Cavity Detection Using VHF Hole to Hole Electromagnetic Techniques*[J]. Proceedings of the Second Tunnel Detection Symposium, Colorado School of Mines, Golden CO, July 21-23, 1981, U.S. Army MERADOM, Ft. Belvoir, VA, p. 126-141.

[40] Redman, J. D., Kunert, Gilson, E.W., M., Pilon, J.A., Annan, A.P. *Borehole Radar for Environmental Applications*: *selected case studies*[J]. Proceedings of the Sixth International Conference on Ground Penetrating Radar (GPR '96), September 30-October 3, 1996, Sendai, Japan.

[41] Rees, H. V. and Glover, J. M. *Digital Enhancement of Ground Probing Radar Data Ground Penetrating Radar*[J]. Geophysical Survey of Canada, 1992, Paper 90-4, p. 187-192.

[42] Reichman D., Collins L.M., Malof J.M. *Some good practices for applying convolutional neural networks to buried threat detection in ground penetrating radar*[J]. 2017 9th International Workshop on Advanced Ground Penetrating Radar (IWAGPR), IEEE, Edinburgh, UK, 2017, pp. 1-5. doi:10.1109/IWAGPR.2017. 7996100.

[43] Roberts, R. L. and Daniels, J. J. *Analysis of GPR Polarization Phenomena*[J]. JEEG, 1996, Vol. 1, No. 2, p. 139-157.

[44] Sigurdsson, T. and Overgaard, T. *Application of GPR for 3D Visualization of Geological and Structural Variation in a Limestone Formation*[J]. Proceedings of the Sixth International Conference on Ground Penetrating Radar (GPR '96), September 30-October 3, 1996, Sendai, Japan.

[45] Simmons, G, Strangway, D., Annan, A. P., Baker, R., Bannister, L., Brown, R., Cooper, W., Cubley, D., deBettencourt, J., England, A. W., Groener, J., Kong, J. A., LaTorraca, G, Meyer, J., Nanda, V., Redman, J. D., Rossiter, J., Tsang, L., Urner, J., Watts, R. *Surface Electrical Properties Experiment, in Apollo 17*: *Preliminary Science Report*[R], Scientific and Technical Office, NASA, Washington D. C., 1973, p. 15-1-15-14.

[46] Thierbach, R. *Electromagnetic Reflections in Salt Deposits*[J]. Geophysics, 1974, Vol. 40, p. 633-637.

[47] Tillard, R. and Dubois, J. C. *Influence and Lithology on Radar Echoes*: *Analysis with respect to Electromagnetic Parameters and Rock Anisotropy*[J]. Fourth International Conference on Ground Penetrating Radar, June 8-13, 1992.

[48] Timothy N. Titus, et al. *Exposed Water Ice Discovered near the South Pole of Mars*[J]. Science, 299, 1048 (2003); DOI: 10.1126/Science.1080497.

[49] Ulriksen, C.P.F., *Application of Impulse Radar to Civil Engineering*[D]. Unpublished Ph. D. Thesis, Dept. of Engr. Geol., U. of Technology, Lund, Sweden, p. 175, 1982.

[50] Unterberger, R. R. *Radar Propagation in Rock Salt*[J]. Geophys. Prosp., Vol. 26, p. 312-328, 1978.

[51] Van der Kruk, J. *Three Dimensional Imaging of Multi-component Ground Penetrating Radar*[D]. Ph. D. Thesis, Delft University of Technology, p. 242, 2001.

[52] Waite, A. H. and Schmidt, S.J. *Gross Errors in Height Indication from Pulsed Radar Altimeters Operating over Thick Ice or Snow*[J]. IRE International Convention Record, Part 5, p. 38-54, 1961.

[53] Ward, S. H., Phillips, R. J., Adams, G F., Brown, Jr., W.E., Eggleton, R. E., Jackson, P., Jordan, R., Linlor, W.I., Peeples, W. J., Porcello, L. J., Ryu, J., Schaber, G, Sill, W.R., Thompson, S. H., and Zelenka, J. S., *Apollo lunar sounder experiment, in Apollo 17*[R]. Preliminary Science Report, Scientific and Technical Office, NASA, Washington, D.C., p. 22-1-22-26, 1973.

[54] Walford, M. E. R.*Radio Echo Sounding Through an Ice Shelf*[J]. Nature, Vol. 204, No. 4956, p. 317-319.

[55] Watts, R. D., and England, A. W. *Radio-echo Sounding of Temperate Glaciers*: *Ice Properties and Sounder Design Criteria*[J]. Journal of Glaciology, Vol. 21, No. 85, p. 39-48, 1964.

[56] Zeng, X., McMechan, G A., Cai, J., and Chen, H. W. *Comparison of Ray and Fourier Methods for Modeling Monostatic Ground-penetrating Radar Profiles*[J]. Geophysics Vol. 60, p. 1727-1734, 1995.

# 第2章 探地雷达的电磁基础

## 2.1 电磁波传播的基本规律

### 2.1.1 电磁波谱

　　探地雷达使用电磁波进行探测。自然界和人工发射的电磁波具有非常宽的电磁波谱范围。实验证明，无线电波、红外线、可见光、紫外线、X射线、γ射线都是电磁波，它们的区别仅在于频率或波长有很大的差别（见图 2.1）。光波的频率比无线电波的频率要高很多，光波的波长比无线电波的波长短很多；而 X 射线和 γ 射线的频率则更高，波长则更短。为了全面了解各种电磁波，人们按照波长或频率的顺序排列了这些电磁波，这就是电磁波谱。

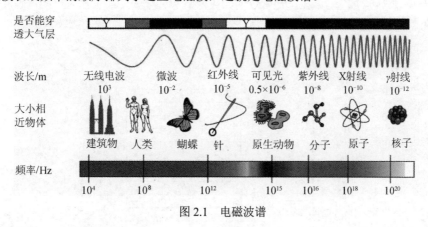

图 2.1　电磁波谱

　　依照波长的长短及波源的不同，电磁波谱大致分为如下几类（见图 2.2）。

（1）无线电波。波长从几千米到约 0.3m，电视和无线电广播的波段通常使用这种波。

（2）微波。波长从 0.3m 到 $10^{-3}$m，该波段的电磁波多用于雷达或其他通信系统。

（3）红外线。波长从 $10^{-3}$m 到 $7.8×10^{-7}$m，红外线的热效应特别显著。

（4）可见光。这是人们所能感知的极其狭窄的一个波段。可见光的波长范围很窄。光是原子或分子内的电子运动状态改变时所发出的电磁波。

（5）紫外线。波长比可见光短的称为**紫外线**，其波长从 $3×10^{-7}$m 到 $6×10^{-10}$m，具有显著的化学效应和荧光效应。这种波产生的原因和光波的类似，常在放电时发出。由于能量和一般化学反应的能量大小相当，所以紫外线的化学效应最强。

（6）伦琴射线。这部分电磁波谱的波长从 $2×10^{-9}$m 到 $6×10^{-12}$m。伦琴射线（也称 X 射线）是原子的内层电子从一个能态跃迁至另一个能态时发出的，或者是电子在原子核电场内减速时发出的。随着 X 射线技术的发展，其波长范围不断朝着两个方向扩展。目前，在长波段已与紫外线有所重叠，短波段已进入 γ 射线领域。

（7）γ 射线。γ 射线是指波长从 $10^{-10}$m 到 $10^{-14}$m 的电磁波。这种不可见的电磁波是从原子核内发出来的，放射性物质或原子核反应中常有这种辐射伴随发出。γ 射线的穿透力很强，对生物的破坏力很大。

由于辐射强度随频率的减小而急剧下降，因此波长为几百千米（$10^5$m）的低频电磁波强度很弱，通常不为人们所注意。实际中使用的无线电波从波长几千米（频率为几百千赫）开始。波长3000～50m（频率100kHz～6MHz）的属于中波；波长50～10m（频率6～30MHz）的为短波；波长10m～1cm（频率30～30000MHz）甚至1mm（频率$3×10^5$MHz）以下的为超短波（或微波）。有时，人们按照波长将无线电波称为**米波、分米波、厘米波、毫米波**等。中波和短波用于无线电广播和通信，微波用于电视和无线电定位技术（雷达）。

采用电磁波进行探测的方法是地球物理的重要分支之一，它不仅采用人工场源，而且采用天然场源。按照频率划分，大地电磁（MT）方法的频率最低，它采用天然电磁场作为场源，探测的深度很大。感应电磁法和瞬变电磁法采用人工场源，采用的频率范围为几赫，最大达到兆赫。微波遥感或光学遥感具有较高的频率，探测深度很浅。探地雷达采用的中心频率从几兆赫到几吉赫，探测深度大于遥感，但小于瞬变电磁或感应电磁法。能够探测的领域也是我们日常生活最关心的领域，因此探地雷达具有广阔的应用领域和前景。

然而，从图 2.2 也可看出，在探地雷达的频段内具有许多人工或工业应用的电磁波信号，如电视、无线电广播和通信等，这些信号也会对探地雷达的探测造成干扰和影响。

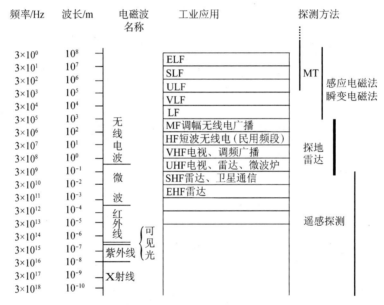

图 2.2　电磁波谱分段和探地雷达频率范围

## 2.1.2　麦克斯韦方程组

探地雷达采用高频电磁波进行测量。根据电磁波传播理论，高频电磁波在介质中的传播满足麦克斯韦方程组，即

$$\nabla \times \boldsymbol{E} = -\partial \boldsymbol{B}/\partial t \tag{2.1.1a}$$

$$\nabla \times \boldsymbol{H} = \boldsymbol{J} + \partial \boldsymbol{D}/\partial t \tag{2.1.1b}$$

$$\nabla \cdot \boldsymbol{B} = 0 \tag{2.1.1c}$$

$$\nabla \cdot \boldsymbol{D} = \rho \tag{2.1.1d}$$

式中，$\rho$ 为电荷密度（C/m³）；$\boldsymbol{J}$ 为电流密度（A/m²）；$\boldsymbol{E}$ 为电场强度（V/m）；$\boldsymbol{D}$ 为电位移（C/m²）；$\boldsymbol{B}$ 为磁感应强度（T）；$\boldsymbol{H}$ 为磁场强度（A/m）。

式（2.1.1a）是微分形式的法拉第电磁感应定律；式（2.1.1b）称为**安培电流环路定律**，其中由麦克斯韦引入的 $\partial \boldsymbol{D}/\partial t$ 项称为**位移电流密度** $\boldsymbol{J}_d$，即

$$\boldsymbol{J}_d = \partial \boldsymbol{D}/\partial t \tag{2.1.2}$$

式（2.1.1c）和式（2.1.1d）分别称为**磁荷不存在定律**和**电场高斯定理**。

麦克斯韦方程组描述了电磁场的运动学规律和动力学规律。其中，$\boldsymbol{E}, \boldsymbol{B}, \boldsymbol{D}$ 和 $\boldsymbol{H}$ 四个矢量称为**场量**，它们在电磁探测问题中是需要求解的；$\boldsymbol{J}$ 为矢量，$\rho$ 为标量，均称为**源量**，一般在求解问题中是给定的。例如，使用时间域有限差分（FDTD）方法求解时，在已知的边界条件下会给定发射源的类型和大小等。

要充分确定电磁场的各场量，求解上述方程的四个参数是不够的，必须加入介质的本构关系。

## 2.1.3  本构关系

本构关系也称**组构方程**，是指场量与场量之间的关系，这种关系取决于电磁场所在介质的性质。介质由分子或原子组成，在电场和磁场作用下会产生极化和磁化现象。由于介质的多样性，本构关系相当复杂。

最简单的介质是均匀的、线性的和各向同性的，其本构关系为

$$\boldsymbol{J} = \sigma \boldsymbol{E} \tag{2.1.3a}$$

$$\boldsymbol{D} = \varepsilon \boldsymbol{E} \tag{2.1.3b}$$

$$\boldsymbol{B} = \mu \boldsymbol{H} \tag{2.1.3c}$$

式中，$\varepsilon$ 为介电常数（F/m），$\mu$ 为磁导率（H/m），$\sigma$ 为电导率（S/m），它们均为标量常量，也是反映介质电性质的参数。

获得本构关系后，可以很容易地看到 $\boldsymbol{E}$ 和 $\boldsymbol{B}$ 是独立的实际场矢量，而 $\boldsymbol{D}$ 和 $\boldsymbol{H}$ 是非独立的感应场矢量。这样，麦克斯韦方程组的两个旋度方程和两个散度方程就正好充分地描述了两个实际矢量场 $\boldsymbol{E}$ 和 $\boldsymbol{B}$ 的运动规律。

自然界的介质相当复杂，电磁场在其中传播也很复杂。实验表明，电场在介质中除了引起极化，还会引起（交叉）磁化，而磁场在介质中除了引起磁化，还会引起（交叉）极化。最普遍的本构关系可以写成（Kong，2003）

$$c\boldsymbol{D} = \boldsymbol{P} \cdot \boldsymbol{E} + \boldsymbol{L} \cdot c\boldsymbol{B} \tag{2.1.4a}$$

$$\boldsymbol{H} = \boldsymbol{M} \cdot \boldsymbol{E} + \boldsymbol{Q} \cdot c\boldsymbol{B} \tag{2.1.4b}$$

式中，$c$ 为真空中的光速（$3 \times 10^8$ m/s）；$\boldsymbol{P}, \boldsymbol{Q}, \boldsymbol{L}$ 和 $\boldsymbol{M}$ 为 3×3 维矩阵。以上两式写成矩阵形式为

$$\begin{bmatrix} c\boldsymbol{D} \\ \boldsymbol{H} \end{bmatrix} = \boldsymbol{C} \begin{bmatrix} \boldsymbol{E} \\ c\boldsymbol{B} \end{bmatrix}, \quad \boldsymbol{C} = \begin{bmatrix} \boldsymbol{P} & \boldsymbol{L} \\ \boldsymbol{M} & \boldsymbol{Q} \end{bmatrix}$$

四个场矢量的两两组合有多种，让其中两个场矢量为自变量，另外两个场矢量为函数，还可写成另外一些形式的本构关系。例如，以 $\boldsymbol{E}, \boldsymbol{H}$ 为自变量的形式（黎滨洪等，2002）为

$$\begin{bmatrix} \boldsymbol{D} \\ \boldsymbol{B} \end{bmatrix} = \boldsymbol{C} \begin{bmatrix} \boldsymbol{E} \\ \boldsymbol{H} \end{bmatrix} \tag{2.1.5}$$

式中，

$$\boldsymbol{C} = \begin{bmatrix} \varepsilon & \xi \\ \zeta & \mu \end{bmatrix} = \begin{bmatrix} \boldsymbol{P} - \boldsymbol{L} \cdot \boldsymbol{Q}^{-1} \cdot \boldsymbol{M} & \boldsymbol{L} \cdot \boldsymbol{Q}^{-1} \\ -\boldsymbol{Q}^{-1} \cdot \boldsymbol{M} & \boldsymbol{Q}^{-1} \end{bmatrix} \tag{2.1.6}$$

为 6×6 维矩阵，称为**本构参数矩阵**。

按照本构参数矩阵的取值，可将介质划分如下。

（1）各向同性介质：$\xi = 0$，$\zeta = 0$，$\boldsymbol{\varepsilon} = \varepsilon\boldsymbol{I}$，$\boldsymbol{\mu} = \mu\boldsymbol{I}$。本构关系简化为

$$\boldsymbol{D} = \varepsilon\boldsymbol{E} \tag{2.1.7a}$$

$$\boldsymbol{B} = \mu\boldsymbol{H} \tag{2.1.7b}$$

在常见的空气、水、玻璃等介质，既无交叉极化又无交叉磁化，且极化、磁化与方向无关。上式的形式与前述的式（2.1.3）相同，但含义不同。因为 $\varepsilon$ 和 $\mu$ 不一定是常数标量。在真空中，本构参数 $\varepsilon_0$ 和 $\mu_0$ 为

$$\varepsilon_0 = \frac{1}{36\pi} \times 10^{-9} \approx 8.85 \times 10^{-12}\,(\text{F/m}) \tag{2.1.8a}$$

$$\mu_0 = 4\pi \times 10^{-7}\,(\text{H/m}) \tag{2.1.8b}$$

（2）各向异性介质：$\xi = 0$，$\zeta = 0$，$\boldsymbol{\varepsilon} \neq \varepsilon\boldsymbol{I}$，$\boldsymbol{\mu} \neq \mu\boldsymbol{I}$。本构关系为

$$\boldsymbol{D} = \boldsymbol{\varepsilon} \cdot \boldsymbol{E} \tag{2.1.9a}$$

$$\boldsymbol{B} = \boldsymbol{\mu} \cdot \boldsymbol{H} \tag{2.1.9b}$$

在这种介质中，没有交叉极化和磁化，但极化和磁化与方向有关。例如，探地雷达在各向异性的晶体测量中，介电常数具有如下形式：

$$\boldsymbol{\varepsilon} = \begin{bmatrix} \varepsilon_x & 0 & 0 \\ 0 & \varepsilon_y & 0 \\ 0 & 0 & \varepsilon_z \end{bmatrix}$$

结合介质的本构关系，可将麦克斯韦方程组写成只含两个矢量场的形式。例如，在简单的各向同性介质中，有

$$\nabla \times \boldsymbol{E} = -\mu\frac{\partial \boldsymbol{H}}{\partial t} \tag{2.1.10a}$$

$$\nabla \times \boldsymbol{H} = \varepsilon\frac{\partial \boldsymbol{E}}{\partial t} + \boldsymbol{J} \tag{2.1.10b}$$

$$\nabla \cdot (\mu\boldsymbol{H}) = 0 \tag{2.1.10c}$$

$$\nabla \cdot (\varepsilon\boldsymbol{E}) = \rho \tag{2.1.10d}$$

这个已包含本构关系的方程组称为**限定形式的麦克斯韦方程组**。探地雷达通常采用高频脉冲电磁波进行探测，所遇到的介质一般可以简化为各向同性介质，但有时也需要考虑各向异性的问题，如岩石含水量探测（Carcione，1996）等。

## 2.1.4　探地雷达方法中电磁波的波动性

麦克斯韦方程组描述了场随时间变化的一组耦合的电场和磁场。输入电场时，变化的电场产生变化的磁场。电场和磁场相互激励的结果是电磁场在介质中传播。探地雷达利用天线产生电磁场能量在介质中传播，根据麦克斯韦方程组及上述的本构关系，有

$$\nabla \times \nabla \times \boldsymbol{E} = -\frac{\partial}{\partial t}(\nabla \times \mu\boldsymbol{H})$$

将式（2.1.1b）代入上式得

$$\nabla \times \nabla \times \boldsymbol{E} = -\frac{\partial}{\partial t}\left(\boldsymbol{J} + \frac{\partial \boldsymbol{D}}{\partial t}\right) = -\mu\sigma\frac{\partial \boldsymbol{E}}{\partial t} - \mu\varepsilon\frac{\partial^2 \boldsymbol{E}}{\partial t^2}$$

整理得

$$\nabla \times \nabla \times \boldsymbol{E} + \mu\sigma\frac{\partial \boldsymbol{E}}{\partial t} + \mu\varepsilon\frac{\partial^2 \boldsymbol{E}}{\partial t^2} = 0 \qquad (2.1.11)$$

同理，可以得到

$$\nabla \times \nabla \times \boldsymbol{H} + \mu\sigma\frac{\partial \boldsymbol{H}}{\partial t} + \mu\varepsilon\frac{\partial^2 \boldsymbol{H}}{\partial t^2} = 0 \qquad (2.1.12)$$

式（2.1.11）和式（2.1.12）是电磁场的亥姆霍兹（Helmholtz）方程，表征电磁波的传播方式。求解电磁波在介质中的传播规律时，有人从上述方程出发，采用有限差分或伪谱方法进行求解。根据这两个方程，可以有如下认识：

（1）电场 $\boldsymbol{E}$ 和磁场 $\boldsymbol{H}$ 是以波动形式运动的，它们共同构成电磁波。

（2）对于探地雷达，源为天线中的电流密度变化，产生电磁波，并向外辐射。

（3）式（2.1.11）和式（2.1.12）中各有三项，第一项表示电磁波随空间变化，第二项是传导电流的贡献，第三项是位移电流的贡献。

（4）比较式（2.1.11）和式（2.1.12）中的波动方程与数理方程中的标准波动方程（$\nabla^2 u - \frac{1}{v^2}\frac{\partial^2 u}{\partial t^2} = 0$），可知电磁波的传播速度为

$$v = \frac{1}{\sqrt{\mu\varepsilon}} \qquad (2.1.13)$$

在真空中为

$$c = \frac{1}{\sqrt{\mu_0\varepsilon_0}} \approx 3\times10^8\,\mathrm{m/s}$$

（5）只要是波，就可脱离波源而独立传播，在这一点上电磁波与弹性波、声波相同。然而，电磁波也可在真空中传播，而这与弹性波不同。在探地雷达的数字模拟中，边界条件与弹性波等有一定的差别，即不存在自由边界的问题。

（6）式（2.1.11）和式（2.1.12）给出的波动方程是由麦克斯韦方程组推导出来的，这意味着它只是麦克斯韦方程组的必要条件，而不是充分条件，即它们是不等价的。因为它只是电场或磁场的运动规律的体现，而没有表达出电场和磁场之间的关系。可见，波动方程的解不一定满足麦克斯韦方程组，即不一定是客观存在的电磁波。实际上，通常首先由一个波动方程求解出 $\boldsymbol{E}$ 或 $\boldsymbol{H}$，然后将其代入麦克斯韦方程组计算出另一个场，以便保证它们是客观存在的场。

## 2.1.5 电磁波的横波性质

电磁波的传播是波动的。根据麦克斯韦方程组和波动方程，可知电场和磁场的方向与电磁波的运动方向垂直，是一种横波。电场与其传播方向示意图如图 2.3 所示。

数学上，式（2.1.11）的解可以表示为

$$\boldsymbol{E} = f(\boldsymbol{r}, \boldsymbol{k}, t)\boldsymbol{u} \qquad (2.1.14)$$

式中，$\boldsymbol{u}$ 为电场方向；$\boldsymbol{k}$ 为电场的空间变化方向。

下面求电场强度的旋度，即

$$\nabla \times \boldsymbol{E} = \boldsymbol{k} \times \boldsymbol{u} \frac{\partial f}{\partial \beta}(\beta, t) \tag{2.1.15}$$

式中，$\beta = \boldsymbol{r} \cdot \boldsymbol{k}$。

根据法拉第定律，变化的磁流密度可以表示为

$$\frac{\partial \boldsymbol{B}}{\partial t} = -\nabla \times \boldsymbol{E} = -\boldsymbol{k} \times \boldsymbol{u} \frac{\partial f}{\partial \beta} \tag{2.1.16}$$

可见磁场矢量方向垂直于电场强度矢量 $\boldsymbol{E}$ 和电场的空间变化方向 $\boldsymbol{k}$，即 $\boldsymbol{w} = \boldsymbol{k} \times \boldsymbol{u}$，如图 2.4 所示。

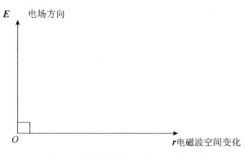

图 2.3　电场与其传播方向示意图

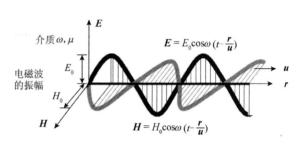

图 2.4　电场和磁场与电磁波运动方向示意图

## 2.1.6　能流密度矢量

前面讲过，电磁波的传播是波动的，且是通过电场与磁场相互作用而传播的。因此，波动就是能量传输的一种基本方式。电磁波的传播过程就是电磁场能量的传输过程。能量在空间的传输形成能流场。为了描述能量在空间中的传输，常用**能流密度矢量（$S$）**的概念，或者称为**坡印廷矢量**。定义 $S$ 的方向是能量流动的方向，$S$ 的大小是单位时间内通过与 $S$ 垂直的单位面积的电磁波能量。

要使介质的状态发生变化，就需要外界对介质做功。外界对单位体积介质的电磁功率（$P$）为

$$P = \boldsymbol{E} \cdot \frac{\partial \boldsymbol{D}}{\partial t} + \boldsymbol{H} \cdot \frac{\partial \boldsymbol{B}}{\partial t} \tag{2.1.17}$$

根据麦克斯韦方程组有

$$P = \boldsymbol{E} \cdot (\nabla \times \boldsymbol{H}) - \boldsymbol{H} \cdot (\nabla \times \boldsymbol{E}) - \boldsymbol{E} \cdot \boldsymbol{J} \tag{2.1.18}$$

化简得

$$P = -\nabla \times (\boldsymbol{E} \times \boldsymbol{H}) - \boldsymbol{E} \cdot \boldsymbol{J} \tag{2.1.19}$$

如果空间有任意一个闭合曲面，则曲面中能量的增加率为

$$\frac{\mathrm{d}W}{\mathrm{d}t} = \iiint_{\Omega} P \mathrm{d}\tau$$

根据高斯定理，上式可以表示为

$$\frac{\mathrm{d}W}{\mathrm{d}t} = \oiint_{S} (\boldsymbol{E} \times \boldsymbol{H}) \mathrm{d}S + \iiint_{\Omega} \boldsymbol{E} \cdot \boldsymbol{J} \mathrm{d}\tau \tag{2.1.20}$$

上式右边的第一项是每秒从闭合曲面流出的能量，第二项是电场每秒对传导电流所做的功。由第

一项的表达式可知，电磁场的能流密度矢量为

$$S = E \times H \tag{2.1.21}$$

上式说明电磁场的运动必须由相互垂直的 $E$ 和 $H$ 组成，它们相互作用形成了电磁波，而能流的方向垂直于相互作用的电场 $E$ 和磁场 $H$。

### 2.1.7 电磁位函数

麦克斯韦方程组虽然是描写电磁场运动的基本方程，但因为是耦合方程组，数学上并不能直接求解；波动方程虽然已将方程去耦，但场分量与源分量之间存在复杂的微分关系，这也给方程的求解带来了很大的困难。为了数学上求解析解方便，人们往往引入一些称为电磁位函数的**辅助函数**，并且首先求解基本方程，然后计算出电磁场。

#### 1. 矢位和标位

假设

$$B = \nabla \times A \tag{2.1.22}$$

$$E = -\nabla \Phi - \partial A / \partial t \tag{2.1.23}$$

式中，假设 $A$ 为电磁矢位，$\Phi$ 为电磁标位。将以上两式代入麦克斯韦方程组并进行推导，可得

$$\nabla^2 A - \mu\varepsilon \frac{\partial^2 A}{\partial t^2} - \nabla\left( \nabla \cdot A + \mu\varepsilon \frac{\partial \Phi}{\partial t} \right) = -\mu J \tag{2.1.24}$$

$$\nabla^2 \Phi - \mu\varepsilon \frac{\partial^2 \Phi}{\partial t^2} - \nabla\left( \nabla \cdot A + \mu\varepsilon \frac{\partial \Phi}{\partial t} \right) = -\frac{\rho}{\varepsilon} \tag{2.1.25}$$

在这两个方程中，待求量 $A$ 和 $\Phi$ 与已知量 $J$ 和 $\rho$ 之间的关系简单直接，比场矢量的波动方程要好得多。但是，两个方程仍然是相互耦合的。前面引入 $A$ 时，只规定了其旋度等于 $B$，而其散度可以是任意的。假设

$$\nabla \cdot A = -\mu\varepsilon \frac{\partial \Phi}{\partial t} \tag{2.1.26}$$

则式（2.1.24）和式（2.1.25）简化为

$$\nabla^2 A - \mu\varepsilon \frac{\partial^2 A}{\partial t^2} = -\mu J \tag{2.1.27}$$

$$\nabla^2 \Phi - \mu\varepsilon \frac{\partial^2 \Phi}{\partial t^2} = -\frac{\rho}{\varepsilon} \tag{2.1.28}$$

以上两式是电磁矢位和电磁标位的基本方程，也是容易求解的波动方程。式（2.1.26）称为**洛伦兹（规范）条件**。如场矢量波动方程与麦克斯韦方程组不完全等价那样，位函数的波动方程式（2.1.27）和式（2.1.28）与麦克斯韦方程组也是不完全等价的，必须将它们与洛伦兹条件联立，才能与麦克斯韦方程组等价，这时求解出来的 $A$ 和 $\Phi$ 才是客观存在的电磁场。

#### 2. 赫兹矢量

赫兹矢量这个位函数在探地雷达天线设计的导行波问题和辐射问题中被广泛使用。若源电流密度是无旋的，如短线电流元，则它可等效为极化电流密度的形式，即

$$J = \frac{\partial P}{\partial t} \tag{2.1.29}$$

式中，$\boldsymbol{P}$ 称为电流源的**等效极化强度**。将电流连续方程 $\nabla \cdot \boldsymbol{J} = \dfrac{\partial \rho}{\partial t}$ 代入上式得等效极化电荷为

$$\rho = -\nabla \cdot \boldsymbol{P} \tag{2.1.30}$$

由洛伦兹规范，电磁矢位和电磁标位所满足的波动方程可以写为

$$\left(\nabla^2 - \mu\varepsilon \frac{\partial^2}{\partial t^2}\right)\boldsymbol{A} = -\mu\frac{\partial \boldsymbol{P}}{\partial t} \tag{2.1.31}$$

$$\left(\nabla^2 - \mu\varepsilon \frac{\partial^2}{\partial t^2}\right)\boldsymbol{\Phi} = -\frac{\nabla \cdot \boldsymbol{P}}{\varepsilon} \tag{2.1.32}$$

定义电赫兹矢量 $\boldsymbol{\Pi}_{\mathrm{e}}$，使

$$\boldsymbol{A} = \mu\frac{\partial \boldsymbol{\Pi}_{\mathrm{e}}}{\partial t} \tag{2.1.33}$$

则式（2.1.31）可以写成

$$\left(\nabla^2 - \mu\varepsilon \frac{\partial^2}{\partial t^2}\right)\boldsymbol{\Pi}_{\mathrm{e}} = -\frac{\boldsymbol{P}}{\varepsilon} \tag{2.1.34}$$

将式（2.1.33）代入洛伦兹条件得

$$\boldsymbol{\Phi} = -\nabla \cdot \boldsymbol{\Pi}_{\mathrm{e}} \tag{2.1.35}$$

可见，$\boldsymbol{\Phi}$ 不必由式（2.1.32）求出，而可直接由式（2.1.35）解出的 $\boldsymbol{\Pi}_{\mathrm{e}}$ 算出，因此仅用 $\boldsymbol{\Pi}_{\mathrm{e}}$ 就可描述电磁场，这是赫兹矢量的优点。一旦由式（2.1.34）结合相应的边界条件求得 $\boldsymbol{\Pi}_{\mathrm{e}}$，就可计算出电磁场：

$$\boldsymbol{B} = \mu\varepsilon \, \nabla \times \frac{\partial \boldsymbol{\Pi}_{\mathrm{e}}}{\partial t} \tag{2.1.36}$$

$$\boldsymbol{E} = \nabla(\nabla \cdot \boldsymbol{\Pi}_{\mathrm{e}}) - \mu\varepsilon \frac{\partial^2 \boldsymbol{\Pi}_{\mathrm{e}}}{\partial t^2} \tag{2.1.37}$$

## 2.2 平面电磁波

探地雷达主要采用高频脉冲电磁波进行介质探测。高频脉冲电磁波可通过傅里叶变换进行分解，即将电磁脉冲分解成一系列不同频率的谐波。这些谐波的传播一般都可近似为平面波的传播形式。可见，探地雷达的理论基础是平面谐波在介质中的传播规律。本节将对此进行阐述。

### 2.2.1 理想介质中的平面波

当无界空间充满均匀、各向同性的理想介质时，均匀平面波的传播特性如下。此时，齐次矢量波动方程为

$$\nabla^2 \boldsymbol{E} - \mu\varepsilon \frac{\partial^2 \boldsymbol{E}}{\partial t^2} = 0 \tag{2.2.1a}$$

$$\nabla^2 \boldsymbol{H} - \mu\varepsilon \frac{\partial^2 \boldsymbol{H}}{\partial t^2} = 0 \tag{2.2.1b}$$

我们只需讨论式（2.2.1a），$\boldsymbol{H}$ 的解可直接由麦可斯韦方程组得出。不失一般性，设 $x$ 轴与 $\boldsymbol{E}$ 同向，即 $\boldsymbol{E}$ 只有 $\boldsymbol{E}_x$ 分量。由于介质是均匀的，$\boldsymbol{E}_x$ 在 $xy$ 平面内也是均匀的，即

$$\frac{\partial^2 \boldsymbol{E}_x}{\partial x^2} = 0, \qquad \frac{\partial^2 \boldsymbol{E}_y}{\partial y^2} = 0$$

式（2.2.1a）简化为

$$\frac{\partial^2 \boldsymbol{E}_x}{\partial z^2} = \mu\varepsilon \frac{\partial^2 \boldsymbol{E}_x}{\partial t^2} \tag{2.2.2}$$

该方程的通解为

$$\boldsymbol{E}_x = f_1(z - vt) + f_2(z + vt) \tag{2.2.3}$$

式中，

$$v = \frac{1}{\sqrt{\mu\varepsilon}} \tag{2.2.4}$$

其中 $f_{1,2}(z')$ 表示 $z' = z \pm vt$ 的任何函数。

现在讨论特解 $z' = z \pm vt$ 的物理意义。在特定时刻 $t = t_1$，$f_1(z - vt_1)$ 是 $z$ 的函数，如图 2.5(a) 所示；当 $t$ 从 $t_1$ 增大到 $t_2 = t_1 + \Delta t$ 时，$f_1(z - vt_2)$ 仍为 $z$ 的同形函数，仅在 $z$ 轴上向 $+z$ 方向移动了距离 $v\Delta t$，如图 2.5(b) 所示。这说明 $f_1(z - vt)$ 表示一个以速度 $v$ 沿 $+z$ 方向传播的波。同理可知，特解 $\boldsymbol{E}_x = f_2(z + vt)$ 表示了一个以速度 $v$ 沿 $-z$ 方向传播的波。

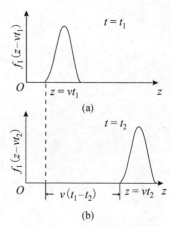

图 2.5 沿 $+z$ 方向传播的波

以上讨论说明了时变电磁场是以电磁波的形式存在的。下面讨论时谐情况下电磁波的表达形式。在上述条件下，$\boldsymbol{E}_x$ 是一个仅与 $z$ 有关的矢量，式（2.2.2）对应的矢量形式是齐次亥姆霍兹方程：

$$\frac{\mathrm{d}^2 \boldsymbol{E}_x}{\mathrm{d}z^2} + k^2 \boldsymbol{E}_x = 0 \tag{2.2.5}$$

式中，$k$ 为介质中的波数，

$$k = \omega\sqrt{\mu\varepsilon} \tag{2.2.6}$$

式（2.2.5）是一个常微分方程，其解为

$$\boldsymbol{E}_x = E_x^+(z) + E_x^-(z) = E_0^+ \mathrm{e}^{-\mathrm{j}kz} + E_0^- \mathrm{e}^{\mathrm{j}kz} \tag{2.2.7}$$

式中，$E_0^+$ 是由波源强度决定的常数。若选用 $\cos(\omega t)$ 作为基准，则上式右边第一项对应的瞬态表达式为

$$E_x^+(z,t) = \mathrm{Re}\left[E_x^+(z)\mathrm{e}^{\mathrm{j}\omega t}\right] = E_0^+ \cos(\omega t - kz) \quad (\mathrm{V/m}) \tag{2.2.8}$$

显然，式（2.2.8）对应于式（2.2.3）中的 $f_1(z - vt)$，它代表沿 $+z$ 方向行进的余弦波，振幅为 $E_0^+$，等相位面由下式确定：

$$\omega t - kz = \text{常数} \tag{2.2.9}$$

是一个垂直于 $z$ 轴的平面。等相位面的行进速度为

$$\frac{\mathrm{d}z}{\mathrm{d}t} = \frac{\omega}{k} = v \qquad (2.2.10)$$

即理想介质中等相位面的传播速度（相速）等于光速。波数与相速、波长的关系可归纳为

$$k = \frac{\omega}{v} = \frac{2\pi}{\lambda} \qquad (\text{rad/m}) \qquad (2.2.11)$$

式（2.2.7）右边的第二项代表以相同速度 $v$ 向 $-z$ 方向行进的余弦波。因此，式（2.2.7）是向 $\pm z$ 方向传播的均匀平面波的矢量表达式，式（2.2.8）是向 $+z$ 方向传播的均匀平面波的瞬态表达式。相应的沿 $-z$ 方向传播的均匀平面波的瞬态表达式，只需在式（2.2.8）中将 $(\omega t - kz)$ 改为 $(\omega t + kz)$ 就可得到。在无界区域不存在反射波，因此，若假设源位于左方，沿 $-z$ 方向传播的波就不存在，即 $E_0^- = 0$。然而，如果介质中存在不连续性，则无论源在何方，都将同时存在 $E^+$ 和 $E^-$，这将在以后的章节中看到。

由麦克斯韦方程组可直接得到与 $\boldsymbol{E}$ 相对应的 $\boldsymbol{H}$：

$$\nabla \times \boldsymbol{E} = \begin{vmatrix} a_x & a_y & a_z \\ \dfrac{\partial}{\partial x} & \dfrac{\partial}{\partial y} & \dfrac{\partial}{\partial z} \\ E_x^+(z) & 0 & 0 \end{vmatrix} = -\mathrm{j}\omega\mu(a_x H_x^+ + a_y H_y^+ + a_z H_z^+) \qquad (2.2.12)$$

由此可得

$$H_x^+(z) = 0 \qquad (2.2.13\text{a})$$

$$H_y^+(z) = \frac{k}{\omega\mu} E_x^+(z) \qquad (2.2.13\text{b})$$

$$H_z^+(z) = 0 \qquad (2.2.13\text{c})$$

定义

$$Z = \sqrt{\mu/\varepsilon} \ (\Omega) \qquad (2.2.14)$$

为介质的本征阻抗，自由空间本征阻抗为 $Z_0 = \sqrt{\mu_0/\varepsilon_0} = 120\pi \approx 377\Omega$，则有

$$H_y^+(z) = \frac{1}{Z} E_x^+(z) \ (\text{A/m}) \qquad (2.2.15)$$

在理想介质中，$Z$ 为一个正实数，$H_y^+(z)$ 和 $E_y^+(z)$ 同相，$\boldsymbol{H}$ 的瞬态表达式为

$$\boldsymbol{H}(z,t) = a_y \operatorname{Re}\left[ H_y^+(z)\mathrm{e}^{\mathrm{j}\omega t} \right] = a_y \frac{E_0^+}{Z}\cos(\omega t - kz) \qquad (2.2.16)$$

所以均匀平面的电场与磁场的振幅之比等于介质的本征阻抗，且 $\boldsymbol{E}$ 垂直于 $\boldsymbol{H}$，而 $\boldsymbol{E}$ 和 $\boldsymbol{H}$ 均垂直于传播方向，$\boldsymbol{E}$ 和 $\boldsymbol{H}$ 与传播方向依次满足右手定则。

## 1. 横电磁波（TEM 波）

在上述讨论中，选取 $x$ 坐标轴与电场强度矢量的方向平行，得到相应的磁场为 $y$ 方向且沿 $+z$ 方向传播的均匀平面波，也就是说，$\boldsymbol{E}$ 和 $\boldsymbol{H}$ 相互垂直，两者又都在垂直于传播方向的平面内，这就是横电磁波（TEM 波）的特征。然而，这仅仅是横电磁波的一种特例，因为不能保证任何时候的坐标轴都与场矢量方向一致。下面考虑沿任意方向传播的均匀平面波的一般情况。

对于沿 $+z$ 方向传播的均匀平面波，电场强度的矢量表达式为

$$E(z) = E_0 e^{-jkz} \tag{2.2.17}$$

式中，$E_0$ 是一个表征电场强度复振幅和方向的常矢量。相应地，不难写出直角坐标下沿任意方向传播的均匀平面波的一般形式为

$$E(x, y, z) = E_0 e^{-j(k_x x + k_y y + k_z z)} \tag{2.2.18}$$

由齐次亥姆霍兹方程易得

$$k_x^2 + k_y^2 + k_z^2 = k^2 = \omega^2 \mu \varepsilon \tag{2.2.19}$$

定义波数矢量是大小等于波数、方向平行于波的传播方向的一个矢量，即

$$\boldsymbol{k} = k_x \boldsymbol{a}_x + k_y \boldsymbol{a}_y + k_z \boldsymbol{a}_z = k \boldsymbol{a}_n \tag{2.2.20}$$

式中，$\boldsymbol{a}_n$ 是沿传播方向传播的单位矢量。式（2.2.18）可以简写为

$$E(\boldsymbol{R}) = E_0 e^{-j\boldsymbol{k} \cdot \boldsymbol{R}} = E_0 e^{-jk\boldsymbol{a}_n \cdot \boldsymbol{R}} \quad \text{(V/m)} \tag{2.2.21}$$

式中，$\boldsymbol{R}$ 是位置矢量，在直角坐标系中有

$$\boldsymbol{R} = x \boldsymbol{a}_x + y \boldsymbol{a}_y + z \boldsymbol{a}_z \tag{2.2.22}$$

$\boldsymbol{a}_n \cdot \boldsymbol{R}$ 为常数，表示一个垂直于 $\boldsymbol{a}_n$ 的平面方程，几何关系如图 2.6 所示。式（2.2.21）表示了一个沿 $\boldsymbol{a}_n$ 方向传播的平面波，它在任何坐标系下都成立。在无源区域，

$$\nabla \times E = 0 \tag{2.2.23}$$

对于均匀平面波，式（2.2.21）中的 $E_0$ 是一个常矢量，于是上式可化为

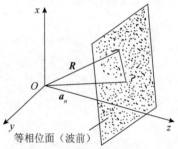

图 2.6　$\boldsymbol{a}_n$ 为常数时的几何关系

$$E_0 \cdot \nabla (e^{-jk\boldsymbol{a} \cdot \boldsymbol{R}}) = 0 \tag{2.2.24}$$

即

$$-jk(E_0 \cdot \boldsymbol{a}_n) e^{-jk\boldsymbol{a} \cdot \boldsymbol{R}} = 0$$

上式要成立，就要求

$$\boldsymbol{a}_n \cdot E_0 = 0 \tag{2.2.25}$$

因此，在一般情况下，TEM 波仍要求电场矢量方向垂直于传播方向。

由麦克斯韦方程组可直接得出相应的磁场强度为

$$H(\boldsymbol{R}) = -\frac{1}{j\omega\mu} \nabla \times E(\boldsymbol{R}) \tag{2.2.26}$$

将式（2.2.21）代入式（2.2.26），并做与式（2.2.24）类似的处理，可得

$$H(\boldsymbol{R}) = \frac{1}{Z} \boldsymbol{a}_n \times E(\boldsymbol{R}) \quad \text{(A/m)} \tag{2.2.27a}$$

或

$$H(\boldsymbol{R}) = \frac{1}{Z} (\boldsymbol{a}_n \times E_0) e^{-jk\boldsymbol{a}_n \cdot \boldsymbol{R}} \quad \text{(A/m)} \tag{2.2.27b}$$

式中，$Z$ 是介质的本征阻抗，

$$Z = \sqrt{\mu / \varepsilon} \tag{2.2.28}$$

式（2.2.27）说明，沿任意方向 $\boldsymbol{a}_n$ 传播的均匀平面波是 TEM 波，且 $E$ 垂直于 $H$，$E$ 和 $H$ 又

都垂直于 $a_n$，$E$, $H$ 和 $a_n$ 依次满足右手定则。

### 2. 平面波的功率流密度

电磁波的运动伴随着电磁能量的运动，电磁能量以电磁波的形式在空间中传播。前面讨论了电磁波中的能量关系，定义了电磁波的瞬时功率流密度矢量，即坡印廷矢量 $S(t)$。然而，在许多场合，平均功率密度比瞬时功率密度更重要。下面讨论平面波的平均功率流密度矢量及其计算方法。

对于时谐电磁波，应用矢量形式更方便，且由矢量形式得出瞬时值也很容易，如以 $\cos(\omega t)$ 为基准时，矢量表达式

$$E(z) = a_x E_0 e^{-jkz} \tag{2.2.29a}$$

的瞬时值表达式为

$$E(z,t) = \text{Re}\left[ E(z)e^{j\omega t} \right] = a_x E_0 \cos(\omega t - kz) \tag{2.2.29b}$$

相应的磁场强度的矢量表达式为

$$H(z) = a_y \frac{E_0}{Z} e^{-jkz} \tag{2.2.30a}$$

上式中已假设介质是无耗的，即其中的本征阻抗 $Z$ 为实数；对于后面将看到的有耗介质，只需将 $Z$ 视为复数，处理过程相同。磁场强度 $H(z)$ 的瞬时表达式为

$$H(z,t) = a_y \frac{E_0}{Z} \cos(\omega t - kz) \tag{2.2.30b}$$

注意，式（2.2.29）和式（2.2.30）中的对应关系，只在含有矢量的运算或方程是线性的时候才成立。若将其用于非线性运算，就会导致错误的结果。例如，对于瞬时功率密度矢量，正确的是应由式（2.2.29b）和式（2.2.30b）得到

$$
\begin{aligned}
S(z,t) &= E(z,t) \times H(z,t) = \text{Re}\left[ E(z)e^{j\omega t} \right] \times \text{Re}\left[ H(z)e^{j\omega t} \right] \\
&= a_z \frac{E_0^2}{Z} \cos^2(\omega t - kz) \\
&= a_z \frac{E_0^2}{2Z} \left[ 1 + \cos(2\omega t - 2kz) \right]
\end{aligned}
\tag{2.2.31}
$$

但是，如果在式（2.2.29a）和式（2.2.30a）做矢积运算后取实部，则得到

$$\text{Re}\left[ E(z) \times H(z)e^{j\omega t} \right] = a_z \frac{E_0^2}{Z} \cos(\omega t - 2kz) \tag{2.2.32}$$

式（2.2.32）和式（2.2.31）的结果明显不同，是不正确的。事实上，在普遍意义上，有下述结论：

$$\text{Re}\left[ Ee^{j\omega t} \right] \times \text{Re}\left[ He^{j\omega t} \right] \neq \text{Re}\left[ E \times He^{j\omega t} \right] \tag{2.2.33}$$

对于式（2.2.31），我们所关心的是时间平均坡印廷矢量 $S_{\text{av}}(z)$ 为

$$S_{\text{av}}(z) = \frac{1}{T} \int_0^T S(z,t)\text{d}t = a_z \frac{E_0^2}{2Z} \tag{2.2.34}$$

式中，$T$ 为时谐波的时间周期，且有 $T = 2\pi/\omega$。因此，式（2.2.31）中的第二项在一个周期内的平均值为零。

一般来说，

$$S(R,t) = \text{Re}\left[E(R)e^{j\omega t}\right] \times \text{Re}\left[H(R)e^{j\omega t}\right]$$

$$= \frac{1}{2}\left[E(R)e^{j\omega t} + E^*(R)e^{-j\omega t}\right] \times \frac{1}{2}\left[H(R)e^{j\omega t} + H^*(R)e^{-j\omega t}\right]$$

$$= \frac{1}{4}\left\{\left[E(R) \times H^*(R) + E^*(R) \times H(R)\right] + \left[E(R) \times H(R)e^{j2\omega t} + E^*(R) \times H^*(R)e^{-j2\omega t}\right]\right\} \quad (2.2.35)$$

$$= \frac{1}{2}\text{Re}\left[E(R) \times H^*(R) + E(R) \times H(R)e^{j\omega t}\right]$$

上式在一个时间周期内积分求平均值，因为第二项积分结果为零，所以有

$$S_{av}(R) = \frac{1}{2}\text{Re}\left[E(R) \times H^*(R)\right] \quad (2.2.36a)$$

上式可简化为

$$S_{av} = \frac{1}{2}\text{Re}\left[E \times H^*\right] \quad (2.2.36b)$$

这就是沿任意方向传播的电磁波的时间平均功率密度计算公式。

### 2.2.2 导电介质中的平面波

探地雷达应用的对象主要是有耗介质。早期探地雷达的资料处理和解释不考虑电导率的作用，随着探测精度的提高和要求的提高，目前不仅考虑介质电导率对电磁波的损耗，而且考虑影响电磁波的传播速度。在导电介质中 $\sigma \neq 0$，由欧姆定律 $J = \sigma E \neq 0$，所以有

$$\nabla \times H = \frac{\partial D}{\partial t} + J = \varepsilon \frac{\partial E}{\partial t} + \sigma E \quad (2.2.37)$$

对于时谐电磁波，

$$\nabla \times H = j\omega \varepsilon E + \sigma E = j\omega \varepsilon_c E \quad (2.2.38)$$

式中，$\varepsilon_c$ 为等效介电常数，它是一个复数，

$$\varepsilon_c = \varepsilon - j\frac{\sigma}{\omega} \quad (2.2.39)$$

在无源区域，麦克斯韦方程组的其他三个方程不变，即

$$\nabla \times E = -j\omega \mu H \quad (2.2.40a)$$

$$\nabla \cdot E = 0 \quad (2.2.40b)$$

$$\nabla \cdot H = 0 \quad (2.2.40c)$$

因此，在无源导电介质中，场量由式（2.2.38）和式（2.2.39）支配，它与无源理想介质中的麦克斯韦方程组的形式相同，只需用 $\varepsilon_c$ 来代替 $\varepsilon$。不难验证，电场强度矢量仍然满足齐次亥姆霍兹方程，形式为

$$\nabla^2 E + \omega^2 \mu \varepsilon_c E = \nabla^2 E + k_c^2 E = 0 \quad (2.2.41)$$

式中，$k_c = \omega\sqrt{\mu \varepsilon_c}$ 也是一个复数。上节中有关平面波在理想介质中传播的讨论结果仍然有效，只需对相应的公式稍加修正，即将其中的 $k$ 换成 $k_c$，就可用于平面波在导电介质中传播的情况。习惯上，定义一个传播常量 $\gamma$，即

$$\gamma = jk_c = j\omega\sqrt{\mu \varepsilon_c} \quad (2.2.42)$$

因为 $\gamma$ 是复数，所以可进一步分解为

$$\gamma = \alpha + \mathrm{j}\beta \tag{2.2.43}$$

式中，$\alpha$ 和 $\beta$ 分别是 $\gamma$ 的实部和虚部，利用式（2.2.39）和式（2.2.42）得

$$\alpha = \omega\sqrt{\frac{\mu\varepsilon}{2}\left[\sqrt{1+\left(\frac{\sigma}{\omega\varepsilon}\right)^2}-1\right]} \tag{2.2.44a}$$

$$\beta = \omega\sqrt{\frac{\mu\varepsilon}{2}\left[\sqrt{1+\left(\frac{\sigma}{\omega\varepsilon}\right)^2}+1\right]} \tag{2.2.44b}$$

式（2.2.41）给出的亥姆霍兹方程变成

$$\nabla^2 \boldsymbol{E} - \gamma^2 \boldsymbol{E} = 0 \tag{2.2.45}$$

对于沿 +z 方向传播的均匀平面波，式（2.2.45）的解为

$$\boldsymbol{E} = \boldsymbol{a}_x E_x = \boldsymbol{a}_x E_0 \mathrm{e}^{-\gamma z} = \boldsymbol{a}_x E_0 \mathrm{e}^{-\alpha z}\mathrm{e}^{-\mathrm{j}\beta z} \tag{2.2.46}$$

这里已假设电场强度矢量方向也与 x 轴一致。由式（2.2.44）看出，$\alpha$ 和 $\beta$ 都是正数，所以式（2.2.46）中的第一个因子 $\mathrm{e}^{-\alpha z}$ 随 z 的增加而减小，因此 $\alpha$ 是衰减常数。在国际单位制中，衰减常数的单位是奈贝每米（Np/m），意指波传播 1m 后，其单位振幅衰减至 $\mathrm{e}^{-1}(\approx 0.368)$。第二个因子 $\mathrm{e}^{-\mathrm{j}\beta z}$ 是相位因子，$\beta$ 称为**相位常数**，单位是弧度每米（rad/m），意指波传播 1m 距离所产生的相移量。对于理想介质，$\sigma = 0$，从而有 $\alpha = 0$，$\beta = k = \omega\sqrt{\mu\varepsilon}$，与上一节的结论一致。

由式（2.2.44）看出，$\alpha$ 和 $\beta$ 与角频率 $\omega$ 及本构参数 $\varepsilon, \mu$ 和 $\sigma$ 的关系十分复杂。下面讨论在低耗介质和良导体中 $\alpha$ 和 $\beta$ 的近似表达式，以便于实际使用。

首先将式（2.2.39）重写为

$$\varepsilon_c = \varepsilon' - \mathrm{j}\varepsilon'' \tag{2.2.47}$$

式中，$\varepsilon' = \varepsilon$，$\varepsilon'' = \sigma/\omega$。由式（2.2.39）可以看出，比值 $\varepsilon''/\varepsilon'$ 表示传导电流与位移电流的幅度之比，反映的是介质中的欧姆损耗，定义了损耗角正切：

$$\tan\delta_c = \frac{\varepsilon''}{\varepsilon'} = \frac{\sigma}{\omega\varepsilon} \tag{2.2.48}$$

式中，$\delta_c$ 称为**损耗角**。损耗角正切是衡量介质损耗特性的一个常用量，是介质的一个重要电性能参数。$\sigma \gg \omega\varepsilon$ 的介质称为**良导体**，$\omega\varepsilon \ll \sigma$ 的介质称为**良绝缘体**或**低损耗介质**。同一种介质在低频时可能是良导体，在高频时可能具有低损耗介质的特性。例如，潮湿土地的相对介电常数约为 10，电导率 $\sigma$ 约为 $10^{-2}$(S/m)，则在 1kHz 时，其损耗角正切 $\tan\delta_c$ 等于 $1.8\times10^4$，呈良导体特性；而在 10GHz 时，其损耗角正切等于 $1.8\times10^{-3}$，这时就具有低损耗介质的特征。因此，在处理问题时，首先要在所用频率上计算损耗角正切，以判断介质特性。

在评价探地雷达的探测性能时，与损耗角有关的另一个参数是趋肤深度，其定义如下：趋肤深度是电磁波传播的距离，在这个距离上，电磁波电场强度衰减到初始强度的 $\mathrm{e}^{-1}$，用 $\delta$ 表示。也就是说，

$$\delta = \frac{1}{\mathrm{Im}(k_c)} = \frac{1}{\mathrm{Im}(\omega\sqrt{\mu\varepsilon_c})}$$

式中，

$$\varepsilon_c = \varepsilon' - \mathrm{j}\varepsilon'' = \left(\varepsilon_0\varepsilon_r(\omega) - \mathrm{j}\frac{\sigma}{\omega}\right)$$

$$\delta = \frac{1}{\omega\sqrt{\mu_0\varepsilon_r\varepsilon_0}\,\operatorname{Im}\sqrt{1+j\frac{\sigma}{\omega\varepsilon_r\varepsilon_0}}} = \frac{1}{\omega\sqrt{\mu_0\varepsilon_r\varepsilon_0}\left(1+\left(\frac{\sigma}{\omega\varepsilon_r\varepsilon_0}\right)^2\right)^{1/4}\sin\theta}$$

其中应用了 De Moivre 理论，$\theta = 1/2\arctan\left(\frac{\sigma}{\omega\varepsilon_r\varepsilon_0}\right)$。可以得到

$$\delta = \frac{1}{\omega\sqrt{\mu_0\varepsilon_r\varepsilon_0}\left(1+\left(\frac{\sigma}{\omega\varepsilon_r\varepsilon_0}\right)^2\right)^{1/4}\sqrt{\frac{1}{2}\left(1-1\Big/\sqrt{1+\left(\frac{\sigma}{\omega\varepsilon_r\varepsilon_0}\right)^2}\right)}} = \frac{1}{\omega\sqrt{\mu_0\varepsilon_r\varepsilon_0/2}\left(\sqrt{1+\left(\frac{\sigma}{\omega\varepsilon_r\varepsilon_0}\right)^2}-1\right)}$$

由上式可以看出，趋肤深度与频率和介质的参数关系密切。随着频率的升高，趋肤深度减小，虽然关系比较复杂，但近似呈开方反比关系。对上式进行简化，可以得到式（2.2.56）。

**1. 无耗介质**

对于无耗介质，有 $\varepsilon'' = 0$ 或 $\frac{\sigma}{\omega\varepsilon} = 0$。由式（2.2.42）得

衰减常数：$\alpha = 0$（Np/m）；相位常数：$\beta \approx \omega\sqrt{\mu\varepsilon}$（rad/m）；相速：$v_p = \frac{\omega}{\beta} = \frac{1}{\sqrt{\mu\varepsilon}}$

可以看出，无耗介质的衰减常数是零，电磁波能够无耗地传播。目前，只有在空气中才能基本满足无耗介质的要求。

**2. 低损耗介质**

对于低损耗介质，有 $\varepsilon'' \ll \varepsilon'$ 或 $\frac{\sigma}{\omega\varepsilon} \ll 1$。对式（2.2.42）进行泰勒级数展开，取二次项近似得

$$\gamma = \alpha + j\beta = j\omega\sqrt{\mu\varepsilon}\left(1+\frac{\sigma}{j\omega\varepsilon}\right)^{1/2} \approx j\omega\sqrt{\mu\varepsilon}\left[1+\frac{\sigma}{j2\omega\varepsilon}+\frac{1}{8}\left(\frac{\sigma}{\omega\varepsilon}\right)^2\right]$$

由此得到衰减常数为

$$\alpha \approx \frac{\sigma}{2}\sqrt{\frac{\mu}{\varepsilon}} = \frac{\omega\sqrt{\mu\varepsilon}}{2}\left(\frac{\varepsilon''}{\varepsilon'}\right) \quad \text{（Np/m）} \tag{2.2.49}$$

相位常数为

$$\beta \approx \omega\sqrt{\mu\varepsilon}\left[1+\frac{1}{8}\left(\frac{\sigma}{\omega\varepsilon}\right)^2\right] = \omega\sqrt{\mu\varepsilon}\left[1+\frac{1}{8}\left(\frac{\varepsilon''}{\varepsilon'}\right)^2\right] \quad \text{（rad/m）} \tag{2.2.50}$$

由式（2.2.49）看出，低损耗介质的衰减常数是一个正数，且与电导率 $\sigma$ 成正比。在式（2.2.50）中，相位常数 $\beta$ 与理想介质中的 $k = \omega\sqrt{\mu\varepsilon}$ 值只存在微小差别。

低损耗介质的本征阻抗是一个复数，

$$Z_c = \sqrt{\frac{\mu}{\varepsilon}}\left(1+\frac{\sigma}{j\omega\varepsilon}\right)^{-1/2} \approx \sqrt{\frac{\mu}{\varepsilon}}\left(1+j\frac{\sigma}{2\omega\varepsilon}\right) = Z\left[1+j\frac{1}{2}\left(\frac{\varepsilon''}{\varepsilon'}\right)\right] \quad (\Omega) \tag{2.2.51}$$

因为均匀平面波的本征阻抗等于 $E_x/H_y$，所以在低损耗介质中，电场强度与磁场强度不再相同，这一点与理想介质中的情况完全不同。

类似于处理式（2.2.10）的方式，可以得到相速 $v_p$ 等于 $\omega/\beta$。由式（2.2.50）可得

$$v_p = \frac{\omega}{\beta} \approx \frac{1}{\sqrt{\mu\varepsilon}}\left[1-\frac{1}{8}\left(\frac{\sigma}{\omega\varepsilon}\right)^2\right] \tag{2.2.52}$$

### 3. 良导体

对于良导体，有 $\varepsilon'' \gg \varepsilon'$ 或 $\frac{\sigma}{\omega\varepsilon} \gg 1$，即 1 与 $\frac{\sigma}{\omega\varepsilon}$ 相比可以忽略，于是有

$$\gamma \approx \mathrm{j}\omega\sqrt{\mu\varepsilon}\left(\frac{\sigma}{\mathrm{j}\omega\varepsilon}\right)^{1/2} = \sqrt{\mathrm{j}\omega\mu\sigma} = (1+\mathrm{j})\sqrt{\frac{\omega\mu\sigma}{2}}$$

因此，对于良导体有

$$\alpha \approx \beta \approx \sqrt{\pi f \mu\sigma} \tag{2.2.53}$$

即良导体中 $\alpha$ 与 $\beta$ 的值大致相等，而且都随 $\sqrt{f}$ 和 $\sqrt{\sigma}$ 成正比增加。

良导体的本征阻抗为

$$Z_c = \sqrt{\frac{\mu}{\varepsilon_c}} \approx (1+\mathrm{j})\sqrt{\frac{\pi f \mu}{\sigma}} = (1+\mathrm{j})\frac{\alpha}{\sigma} \quad (\Omega) \tag{2.2.54}$$

其相角为 45°，这说明良导体中磁场强度的相位滞后于电场强度 45°。

在良导体中，相速为

$$v_{\mathrm{p}} = \frac{\omega}{\beta} \approx \sqrt{\frac{2\omega}{\mu\sigma}} \quad (\mathrm{m/s}) \tag{2.2.55}$$

它正比于 $\sqrt{f}$ 和 $\frac{1}{\sqrt{\sigma}}$。

由式（2.2.53）可见，高频电磁波在良导体中的衰减常数 $\alpha$ 变得非常大，因此在良导体中传播时衰减得非常快。定义平面波振幅衰减至原来的 $\mathrm{e}^{-1}$ 或 36.8% 的传播距离为导体的趋肤深度或穿透深度 $\delta$，

$$\delta = \frac{1}{\alpha} = \frac{1}{\sqrt{\pi f \mu\sigma}} \quad (\mathrm{m}) \tag{2.2.56}$$

对于良导体，$\alpha \approx \beta$，$\delta$ 也可写成

$$\delta = \frac{1}{\beta} = \frac{\lambda}{2\pi} \quad (\mathrm{m}) \tag{2.2.57}$$

在探地雷达波段中，良导体中的波长 $\lambda$ 很小，良导体的趋肤深度会小到在实际应用中可认为电磁场和电流仅存在于导体表面很薄的一层内。这是在实际问题中经常将电流理想化为表面电流来进行处理的理论依据，尽管严格意义上的表面电流实际中并不存在。

## 2.2.3 平面波的极化

要完整地表示平面波，无论是在瞬态表示方式中还是在矢量表示方式中，都包含了场矢量的幅度、相位、方向及波的传播方向几个要素。由前面的讨论可知，平面波中场矢量的幅度（注意不是振幅）和相位都是时间 $t$ 的函数。实际上，一般情况下场矢量的方向也是随时间变化的。平面波的极化就是表征在空间给定点上场矢量随时间变化的特征，具体地说，是指电场强度矢量终端端点在波前平面内随时间变化的轨迹。例如，在 2.1 节的讨论中，我们首先假设平面波的电场强度矢量方向为 $x$ 方向，即 $\boldsymbol{E} = \boldsymbol{a}_x E_x$。因为 $E_x$ 随时间变化而可正可负，如式（2.2.8）所示，所以 $\boldsymbol{E}$ 的终端端点在 $z$ 等于任意给定常数的平面内，是在 $x$ 轴上 $\pm E_0^+$ 之间的一段直线，这种波称为沿 $x$ 方向的**线极化**。除了线极化，极化方式还有圆极化和椭圆极化，详见下面的讨论。这里没有必要额外描述磁场强度矢量的特征，因为 $\boldsymbol{H}$ 的方向总与 $\boldsymbol{E}$ 的方向明确相关，如式（2.2.27）所示。

假设均匀平面波沿 $+z$ 方向传播，那么 $\boldsymbol{E}$ 在平行于 $xOy$ 平面的平面内总可分解为 $\boldsymbol{E}_x$ 和 $\boldsymbol{E}_y$ 两个

分量：

$$E = a_x E_x + a_y E_y \tag{2.2.58}$$

上式实际上表示两个分别沿 $x$ 方向线极化和沿 $y$ 方向线极化的场矢量之和。若 $E_x$ 的振幅为 $E_{x0}$，$E_y$ 的振幅为 $E_{y0}$，且 $E_y$ 滞后于 $E_x$ 的相位为 $\varphi$（若 $E_y$ 的相位超前 $E_x$，则 $\varphi < 0$），注意到 $E_{x0} > 0$，$E_{y0} > 0$，则上式可重写为

$$E(z) = a_x E_{x0} e^{-jkz} + a_y E_{y0} e^{-jkz} e^{-j\varphi} \tag{2.2.59}$$

相应的瞬态表达式为

$$
\begin{aligned}
E(z,t) &= \mathrm{Re}\left\{ \left[ a_x E_{x0} + a_y E_{y0} e^{-j\varphi} \right] e^{-jkz} e^{j\omega t} \right\} \\
&= a_x E_{x0} \cos(\omega t - kz) + a_y E_{y0} \cos(\omega t - kz - \varphi)
\end{aligned} \tag{2.2.60}
$$

下面分析在给定点处 $E$ 的方向随时间变化的情况。为简单起见，假设 $z = 0$，则有

$$E(0,t) = a_x E_x(0,t) + a_y E_y(0,t) = a_x E_{x0} \cos \omega t + a_y E_{y0} \cos(\omega t - \varphi) \tag{2.2.61}$$

即 $E$ 在两个坐标轴上的分量分别为

$$E_x(0,t) = E_{x0} \cos \omega t \tag{2.2.62a}$$

$$E_y(0,t) = E_{y0} \cos(\omega t - \varphi) \tag{2.2.62b}$$

在上式中消去 $\omega t$ 项，可得

$$\left( \frac{E_x(0,t)}{E_{x0}} \right)^2 + \left( \frac{E_y(0,t)}{E_{y0}} \right)^2 - \frac{2E_x(0,t)E_y(0,t)}{E_{x0}E_{y0}} \cos \varphi = \sin^2 \varphi \tag{2.2.63}$$

这就是 $E$ 的终端端点在 $z = 0$ 平面内的轨迹方程，实际上对于任意给定的 $z$ 值，式（2.2.63）都成立。对于不同的 $E_{x0}$ 和 $E_{y0}$ 的比值及 $\varphi$ 的取值，式（2.2.63）代表不同的几何图形，即定义了不同的极化形式。

### 1. 线极化

如果 $\varphi = 0$，即水平和垂直的两个线极化波同相，则式（2.2.63）成为

$$\left( \frac{E_x(0,t)}{E_{x0}} - \frac{E_y(0,t)}{E_{y0}} \right)^2 = 0 \tag{2.2.64}$$

上式是一个直线方程。实际上，当 $\varphi = 0$ 时，电场的水平分量与垂直分量分别为

$$E_x(0,t) = E_{x0} \cos \omega t, \qquad E_y(0,t) = E_{y0} \cos \omega t$$

合成电场的幅值为

$$E = \sqrt{E_x^2 + E_y^2} = \sqrt{E_{x0}^2 + E_{y0}^2} \cos \omega t \tag{2.2.65}$$

合成电场与两个分量的关系如图 2.7(a)所示。电场与 $x$ 轴的夹角为

$$\tan \alpha = \frac{E_y(0,t)}{E_x(0,t)} = \frac{E_{y0}}{E_{x0}} = 常数$$

电场的大小虽随时间变化，但方向保持在一条直线上，因此是线极化波。探地雷达采用偶极振子天线产生的就是这种极化电磁波。

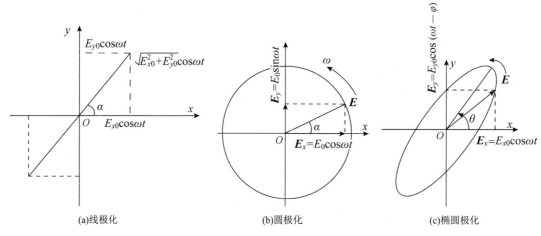

(a)线极化                    (b)圆极化                    (c)椭圆极化

图 2.7  电磁波的极化方式

## 2. 圆极化

令 $E_{x0} = E_{y0} = E_0, \varphi = \pm 90°$，即电场的水平分量和垂直分量的振幅相等，但相位相差 $\pm 90°$，则式（2.2.63）成为

$$E_x^2(0,t) + E_y^2(0,t) = E_0^2 \tag{2.2.66}$$

上式表示一个圆。如果 $\varphi = 90°$，则有

$$E_x(0,t) = E_0 \cos \omega t \tag{2.2.67a}$$

$$E_y(0,t) = E_0 \sin \omega t \tag{2.2.67b}$$

合成电场的强度为

$$E(0,t) = \sqrt{E_x^2(0,t) + E_y^2(0,t)} = E_0 = 常数 \tag{2.2.68}$$

合成电场与 $x$ 轴的夹角为

$$\tan \alpha = \frac{E_y(0,t)}{E_x(0,t)} = \tan \omega t$$

即

$$\alpha = \omega t \tag{2.2.69}$$

这表示电场矢量的大小不随时间改变，但方向却随时间变化。如图 2.7(b)所示，$E$ 的端点是在半径为 $E_0$ 的圆上以角速度 $\omega$ 逆时针方向匀速旋转的，所以称为**圆极化**。此外，旋转方向与传播方向（+z 方向）满足右手定则，即当右手四指顺着 $E$ 的旋转方向时，大拇指就指向波的传播方向，这种圆极化波称为**右旋极化波**或**正圆极化波**。

当 $\varphi = -90°$，即 $E_y(0,t)$ 的相位比 $E_x(0,t)$ 超前 90° 时，式（2.2.67b）中增加一个负号，式（2.2.68）仍然不变，而式（2.2.69）中也增加一个负号，说明 $E$ 仍是圆极化波，但是在 $z = 0$ 平面内，电场 $E$ 与 $x$ 轴的夹角变为 $-\omega t$，即 $E$ 是以角速度 $\omega$ 顺时针方向旋转的，此时旋转方向与传播方向满足左手定则，这种圆极化波称为**左旋极化波**或**负圆极化波**。

下面介绍一种判断圆极化波右旋或左旋的简单方法。将四指从时间相位超前的电场分量旋转到滞后的分量，如果传播方向是右手大拇指的指向，那么是右旋极化波。反之，如果传播方向是左手大拇指的指向，那么是左旋极化波。这种判断方法在下面讨论的椭圆极化波中仍然有效。

### 3. 椭圆极化

如果 $E_{x0} \neq E_{y0}$ 且 $\varphi \neq 0$，即电场的两个分量的振幅和相位都不相等，那么这是最一般的情况。此时，式（2.2.63）是一个椭圆方程，说明 $E$ 的端点的轨迹是一个椭圆，所以称为**椭圆极化波**。由式（2.2.62），$E$ 与 $x$ 轴的夹角为

$$\tan \alpha = \frac{E_{x0}}{E_{y0}} \frac{\cos(\omega t - \varphi)}{\cos \omega t} = \frac{E_{x0}}{E_{y0}}(\cos \varphi + \tan \omega t \sin \varphi) \tag{2.2.70}$$

$E$ 的端点在椭圆上非匀速旋转。当 $\varphi > 0$ 时，它是逆时针方向旋转的，是右旋椭圆极化波；当 $\varphi < 0$ 时，它是顺时针方向旋转的，是左旋椭圆极化波［如图 2.7(c)所示］。可以证明，椭圆的长轴与 $x$ 轴的夹角 $\theta$ 为

$$\tan 2\theta = \frac{2 E_{x0} E_{y0}}{E_{x0}^2 - E_{y0}^2} \cos \varphi \tag{2.2.71}$$

前面讨论的线极化和圆极化都可视为椭圆极化的特例。

以上讨论是在垂直于电磁波传播方向的一个平面上进行的，即在空间中的固定一点观察电场随时间的变化。事实上，场矢量在随时间变化的同时，还沿传播方向以电磁波传播速度向前推进。但是，如果在固定时间观察电场在传播方向上的空间变化，其大小和方向的空间变化规律与某个垂直平面上随时间变化的情况相同，即后者为前者在该平面上的投影。

## 2.2.4 平面波的反射和透射

现在考虑平面波以角度 $\theta_i$ 入射两种介质的平面分界面的情况。设这两种介质具有不同的电性参数（$\varepsilon_1, \mu_1$）和（$\varepsilon_2, \mu_2$）。由于分界面处介质是不连续的，一部分入射波被反射，另一部分入射波则继续向前传播。在入射波中任取两条入射线，则相应地有两条反射线和两条透射线，且这些射线必然在同一平面内（入射面），如图 2.8 所示。图中，直线 $AO$、$O'A'$ 和 $O'B'$ 分别表示在入射面内入射波、反射波和透射波波前的横截线，它们分别与入射线、反射线和透射线垂直。于是，$O$ 点的入射波与 $A$ 点的入射波的相位相

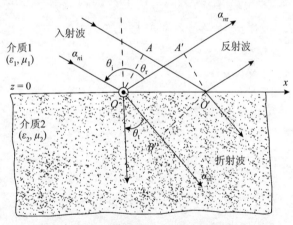

图 2.8　均匀平面波斜入射到电介质平面上

等，$O'$ 点的反射波与 $A'$ 点的反射波的相位相等，换言之，$A$ 点的入射波与 $O'$ 点的反射波的相位差和 $O$ 点的入射波与 $A'$ 点的反射波的相位差相等，即

$$\beta_i \overline{AO'} + \varphi_r = \beta_r \overline{OA'} + \varphi_r \tag{2.2.72}$$

式中，$\varphi_r$ 是平面波被分界面反射引起的相位延迟。因为入射波和反射波在同一种介质中，所以 $\beta_i = \beta_r = \beta_1$，则式（2.2.72）变为

$$\overline{OO'} \sin \theta_i = \overline{OO'} \sin \theta_r$$

所以有

$$\theta_r = \theta_i \tag{2.2.73}$$

即反射角等于入射角，这就是斯涅尔反射定律。

同样，$O$ 点的入射波与 $\beta'$ 点的透射波的相位差和 $A$ 点的入射波与 $O'$ 点的透射波的相位差相等，即

$$\beta_i \overline{AO'} + \varphi_t = \beta_t \overline{OB'} + \varphi_t \tag{2.2.74}$$

式中，$\varphi_t$ 是平面波在平面边界上透射引起的相位延迟。入射波在介质 1 中，有 $\beta_i = \beta_1$，透射波在介质 2 中，有 $\beta_t = \beta_2$。式（2.2.74）变为

$$\beta_1 \overline{OO'} \sin\theta_i = \beta_2 \overline{OO'} \sin\theta_t$$

所以有

$$\frac{\sin\theta_t}{\sin\theta_i} = \frac{\beta_1}{\beta_2} \tag{2.2.75}$$

定义介质的折射率 $n$ 为电磁波在自由空间的传播速度（光速）与其在介质中的传播速度的比值，即

$$n = c/v_p \tag{2.2.76}$$

于是，式（2.2.75）可重写为

$$\frac{\sin\theta_t}{\sin\theta_i} = \frac{\beta_1}{\beta_2} = \frac{v_{p2}}{v_{p1}} = \frac{n_1}{n_2} \tag{2.2.77}$$

上式说明，在两种介质的分界面上，介质 2 中折射角的正弦与介质 1 中入射角的正弦之比等于它们的折射率之比的倒数，即 $n_1/n_2$。这一结论称为**斯涅尔折射定律**。

对于非磁性介质，式（2.2.77）变为

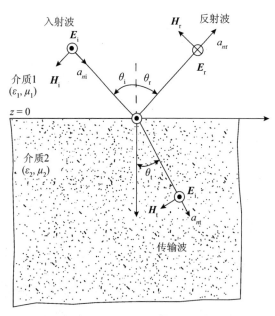

图 2.9  平面电磁波在介质表面反射与折射（垂直极化）

$$\frac{\sin\theta_t}{\sin\theta_i} = \sqrt{\frac{\varepsilon_1}{\varepsilon_2}} = \sqrt{\frac{\varepsilon_{r1}}{\varepsilon_{r2}}} \tag{2.2.78}$$

上面讨论了反射波和透射波的传播方向与入射波的传播方向的相互关系。反射波场和透射波场的特性还与入射波的极化特性有关。将入射波传播方向的矢量与边界面的法矢量[图 2.8 中分别为 $a_n$ 和 $(-a_n)$]所构成的平面定义为入射面。那么，沿任意方向极化的入射场 $E_i$ 总可分解为垂直和平行于入射面的两个分量。$E_i$ 垂直于入射面时称为**垂直极化**，$E_i$ 平行于入射面时称为**平行极化**。因此，任意入射场 $E_i$ 总可视为垂直极化波和平行极化波的叠加。下面讨论这两种情况。

**1. 垂直极化**

垂直极化时 $E_i$ 垂直于入射面（如图 2.9 所示），取 $E_i$ 为 $a_y$ 方向，则 $E_i$ 为

$$E_i(x,z) = a_y E_{i0} e^{-j\beta_1 a_{ni} \cdot R} \tag{2.2.79}$$

式中，

$$a_{ni} = a_x \sin\theta_i + a_z \cos\theta_i \tag{2.2.80}$$

所以有

$$E_i(x,z) = a_y E_{i0} e^{-j\beta_1(x\sin\theta_i + z\cos\theta)} \tag{2.2.81a}$$

$$H_i(x,z) = \frac{1}{Z_1}[a_{ni} \times E_i(x,z)] = \frac{E_{i0}}{Z_1}(-a_x \cos\theta_i + a_x \sin\theta_i)e^{-j\beta_1(x\sin\theta_i + z\cos\theta)} \tag{2.2.81b}$$

对于反射波，有

$$a_{nr} = a_x \sin\theta_r - a_z \cos\theta_r \tag{2.2.82}$$

$$E_r(x,z) = a_y E_{r0} e^{-j\beta_1(x\sin\theta_r - z\cos\theta_r)} \tag{2.2.83a}$$

$$H_r(x,z) = \frac{1}{Z_1}[a_{nr} \times E_r(x,z)] = \frac{E_{r0}}{Z_1}[a_x \cos\theta_r + a_z \sin\theta_r]e^{-j\beta_1(x\sin\theta_r - z\cos\theta_r)} \tag{2.2.83b}$$

对于透射波，有

$$a_{nt} = a_x \sin\theta_t - a_z \cos\theta_t \tag{2.2.84}$$

$$E_t(x,z) = a_y E_{t0} e^{-j\beta_2(x\sin\theta_t + z\cos\theta_t)} \tag{2.2.85a}$$

$$H_t(x,z) = \frac{1}{Z_2}[a_{nt} \times E_t(x,z)] = \frac{E_{t0}}{Z_2}[-a_x \cos\theta_t + a_z \sin\theta_t]e^{-j\beta_2(x\sin\theta_t - z\cos\theta_t)} \tag{2.2.85b}$$

由边界条件，$E$ 和 $H$ 的切向分量在边界 $z = 0$ 处连续，即

$$E_{iy}(x,0) + E_{ry}(x,0) = E_{ty}(x,0) \tag{2.2.86a}$$

$$E_{ix}(x,0) + E_{rx}(x,0) = E_{tx}(x,0) \tag{2.2.86b}$$

将式（2.2.81）、式（2.2.83）和式（2.2.85）代入式（2.2.86）得

$$E_{i0}e^{-j\beta_1 x\sin\theta_i} + E_{r0}e^{-j\beta_1 x\sin\theta_r} = E_{t0}e^{-j\beta_2 x\sin\theta_t} \tag{2.2.87a}$$

$$\frac{1}{Z_1}\left[-E_{i0}\cos\theta_i e^{-j\beta_1 x\sin\theta} + E_{r0}\cos\theta_r e^{-j\beta_1 x\sin\theta_r}\right] = -\frac{E_{t0}}{Z_2}\cos\theta_t e^{-j\beta_2 x\sin\theta} \tag{2.2.87b}$$

式（2.2.87）对 $z = 0$ 平面内的所有 $x$ 都成立，两式中各项所含的指数因子（均为 $x$ 的函数）必须相等，所以有

$$\beta_1 x\sin\theta_i = \beta_1 x\sin\theta_r = \beta_2 x\sin\theta_t$$

这一结论与斯涅尔反射定律和斯涅尔折射定律相同。

式（2.2.87）可简单地重写为

$$E_{i0} + E_{r0} = E_{t0} \tag{2.2.88a}$$

$$\frac{1}{Z_1}(E_{i0} - E_{r0})\cos\theta_i = \frac{1}{Z_2}E_{t0}\cos\theta_t \tag{2.2.88b}$$

由此便可求出用 $E_{i0}$ 表示的 $E_{r0}$ 和 $E_{t0}$。定义分界面上 $(z = 0)$ 反射波的电场强度与入射波的电场强度的复振幅之比为反射系数，用 $\Gamma$ 表示，它是无量纲的；定义透射波的电场强度和入射波的电场强度的复振幅之比为传输系数或透射系数，用 $\tau$ 表示，也是无量纲的。一般情况下，$\Gamma$ 和 $\tau$ 都是复数，都包含场量的幅度和相位信息。

由定义有

$$\Gamma = \frac{E_{r0}}{E_{i0}} \tag{2.2.89a}$$

$$\tau = \frac{E_{t0}}{E_{i0}} \tag{2.2.89b}$$

由式（2.2.88）可求出垂直极化时的反射系数 $\Gamma_\perp$ 和透射系数 $\tau_\perp$：

$$\Gamma_\perp = \frac{Z_2 \cos\theta_i - Z_1 \cos\theta_t}{Z_2 \cos\theta_i + Z_1 \cos\theta_t} = \frac{\left(\frac{Z_2}{\cos\theta_i}\right) - \left(\frac{Z_1}{\cos\theta_t}\right)}{\left(\frac{Z_2}{\cos\theta_i}\right) + \left(\frac{Z_1}{\cos\theta_t}\right)} \tag{2.2.90a}$$

$$\tau_\perp = \frac{2Z_2 \cos\theta_i}{Z_2 \cos\theta_i + Z_1 \cos\theta_t} = \frac{2\left(\frac{Z_2}{\cos\theta_i}\right)}{\left(\frac{Z_2}{\cos\theta_i}\right) + \left(\frac{Z_1}{\cos\theta_t}\right)} \tag{2.2.90b}$$

另外，$\Gamma_\perp$ 和 $\tau_\perp$ 之间的关系为

$$1 + \Gamma_\perp = \tau_\perp \tag{2.2.91}$$

### 2. 平行极化

平行极化时，$E_i$ 在入射面内（如图 2.10 所示）。此时，$a_{ni},a_{nr}$ 和 $a_{nt}$ 仍如式（2.2.80）、式（2.2.82）和式（2.2.84）所示。采用与垂直极化时相同的方式，可以得到平行极化时入射波、反射波和透射波电场强度和磁场强度的矢量表达式。

入射波：

$$E_i(x,z) = E_{i0}\left[a_x \cos\theta_i + a_z \sin\theta_i\right]\mathrm{e}^{-\mathrm{j}\beta_1(x\sin\theta_i + z\cos\theta_i)} \tag{2.2.92a}$$

$$H_i(x,z) = a_y \frac{E_{i0}}{Z_1}\mathrm{e}^{-\mathrm{j}\beta_1(x\sin\theta_i + z\cos\theta_i)} \tag{2.2.92b}$$

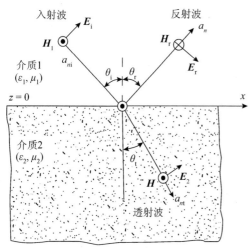

图 2.10  平面电磁波在介质表面的反射与折射
（平行极化）

反射波：

$$E_r(x,z) = E_{r0}\left[a_x \cos\theta_r + a_z \sin\theta_r\right]\mathrm{e}^{-\mathrm{j}\beta_1(x\sin\theta_r - z\cos\theta_r)} \tag{2.2.93a}$$

$$H_r(x,z) = -a_y \frac{E_{r0}}{Z_1}\mathrm{e}^{-\mathrm{j}\beta_1(x\sin\theta_r - z\cos\theta_r)} \tag{2.2.93b}$$

透射波：

$$E_t(x,z) = E_{t0}(a_x \cos\theta_t - a_z \sin\theta_t)\mathrm{e}^{-\mathrm{j}\beta_2(x\sin\theta_t + z\cos\theta_t)} \tag{2.2.94a}$$

$$H_t(x,z) = a_y \frac{E_{t0}}{Z_2}\mathrm{e}^{-\mathrm{j}\beta_2(x\sin\theta_t + z\cos\theta_t)} \tag{2.2.94b}$$

边界条件仍为 $E$ 和 $H$ 的切向分量在 $z = 0$ 处连续，可得斯涅尔反射定律及下述关系：

$$(E_{i0} + E_{r0})\cos\theta_i = E_{t0}\cos\theta_t \tag{2.2.95a}$$

$$\frac{1}{Z_1}(E_{i0} - E_{r0}) = \frac{1}{Z_2}E_{t0} \tag{2.2.95b}$$

由此解得平行极化时的反射系数 $\Gamma_\parallel$ 和传输系数 $\tau_\parallel$ 分别为

$$\Gamma_{\parallel} = \frac{Z_2 \cos\theta_t - Z_1 \cos\theta_i}{Z_2 \cos\theta_t + Z_1 \cos\theta_i} \qquad (2.2.96\text{a})$$

$$\tau_{\parallel} = \frac{2Z_2 \cos\theta_i}{Z_2 \cos\theta_t + Z_1 \cos\theta_i} \qquad (2.2.96\text{b})$$

不难验证

$$1 + \Gamma_{\parallel} = \tau_{\parallel}\left(\frac{\cos\theta_t}{\cos\theta_i}\right) \qquad (2.2.97)$$

注意，除了 $\theta_i = \theta_t = 0$ 时，$\Gamma_{\parallel}$ 和 $\tau_{\parallel}$ 的关系式（2.2.97）和 $\Gamma_{\perp}$ 与 $\tau_{\perp}$ 的关系式（2.2.91）是完全不同的。

### 3. 平面波入射到理想导体表面

如果介质 2 是理想导体，$Z_2 = 0$，有 $\Gamma_{\perp} = \Gamma_{\parallel} = -1 (E_{r0} = -E_{i0})$，$\tau_{\perp} = \tau_{\parallel} = 0 (E_{t0} = 0)$。

在导体表面不存在 $E$ 的切向分量，因此没有能量穿过理想导体的边界。在介质 1 中，总场（入射场与反射场的合成）有一些特殊性质。下面仍就垂直极化和平行极化的情况进行讨论。

1）垂直极化

此时，介质 1 中的总电场强度是式（2.2.81a）和式（2.2.83a）的和，即

$$\begin{aligned}
\boldsymbol{E}_1(x,z) &= \boldsymbol{E}_i(x,z) + \boldsymbol{E}_r(x,z) \\
&= \boldsymbol{a}_y \boldsymbol{E}_{i0}\left(\mathrm{e}^{-\mathrm{j}\beta_1 z \cos\theta} - \mathrm{e}^{+\mathrm{j}\beta_1 z \cos\theta}\right)\mathrm{e}^{-\mathrm{j}\beta_1 x \sin\theta_i} \\
&= -\boldsymbol{a}_y 2\mathrm{j}\boldsymbol{E}_{i0}\sin(\beta_1 z \cos\theta_i)\mathrm{e}^{-\mathrm{j}\beta_1 x \sin\theta}
\end{aligned} \qquad (2.2.98\text{a})$$

同样，由式（2.2.81b）和式（2.2.83b）可得总磁场强度为

$$\boldsymbol{H}_1(x,z) = -2\frac{E_{i0}}{Z_1}\left[\boldsymbol{a}_x \cos\theta_i \cos\left(\beta_1 z \cos\theta_i\right)\mathrm{e}^{-\mathrm{j}\beta_1 x \sin\theta}\right] + \boldsymbol{a}_z \mathrm{j}\sin\theta_i \sin\left(\beta_1 z \cos\theta_i\right)\mathrm{e}^{-\mathrm{j}\beta_1 x \sin\theta} \qquad (2.2.98\text{b})$$

由式（2.2.98）可以看出，垂直极化的均匀平面波以入射角 $\theta_i$ 入射到理想导体平面边界时，区域 1 中的合成场由如下两部分组成（$\theta_i = 0$ 的情况除外）。

（1）$E_{1y}$ 和 $H_{1y}$，两者的空间分布错开 1/4 周期 $\sin\beta_{1z}z$ 和 $\cos\beta_{1z}z$，$\beta_{1z} = \beta_1 \cos\theta_i$ 的相位差 90°，是一个驻波，且

$$\boldsymbol{S}_{\mathrm{av}} \cdot \boldsymbol{a}_z = \frac{1}{2}\mathrm{Re}(\boldsymbol{E}_{1y}\boldsymbol{a}_y \times \boldsymbol{H}_{1x}^*\boldsymbol{a}_x) \cdot \boldsymbol{a}_z = 0$$

所以 $E_{1y}$ 和 $H_{1x}$ 组成垂直于边界方向（$z$ 方向）的驻波，在该方向上传播的平均功率为零。

（2）$E_{1z}$ 和 $H_{1z}$，两者的时间相位和空间分布均相同，是沿平行于边界方向（$x$ 方向）传播的行波，相速为 $v_{1x}$，

$$v_{1x} = \frac{\omega}{\beta_{1x}} = \frac{\omega}{\beta_1 \sin\theta_i} = \frac{\mu_1}{\sin\theta_i} \qquad (2.2.99)$$

相应地，在该方向的波长为

$$\lambda_{1x} = \frac{2\pi}{\beta_{1x}} = \frac{\lambda_1}{\sin\theta_i} \qquad (2.2.100)$$

由式（2.2.98）还可以看出，沿 $x$ 方向传播的波的振幅是 $z$ 的函数，因此是非均匀平面波，

且当 $\sin(\beta_1 z\cos\theta_i) = 0$ 时，其振幅恒为零。零点位置为

$$z_m = -\frac{m\lambda_1}{2\cos\theta_i}, \qquad m = 1,2,3,\cdots \tag{2.2.101}$$

当 $z = z_m$ 时，无论 $x$ 为何值，$E_1$ 均为零。若在这些位置插入一块无限大的理想导体板，则导体板和原导体平面边界（$z=0$）之间的场分布不变，此时波在两个导体平面之间来回反射，形成沿 $x$ 方向传播的波，称为**横电（TE）波**。据此，可以构成一种平行板波导。

2）平行极化

此时，介质 1 中的总电场强度由式（2.2.92a）和式（2.2.93a）叠加得到，为

$$\boldsymbol{E}_1(x,z) = -2E_{i0}\left[\boldsymbol{a}_x j\cos\theta_i\sin\left(\beta_1 z\cos\theta_i\right)\right] + \boldsymbol{a}_z\sin\theta_i\cos\left(\beta_1 z\cos\theta_i\right)\mathrm{e}^{-j\beta_1 x\sin\theta} \tag{2.2.102a}$$

式（2.2.92b）和式（2.2.93b）相加，就得到介质 1 中的总磁场强度，即

$$\boldsymbol{H}_1(x,z) = \boldsymbol{a}_y 2\frac{E_1}{Z_1}\cos\left(\beta_1 z\cos\theta_i\right)\mathrm{e}^{-j\beta_1 x\sin\theta} \tag{2.2.102b}$$

同样，当平行极化的均匀平面波以入射角 $\theta_i$ 入射到理想导体的平面边界时，介质 1 中的合成场也由如下两部分组成（$\theta_i = 0$ 的情况除外）。

（1）$\boldsymbol{E}_{1x}$ 和 $\boldsymbol{H}_{1y}$ 构成垂直于边界方向（$z$ 方向）的驻波，在该方向传播的平均功率为零。

（2）$\boldsymbol{E}_{1z}$ 和 $\boldsymbol{H}_{1y}$ 构成沿平行于边界方向（$x$ 方向）传播的行波，是非均匀平面波，相速和波长与垂直极化时相同，见式（2.2.99）和式（2.2.100）。在 $z = z_m$ ［见式（2.2.101）］处，波的振幅恒为零。在该位置放一块无限大的理想导体板，不会改变导体板与平面边界之间的场分布。据此，可以构成另一种平行板波导，称为沿 $x$ 方向传播的**横磁（TM）波**。

4．平面边界的垂直入射

当均匀平面波垂直于平面边界入射时，反射波和透射波的特性将与入射波的极化特性无关（事实上，此时无法也无必要区分垂直极化和平行极化）。将 $\theta_i = 0$ 代入式（2.2.90a, b）式（2.2.96a, b）将得到相同的结果，此时反射系数和传输系数分别为

$$\Gamma = \frac{E_{r0}}{E_{i0}} = \frac{Z_2 - Z_1}{Z_2 + Z_1} \tag{2.2.103}$$

$$\tau = \frac{E_{t0}}{E_{i0}} = \frac{2Z_2}{Z_2 + Z_1} \tag{2.2.104}$$

两者的关系为

$$1 + \Gamma = \tau \tag{2.2.105}$$

介质 1 中的合成电场为

$$\begin{aligned}
\boldsymbol{E}_1(z) &= \boldsymbol{E}_i(z) + \boldsymbol{E}_r(z) = \boldsymbol{a}_x E_{i0}\left(\mathrm{e}^{-j\beta_1 z} + \Gamma\mathrm{e}^{j\beta_1 z}\right)\\
&= \boldsymbol{a}_x E_{i0}\left[(1+\Gamma)\mathrm{e}^{-j\beta_1 z} + \Gamma(2j\sin\beta_1 z)\right] = \boldsymbol{a}_x E_{i0}\left[\tau\mathrm{e}^{-j\beta_1 z} + \Gamma(2j\sin\beta_1 z)\right]
\end{aligned} \tag{2.2.106}$$

由式（2.2.106）可以看出，在垂直于边界的方向（$z$ 方向）上，$\boldsymbol{E}_1(z)$ 由两部分组成：一部分是振幅为 $\tau E_{i0}$ 的行波，另一部分是振幅为 $2\Gamma E_{i0}$ 的驻波。由于行波的存在，$\boldsymbol{E}_1(z)$ 在离开分界面的某些固定点处不再为零，但仍有最大值和最小值，两者之比称为**驻波比**，以 $s$ 表示，驻波比无量纲。由定义有

$$s = \frac{|E_{\max}|}{|E_{\min}|} = \frac{1+|\Gamma|}{1-|\Gamma|} \qquad (2.2.107)$$

式（2.2.107）的逆关系为

$$|\Gamma| = \frac{s-1}{s+1} \qquad (2.2.108)$$

反射系数的值域是从–1 到+1，驻波比则从 1 变化至∞。$s = 1$ 表示纯行波，$s \to \infty$ 表示纯驻波，注意，驻波比恒大于 1（$s \geqslant 1$）。驻波比是反映边界两侧介质不连续程度的一个重要指标，也常用分贝数表示驻波比，它与驻波比本身的关系为 $s$（dB）$= 20 \lg s$（dB）。

以上讨论仅要求介质是简单介质，并未限定其损耗特性。如果介质 1 和/或介质 2 是有耗介质，那么所有结论仍然成立，只是相应的 $\eta_1$ 和/或 $\eta_2$ 是复数，$\Gamma$ 和 $\tau$ 或 $\Gamma_\perp$ 和 $\tau_\perp$ 或 $\Gamma_\parallel$ 和 $\tau_\parallel$ 也是复数。这意味着在分界面上，反射场和透射场与入射场之间必定存在相移。

### 2.2.5 多层介质表面的正入射

#### 1. 代数方法

如图 2.11 所示，考虑三层介质的情况。介质 2 的厚度为 $d$，介质 1 和介质 3 分别为 $z < 0$ 和 $z > 0$ 的半无限大介质。设介质 1 中有一个沿+z 方向传播的均匀平面波入射到 $z = 0$ 分界面，则在该界面产生反射波 $E_r^{(0)}$，并有一部分进入介质 2，为 $E_2^{+(1)}$。$E_2^{+(1)}$ 传播至 $z = d$ 的分界面时，也产生反射场 $E_2^{-(1)}$ 和透射场 $E_t^{(1)}$。$E_2^{-(1)}$ 沿 $-z$ 方向传播回 $z = 0$ 分界面时，反射场为 $E_2^{+(2)}$，进入介质 1 的透射场为 $E_1^{-(1)}$。$E_2^{+(2)}$ 又重复 $E_2^{+(1)}$ 的过程。因此，进入介质 2 的波将在 $z = 0$ 和 $z = d$ 两个分界面之间来回振荡，且每次都有部分波透射至介质 1 和介质 3 中，如图 2.11 所示。介质 1 中沿 $-z$ 方向传播的波就包括第一次入射波的反射波和以后来自介质 2 的各次透射波，其合成场可视为入射波在多层介质分界面上的反射场 $E_r$，即

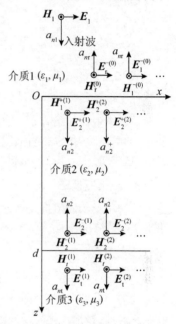

图 2.11　三层介质的垂直入射

$$E_r = E_{r0} a_x \mathrm{e}^{j\beta_1 z} = E_r^{(0)} + E_1^{-(1)} + E_2^{-(2)} + \cdots \qquad (2.2.109)$$

相应的磁场强度 $H_r$ 为

$$H_r = H_{r0}(-a_y)\mathrm{e}^{j\beta_1 z} = \frac{E_{r0}}{\eta}(-a_y)\mathrm{e}^{j\beta_1 z} = H_r^{(0)} + H_1^{-(1)} + H_1^{-(2)} + \cdots \qquad (2.2.110)$$

同理，在介质 2 中可将波沿+z 方向传播和沿 $-z$ 方向传播分别合成为 $E_2^+$ 和 $E_2^-$：

$$E_2^+ = E_2^{+(1)} + E_2^{+(2)} + E_2^{+(3)} + \cdots = E_{20}^+ a_x \mathrm{e}^{-j\beta_2 z} \qquad (2.2.111)$$

$$E_2^- = E_2^{-(1)} + E_2^{-(2)} + E_2^{-(3)} + \cdots = E_{20}^- a_x \mathrm{e}^{j\beta_2 z} \qquad (2.2.112)$$

相应的磁场强度 $H_2^+$ 和 $H_2^-$ 为

$$H_2^+ = \frac{E_{20}^+}{Z_2} a_y \mathrm{e}^{-j\beta_2 z} \qquad (2.2.113)$$

$$H_2^- = -\frac{E_{20}^-}{Z_2} a_y \mathrm{e}^{j\beta_2 z} \qquad (2.2.114)$$

介质 3 中的合成场为

$$\boldsymbol{E}_t = \boldsymbol{E}_t^{(1)} + \boldsymbol{E}_t^{(2)} + \boldsymbol{E}_t^{(3)} + \cdots = \boldsymbol{E}_{t0} e^{-j\beta_z(z-d)} a_x \qquad (2.2.115a)$$

$$\boldsymbol{H}_t = \frac{\boldsymbol{E}_{t0}}{Z_3} e^{-j\beta_3(z-d)} a_y \qquad (2.2.115b)$$

由边界条件可知，在 $z = 0$ 处，有

$$\boldsymbol{E}_i(0) + \boldsymbol{E}_r(0) = \boldsymbol{E}_2^+(0) + \boldsymbol{E}_2^-(0) \qquad (2.2.116a)$$

$$\boldsymbol{H}_i(0) + \boldsymbol{H}_r(0) = \boldsymbol{H}_2^+(0) + \boldsymbol{H}_2^-(0) \qquad (2.2.116b)$$

在 $z = d$ 处，有

$$\boldsymbol{E}_2^+(d) + \boldsymbol{E}_2^-(d) = \boldsymbol{E}_t(d) \qquad (2.2.116c)$$

$$\boldsymbol{H}_2^+(d) + \boldsymbol{H}_2^-(d) = \boldsymbol{H}_t(d) \qquad (2.2.116d)$$

式（2.2.116）中有 $\boldsymbol{E}_{r0}$，$\boldsymbol{E}_{20}^+$，$\boldsymbol{E}_{20}^-$ 和 $\boldsymbol{E}_{t0}$ 四个未知量，于是由四个代数方程完全可以解出以 $\boldsymbol{E}_{i0}$ 表示的解，即得到各区域场量与入射场的关系。

一般来说，如果有 $n + 1$ 层介质，则有 $n$ 个分界面，由边界条件建立 $2n$ 个代数方程，其中包含 $n - 1$ 层介质中沿 $+z$ 方向传播和沿 $-z$ 方向传播的合成场，以及第一层中的总反射场和第 $n + 1$ 层中的总透射场，共 $2n$ 个未知量，方程有解。这就是代数方法分析多层介质的基本思路。

### 2. 阻抗变换法

定义总场的波阻抗为平行于边界面的平面上的总电场强度与总磁场强度之比。对于本节讨论的垂直入射情况，有

$$\hat{Z}(z) = \frac{E_x^{总}(z)}{H_y^{总}(z)} \qquad (2.2.117)$$

均匀平面波在无界空间中传播时，若沿 $+z$ 方向传播，则总场波阻抗恒等于介质的本征阻抗 $Z$；若沿 $-z$ 方向传播，则总场波阻抗恒等于 $-Z$。不管沿哪个方向传播，它们均与位置 $z$ 无关。

当均匀平面波从介质 1 垂直入射到介质 2 的平面边界上时，由 2.2.4 节的讨论可知，介质 1 中总场波阻抗为

$$\hat{Z}_1(z) = \frac{E_{1x}(z)}{H_{1y}(z)} = Z_1 \frac{e^{-j\beta_1 z} + \Gamma e^{j\beta_1 z}}{e^{-j\beta_1 z} - \Gamma e^{j\beta_1 z}} \qquad (2.2.118)$$

将式（2.2.103）代入上式得

$$\hat{Z}_1(z) = Z_1 \frac{Z_2 \cos \beta_1 z + jZ_1 \sin \beta_1 z}{Z_1 \cos \beta_1 z + jZ_2 \sin \beta_1 z} = Z_1 \frac{Z_2 + jZ_1 \tan \beta_1 z}{Z_1 + jZ_2 \tan \beta_1 z} \qquad (2.2.119)$$

数学形式上，式（2.2.119）与特性阻抗为 $\eta_1$、终端负载阻抗为 $\eta_2$ 的传输线到终端距离 $z$ 处的输入阻抗的计算公式完全一致。不难想象，对图 2.11 所示的结构，介质 1 中均匀平面波在边界 $z = 0$ 上的反射系数必然与特性阻抗为 $Z$、终端负载阻抗为 $\hat{Z}_2(0)$ 的传输线上的反射系数的计算公式一致。

另一方面，根据定义，$\hat{Z}_2(0)$ 表示平面 $z = 0$ 上介质 2 中的总电场与总磁场之比，即

$$\hat{Z}_2(0) = \frac{E_{2x}}{H_{2y}}\bigg|_{z=0} = \frac{E_{20}^+ + E_{20}^-}{H_{20}^+ + H_{20}^-} \qquad (2.2.120)$$

将式（2.2.120）代入式（2.2.116a）和式（2.2.116b），可得介质 1 中 $z = 0$ 处对入射波的反射系数 $\Gamma_0$ 为

$$\Gamma_0 = \frac{E_{r0}}{E_{i0}} = \frac{\hat{Z}_2(0) - Z_1}{\hat{Z}_2(0) + Z_1} \qquad (2.2.121)$$

这一结论与上述等效传输线的结论是一致的。比较式（2.2.121）和式（2.2.103）可以看出，$\Gamma_0$ 和 $\Gamma$ 的不同之处仅在于以 $\hat{Z}_2(0)$ 代替了 $\eta_2$，对于图 2.11 中的情况，$\hat{Z}_2(0)$ 为

$$\hat{Z}_2(0) = Z_2 \frac{Z_3 + jZ_2 \tan \beta_2 d}{Z_2 + jZ_3 \tan \beta_2 d} \qquad (2.2.122)$$

关于阻抗变换法，可以得出如下结论。

（1）将厚度为 $d$、本征阻抗为 $Z_2$ 的电介质插入到本征阻抗为 $Z_3$ 的介质前，效果相当于将阻抗 $Z_3$ 变换为 $\hat{Z}_2(0)$，因此可以通过改变 $d$ 和 $Z_2$ 来改变 $\hat{Z}_2(0)$，得到所需的 $\Gamma_0$。这一点在天线设计和电磁工程设计中尤为重要。

（2）如果只需要计算介质 1 中的反射场，那么使用式（2.2.121）和式（2.2.122）即可；如果要计算介质 2 和介质 3 中场量的值，那么需要使用边界条件建立代数方程，但只需要对每个边界面单独求解，然后依次递推。例如，先求 $z = 0$ 时的式（2.2.116a）和式（2.2.116b），再求 $z = d$ 时的式（2.2.116c），而不需要联立求解。同样，对于 $n + 1$ 层介质，有 $n$ 个分界面，求出 $\Gamma_0$ 和 $E_{r0}$ 后，问题归结为依次求解 $n - 1$ 个二元一次方程组和一个一元一次方程。计算量比代数方法小得多，而且更适合于计算机求解。$\Gamma_0$ 的求解利用等效传输线原理也不困难。

## 2.2.6  电磁散射

探地雷达的广泛应用及探测精度的逐渐提高，使得探测内容和要求也逐渐提高。这种提高表现在如下几个方面：①应用领域逐渐从早期的低损耗介质转变为衰减较强的介质。②探测目标逐渐从物性差异较大的目标转变为物性差异较小的目标。③探测介质界面逐渐向探测介质属性、随机介质分布规律方向转变。可见，散射介质的研究逐渐成为探地雷达探测领域的一个重要方向。

探地雷达应用中遇到介质通常是不同物质的混合体，每种物质都占据一部分体积，该体积与空间整个体积之比称为该物质的**占空比**。例如，"干雪"由冰和空气混合而成。"干雪"中冰的占空比为 0.1～0.4，冰的介电常数为 $3.2\varepsilon_0$。这与空气的介电常数 $\varepsilon_0$ 明显不同。"湿雪"中多出一份水，水的介电常数为 $80\varepsilon_0$，其占空比为 0～0.1。岩石由矿物颗粒和充有空气或水的孔隙组成，孔隙的占空比为 0～0.4。土壤也是由各种组分混合而成的（王志良，1994）。

由于探地雷达技术的发展，人们对介质的属性研究兴趣越来越浓。对于稀疏和致密介质，其研究方法是不同的。对于稀疏介质，由于颗粒位置之间的相关性不强，甚至可以忽略，因此可以使用比较简单的近似方法，如有效场近似（有效场近似假设作用在每个颗粒上的多散射入射场等于介质内的平均场；实际上，每个粒子的多散射入射场等于外加场加上除该粒子外的所有粒子的多散射场，是一个非常难以确定的量）。另外，由于粒子比较稀疏，介质的等效介电常数也与背景介质的介电常数没有明显的不同。致密介质必须考虑颗粒位置的相关性和介质等效介电常数与背景介质明显不同的影响。因此，必须采用准晶近似（准晶近似假设介质中一个粒子固定后，其他粒子的场与没有粒子固定时的相同；也就是说，准晶近似只考虑粒子之间位置的相关性，而不考虑粒子之间场的相关性）和准晶近似相干位（由于粒子密度很大，等效介电常数与背景介质明显不同，所以粒子之间的波不以背景介质中的波数传播，而以等效介质中的波数传播）。

Kong（2003）研究和总结了散射介质，并将电磁波的散射分为球形粒子的散射、导体柱的散射、周期性粗糙表面的散射、随机粗糙表面的散射、周期性介质的散射和随机介质的散射。但是，这方面的内容过多，且探地雷达在该方面的应用研究仍处在发展阶段，所以这里只简单介绍球形粒子散射介质。

按照粒子的大小（电尺寸 $ka$，其中 $k$ 为空间频率，即 $k = 2\pi/\lambda$，$a$ 为粒子的半径），或者说所研究问题的频段来分，粒子可分为：小粒子，$ka < 1$；中等粒子，$ka < 60$；大粒子，$ka > 60$。对于中等粒子散射和大粒子散射，探地雷达可作为单独探测目标进行处理。小粒子是目前的主要研究对象，由于散射衰减可以忽略，因此可以应用经典的等效介电常数的混合公式。

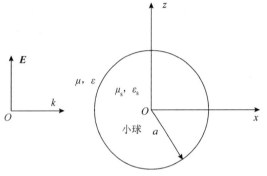

图 2.12　小球的瑞利散射

瑞利散射描述了尺寸远小于波长的粒子对电磁波的散射。考虑一个球形粒子，其介电常数为 $\varepsilon_s$，磁导率为 $\mu_s$，半径为 $a$，位于坐标系原点，如图 2.12 所示。一个 $\hat{z}$ 方向极化的平面波入射到粒子上，$\boldsymbol{E} = \hat{z}E_0\mathrm{e}^{jkx}$。由于粒子很小，散射场基本上可视为由点源散射产生。$\hat{z}$ 方向的电场在粒子上感应出偶极矩，因此粒子作为一个偶极子天线产生再辐射。其解为

$$\boldsymbol{E} = \frac{-\mathrm{j}\omega\mu Il\mathrm{e}^{\mathrm{i}kr}}{4\pi r}\left\{\hat{r}\left[\left(\frac{\mathrm{j}}{kr}\right)^2 + \frac{\mathrm{j}}{kr}\right]2\cos\theta + \hat{\theta}\left[\left(\frac{\mathrm{j}}{kr}\right)^2 + \frac{\mathrm{j}}{kr} + 1\right]\sin\theta\right\} \quad (2.2.123a)$$

$$\boldsymbol{H} = \hat{\phi}\frac{-\mathrm{j}kIl\mathrm{e}^{\mathrm{j}kr}}{4\pi r}\left(\frac{\mathrm{j}}{kr} + 1\right)\sin\theta \quad (2.2.123b)$$

偶极矩 $Il$ 由 $E_0$ 和 $\varepsilon_0$ 决定。

在非常靠近原点的地方，$kr \ll 1$，因为 $k = \omega/c$，所以这个关系式也适合频率很低时的静态极限情况。偶极子的解本质上是电场，磁场在静态极限时消失。因为当 $Il$ 正比于 $\omega$ 时，有 $H \approx Il$ 和 $E \approx Il/k$。静态极限的电场为

$$\boldsymbol{E} \approx \frac{\mathrm{j}\omega\mu Il}{4\pi r}\frac{1}{(kr)^2}\left(\hat{r}2\cos\theta + \hat{\theta}\sin\theta\right) = \left(\hat{r}2\cos\theta + \hat{\theta}\sin\theta\right)\left(\frac{a}{r}\right)^3 E_0 \quad (2.2.124a)$$

$$\boldsymbol{E}_s = \frac{\mathrm{j}\eta Il}{4\pi ka^3} \quad (2.2.124b)$$

而且 $\eta = \sqrt{\mu/\varepsilon}$。这个解满足静电场的麦克斯韦方程组，即 $\nabla \times \boldsymbol{E} = 0$ 和 $\nabla \cdot \boldsymbol{E} = 0$。

假设小球内部的场是均匀的，且与入射场方向相同，则有

$$\boldsymbol{E} = \hat{z}E_i = (\hat{r}\cos\theta - \hat{\theta}\sin\theta)E_i, \quad r \leqslant a$$

这个解也满足静电场的麦克斯韦方程组。

在小球表面 $r = a$，边界条件要求切向电场 $\boldsymbol{E}$ 与法向电位移矢量 $\boldsymbol{D}$ 在边界上连续，因此有

$$-\boldsymbol{E}_0 + \boldsymbol{E}_s = -\boldsymbol{E}_i \quad (2.2.125a)$$

$$\varepsilon\boldsymbol{E}_0 + 2\varepsilon\boldsymbol{E}_s = \varepsilon_s\boldsymbol{E}_i \quad (2.2.125b)$$

如果用入射场幅度 $\boldsymbol{E}_0$ 表示，那么可将以上两式写为

$$E_s = \frac{\varepsilon_s - \varepsilon}{\varepsilon_s + 2\varepsilon} E_0 \qquad (2.2.126\text{a})$$

$$E_i = \frac{3\varepsilon}{\varepsilon_s + 2\varepsilon} E_0 \qquad (2.2.126\text{b})$$

由式（2.2.124b）和式（2.2.126a）的解得到 $Il$ 为

$$Il = -\text{j}4\pi k a^3 \sqrt{\frac{\varepsilon}{\mu}} \left( \frac{\varepsilon_s - \varepsilon}{\varepsilon_s + 2\varepsilon} \right) E_0$$

将上式代入式（2.2.123），就得到瑞利散射的电磁场。

下面研究当 $kr \gg 1$ 时的散射场。式（2.2.123）给出

$$E_\theta = -\left( \frac{\varepsilon_s - \varepsilon}{\varepsilon_s + 2\varepsilon} \right) k^2 a^2 E_0 \frac{a}{r} \text{e}^{\text{j}kr} \sin\theta \qquad (2.2.127\text{a})$$

$$H_\phi = \sqrt{\varepsilon/\mu} E_\theta \qquad (2.2.127\text{b})$$

小球的总散射功率为

$$P_s = \frac{1}{2} \int_0^\pi r^2 \sin\theta \text{d}\theta \int_0^{2\pi} \text{d}\phi E_\theta H_\phi^* = \frac{4\pi}{3} \sqrt{\varepsilon/\mu} \left( \frac{\varepsilon_s - \varepsilon}{\varepsilon_s + 2\varepsilon} k^2 a^3 E_0 \right)^2 \qquad (2.2.128)$$

散射截面积可以计算为

$$\sum\nolimits_s = \frac{P_s}{\frac{1}{2}\sqrt{\varepsilon/\mu}|E_0|^2} = \frac{8\pi}{3} \left( \frac{\varepsilon_s - \varepsilon}{\varepsilon_s + 2\varepsilon} \right)^2 k^2 a^2 \qquad (2.2.129)$$

因此，总散射功率与波数的 4 次方成正比，高频波比低频波的散射更强。散射功率与半径的 6 次方成正比。

当小球为完全导体时，其内部电场 $E_i$ 恒等于零。由式（2.2.124b）和式（2.2.125a）可得

$$Il = -\text{j}4\pi k a^3 \sqrt{\varepsilon/\mu} E_0 \qquad (2.2.130)$$

用法向 $\boldsymbol{D}$ 场的边界条件可得表面电荷密度 $\rho_s$。注意，在式（2.2.126）中，如果使 $\varepsilon_s$ 趋于无穷大，那么可以得到式（2.2.130）。由于存在表面电荷，它们的时间变化引起表面电流，于是产生磁偶极子。磁偶极子附近的磁场为式（2.2.124）中电偶极子的对偶场：

$$\boldsymbol{H} \approx \frac{\text{j}kKl}{4\pi r} \sqrt{\varepsilon/\mu} \frac{1}{(kr)^2} (\hat{r} 2\cos\theta_y + \hat{\theta}_y \sin\theta_y) \qquad (2.2.131)$$

式中，$Kl$ 为偶极子的磁偶极矩。注意，如果入射磁场为 $\hat{y}$ 方向，角 $\theta_y$ 指的是与 $y$ 轴的夹角，这时 $y$ 轴对应电偶极子中的 $z$ 轴。边界条件要求法向磁场 $\boldsymbol{B}$ 为零，切向磁场 $\boldsymbol{H}$ 的不连续性给出表面电荷密度 $\boldsymbol{J}_s$。于是，可以得到

$$Kl = -\text{j}2\pi k a^3 \sqrt{\varepsilon/\mu} H_0 \qquad (2.2.132)$$

式中，$H_0$ 是入射平面波幅度。因此，散射场相当于沿 $y$ 轴出现的磁偶极子的散射场。

记住，以上对瑞利散射的分析只在小球半径很小时才有效；对于较大半径的粒子，散射过程称为米氏（**Mie**）散射。事实上，下面将给出具有介电常数 $\varepsilon_s$ 和磁导率 $\mu_s$ 的任意大小球形粒子的平面波散射，它有闭式精确解。

### 2.2.7　色散和群速

2.2.1 节中给出了相速的概念，即单一频率平面波的等相位面的传播速度，用 $v_p$ 表示。相速与相位常数 $\beta$ 的关系为

$$v_p = \omega/\beta \quad (\text{m/s}) \tag{2.2.133}$$

在理想介质中，$\beta$ 是 $\omega$ 的线性函数，相速 $v_p$ 是一个与频率无关的常数。但是，在许多情况下（如前面讨论的有耗介质及各向异性介质等），相位常数不再是 $\omega$ 的线性函数，这时不同频率的电磁波分别以不同的相速传播。探地雷达采用的脉冲信号包含许多频率分量，在上述介质中，不同的频率分量将以不同的相速传播，传播过程中必然产生信号波形的畸变。这种因各频率分量的相速不同而引起的信号畸变现象称为**色散**，而导致信号色散的介质称为**色散介质**。

另一方面，由 2.2.4 节的讨论可知，均匀平面波斜入射理想导体表面时，在介质 1 中，合成场由一个沿 $z$ 方向的驻波和一个沿 $+x$ 方向的行波组成，且该行波的相速为 $v_{1x} = v_1/\sin\theta_i$。于是，如果介质 1 是空气，就会出现相速 $v_{1x}$ 大于光速的结论。但是，这个结论与相对论的假设并不矛盾。因为相速仅代表相位变化的速度，而不代表电磁波能量或信息传播的速度。一般来说，载有信息的信号是由以载波为中心的频率群组成的，在波形形式上通过对载波进行调制构成一个波包，能量或信息的传播速度应是这个频率群（或波形上的波包包络）的传播速度，这就是群速。

下面考虑最简单的波包情况：抑制载波的双边带信号（DSB）中两个对称频率点构成的信号，即两个振幅相同、角频率分别为 $\omega_0 + \Delta\omega$ 和 $\omega_0 - \Delta\omega$ 的行波的合成。由于频率不同，相位常数也有微小的差别。设相应的相位常数分别为 $\beta_0 + \Delta\beta$ 和 $\beta_0 - \Delta\beta$，电磁波沿 $+z$ 方向传播，相应的场量为

$$\begin{aligned}
\boldsymbol{E}(z,t) &= E_0 \cos\left[(\omega_0 + \Delta\omega)t - (\beta_0 + \Delta\beta)z\right] + E_0 \cos\left[(\omega_0 - \Delta\omega)t - (\beta_0 - \Delta\beta)z\right] \\
&= 2E_0 \cos(\Delta\omega \cdot t - \Delta\beta \cdot z)\cos(\omega_0 t - \beta_0 z)
\end{aligned} \tag{2.2.134}$$

式中，$\Delta\omega \ll \omega_0$。式（2.2.134）中含有 $\omega_0$ 的项表示载波信号，含有 $\Delta\omega$ 的项表示幅度调制信号，即包络。载波中等相位面的传播速度为相速，由 $\omega_0 t - \beta_0 z$ 为常数确定，即

$$v_p = \frac{dz}{dt} = \frac{\omega_0}{\beta_0} \quad (\text{m/s}) \tag{2.2.135}$$

设包络的传播速度为群速 $v_g$，则 $u_g$ 由 $\Delta\omega \cdot t - \Delta\beta \cdot z$ 为常数确定，即

$$v_g = \frac{dz}{dt} = \frac{\Delta\omega}{\Delta\beta} = \frac{1}{\Delta\beta/\Delta\omega}$$

当 $\Delta\omega \to 0$ 时，可得群速的计算公式为

$$v_g = \frac{1}{d\beta/d\omega} \quad (\text{m/s}) \tag{2.2.136}$$

由式（2.2.133）或式（2.2.135）得

$$\frac{d\beta}{d\omega} = \frac{d}{d\omega}\left(\frac{\omega}{v_p}\right) = \frac{1}{v_p} - \frac{\omega}{v_p^2}\frac{dv_p}{d\omega}$$

因此，相速 $v_p$ 与群速 $v_g$ 的关系为

$$v_g = \frac{v_p}{1 - \dfrac{\omega}{v_p}\dfrac{dv_p}{d\omega}} \tag{2.2.137}$$

由式（2.2.137）可以看出，$v_{\mathrm{p}}$ 和 $v_{\mathrm{g}}$ 之间存在下列三种可能：

（1）$\mathrm{d}v_{\mathrm{p}}/\mathrm{d}\omega = 0$，$v_{\mathrm{g}} = v_{\mathrm{p}}$，此时无色散，$v_{\mathrm{p}}$ 与 $\omega$ 无关。

（2）$\mathrm{d}v_{\mathrm{p}}/\mathrm{d}\omega < 0$，$v_{\mathrm{g}} < v_{\mathrm{p}}$，此时为正常色散，$v_{\mathrm{p}}$ 随 $\omega$ 增加而减小。

（3）$\mathrm{d}v_{\mathrm{p}}/\mathrm{d}\omega > 0$，$v_{\mathrm{g}} > v_{\mathrm{p}}$，此时为异常色散，$v_{\mathrm{p}}$ 随 $\omega$ 增加而增加。

# 习　题

**2.1**　给出从麦克斯韦方程组到亥姆霍兹方程的推导过程。

**2.2**　给出探地雷达中 TM 波、TE 波和 TEM 波的应用实例。

**2.3**　说明探地雷达中电磁波传播的主要规律及其特点。

**2.4**　电磁散射模型对探地雷达数据解释有何作用？

# 参考文献

[1]　Jin Au Kong. 电磁波理论[M]. 吴季，译. 北京：电子工业出版社，2003.

[2]　李大心. 探地雷达方法与应用[M]. 北京：地质出版社，1994.

[3]　黎滨洪，金荣洪，张佩玉. 电磁场与波[M]. 上海：上海交通大学出版社，1996.

[4]　谢处方，饶克谨. 电磁场与电磁波[M]. 北京：高等教育出版社，1987.

[5]　王楚，李椿，周乐柱. 电磁学[M]. 北京：北京大学出版社，2000.

[6]　王秉中. 计算电磁学[M]. 北京：科学出版社，2002.

[7]　A. P. Annan. *Ground Penetrating Radar Workshop Notes*[D]. Sensors & Software Inc., 2001.

[8]　José M. Carcione. *Ground-penetrating Radar: Wave Theory and Numerical Simulation in Lossy Anisotropic media*[J]. Geophysics. 1996, 61(6): 1664-1677.

[9]　王志良. 电磁散射理论[M]. 成都：四川科学出版社，1994.

[10]　Sihhvola A. H. *Self-Consistency Aspects of Dielectric Mixing Theories*[J]. IEEE Trans. On Geoscience and Remote Sensing, 27(4), 1989, p.403-415.

# 第3章 介质的电性质及对电磁波传播参数的影响

任何一种地球物理方法都是利用介质物理性质的差异来进行探测的。探地雷达是以高频电磁波传播为基础，通过高频电磁波在介质中的反射和折射等现象来实现对地下介质的探测的。电阻率、介电常数、磁导率是表征介质的电磁性质的主要参数。对于不同的介质，这些参数有较大的差异，即使是同一种介质，在不同频率的电磁场的作用下，也会表现出不同的特性。影响雷达波在地下介质中传播的电性参数包括介电常数、电导率（电阻率）和磁导率等。探地雷达在地质调查、环境与工程和无损探测等领域的应用中，通常所见介质的电性参数是控制探地雷达响应的主要原因。在探地雷达探测介质的过程中，决定电磁波速度的主要因素是介电常数。电导率的影响一般只考虑其对电磁波的损耗和衰减，只有在低频情况下才考虑其对速度的影响。对于目前探地雷达的应用领域中的绝大多数介质，不考虑磁导率的影响。介质的磁性变化相对较小，只有在极少情况下，介质的磁性才会影响探地雷达的响应，探地雷达用户必须认识到这种影响，如在管线探测中。电磁波的传播参数是反映电磁波传播规律的主要参数，通过物理测量或计算可以获得电磁波的主要参数，包括电磁波的传播速度、电磁波衰减、电磁波能量或振幅、相位、电磁波频率等。因此，下面介绍介质电性质和电导参数对传播参数的影响。

## 3.1 介质的电性参数

电磁波在介质中传播，影响电磁波传播的介质性质是介电常数、电导率和磁导率。

### 3.1.1 介质的电导率

介质的导电性通常用电阻率或电导率来描述。电导率与电阻率互为倒数。根据物理学定义，均匀介质中电阻与介质的长度（$L$）成正比，与电流流过的截面积（$S$）成反比，即

$$R = \rho \frac{L}{S} \tag{3.1.1}$$

式中，比例系数 $\rho$ 是介质的电阻率。电阻率是单位面积和单位长度上介质的电阻，反映介质的导电能力，其国际单位为欧姆·米（$\Omega \cdot m$）。

电阻率的倒数称为介质的**电导率**，单位是西门子/米（S/m）。在电磁场中，在不同的频率下，介质的电阻率通常表现为不同的数值。

### 3.1.2 电介质的极化和介电常数

在电场作用下，极化介质中由于电子、原子和离子的移动，产生原有偶极分子或新组成偶极分子的定向排列，进而导致次生场出现，并且与原始场叠加。我们用极化矢量 $P$ 来定量描述极化，它可由单位体积的偶极矩确定。在电场中，极化一般与极化场成比例：

$$P = \chi_e \varepsilon_0 E \tag{3.1.2}$$

式中，$\chi_e$ 为介质的极化率，$E$ 为电场强度。

能在电场中极化的物质称为**电介质**，是指不具有任何明显导电性的物质或物体。一般情况下，所有物质都具有一定的导电能力和极化能力，也就是说，物质既是导体又是电介质。物质的介电

性质或极化能力通常用介电常数来描述：

$$\varepsilon = \varepsilon_0(1 + \chi_e) \tag{3.1.3}$$

式中，$\varepsilon_0$ 是真空的介电常数。于是，有

$$\varepsilon = \varepsilon_r \varepsilon_0 \tag{3.1.4}$$

式中，$\varepsilon_r$ 是相对介电常数，是指介质的介电常数与真空的介电常数之比，是一个无量纲的物理参数。在探地雷达应用中，相对介电常数是反映地下介质电性质的一个重要参数。

### 3.1.3 矿物的电性质

岩石由矿物组成。研究矿物的电导率和介电常数是研究岩石、地层、土壤等的电性质的基础。按导电机理的不同，矿物分为金属导体、半导体和固体电解质。

#### 1. 金属导体

各种天然金属均属于金属导体，这些金属导体的电阻率较低，但电导率很大。例如，自然金的电导率约为 $5 \times 10^7$ S/m，而自然铜的电导率约为 $3.3 \times 10^6$ S/m～$8.3 \times 10^7$ S/m。此外，石墨等具有特殊性质的电子导体也具有较强的导电性。

#### 2. 半导体

大多数金属矿物属于半导体，其导电性质变化较大。大多数金属硫化矿物如黄铜矿、黄铁矿、方铅矿和某些氧化矿物如磁铁矿具有良好的导电性，另一些硫化矿物如闪锌矿和金属氧化矿物等的导电性相对较差。表 3.1 中显示了常见矿物的电阻率值。

表 3.1  常见矿物的电阻率值

| 常见矿物 | 电阻率值（Ω·m） | 常见矿物 | 电阻率值（Ω·m） |
|---|---|---|---|
| 斑铜矿 | $10^{-6}$～$10^{-3}$ | 赤铁矿 | $10^{-3}$～$10^{6}$ |
| 磁铁矿 | $10^{-6}$～$10^{-3}$ | 锡石 | $10^{-3}$～$10^{6}$ |
| 磁黄铁矿 | $10^{-6}$～$10^{-3}$ | 辉锑矿 | $10^{0}$～$10^{3}$ |
| 黄铜矿 | $10^{-3}$～$10^{-0}$ | 软锰矿 | $10^{0}$～$10^{3}$ |
| 黄铁矿 | $10^{-3}$～$10^{-0}$ | 菱铁矿 | $10^{0}$～$10^{3}$ |
| 方铅矿 | $10^{-3}$～$10^{-0}$ | 铬铁矿 | $10^{0}$～$10^{6}$ |
| 辉铜矿 | $10^{-3}$～$10^{-0}$ | 闪锌矿 | $10^{3}$～$10^{6}$ |
| 辉钼矿 | $10^{-3}$～$10^{-0}$ | 钛铁矿 | $10^{3}$～$10^{6}$ |

#### 3. 固体电解质

绝大多数造岩矿物如长石、石英等，均属于固体电解质，其电阻率很高，导电性很差，在干燥情况下可视为绝缘体。

矿物介电常数的值域很大。例如，水的介电常数较高，具有明显的转向极化（松弛极化或偶极子极化）。某些钛、锰化合物如金红石具有较高的介电常数值（$\varepsilon_r = 170$）。绝大多数矿物都具有电子或离子位移极化，介电常数较低，为 $\varepsilon_r = 4 \sim 12$。主要造岩矿物的相对介电常数为 $4 \sim 7$。

矿物的介电常数与密度有关。图 3.1 显示了介电常数与密度的相关性，这种相关性在激发极化法中也有体现和应用。实验表明，矿物的介电常数与温度也有一定的关系。温度对水的影响特别明显，因为随着温度的升高，热运动越来越阻碍偶极分子按电场方向转向，呈现出介电常数降低的特征，如表 3.2 中的测量结果所示。研究水的介电常数非常重要，这是探地雷达应用研究的一个重要方面。水作为一种物质在自然界广泛存在，但由于含量不同、存在状态不同而表现出不

同的性质。由于水的结构，存在外加电场时，原子发生旋转使其自身与外加电场的方向一致。在旋转过程中，会产生明显的位移电流，旋转一旦结束，极化就随之出现。旋转速度主要取决于束缚水分子力的大小。在液态水中，原子的旋转阻力极小，所以高频时仍发生分子极化。图 3.2 显示了水的介电常数与频率的关系。

表 3.2　水的介电常数随温度的变化（达耶夫，1981）

| 温度（℃） | 0 | 20 | 40 | 60 | 80 | 100 |
|---|---|---|---|---|---|---|
| $\varepsilon_r$ | 88 | 80 | 73 | 67 | 61 | 55 |

与电导率不同，水的介电常数受溶解矿化度的影响很小，在双电解质的情况下，这种影响可用如下关系表示：

$$\varepsilon_r^l = \varepsilon_r^w + 3.79\sqrt{\kappa} \tag{3.1.5}$$

式中，$\varepsilon_r^l$ 和 $\varepsilon_r^w$ 分别是溶液的相对介电常数和纯水的介电常数。$\kappa$ 是溶液浓度（克/升）。可见，当 $\kappa$ 等于 1 时，即溶液中盐的含量达到 57 克/升时，相对介电常数的增加仅为 5%，而电导率将发生很大的变化。在这种情况下，对探地雷达测量的影响主要体现在吸收系数的增加。此外，冰的介电常数很低，但冰在 0℃～2℃时具有很高的介电常数（79）。

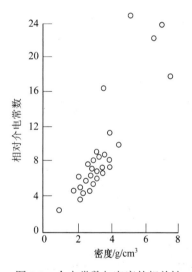

图 3.1　介电常数与密度的相关性

（Parkhomenko, 1967）

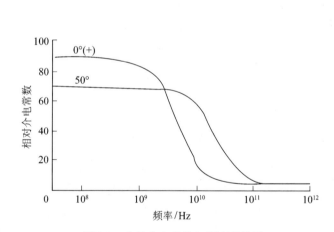

图 3.2　水的介电常数与频率的关系

（Nabighian, 1991）

### 3.1.4　岩石的电导率与介电常数

天然状态下的岩石具有非常复杂的结构与组分。在电法勘探中，可以近似地将岩石模型视为由两相介质构成，即由矿物骨架（固相）和水（液相）构成。因此，组分不同的岩石会有不同的电阻率，既使是组分相同的岩石，也会由于结构及含水量的不同而使其电阻率在很大的范围内变化。表 3.3 给出了一些常见岩石的电阻率及其变化范围。

一般情况下，火成岩的电阻率最高，变化范围为 $10^2\Omega\cdot m$～$10^5\Omega\cdot m$。变质岩的电阻率较高，变化范围与火成岩的大体类似，只是部分岩石如泥质板岩、石墨、片岩等的电阻率稍低，为 $10^1\Omega\cdot m$～$10^3\Omega\cdot m$。沉积岩的电阻率最低，但由于沉积岩的特殊生成条件，其电阻率的变化范围也相当大。砂岩的电阻率较低，石灰岩的电阻率则相当高，可达 $n\times10^7\Omega\cdot m$。

表 3.3　一些常见岩石的电阻率及其变化范围

| | | | | | | | |
|---|---|---|---|---|---|---|---|
| 火成岩 | | | | | | | |
| 变质岩 | | | | | | | |
| 黏土 | | | | | | | |
| 软页岩 | | | | | | | |
| 硬页岩 | | | | | | | |
| 砂 | | | | | | | |
| 砂岩 | | | | | | | |
| 多孔石灰岩 | | | | | | | |
| 致密石灰岩 | | | | | | $\rho/(\Omega\cdot m)$ | |
| | $1$ | $10$ | $10^2$ | $10^3$ | $10^4$ | $10^5$ | $10^6$ |

　　岩石是由各种不同成分组成的复杂体系，其介电常数与构成岩石的固体、液体、气体的成分和相对百分比有关。电磁场的频率和温度也会影响介电常数的大小。如上所述，主要造岩矿物的相对介电常数为 4～7，而水的相对介电常数为 80。因此，具有较大孔隙度的岩石的介电常数主要取决于其含水量。这种岩石骨架的矿物成分对介电常数的影响比对低孔隙度岩石的影响要小。含较多泥质的岩石除外，它们的介电常数与泥质含量关系明显。很多火成岩的孔隙度通常仅为千分之几，介电常数主要取决于造岩矿物的介电常数，其一般变化范围为 6～12。

　　岩石的含水量与介电常数的关系在探地雷达的应用中非常重要。苏联学者研究了饱含淡水的砂子的孔隙度和介电常数之间的关系。可以认为，在这种情况下，孔隙度等于砂子的体积含水量。在 12MHz 的条件下，对不同孔隙度的样品的介电常数进行了测量。结果表明，介电常数与孔隙度之间呈线性关系。根据欧杰列夫斯基建议的介电常数公式计算后，结果吻合得较好（见图 3.3）。欧杰列夫斯基的介电常数公式假设岩石是统计混合物，颗粒和孔隙度的分布杂乱无章。双向混合物的介电常数的公式为

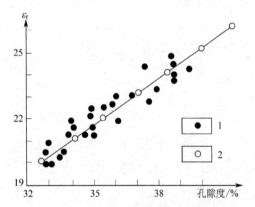

图 3.3　含水石英砂的介电常数与孔隙度的关系曲线
1—实验点；2—根据欧杰列夫斯基的介电常数公式计算的点

$$\varepsilon_c = B + \sqrt{B^2 + (\varepsilon_{r1}\varepsilon_{r2}/2)} \tag{3.1.6}$$

式中，$B = [(3\theta_1 - 1)\varepsilon_{r1} + (3\theta_2 - 1)\varepsilon_{r2}]$；$\varepsilon_c$ 为混合物的相对介电常数；$\varepsilon_{r1}, \varepsilon_{r2}$ 为组分的相对介电常数；$\theta_1, \theta_2$ 为组分的体积百分比。

　　欧杰列夫斯基的介电常数公式虽然没有考虑电介质与岩石骨架之间发生作用而产生的效应，包括双电层对介电常数值的影响，但是实验与计算结果吻合得较好，说明在高频条件下，至少在低矿化度的情况下，这种效应的作用很小。

在自然状态下，岩土的电阻率除了和组分有关，还和其他许多因素有关，如岩石的结构、构造、孔隙度和含水率等。由于主要造岩矿物如长石、石英、云母等的电阻率都相当高，对一般岩石来说，矿物骨架的电阻率很高。然而，由于天然状态下的岩石在长期地质历史过程中受内外动力地质作用而出现裂隙及裂隙中含有水等原因，一般岩石的电阻率要低于其所含矿物的电阻率。

一般来说，比较致密的岩石，其孔隙度较小，所含的水分也较少，因此电阻率较高；结构比较疏松的岩石，其孔隙度较大，所含的水分较多，因此电阻率较低。一些孔隙度大而渗透性强的岩层，如砂层、砾石层等，其电阻率明显取决于含水条件，当其含有矿化度高的地下水时，电阻率仅为几十至几欧姆米；当其位于潜水面以上，含水条件较差时，其电阻率可高达几百至几千欧姆米。石灰岩的电阻率一般比较高，但当其中发育有溶洞、裂隙且充填有不同矿化度的地下水时，其电阻率会大幅度下降。

水溶液的电阻率与其矿化度关系密切。地下水的矿化度的变化范围很大，淡水的矿化度约为 $10^{-1}$g/L，咸水的矿化度高达 10g/L。显然，岩石中所含水溶液的矿化度越高，其电阻率就越低。因此，在岩性变化不大的条件下，有可能在地面和井中应用电阻率的差异来划分含有咸水、淡水的层位。

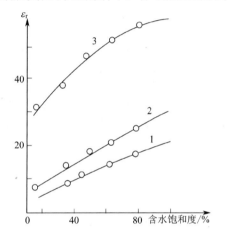

图 3.4　岩石样本介电常数与含水饱和度的关系
1—石英岩；2—粒状灰岩；3—泥岩

由于温度的变化会使得水溶液中的离子活动性发生变化，所以岩石中水溶液的电阻率随着温度的升高而降低。地热勘探就是利用这一特性来确定地热异常的。相反，在冰冻条件下，地下岩石中的水溶液会因冻结而使岩土呈现出极高的电阻率。在我国冰冻时间较长的地区施工时，这将产生影响。

介电常数与含水饱和度的关系也很密切。实验表明（见图 3.4），介电常数随含水饱和度的增大而增大。但是，不同岩石由于骨架物质的差异，介电常数有较大的变化。例如，泥岩的相对介电常数为 50～60。在不同的饱和度下，介电常数随频率的变化较大，由图 3.5 和图 3.6 可见，随着频率的增加，介电常数的衰减很大。

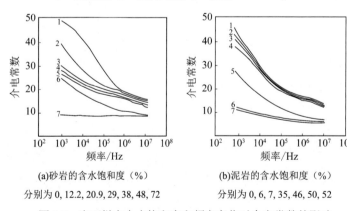

(a)砂岩的含水饱和度（%）
分别为 0, 12.2, 20.9, 29, 38, 48, 72

(b)泥岩的含水饱和度（%）
分别为 0, 6, 7, 35, 46, 50, 52

图 3.5　岩石样本含水饱和度和频率变化对介电常数的影响

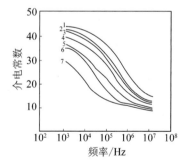

水的矿化度（kg/m³）：1. 蒸馏水；2. 5；
3. 10；4. 50；5. 100；6. 150；7. 200

图 3.6　在完全饱和水状态下，细砂岩样品的介电常数随水矿化度的变化

岩石的介电常数与温度的关系也较密切。孔隙性岩石的介电常数与水的介电常数和温度相似，

偶极子的转向极化起主要作用，岩石的介电常数随温度的升高而降低。然而，对不同的岩石类型（岩石中含不同浓度的流体），这种影响有较大的差别。利用探地雷达来研究岩石的孔隙度方面的内容将在井中雷达部分介绍。

在致密或低含水量岩石样本实验中，介电常数与温度的关系不同，即随着温度的升高，介电常数增大。

### 3.1.5 土壤的电导率和介电常数

土壤的成因与岩石有关。因此，以上对岩石的大部分分析也适用于土壤，但土壤的成分、结构等更加复杂。

一般土层结构疏松，孔隙度大，且与地表水密切相关，因此电阻率均较低，常为 $n \times 10^{1 \sim 2} \Omega \cdot m$。表 3.4 给出了几种常见浮土和地表水的电阻率及其变化范围。

表 3.4　几种常见浮土和地表水的电阻率及其变化范围

| 名　　称 | $\rho(\Omega \cdot m)$ | 名　　称 | $\rho(\Omega \cdot m)$ |
|---|---|---|---|
| 黄土层 | 0～200 | 雨　水 | >1000 |
| 黏土 | 1～200 | 河　水 | 10～00 |
| 含水砂卵石层 | 50～500 | 海　水 | 0.1～1 |
| 隔水层 | 5～30 | 潜　水 | <100 |

通常情况下，干土的介电常数的实部 $\varepsilon'_{\text{soil}}$ 的变化范围是 2～4，而且基本上与频率、温度无关。虚部 $\varepsilon''_{\text{soil}}$ 的数值一般小于 0.05。如果用数学模型来表示，干土可视为由空气和介电常数为 $\varepsilon_{\text{ss}}$、密度为 $\rho_b$ 的干土及土壤骨架物质（密度 $\rho_{\text{ss}}$）组成的混合物。干土的介电常数公式为

$$\varepsilon'_{\text{soil}} = \left[ 1 + \frac{\rho_b}{\rho_{\text{ss}}} \left( \sqrt{\varepsilon_{\text{ss}}} - 1 \right) \right]^2 \tag{3.1.7}$$

一般认为湿土是由土壤固体、孔隙、结合水和自由水组成的四相混合物，其中结合水是指在力的作用下，被土壤粒子紧紧束缚在其周围的水；自由水是指在结合水外面，能够相对自由移动的水。因此，湿土的介电常数非常复杂。

针对湿土的介电常数，Dobson 等提出了一个土壤介电常数模型，它只与可测的土壤物理特性有关，不包含为适合测量数据所设的可调整参数。该模型将土壤溶液分为结合水与自由水两部分，即 Deloor 公式，其简化形式为

$$\varepsilon^{\alpha}_{\text{soil}} = (1 - \phi) \varepsilon^{\alpha}_{\text{ss}} + (\phi - m_v) + \phi_{\text{fw}} \varepsilon^{\alpha}_{\text{fw}} + \phi_{\text{bw}} \varepsilon^{\alpha}_{\text{bw}} \tag{3.1.8}$$

式中，$\varepsilon^{\alpha}_{\text{soil}}$ 为土壤的介电常数；$\varepsilon^{\alpha}_{\text{ss}}$ 为土壤固体成分的介电常数；$\varepsilon^{\alpha}_{\text{fw}}$ 和 $\varepsilon^{\alpha}_{\text{bw}}$ 分别是自由水和结合水的介电常数；$\phi$ 是除土壤固体外的成分的含量；$\phi_{\text{fw}}, \phi_{\text{bw}}$ 分别是自由水和结合水的含量。

总含水量为

$$m_v = \phi_{\text{fw}} + \phi_{\text{bw}} \approx 1 - 0.38 \rho_b \tag{3.1.9}$$

所以

$$\varepsilon^{\alpha}_{\text{soil}} \approx 1 + \frac{\rho_b}{\rho_{\text{ss}}} (1 - \varepsilon^{\alpha}_{\text{ss}}) + m_v^{\beta} (\varepsilon^{\alpha}_{\text{fw}} - 1) \tag{3.1.10}$$

根据实验测量与计算，选定 $\alpha$ 值为 0.65，该值是所有土壤类型的最优值；$\beta$ 值从沙土的 1.0 到黏土的 1.17。其他土壤类型的 $\beta$ 值要根据含沙量 $s$（%）、黏土量 $c$（%）确定：

$$\beta = 1.09 - 0.11s + 0.18c \qquad (3.1.11)$$

确定介质的含水量是探地雷达应用的一个重要方面，这个方面研究的典型关系是 Topp 公式，这是目前一个常用的根据介电常数来确定含水量的公式，也是探地雷达研究土壤含水量的重要关系式（见图 3.7）：

$$\varepsilon_r = 3.03 + 9.3\theta_v + 146.0\theta_v^2 - 76.6\theta_v^3 \qquad (3.1.12)$$

$$\theta_v = 5.3 \times 10^{-2} + 2.92 \times 10^{-2}\varepsilon_r - 5.5 \times 10^{-4}\varepsilon_r^2 + 4.3 \times 10^{-6}\varepsilon_r^3 \qquad (3.1.13)$$

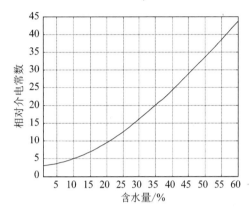

图 3.7　土壤的相对介电常数与
含水量的关系（Topp, 1980）

式（3.1.12）是利用含水量来推导相对介电常数的表达式；式（3.1.13）是利用相对介电常数来确定含水量的表达式。然而，自然界中的土壤非常复杂，利用这个公式进行拟合时，变化较大，需要利用实验数据对公式中的系数进行校正。

人们还用一个公式来描述土壤的介电常数和含水量的关系，即 CRIM 公式，这个公式根据多个介质中时间平均关系原理（Graeves et. al., 1996; Wilson, et. al., 1996）来研究介质含水量与介电常数的关系，即

$$\sqrt{\varepsilon} = (1-\phi)\sqrt{\varepsilon_m} + S_w\phi\sqrt{\varepsilon_w} + (1-S_w)\phi\sqrt{\varepsilon_a} \qquad (3.1.14)$$

式中，下标 m, w 和 a 分别代表土壤骨质、水和空气。$S_w$ 代表含水饱和度。

### 3.1.6　植被的介电常数

植被对探地雷达的影响表现在空载探地雷达测量和对地面探地雷达测量的干扰方面。植被是由空气和植物材料组成的混合物，如果放宽对介质混合模型所要求的介质体小于波长的限制，那么可用各组成部分的介电常数和其体积含量建立一个等效植被介电常数的近似模型。植被介电常数 $\varepsilon$ 是一个矢量，其分量与入射场方向相对于组成部分各介质体的方向有关。一般情况下，我们将植物材料视为植物体与水的简单混合物，其中水又分为结合水和自由水两部分。结合水是指被物理力紧紧束缚在有机物中的水分子，自由水则是能自由移动的水分子，二者的介电特性不同。因此，从介电性质上看，植物材料由植物体、结合水、自由水三部分组成。

将各种干植物材料的介电常数测量结果当作植物体介电常数，得到 $1.5 < \varepsilon' < 2.0$，$\varepsilon'' = \sigma/\omega\varepsilon_0 < 0.1$，由这些值可以看出，植物体的介电常数与频率无关，一般认为 $\varepsilon$ 也与温度无关。

植被介电常数的公式可以写为

$$\sqrt{\varepsilon_c} = \varepsilon_{air} + v_v\left(\sqrt{\varepsilon_v} - \sqrt{\varepsilon_{air}}\right) \qquad (3.1.15)$$

式中，$\varepsilon_c$，$\varepsilon_{air}$ 和 $\varepsilon_v$ 分别为植被、空气、植物材料的介电常数，$v_v$ 为植物材料的体积含量。一般来说，草的介电常数为 $\varepsilon_c = 1.16 - j0.0097$。

### 3.1.7　永久冻土的电性参数

由于全球永冻区的面积占地球表面积的 1/7，研究永冻区土壤和岩石的电性参数具有重要意义。一般情况下，温度降低，水结冰后导电性降低，电阻率升高，提高了高频电磁波的穿透能力。永冻区土壤和岩石的介电常数变化较大，这种变化也与水的变化有关。随着温度的降低，水结冰后介电常数明显降低，导致永冻区土壤和岩石的介电常数降低，而电磁波的传播速度明显提高。因此，在永冻区，

探地雷达的探测能力明显提高。图 3.8 显示了永冻岩石的电导率直方图，图 3.9 显示了不同含水量情况下电导率和温度的关系。可以看出，随着温度的降低，介质的导电能力明显降低，电磁波在其中的传播损耗明显减少，穿透深度得到提高。

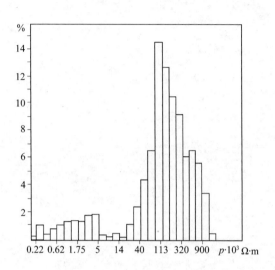

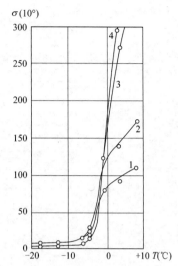

1—1.8%；2—14.2%；3—24.4%；4—34.2%

图 3.8　永冻岩石测量电导率直方图（单位为 1000 Ω·m）（R. Carmichael, 2000）

图 3.9　不同含水量情况下电导率和温度的关系（R. Carmichael, 2000）

### 3.1.8　人造介质的电性参数

在工程建设中，最重要的人造介质是混凝土，它是工程建设中最常用的介质，也是工程探测领域经常遇到的介质。混凝土是由胶凝材料、颗粒状的粗细骨料和水（必要时掺入一定数量的外加剂和矿物混合材料）按适当比例配制，经均匀搅拌、密实成形，并经硬化后而形成的一种人造石材。在土木建筑工程中，应用最广的是以水泥为胶凝材料，以砂、石为骨料，加水拌制成混合物，经一定时间硬化而成的水泥混凝土，其电导率和介电常数与各物质的成分有关。一般来说，相对介电常数为 6～10，但电导率的变化范围相对较大。由于人造介质的种类很多，具体问题需要具体分析。

## 3.2　介质电性参数和介质电性参数模型

### 3.2.1　介质介电常数与电磁场频率的关系

第 2 章简单讨论了电磁波在介质中的传播速度与频率的关系，表明随着频率的变化，物性发生变化，这是探地雷达应用中的一个重要问题。研究认为探地雷达在 100～500MHz 的频率范围内可以不考虑频散的问题（Davis, et. al, 1989；沈飚，1996）。电磁波的传播速度只与介电常数有关，而与频率无关。然而，随着探地雷达应用的发展和频率的降低，将需要考虑频散现象。

岩石的介电常数的频散与各种极化密切相关。如图 3.10 所示，介电常数在低频段有极大值，在高频段有极小值。随着频率的变化，电导率也将发生变化。低频时，岩石的电阻率（或电导率）有纯欧姆的性质，是由充满岩石孔隙和裂缝的溶液中的带电离子的迁移引起的。一部分介电常数由偶极子转向极化（孔隙中的液体）决定，另一部分由位移极化（岩石骨架）决定。水的极性分子转向能够跟上外电场的变化。随着频率的提高，开始出现极化过程的惯性，即极化分子跟不上场的变化。这将导致电流分量的出现，它与位移电流相差 90°并与传导电流相重合。这样，极化滞后结果便出现了附加导电性。这一过程同时伴随介电常数的降低，因为极化不能达到自己的最终值。在一定的频段内，介电常数和电导率通常是渐变的。

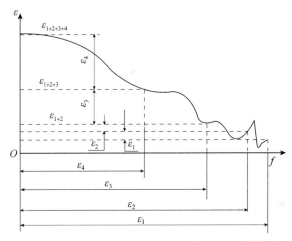

$\varepsilon_1$—电子极化；$\varepsilon_2$—原子极化；$\varepsilon_3$—偶极子极化；$\varepsilon_4$—结构极化

图 3.10  出现各种形式的极化时，介电常数与频率的关系

介绍频散时，一般需要介绍复介电常数的概念。在电导率为 $\sigma$、介电常数为 $\varepsilon$ 的物质中，电流密度可以写成

$$J = (\sigma + j\omega\varepsilon)E \tag{3.2.1}$$

式中，$\omega$ 为角频率；$E$ 为电场强度。

由于极化过程的惯性结果，出现了与位移电流相差 90°、方向上与传导电流相重合的电流分量。如果将 $\varepsilon$ 写为复数形式，就可以考虑上述现象：

$$\varepsilon = \varepsilon' + j\varepsilon'' \tag{3.2.2}$$

将式（3.2.2）代入式（3.2.1）得

$$J = (\sigma + \omega\varepsilon'' + j\omega\varepsilon')E \tag{3.2.3}$$

对比式（3.2.2）和式（3.2.3），可以认为 $\varepsilon = \varepsilon'$，而 $\omega\varepsilon''$ 可视为某一附加电导。许多论著中将欧姆电导和极化电导合在一起，写为 $\omega\varepsilon''$。

对于复介电常数，通常用损耗角正切来描述电介质的性质：

$$\tan\delta = (\sigma + \omega\varepsilon'')/\omega\varepsilon' \tag{3.2.4}$$

如果认为极化按照时间参数（通常称为**弛豫时间**）的指数规律达到其最终值，那么对复合介电常数可以采用如下表达式：

$$\varepsilon = \varepsilon^{\infty} + \frac{\varepsilon^0 - \varepsilon^{\infty}}{1 + j\omega\tau} \tag{3.2.5}$$

式中，$\varepsilon^{\infty}$ 是频率无穷大时的介电常数，$\varepsilon^0$ 是频率趋于 0 时的介电常数。将式（3.2.5）的实部和虚部分开，得到

$$\varepsilon' = \varepsilon^{\infty} + \frac{\varepsilon^0 - \varepsilon^{\infty}}{1 + \omega^2\tau^2} \tag{3.2.6}$$

$$\varepsilon'' = \frac{\varepsilon^0 - \varepsilon^\infty}{1 + \omega^2\tau^2}\omega\tau \qquad (3.2.7)$$

从上面两个公式可以看出，当频率很小时，介电常数值最大，为 $\varepsilon^0$。随着频率的增加，介电常数值逐渐降低，直到极小值 $\varepsilon^\infty$。损耗因子 $\varepsilon''$ 与电磁场的频率和驰张时间有关，且在 $\omega\tau = 1$ 时达到极大。

需要指出的是，这里讨论了岩石的介电常数的变化情况，但含水量很小的岩石会表现出较高的电阻率，因此其频散现象相对较小。目前，大部分探地雷达的应用尚不考虑频散问题，但频散问题将伴随着探地雷达的应用并影响其应用效果，因此这也是一个重要的研究方向。

### 3.2.2  探地雷达平台

如前所述，自然介质比较复杂，而电性参数会综合影响探地雷达的应用效果。例如，图 3.11 给出一般介质中高频电磁波传播时的参数和频率的关系。如图所示，在探地雷达的频段内，电磁波的传播特性表现为一个平台，即通常所说的探地雷达平台。有些介质没有这个平台，有些介质的平台则不属于探地雷达方法的领域。

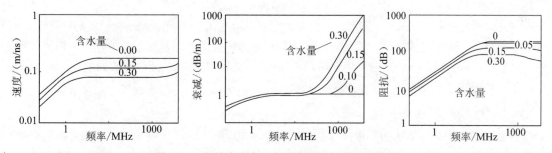

图 3.11  电磁波速度、衰减和阻抗与频率的关系

当频率提高时，许多介质会出现这种速度和衰减等不变的平台。衰减的增加是分析探地雷达应用可行性的重要参数，也是使用探地雷达的人员必须了解的内容。随着频率的增加，衰减增加的主要原因包括：①水的存在。当频率增加某个值（松弛频率 10GHz）时，水对电磁波的能量吸收逐渐增加。相对于低损耗介质，当频率达到 500MHz 时，也能明显地看到这种吸收。②散射的损失。散射的损失与频率紧密相关，在许多物质中，它是一种重要的损失。

表 3.5 列出了常见介质的相对介电常数、电导率、电磁波速度和衰减等参数。这些参数是介质在一定条件下获得的。自然界中的介质变化很大，即使是同一种岩石，这些参数也有较大的差别。表 3.5 中的参数是参考值，较精确的值需要进行测定。

表 3.5  常见介质的相对介电常数、电导率、电磁波速度和衰减参数

| 介  质 | 相对介电常数 | 电导率（mS/m） | 电磁波速度（m/ns） | 衰减（dB/m） |
|---|---|---|---|---|
| 空气 | 1 | 0 | 0.3 | 0 |
| 蒸馏水 | 80 | 0.01 | 0.033 | $2\times10^3$ |
| 淡水 | 80 | 0.5 | 0.033 | 0.1 |
| 海水 | 80 | $3\times10^3$ | 0.1 | $10^3$ |
| 干砂 | 3～5 | 0.01 | 0.15 | 0.01 |
| 饱和砂 | 23～30 | 0.1～1.0 | 0.06 | 0.03～0.3 |
| 灰岩 | 4～8 | 0.5～2.0 | 0.12 | 0.4～1 |
| 页岩 | 5～15 | 1～100 | 0.09 | 1～100 |

| 介 质 | 相对介电常数 | 电导率（mS/m） | 电磁波速度（m/ns） | 衰减（dB/m） |
|---|---|---|---|---|
| 石英 | 5～30 | 1～100 | 0.07 | 1～100 |
| 黏土 | 5～40 | 2～1000 | 0.06 | 1～300 |
| 花岗岩 | 4～6 | 0.01～1 | 0.13 | 0.01～1 |
| 盐岩 | 5～6 | 0.01～1 | 0.13 | 0.01～1 |
| 冰 | 3～4 | 0.01 | 0.16 | 0.01 |

### 3.2.3 混合介质的介电常数模型

探地雷达应用中遇到的介质多为致密介质，它们通常是不同物质的混合体，每种物质都占据一部分体积，该体积与空间的整个体积之比称为该物质的**占空比**。例如，"干雪"由冰和空气混合而成。"干雪"中冰的占空比为 0.1～0.4，冰的介电常数为 $3.2\varepsilon_0$。与空气的介电常数 $\varepsilon_0$ 明显不同。"湿雪"中多出了一个成分——水，水的介电常数为 $80\varepsilon_0$，其占空比为 0～0.1。岩石由岩石颗粒和充有空气或水的孔隙组成，孔隙的占空比为 0～0.4。土壤也由各种组分混合而成（王志良，1994）。

按照粒子的大小（电尺寸 $ka$，其中 $k$ 为空间频率，即 $k = 2\pi/\lambda$，$a$ 为粒子的半径）或者按照所研究问题的频段来分，粒子又可以分为：小粒子，$ka < 1$；中等粒子，$ka < 60$；大粒子，$ka > 60$。对于中等粒子、大粒子的散射，探地雷达可将它们作为单独的探测目标进行处理。小粒子是目前的主要研究对象，因为散射衰减可以忽略，所以可以应用经典的有效介电常数的混合公式。

为了说明解决问题的思路，我们假设颗粒的形状都为球形。一般椭球单层和多层粒子的相应理论见 Sihvola（1989）。

设介电常数为 $\varepsilon_2$ 的球状物分布在背景介质 $\varepsilon_1$ 中，并设粒子的体密度为 $n_0$。随机介质的有效介电常数定义为

$$\boldsymbol{D} = \varepsilon_{\mathrm{eff}} \boldsymbol{E} \qquad (3.2.8)$$

式中，$\boldsymbol{D}$ 为平均电位移矢量，$\boldsymbol{E}$ 为平均电场。按照静电学的定义，有

$$\boldsymbol{D} = \varepsilon_1 \boldsymbol{E} + \boldsymbol{P} \qquad (3.2.9)$$

式中，$\boldsymbol{P}$ 为极化矢量。若每个散射体的偶极矩都为 $\boldsymbol{p}$，则有

$$\boldsymbol{P} = n\boldsymbol{p} \qquad (3.2.10)$$

偶极矩 $\boldsymbol{p}$ 依赖于粒子的极化特性和激励场 $\boldsymbol{E}^{\mathrm{e}}$：

$$\boldsymbol{p} = \alpha \boldsymbol{E}^{\mathrm{e}} \qquad (3.2.11)$$

对球形粒子来说，

$$\alpha = 4\pi\varepsilon_1 a^3 \frac{\varepsilon_2 - \varepsilon_1}{\varepsilon_2 + 2\varepsilon_1} \qquad (3.2.12)$$

激励场不同于宏观场 $\boldsymbol{E}$，它满足（对球形粒子）

$$\boldsymbol{E}^{\mathrm{e}} = \boldsymbol{E} + \boldsymbol{P}/3\varepsilon_1$$

从而有效介电常数为

$$\varepsilon_{\mathrm{eff}} = \varepsilon_1 + 3\varepsilon_1 \frac{n_0 a}{3\varepsilon_1 - n_0 a} \qquad (3.2.13)$$

也可以写成

$$\frac{\varepsilon_{\text{eff}} - \varepsilon_1}{\varepsilon_{\text{eff}} + 2\varepsilon_1} = \frac{3n_0\alpha}{3\varepsilon_1} \tag{3.2.14}$$

$$\frac{\varepsilon_{\text{eff}} - \varepsilon_1}{\varepsilon_{\text{eff}} + 2\varepsilon_1} = f_1 \frac{\varepsilon_2 - \varepsilon_1}{\varepsilon_2 + 2\varepsilon_1} \tag{3.2.15}$$

式中，$f_1$ 为粒子的占空比。式（3.2.15）称为**瑞利混合公式**。容易看出，该公式是自洽的，即当 $f_1 = 0$ 时，$\varepsilon_{\text{eff}} = \varepsilon_1$；而当 $f_1 = 1$ 时，$\varepsilon_{\text{eff}} = \varepsilon_2$。

导出式（3.2.15）时，我们假设背景介质是无限的，因此这个公式只适用于由稀疏分布粒子组成的混合物，即 $f_1$ 较小的情形。对致密介质，Sihvola 提出了自洽公式（经验公式）：

$$\frac{\varepsilon_{\text{eff}} - \varepsilon_1}{\varepsilon_{\text{eff}} + 2\varepsilon_1 + v(\varepsilon_{\text{eff}} - \varepsilon_1)} = f_1 \frac{\varepsilon_2 - \varepsilon_1}{\varepsilon_2 + 2\varepsilon_1 + v(\varepsilon_{\text{eff}} - \varepsilon_1)} \tag{3.2.16}$$

式中，$v$ 为待定常数。显然，当 $v = 0$ 时，式（3.2.16）还原成式（3.2.15）；当 $f_1 = 0$ 时，$\varepsilon_{\text{eff}} = \varepsilon_1$；当 $f_1 = 1$ 时，$\varepsilon_{\text{eff}} = \varepsilon_2$。此外，当 $f_1$ 很小时，由式（3.2.16）可知 $(\varepsilon_{\text{eff}} - \varepsilon_1)$ 很小，从而 $v(\varepsilon_{\text{eff}} - \varepsilon_1)$ 也很小。将式（3.2.16）关于 $f_1$ 展开得

$$\varepsilon_{\text{eff}} = \varepsilon_1 + 3\varepsilon_1 \frac{\varepsilon_2 - \varepsilon_1}{\varepsilon_2 + 2\varepsilon_1} f_1 + 3\varepsilon_1 \left(\frac{\varepsilon_2 - \varepsilon_1}{\varepsilon_2 + 2\varepsilon_1}\right)^2 \left(1 + v\frac{\varepsilon_2 - \varepsilon_1}{\varepsilon_2 + 2\varepsilon_1}\right) f_1^2 + \cdots \tag{3.2.17}$$

可见，对所有 $v$ 值，常数项和线性项都是相同的。同样，将瑞利混合公式关于 $f_1$ 展开后，常数项和一次项与式（3.2.17）中的相同。也就是说，Sihvola（1989）的自洽公式在 $f_1$ 很小时也自动还原成瑞利公式。

取 $v = 0$，$v = 2$，$v = 3$ 时，可得前人用多种方法得到的混合公式。Sihvola 还讨论了其他一些混合物公式，并给出了一些比较，但未得到明确的结论。这是因为自然界中的混合物实在太多，很难用一个公式"包罗"，但由 Sihvola（1989）的论文可知，可供选择的混合物公式很多，特别是 $v$ 值可调使得公式能够尽可能地与实测结果相吻合。

### 3.2.4  介质的介电常数模型

不同条件下的电介质频散模型多种多样，如 Debye 模型、幂函数模型、Kramers-Kronig 模型、Jonscher 参数化模型等。根据探测和研究的需要，常使用不同的电性参数进行表示，如利用复介电常数、复电阻率或复电导率表示等，但根据 Ward（1970）的证明，复电导率的实部含有复介电常数虚部的信息，复电导率的虚部又含有复介电常数实部的信息。因此，不论利用哪种参数或模型进行表示，结果都是等价的。本文考虑的多为介电常数的性质，因此介绍以介电常数表示的几种频散模型。

#### 1. Debye 模型

对于频散模型的讨论，最经典的莫过于 1929 年由 Debye 提出的 Debye 方程。电介质在电场作用下达到稳态的广义积分为

$$\varepsilon = \varepsilon_{\infty} + \int_0^{\infty} \alpha(t) \mathrm{e}^{\mathrm{j}\omega t} \mathrm{d}t \tag{3.2.18}$$

式中，j 为虚数单位，$\varepsilon_{\infty}$ 为介质的光频介电常数，$\omega$ 为电磁波的角频率，$\alpha(t)$ 为衰减因子，

$$\alpha(t) = \alpha_0 \mathrm{e}^{1/\tau} \tag{3.2.19}$$

令 $\varepsilon_s$ 为静态介电常数，整理得 Debye 方程为

$$\varepsilon(\omega) = \varepsilon' + j\varepsilon'' = \varepsilon_\infty + \frac{\varepsilon_s - \varepsilon_\infty}{1 + j\omega\tau} \tag{3.2.20}$$

式中，$\tau$ 为偶极子的弛豫时间，$\varepsilon'$ 为复介电常数的实部，$\varepsilon''$ 为复介电常数的虚部。将式（3.2.18）分解后可得到相应的实部和虚部：

$$\varepsilon' = \varepsilon_\infty + \frac{\varepsilon_s - \varepsilon_\infty}{1 + \omega^2\tau^2} \tag{3.2.21a}$$

$$\varepsilon'' = \frac{(\varepsilon_s - \varepsilon_\infty)\omega\tau}{1 + \omega^2\tau^2} \tag{3.2.21b}$$

Debye 方程提供了电介质介电常数随频率变化的宏观概念，实现了复介电常数数学表达式实部和虚部的频域分解，以及对 $\varepsilon_\infty$ 和 $\varepsilon_s$ 各自作用的理解。然而，严格来说，因为 Debye 方程是在一定假设条件下得到的（K. S. Cole, R. H. Cole, 1941;1942），在现实中很难满足，所以实际应用中并不能较好地与多数实验结果相符合，这就使得 Debye 方程在实际应用中有较大的局限性。

### 2. Cole-Cole 模型

在 Debye 模型的基础上，K. S. Cole 和 R. S. Cole 对其进行了修正，引入了表示松弛时间分散程度的参数 $\eta$，提出了描述介质频散规律的 Cole-Cole 模型：

$$\varepsilon(\omega) = \varepsilon' + j\varepsilon'' = \varepsilon_\infty + \frac{\varepsilon_s - \varepsilon_\infty}{1 + (j\omega\tau)^{1-\eta}} \tag{3.2.22}$$

其实部、虚部分别为

$$\varepsilon' = \varepsilon_\infty + \frac{(\varepsilon_s - \varepsilon_\infty)\left[1 + (\omega\tau)^{1-\eta}\sin\frac{\pi\eta}{2}\right]}{1 + 2(\omega\tau)^{1-\eta}\sin\frac{\pi\eta}{2} + (\omega\tau)^{2(1-\eta)}} \tag{3.2.23}$$

$$\varepsilon'' = \frac{(\varepsilon_s - \varepsilon_\infty)(\omega\tau)^{1-\eta}\cos\frac{\pi\eta}{2}}{1 + 2(\omega\tau)^{1-\eta}\sin\frac{\pi\eta}{2} + (\omega\tau)^{2(1-\eta)}} \tag{3.2.24}$$

当 $\eta - 1 = 1$ 时，Cole-Cole 方程便化为 Debye 方程；当 $\eta - 1 > 1$ 时，弛豫频率不是一个，而是一个分布。因为 Cole-Cole 模型与实际介质情况比较接近，所以被许多研究人员广泛应用。本文将在后面的数值模拟中利用 Cole-Cole 模型进行计算。

### 3. Jonscher 参数化模型

Jonscher（1977）研究了与有效介电常数相关的复电感 $\chi(\omega)$，并给出了如下公式：

$$\varepsilon_e(\omega) = \varepsilon_0\chi(\omega) + \varepsilon_\infty - j\frac{\sigma_{dc}}{\omega} \tag{3.2.25}$$

式中，$\varepsilon_0$ 为自由空间介电常数，其值为 $8.854\times10^{-12}$ F/m；$\sigma_{dc}$ 为直流电导率，它对 $\varepsilon_e$ 的影响随频率升高而逐渐减小；$\varepsilon_\infty$ 是有限高频时 $\varepsilon_e$ 对应的实部值；$\chi(\omega)$ 是与随电场作用而逐渐变慢的各种极化有关的不同状态的总和。

1998 年，F. Hollender 和 S. Tillard 对 Jonscher 的参数化模型做了一定的修正。他们在雷达频率范围内忽略了随频率升高而减小的项 $\frac{\sigma_{dc}}{\omega}$，经整理得到了只含有三个参数的改进 Jonscher 参数化模型来表示 $\varepsilon_e$ 与频率之间的关系：

$$\varepsilon_e(\omega) = \varepsilon_0\chi_r\left(\frac{\omega}{\omega_r}\right)^{n-1}\left[1 - j\cot\left(\frac{n\pi}{2}\right)\right] + \varepsilon_\infty \tag{3.2.26}$$

式中，$\omega_r$ 为参考频率，可以任意给出；$\chi_r$ 为参考频率处的电感实部。Bano（1996）曾在雷达频段研究了上述简化后的 Jonscher 参数化模型，认为此时的 $n$ 近似为 1。因此，上述模型方程可以说只含两个参数 $\varepsilon_\infty$ 和 $\chi_r$。

#### 4．两种变形的 Debye 模型

另外，本书还用到了两种变形的 Debye 模型，分别为 $N$ 阶 Debye 松弛模型及由 Balanis（1989）给出的一种变形的 Debye 方程。

1）$N$ 阶 Debye 松弛模型

$$\varepsilon(\omega) = \varepsilon_\infty + \sum_{k=1}^{N} \frac{a_k}{1+\mathrm{j}\omega\tau_k} \qquad (3.2.27)$$

式中，$\varepsilon_\infty$ 为瞬时（无限高频）介电常数；$\tau_k$ 为松弛时间；$a_k$ 为系数。上述 $N$ 阶 Debye 松弛模型对应的时域方程为

$$\varepsilon(t) = \varepsilon_\infty\delta(t) + \sum_{k=1}^{N} \frac{a_k}{\tau_k}\,\mathrm{e}^{-t/\tau_k}u(t) \qquad (3.2.28)$$

式中，$\delta(t)$ 表示 Dirac 函数，$u(t)$ 为阶跃函数。

2）Balanis（1989）给出的变形的 Debye 模型方程

$$\varepsilon_r(\omega) = \varepsilon_r'(\omega) - \mathrm{j}\varepsilon_r''(\omega) = \varepsilon_\infty + \frac{\Delta\varepsilon}{1+\mathrm{j}\omega\tau} = \varepsilon_\infty + \frac{\Delta\varepsilon}{1+\omega^2\tau^2} - \mathrm{j}\frac{\omega\tau\Delta\varepsilon}{1+\omega^2\tau^2} \qquad (3.2.29)$$

式中，$\Delta\varepsilon = \varepsilon_{static} - \varepsilon_\infty$，$\varepsilon_{static}$ 和 $\varepsilon_\infty$ 分别为低频和高频时对应的介电常数，$\tau$ 为松弛时间。

## 3.3 电磁波传播参数与介质电性质的关系

探地雷达的传播参数主要是传播的速度、衰减和振幅，这些参数在前一章中已详细介绍。介质对速度的影响不仅体现在速度的快慢上，而且体现在速度与频率的关系上。介质的电性质对衰减系数的作用，将直接影响到探地雷达的探测距离。本节主要讨论介电常数和电导率对速度、衰减系数的作用。

### 3.3.1 电性参数对相速度的影响

根据相速与电性参数的关系，即 $v = \omega/\beta$，可以得到相速与电性参数、频率的关系。图 3.12 显示了当 $\varepsilon_r = 4$ 且电导率不同时，相速与频率的关系。由图可见，在低频情况下，相速与频率呈线性变化；当频率增加到一定程度时，相速趋于一个常数，即 $c/\sqrt{\varepsilon_r}$。然而，在不同的电导率情况下，这种变化的趋势是不同的，当电阻率为 $10000\,\Omega\cdot\mathrm{m}$ 且雷达波频率达到 1MHz 时，电磁波的相速趋于一个常数，说明电磁波频率达到 1MHz 时，在这种介质中传播将不发生频散现象。当电阻率为 $10\,\Omega\cdot\mathrm{m}$ 且雷达波频率达到约 700MHz 时，电磁波的速度才趋于常数，说明电磁波的频率小于 700 MHz 时，相速随频率变化。

图 3.13 显示了当 $\varepsilon_r = 6$ 且电阻率不同时，相速与频率的关系。由图可见，其规律与图 3.12 中的相同。主要区别在于相速有所降低；低阻时相速趋于 $c/\sqrt{\varepsilon_r}$ 的速度快。图 3.14、图 3.15、图 3.16 分别显示了当相对介电常数为 16,25,49 时，电磁波速度与电阻率、频率的关系。

由图 3.12 至图 3.16 可以看出，雷达波在传播时，电磁波的相速与介电常数和电导率有着非常密切的关系。在同一个介电常数下，电阻率越大，电磁波传播的速度达到常数的速度就越快，反之，结果相反。从另一个方面可以看到，在相同的电阻率下，介电常数越小，雷达波的传播速度就越大，当

介电常数为1、电阻率为10000 Ω·m 时，雷达波的传播速度与光速非常接近，而当介电常数为81时，雷达波的传播速度只有光速的1/9左右。当然，由以上分析可以看出，探地雷达在对介电常数小、电阻率大的介质进行探测时，效果比较理想。

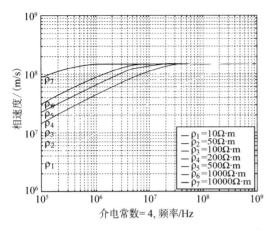

图 3.12  $\varepsilon_r$ = 4 和不同电阻率下相速与频率的关系

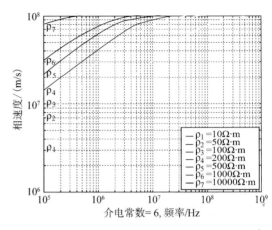

图 3.13  $\varepsilon_r$ = 6 和不同电阻率下相速与频率的关系

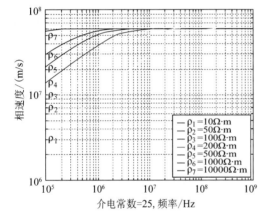

图 3.14  $\varepsilon_r$ = 16 和不同电阻率下相速与频率的关系

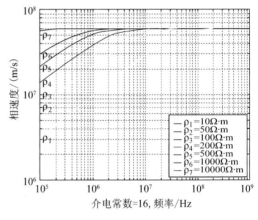

图 3.15  $\varepsilon_r$ = 25 和不同电阻率下相速与频率的关系

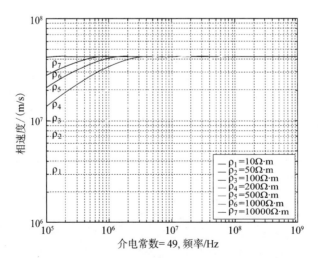

图 3.16  $\varepsilon_r$ = 49 和不同电阻率下相速与频率的关系

### 3.3.2 电性参数对衰减系数的影响

在电磁波解中，指数 $e^{-\alpha r}$ 是一个与时间无关的项，表示电磁波在空间各点的场值随距离的增大而减少（见第 2 章 2.2 节）。

图 3.17 显示了相对介电常数为 4 时，不同电导率下衰减系数与频率的关系。由图可以看出，在低频情况下，衰减系数与频率呈线性变化；当频率增加到一定程度时，衰减系数趋于一个常数，在不同的电导（阻）率情况下，这种变化的趋势不同。当电阻率为 10000Ω·m 时，雷达波频率达到 0.9MHz，雷达电磁波的衰减系数成为一个常数。也就是说，雷达波频率达到 0.9MHz 以上后，衰减系数就不随频率变化而变化。当电阻率变化到 10Ω·m 时，在整个频段内，电磁波的衰减系数都随频率变化而变化，不为常数。

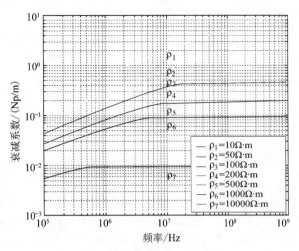

图 3.17　$\varepsilon_r = 4$ 和不同电导率下衰减系数与频率的关系

图 3.18、图 3.19、图 3.20、图 3.21 分别显示了当 $\varepsilon_r = 6, 9, 16, 25$ 时，衰减系数与频率的关系。

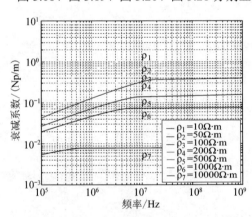

图 3.18　$\varepsilon_r = 6$ 时衰减系数与频率的关系

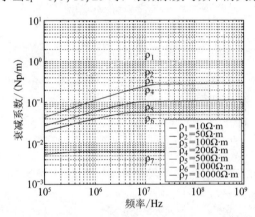

图 3.19　$\varepsilon_r = 9$ 时衰减系数与频率的关系

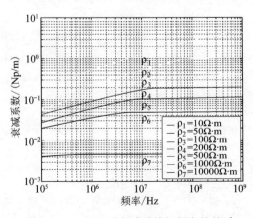

图 3.20　$\varepsilon_r = 16$ 时衰减系数与频率的关系

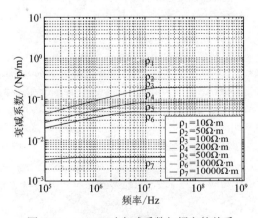

图 3.21　$\varepsilon_r = 25$ 时衰减系数与频率的关系

# 习　题

**3.1** 在探地雷达探测中，哪些电性参数起主要作用？为什么？

**3.2** 在探地雷达测量中，介质的什么参数确定探地雷达信号的传播速度？哪个参数确定探地雷达的探测深度？给出定量分析和表达式。

**3.3** 在空气、冰和水中，雷达波传播速度是多少？在孔隙度为30%的土壤中，当饱和含水时和空隙中全是空气时，雷达波的速度分别是多少？

**3.4** Cole-Cole模型的主要特点是什么？

# 参考文献

[1] 达耶夫. 高频电磁测井方法[M]. 耿秀文，译. 北京：石油工业出版社，1981.

[2] 米萨克·N. 纳比吉安. 勘察地球物理电磁法（理论）[M]. 赵经祥，译. 北京：地质出版社，1992.

[3] П. 佩特罗夫斯基. 地下无线电波法[M]. 陆克，译. 北京：地质出版社，1981.

[4] 沈飚，于东海，孙忠良. 有耗介质中脉冲响应的研究[J]. 石油地球物理勘探，1996, 31(4): 529-534.

[5] Davis J. L, Annan A. P. *Ground-penetrating radar for high-resolution mapping of soil and rock stratigraphy* [J]. Geophysical Prospecting, 1989, 37:531-551.

[6] Greaves, R. J., Lesmes, D. P., Lee. J. M and Toksoz, M. N. *Velocity variation and water content estimated from multi-offset, ground-penetrating radar*[J]. Geophysics, 1994, vol.61(3): 683-695.

[7] Parkhomenko, E. I. *Electrical properties of rocks*[M]. New York, Plenum Press, 1967.

[8] Topp G. C., Davis, J. L. and Annan, A. P. *Electromagnetic determination of soil water content: Measurements in Coaxial transmission Line*[J]. Water Resources research, 1980, vol.16(3): 574-582.

[9] 王志良. 电磁散射理论[M]. 成都：四川科学出版社，1994.

[10] Sihvola A. H. *Self-Consistency aspects of dielectric mixing theories*[J]. IEEE Trans. On Geoscience and Remote Sensing, 27(4), 1989, p. 403-415.

[11] Annaert G. *Evaluation of Sommerfeld integrals using Chebyshev decomposition*[J]. IEEE Trans. on Ant and Propagat. 1993.41(22):159-164.

[12] 张辉，李桐林. 利用Cole-Cole模型组合得到SIP真参数的联合频谱最优化反演[J]. 西北地震学报，2004, 26(2): 108-112.

[13] 孙宇瑞. 非饱和土壤介电特性测量理论与方法研究[D]. 中国农业大学，2003.

[14] Kenneth S. Cole, Robert H. Cole. *Dispersion and Absorption in Dielectrics II. Direct Current Characteristics*[J]. Journal of Chemical Physics.1942, Feb, Vol.10.

[15] Kenneth S. Cole, Robert H. Cole. *Dispersion and Absorption in Dielectrics I. Alternating Current Characteristics*[J]. Journal of Chemical Physics.1941, April, Vol. 9.

[16] Jonscher. A. K. *The universal dielectric response*[J]. Nature. 1977. 267: 673-679.

[17] Hollender F, S Tillard. *Modelling of ground penetrating radar wave propagation and reflection with the Jonscher parameterization*[J]. Geophysics, 1998, 63(6): 1933-1942.

[18] Tsili Wang, Michael L. Oristaglio. *3-D simulation of GPR surveys over pipes in dispersive soils*[J]. Geophysics. 2000. 65(5): 1560-1568.

[19] L Sandrolini, U Reggiani, A Ogunsola. *Modelling the electrical properties of concrete for shielding effectiveness prediction*[J]. Journal of Physics D: Applied Physics. 2007. 40: 5366-5372.

# 第4章 探地雷达仪器系统和工作方法

## 4.1 探地雷达仪器和参数

为了满足探地雷达的实际需要，出现了越来越多的探地雷达仪器系统。目前，国外的商用探地雷达种类很多，如 GSSI（美国地球物理测量系统公司）的 SIR 系列，加拿大探头和软件公司的 EKKO 系列，其他公司和制造厂家生产的探地雷达仪器如 Mala, GDE, Penetradar, Rockradar，以及 ERA Technology, NTT, JRC, EMRAD 等公司推出的探地雷达系统。国内也非常重视探地雷达系统的开发和研究，逐渐推出了各种频率的探地雷达系统，如 LT-1（A）探地雷达、CBS-9000 系列探地雷达和中国科学院电子所研究的探地雷达系统。从国内外的仪器开发和研究来看，探地雷达系统研究和开发的趋势如下：①逐渐从通用的探地雷达系统开发研究向单一目标探测或特殊目标体探测的方向发展，解决某方面的具体问题，如专用的公路路面监测雷达、混凝土无损监测雷达、地雷等目标探测的探地雷达等。②探地雷达仪器逐渐小型化，并且固化了高级信号处理（DSP）和识别功能。③多道或阵列探地雷达的开发和应用，更容易实现探地雷达的三维、多偏移距数据采集，信号更加稳定，信息量更加丰富。

按原理划分，探地雷达的仪器系统分为时间域探地雷达仪器系统和频率域探地雷达系统。时间域探地雷达系统的应用比较广泛，商用产品较多。在我国的引进仪器中，如 SIR 和 EKKO 系列都是时间域探地雷达系统。时间域系统的主要优点是野外测量结果直观。

### 4.1.1 探地雷达系统的信号调制方式

在开发探地雷达产品之前，首先应确定探地雷达的体制。不同体制的探地雷达对不同的地下目标有着不同的探测能力，所以应根据需要选择探地雷达的体制，以开发出适用于不同情况的雷达产品。探地雷达的体制主要由它们的调制方式决定。调制方式是根据穿透深度、分辨率、数据处理软件、电磁干扰程度及体积和成本等因素进行选择的。

#### 1．幅度调制

探地雷达系统采用的幅度调制方式通常有两种。一种是脉冲调制方式，系统发射经过载波调制的窄脉冲，载波频率通常为几十兆赫兹，主要用于冰、淡水或地层的探测。在探测过程中，所关心的目标通常是冰水分界面或水与岩石层上的淤泥的分界面，由于这些分界面之间的距离往往较大，对分辨率的要求不是很高，发射带宽相对较窄，接收机采用常规解调技术提取回波脉冲的包络。另一种是幅度调制方式，即冲激脉冲调制方式。冲激脉冲调制方式是一种非常重要的探地雷达体制，国外形成商品的探地雷达几乎都采用这种体制。其工作原理是发射机经过宽带天线向地下周期性地发射无载频单极或双极冲激脉冲，接收机通过接收天线将地下目标的回波信号送给采样变换电路，经过时间域采样变换，接收信号在保持原有形状的基础上，在时间轴上展宽上千倍，变为低频信号。适当处理该信号后，送入图像显示系统形成探测区域的地下剖面图。

#### 2．步进连续波

步进连续波发射技术在探地雷达发展初期及后续多年一直被人们采用，但由于地下低阻介质及发射机与接收机等因素的影响，很难识别来自地下目标的回波，所以后来大多数探地雷达都未采用这项技术。直到 20 世纪 70 年代，人们才在这项技术的基础上发展出了地下全息成像技术。发射信号可以是点频，也可以是一些特定间隔的频率，接收端采用孔径天线在地表接收来自地下区域的后向散射信号，并对信号的幅度和相位进行测量。波前外插技术的应用可实现对地下目标的数学重建，分辨率由测量孔径的大小决定。发射信号的窄带特性使天线的设计较之宽带系统相对容易，且不需要采用高速数据捕获。这种系统的缺点是需要精密扫描二维孔径，工作频率也要根据地下介质的频率衰减特性仔细选择。如果频率过高，就要求减小孔径尺寸，而小孔径尺寸将降低分辨率。这些苛刻的要求限制了该技术的应用。

### 3. 调频连续波

调频连续波（FMCW）方法是另一种用于浅层或表层（2m 以内）地下目标探测的方法。它要求稳定的频率合成信号源和宽的发射频带，优点是分辨率高、发射频谱易于控制及具有很宽的动态范围。发射信号为线性调频连续波，根据预知的地下介质的频率衰减特性及可能的地下目标的频率响应特征预先设定工作频带。接收到的回波信号与发射信号的一个样本混频得到的差频，对应于回波信号相对发射信号的时间延迟，根据电磁波在地下介质中的传播速度，将该延迟转换成距离即可得到地下目标的实际位置。差频波形的持续时间近似等于扫频时间，傅里叶变换后谱的形状与具有相同谱分布的零相位脉冲发射产生的时间域回波波形是一致的。调频连续波系统的主要缺点是体积大、成本高，特别是因为使用合成频率源，需要特殊的信号处理才能恢复用于显示和解释的时间域波形，因此系统比较复杂。如果系统采用频带的宽度不够，或者功率较大，则容易产生电磁干扰。另外，这种系统因为无法对探测距离以外的干扰给予足够的抑制，所以给图像的判读和解释带来了很大的困难。与其优点相比，这些缺点限制了这种体制的雷达在地下探测领域的推广和应用范围。因此，目前大多数调频连续波雷达仅限于对几十厘米以内的表层进行探测，如机场跑道和高速公路等表层中的结构异常或孔穴的探测。

### 4. 脉冲展宽压缩技术

脉冲展宽压缩作为一项成熟的技术，已广泛用于很多种常规的空中雷达中，这种雷达也称**调频雷达**，它发射线性调频脉冲，调频带宽通常很宽，保证高时间分辨率，同时保证发射脉冲长度具有很大的时带积，以便获得很大的总发射能量，进而达到提高信噪比的目的。接收端采用匹配滤波器技术来实现脉冲压缩，可在微秒量级脉冲发射情况下获得相当于纳秒量级窄脉冲的分辨率。在峰值功率受限的情况下，这种技术十分有效。在探地雷达应用中，脉冲展宽压缩技术并不是针对峰值功率受限而采用的。它采用精心设计的一对具有宽带特性的对数周期天线或对数螺旋天线，调频脉冲经过天线后，发射信号的频率随时间的变化是双曲线的。回波信号经过接收天线后的输出波形是原发射波形的自卷积，形成的双曲调频的长度是原来的两倍，这个波形被接收机中的匹配滤波器压缩后得到的分辨率，与所设计的发射带宽相符。通常采用的时带积为 10～20。对数螺旋形天线在这种体制的探地雷达中应用最广泛：①它是扩散宽带天线，可满足系统带宽发射和接收；②可以产生圆极化发射，特别是对地下的细长目标，如管道和电缆，在不知道方位角的情况下并不影响实地探测。这就是选择调频脉冲的优点，也就是说，可将带宽特性和圆极化特性结合起来，而这是冲激脉冲体制所不能实现的。

### 5. 极化调制

管道和电缆等这样的地下细长目标产生的后向散射场以线极化为主，极化方向平行或垂直于目标的长轴，而与入射场的极化状态无关。如果接收天线和发射天线正交，则接收信号将随天线对与目标长轴的夹角变化。如果天线对的线极化方向相同，那么在理论上讲，接收信号为零。因此，相对而言，采用圆极化特性的天线更优越。随着极化矢量的自动旋转，那些由线极化造成的不灵敏方向不可避免地会给探测带来困难，接收信号的包络与细长目标的方向无关。

综上所述，尽管还存在其他形式的调制方式，但以上五种调制方式形成了探地雷达的主要体制。它们有各自的特点，有些体制之间还存在应用上的互补性。然而，就目前探地雷达系统的发展和应用来说，最主要的探地雷达系统是时间域测量的脉冲探地雷达和频率域测量的步进频率探地雷达系统。图 4.1 所示为探地雷达的体制分类。

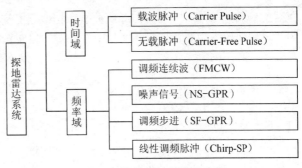

图 4.1　探地雷达的体制分类

## 4.1.2　探地雷达系统的主要设计参数

探地雷达以探测、分辨和识别目标体为最终目的，因此探地雷达系统的设计参数也要以目标体的探测效果为评定标准。探地雷达系统的设计参数主要有：探测距离分辨率，包括深度分辨率和水平分辨率；系统增益 $Q_s$；最大可探测深度；系统动态范围 $D$ 及特征参数 $T$。这些参数在野外探测的参数选择中也需要认真选择。

### 1. 探地雷达的深度分辨率

分辨率是探地雷达的一个重要指标，它决定探地雷达分辨最小异常介质体的能力。分辨率可细分为深度分辨率与水平分辨率。

深度分辨率取决于区分回波在时间上靠得最近的两个信号的能力，用时间间隔表示为

$$\Delta t = 1/B_{\text{eff}} \tag{4.1.1}$$

式中，$B_{\text{eff}}$ 为接收信号频谱的有效带宽。转换为深度可表示为

$$\Delta h = \frac{v\Delta t}{2} = \frac{1}{2B_{\text{eff}}} = \frac{c}{2B_{\text{eff}}\sqrt{\varepsilon_{\text{r}}}} \tag{4.1.2}$$

式中，$v$ 为波速。

（1）当介质中的波速减小时，雷达的深度分辨率提高，即在介电常数较大的介质中，雷达的深度分辨率提高。

（2）接收信号频谱的有效带宽 $B_{\text{eff}}$ 越大，雷达的重直分辨率越高。在实际的探地雷达系统中，$B_{\text{eff}}$ 是难以计算的，主要由发射信号（低通滤波模型）、收/发天线（高通滤波模型）、地表介质特性（低通滤波模型）决定。由于介质对不同频率选择性地衰减，接收信号的频谱与发射信号的频谱相比向低端偏移，信号带宽变窄，因此在系统硬件条件一定时，探地雷达的深度分辨率是与深度有关的，深度越深，带宽越小，分辨率越差。

对于探地雷达系统而言，地下介质的影响是外部因素，无法进行调整。要提高雷达的分辨率，就必须提高雷达的发射信号带宽，并采用宽带接收电路。另外，利用信号处理方法外推接收信号频谱也可提高距离分辨率。

### 2. 探地雷达的水平分辨率

如果两个目标体之间的距离为 $d$，且位于同一水平面内，深度为 $h$，那么探地雷达系统能否区分这两个目标体，将取决于探地雷达系统的水平分辨率。要在时间上分辨出两个目标体的回波，接收信号的有效带宽 $B_{\text{eff}}$ 必须满足条件

$$2\sqrt{h^2 + d^2} - 2h > \frac{v}{B_{\text{eff}}} \tag{4.1.3}$$

即

$$d > \sqrt{\frac{v}{B_{\text{eff}}} + \frac{vh}{B_{\text{eff}}}} \tag{4.1.4}$$

探地雷达的水平分辨率与深度分辨率相似，主要取决于接收信号频谱的有效带宽 $B_{eff}$。此外，还与目标的深度相关，目标越深，水平分辨率越低。

### 3. 系统增益 $Q_s$

探地雷达系统的增益定义为最小可探测到的信号电压或功率与最大发射电压或功率之比，常用 dB 表示。如果用 $Q_s$ 表示系统的增益，用 $P_{min}$ 表示最小可探测信号的功率，用 $P_o$ 表示最大发射信号的功率，则有

$$Q_s = 10\lg(P_o/P_{min}) \tag{4.1.5}$$

### 4. 系统动态范围 $D$

在信息论中，系统的动态范围定义为

$$D = 10\lg(P_{max}/P_{min}) \tag{4.1.6}$$

式中，$P_{max}$ 是接收信号的最大允许功率，$P_{min}$ 是杂波背景下最小可探测信号的功率。

$P_{max}$ 通常由收发耦合的地面反射波决定；$P_{min}$ 由周围的环境噪声水平决定。$D$ 越大，系统探测深度越深。减小 $P_{min}$ 的有效途径是对接收信号进行相关积累。即使信噪比小于 1，也可得到有意义的结果。为了增大 $P_{max}$，可以在接收天线输出和高灵敏度接收机之间接入一个可控衰减器（自动时间增益控制，ATGC）。ATGC 可以在抑制直达波和地面反射波的同时，补偿深层回波衰减，但这种方法的有效应用取决于硬件技术的发展。

### 5. 最大可探测深度

探地雷达的探测深度由两部分控制，一是探地雷达系统的增益指数和动态范围，二是探地雷达应用中背景介质的电学性质，特别是电阻率和介电常数。探地雷达的探测深度需要用雷达方程来确定，而不能单以电磁波的趋肤深度作为探地雷达系统的探测深度。

电磁波在地下传播时有能量损耗，这就限制了雷达探测深度。当背景介质为均匀介质时，考虑到天线的传播特性，接收信号的总功率损耗近似表示为

$$Q = 10\lg\left(\frac{\eta_t\eta_r G_t G_r g\sigma\lambda^2 e^{-4\beta r}}{64\pi^3 r^4}\right) \tag{4.1.7}$$

式中，$\eta_t$，$\eta_r$ 分别是发射天线与接收天线的效率；$G_t$，$G_r$ 分别是在入射方向与接收方向上天线的方向增益；$g$ 是目标体向接收天线方向的后向散射增益；$\sigma$ 是目标体的散射截面；$\beta$ 是介质的吸收系数；$r$ 是天线到目标体的距离；$\lambda$ 是雷达子波在介质中的波长。

满足 $Q_s + Q \geq 0$ 的距离 $r$ 称为深地雷达的**探测深度（距离）**，即处在该距离范围内的目标体，其反射信号可为探地雷达系统探测到。

### 6. 特征参数 $T$

能够表征探地雷达探测性能的单一参数主要有两个：一是系统动态范围 $D$，二是系统探测特征参数 $T$。它们都是表征探测地雷达探测分辨率与最大探测深度的单一参数。不同系统之间，具有不同的探测分辨率和最大探测深度，探测特征参数统一了探测地雷达系统的这两个探测性能。

探地雷达系统的特征参数 $T$ 定义为

$$T = \frac{最大可探测目标体距离}{最小距离分辨率} \tag{4.1.8}$$

对于同一探测目的或探测环境，特征参数 $T$ 能表征系统的探测能力，系统的特征参数越大，探测能力就越大。

对于同一个系统，特征参数 $T$ 的数值很大程度上受地下介质电磁衰减系数的影响。对于中低衰减介质，如砂石、岩石介质，常见的商用探地雷达系统的 $T$ 值一般为 5～100；对于高损耗介质，$T$ 值为 10～20。

## 4.2 时间域探地雷达

时间域探地雷达以脉冲探地雷达为主。脉冲探地雷达，也称**基带脉冲探地雷达、无载波脉冲探地雷达**，是一种宽带探地雷达系统。它能提供时间域的直观图像，使用简单，因此深受用户欢迎。此外，时间域测量还有如下优点：①在接收信号中可以去除直达波和环境的干扰，对探测的场地要求不是非常严格；②一次时间域测量就可获得相当宽的频率域信息，而频率域测量需要一次又一次地改变频率进行测量，然后合成数据，比较麻烦。探地雷达的收发信号直接在时间域内进行，不需要进行傅里叶变换，不存在所谓的旁瓣干扰；③电路技术比较成熟，电路结构比较简洁，可以研制出体积小、质量轻、结构紧凑的雷达控制器和发射机及接收机，具有较高的系统性价比；④雷达发射的平均功率较低，不仅所需的电源功耗较小，而且对周围其他电子设备的干扰较小，有利于大系统的电磁兼容（EMC）设计。事实上，到目前为止，无载频脉冲探地雷达是唯一一个通过美国联邦通信委员会（FCC）认证的探地雷达体制；⑤对于实现深层目标的探测，可以采用灵敏度时间控制电路（STC）或时变增益（TVG）电路对信号进行时变放大，使用 STC 电路主要有两大优点：①可以很好地抑制天线直达波及来自地表的强大反射波；②能够较好地补偿损耗介质对电磁波产生的非线性衰减，提升深层目标的反射信号，有利于对深层目标的探测。

### 4.2.1 时间域探地雷达的基本原理

时间域探地雷达将电磁波脉冲通过天线一次性地发射出去，并采用宽带接收器接收电磁脉冲的回波信号，在目前的商用探地雷达系统中占主导地位。

时间域探地雷达系统包括发射电路、接收电路、低频模拟放大电路和数据采集与处理系统，如图 4.2 所示。其中核心部分是发射脉冲源，即脉冲信号发生器。其中，核心部分是脉冲信号发生器。较宽信号如微秒级的脉冲发生器相对比较容易，但纳秒级的脉冲发生器相对比较困难。早期曾使用过水银（汞）开关，随着微电路器件的迅速发展，现在多采用雪崩管固体电路。

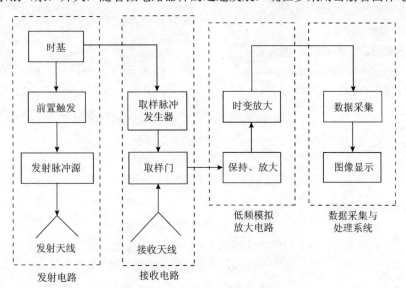

图 4.2　时间域探地雷达系统框图

## 4.2.2　GSSI 的 SIR 系列的构成和技术指标

　　SIR（Subsurface Interface Radar）系列是美国地球物理测量系统公司的主要产品。美国地球物理测量系统公司已成为全球最主要的探地雷达生产和销售公司之一，其脉冲探地雷达系统覆盖了很宽的频率范围，具有很宽的应用领域，并提供多种频率和多种类型的天线。在控制这些天线的主机类型中，SIR-2、SIR-3、SIR-8、SIR-10、SIR-2000 和 SIR-3000 的使用范围较广。SIR-3000 探地雷达系统是一种便携式探地雷达系统，其体积较小，重量也较轻。其中，SIR-10H 仪器的作用是公路检测和探测，反映了美国地球物理测量系统公司的最新研究成果和最高水平。SIR-10H 可进行多道数据采集，工作效率高，但重量较大，适合于地形条件较好的情况下应用。

　　目前，我国引进较多的是 SIR-2、SIR-10 和 SIR-3000 仪器系统。SIR-2 和 SIR-3000 仪器的特点是适合野外艰苦的地形条件。SIR-10 仪器比较先进，功能也较多，提供全数字化的参数设置和多道彩色显示功能，如在设置关键性参数时，SIR-10 提供自适应参数设置方法，这些参数包括系统增益、采样率、扫描数、滤波参数和天线的发射速度等。在参数设置中，可以手动和自动修改参数，以使 SIR-10 系统适应于不同水平的操作者。每次设置均可以存储，使用者可很方便地重复前一次的设置值。采集的探地雷达数据能方便地传送到微机系统中进行保存和处理。

　　SIR-10 系统是一个多道测量系统，标准的 SIR-10 系统有两个通道，但可以扩展到 4 个独立的通道，并且允许每个通道进行不同频率天线的测量和不同的参数设置。SIR-10 探地雷达系统使用者的工作效率较高，可以同时获得不同深度、不同分辨率的探测结果。测量中还可将多个天线组成天线阵，以提高探测效果，或者采用类似于反射地震勘探的 CDP 或 CMP 探测方式，提高信噪比。图 4.3 显示了 SIR-2 探地雷达主机，图 4.4 显示了 SIR-10 探地雷达主机。

图 4.3　SIR-2 探地雷达主机　　　　　　　　图 4.4　SIR-10 探地雷达主机

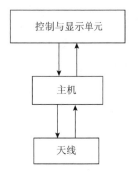

图 4.5　探地雷达系统框图

　　SIR 系列仪器都由计算机控制采集和显示，广泛用于建筑结构、环境、岩土工程、水利水电工程、公路交通、考古、军事等方面的探测和研究。

　　GSSI SIR 系列仪器由三部分组成，即探地雷达的主机、控制与显示单元和天线，如图 4.5 所示。例如，SIR-10 仪器是目前国内引进量较大的产品之一，其主机、控制与显示单元和天线分别如下。

（1）MF-10 主机由电源、软盘驱动器、复位开关、8mm 磁带驱动器、SCSI 连接器、连接面板组成。

（2）CD-10 控制与显示单元由显示器与功能控制键组成。显示器实时监视测量结果。六个功能键用于设置测量参数。

（3）天线分为单天线形式和多天线形式。单天线形式利用一个天线发射宽频带短脉冲雷达波并接收来自地下介质界面的反射回波。多天线形式可以同时连接四个天线，完成以下任务：①相同频率多个剖面记录；②不同频率剖面测量以获得不同探测深度与分辨率的图像；③利用不同测量参数设置进行测量，以便获得最佳的测量设置参数；④一个发射记录，多个接收记录，进行宽角测量，获取地层电磁波速度。天线频率有 80MHz、100MHz、120MHz、300MHz、500MHz、800MHz 与 1000MHz 等可供选用。

### 4.2.3  加拿大 EKKO 系列探地雷达

EKKO 系列探地雷达是加拿大探头及软件公司的产品。目前有三种型号：IV 型为低频，使用的中心频率为 200MHz、100MHz、50MHz、25MHz 与 12.5MHz 五种；100 型为 IV 型的改进型，系统增益提高；1000 型为高频，使用的中心频率为 225MHz、450MHz 和 900MHz 三种。

加拿大 EKKO 系列探地雷达由计算机、控制面板、发射电路、发射天线、接收电路与接收天线六部分组成。

（1）计算机是 RAM 为 640 KB 以上的 PC。其功能如下：①操作员进行人机对话，设置测量参数进行测量或设置绘图参数获取雷达图像；②控制面板发出操作指令；③在硬盘或软盘上存储测量参数与测量结果；④显示雷达图像以进行测量质量监控。

（2）控制面板的功能：①生成标准时间信号作为雷达回波计时使用；②计算机操作指令向发射电路与接收电路发出工作指令；③处理来自接收电路的信息，经模数转换后送到计算机。

（3）发射电路是一个宽频带短脉冲发生器，向发射天线提供发射信号。

（4）接收电路是一个宽频带脉冲放大器，它接收来自接收天线的回波信号，经前置放大后送给控制面板。

（5）发射与接收天线均为宽频带响应的振子天线。发射天线与接收天线可以互换使用。发射天线向地下介质辐射宽频带短脉冲电磁波，接收天线接收来自地下介质的反射回波信号。

### 4.2.4  RAMAC/GPR 探地雷达系统

RAMAC/GPR 探地雷达是瑞典 MALA 公司的一种重要产品。该仪器的硬件系统包括控制单元、接收机、发射机、计算机、电池包，软件系统主要包括采集软件、编辑软件、实时处理软件、显示软件、后处理软件。

控制单元（CUII）如图 4.6 所示。控制单元（CUII）可用采集软件 Ground Vision（Windows 界面下）及 3.2 版采集软件（DOS 下）进行操作，它通过并行口用 ECP 方式传输资料，传输速度很快。CUII 可与 RAMAC/GPR 的所有天线兼容，并且可升级成多道系统（4 道系统 MC4 及 16 道系统）。

采集软件 Ground Vision 如图 4.7 所示。Ground Vision 是 Windows 下的采集及处理软件，该软件可进行参数设置、系统校准、数据采集、滤波处理、图形编辑、时间-深度转换、多道采集及图形打印等。

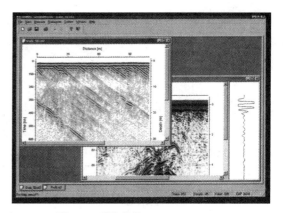

图 4.6　RAMAC/GPR 控制单元（CUII）　　　　　图 4.7　采集软件 Ground Vision

**主要技术指标**

| | | | |
|---|---|---|---|
| 脉冲重复频率 | 10～200kHz（标准 100kHz） | A/D 转换 | 16 |
| 样点数/道 | 128～8192 | 叠加次数 | 1～32768 |
| 采样频率 | –20GHz | 信号稳定性 | < 100ps |
| 通信方式 | ECP | 通信速度 | >700KB/s |
| 数据传输率 | 40～400KB/s | 触发方式 | 距离/时间/手动 |
| 内置计算机 | 摩托罗拉 683xx | 功耗 | 25W |
| 供电或 12V 适配器 | 8V RAMAC/GPR 标准电池 | 尺寸（CUII） | 230mm×20mm×120mm |
| | | 质量 | 2.4kg |
| 天线兼容性 | 所有 RAMAC/GPR 天线 | 最大采集道数 | 4 或 16 |
| 最大道数 | MC-4（2Tx&2Rx） | | MC-16（4Tx&4Rx） |
| 天线类型 | 100MHz、250MHz、500MHz、800MHz 和 1000MHz 天线，采用屏蔽方式，抗干扰能力强 | | |

## 4.2.5　中国电波传播研究所 LTD-2100 探地雷达

　　LTD 系列探地雷达主机是中国电波传播研究所研制的探地雷达系统，可挂接八种不同天线对隐蔽目标进行探测，已广泛应用于工程检测和地质勘察等军用和民用领域，如图 4.8 所示。

### 1．主要特点

　　采集软件 LTDSample2100 的功能如下：

　　（1）在 Windows 界面下工作，中文菜单，操作简单易懂。

　　（2）可动态调试雷达波形参数，如时变放大曲线、时窗、信号位置、扫描速度、采样点数等。

　　（3）连续探测，数据实时显示（伪彩色或灰度电平图），实时滤波，实时叠加去噪声（1～8次，可任选）。

　　（4）逐点测量，叠加次数 1～32768，可任选。

　　（5）数据实时存储和事后回放或打印输出。

### 2．性能指标

LTD-2100 系列探地雷达主机为单通道模式。

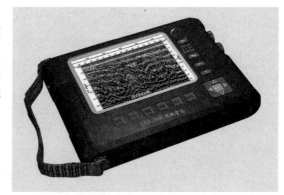

图 4.8　LTD-2100 系列探地雷达主机

LTD-2200 系列探地雷达主机单、双通道模式可选，分时工作。

兼容性：兼容 LTD2000 系列探地雷达的全系列天线。

连续工作时间：≥4 小时；体积≤ 311mm×212mm×61mm。

主机质量：≤2.5kg；整机功耗：15W，电源供电：9～18V。

天线范围：50MHz～1.5GHz 天线；扫描速率：16Hz、32Hz、64Hz、128Hz 可调。

记录道长度：256、512、1024、2048 可调。

脉冲重复频率：16kHz、32kHz、64kHz、128kHz 可调。

时窗范围：5ns～1μs，连续可调； 输入带宽：1Hz～16kHz。

动态范围：–7～130dB； 雷达信号输入范围：±10V。

系统信噪比：大于 70dB。

测量方式：逐点测量、距离触发测量、连续测量可选。

显示方式：伪彩图、堆积波形或灰度图；工作温度：–10℃～+50℃。

存储温度：–20℃～+60℃；湿热条件：90%，+30℃。

收发天线（中心频率）

屏蔽型天线：300MHz、500MHz、900MHz、1000MHz、1500MHz。

平板天线：25MHz、50MHz、100MHz（轻便型）。

喇叭形天线：1500MHz（探测公路层厚专用型）。

## 4.3 FMCW 探地雷达

FMCW 即调频连续波（Frequency Modulated Continuous Wave），表示载波为等幅、连续的某一频率电磁波。调制波可以是线性三角波、锯齿波、正弦波、脉冲波等，调制方式为频率调制。FMCW雷达技术已有较长的历史（Luck，1949），最早主要用作高度表（计）和测距仪，测量目标的高度和距离。FMCW 雷达技术具有如下 3 个方面的优点（Stove，1992）：①FMCW 雷达的发射技术可以很容易用固态电路实现；②频率测量能够使用数字化技术并用 FFT 方法准确测出；③信号不易被普通接收机截获[3]，保密性强。FMCW 探地雷达是重要的应用之一。FMCW 探地雷达的特点是工作载频可以超过 1GHz，目标分辨率较高；探测深度不大，适合于探测浅层埋入的中、小型目标，如地雷、墙内隐蔽的窃听（视、照）设备，建筑物中的缝隙、空洞、钢筋结构等。

### 4.3.1 FMCW 雷达探测的基本原理

FMCW 雷达探测的基本原理如图 4.9(a)所示，电磁波信号源通过发射天线发射一组等幅的调频连续波。假设频率调制方式是线性调制，即频率与时间的关系按三角形规律变化，频率变化从 $f_1$ 到 $f_2$。接收天线接收到目标的反射信号，并与发射信号有一个时间差（延迟）$\tau$。该时间延迟与天线和目标的距离 $R$ 有关。如果将发射信号的一部分直接耦合到混频器，它将与接收信号在混频器中混频后，产生频率为 $f_d$ 的中频信号，也记为 $f_{IF}$。参见图 4.9(b)，由于 $\Delta ABC$ 和 $\Delta ADE$ 相似，所以有 $AD/DE = AB/BC$，或写成 $\tau/T_s = f_d/\Delta f$。因为目标的回波信号与发射信号的时间延迟 $\tau = 2R\sqrt{\varepsilon_r}/c$，所以得到距离 $R$、差拍频率 $f_d$、调频时间 $T_s$、调频宽度 $\Delta f$ 之间的关系为

$$R = \frac{1.5 \times 10^8 T_s f_d}{\Delta f \sqrt{\varepsilon_r}} \quad\quad (4.3.1)$$

式中，$\varepsilon_r$ 为电磁波传播介质的相对介电常数。式（4.3.1）为 FMCW 雷达方程，它的一个重要特点是 $R \propto f_d$。显然，从接收机输出差拍信号的频率 $f_d$ 即可由式（4.3.1）唯一地决定天线与目标的距离 $R$。因此，FMCW 探测器除了能够探测到目标的存在，还可用作测距仪、测高计等，以确定目标和雷达的距离。

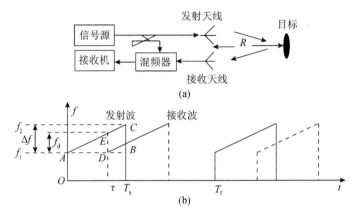

图 4.9　FMCW 探测雷达的基本原理：(a)FMCW 雷达探测基本原理；
(b)FMCW 雷达发射和接收电磁波的关系（周学松，2005）

按照图 4.9 所示的 FMCW 探测的基本原理，非线性混频器的输出信号略去更高次项后，可以写为

$$V_0(t) = A_0 + A_1 \left[ \cos(\phi_t - \phi_r) - \cos(\phi_t + \phi_r) \right] \quad\quad (4.3.2)$$

式中，$\phi_t$ 和 $\phi_r$ 分别是发射信号和回波信号的瞬时相位；$A_0$ 是混频器输出的直流项振幅；$A_1$ 是混频输出的高次项振幅；$\phi_t + \phi_r$ 是超出滤波器范围的射频谱分量，可以略去。适当选取参数，$\phi_t - \phi_r$ 能够作为音频谱分量。经傅里叶变换后，$V_0(t)$ 的频谱是

$$F(\omega) = \int_{-\infty}^{\infty} V_0(t) \mathrm{e}^{-j\omega t} \mathrm{d}t = \omega_r \sum_{-\infty}^{\infty} (\omega - k\omega_r) \left[ F_1(k\omega_r) + F_2(k\omega_r) + F_3(k\omega_r) \right] \quad\quad (4.3.3)$$

式中，$\omega_r = 2\pi / T_r$，$k = 2\pi / \lambda$。各分量的幅度分别是

$$F_1(k\omega_r) = A_0 T_r \mathrm{sinc} \frac{k\omega_r T_r}{2}$$

$$F_2(k\omega_r) = A_1 T_s \mathrm{sinc} \frac{(k\omega_r - \alpha\tau)T_r}{2} + \mathrm{sinc} \frac{(k\omega_r + \alpha\tau)T_r}{2}$$

$$F_3(k\omega_r) = A_1(T_r - T_s - \tau)\mathrm{sinc} \frac{k\omega_r(T_r - T_s - \tau)}{2} \quad\quad (4.3.4)$$

式中，$\alpha = 2\pi \frac{f_2 - f_1}{T_s}$；$\mathrm{sinc}x = \frac{\sin x}{x}$；频谱分量之间相距 $1/T_r$。

下面首先讨论 $F_1(k\omega_r)$，$F_2(k\omega_r)$ 和 $F_3(k\omega_r)$ 的数学图像及物理意义。以 $T_s = 0.005\mathrm{s}$，$T_r = 10T_s$，$\Delta f = f_2 - f_1 = 10^9 \mathrm{Hz}$ 为例，其音频输出频谱如图 4.10 所示。

除了 $k = 0$，$F_1 = 0$，所以为直流项；$F_2$ 为 $\mathrm{sinc}x = \frac{\sin x}{x}$ 的频谱，其零点间距为 $\frac{1}{T_s - \tau}$，当 $\omega_d = 2\pi \frac{(\omega_2 - \omega_1)\tau}{T_s}$ 时产生峰值信号，它正好与式（4.3.1）所示的 FMCW 雷达方程相对应；$F_3$ 也为

$\mathrm{sinc}x = \frac{\sin x}{x}$ 的频谱，其零点间距为 $\frac{1}{T_r - T_s - \tau}$，当 $\omega_d = 0$ 时产生峰值信号。

理论上说，如果设计的 FMCW 雷达只探测单个目标，且传播介质是单一介质，如空气，那么当取 $T_r = T_s$ 即锯齿波时，得到的差拍频率 $f_d$ 最大，这时的 $F_3$ 项接近零。然而，这只是理论上的结论，因为实际工作中 FMCW 探地雷达要测探分层介质中的埋入目标，就不可能只是单一的传播介质。

如果定义频谱包络线上相差$-3$ dB的两点之间的距离为距离分辨率，则有

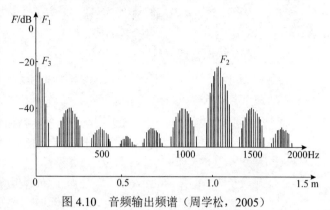

图 4.10　音频输出频谱（周学松，2005）

$$\Delta R = \frac{0443v}{f_2 - f_1} \qquad (4.3.5)$$

式（4.2.5）说明，距离分辨率 $\Delta R$ 和扫频范围 $\Delta f$ 成反比。例如，在 $\varepsilon_r = 4$ 的介质中，如果希望有 $\Delta R = 100$ mm 的距离分辨率，则要求扫频范围 $\Delta f = 665$ MHz。假如希望有更高的距离分辨率，则应再增加扫频范围 $\Delta f$。然而，频率增加后，探测时电磁波的穿透能力降低，特别是对潮湿黏土更加困难，需要在具体实际工作中协调。

从 FMCW 雷达方程出发，可以大致估算对频率调制信号的时间要求。如果选取 $R = 1\mathrm{m}$，$\Delta f = f_2 - f_1 = 10^9$ Hz，则 $T_s = 0.01\mathrm{s}$ 时 $f_d$ 才为音频范围。选取调制信号重复周期 $T_r$ 甚于于 $T_s$，其直流项、低频项都容易滤除，$F_2$ 和 $F_3$ 的旁瓣也不会相交。模拟计算表明，取 $T_r = 10T_s$ 最恰当。当然，这样选取的缺点是占空比减小后将损失发射信号的平均功率。这些矛盾也要在设计中认真处理，根据探测的实际要求适当取舍，最后才能设计出满足工作需要的 FMCW 探测器的最佳方案。

FMCW 探地雷达必须探测多层介质中埋入的目标，所以实际的雷达回波中除了目标反射信号，还应包括每一层介质界面的反射信号。如果被探测的并不是单个目标，则回波中必须有每个目标的反射信号。因此，FMCW 探地雷达的实际信号是随机的和零乱的，即输出频谱相当复杂，如果不经过信号处理，很难识别真正的目标。为此，1986 年 Botros 等人研究了平面波入射到介质板和金属圆球的问题，指出在介质板多次反射产生的输出频谱中，两个旁瓣相互交叉会产生一个错误信号，掩盖介质界面的反射信号。用适当的处理技术可以提出需要的目标信号。同年，Cuthbert 等人也使用信号处理中的非傅里叶方法满意地在多次反射信号中识别出了多个目标。

从上述分析可以看到，研制和设计一台线性 FMCW 探地雷达系统时，最关键的部件是扫频信号发生器、混频器和数据处理器。具体分析如下：扫频信号的线性度正常，能够保证降低频谱展宽后对分辨率降低的影响；混频器输出频率的稳定性和频谱纯度可以避免交叉调制，降低系统噪声；选择有效的数据处理软件、相应的数据处理器及合适的人机界面，既能实时、准确地显示探测结果，有助于目标识别，又便于实际操作。顺便指出，以前也有不少论文的作者提出 FMCW 雷达系统的性价比不高，意思是说 FMCW 雷达系统比较复杂，造价太高。实际上，由于信息技术迅速发展，特别是数字技术和微波技术的广泛应用，现在我们可以研制很多低造价、高性能的 FMCW 雷达系统，并且具有十分广阔的应用范围。

## 4.3.2　FMCW 探地雷达

1982 年，英国最先研制出便携式 FMCW 探地雷达（Cuthbert 等，1986）。实际上，它的主机装在

一台手推车上，探头可以手持移动，沿地断或墙壁扫描。整机主要用来探测地下电缆、管道等埋入目标。1988 年，在原有探地雷达的基础上，他们又做了许多改进，特别是在信号处理方面继续做了很多工作。本节介绍他们研制的一种比较先进的 FMCW 探地雷达方案（Olver 等，1982）。

1. **FMCW 探地雷达系统**

英国在 20 世纪 80 年代末研制的 FMCW 探地雷达框图如图 4.11 所示，它主要由四部分组成，即微波组件、天线或探头、控制系统和微处理器。

（1）微波组件。FMCW 探地雷达的微波组件包括信号源、衰减器、方向耦合器、环形器和微波混频器等。信号源使用的是 YIG 小球式振荡器，共有三种型号，即 1～2GHz、2～4GHz 和 9～11GHz，最大分辨率约为 1/4 波长，即相应于 1～2GHz 波段的分辨率约为 50mm，相应于 2～4GHz 波段的分辨率约为 25mm，相应于 9～11GHz 波段的分辨率约为 7.6mm。YIG 振荡器为扫频源，输出功率为 10mW，驱动电流和输出频率线性关系良好，避免了由于非线性问题引起的一些麻烦。衰减器使用的是二极管形式的线性衰减器，在这些波段上的衰减量最大为 1/10，衰减量的大小由后面的控制系统给出的信号具体调节。方向耦合器、环形器和平衡式混频器都是普通器件，无特殊要求。

（2）天线或探头。天线或探头的设计不仅要求电性能满足要求，而且要求机械操纵灵活、结构牢靠。在 1～2GHz 和 2～4GHz 两个波段上工作时，共有两种部件。一种是足脊形喇叭天线，作为探头的馈元，调试时，要求同轴接头处工作频段的电压驻波比越小越好。

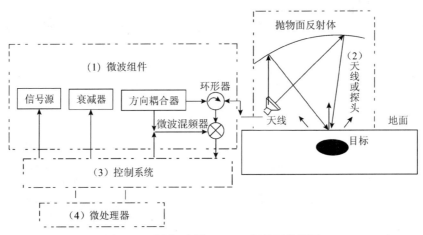

图 4.11　英国研制的 FMCW 探地雷达框图

另一种是材料为玻璃纤维的抛物面反射体，它能将馈元发射的电磁波集中聚焦到被探测的目标上，照射面积约为 320mm×400mm。在 9～11GHz 波段上工作时，天线就是一个填充有泡沫介质芯的圆锥金属喇叭，天线全长仅 250mm，照射面积是直径约为 100mm 的圆形。

（3）控制系统。控制系统的作用主要是与微处理器联动，控制整机处于最佳工作状态。一方面，对雷达回波做必要的预处理，包括放大、高通滤波、采样和数字化，在每次扫描中都产生相应的时间域数字信号；另一方面，接收微处理器预置软件的指令，发出正确的信号来驱动振荡器和衰减器。

（4）微处理器。微处理器有两个功能，一是操纵控制系统，二是对雷达回波做进一步处理。在微处理器中预置了必要的软件程序，这使得雷达可以实现各种设计功能，许多参数也能根据实际需要改变和调节。FFT 程序和频谱的非傅里叶方法可将时间域信号转换到频率域，完成所需的信号处理。

**2．FMCW 探地雷达的典型产品及应用**

1）英国研制的 FMCW 探地雷达

FMCW 探地雷达通常工作在高频和超高频波段，所以是近距离、高分辨率探测设备，产品的探测距离最大为 1~10m，分辨率为厘米级。产品设计和研制中的主要要求是动态范围大，灵敏度高，噪声和杂波抑制能力强。近代产品和设备中还需要有先进的软件设施，操作简便，性能稳定可靠。英国研制的系列产品的典型技术指标如下。

| | | |
|---|---|---|
| 发射机： | 平均功率 | 500mW（26.9dBm） |
| | 天线和电缆损耗 | −9dB |
| | 平均辐射功率 | 61（17.9dBm） |
| | 重复速率 | lms |
| | 杂波 | 10dB/ns |
| 接收机： | 射频带宽 | 1GHz |
| | 中频带禁 | 13.3kHz/m（自由空间） |
| | 等效热噪声 | $5.52×10^{-17}$/m（−132dBm） |
| | 混频器噪声指数 | 8dB |
| | 最小信号电平 | −124dBm |
| | 最大信号电平 | +124dBm |
| | 动态范围 | 134dBm |

1993 年，英国能源部专用技术实验室（Special Technologies Laboratory）研制出阶梯调频连续波探地雷达，它主要包括 3 部分，即射频/天线组件、计算机和电池盒。使用这部探地雷达，探测到了埋深 4.5m 的 60mm 炮弹和 500 磅炸弹等。

该探地雷达的主要技术参数如下。

| | | | | |
|---|---|---|---|---|
| 工作频率 | 196~708MHz | | 距离分辨率（$\varepsilon_r = 4$） | 0.203m |
| 带宽 | 512MHz | | 不模糊距离（$\varepsilon_r = 4$） | 9.14m |
| 采样点数 | 128 | | 电池寿命 | 6h |
| 频率阶梯 | 4MHz | | 电池充电时间 | 6h |
| 调制频率 | 500kHz | | 系统质量 | 90P |
| 动态范围 | 96dB | | | |

2）以色列研制的 RMDS 探地雷达

FMCW 探地雷达的另一个典型产品是以色列航空工业公司所属的 ELTA 公司于 20 世纪 90 年代末研制的新型探雷装备 RMDS 探雷车。RMDS 是无人驾驶探雷系统（Robotic Mine Detection System）的缩写，其核心设备 GPR 就是 FMCW 探地雷达。RMDS 探雷车总体结构方框图如图 4.12 所示，它包括 5 部分，即探地雷达（GPR）、无人车（RV）、标示系统、数据视频控制组合、遥控系统。各部分的主要元器件和作用如图 4.12 所示。

（1）探地雷达（GPR）。探地雷达是整个 RMDS 探雷车的心脏，它主要由 FMCW 收发机和天线阵组成。天线阵共有 3 个天线或探头与主机连接，安装在探雷车的前端，距离地面 70cm，可探测宽度为 3m，探测深度一般为 30cm。GPR 探测并识别目标后，将相关参数传输到显示器和标示系统，操作员根据该信息，参考照相机看到的视频信号决定下一个处理步骤。

（2）无人车（RV）。无人车是用轻质材料做成的，它控制方便，运动自如，设计要求无人车压到埋入地雷的地表时地雷不会爆炸。根据战时需要，在探雷车的控制台上发出指令，无人车即可按照操作指令前、后、左、右、加速、减速、匀速运动，探测到目标后，操作员可让无人车完成作业：对目标位置做出标示，引爆或设法排除目标。控制台上有关无人车运动的控制键有引擎启动/停止、引擎转速、无人车速度、无人车突然紧急停车，使用操纵杆控制无人车运动和无人车开/关。

（3）标示系统。标示系统的作用是对已探测到的可疑目标定位后做必要的标示，以备及时或后期处理。标示系统安装在无人车的边缘上，共包括 3 部分，即油漆槽、各种阀门和喷嘴、控制盒。

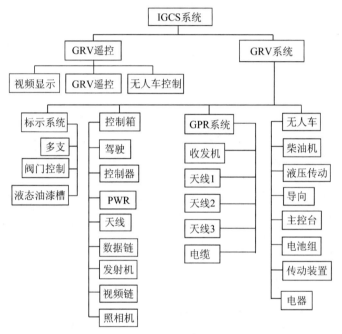

图 4.12　RMDS 探雷车总体结构方框图

（4）数据视频控制组合。探雷车装备了一部彩色高灵敏度的可控快门的广角照相机，其视频信号通过一套微波数据链传输到显示器。GPR 的探测信号也能成像后在 CRT 上显示。

（5）遥控系统。操作员使用控制箱的触摸键完成遥控功能，即控制无人车的控制盒，控制探地雷达和标示系统、图像显示。

RMD 探雷车的主要任务是在战时或战后探测埋设的地雷并标示其位置，供有关技术人员及时排除，其技术指标如下。

车　　速：　可达 1.5m/s

探测宽度：　可达 3m

探测速度：　在探测宽度为 3m 时是 0.66m/s

探测深度：　地表下方 0.3m

天线高度：　距离地表 70cm

探测能力：　可分辨相距 1m 的两个目标

电　　源：　24V（直流）

RMD 探雷车的探测率和误报率与环境条件及工作区土壤有关，其典型参数如下。

当地雷目标质量大于 7kg、直径大于 24cm 且埋深在 20cm 以内时，探测率为 90%，误报率每 20m$^2$ 为 1%。

当地雷目标质量大于 2.5kg、直径大于 15cm 且埋深在 10cm 以内时，探测率为 80%，误报率每 20m$^2$ 为 1.5%。

当地雷目标质量大于 0.1kg、直径大于 10cm 且埋深在 5cm 以内时，探测率为 70%，误报率每 20m$^2$ 为 3%。

根据 FMCW 探地雷达的工作特点，其应用范围当然是近距离的中、小型目标探测。军用探测主要是金属/非金属地雷、各种爆炸装置、隐蔽军械、工事、设施等。安全和公安系统用于检查墙体、家具内隐藏的窃听、窃视、窃照设备，以及收发电台和定时爆炸物。民用范围更大，城建部门用于探测地下铺设的金属和非金属管道、电缆、建筑物中的钢筋和空洞，以及道路路基的质量。地质和物探工作中可用它探测浅层地质结构、冰层厚度及冰雪中埋藏的目标等。

## 4.4 步进频率探地雷达

### 4.4.1 步进频率探地雷达系统的基本原理

步进频率探地雷达主要是在频率域实现探地雷达的发射和接收，通过傅里叶变换，获得介质的电磁波时间域响应。频率步进探地雷达（Step-Frequency GPR）采用步进频率信号，其思想和方法很早就已提出（Robinson, Weir and Young, 1972），但直到 20 世纪 90 年代才发展起来，并且形成了仪器设备、数据处理和解释方法（F. N. Kong, 1995; D. Noon, 2000）。

从物理机制上，时间域脉冲探地雷达和频率域步进频率探地雷达是一样的，只是信号的表现形式不同。正因为这种不同，步进频率探地雷达系统才有许多优越性。

图 4.13 所示为步进频率探地雷达系统简图，包括阶梯频率发生器、相干检测电路和接收系统三个主要部分。

步进频率技术是在一定时间内将所要求的频带分成许多频段，并以这些窄频段形式发射和接收。图 4.14 显示了时间步长与频率步长，频带宽度 $B = f_b - f_a$，中心频率为 $f_c$。完成一个步阶的发射和接收时间称为**步阶重复间隔**（Ramp Repetition Interval）。显然，这个时间间隔是影响步进频率探地雷达的主要因素，特别是在航空探地雷达测量中。实现该功能的器件就是阶梯频率发生器。

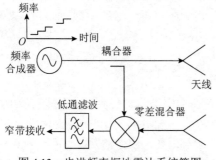

图 4.13　步进频率探地雷达系统简图

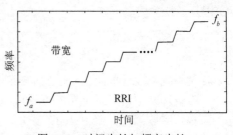

图 4.14　时间步长与频率步长

将发射信号采集与接收到的目标回波信号同时加到相干检测电路，检测出目标散射信号的幅度和相位，并将信号输送到接收系统。信号的接收系统将信号记录下来，并进行相关的数据处理，如 FFT 等，用于数据显示。

图 4.15 给出了步进频率雷达的频谱范围。数学上，频谱范围采用 $\mathrm{rect}_b(f \pm f_c)$ 表示，其中矩形带宽的宽度 $B = f_b - f_a$，中心频率为 $f_c$。图中的负频率是进行信号处理时，恢复时间域信号而要求的。测量逐个步阶地进行，每个频率步阶的信号发射和接收结束后，才开始下一个步阶的信号发射和接收。所有频率步阶测量完成后，可以通过离散傅里叶变换重构时间域的数据和波形。合成脉冲调制载波可以通过下式进行描述：

$$\sin(2\pi f_c t)\frac{\sin(\pi B t)}{\pi B t} = \sin(2\pi f_c t)\mathrm{sinc}\left[(f_b - f_a)t\right]$$

式中，$\mathrm{sinc}(Bt)$ 脉冲的脉冲带宽为 $1/B$ 或 $1/(f_b - f_a)$，正弦载波的频率为 $f_c$。

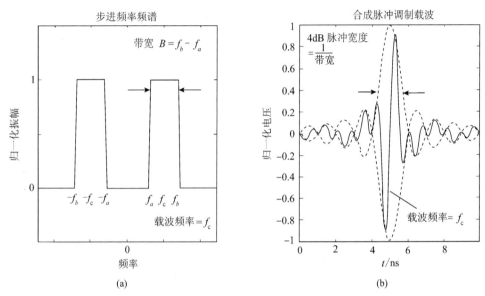

图 4.15　步进频率雷达的频谱范围

采用信号处理方法重构脉冲载波信号时，需要获得不同步阶频率的实部和虚部数据。如果采用硬件实现，接收的数据通常会转换为同相分量和正交分量。

### 4.4.2　步进频率探地雷达系统设计方案

步进频率探地雷达系统设计上相对困难。20 世纪 80 年代，加拿大 Iizuka 等（1984）设计出了步进雷达系统，雷达电路结构图如图 4.16 所示。在该雷达系统的设计中，首先需要选择的参数是工作频率、频率步进量和频率步进阶梯数量，这三个参数与实际探测中的穿透深度、显示精度和探测范围及系统整机尺寸有关。

由图 4.16 可见，探地雷达系统包括 4 部分，即收发系统、天线系统、计算机系统和抵消系统（周学松，2005）。

（1）收发系统。发射单元主要包括步进频率振荡器和宽带功率放大器。在该系统中，步进频率振荡器的最低频率为 300MHz，最高频率为 748MHz，频率阶跃变化量为 7MHz，频率阶跃数为 64。经过 40dB 宽带放大后，加到发射天线上的发射功率约为 0.5W。接收单元的主要作用是相干检波，包括对数中频放大器、幅度检波器和数字相位比较器。本底振荡与发射源同步，也有 64 次阶跃频率变化，最低频率为 300.01MHz，最高频率为 748.01MHz，阶跃变化量为 7MHz。接收信号经第一次混频得到 10kHz 中频。经过放大，一路经检波、模数转换得到接收目标回波信号的幅度信息。另一路送入相位比较器。同时，发射源步进频率振荡器的一小部分采样信号与本底步进频率振荡信号直接混频，得到 10kHz 中频信号也送入相位比较器，两者比较后，输出信号中即包括接收目标回波信号的相位信息。这样，目标的幅度信息和相位信息就都进行了存储，以用于显示目的。

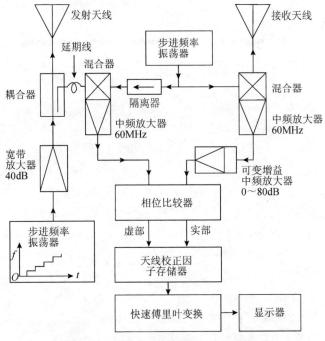

图 4.16　步进频率探地雷达电路结构图

（2）天线系统。天线系统即发射信号和接收信号的天线。在该系统中，采用了两个对数周期天线，两者都是圆极化天线，但旋转方向相反，即一个左旋圆极化天线，另一个右旋圆极化天线。选择对数周期天线的主要原因是，其辐射方向图、阻抗和相位中心在很大频率范围内都是不变的（Kraus，1989）。而设计收发天线极化方向相反至少有两个好处：①发天线之间的耦合可以大大减少；②任意形状的回波与其方位取向关系不大。

（3）计算机系统。主要用于数据的存储和数据处理与显示。

（4）抵消系统。步进频率探地雷达系统存在的严重问题是接收机很容易饱和。在某一工作频率下，接收天线的接收信号有目标的散射信号、地表散射信号和收发天线间的耦合信号，而且通常后两种信号往往大于有用信号，所以接收机前端饱和，限制了接收机的动态范围。在时间域探地雷达系统中，采用时间窗函数，而步进频率探地雷达采用设计的抵消系统，方法是同步采用频率综合器制作一个信号，使其相当于地面反射和天线耦合信号的矢量和，在进入第一混频器前，在减法器中让其抵消接收信号的一部分噪声，进而增大接收机的动态范围。

### 4.4.3　步进频率探地雷达实验系统

尽管步进探地雷达系统的设计和研制比较困难，但是网络分析仪具备步进信号的发射和接收功能，因而进行探地雷达理论研究的大学和研究机构，很多都在网络分析仪的基础上，构筑探地雷达系统，从事实验和理论研究。图 4.17 所示为一个基于网络分析仪的室内实验系统。除了网络分析仪，系统还包括天线系统，数据记录、处理和显示计算机系统，以及坐标控制和采集驱动系统。

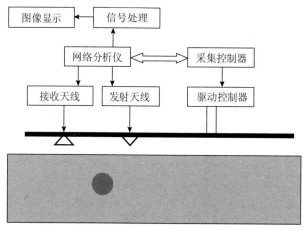

图 4.17 基于网络分析仪的室内实验系统

下面以吉林大学研究的系统为例加以说明。设计基于矢量网络分析仪的 SFGPR 探地雷达系统的主要目的是，分析 SFGPR 系统的特性及建立 GPR 电磁波探测研究平台，为商用高性能 SFGPR 探地雷达的研究提供理论及实验基础，同时也为天线研究、电磁波研究提供高精度和高信息量的实验基础。设计的系统性能如下所示。

频率范围：300kHz～8.5GHz

扫频点数：2～1601

时窗大小：由扫频点间隔决定

测量散射参数量：S11, S12, S21, S22

信号形式：时间域及频率域数据

扫频方式：步进扫频、线性扫频

输出功率：–20dBm～10dBm

输出阻抗：50Ω（SMA 接口，低损耗同轴线连接）

附加功能：天线参数测量、系统校正功能

数据存取格式：GSSI 格式（.dzt）、MATLAB（.mat）、SGY（.sgy）

数据显示：单道显示（A-Scan）、变面积、彩色（B-Scan）

叠加次数：任意

## 4.5　脉冲探地雷达和步进频率探地雷达的比较

如上所述，这两种雷达的物理含义实际是一样的，只是信号的表现形式和测量方式不同。因此，这两种探地雷达系统具有一致性。也就是说，在目标的探测中，探测深度受电磁波的能量控制，而目标的分辨率受电磁波信号的带宽制约。比较这两种探地雷达，时间域脉冲探地雷达由于硬件实现简单，且测量结果是时间域波形，结果直观，所以在目前的商用探地雷达中占统治地位。步进频率探地雷达需要有复杂的硬件系统和信号处理，导致其发展较慢。尽管如此，计算机技术的发展和硬件技术的不断提高，将为步进频率探地雷达提供巨大的发展空间。两种探地雷达有如下几方面的差异。

### 1. 分辨率

信号的分辨率是指分辨两个反射信号的能力。对于步进频率雷达，纵向分辨率表示为 $v/2B$，

其中 $v$ 是电磁波的传播速度，$B$ 是信号的带宽。脉冲雷达的频带宽度近似等于脉冲宽度的倒数（$1/\tau$），因此步进频率探地雷达和脉冲探地雷达的分辨率都可表示为 $\Delta R = vt/2 = v/2B$。由此可见，步进频率探地雷达较脉冲雷达的优越性是信号波形的可控性，即在探测能量允许的前提下，步进频率探地雷达可以获得更好的分辨率和准确性。

### 2. 穿透能力

探地雷达的穿透深度决定于系统发射的信号的能量和效率。步进频率探地雷达系统能对测量的频带进行软件控制，因此可以使信号的带宽与天线带宽很好地匹配，并将发射的能量更加有效地发射到地下。另外，步进频率探地雷达采用窄带进行接收，在硬件上采用较脉冲探地雷达更慢的模数转换器（ADC），因此具有更高的分辨率和准确性，提高了系统的动态范围。

### 3. 天线的选择

脉冲探地雷达的天线是非色散天线，而步进频率探地雷达系统的天线可以是非色散天线，如领结形天线，也可以是具有聚焦功能的对数螺旋天线，如表 4.1 所示。

表 4.1　天线与探地雷达系统的匹配性（Noon，1996）

| 天　线 | 特　性 | | | | 适　应　性 | |
|---|---|---|---|---|---|---|
| | 增益 | 带宽 | 频散 | 体积 | SFGPR | 冲激 GPR |
| 领结形天线 | 低 | 倍频程 | 无 | 紧凑 | 适应 | 适应 |
| 喇叭天线 | 高 | 倍频程 | 无 | 大 | 适应 | 适应 |
| 对数螺旋天线 | 高 | 倍频程 | 有 | 紧凑 | 适应 | 不适应 |

### 4. 振铃效应

脉冲信号振荡衰减的快慢将直接影响探地雷达的探测，特别是弱小信号的识别和提取。步进探地雷达系统采用软件控制测量频带，所以同时也可采用窗函数来改善信号，降低振铃效应。但是，频率域系统探地雷达发射和接收的信号是频率域信号，为了判断目标的深度，需要利用 IFFT 技术转换成时间域信号，由于信号的工作带宽不是无限宽的，变换后的时间域信号中存在很大的旁瓣干扰，不利于对地下目标的探测，尤其不利于对地下深层目标或位于不同深度的多个目标的探测，如图 4.18 所示。

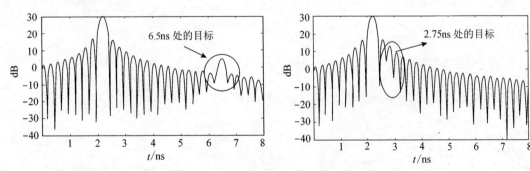

图 4.18　频率域 SFCW 与 FMCW 雷达回波信号副瓣对探测目标的影响示意图

### 5. 硬件系统设计

在雷达的工作频段内，每个频率点上的发射功率都相同，且采用的是相关接收机，因此与时间域脉冲体制相比，存在技术实现手段较复杂、实现难度较大、功耗和体积较大、质量较大、性价比较低等缺点；由于收发信号都是在频率域内进行的，不能像时间域脉冲探地雷达体制那样使用灵敏度时间控制电路（STC）或时变增益（TVG）电路来有效地补偿损耗介质对电磁波产生的非线性衰减，即不能有效地放大来自地下深层目标的回波信号；同时，不能使用 STC 或 TVG 电路抑制来自收发系统之间的强大泄漏信号和地表层的反射信号。因此，尽管 FMCW、SFCW 雷达体制在 20 世纪 70 年代末就分别有人提出并开展系统研究，随后也有许多人或单位加入对这两项技术的研究行列，但直到目前，全球范围内真正广泛销售的调频连续探地雷达产品很少。然而，需要说明的是，SFCW 测量系统能够很容易地由现有网络分析仪实现，因此，在国内外的一些高校中也有较多的科研人员利用该技术从事科学研究和一些工程应用等方面的研究。这种基于网络分析仪组建起来的 SFCW 系统，体积、质量、功耗等都比较大。

# 习　题

**4.1**　简要说明探地雷达的主要商用系统及其特点。

**4.2**　简要说明探地雷达野外探测中点线间距的选择要点。

# 参考文献

[1]　Iizuka K., Freundorfer A P., Wu K H, et al. *Step-frequency radar*[J]. J Appl. Phys., 1984, 56 (9): 2572-2583.

[2]　Luck D G C. *Frequency Modulated Radar*[M]. New York: McGraw-Hill, 1949.

[3]　Stove A G. *Linear FMCW Radar Techniques*[J]. IEE Proceedings Pt. F, 1992, 139 (5): 343-350.

[4]　Fuller K L. *To See and Not be See*[J]. IEE Proceedings Pt. F, 1990, 137 (1): 1-10.

[5]　Botros A Z, Olver A D. *Analysis of Target Response of FMCW Radar*[J]. IEEE Trans, 1986, AP-34: 575-581.

[6]　Cuthbert L G, Hver A D, et al. *Signal Processing in an FMCW Radar for Detecting Voids and hidden Objects in Building Materials*[M]. Young I T. Ed., "Signal Processing III", North Holland: Elsevier Science Pub., 1986.

[7]　Olver A D, Cuthbert L G, et al. *Portable FMCW Radar for Locating Buried Pipes*[J]. Proc. RADAR-82, IEEE Conf. Pub. 216, 1982, 413-418.

[8]　Olver A D, Cuthbert L G. *FMCW Radar for Hidden Object Detection*[J]. IEE Proceedings Pt. F, 1988, 135(4): 354-361.

[9]　C1arricoats P J B, Salema C E R C. *Antennas Employing Conical Dielectric*[J]. Horns, Part, 1-Propagation and radiation.

[10]　*Characteristics of Dielectric Cones*[J]. Proc. IEE, 1973, 741-756.

[11]　C1arricoats P J B. *Portable Radar for the Detection of Buried Objects*[J]. Proc. RADAR-77. IEEE. Conf. Pub. 155, 1977, 547-551.

[12]　Botros A Z, O1ver A D, et al. *Microwave Detection of hidden Objects in Walls*[J]. Electron Lett., 1984, 20: 379-380.

[13]　Carr A G, Cuthbert L G, Olver A D. *Digital Signal Processing for Target Detection in FMCW Radar*[J]. IEE Proceedings Pt. F, 1981, 128(4): 331-336.

[14]　Marquardt D W. *An Algorithm for Least. Estimation. of Non-Linear Parameters*[J]. SOc. Industrial Appl. Math., 1963, 11:431-441.

[15]　Skolnik M L(Ed.). *Radar Handbook*[M]. New York: McGraw-Hill, 1970.

[16]　O'hara F J Moore G M. *A High Performance CW Receiver Using Feed thru Nulling*[J]. Microwave J., 1963, (9): 63-71.

[17]　Beaslev P D L, Stove A G, et al. *Solving the Problems of a Single Antenna Frequenc Y Modulated CW Radar*[J]. The Record of the IEEE 1990 International Radar Conference. Radar 90, 1990, 391-395.

[18]　Adler D, J acobs M. *Application of a Narrowband FM-CW System in the Measurement of Ice Thickness*[J]. Proceedings of IEEE Measurement and Testing Society International Symposium Atlanta, GA, USA, 1993, 2:

809-812.

[19] Yamaguchi Y, Sengoku M, Abe T. *FM-CW Radar Applied to the Detection of Buried Obj ects in Snowpack*[J]. Proceedings of IEEE International Symposium on Antennas and Propagation-Merging Technologies for 90 s.Dallas, TX, USA, 1990, 2: 738-741.

[20] Yamaguchi Y, Maruyana Y, et a1. *Detection of Objects Buried in Wet Snowpack by a FM-CW Radar*[J]. IEEE Trans., Geosci. Remote Sens, 1991, 29: 201-208.

[21] Yamaguchi Y, Mitsumoto M, Sengoku M, et al. *Synthetic Aperture FM-CW Radar Applied to the Detection of Objects Buried in Snowpack*[J]. Digest of IEEE Intemational Symposium on Antennas and Propagation, 1992, 1122-1125.

[22] Koppenjan S, Bashforth M B. *The Department of Energ Y's Ground Penetrating Radar (GPR), an FM-CW System*[J]. Proc. of SPIE - The International Society for Optical Engineering, 1993, 1942:44-54.

[23] 曾昭发, 刘四新, 等. 探地雷达方法原理及应用[M]. 北京: 科学出版社, 2006.

[24] 周学松. 地下目标无损检测技术[M]. 北京: 国防工业出版社, 2005.

# 第5章 探地雷达天线

探地雷达天线是探地雷达系统最重要的部件之一。探地雷达系统的天线种类很多,有水平杆状或板状偶极天线、领结形天线、喇叭天线,还有其他的天线,如 Vivaildi 天线(Zeng Z. et al.,2002; Derobert,1999)、rod 天线(Chen C. C, et al., 2001)、Vee dipole 天线(Montoya, et al., 1999)、圆锥螺旋形天线(Herte, et al., 2001)、指数型天线等。探地雷达系统中,水平杆状或板状偶极天线、领结形天线和喇叭天线在商用探地雷达系统中比较常见。在高分辨率探测中,其他宽带探地雷达天线是目前研究的热点之一。水平杆状或板状偶极天线和 Vee dipole 天线发射的频率较低,频带也较窄,适合于低频探地雷达应用。根据极化特性,探地雷达天线又可分为线极化天线、圆极化天线和椭圆极化天线。所有这些天线都是根据探地雷达任务而设计的。

探地雷达的主要探测对象是有耗的、非均匀介质的分布规律,因此探地雷达系统与探空雷达系统相比,天线的设计和应用有其特殊性,这也构成了探地雷达系统非常重要和关键的部分。探地雷达的天线要求有如下特点和功能。

(1)探地雷达的发射天线应能将电磁波的能量尽可能多地辐射出去,即天线在有较高效率的同时,还要求天线是良好的电磁开放系统,且与发射器和接收器良好地匹配。接收天线应具有较高的灵敏度。

(2)天线应具有良好的方向性。

(3)天线要具有足够的带宽,以满足对地下介质的分辨要求。

(4)探地雷达天线应具有较强的抗干扰能力,以满足探地雷达系统在城市环境等下的应用。

(5)探地雷达是以脉冲电磁波形式进行探测的,因此要求探地雷达天线发射的电磁波子波形态规则,不产生振荡,即通常所说的"子波干净"。

以上是探地雷达天线的重要功能,据此可将天线的有关参数作为天线设计和评价的依据。

近年来,由于探地雷达在各个领域中的广泛应用,探地雷达的天线研究也进入新的阶段,出现了分形天线、具有聚焦功能的探地雷达天线等,对探地雷达的进一步发展起到了巨大的推进作用。本章主要介绍常用的探地雷达天线。

## 5.1 天线基本元的辐射

探地雷达的天线尽管种类很多,但其基本元都可归结为电流元、磁流元和面元三种形式。目前,常用探地雷达系统应用的天线发射的是电场,电流元是基本的辐射元。当电流元上载有交变电流时,称为**电基本振子**,它是天线的最基本形式,其解和场的基本规律对探地雷达天线的理解十分重要。下面介绍电基本振子的辐射特性。

当电基本振子长度 $L$ 远小于电磁波的工作波长 $\lambda$,即 $L \ll \lambda$ 时,沿振子各点电流的振幅和相位均相同(等幅同相分布)。根据电磁场理论,球坐标原点沿 $z$ 轴放置的电基本振子如图 5.1 所示,在各向同性的、理想均

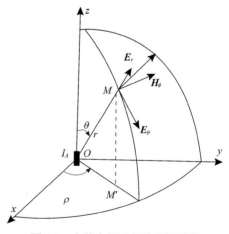

图 5.1 电基本振子与球坐标系统

的、无限大的自由空间场的表达式中，即在式（5.1.1）中，$r$ 为坐标原点到观察点 $M$ 的距离，$\theta$ 为射线 $OM$ 与振子轴（即 $z$ 轴）之间的夹角，$\varphi$ 为 $OM$ 在 $xOy$ 平面上的投影 $OM'$ 与 $x$ 轴之间的夹角。自由空间介质的介电常数 $\varepsilon = \varepsilon_0$，相移常数 $k = 2\pi/\lambda_0$，$\lambda_0$ 为自由空间的工作波长。式（5.1.1）中电磁场的各个分量均是复振幅的，要写出它们的瞬时值，就要乘以因子 $e^{j\omega t}$，然后取其实部。$\boldsymbol{E}$ 的单位是 V/m，$\boldsymbol{H}$ 的单位是 A/m，下标 $r, \theta, \varphi$ 表示球坐标系中的各分量，$I$ 是振子上的电流，单位是安培（A）。由式（5.1.1）可以看出，电场仅有 $\boldsymbol{E}_r$ 和 $\boldsymbol{E}_\theta$ 分量，磁场仅有 $\boldsymbol{H}_\varphi$ 分量，电场和磁场相互垂直。还可以看出，每个分量均由多项组成，各项分别与 $r^{-1}$, $r^{-2}$ 和 $r^{-3}$ 成比例。下面将电基本振子的场分为三个区域来讨论，即 $kr \ll 1$ 的近区、$kr \gg 1$ 的远区和两者之间的中间区。

$$\left.\begin{aligned}
E_r &= \frac{Il}{4\pi} \cdot \frac{2}{\omega\varepsilon_0}\cos\theta\left(\frac{-j}{r^3}+\frac{k}{r^2}\right)e^{-jkr} \\
E_\theta &= \frac{Il}{4\pi} \cdot \frac{2}{\omega\varepsilon_0}\sin\theta\left(\frac{-j}{r^3}+\frac{k}{r^2}+\frac{jk^2}{r}\right)e^{-jkr} \\
E_\varphi &= 0 \\
H_r &= 0 \\
H_\theta &= 0 \\
H_\varphi &= \frac{Il}{4\pi}\sin\theta\left(\frac{1}{r^2}+\frac{jk}{r}\right)e^{-jkr}
\end{aligned}\right\} \quad (5.1.1)$$

### 5.1.1 近区

由 $kr \ll 1$，$k = 2\pi/\lambda$，可知近区是指 $r \ll \lambda/2\pi$ 的区域，在该区域中，与 $r^{-2}$ 项和 $r^{-3}$ 项相比，$r^{-1}$ 项可以忽略，因此可认为 $e^{-j\omega r} \approx 1$。于是，近场场的表达式可简化为

$$\left.\begin{aligned}
E_r &= -j\frac{Il}{4\pi r^3} \cdot \frac{2}{\omega\varepsilon_0}\cos\theta \\
E_\theta &= -j\frac{Il}{4\pi r^3} \cdot \frac{1}{\omega\varepsilon_0}\sin\theta \\
H_\varphi &= \frac{Il}{4\pi r^2}\sin\theta
\end{aligned}\right\} \quad (5.1.2)$$

不难看出，上述表达式和稳态场的公式完全相符，$\boldsymbol{E}_r$ 和 $\boldsymbol{E}_\theta$ 与静电场问题中电偶极子的电场相似，而 $\boldsymbol{H}_\varphi$ 和恒定电流元的磁场相似。因此，近区又称似稳区。由式（5.1.2）可以看出：①场随距离 $r$ 的增大而迅速减小；②电场滞后于磁场 90°，因此复坡印廷矢量是虚数，每周平均辐射的功率为零。这一现象可以这样来解释：电基本振子可视为由很短的平行双导线展开而成，具有很大的容抗，电动势滞后于电流近 90°，因此电场滞后于磁场 90°。在此区域，电磁能量在源和场之间来回振荡。在一个周期内，场源供给场的能量等于从场返回到场源的能量，所以没有能量向外辐射，这种场称为**感应场**。

### 5.1.2 远区

在 $kr \gg 1$ 的区域，电磁场主要由 $r^{-1}$ 项决定，$r^{-2}$ 项及 $r^{-3}$ 项可以忽略，于是有

$$E_\theta = j\frac{60\pi Il}{\lambda r}\sin\theta e^{-jkr} \quad (5.1.3a)$$

$$H_\varphi = j\frac{\pi Il}{2\lambda r}\sin\theta e^{-jkr} \quad (5.1.3b)$$

由式（5.1.1）得出式（5.1.3）时，代入了 $k^2 = \omega^2\varepsilon_0\mu_0$，$\omega = 2\pi f = 2\pi c/\lambda$，其中 $c = 3\times10^8$m/s 为光速。

由式（5.1.3）可以看出：①仅有 $E_\theta$ 和 $H_\varphi$ 两个分量，两者在空间中互相垂直且与矢径 $r$ 方向垂直。三者构成右手螺旋系统。场强与 $r^{-1}$ 成正比，这是由扩散引起的。②$E_\theta$ 和 $H_\varphi$ 两者时间上同相，复坡印廷矢量 $S = \frac{1}{2}E \times H^*$ 是实数，是有功功率且指向 $r$ 增加的方向。③$E_\theta$ 和 $H_\varphi = 120\pi$，是一个实数，具有阻抗的量纲，称为**波阻抗**，用 $Z_0$ 来表示。既然两者的比值为一个常数，所以只需讨论二者之一，如只讨论 $E_\theta$，然后由 $E_\theta$ 就可得出 $H_\varphi$。④电基本振子在远区是径向向外传播的横电磁波。电磁能量离开场源向空间辐射后不再返回，这种场称为**辐射场**。然而，在不同的 $\theta$ 方向，其辐射强度是不同的，在 $\theta$ 等于 0°和180°的方向，即振子轴的方向，辐射为零，而在通过振子中心且垂直于振子轴的方向，即 $\theta = 90°$的方向，辐射最强。因此，远区的辐射场是有方向的，电基本振子的立体方向图如图 5.2(a)所示。

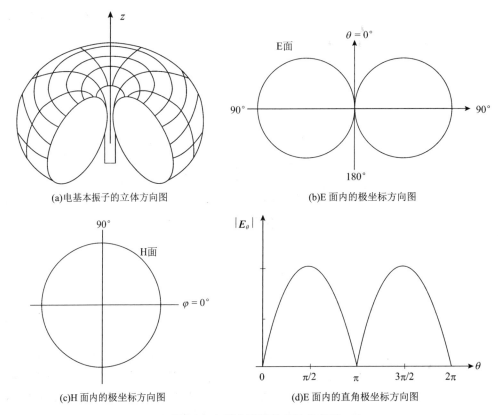

(a)电基本振子的立体方向图　　　　　　　　(b)E 面内的极坐标方向图

(c)H 面内的极坐标方向图　　　　　　　　(d)E 面内的直角极坐标方向图

图 5.2　电基本振子的立体方向图

在天线特性的表述中，我们需要了解天线辐射场在空间不同方向的分布情况，即在到天线相同距离的不同方向上，天线辐射场的相对值与空间方向的关系。这种关系称为天线的**方向性**，而用图形描绘的方向性称为**方向图**。当然，在纸面上绘出三维空间的这种图形是不方便的，一般只绘出两个互相垂直的典型平面的方向图，然而联想场在空间中分布的大致情况。对电基本振子而言，一个是与振子轴垂直（$\theta = 90°$）的平面，该平面与磁场矢量平行，称为 **H 面**；另一个是包含振子轴的平面（$\varphi$ 为常数），该平面与电场矢量平行，称为 **E 面**。电基本振子 E 面内的极坐标方向图如图 5.2(b)所示，H 面内的极坐标方向图如图 5.2(c)所示，E 面内的直角极坐标方向图如图 5.2(d)所示。

### 5.1.3　中间区

介于远区和近区之间的区域称为**中间区**。显然，在该区域内，感应场与辐射场相差不大，都不能略去不计。根据式（5.1.1），可得感应场与辐射场之比为

$$C_0 = \frac{\lambda}{2\pi r} \tag{5.1.4}$$

或

$$C_0 = 20 \lg\left(\frac{\lambda}{2\pi r}\right) \text{ dB} \tag{5.1.5}$$

如果要求感应场比辐射场低–30dB，那么距离 $r$ 应大于或等于 $5\lambda$；如果要求感应场比辐射场低 36dB，那么距离 $r$ 应大于或等于 $10\lambda$。测试天线方向图时，因为考虑的是远区，即使对电尺寸很小的天线，测试距离也应取 $5\lambda \sim 10\lambda$。对于电尺寸较大的天线，选择测试距离时，除了上述条件，还要考虑其他条件。如果作一个包围天线的闭合曲面，那么通过该闭合曲面的电磁波的平均功率通量之和就等于天线的辐射功率。显然，天线应位于无耗空间中，在该闭合曲面内不应存在其他辐射源。同样，为了避免感应场的影响，该闭合曲面应取在天线的远区。为便于积分，常取以振子为中心且 $r$ 足够大的一个球面。

辐射功率 $P_\Sigma$ 的表达式为

$$P_\Sigma = \oiint_\theta \boldsymbol{S} \cdot \mathrm{d}\boldsymbol{S} = \int_0^{2\pi} \int_0^\pi \boldsymbol{S} \cdot \boldsymbol{n} r^2 \sin\theta \mathrm{d}\theta \mathrm{d}\varphi \tag{5.1.6}$$

式中，$\boldsymbol{S}$ 是平均坡印廷矢量，$\boldsymbol{n}$ 是闭合曲面面元的单位矢量，它指向外法线方向，

$$\boldsymbol{S} = \frac{1}{2}|\boldsymbol{E}||\boldsymbol{H}|\boldsymbol{e}_r = \frac{|\boldsymbol{E}|^2}{240\pi}\boldsymbol{e}_r \tag{5.1.7}$$

式中，$|\boldsymbol{E}|$ 和 $|\boldsymbol{H}|$ 是电场和磁场的模值，$\boldsymbol{e}_r$ 是球坐标径向单位矢量。将式（5.1.7）代入式（5.1.6）得

$$P_\Sigma = \frac{1}{240\pi} \int_0^{2\pi} \int_0^\pi |\boldsymbol{E}|^2 r^2 \sin\theta \mathrm{d}\theta \mathrm{d}\varphi \tag{5.1.8}$$

上式就是计算辐射功率的一般公式。对于电基本振子，将远区电场的模值代入，得到辐射功率为

$$P_\Sigma = 40 I_A^2 \left(\frac{\pi l}{\lambda}\right)^2 \tag{5.1.9}$$

为了分析和计算方便，引入辐射电阻的概念，将天线向外辐射的功率等效为一个辐射电阻上的损耗，$R_\Sigma$ 为辐射电阻。要强调的是，除了基本元，天线上不同位置的电流可能是不同的。电流归算一般采用输入电流 $I$ 或者波腹电流 $I_m$，分别称为**归算于输入电流的辐射电阻** $R_\Sigma$或者**归算于波腹电流的辐射电阻** $R_\Sigma$。电基本振子各点的电流都是 $I_A$，其辐射电阻为

$$R_\Sigma = 80(\pi l/\lambda)^2 \tag{5.1.10}$$

## 5.2 天线的基本参数

天线的基本功能是转换和辐射能量，天线的相关参数是指定量表征其转换能量和定向辐射能量的能力的量。天线的基本参数包括方向图、主瓣宽度、旁瓣电平、方向系数、效率、计划特性、频带宽度和输入阻抗等。发射天线与接收天线转换能量的物理过程不同，但同一天线分别用作收、发时，电参数的数值是相同的，收发天线具有互易性。

### 5.2.1 天线效率

图 5.3 所示为发射机与天线的连接图。设发射机的输出功率为 $P_G$，进入天线的功率为

$P_{in} = (1-|\varGamma|^2)P_G$，天线辐射的功率为 $P_\Sigma$，当天线与传输线之间完全匹配（$\varGamma = 0$）时，$P_{in} = P_G$，天线的效率由下式确定：

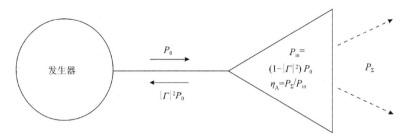

图 5.3　发射机与天线的连接图

$$\eta_A = \frac{P_\Sigma}{P_{in}} = \frac{P_\Sigma}{P_\Sigma + P_d} \tag{5.2.1}$$

式中，$P_d$ 为损耗功率，由天线的铜耗、介质损耗、加载元件的损耗及接地损耗等造成。假设 $P_d$ 被电阻 $R_d$ 吸收，称该电阻为损耗电阻，那么天线效率为

$$\eta_A = \frac{R_\Sigma}{R_\Sigma + R_d} \tag{5.2.2}$$

注意，式中 $R_\Sigma$ 和 $R_d$ 应该使用同一个电流来归算。

一般来说，在长波、中波和电尺寸很小的天线中，$R_\Sigma$ 均较小，相对 $R_\Sigma$ 而言，地面及邻近物体的吸收所造成的损耗电阻 $R_d$ 较大，所以天线效率 $\eta_A$ 很低，仅有百分之几。在超短波和微波波段，天线电尺寸可以做得很大，辐射能力强，效率可以接近 1。

若考虑传输系统的效率 $\eta_\varphi$，则天线馈电系统的效率 $\eta$ 为

$$\eta = \eta_\varphi \eta_A \tag{5.2.3}$$

## 5.2.2　输入阻抗

天线的输入阻抗是指天线馈电点呈现的阻抗值。显然，它直接决定与馈电系统之间的匹配状态，进而影响馈入天线的功率及馈电系统的效率等。天线的输入阻抗取决于天线本身的结构与尺寸、工作频率以及邻近物体的影响等。输入阻抗一般采用近似数值计算和工程实验（阻抗网络分析仪测试）方式确定。

输入阻抗与输入电压 $U_{in}$ 和电流 $I_{in}$ 的关系是

$$Z_{in} = U_{in}/I_{in} = R_{in} + jX_{in} \tag{5.2.4}$$

式中，$R_{in}$ 为输入电阻，$X_{in}$ 为输入电抗。

注意，输入阻抗应等于输入电流 $I_{in} = I_0$ 的辐射阻抗，其实部为 $R_{in} = R_\Sigma$。

## 5.2.3　辐射方向图（波瓣图）

天线的远区场可以表示为

$$E(r,\theta,\varphi) = E_m(r, I_A) f(\theta,\varphi) e^{-jkr} \tag{5.2.5}$$

式中，$f(\theta,\varphi)$ 是方向函数，它与 $r$ 和 $I_A$ 无关。用该函数绘出的图形称为天线的**方向图**。若令空间方向图的最大值为 1，则该方向图称为**归一化方向图**，相应的函数称为**归一化方向函数**，用 $F(\theta,\varphi)$ 表示，即

$$F(\theta,\varphi) = \frac{\left|\boldsymbol{E}(\theta,\varphi)\right|}{\boldsymbol{E}_{\max}} = \frac{f(\theta,\varphi)}{f_{\max}} \tag{5.2.6}$$

式中，$\boldsymbol{E}_{\max}$ 是最大辐射方向的电场强度，$\boldsymbol{E}(\theta,\varphi)$ 是同一距离处$(\theta,\varphi)$方向的电场强度。例如，电基本振子的归一化方向函数为

$$F(\theta,\varphi) = \frac{\left|\frac{60\pi I_A l}{\lambda r}\right| \sin\theta \mathrm{e}^{-\mathrm{j}kr}}{\frac{60\pi I_A l}{\lambda r}\mathrm{e}^{-\mathrm{j}kr}} = \sin\theta \tag{5.2.7}$$

基本面元的归一化方向函数为

$$F(\theta,\varphi) = \frac{\left|-\mathrm{j}\frac{1}{2r\lambda}\right|(1+\cos\theta)E_y \mathrm{e}^{-\mathrm{j}kr}}{\left|-\mathrm{j}\frac{1}{2r\lambda}\right|2E_y \mathrm{e}^{-\mathrm{j}kr}} = \frac{1}{2}(1+\cos\theta) \tag{5.2.8}$$

对任一天线来说，在大多数情况下，其 E 面或 H 面内的方向图为花瓣状，所以方向图又称**波瓣图**。最大辐射方向所在的波瓣称为**主瓣**，其余的波瓣称为**旁瓣**或**副瓣**。主瓣宽度又分为零功率波瓣宽度或半功率（3dB）波瓣宽度。图 5.4 所示为主瓣宽度和旁瓣电平示意图。

在主瓣最大值两侧，功率密度下降至一半（场强下降至 0.707 倍）的两个方向之间的夹角称为**半功率波瓣宽度**，记为 $2\theta_{0.5}$ 或 $2\theta_{3dB}$。两侧功率密度或场强下降为零的两个方向之间

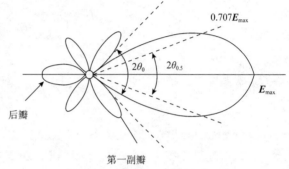

图 5.4　主瓣宽度和旁瓣电平示意图

的夹角称为**零功率波瓣宽度**，记为 $2\theta_0$。为了区分是 E 面还是 H 面，可用下标注明 E 或 H，如 $2\theta_{0.5E}$、$2\theta_{3dBH}$ 等。显然，主瓣宽度表示能量辐射集中的程度。对主瓣以外的旁瓣来说，我们当然希望它越小越好，因为它的大小表示部分能量分散辐射到这些方向了。旁瓣最大值与主瓣最大值之比称为**旁瓣电平**，记为 FSLL，常用分贝表示：

$$\mathrm{FSLL} = 10\lg\left(\frac{S_2}{S_1}\right) = 20\lg\left(\frac{|E_2|}{|E_1|}\right) \tag{5.2.9}$$

式中，$S_1$ 和 $S_2$ 是功率密度，下标 1 或 2 分别表示主瓣或旁瓣的最大值。

### 5.2.4　方向系数

方向系数 $D$ 用于描述天线的方向性，

$$D = \left.\frac{S_{\max}}{S_0}\right|_{P_\Sigma \text{相同}} = \left.\frac{|E_{\max}|^2}{|E_0|^2}\right|_{P_\Sigma \text{相同}} \tag{5.2.10}$$

$S_0$ 是无方向性天线（点源）的辐射功率密度，$S_{\max}$ 是天线在最大辐射方向上辐射的功率密度，

$$S_0 = \frac{P_\Sigma}{4\pi r^2} = \frac{|E_0|^2}{240\pi} \tag{5.2.11}$$

$$|E_0| = \frac{\sqrt{60P_\Sigma}}{r} \tag{5.2.12}$$

$$|E_{\max}| = \frac{\sqrt{60DP_\Sigma}}{r} \tag{5.2.13}$$

当方向性系数为 $D$ 的天线功率减小至原来的 $1/D$ 时，在最大辐射方向上，相同距离 $r$ 处的场强与无方向性点源的场强相等，$DP_\Sigma$ 是等值辐射功率。因此，方向性天线的方向系数为

$$D = \left.\frac{P_{\Sigma_0}}{P_\Sigma}\right|_{E\text{相同}} \qquad (5.2.14)$$

设任意方向上的场强为

$$|E(\theta,\varphi)| = |E_{max}| \cdot |F(\theta,\varphi)| \qquad (5.2.15)$$

将式（5.2.15）代入式（5.2.14）得

$$P_\Sigma = \frac{1}{240\pi}\int_0^{2\pi}\int_0^\pi |E_{max}|^2 |F(\theta,\varphi)|^2 r^2 \sin\theta \mathrm{d}\theta \mathrm{d}\varphi \qquad (5.2.16)$$

$$D = \frac{4\pi}{\int_0^{2\pi}\int_0^\pi |F(\theta,\varphi)|^2 \sin\theta \mathrm{d}\theta \mathrm{d}\varphi} \qquad (5.2.17)$$

考虑到 $P_\Sigma$ 与 $R_\Sigma$ 的关系，可以推导出

$$D = \frac{120|f_{max}|^2}{R_\Sigma} \qquad (5.2.18)$$

以上两式是计算方向系数的重要公式。由式（5.2.18）可看出，若天线的主瓣较宽，分母的积分值就大，方向系数 $D$ 就小，因为天线辐射的能量散布在较宽的角度范围内。

对于点源，$F(\theta,\varphi)=1$，由式（5.2.18）得 $D=1$。对于电基本振子，$|F(\theta,\varphi)| = \sin\theta$，$2\theta_{0.5} = 90°$，同样可求出 $D=1.5$，可以说这是实际天线方向系数的最低值。

对于某些强方向性天线，$D$ 可达几万甚至更高。$D$ 可用分贝表示，即

$$D(\mathrm{dB}) = 10\lg D \qquad (5.2.19)$$

### 5.2.5　极化

极化是天线的重要参数之一。发射天线的极化是指在最大辐射方向上辐射电波的极化，定义为最大辐射方向上电场矢量端点运动的轨迹。极化分为线极化（水平极化和垂直极化）、圆极化和椭圆极化。电、磁基本振子及对称振子和直立天线等均为线极化天线。若将两个尺寸相同、激励电流的幅度相同但相位相差 90° 的电或磁基本振子正交放置，则构成圆极化天线。任何一个线极化都可分解为两个振幅相等、旋向相反的圆极化；任何一个圆极化都可分解为两个振幅相等、相位相差 90° 的线极化；任何一个椭圆极化都可分解为两个振幅不等、旋向相反的圆极化。所需极化是主极化分量，与主极化分量正交的非所需极化称为**交叉极化**或**寄生极化**。如果接收天线与空间传来电磁波的极化形式一致，则称为**极化匹配**，否则称为**极化失配**。

### 5.2.6　增益系数

在相同输入功率条件下，天线在某点产生的功率密度 $S_1$ 与理想点源（效率 100%）在同一点产生的功率密度 $S_0$ 之比，称为**增益系数**：

$$G = \left.\frac{S_1}{S_0}\right|_{P_{in}\text{相同}} = \left.\frac{|E_1|^2}{|E_0|^2}\right|_{P_{in}\text{相同}} \qquad (5.2.20)$$

增益系数还可定义如下：在某方向某点产生相等电场强度的条件下，理想点源输入功率 $P_{in0}$

与某天线输入功率 $P_{\text{in}1}$ 之比，称为该天线在该方向的**增益系数**，即 $G = \dfrac{P_{\text{in}0}}{P_{\text{in}1}}\bigg|_{E\text{相同}}$ 。

注意区别方向系数，不同之处主要是，方向系数从辐射功率出发，而增益系数则以输入功率为参考点，即 $G = D\eta_{\text{A}}$。当天线效率为 1 时，天线的增益系数就是天线的方向系数。有的厂家在采用天线增益时，以常用的线天线半波振子（或称偶极子，见图 4.11）为标准，得到的增益系数 $G_{\text{h}} = G/D$，因为半波振子 $D = 1.64$，以半波对称振子作为对比标准得到的增益系数 $G_{\text{h}}$ 和用点源作为对比标准得到的增益系数 $G$ 之间的关系为 $G_{\text{h}} = G/1.64$。用分贝表示时，写为

$$G_{\text{h}}(\text{dB}) = G(\text{dB}) - 2.15(\text{dB}) \tag{5.2.21}$$

要特别说明的是，用点源作为对比标准得出的增益系数称为**绝对增益**，而用其他天线对比标准得出的增益系数称为**相对增益**。

### 5.2.7 有效长度

对于一般的线天线来说，沿线电流振幅分布的不均匀，使得线上各个基元的辐射作用也不均匀。辐射能力不按天线长度变化成比例增长。为了衡量天线的辐射能力，人们引入了"有效长度"的概念，这是等效的直线长度。天线的有效长度定义为：电流分布不均匀的天线，可用沿线电流分布均匀、幅度等于输入点电流 $I_{\text{A}}$ 或波腹点电流的基本振子来等效。如果两者在各自的最大辐射方向的辐射场强相同，那么该等效基本振子的长度就是该天线的有效长度。

例如，天线为半波对称振子时的等效长度关系如图 5.5 所示。设在 $\theta = 90°$ 方向，长为 $2l$ 的偶极子有最强辐射 $|E_{\text{max}}|$。偶极子上的电流元在 $\theta = 90°$ 方向的场为

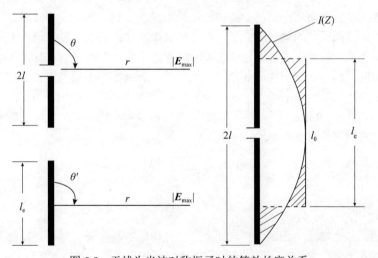

图 5.5　天线为半波对称振子时的等效长度关系

$$\text{d}E = \frac{60\pi I(z)\text{d}z}{\lambda r}\sin\theta = \frac{30k I(z)\text{d}z}{r} \tag{5.2.22}$$

各电流元在 $\theta = 90°$ 方向无波程差，它们的场同向叠加，总场为

$$E_{\text{max}} = \int_{-l}^{l}\text{d}E = \frac{30k}{r}\int_{-l}^{l}I(z)\text{d}z \tag{5.2.23}$$

又设一均匀电流线的长度为 $l_{\text{e}}$，其电流幅度等于该偶极子的输入电流 $I_0$，在 $\theta = 90°$ 方向距离 $r$ 处，有

$$E'_{\text{max}} = \int_{-l_e/2}^{l_e/2} \mathrm{d}E' = \int_{-l_e/2}^{l_e/2} \frac{30k}{r} I_0 \mathrm{d}z = \frac{30kI_eI_0}{r} \tag{5.2.24}$$

因为等效是指 $E_{\text{max}} = E'_{\text{max}}$，所以联立式（5.2.23）和式（5.2.24）得

$$I_0 l_e = \int_{-l}^{l} I(z)\mathrm{d}z \quad \text{或} \quad l_e = \frac{1}{I_0} \int_{-l}^{l} I(z)\mathrm{d}z \tag{5.2.25}$$

$l_e$ 称为长度为 $2l$ 且电流分布为 $I(z)$ 的偶极子的**等效长度**，即最强辐射与偶极子等效的均匀电流的长度。从几何上看，偶极子电流分布曲线所围面积 $\int_{-l}^{l} I(z)\mathrm{d}z$ 与面积 $I_0 l_e$ 相等。当电流分布为 $I(z) = I_{\text{M}} \sin k(l-|z|)$ 时，由 $I_0 = I_{\text{M}} \sin kl$ 得

$$l_e = \frac{1}{\sin kl} \int_{-l}^{l} \sin k(l-|z|)\mathrm{d}z = \frac{\lambda}{\pi} \tan \frac{kl}{2} \tag{5.2.26}$$

它与电流幅度 $I_{\text{M}}$ 无关。对半波偶极子，$l = 0.25\lambda$，$l_e = \lambda/\pi\, l$；对小偶极子，$l \ll \lambda$，$l_e \approx l$。

### 5.2.8 工作频带宽度

天线实际上是在一定频率范围内工作的，因此前面介绍的各个电参数都和频率有关。当工作频率偏离设计频率（一般取中心工作频率为设计频率）时，往往引起各种电参数变化。例如，波瓣宽度增大、副瓣电平增高、方向系数下降、极化特性变化以及失配等。通常根据使用天线的系统要求，规定天线电参数容许的变化范围，当工作频率变化时，天线电参数不超过容许值的频率范围称为天线的工作**频带宽度**，简称**带宽**。

在实际工作条件下，往往要严格限制天线的某一个或某几个参数的变化。例如，低副瓣天线对副瓣电平的增大做出了限制。对一些结构比较简单的线天线，当电尺寸较小时，最常见的限制因素是阻抗特性，这类天线的辐射能力低，在总能量中存储的无功分量占很大比例。设输入电压不变，输入阻抗随频率的变化可表现为输入电流的变化。设中心频率为 $f_0$ 时输入电流为 $I_0$，当频率偏离为 $f_0 \pm \Delta f$ 时，输入电流下降到 $0.707I_0$，此时馈入天线的功率相当于中心频率 $f_0$ 时的一半，称 $2\Delta f\ [\Delta f = f_2 - f_1 = 2(f_0 - f_1)]$ 为天线输入阻抗的 3dB 带宽。例如，10:1 的频带宽度表示天线的最高可用频率为最低的 10 倍；对于窄频带天线，常用最高可用频率和最低可用频率的差与中心频率之比表示天线的相对带宽，即

$$W_q = \frac{f_2 - f_1}{f_0} = \frac{2\Delta f}{f} \tag{5.2.27}$$

### 5.2.9 天线的屏蔽

探地雷达通常是在地面上应用的，地面上方空气中的各种电磁信号很多，在天线的设计中通常要采用屏蔽的方法来减少干扰（见图 5.6），以便提高数据采集的精度和信噪比。

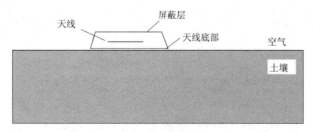

图 5.6 探地雷达天线的屏蔽

在探地雷达的天线设计中，需要减少干扰电磁信号，增强所需要的信号。

（1）最大限度地增强地下目标的反射信号。

（2）减少天线间的直达波信号。

（3）减少地面上空的目标反射信号。

（4）减少外来信号（手机、电台、电

视等）干扰。

尽管采用了屏蔽措施，但还是存在一些问题：天线体积和质量增大，天线屏蔽层导致发射信号振荡。由于这些问题，屏蔽一般用于高频天线，而不用于低频天线。

### 5.2.10 接收天线的电参数

前面详细介绍了发射天线的各个特性参数。为了全面衡量接收天线的性能，还需要对接收天线使用恰当的特性参数。接收天线的大部分特性与发射天线的相同，即同一天线在用于接收或发射时，具有相同的特性参数。除了与发射天线相同的特性参数，接收天线还有其特殊的参数：有效面积和噪声温度。由接收天线接收电波的物理过程可知，除了取决于电波的场强，接收天线的感应电势还与其方向性函数和有效长度成正比。然而，方向性函数和有效长度均是同一天线用于发射时的特性参数。同样，接收天线的输入阻抗是同一天线用于发射时的输入阻抗。由此可见，任一天线用于发射或接收时，具有相同的方向性函数、有效长度和输入阻抗。由式（5.2.26）或式（5.2.27）可见，发射天线的方向性系数完全取决于其方向性函数。

## 5.3 探地雷达的天线类型及辐射形式

前面介绍了天线的基本辐射模式和基本参数，下面讨论探地雷达的天线类型及辐射形式。

### 5.3.1 天线在探地雷达系统中的作用

传统上，发射天线可视为将电磁波能量发射出去的装置，而接收天线可视为接收空间电磁波能量的装置。发射天线或接收天线的作用都可视为影响探地雷达的探测效果的滤波。

图 5.7 中给出了探地雷达系统示意图，图 5.8 中给了探地雷达系统的数学表示。由图可见，接收信号 $R(f)$ 可以表示为

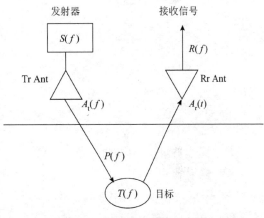

图 5.7 探地雷达系统示意图

$$R(f) = S(f) \cdot A_{\mathrm{t}}(f,\theta) \cdot A_{\mathrm{r}}(f,\theta) \cdot T(f) \cdot P(f) \qquad (5.3.1)$$

式中，$S(f)$ 是雷达信号谱；$A_{\mathrm{t}}(f,\theta)$ 和 $A_{\mathrm{r}}(f,\theta)$ 分别是发射天线和接收天线的响应；$T(f)$ 是目标的频率响应；$P(f)$ 代表电磁波信号的衰减和几何扩散等。

图 5.8 探地雷达系统的数学表示

接收信号是在输入 $T(f)$ 下，经过探地雷达系统的输出。在这种简单的描述下，我们可以假设 $P(f)$ 是常数，将 $S(f)A_{\mathrm{t}}(f,\theta)A_{\mathrm{r}}(f,\theta)$ 作为系统的响应。根据图 5.8，我们可将天线视为系统的一个滤波系数，它影响目标体的信号响应。

### 5.3.2 简单的探地雷达辐射系统——线天线

#### 1. 线天线的辐射模式

当有限长金属线上流过电流时（见图 5.9），根据安培定律，电流产生的磁场为

$$H = \frac{I}{2\pi\rho} \tag{5.3.2}$$

磁场的方向是极坐标中的 $\phi$ 方向。对于电流单元，应用毕奥-萨伐定律得

$$dH = \frac{I\sin\theta}{4\pi r^2} \tag{5.3.3}$$

当交变电流流过一段导线时，磁场 $H$ 产生一个电场，且由于电磁场的相互作用，形成电磁波并远离电流元传播。这个电磁波称为**电流元的辐射波**。因此，对于线天线，实质就是在天线的导体上产生一个交变电流，并将电磁波能量辐射出去。

在天线的导体上产生交变电流的方法有两种：①将一个脉冲电压馈送到天线的导体中部（见图5.10）；②在 $\phi$ 方向产生一个磁场，该磁场将在金属导体上产生一个电流。

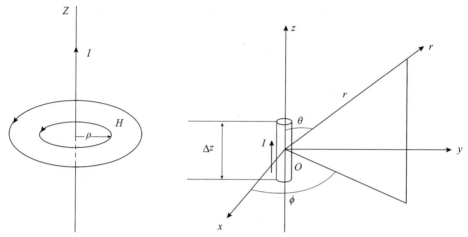

图 5.9　直流电线周围的磁场　　　图 5.10　电流单元电磁场的示意图

## 2. 辐射场

毕奥-萨伐定律只适用直流电流的情况。当一个交变电流流过一个有限天线导体时，得到的辐射场为

$$E(\theta) = \frac{jkZ_0\exp(-jkr)}{4\pi r}\sin\theta F(\theta) \tag{5.3.4a}$$

$$H(\theta) = \frac{jk\exp(-jkr)}{4\pi r}\sin\theta F(\theta) \tag{5.3.4b}$$

式中，$k$ 是波数，空气中的波阻抗 $Z_0 = \sqrt{\mu_0/\varepsilon_0}$，而且

$$F(\theta) = \int_{-l/2}^{l/2} I(z)\exp(jkz\cos\theta)dz \tag{5.3.5}$$

## 3. 半波偶极子

当电流分布在半波长天线（见图5.11和图5.12）上时，辐射方向图函数为

$$F(\theta) = \frac{\cos\left(\frac{\pi}{2}\cos\theta\right)}{\sin\theta} \tag{5.3.6}$$

可见，该函数在 $\theta = 90°$ 处有最大值（为1），而在 $\theta = 0°$ 或 $180°$ 处的值为0。半波偶极子方向图如图5.11所示。半波偶极子天线的方向系数为

$$D = 1.64 \tag{5.3.7}$$

天线的阻抗为 $Z = 73 + \mathrm{j}\,42.5\Omega$。

例如，如果在探地雷达中采用的半波偶极子天线长度 $2L$ 为 1.2m，半径为 5cm，就可以计算出探地雷达的天线在空气中的工作波长为 2.4m，工作频率为

$$f = \frac{c}{\lambda} = \frac{3 \times 10^8}{2.4} = 125\text{MHz}$$

所以，天线的平均特征阻抗为

$$\bar{Z}_0 = 120\left( \ln\frac{2L}{a} - 1 \right) = 261\Omega$$

我们可以根据这些参数来设计天线。图 5.12 中显示了半波偶极子的辐射图。

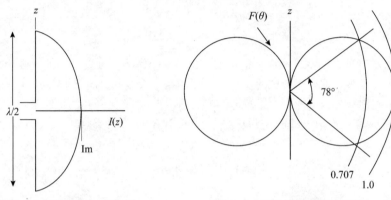

图 5.11　半波偶极子方向图　　　图 5.12　半波偶极子的辐射图

#### 4．两个半波天线间的传输

在以上讨论中，我们是用 $S(f)A_\mathrm{t}(f,\theta)A_\mathrm{r}(f,\theta)$ 来代表雷达系统响应的。如果采用一个宽带系统时，此时 $S(f)$ 可视为常数，那么系统的响应主要由 $A_\mathrm{t}(f,\theta)A_\mathrm{r}(f,\theta)$ 决定，其数值可以根据天线的耦合来确定。根据 R. C. Johnson and H. Jasik（1961），两个半波天线的互阻抗可写为

$$Z_{12} = \frac{\mathrm{j}kZ_0 \exp(-\mathrm{j}kr)}{4\pi r}\, h_1 h_2 \cos(\varphi) \tag{5.3.8}$$

式中，$h_1$，$h_2$ 分别是发射天线和接收天线的有效长度，$\varphi$ 是发射天线和接收天线之间的夹角，$r$ 是两天线中心的距离。当天线平行放置时，$\varphi = 0$，且

$$Z_{12} = \frac{\mathrm{j}kZ_0 \exp(-\mathrm{j}kr)}{4\pi r}\, h_1 h_2 \tag{5.3.9}$$

当采用长度为 $h$ 的线天线接收电场 $E$ 时，接收到的电压一般为 $V = Eh$。然而，电流在天线的金属内不是常数，因此天线的有效长度将小于天线的物理长度。根据有关文献，半波天线的有效长度为 $\lambda/\pi$，小于天线的物理长度 $\lambda/2$。

可以看到，$Z_{12}$ 是方向角 $\varphi$ 和频率的函数。当 $r = \lambda$，$k = 2\pi/\lambda$，$Z_0 = \sqrt{\mu_0/\varepsilon_0} = 377\Omega\cdot\text{m}$，$h_1 = h_2 = \lambda/\pi$ 时，可以计算出 $Z_{12}$ 约为 20$\Omega\cdot\text{m}$。因此，可以推出，当 1A 的电流馈电到天线上时，我们可在接收天线的终端获得 20V 的电压。

### 5.3.3　从线性天线到圆锥形天线、领结形天线和圆柱形天线

#### 1．天线的输入阻抗和圆锥形天线

根据 Ramo and Whinnery（1981），圆锥形天线的辐射机制可以描述为：当一个脉冲电压输入

双锥形天线的输入部分时，天线中主要的波的传播就像 TEM 波在天线的导体中传播一样。当电磁波达到天线导体的终端时，为了与边界不连续性匹配，将发生 TEM 波到高阶模式的能量转换。高阶模式的电磁波辐射出去，剩余的 TEM 波发生反射。根据天线辐射的基本原理（S. A. Schelkunoff，1952），双锥形天线（见图 5.13）的输入导纳等于均衡双锥形传输线的导纳，而均衡双锥形传输线的终端则接到一个与之匹配的导纳 $Y_t$。双锥形传输线的特征阻抗 $Z$ 可通过单位长度的感抗（$L$）和容抗（$C$）来计算，即

$$L = \frac{\mu}{\pi} \lg \frac{2h}{a} \tag{5.3.10}$$

$$C = \frac{\pi \varepsilon}{\lg \frac{2h}{a}} \tag{5.3.11}$$

$$Z = \sqrt{L/C} = 120 \lg \frac{2h}{a} = 120 \lg \frac{2}{\theta} \tag{5.3.12}$$

观察以上方程发现，沿双锥形导体的特征阻抗是一个常数。可见，双锥形传输线是均衡的传输线。以下的天线可视为双锥形天线的变化形式。领结形天线（见图 5.14）实质上是双锥形天线的平面形式，而圆柱形天线可视为双锥形天线的顶角 $\theta$ 从 $\pi/2$ 变化到 0 的特殊形式。这样，圆柱形天线的特征阻抗就是双锥形天线的顶角 $\theta$ 从 $\pi/2$ 变化到 0 时的平均值（E. C. Jordan and K. G. Balmain，1950），即

$$Z(\text{av}) = 120(\lg 2h/a - 1) \tag{5.3.13}$$

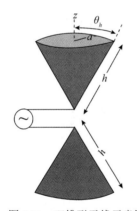

图 5.13　双锥形天线示意图

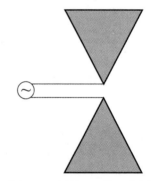

图 5.14　领结形天线示意图

## 2. 圆柱形天线的带宽、品质因子 $Q$ 和终端校正

品质因子定义天线在共振区附近的特征，即

$$Q = f_0/B \tag{5.3.14}$$

式中，$f_0$ 是天线的中心频率，$B$ 是天线的带宽，$B = f_2 - f_1$，而 $f_2$ 和 $f_1$ 是天线中最大能量减少到一半时对应的频率。根据 R. W. P. King（1956），可以得到表 5.1 中的结果。

表 5.1　天线的品质因子 $Q$

| $\Omega$ | 7 | 8 | 9 | 10 | 11 | 12.5 | 15 | 20 |
|---|---|---|---|---|---|---|---|---|
| $H/a$ | 17 | 22 | 45 | 75 | 122 | 259 | 904 | 11013 |
| $Q$ | 2.5 | 3.2 | 4.0 | 4.7 | 5.1 | 6.4 | 8.0 | 11.3 |

在表 5.1 中，$\Omega$ 为

$$\Omega = 2\lg(2h/a) \qquad (5.3.15)$$

在 G. Dubost（1981）中，品质因子为

$$Q = 2(\Omega - 3.39)/\pi \qquad (5.3.16)$$

用上式计算的品质因子与表 3.1 中的计算结果（King，1956）极为相似。以上内容可以这样解释：对称双锥形天线的输入导纳等于均衡双锥形传输线的导纳，而均衡双锥形传输线终端接到一个与之匹配的导纳 $Y_t$。实际上，终端的负载是电容性的，使得天线谐振的长度小于半波长。谐振长度和半波长的差定义为终端校正。表 5.2 中显示了天线的谐振长度与 $H/a$ 的关系（Stutzman，p172）。

表 5.2　天线的谐振长度与 $H/a$ 的关系

| $\Omega$ | 8 | 4 | 2.6 |
|---|---|---|---|
| $H/a$ | 5000 | 50 | 10 |
| 谐振长度 $2H$ | $0.49\lambda$ | $0.474\lambda$ | $0.455\lambda$ |
| 缩短百分比 | 2 | 5 | 9 |

可见，当半径 $a$ 增大时，$H/a$ 减小，带宽增大。因此，当天线具有较大的导体面时（如双锥形天线具有较大的顶角），天线将具有较大的带宽。然而，制作和安装双锥形天线很难，通常采用领结形天线即双锥形天线的平面版来实现较宽的带宽。由表 5.2 可以看到，较大的天线导体面会导致较大的终端校正。

## 5.4　常见探地雷达天线

如前面所述，探地雷达系统的天线包括领结形天线、板状或杆状偶极天线、角形天线等。目前，主要的商用探地雷达系统，如 GSSI 公司的 SIR 系列探地雷达系统，配备的就是这三种天线，如表 5.3 所示。根据频率由低到高的顺序，下面简单介绍常见天线的性能。

表 5.3　GSSI 公司的 SIR 系列探地雷达系统的常用天线

| 型　　号 | 中心频率 | 穿透深度 | 典型应用 |
|---|---|---|---|
| 地面耦合天线 | | | |
| 5100 | 1500MHz | 0.5m | 混凝土评价 |
| 3101D | 900MHz | 1m | 混凝土评价，空隙探测 |
| 5103 | 400MHz | 4m | 工程、环境、空隙探测 |
| 5106 | 200MHz | 7m | 工程地质、工程质量、环境 |
| 3207 | 100MHz | 20m | 工程地质、环境、矿产 |
| 3200 MLF | 16～80MHz | 25～35m | 工程地质 |
| 空气中的探测天线 | | | |
| 4108 Horn | 1000MHz | 1m | 高速公路、桥梁评价 |
| SubEcho-40 | 40MHz | 35m | 工程地质 |
| SubEcho-70 | 70MHz | 25m | 工程地质 |

### 5.4.1 5100 型天线

这是一种便携式高分辨率天线，其体积较小，可对很小的区域进行探测，常用于探测混凝土内部结构和物质，如钢筋网、管道等，适用于深度较浅的高分辨率探测任务，如图 5.15 所示。主要参数如下：

中心频率：1500MHz

探测深度：0～0.5m

几何尺寸：3.8cm×10cm×16.5cm

质量：1.8kg

图 5.15　5100 型天线

### 5.4.2 3101D 型天线

这种分辨率较高、探测深度较浅的天线设计用于 1m 左右深度的探测，如空隙探测、混凝土厚度评价和深度较浅的地下管线探测，也可用于钢筋网探测，如图 5.16 所示。主要参数如下：

中心频率：900MHz

探测深度：0～1.0m

几何尺寸：8cm×18cm×33cm

质量：2.3kg

图 5.16　3101D 型天线

### 5.4.3 5103 型天线

这种天线设计用于浅部探测，如探测公路路面厚度和结构等（公路基础探测、公路路面下的孔隙探测、地下结构退化评价、桥梁钢筋网的分布规律及退化情况探测），以及考古调查、环境评价和建筑物质量评价，如图 5.17 所示。主要参数如下：

中心频率：400～500MHz

纵向分辨率：＜5cm

探测深度：0～3m

几何尺寸：30cm×30cm×20cm

质量：4.6kg

图 5.17　5103 型天线

### 5.4.4 5106 型天线

这种天线的探测深度相对较大，除了设计用于上述公路评价，还可进行工程地质调查、河流和湖底调查、环境评价、水文地质研究等，如图 5.18 所示。主要参数如下：

中心频率：200MHz

纵向分辨率：＜15cm

探测深度：0～9m

天线探测覆盖范围：60cm

几何尺寸：60cm×60cm×30cm

质量：20kg

图 5.18　5106 型天线

### 5.4.5　3207 型天线和 3207A 型天线

这两种天线用于较大深度的探测，既可进行单体天线测量，又可进行收发分离方式测量。主要用于工程地质调查和区域地质调查，分别如图 5.19 和图 5.20 所示。主要参数如下：

中心频率：100MHz

探测深度范围：2～15m

几何尺寸：25cm×96cm×56cm

质量：13kg

图 5.19　3207 型天线

图 5.20　3207A 型天线

### 5.4.6　3200 MLF 型低频天线

这种天线就是通常所说的杆状天线，它通过改变金属杆的长度来改变天线的中心频率，中心频率的变化范围为 16～120MHz，因此具有较大的探测深度。天线没有屏蔽，受外界的干扰较大，且使用低频探测时天线的长度较长，移动不方便。主要用于需要具有较大探测深度的情况，如水文地质调查、矿产地质调查、地质灾害探测等，如图 5.21 所示。

图 5.21　3200 MLF 型低频天线

### 5.4.7　Subecho-40 型和 Subecho-70 型天线

Subecho 型天线是一种便携式低频天线，能达到较大的探测深度。这种天线对 SIR 的所有测量系统都兼容。这类天线还具有如下优点：①天线是完全匹配的，因此天线可以不接触测量的介质；②野外测量和操作容易，携带方便；③天线是防水的；④可以进行车载或收发分离等方式的测量。Subecho 型天线的主要参数如表 5.4 所示。野外测量图和天线实物图分别如图 5.22 和图 5.23 所示。

表 5.4　Subecho 型天线的主要参数

| 性能 | Subecho-40 型线 | Subecho-70 型天线 |
| --- | --- | --- |
| 类型 | 偶极探地雷达天线 | 偶极探地雷达天线 |
| 中心频率 | 35MHz | 70MHz |
| 天线尺寸 | 200cm×15cm×26cm | 120cm×15cm×26cm |
| 质量 | 5kg | 4kg |
| 电子 | GSSI Model 769DA2 | GSSI Model 769DA2 |

图 5.22　Subecho 型天线野外测量图

图 5.23　天线实物图

### 5.4.8　4108 型角形天线

这种天线主要用于浅部调查,由于体积较大,而且天线悬挂在空气中就能完成测量,一般采用车载形式进行测量。主要用于公路路面层厚度的评价和路况调查。天线的中心频率为 1GHz,采用 SIRveyor SIR-20 系统能达到 70km/h 的测量速度。4108 型角形天线如图 5.24 所示。

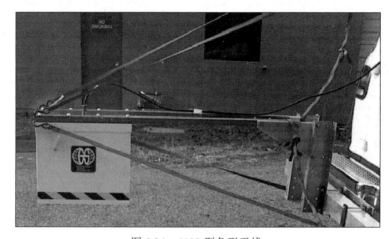

图 5.24　4108 型角形天线

### 5.4.9　Vivaldi 天线

Vivaldi 天线(见图 5.25)是一种典型的超宽带锥形槽天线(Tapered-Slot Antennas,TSA)。1979 年 Gibson 提出 Vivaldi 天线,它由指数锥形喇叭口组成,在不同的频率下,天线的不同部分辐射电磁波能量,辐射部分的大小在波长上是恒定的。Vivaldi 天线作为一种典型的超宽带天线,具有工作频带宽、辐射图对称、增益稳定、结构简单、成本低、易于集成等优点,广泛用于通信系统、雷达系统、测量、医疗等领域。随着 Vivaldi 天线形式的不断演化,新型天线技术如小型化技术成为对传统天线改进的研究热潮。

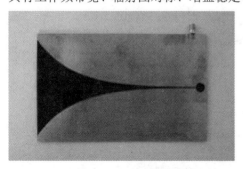

图 5.25　Vivaldi 天线实物图

在穿墙检测技术应用中,要对雷达电磁波的频率范围做出有效的选择,超宽带信号是较为合适的。当普通墙壁材料的穿透损耗随着频率的增大而增加时,为了获得精细的分辨率,需要更宽的带宽,同时要平衡信号的低频特性带来的穿透能力。因此,0.5～2.0GHz 的工作频率范围曾被认为是适合获得良好成像分辨率和较厚墙壁穿透力的良好选择。吉林大学（胡志鹏，2020）优化设计了一种工作频带为 0.5～2.5GHz、尺寸为 250mm×200mm×1.6mm 的开槽超宽带 Vivaldi 天线，其实物图如图 5.26 所示。图 5.27 显示了 Vivaldi 天线回波损耗实测 S11 曲线图。

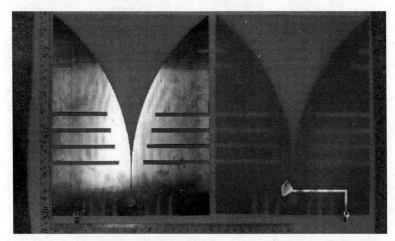

图 5.26　开槽超宽带 Vivaldi 天线实物图

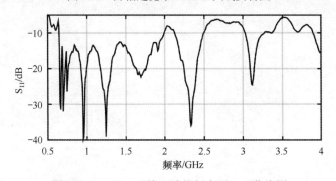

图 5.27　Vivaldi 天线回波损耗实测 S11 曲线图

# 习　　题

**5.1**　说明探地雷达天线的主要辐射方式。

**5.2**　给出探地雷达天线在地面上时的能量辐射方向图。

**5.3**　给出探地雷达天线能量辐射与探测的数学表达式。

# 参考文献

[1]　李大心. 探地雷达方法与应用[M]. 北京：地质出版社，1994.

[2]　谢处方. 近代天线理论[M]. 成都：成都电讯工程学院出版社，1987.

[3]　任朗. 天线理论基础[M]. 北京：人民邮电出版社，1980.

[4]　林傑. 天线馈电线设备[M]. 北京：人民邮电出版社，1956.

[5]　胡志鹏. 超宽带 MIMO 雷达系统设计与穿墙成像方法研究[D]. 吉林大学，2020.

[6]　Dubost G. *Flat Radiating Dipoles and Applications to Arrays*[M]. John Wiley & Sons LTD., 1981, p.6.

[7]　Dérobert X., Fauchard C., et al. *Step-frequency radar applied on thin road layers*[J]. Journal of Applied Geophysics, 2001, 47(3.4): 317-325.

[8]   Jordan E. C. and Balmain K. G. . *Electromagnetic Waves and Radiating Systems*[M]. Pentice-Hall, 1950, p587.

[9]   Johnson R. C. and Jasik H. *Antenna Handbook, Second edition*[M]. McGraw-Hill Book Company, 1961: p4-25.

[10]  King R. W. P. *The Theory of Linear Antennas*[M]. Harvard University Press, 1956, p.182.

[11]  Ramo S., Whinnery, J. R. Van Duzer, T. *Fields and Waves in Communication Electronics, Second edition*[M]. McGraw-Hill, 1981.

[12]  Schelkunoff S. A. *Advanced Antenna Theory*[M]. John Wiley & Sons, Inc., 1952.

[13]  Fan-Nian Kong, Zhaofa Zeng, Motoyuki Sato. *From eponential line to TEM horn and Vivaldi antenna*[J]. IEICE Antenna and Propagation, 2002, 102(305).

[14]  Zeng Zhaofa, Fan Guangyou, et al. *Analysis of balanced antipodal Vivaldi antenna and its application formine-like targets detection*[J]. IEICE Antenna and Propagation, 2002, 102(48).

# 第6章 探地雷达工作方法

## 6.1 探地雷达的测量方式

探地雷达采用高频电磁波脉冲的形式进行地下探测，因此其运动学规律与地震勘探方法的类似。地震勘探方法的数据采集装置也被借鉴到探地雷达方法的野外测量方式中，包括反射、折射和透射的测量方式。探地雷达的透射测量方式在钻孔雷达中详细介绍，因此这里不做介绍，只着重介绍反射和折射的测量方式。

### 6.1.1 反射测量方式

为了保证雷达记录的质量，探地雷达的野外工作必须根据探测对象的状况及所处的地质环境，采用相应的测量方式并选择合适的测量参数。目前所用的双天线探地雷达测量方式主要有两种：剖面法和宽角法。

**1. 剖面法与多次覆盖**

*1）剖面法*

剖面法是发射天线（T）和接收天线（R）以固定间距沿测线同步移动的一种测量方式（见图 6.1）。当发射天线与接收天线间距为零时，即发射天线与接收天线合二为一时，称为**单天线形式**，反之称为**双天线形式**。剖面法的测量结果可用探地雷达时间剖面图像来表示。图像的横坐标记录天线在地表的位置；纵坐标为反射波双程走时，表示雷达脉冲从发射天线出发经地下界面反射回到接收天线所需的时间。这种记录能准确反映测线下方地下各反射界面的形态。

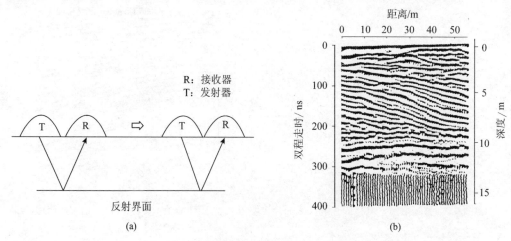

图 6.1 剖面法示意图及其雷达图像剖面

*2）多次覆盖*

由于介质对电磁波的吸收，来自深部界面的反射波会因信噪比过小而不易识别，这时可应用不同天线间距的发射-接收天线在同一测线上进行重复测量，然后叠加测量记录中相同位置的记录，这种记录能增强对深部地下介质的分辨能力。

**2. 宽角法或共中心点法**

当一副天线固定在地面上的某点不动，而另一副天线沿测线移动，记录地下各个不同界面反射波的双程走时，这种测量方式称为**宽角法**。这种测量方式和数据处理方式与反射地震勘探的 CMP和 CDP 方式类似。也可以用两副天线，在保持中心点位置不变的情况下，不断改变两副天线之间的距离，记录反射波双程走时，这种方法称为**共中心点法**（CMP），如图 6.2(c)所示。当发射天线不动，而接收天线移动时，则为共深度点测量（CDP），如图 6.2(a)和(b)所示。当地下界面平直时，这两种方法的结果一致。这两种测量方式的目的是求地下介质的电磁波传播速度。

目前也常用这种测量方式进行剖面的多点测量，与地震勘探类似，测量的结构通过静校正和动校正后，在速度分析的基础上，进行水平叠加，获得信噪比较高的探地雷达资料。

深度为 $D$ 的地下水平界面的反射波双程走时 $t$ 满足

$$t^2 = \frac{x^2}{v^2} + \frac{4h^2}{v^2}$$
（6.1.1）

式中，$x$ 为发射天线与接收天线之间的距离，$h$ 为反射界面的深度，$v$ 为电磁波的传播速度。地表直达波可视为 $h = 0$ 的反射波。上式表示当地层电磁波速度不变时，$t^2$ 与 $x^2$ 呈线性关系。因此先由宽角法或中心点法测量得到地下界面反射波双程走时 $t$，再利用式（6.1.1）就可求得到地层中的电磁波速度。

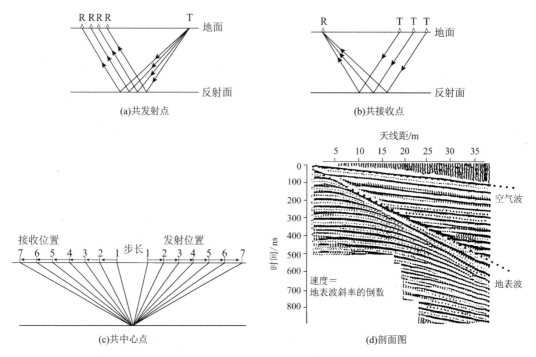

图 6.2　共发射点、共接收点和共中心点观测方式示意图(a), (b), (c)及其雷达剖面图(d)

### 3. 多天线法或天线阵列法

这种方法利用多副天线进行测量。每副天线使用的频率可以相同，也可以不同。每副天线各道的参数如点位、测量时窗、增益等都可以单独用程序设置。多天线测量主要使用两种方式。第一种方式是所有天线相继工作，形成多次单独扫描，多次扫描使得一次测量所覆盖的面积扩大，从而提高工作效率。第二种方式是所有天线同时工作，利用时间延迟器推迟各道的发射和接收时间，形成叠加的雷达记录，改善系统的聚焦特性即天线的方向特性。聚焦程度取决于各天线之间的间隔。图 6.3 给出了天线间距为 0.5m 的多天线辐射方向极化图。不同天线间距的结果表明，各天线之间的间距越大，聚焦效果就越好。

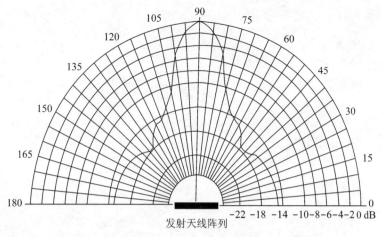

图 6.3　天线间距为 0.5m 的多天线辐射方向极化图

## 6.1.2　折射测量方式

　　探地雷达的折射测量方式实际是宽角测量的一种形式，是近年发展起来的一种测量方式，类似于折射地震勘探。探地雷达折射测量方式也有两个条件：①雷达波的入射角足够大，或者发射天线和接收天线的距离足够大；②雷达波在下伏地层（或介质）中的传播速度大于在上覆介质中的速度。

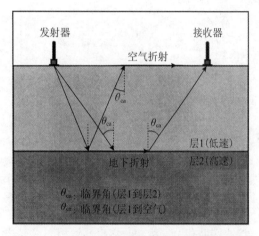

图 6.4　电磁波到达界面时的反射和折射示意图

　　满足上述条件后，图 6.4 所示电磁波以一定的角度入射，当电磁波达到层 1 和层 2 的界面时，电磁波发生反射和折射。当入射角足够大时，折射角将等于 90°，电磁波沿界面传播。当天线置于地面时，在接收天线处将接收到如图 6.5 所示的波形图。通过对波形图的到时进行分析，可以得到如图 6.6 所示的时距曲线图。分析时距曲线可以确定界面的深度、界面的起伏形态和界面上下层的介电参数等。

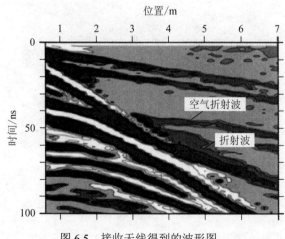

图 6.5　接收天线得到的波形图

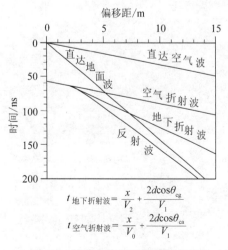

$$t_{\text{地下折射波}} = \frac{x}{V_2} + \frac{2d\cos\theta_{\text{cg}}}{V_1}$$

$$t_{\text{空气折射波}} = \frac{x}{V_0} + \frac{2d\cos\theta_{\text{ca}}}{V_1}$$

图 6.6　接收天线得到的时距曲线图

### 6.1.3 透射测量方式

探地雷达的透射测量是在大型桩基检测和跨孔电磁波 CT 中广泛应用的一种测量方法。在探地雷达的透射测量方式中，发射天线与接收天线分开，当发射天线固定而接收天线移动时，测量发射的电磁波透射过目标介质后的到时或振幅。利用到时和振幅进行成像，目前逐渐发展到利用全波形 CT 成像，成像精度越来越高。图 6.7 所示为圆形体透射测量和跨孔测量示意图，图 6.8 所示为跨孔成像结果。圆形体测量通常应用于桩基测量、大型植物茎干检测和考古探测中（Nuzzo and Quarta，2012）。在跨孔测量中，除了井中测量，某些形体的检测（如桥梁、医学）也常应用。

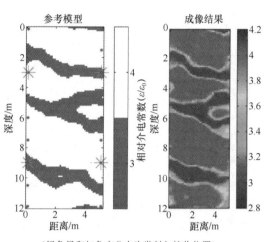

（绿色星和红色点分布为发射与接收位置）

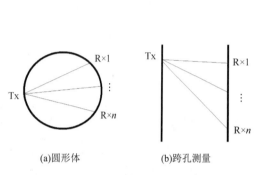

(a)圆形体　　(b)跨孔测量

图 6.7　圆形体透射测量和跨孔测量示意图

图 6.8　跨孔成像结果

### 6.1.4 MIMO 测量方式

在前面介绍的宽角测量或共中心点测量中，一般一副天线发射多副天线接收，这种测量方式也称**单输出多输入**（Single Input Multiple Output，SIMO）测量。如果发射端的多副天线同时发射，接收端的多副天线同时接收，这种测量方法就称为**多输入多输出**（Multiple-Input Multiple-Output，MIMO）测量。这种测量方式在工程检测领域应用不多，只在穿墙探测、安全测量等领域开展了初步应用。图 6.9 所示为 MIMO 天线阵列图，图 6.10 所示为 MIMO 天线及系统结构图（胡志鹏，2020）。这种测量方式具有较高空间分辨率和探测精度，但仪器系统设计与测量比较困难。

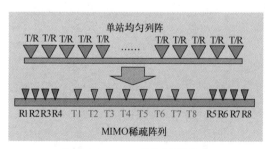

图 6.9　MIMO 天线阵列图

图 6.10　MIMO 天线及系统结构图

## 6.2 探地雷达野外测量设计

正如前述的探地雷达测量方法，探地雷达的野外测量也与地震勘探方法的类似。探地雷达与地震方法的不同之处在于，探地雷达的地表介质通常是深度较浅、衰减较强的介质（钻孔雷达见后）。可见，要达到地质目标体，探地雷达的适用性是每个探地雷达应用者必须认真理解和掌握的重要内容之一。本节重点介绍探地雷达的探测深度和分辨率的关系，以及测量中的参数选择和测量设计。

### 6.2.1 探地雷达适用性评价

要完成地质任务或探测目标，就需要清楚地了解探地雷达应用的可行性。与常规地球物理方法不同，探地雷达发展较快，高频电磁波在介质中的传播规律及探地雷达的野外实践不如其他方法为人们所熟知。探地雷达的应用需要解决两个重要问题，即在地质调查、水文调查等方面，探测深度往往较大，因此探测深度是首先需要了解的；而在工程检测中，如公路路面层厚度检测、混凝土厚度检测等，探地雷达的分辨率是最重要的参数。影响探地雷达探测深度和分辨率的因素很多，包括天线的性能、野外设计、参数选择等。

#### 1．探地雷达的探测深度

探地雷达的探测深度即探地雷达所能探测到的最远距离。在低频电磁法和电磁学理论中，有电磁波的趋肤深度或探测深度。采用这样的深度作为探地雷达的探测深度是不准确的。探地雷达需要采用雷达方程来确定探测深度或最大探测距离。Cook（1975）中介绍了采用雷达方程确定探地雷达探测距离的方法。

探地雷达的探测距离由两个参数控制：一是探地雷达系统的增益指数或动态范围；二是介质的电性质，特别是电阻率和介电常数。

探地雷达系统的增益定义为最小可探测到的信号电压或功率与最大发射电压或功率之比，常用 dB 作为单位。如果用 $Q_s$ 表示系统增益，用 $W_{\min}$ 表示最小可探测信号功率，用 $W_T$ 表示最大发射功率，则

$$Q_s = 10\lg\left[\frac{W_T}{W_{\min}}\right] \tag{6.2.1}$$

还有一个参数表征探地雷达系统的探测能力，即动态范围（Dynamic Range），它是最大可探测信号与周围环境中的噪声之比，类似于信噪比。显然，系统的动态范围越大，探测能力就越强。就目前的探地雷达系统而言，系统的增益最大可达 230dB，商用探地雷达系统的增益一般为120dB。

确定探地雷达系统的增益或动态范围后，就可通过雷达方程来评价能量的损失，进而确定最大可探测的距离。在探地雷达信号从发射到接收的过程中，能量逐渐损耗。图 6.11给出了从发射到接收的功率传送过程。雷达系统从发射到接收过程中的功率损耗 $Q$ 与探空雷达的类似，可由雷达探距方程描述：

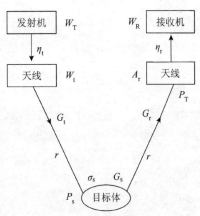

图 6.11 探地雷达探测系统示意图

$$Q = 10\lg\left(\frac{\eta_t\eta_r G_t G_r g\sigma\lambda^2 e^{-4\beta r}}{64\pi^3 r^4}\right) \tag{6.2.2}$$

式中，$\eta_t, \eta_r$ 分别为发射天线和接收天线的效率；$G_t, G_r$ 分别为入射方向和接收方向上天线的方向性增益；$g$ 为目标体向接收天线方向的向后散射增益；$\sigma$ 为目标体的散射截面；$\beta$ 为介质的吸收

系数；$r$ 为天线到目标体的距离；$\lambda$ 为雷达子波在介质中的波长。

满足 $Q_s + Q \geqslant 0$ 的距离 $r$ 称为探地雷达的**深测距离**，即处在该距离范围内的目标体的反射信号可被雷达系统探测到。确定探地雷达系统后，$\eta_t, \eta_r, G_t, G_r$ 就是已知的。

一般来说，发射天线和接收天线方向增益系数一致，且有

$$G = a^2/(\lambda^2/4\pi) \approx 4\pi a^2 f^2 \varepsilon_r/c^2 \tag{6.2.3}$$

式中，$a$ 是天线的开口尺寸；$f$ 和 $c$ 分别是雷达波的频率和光速；$\varepsilon_r$ 为介质的相对介电常数。发射天线和接收天线的效率需要进行测定，商用探地雷达系统的天线效率是给定的，可以根据厂家提供的参数进行计算。

目标体的有效散射截面 $S$ 可以根据第一菲涅尔带来计算，即

$$S = \pi(\lambda r/2 + \lambda^2/16) \approx \pi \lambda r/2 \tag{6.2.4}$$

目标体的后散射增益 $g$ 取决于目标体的形态和表面的粗糙程度以及目标介质与周围介质的电性差异。反射测量目标体的反射系数，常用介质的阻抗差异来表示。表 6.1 中给出了不同形体的后散射增益。

表 6.1 不同形体的后散射增益

| 目标形态 | 点 状 | 粗糙界面 | 光滑界面 | 光滑薄层 |
|---|---|---|---|---|
| 后散射增益 $g$ | –5.37 | 8.60 | 19.85 | –38.72 |

雷达波在传播过程中的能量损耗是重要的能量损失。介质吸收造成的能量衰减是影响探地雷达探测深度的另一个主要因素，它由介质的电性质决定，是探地雷达进行探测的重要物理基础。如第 1 章所述，电磁波在介质中的传播波数表示为

$$k = \alpha + j\beta \tag{6.2.5}$$

因此，电磁波在介质中沿 $r$ 方向传播的振幅变化表示为

$$E = E_0 e^{-\alpha r} \tag{6.2.6}$$

式中，

$$\alpha = \omega \left\{ \frac{\mu\varepsilon}{2} \left[ \left( 1 + \frac{\sigma^2}{\omega^2 \varepsilon^2} \right)^{1/2} - 1 \right] \right\}^{1/2}$$

式中，电场强度的变化与时间无关，而是一个距离的函数，表示电磁波的能量随距离的增大而减小，对于不同的介质，电磁波的衰减幅度不同，详见第 2 章中的介绍。

综合探地雷达系统所有参数的影响，Cook（1975）给出了探地雷达在不同介质中的探测距离的简单图形，如图 6.12 所示。图中给出的是在两种探地雷达系统的增益指数下，探地雷达的探测深度与频率的关系图。

**2. 探地雷达的分辨率**

分辨率是分辨最小异常体的能力。要研究探地雷达的分辨率，就要了解探地雷达天线发射的子波形态。目前的商用探地雷达系统通常采用高斯脉冲形式的调幅脉冲源，但该脉冲经过天线后，其波形相当于进行了一次微分运算。其子波形态与地震勘探中的子波形态相似。设子波形式为

$$f(t) = t^2 e^{-at} \sin \omega_0 t \tag{6.2.7}$$

式中，$\omega_0$ 为中心频率。脉冲的衰减速率取决于系数 $a$。该子波的频谱为

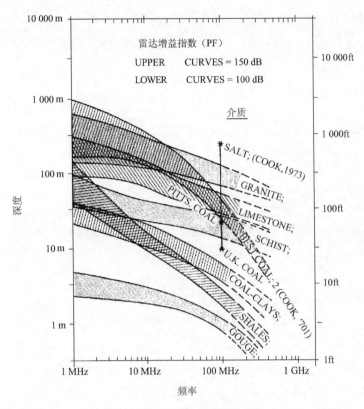

图 6.12 探地雷达的探测深度与频率的关系图（Cook，1975）

$$F(\omega) = \frac{2\omega_0 \left[ 3(a - \mathrm{j}\omega)^2 - \omega_0^2 \right]}{\left[ (a - \mathrm{j}\omega)^2 + \omega_0^2 \right]^3} \qquad (6.2.8)$$

该子波形式是我们分析探地雷达的分辨率
的基础。分辨率分为垂向分辨率与横向分辨率。

1）垂向分辨率

类似于地震勘探，我们将探地雷达剖面中
能够区分一个以上反射界面的能力称为**垂向分
辨率**。

为了研究方便，我们选用处于均匀介质中的
一个厚度逐渐变薄的锲形地层模型。电磁波垂直
入射时，有来自地层顶面、底面的反射波以及层
间的多次波。考虑到多次波的能量较弱，所得雷达
信号为顶面反射波与底面反射波的合成。依照相应
地层厚度的时间关系，得到地层顶面和底面反射波
的合成雷达信号，即雷达波波形与波长的关系，
如图 6.13 所示。由图可以得出如下结论。

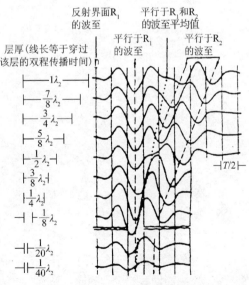

图 6.13 雷达波波形与波长的关系

（1）当地层厚度 $b$ 超过 $\lambda/4$ 时，合成反射波
形的第一波谷与最后一个波峰的时间差正比于地层厚度。地层厚度可以通过测量顶面反
射波初至 $R_1$ 和底界反射波初至 $R_2$ 之间的时间差确定。因此一般将地层厚度 $b = \lambda/4$ 作为

垂直分辨率的下限。

（2）当地层厚度 $b$ 小于 $\lambda/4$ 时，合成反射波形变化很小，其振幅正比于地层厚度。这时，已无法由时间剖面确定地层厚度。

2）横向分辨率

探地雷达在水平方向上所能分辨的最小异常体的尺寸称为**横向分辨率**。雷达剖面的横向分辨率通常可用菲涅尔带加以说明。设地下有一水平反射面，以发射天线为圆心，以发射天线到界面的垂直距离为半径，作一圆弧与反射面相切，再以多出 1/4 和 1/2 子波长度的半径画弧，在水平界面的平面上得到两个圆。内圆称为**第一菲涅尔带**，两圆之间的环形带称为**第二菲涅尔带**，如图 6.14所示。根据波的干涉原理，法线反射波与第一菲涅尔带外线反射波的光程差为 $\lambda/2$（双程光路），反射波之间发生相长干涉，振幅增强。第一菲涅尔带以外的诸带彼此消长，对反射的贡献不大，可以不考虑。设反射界面的埋深为 $h$，发射天线和接收天线的距离远小于 $h$ 时，第一菲涅尔带的半径可按下式计算：

$$r_{\mathrm{f}} = \sqrt{\lambda h/2} \tag{6.2.9}$$

式中，$\lambda$ 为雷达子波的波长，$h$ 为异常体的埋藏深度。

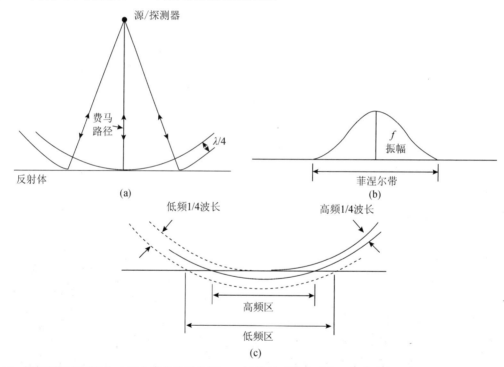

图 6.14　根据菲涅尔带确定水平分辨率的示意图：(a)以发射天线为顶点，电磁波以逐渐扩大的圆锥体在介质中传播。在 1/4 波长内的所有反射体形成一个反射信号；(b)费马路径最近的波对反射振幅贡献最大；(c)菲涅尔带的宽度是目标体深度和波长的函数。较高的频率（或较短的波长）具有较高的分辨率

图 6.15 所示为处于同一埋深但间距不同的两个金属管道的探地雷达图像。该图像在水槽中获得，实验使用的钢管长度为 5cm，铁管长度为 3cm。测量时使用中心频率为 100 MHz 的天线，其在水中的子波波长为 $\lambda = 0.33$m。从图中可以看出：①深度为 1.05m 的 3cm 铁管仍然可被探地雷达清晰地分辨。由于管径约为 $1\,r_{\mathrm{f}}$，这说明探地雷达对单个异常体的横向分辨率要远小于第一菲涅尔带的半径。②图 6.15(a)中两管间距 0.5m 大于第一菲涅尔带的半径 $r_{\mathrm{f}} = 0.42$m，由雷达图像可以

准确地确定两管的水平位置；图 6.15(b)中的两管间距 0.4m 小于第一菲涅尔带的半径 $r_f = 0.42m$，因此很难用雷达图像确定两管的精确位置。这表明区分两个水平相邻异常体的最小横向距离要大于第一菲涅尔带的半径。

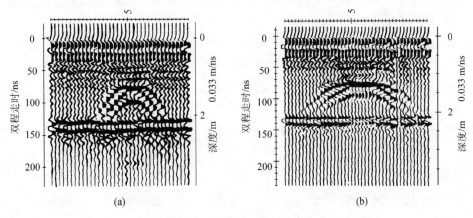

图 6.15　金属管道的探地雷达图像（李大心，1994）

可见，探地雷达的纵向分辨率的理论值为 $\lambda/4$，但实际中探地雷达很难达到这一分辨率。在野外估算中，通常采用探测深度的十分之一或波长的一倍作为纵向分辨率，而横向分辨率通常采用式（6.2.9）来计算。

## 6.2.2　目标体特性和测量参数选择

### 1. 一般原则

接受探地雷达探测任务后，都需要了解和分析探测目标体的特性和所处的环境，以确定探地雷达探测能否取得预期效果。

（1）目标体深度是一个非常重要的参数。如果目标体深度超出探地雷达系统探测距离的50%，就要排除探地雷达方法。探地雷达系统的探测距离可根据雷达探距方程（6.2.2）计算。

（2）必须清楚目标体的几何形态（尺寸与取向）。目标体的尺寸包括高度、长度与宽度。目标体的尺寸决定探地雷达系统的分辨率，并且关系到天线中心频率的选用。如果目标体是非等轴状的，就要搞清目标体的走向、倾向和倾角，因为这些参数关系到测网的布置。

（3）必须了解目标体的电性参数（介电常数与电导率）。探地雷达方法成功与否取决于是否有足够的反射或散射能量为系统所接收和识别。当围岩与目标体的相对介电常数分别为 $\varepsilon_h$ 与 $\varepsilon_T$ 时，目标体功率反射系数的估算公式为

$$P_r = \left| \frac{\sqrt{\varepsilon_h} - \sqrt{\varepsilon_T}}{\sqrt{\varepsilon_h} + \sqrt{\varepsilon_T}} \right|^2 \tag{6.2.10}$$

一般来说，目标体的功率反射系数应不小于 0.01。

（4）围岩的不均匀尺度必须有别于目标体的尺度，否则目标体的响应将淹没在围岩变化特征之中而无法识别。

（5）必须了解测区的工作环境。当测区内存在大范围金属构件或无线电射频源时，将对测量形成严重干扰。此外，测区的地形、地貌、温度、湿度等条件也会影响到测量能否顺利进行。

## 2. 测网布置

在进行探测工作之前，必须首先建立测区坐标系，以便确定测线的平面位置。

（1）若管线方向已知，则测线应垂直于管线长轴；若方向未知，则应采用方格网测量方式，首先找出管线的走向。

（2）当目标体体积有限时，先用大网格、小比例尺测网进行初查，以确定目标体的范围，然后用小网格、大比例尺测网进行详查。网格大小等于目标体尺寸。

（3）进行二维目标体调查时，测线应垂直于二维体的走向，线路则取决于目标体沿走向的变化程度。

（4）精细了解地下地质构造时，可以采用三维探测方式获得地下的三维图像，并且可以分析介质的属性。

## 3. 野外测量方式

目前，在探地雷达的探测中，野外可以选择的测量方式包括连续测量和点测量。

（1）连续测量方式一般采用测量轮或人工设置标志点来确定距离。这种测量方式一般应用在地形比较平坦或障碍物很少的情况下，如公路、铁路评价、建筑场地评价探测等情况。

（2）点测量方式通过人为控制主机或天线来采集数据，以测点为单位进行移动和测量，一般在地形比较复杂或障碍物较多的情况下开展。

## 4. 探测参数选择

探测参数选择合适与否关系到探测的效果。探测参数包括天线中心频率、时窗、采样率、测点点距与发射、接收天线间距。

### 1）天线中心频率选择

天线中心频率的选择通常需要考虑三个主要因素，即设计的空间分辨率、杂波的干扰和探测深度。根据每个因素计算都会得到一个中心频率。

一般来说，当满足分辨率且场地条件许可时，应该尽量使用中心频率较低的天线。如果要求的空间分辨率为 $x$（单位为 m），围岩的相对介电常数为 $\varepsilon_r$，则天线中心频率可由下式初步选定：

$$f_c^R > \frac{75}{x\sqrt{\varepsilon_r}} \quad （\text{MHz}） \tag{6.2.11}$$

根据初选频率，利用雷达探距方程（6.2.2）计算探测深度。如果探测深度小于目标埋深，就需要降低频率以获得适宜的探测深度。

当野外条件较复杂时，在介质中通常包含非均匀体的干扰，频率越高，其响应越明显。但当频率增加到一定程度时，就很难分辨主要目标体和干扰体的响应。可见降低频率能够提高较大目标体的响应，减小散射体的干扰。假设地下非均匀体的尺寸为 $\Delta L$，则选择的探地雷达中心频率为

$$f_c^C > \frac{30}{\Delta L\sqrt{\varepsilon_r}} \quad （\text{MHz}） \tag{6.2.12}$$

根据探测深度，也可以获得中心频率的选择值。假设探测深度为 $D$，则

$$f_c^D < \frac{1200\sqrt{\varepsilon_r - 1}}{D} \quad （\text{MHz}） \tag{6.2.13}$$

进行探测时，三种频率一般都能计算出来。当获得的野外参数如相对介电常数较准确，探测

设计较合理时，有

$$f_c < \min(f_c^C, f_c^D) \tag{6.2.14}$$

当根据分辨率得到的中心频率大于根据干扰体或深度得到的中心频率时，说明设计的空间分辨率与干扰体尺寸或探测深度相矛盾。

表 6.2 中给出了探测深度与对应的中心频率。

表 6.2　探测深度与对应的中心频率

| 深度/m | 中心频率/MHz | 深度/m | 中心频率/MHz |
|---|---|---|---|
| 0.5 | 1000 | 10.0 | 50 |
| 1.0 | 500 | 30.0 | 25 |
| 2.0 | 200 | 50.0 | 10 |
| 7.0 | 100 |  |  |

2）时窗选择

时窗选择主要取决于最大探测深度 $h_{max}$（单位为 m）与地层中电磁波的传播速度 $v$（单位为 m/ns）。时窗 $W$ 由下式估算：

$$\{W\}_{ns} = 1.3 \frac{2\{h_{max}\}_m}{\{v\}_{m/ns}} \tag{6.2.15}$$

在上式中，时窗的选用值应增加 30%，这是为地层中电磁波的传播速度和目标深度的变化留出的余量。表 6.3 中给出了不同介质的时窗选择。

表 6.3　不同介质的时窗选择

| 深度/m | 岩　石 | 湿土壤 | 干土壤 |
|---|---|---|---|
| 0.5 | 12 | 24 | 10 |
| 1.0 | 25 | 50 | 20 |
| 2.0 | 50 | 100 | 40 |
| 5.0 | 120 | 250 | 100 |
| 10.0 | 250 | 500 | 200 |
| 20.0 | 500 | 1000 | 400 |
| 50.0 | 1250 | 2500 | 1000 |
| 100.0 | 2500 | 5000 | 2000 |

3）采样率选择

采样率是记录反射波采样点之间的时间间隔。采样率由奈奎斯特采样定理控制，即采样率至少应该达到记录的反射波中的最高频率的 2 倍。

对于大多数探地雷达系统来说，其频带与中心频率之比为 2，即发射脉冲能量覆盖的频率范围为 0.5～1.5 倍中心频率。也就是说，反射波的最高频率约为中心频率的 1.5 倍，按照奈奎斯特采样定理，采样率至少要达到天线中心频率的 3 倍。为了使记录波形更完整，Annan 建议采样率为天线中心频率的 6 倍。当天线中心频率为 $f$（单位 MHz）时，采样率 $\Delta t$ 为

$$\{\Delta t\}_{ns} = \frac{1000}{6\{f\}_{MHz}} \tag{6.2.16}$$

SIR 雷达系统建议采样率为天线中心频率的 10 倍，采样率用记录道的样点数表示，即

$$样点数/扫描速率 = （时窗/发射脉冲宽度）×10 \tag{6.2.17}$$

野外测量时也可按照表 6.4 进行选择。

表 6.4　中心频率对应的最大采样间隔

| 中心频率/MHz | 最大采样间隔/ns | 中心频率/MHz | 最大采样间隔/ns |
|---|---|---|---|
| 1000 | 0.17 | 50 | 3.30 |
| 500 | 0.33 | 25 | 8.30 |
| 200 | 0.83 | 10 | 16.70 |
| 100 | 1.67 | | |

4）测点点距选择

进行离散测量时，测点点距选择取决于天线中心频率与地下介质的介电特性。为了确保地下介质的响应在空间上不重叠，也应遵循奈奎斯特采样定理，采样间隔 $n_x$（单位为 m）应为围岩中子波波长的 1/4，即

$$\{n_x\}_m = \frac{75}{\{f\}_{MHz}\sqrt{\varepsilon_r}} \tag{6.2.18}$$

式中，$f$ 为天线中心频率，单位为 MHz；$\varepsilon_r$ 为围岩的相对介电常数。当介质的横向变化不大时，点距可以适当放宽，从而提高工作效率。

进行连续测量时，天线最大移动速度取决于扫描速率、天线宽度和目标体尺寸。SIR 系统认为查清目标体至少应保证有 20 次扫描通过目标体，于是最大移动速度 $V_{max}$ 应满足

$$V_{max} < （扫描速率/20）×（天线宽度 + 目标体尺寸） \tag{6.2.19}$$

5）天线间距选择

使用分离式天线时，适当选取发射天线与接收天线之间的距离，可以增强来自目标体的回波信号。偶极天线在临界角方向的增益最强，因此天线间距 $S$ 的选择应使最深目标体相对接收天线与发射天线的张角为临界角的 2 倍，即

$$S = \frac{2D_{max}}{\sqrt{\varepsilon_r - 1}} \tag{6.2.20}$$

式中，$D_{max}$ 为目标体的最大深度，$\varepsilon_r$ 为围岩的相对介电常数。在实际测量中，选择的天线间距常常小于该数值。原因之一是，当天线间距加大时，会造成测量工作的不便；原因之二是，随着天线间距的增加，垂向分辨率降低，尤其是当天线间距 $S$ 接近目标体深度的一半时。

6）数据采集中的增益设置

探地雷达探测时，增益的设置也是非常重要的环节，特别是时域探地雷达系统。如果增益设置得不好，测量值过大或过小都会影响目标体的探测。增益选择得不好，数据一旦记录，就很难通过数据处理方法来增强异常。探地雷达系统有两种增益设置方式，即自动增益设置方式和手动增益设置方式。

增益的设置标准是有效目标异常最大值不超过测量值的控制范围，总体测量值比较稳定。

7）滤波参数的设置

自然界中有多种频率成分的电磁波，这些电磁波会对探地雷达测量造成较大的影响。在测量中，需要设置滤波参数，以增强目标体的异常响应。

一般情况下，当天线中心频率确定后，会以 1/2 天线中心频率为带宽进行带通滤波。例如，如果天线的中心频率为 100MHz，那么带通范围就为 75～125MHz。

8）天线的极化方向

天线的极化方向或偶极天线的取向是目标体探测的一个重要方面，在近年来的研究中越来越重要，主要原因是通过不同极化方向的雷达波探测，不仅可以确定目标体的形状，而且有可能研究目标体的性质。

传统探地雷达偶极线状天线结构如图 6.16(a)所示，其中 T 表示发射天线，R 表示接收天线。这两副天线的属性是相同的，发射和接收的都是同一性质的线性极化波，进行等偏移距测量时，这两副天线以一定的天线间距并排，且垂直于测线，工作时发射天线产生与天线长轴方向平行的线性极化波（极化方向定为 x 方向），由线性极化波的性质可知，接收天线对平行于天线长轴方向的电场极化成分最敏感。因为发射天线和接收天线的极化方式相同，所以在接收天线中只有平行于天线长轴方向的电场极化成分能够被接收到，也就是说，只有 x 方向的电场极化成分能够发射并被接收到，而 y 方向的电场极化成分则接收不到，于是称这种天线极化方式为 XX 天线极化方式，即 x 方向发射和 x 方向接收（测线方向为 y 方向）。

在传统探地雷达天线极化方式的基础上，保持发射天线不动而使接收天线顺时针（或逆时针）方向旋转 90°，就得到了如图 6.16(b)所示的天线极化方式。这种天线极化方式称为 **XY 天线极化方式**，即 x 方向发射、y 方向接收。这种天线极化方式的发射天线发射沿天线长轴方向（x 方向）的极化波，接收天线沿测线方向（y 方向）接收电场的极化成分。按照雷达天线匹配理论，这样的天线极化方式是不匹配的，理论上，这样的天线极化方式接收不到任何电场极化成分，但由于目标体对

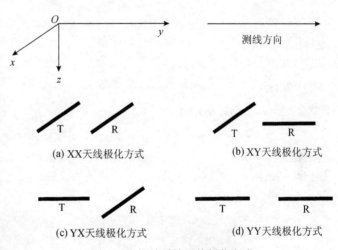

(a) XX天线极化方式  (b) XY天线极化方式

(c) YX天线极化方式  (d) YY天线极化方式

图 6.16  探地雷达天线极化方式

所照射的电磁波都有特定的去极化作用，这样的天线极化方式可以接收到因目标体的去极化作用而引起的后向散射场。

同样，保持接收天线不动而使发射天线顺时针（或逆时针）方向旋转 90°，就得到了如图 6.16(c) 所示的天线极化方式，这样的天线极化方式称为 **YX 天线极化方式**。这种天线极化方式在 y 方向极化发射而在 x 方向极化接收，与 XY 天线的极化方式类似，这里不再赘述。

将发射天线和接收天线同时顺时针（或逆时针）方向旋转 90°，就得到了如图 6.16(d)所示的天线极化方式。在这种天线极化方式下，发射天线和接收天线的极化方向都是 y 方向，因此称为 **YY 天线极化方式**。

这四种探地雷达天线极化方式构成了探地雷达极化测量，利用这四种天线极化方式，就可以了解地下介质的更多属性。

图 6.17 和图 6.18 所示为应用不同天线极化方向获得的探测实例。由图可见，天线取向不同时，得到的图像也明显不同，且背景的差异也较大。

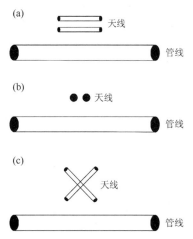

图 6.17　天线方向与地下管线的关系

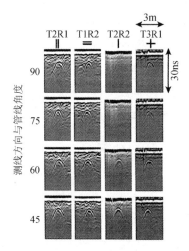

图 6.18　不同天线方向得到的地下管线图像

## 6.3　多极化测量

为了更好地利用电磁波的极化特性对目标的特征进行分析，需要通过多极化测量方式来获得全极化探地雷达数据。因为地下目标体可以导致散射波的极化方向与入射波的极化方向不同，所以多极化测量需要发射天线产生不同极化方式的电磁波，同时接收天线需要接收不同极化方向的电磁波信号。下面介绍多极化测量实验系统、野外多极化测量方式和多极化数据校正。

### 6.3.1　多极化测量实验系统

本节主要介绍如图 6.19 所示的实验室多极化探地雷达测量系统，它是多极化步进频率探地雷达系统（FP-SFGPR）。之所以采用步进频率探地雷达系统，是因为其构造简单且只使用一台网络分析仪。此外，矢量网络分析仪还有一个优点，即它可用于发射和接收宽频带电磁波而不需要对硬件进行修改。

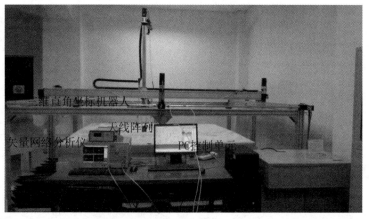

图 6.19　多极化探地雷达测量系统

多极化探地雷达测量系统由矢量网络分析仪、PC 控制单元、三维直角坐标机器人、开关控制器和多极化阵列天线组成。矢量网络分析仪有两个端口：一个是发射端口，另一个是接收端口。因此，如果发射天线和接收天线分别连接到发射端和接收端，就可以构建一个雷达系统。在这个系统中，使用的天线是单极化 Vivaldi 天线。该系统的主要设计理念是：完成精确定位，进行测量，最后进行自动化存储数据，进而获得高质量数据。多极化探地雷达系统可以进行多极化探地雷达实验、目标体的极化属性研究、天线性能测试及材料的介电常数测定等科学研究。

### 1. 矢量网络分析仪

作为测试电磁波能量的仪器，矢量网络分析仪（Vector Network Analyzer，VNA）是多极化探地雷达测量系统的核心。下面以 E5071C 型网络分析仪为例加以介绍。E5071C 型网络分析仪的频带宽度为 9kHz～8.5GHz，扫描点数可达 1601，输出功率为-15～10dBm，最大输入功率为 20dBm。使用矢量网络分析仪可以发射信号和接收信号，并且可以进行简单的数据处理。在使用矢量网络分析仪进行测量数据之前，通常要对其进行校准，如果不进行校准，实验测得的数据质量就不高。校准分为两种：双端口校准和单端口校准。通常情况下，需要有发射天线发射信号和接收天线接收信号，因此一般选择双端口校准。在校准过程中需要使用四个校准件，分别是短路校准件、开路校准件、负载校准件和直通校准件。这种校准方法也称 **SOLT 校准方法**。相对于双端口校准，单端口校准较简单，校准后可以消除方向性、源匹配和发射跟踪三项系统误差。

### 2. 三维直角坐标机器人

三维直角坐标机器人可对空间位置进行精确定位，有 X, Y, Z 三个移动方向。三维直角坐标机器人的定标范围为 3.3m 长、3.3m 宽和 1.2m 高，单程测量精度可达 0.1mm。使用 PC 控制单元中的 VB 程序，可以控制三维直角坐标机器人分别沿 X, Y, Z 轴方向移动。

### 3. 极化天线

天线是多极化探地雷达系统的重要部件之一，前面介绍过探地雷达天线的极化方式。进行多极化测量时，通常采用四种不同极化方式的天线对目标体进行测量。下面以 Vivaldi 天线为例加以说明。Vivaldi 天线的频率范围为 1.2～8.5GHz。使用两个线性极化的 Vivaldi 天线组合，Vivaldi 天线有四种天线极化方式，分别为 HH 极化、VV 极化、VH 极化和 HV 极化，因为系统是互易的，HV 极化和 VH 极化相同，所以实际测量中往往采用三种 Vivaldi 天线系统极化方式：HH 极化方式、VV 极化方式、VH 极化方式或 HV 极化方式，如图 6.20 所示。

(a)HH 极化                 (b)VH 极化                 (c)VV 极化

图 6.20　Vivaldi 极化天线的三种极化方式

## 6.3.2 野外多极化测量方式

目前，大部分商用探地雷达采用的是单极化天线和操作系统，只能获得单极化数据。为了利用商用雷达在野外进行多极化测量，得到准确的全极化数据，下面介绍了一套由单极化探地雷达获得多极化目标体散射矩阵的方法。

假设入射电场矢量组合为

$$\boldsymbol{E}^{i} = E_0 \hat{\boldsymbol{P}} = \begin{bmatrix} E_{H} \\ E_{V} \end{bmatrix} \tag{6.3.1}$$

式中，$E_H$，$E_V$ 分别是电场强度矢量的水平和垂直分量，

$$E_0 = \sqrt{\left|E_H\right|^2 + \left|E_V\right|^2}$$ （6.3.2）

则入射电场的单位矢量 $\hat{P}$ 可以定义为

$$\hat{P} = \begin{bmatrix} P_H \\ P_{V} \end{bmatrix} = \begin{bmatrix} \dfrac{E_H}{E_0} \\ \dfrac{E_V}{E_0} \end{bmatrix}$$ （6.3.3）

相对的散射场矢量 $E^s$ 可由目标体的散射矩阵和入射场的单位矢量推导（Cloude & Pottier，1996）：

$$E^s = SE^i = \begin{bmatrix} S_{HH} & S_{HV} \\ S_{VH} & S_{VV} \end{bmatrix} \begin{bmatrix} E_H \\ E_V \end{bmatrix} = E_0 S\hat{P}$$ （6.3.4）

于是，探地雷达接收到的电场强度就可由下式得到：

$$E^r = \hat{P}^T E^s = E_0 \left[ S_{HH} P_H^2 + P_H P_V \left( S_{HH} + S_{VH} \right) + S_{VV} P_V^2 \right]$$ （6.3.5）

进行单极化探地雷达测量时，我们假设天线的极化方向与雷达的行进方向垂直。对于每个可能目标体的位置，需要得到三条测线的数据，三条测线的方向包括 0°（从西向东）、45°（从西南到东北）、90°（从南向北），如图 6.21 所示。因此，0°测线的入射波极化单位矢量为 $\hat{P} = \begin{bmatrix} 0 & 1 \end{bmatrix}^T$，45°测线的入射波极化单位矢量为 $\hat{P} = \begin{bmatrix} 1/\sqrt{2} & 1/\sqrt{2} \end{bmatrix}^T$，90°测线的入射波极化单位矢量为 $\hat{P} = \begin{bmatrix} 1 & 0 \end{bmatrix}^T$。一般来说，测量时每条测线的长度为 3～5m，且以目标体位置为中心。一般情况下，目标体位置是根据最短信号延迟的位置选择的。在测线中，只选择 0°、45° 和 90°测线交点处的 A-scan 数据进行下一步的全极化处理。

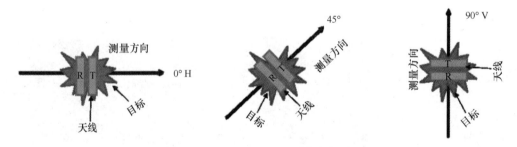

图 6.21　0°、45° 和 90° 方向的测量

假设分别用 $M_0$、$M_{45}$ 和 $M_{90}$ 代表 0°、45°、90°测线交点处的 A-scan 数据。当天线沿 0° 方向进行测量时，有 $P_H = 0$ 和 $P_V = 1$，代入式（6.3.5）得

$$E_0^r = M_0 = E_0 S_{VV}$$ （6.3.6）

当天线沿 90° 方向进行测量时，有 $P_H = 1$，$P_V = 0$，代入式（6.3.5）得

$$E_{90}^r = M_{90} = E_0 S_{HH}$$ （6.3.7）

当天线沿 45° 方向进行测量时，有 $P_H = 1/\sqrt{2}$，$P_V = 1/\sqrt{2}$，代入式（6.3.5）得

$$E_{45}^r = M_{45} = E_0 S_{HV} + \frac{1}{2} M_{90} + \frac{1}{2} M_0$$ （6.3.8）

雷达系统是互易的，有 $S_{HV} = S_{VH}$。为便于讨论，假设电场强度 $E_0$ 为 1V/m，最后可由单极化雷达

测量数据推出目标体的全极化散射矩阵为

$$S = \begin{bmatrix} M_0 & M_{45} - \dfrac{M_{90} + M_0}{2} \\ M_{45} - \dfrac{M_{90} + M_0}{2} & M_{90} \end{bmatrix}$$

（6.3.9）

### 6.3.3 多极化数据校正

使用多极化雷达系统进行测量时，不可避免地会受到环境和系统本身的干扰。这时，如果不对多极化雷达系统做一些相对振幅和相位的校准，得到的测量结果往往就不能准确地反映目标体的响应。因此，校准的目的就是在测量极化散射矩阵的过程中确定四个测量通道（HH、HV、VH 和 VV）的增益（振幅和相位），估计由发射天线和接收天线引起的交叉极化畸变的增益。一旦确定这些校准系数，就可确定并消除系统的影响。

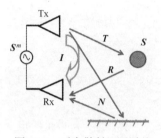

图 6.22　后向散射观测系统
（Zhou et al., 2003, 2004）

考虑到观测系统及周围环境的影响，极化散射矩阵可以写为（Plumb & Leuschen，1999）

$$S^m = I + N + A \mathrm{e}^{\mathrm{j}\varphi} RST$$

（6.3.10）

式中，$S^m$ 为测量数据，$I$ 为发射与接收天线之间的耦合，$N$ 为背景场，$A \mathrm{e}^{\mathrm{j}\varphi}$ 是一个复杂的系数，$R$ 为接收通道因子，$S$ 为理论散射矩阵，$T$ 为发射通道因子。

要消除背景噪音、地表杂波和天线之间的耦合，可以使用如下系统模型：

$$Z = A \mathrm{e}^{\mathrm{j}\varphi} RST$$

（6.3.11）

式中，$A$ 是整体的振幅系数，$\varphi$ 是整体的相位系数。

理论散射矩阵是对称的，即 $S_{HV} = S_{VH}$，因此对于后向散射观测系统（见图 6.22）有

$$S = S^{\mathrm{T}}$$

（6.3.12）

对比发现测量得到的极化散射矩阵也有对称性，这就意味着我们在描述极化雷达观测系统时，还应考虑测量矩阵的对称性（Yarovoy et al., 2003）。因此，测量得到的极化矩阵可以写为

$$Z = Z^{\mathrm{T}}$$

（6.3.13）

由式（6.3.11）至式（6.3.13），我们很容易得出如下结论：

$$R = Z^{\mathrm{T}}$$

（6.3.14）

因为去除了背景噪音、地表杂波和天线之间的耦合，所以实验观测到的极化散射矩阵可以展开为

$$\begin{bmatrix} Z_{HH} & Z_{HV} \\ Z_{VH} & Z_{VV} \end{bmatrix} = A \mathrm{e}^{\mathrm{j}\varphi} \begin{bmatrix} 1 & \delta_y \\ \delta_x & f \end{bmatrix} \cdot \begin{bmatrix} S_{HH} & S_{HV} \\ S_{VH} & S_{VV} \end{bmatrix} \cdot \begin{bmatrix} 1 & \delta_x \\ \delta_y & f \end{bmatrix}$$

（6.3.15）

式中，$\delta_x$ 表示发射和接收都为垂直极化电场时的极化交调项，$\delta_y$ 表示发射和接收都为水平极化电场时的极化交调项，$f$ 表示单通道的共极化通道不平衡量（Youn & Chen，2004；Slob，2003；Bloemenkamp and Slob，2003；Shimada et al.，2009）。

将极化交调项从极化通道不平衡量和辐射校准中分离出来后，接收通道因子就可改写为

$$\begin{bmatrix} 1 & \delta_y \\ \delta_x & f \end{bmatrix} = \begin{bmatrix} 1 & \dfrac{\delta_y}{f} \\ \delta_x & 1 \end{bmatrix} \begin{bmatrix} 1 & 0 \\ 0 & f \end{bmatrix} \tag{6.3.16}$$

定义

$$\boldsymbol{R}_x = \begin{bmatrix} 1 & \dfrac{\delta_y}{f} \\ \delta_x & 1 \end{bmatrix} \tag{6.3.17}$$

$$\boldsymbol{R}_c = \begin{bmatrix} 1 & 0 \\ 0 & f \end{bmatrix} \tag{6.3.18}$$

因此，式（6.3.16）就可改写为

$$\boldsymbol{R} = \boldsymbol{R}_x \boldsymbol{R}_c \tag{6.3.19}$$

类似地，可以重新定义发射通道因子。这里，我们认为 $\boldsymbol{T}_c$ 和 $\boldsymbol{R}_c$ 独立于其他校准系数，于是测量极化散射矩阵 $\boldsymbol{Z}$ 就可以写为

$$\boldsymbol{Z} = \boldsymbol{R}_x \boldsymbol{R}_c \boldsymbol{S} \boldsymbol{T}_c \boldsymbol{T}_x = \boldsymbol{R}_x \boldsymbol{W} \boldsymbol{T}_x \tag{6.3.20}$$

展开式（6.3.20）得到

$$\begin{cases} Z_{HH} = W_{HH} + \dfrac{\delta_y}{f} W_{VH} + \dfrac{\delta_y}{f} W_{HV} + \left(\dfrac{\delta_y}{f}\right)^2 W_{VV} \\[2mm] Z_{VH} = \delta_x W_{HH} + W_{VH} + \dfrac{\delta_x \delta_y}{f} W_{HV} + \dfrac{\delta_y}{f} W_{VV} \\[2mm] Z_{HV} = \delta_x W_{HH} + \dfrac{\delta_x \delta_y}{f} W_{VH} + W_{HV} + \dfrac{\delta_y}{f} W_{VV} \\[2mm] Z_{VV} = \delta_x^2 W_{HH} + \delta_x W_{VH} + \delta_x W_{HV} + W_{VV} \end{cases} \tag{6.3.21}$$

其中引入了中间变量矩阵 $\boldsymbol{W}$：

$$\boldsymbol{W} = \begin{bmatrix} W_{HH} & W_{HV} \\ W_{VH} & W_{VV} \end{bmatrix} = A e^{j\varphi} \begin{bmatrix} S_{HH} & f S_{HV} \\ f S_{VH} & f^2 S_{VV} \end{bmatrix} = \begin{bmatrix} C_{HH} S_{HH} & C_{HV} f S_{HV} \\ C_{VH} f S_{VH} & C_{VV} f^2 S_{VV} \end{bmatrix} \tag{6.3.22}$$

在矩阵 $\boldsymbol{W}$ 中，只需要知道极化通道不平衡量和辐射校准量。$\boldsymbol{T}_x$ 和 $\boldsymbol{R}_x$ 中都含有 $\delta_y/f$ 和 $\delta_x$，因此需要对这两项进行估计。

首先求极化交调项，准确知道极化交调项系数后，就很容易求出其他校准参数。校准参数计算流程图如图 6.23 所示。

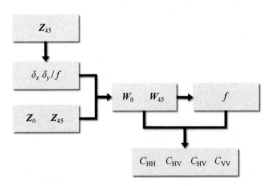

图 6.23　校准参数计算流程图

对于二面角反射器而言，方位角分别为 0° 和 45° 的理想散射矩阵为（Cloude & Pottier，1996）

$$\boldsymbol{S}_0 = \begin{bmatrix} 1 & 0 \\ 0 & -1 \end{bmatrix} \tag{6.3.23}$$

$$\boldsymbol{S}_{45} = \begin{bmatrix} 0 & 1 \\ 1 & 0 \end{bmatrix} \tag{6.3.24}$$

二面角反射器测得的散射矩阵为

$$\boldsymbol{Z}_0 = \begin{bmatrix} Z_{\mathrm{HH}}^{(1)} & Z_{\mathrm{HV}}^{(1)} \\ Z_{\mathrm{VH}}^{(1)} & Z_{\mathrm{VV}}^{(1)} \end{bmatrix} \qquad (6.3.25)$$

$$\boldsymbol{Z}_{45} = \begin{bmatrix} Z_{\mathrm{HH}}^{(2)} & Z_{\mathrm{HV}}^{(2)} \\ Z_{\mathrm{VH}}^{(2)} & Z_{\mathrm{VV}}^{(2)} \end{bmatrix} \qquad (6.3.26)$$

将式（6.3.26）展开得

$$\begin{cases} Z_{\mathrm{HH}}^{(2)} = W_{\mathrm{HH}}^{(2)} + \dfrac{\delta_y}{f} W_{\mathrm{VH}}^{(2)} + \dfrac{\delta_y}{f} W_{\mathrm{HV}}^{(2)} + \left(\dfrac{\delta_y}{f}\right)^2 W_{\mathrm{VV}}^{(2)} \\[2mm] Z_{\mathrm{VH}}^{(2)} = \delta_x W_{\mathrm{HH}}^{(2)} + W_{\mathrm{VH}}^{(2)} + \dfrac{\delta_x \delta_y}{f} W_{\mathrm{HV}}^{(2)} + \dfrac{\delta_y}{f} W_{\mathrm{VV}}^{(2)} \\[2mm] Z_{\mathrm{HV}}^{(2)} = \delta_x W_{\mathrm{HH}}^{(2)} + \dfrac{\delta_x \delta_y}{f} W_{\mathrm{VH}}^{(2)} + W_{\mathrm{HV}}^{(2)} + \dfrac{\delta_y}{f} W_{\mathrm{VV}}^{(2)} \\[2mm] Z_{\mathrm{VV}}^{(2)} = \delta_x^2 W_{\mathrm{HH}}^{(2)} + \delta_x W_{\mathrm{VH}}^{(2)} + \delta_x W_{\mathrm{HV}}^{(2)} + W_{\mathrm{VV}}^{(2)} \end{cases} \qquad (6.3.27)$$

对于方位角为 45° 的二面体而言，$W_{\mathrm{HH}}^{(2)} = W_{\mathrm{VV}}^{(2)} = 0$，则有

$$\begin{cases} Z_{\mathrm{HH}}^{(2)} = \dfrac{\delta_y}{f} W_{\mathrm{VH}}^{(2)} + \dfrac{\delta_y}{f} W_{\mathrm{HV}}^{(2)} \\[2mm] Z_{\mathrm{VH}}^{(2)} = W_{\mathrm{VH}}^{(2)} + \dfrac{\delta_x \delta_y}{f} W_{\mathrm{HV}}^{(2)} \\[2mm] Z_{\mathrm{HV}}^{(2)} = \dfrac{\delta_x \delta_y}{f} W_{\mathrm{VH}}^{(2)} + W_{\mathrm{HV}}^{(2)} \\[2mm] Z_{\mathrm{VV}}^{(2)} = \delta_x W_{\mathrm{VH}}^{(2)} + \delta_x W_{\mathrm{HV}}^{(2)} \end{cases} \qquad (6.3.28)$$

方程组（6.3.28）中有四个未知数和四个方程，根据实验测得的 45° 方位角二面角反射器的散射矩阵 $\boldsymbol{Z}_{45}$，可由方程组（6.3.28）求解出 $\delta_y/f$ 和 $\delta_x$。然后，将求解出的 $\delta_y/f$ 和 $\delta_x$ 代入式（6.3.21），得到 $\boldsymbol{W}_0$ 和 $\boldsymbol{W}_{45}$。$\boldsymbol{W}$ 矩阵的求解可以运用如下公式：

$$\boldsymbol{W} = \boldsymbol{R}_x^{-1} \boldsymbol{Z} \boldsymbol{T}_x^{-1} \qquad (6.3.29)$$

下面开始求解极化通道不平衡量 $f$。由式（6.3.22）可得（Duboi & Norikan，1984）

$$W_{\mathrm{HH}}^* W_{\mathrm{VV}} = C_{\mathrm{HH}}^* C_{\mathrm{VV}} f^2 S_{\mathrm{HH}}^* S_{\mathrm{VV}} \qquad (6.3.30)$$

$$\frac{W_{\mathrm{VV}}^* W_{\mathrm{VV}}}{W_{\mathrm{HH}}^* W_{\mathrm{HH}}} = |f|^4 \frac{S_{\mathrm{VV}}^* S_{\mathrm{VV}}}{S_{\mathrm{HH}}^* S_{\mathrm{HH}}} \qquad (6.3.31)$$

式中，* 表示复共轭。这意味着如果准确知道矩阵 $\boldsymbol{W}_0$ 和理论散射矩阵 $\boldsymbol{S}_0$，就可得到极化通道不平衡量 $f$ 的振幅和相位，因为对于方位角为 0° 的二面角反射器有（Mastumoto & Sato，2010）

$$\frac{S_{\mathrm{VV}}^* S_{\mathrm{VV}}}{S_{\mathrm{HH}}^* S_{\mathrm{HH}}} = 1 \qquad (6.3.32)$$

$$\arg\left(S_{\mathrm{HH}}^* S_{\mathrm{VV}}\right) = 0° \qquad (6.3.33)$$

使用以下公式可以求出极化通道不平衡量 $f$ 的振幅和相位：

$$|f| = \left[\frac{W_{\mathrm{VV}}^* W_{\mathrm{VV}}}{W_{\mathrm{HH}}^* W_{\mathrm{HH}}}\right]^{1/4} \qquad (6.3.34)$$

$$\arg(f) = \frac{1}{2}\arg\left(W_{\mathrm{HH}}^* W_{\mathrm{VV}}\right) \qquad (6.3.35)$$

将极化通道不平衡量 $f$ 代入式（6.3.22），就可以求得辐射校准系数：

$$C_{\mathrm{HH}} = \frac{W_{\mathrm{HH}}^{(1)}}{S_{\mathrm{HH}}^{(1)}} \quad C_{\mathrm{HV}} = \frac{W_{\mathrm{HV}}^{(2)}}{f\, S_{\mathrm{HV}}^{(2)}} \qquad (6.3.36)$$

$$C_{\mathrm{VH}} = \frac{W_{\mathrm{VH}}^{(2)}}{f\, S_{\mathrm{VH}}^{(2)}} \quad C_{\mathrm{VV}} = \frac{W_{\mathrm{VV}}^{(1)}}{f^2\, S_{\mathrm{VV}}^{(1)}} \qquad (6.3.37)$$

至此，通过求解式（6.3.28）、式（6.3.34）、式（6.3.35）、式（6.3.36）和式（6.3.37），所有极化校准系数就都得到了求解。任意目标体的散射矩阵，都可以由式（6.3.38）进行极化校准：

$$\boldsymbol{S} = \begin{bmatrix} S_{\mathrm{HH}} & S_{\mathrm{HV}} \\ S_{\mathrm{VH}} & S_{\mathrm{VV}} \end{bmatrix} = \begin{bmatrix} 1 & 0 \\ 0 & f \end{bmatrix}^{-1} \begin{bmatrix} 1 & \dfrac{\delta_y}{f} \\ \delta_x & 1 \end{bmatrix}^{-1} \begin{bmatrix} C_{\mathrm{HH}}^{-1}Z_{\mathrm{HH}} & C_{\mathrm{HV}}^{-1}Z_{\mathrm{HV}} \\ C_{\mathrm{VH}}^{-1}Z_{\mathrm{VH}} & C_{\mathrm{VV}}^{-1}Z_{\mathrm{VV}} \end{bmatrix} \begin{bmatrix} 1 & \delta_x \\ \dfrac{\delta_y}{f} & 1 \end{bmatrix}^{-1} \begin{bmatrix} 1 & 0 \\ 0 & f \end{bmatrix}^{-1} \qquad (6.3.38)$$

表 6.5 和表 6.6 分别给出了使用 2GHz 和 4.5GHz 电磁波进行实验时，测量得到的 0° 和 45° 二面角反射器的散射矩阵和校准后的散射矩阵，可以看到，校准后的散射矩阵更接近式（6.3.23）和式（6.3.24）中的理论散射矩阵。校准实验场景如图 6.24 所示。

表 6.5　2GHz 时测量得到的散射矩阵和校准后的散射矩阵

| | 测量得到的散射矩阵 | 校准后的散射矩阵 |
|---|---|---|
| 0°二面角反射器 | $\begin{bmatrix} 1 & 0.0151\mathrm{e}^{\mathrm{j}110.1^\circ} \\ 0.0151\mathrm{e}^{\mathrm{j}110.1^\circ} & 0.9696\mathrm{e}^{\mathrm{j}154.6^\circ} \end{bmatrix}$ | $\begin{bmatrix} 1 & 0.005\mathrm{e}^{-\mathrm{j}136.8^\circ} \\ 0.005\mathrm{e}^{-\mathrm{j}136.8^\circ} & 0.9859\mathrm{e}^{-\mathrm{j}175.6^\circ} \end{bmatrix}$ |
| 45°二面角反射器 | $\begin{bmatrix} 0.0189\mathrm{e}^{\mathrm{j}147.9^\circ} & 1 \\ 1 & 0.0177\mathrm{e}^{\mathrm{j}132.7^\circ} \end{bmatrix}$ | $\begin{bmatrix} 0.0025\mathrm{e}^{-\mathrm{j}158.6^\circ} & 1 \\ 1 & 0.0023\mathrm{e}^{-\mathrm{j}160.1^\circ} \end{bmatrix}$ |

表 6.6　4.5GHz 时测量得到的散射矩阵和校准后的散射矩阵

| | 测量得到的散射矩阵 | 校准后的散射矩阵 |
|---|---|---|
| 0°二面角反射器 | $\begin{bmatrix} 1 & 0.0368\mathrm{e}^{-\mathrm{j}142.7^\circ} \\ 0.0368\mathrm{e}^{-\mathrm{j}142.7^\circ} & 0.9592\mathrm{e}^{-\mathrm{j}148.1^\circ} \end{bmatrix}$ | $\begin{bmatrix} 1 & 0.0149\mathrm{e}^{-\mathrm{j}156.7^\circ} \\ 0.0149\mathrm{e}^{-\mathrm{j}156.7^\circ} & 0.9798\mathrm{e}^{-\mathrm{j}177.1^\circ} \end{bmatrix}$ |
| 45°二面角反射器 | $\begin{bmatrix} 0.0283\mathrm{e}^{\mathrm{j}138.6^\circ} & 1 \\ 1 & 0.0277\mathrm{e}^{\mathrm{j}138.7^\circ} \end{bmatrix}$ | $\begin{bmatrix} 0.0043\mathrm{e}^{-\mathrm{j}146.3^\circ} & 1 \\ 1 & 0.0068\mathrm{e}^{-\mathrm{j}115.1^\circ} \end{bmatrix}$ |

图 6.24　校准实验场景

## 6.4 探地雷达野外资料评价及注意事项

### 6.4.1 资料的验收

资料的验收包括如下两部分。

（1）工作量的验收，即野外施工是否按照设计完成了设计的测线、测点等任务。

（2）施工质量的验收，包括：①参数的选择是否适合及测量过程中仪器的稳定性；②初始位置的选择是否合适及一致性；③信号振幅的一致性及废道的数量；④增益的选择是否合适，特别是深部的信号振幅的稳定性；⑤滤波参数的选择是否合适，需要探测目标的信号是否已有效保存。

### 6.4.2 实际测量中的注意事项及干扰消除方法

#### 1．探地雷达测量注意事项

探地雷达测量需要注意以下事项。

（1）根据设计的目的、任务和施工的方法技术，在野外施工时要尽可能地消除外界电磁源的干扰。当手机和其他无线电通信设备发射的电磁信号的频率位于探测所用的频率范围内时，工作人员需要关闭手机和其他无线电通信设备；在野外进行测试时，要找出无线电广播、电视信号的频率范围，进行数据处理时应消除这些电磁源的信号；尽量避让障碍物，选择较好的地表条件进行探测；尽量清除地表金属体，避让地表水体，这些物体容易产生强反射信号，对地质目标的识别具有较大的干扰；尽量关闭机动车和其他设备的发动机和电动机等，降低电磁噪声。

（2）注意天线与地面的耦合情况。耦合不好时，应该清楚地记录耦合情况，为数据处理和解释提供参考。

（3）注意天线的极化方向和目标体的方向，以增强目标体的反射信号。

（4）需要精确定位探测位置。在许多探地雷达探测中，由于定位精度问题，解释结果很难给出。例如，在公路的路面层或缺损探测中，如果不进行实时定位，探测结果在钻孔验证时就不容易找到探测位置。

#### 2．地面探地雷达探测干扰因素及消除方法

探地雷达探测时，随着环境和条件的变化，通常存在以下干扰因素。

城市探测的环境影响问题：对于城市环境，地面机动车、行人较多，建筑物密集，对探地雷达的探测具有较大影响。因此，需要根据建筑物的分布和行人的活动情况，尽量选择干扰少的时间段进行探测施工。

探测时的主要干扰，如来自地面建筑物、地表物体的反射，给探地雷达记录中有用信号的拾取造成困难。这类干扰包括测线附近的建筑物干扰、探地雷达测线附近的树木干扰和空中输电线干扰等。要解决这类问题，可采用如下几种方法。

（1）在测量中尽量减少干扰。测线两旁有建筑物时，如果天线极化方向与建筑物走向平行，干扰就较强，后处理也很难将其消除。因此在进行探地雷达探测时，应尽量控制天线的极化方向，减小建筑物和树木等的干扰。

（2）确定探地雷达记录中各种地面干扰的异常特征，进行选择性滤波。树或树枝在记录上的

波组特征表现为低频、杂乱、信号强，其对记录的影响范围一般局限于大树近旁；如果是枝叶茂盛的大树，它在记录上就会形成双曲线异常，这时干扰范围略宽，但出现的时间可根据枝叶的高度按电磁波在空气中的传播速度准确计算。

当探地雷达测线垂直经过输电线，而天线的极化方向与输电线方向平行时，输电线引起的干扰呈双曲线形，其顶点正对输电线的下方，尤其是高压输电线，其影响范围很大。电线的高度可以根据空气中电磁波的速度和其顶点在剖面上出现的时间准确算出。若是民用照明线、通信线等，其线径相对较细，线数相对少，影响的范围也较小。如果天线极化方向与输电线垂直，则其干扰要小得多，在记录上表现为某一时刻出现的波组，出现的时间可以计算出来。总之，地表或空中的有形物体在雷达记录上引起的干扰现象不易消除，但一般容易识别。

（3）在探测中尽量采用屏蔽天线工作，以抑制地面干扰。

### 3. 地下建筑物和地下管网对探地雷达探测的影响及消除办法

在城市进行探地雷达探测时，地下管网一方面是重要的探测目标，另一方面对其他目标体如城市活动断层、城市道路质量、城市道路路基的探测来说是重要的干扰因素。

这类干扰很难在测量中抑制，而需要由后期的数据处理消除。处理方法如下。

（1）对信号进行滤波，消除明显的干扰信号和干扰频率信号，提高探地雷达的视觉效果。

（2）采用反褶积方法消除多次波的干扰，使信号更清晰。

（3）进行速度扫描分析，确定偏移成像处理的输入参数。

（4）进行偏移成像和滤波处理，消除近地表附近地下管网对下伏目标产生的异常的影响，提取目标产生的异常，确定其位置。

### 4. 表层介质对探测的影响

在探地雷达的探测中，探地雷达的灵敏度较高，因此地表介质的变化对探测有较大的影响。在城市物探中，大多数表层介质为人工填土层，这些填土层的物理性质差异较大，分布不均匀，对探地雷达测量有较大的影响。对于野外探地雷达探测，表层含水量对探地雷达有较大的影响，即受天气的影响较大。当探测区域的局部地表湿润时，土壤含水率高，会较大地衰减信号，影响探测深度并降低探测分辨率。针对此类问题，可以采用如下方法解决。

（1）测量时，降低探地雷达的天线中心频率，增加采集的叠加次数，提高探测数据的稳定性和探测深度。

（2）对得到的雷达数据进行特殊处理，如增益处理、信号增强等，从中提取有用的信息。

（3）在地面条件可行的区域配合开展其他地球物理方法（如高密度电法探测），提高探测精度。

# 习　　题

**6.1** 简要说明探地雷达方法的基础，并分析其与地震反射方法的相似性。

**6.2** 探地雷达天线中心频率和探测目标的基本关系是什么？

**6.3** 分析探地雷达方法的优缺点。

**6.4** 简要说明自然介质的介电常数分布规律。

**6.5** 假设地下为非磁介质，且满足 $\left(\frac{\sigma}{\omega\varepsilon}\right)^2 \ll 1$。推导电磁波在该介质中的传播速度的表达式。

**6.6** 求探地雷达在电导率为 1.0m/S 和介电常数为 9 的介质中的最大探测深度。

**6.7** 在考古场地中，含水的相对土壤介电常数为16。假设地下有多个直径为1.2m的圆形金属板，它们平铺在地下2.0m深的土壤中。探测并分辨它们的最低频率是多少？

**6.8** 举例说明不同极化波的应用和结果分析。

**6.9** 简要说明利用不同极化方向波探测地下管线的能力和目标的响应特点。

# 参考文献

[1] 李大心. 探地雷达方法与应用[M]. 北京：地质出版社，1994.

[2] 李海华. 探地雷达体制综述[J]. 测试技术学报，2003, 17(1): 25-28.

[3] 胡志鹏. 超宽带MIMO雷达系统设计与穿墙成像方法研究[D]. 吉林大学，2020.

[4] Annan A. P. *Ground penetrating radar workshop notes*[D]. Sensors & Software Inc., 2001.

[5] Annan A. P. *Ground penetrating radar workshop notes*[D]. Sensors & Software Inc., 2002.

[6] Bohidar R. N., Hermance J. F. *The GPR refraction method*[J]. Geophysics, 2002, 67(5): 1474-1485.

[7] Cook J. C. *Radar transparencies of mine and tunnel rocks*[J]. Geophysics, 1975, 40(5): 865-885.

[8] Cook J. C. *Radar exploration through rock in advance of mining*[J]. Trans. Society Mining Engineers AIME. 1973, 254: 140-146.

[9] Davis J. L., Annan, A. P. Ground penetrating radar for high-resolution mapping of soil and rock stratigraphy[J]. Geophysical Prospecting, 1989, 37(3): 531-551.

[10] David L. Moffatt and R. J. Puskars. *A subsuface electromagnetic pulse radar*[J]. Geophysics, 1967, 41(3): p. 506-518.

[11] Goodman D. Ground-penetrating radar simulation in engineering and archaeology[J]. Geophysics, 1994, 59(2): 224-232.

[12] Kong, Fan-Nian; By, Tore Lasse. *Performance of a GPR system which uses step frequency signals*[J]. Journal of Applied Geophysics, 1995, Volume: 33(1-3):15-26.

[13] Neal. Ground penetrating radar and its use in sedimentology: principle, problem and progress[J]. Earth Science Reviews, 2004, 66(2): 261-330.

[14] Robert D., S. Akii, Robert R. Unterberger, *Seeing through rock salt with radar*[J]. Geophysics, 1976, 41(1): 123-132.

[15] Stanley J. Radzevicius, Jeffrey J. Daniels. *Ground penetrating radar polarization and scattering from cylinders*[J]. Journal of Applied Geophysics, 2000, 45(1): 111-125.

[16] Steven A. Arcone, Paige R. Peapples, and Lanbo Liu. *Propagation of a ground-penetrating radar (GPR) pulse in a thin-surface waveguide*[J]. Geophysics, 2003, 68(6):1922-1933.

[17] Stickley G. F., Noon D. A., et al. *Gated stepped-frequency ground penetrating radar*[J]. Journal of Applied Geophysics, 2000, 4(2.4): 259-269.

[18] Bloemenkamp R. F. and Slob E. C. *Imaging of high-frequency full-vectorial GPR data using measured footprints Geoscience and Remote Sensing Symposium*[J]. IEEE International Proceedings, 2003, 2, 1362-1364.

[19] Cloude S. R. and Pottier E. *A review of target decomposition theorems in radar polarimetry*[J]. IEEE Trans. Geosci. Remote Sens., 1996, 34(2), 498-518.

[20] Duboi P. C. and Norikan L. *Data volume reduction for imaging radar polarimetry*[J]. In Proc. IGARSS'87 (Ann Arbor, MI), 1984, 691-696.

[21] Plumb R. G. & Leuschen C. *A class of migration algorithms for ground-penetrating radar data*[C]. Geoscience and Remote Sensing Symposium, 1999, 5:2519-2521.

[22] Mastumoto M. & Sato M. *Full polarimetric calibration of a GB-SAR system with a thin wire*[C]. Antennas and Propagation Society International Symposium, 2010, 1-4.

[23] Shimada M., Isoguchi O., et al. *Palsar radiometric and geometric calibration*[J]. IEEE Trans. Geosci. Remote

Sens., 2009, 47, 3915-3932.

[24] Slob, E. C. *Toward true amplitude processing of GPR data advanced ground penetrating radar*[C]. Proceedings of the 2nd International Workshop, 2003, 16-23.

[25] Yarovoy A., Ligthart L., Schukin A. *Full-polametric video impulse radar for landmine detection: experimental verification of main design ideas advanced ground penetrating radar*[C]. Proceedings of the 2nd International Workshop, 2003, 148-155.

[26] Youn H. S. & Chen C. C. *Neural detection for buried pipe using fully polarimetric GPR ground penetrating radar*[C]. Proceedings of the Tenth International Conferenceference, 2004, 1, 303-306.

[27] Zhou Z. S. *Application of a ground-based polarimetric SAR system for environmental study*[D]. Tohoku University, 2003.

[28] Zhou Z. S., Boerner W. M., Sato M. *Development of a ground-based polarimetric broadband SAR system for noninvasive ground-truth validation in vegetation monitoring*[J]. IEEE Trans. Geosci. Remote Sens., 2004, 42(9), 1803-1810.

[29] Nuzzo L. and Quarta T. *GPR prospecting of cylindrical structures in cultural heritage applications: a review of geometric issues*[J]. Near Surface Geophysics, 2012, 10: 17-34.

# 第 7 章　探地雷达的数值和物理模拟

随着计算机技术的飞速发展，探地雷达从探测技术到数字处理及资料解释都取得了极大的进展，探地雷达探测和解释精度逐步提高，应用领域越来越广，并且作用日益显著。然而，到目前为止，探地雷达资料处理和解释方法大多借鉴于地震波的处理和解释方法。虽然高频脉冲电磁波在介质中的运动规律与地震波的相似，但传播机制有较大的区别。雷达波具有高频特征，波长较短，介质吸收强烈，加之地面干扰大，使得探测剖面较为复杂，因此利用数值模型或物理模型来模拟复杂形体存在时的雷达波场特征，对认识实际的雷达记录、识别目标体有着重要的意义。

探地雷达的数值和物理模拟是分析探测问题、研究电磁波在介质中的传播规律的有效手段。例如，探地雷达可以解决诸如公路路面层和基底结构、高层建筑基底形态、近地表土壤层结构、地下水位面和岩石分层、地下水污染评价等问题，而这些问题大多可归结为地下三维曲面的探测问题。例如，地下洞穴的探测、钢筋混凝土中缺陷的探测、埋藏物的探测可归结为三维形体的探测问题。研究雷达波在这些探测的介质中的传播，对提高探测的效果和解释的准确性具有重要意义。对于三维介质中雷达波的传播问题，研究方法很多，但是每种方法都有其优缺点。本章将介绍数值模拟的射线追踪法、有限元和时域有限差分（FDTD）方法，以及物理模型实验方法。

## 7.1　射线追踪法

射线追踪法已广泛用于波传播问题（正演问题）。射线追踪法计算速度快，结果直观，在层析成像技术、偏移、反演及模型试算中都有着很重要的地位。射线追踪法在地震勘探和研究中发展很快，并且取得了实际的进展（Chander，1977；Sambridge et al.，1990；Farry，1992；马争鸣等，1991；黄联捷等，1992；杨长春等，1997）。由于探地雷达理论和地震勘探理论的相似性，近年来也有学者将射线追踪法应用于探地雷达波的传播和正演研究，如 Cai（1995）应用射线追踪法进行了二维介质中雷达波的传播与模拟研究，并在此基础上进行了二维剖面反演研究（Cai，1999）。然而，三维介质中的雷达波正反演研究仍是一个重要的研究方向。近年来，探地雷达多道测量仪器技术和三维测量的发展，人们亟需进行三维介质的快速拟合计算和反演。到目前为止，尚未看到快速而准确的三维地质介质中雷达波传播和正演模拟的研究成果。

通过借鉴地震波的三维逐段迭代射线追踪算法，并且考虑雷达波的动力学特征，人们实现了探地雷达波在三维介质中的正演模拟，得到了三维逐段迭代射线追踪算法的计算格式，并且进行了雷达波在三维介质中的射线追踪计算结果。模型计算表明，其计算速度相当快，且计算精度可以根据需要达到任意要求。在此基础上，根据雷达波的传播规律，考虑了每段和界面附近的能量损失。根据探地雷达的发射子波，得到了三维介质中的雷达波传播和接收记录，开发了可视化计算软件，且在资料解释方面取得很好的效果。

### 7.1.1　计算方法原理

探地雷达方法是地球物理方法中的一种高分辨率的、高效率的实时探测方法。探地雷达方法的基本原理是将高频电磁波（1MHz～1GHz）以脉冲形式通过发射天线定向地送入地下。雷达波在地下介质中传播，当遇到存在电性差异的地下地层或目标体时，电磁波便发生反射，返回地面后由接收天线接收。在对接收天线接收到的雷达波进行处理和分析的基础上，根据接收到的雷达波波形、强度、时间等推断地下介质空间位置、结构、电性质及几何形态，进而达到对地下地层或目标体的探测。可见，雷达波在介质中传播的运动学特征类似于地震勘探理论中的地震波。

根据射线追踪理论可知，同一条射线路径满足相同的射线参数，这实际上隐含着任意连续三点都满足该参数，而这三点间关系的具体形式是斯涅尔定律。于是，我们就可以从射线的任一端出发，根据斯涅尔定律求出中间点，然后以一点移动为步长，依次进行下去，直到到达另一端。当整条路径上的总校正量满足精度要求时，就认为最后一次追踪的结果是射线路径，如图 7.1(a) 和(b)所示，其中 $v$ 和 $l$ 分别是雷达波的传播速度和传播路径。

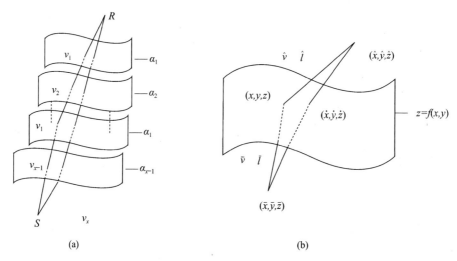

图 7.1　雷达波在三维介质中的透射示意图

### 1．一阶近似公式的推导

下面以透射波为例推导一阶近似公式：

$$t = \frac{\hat{l}}{\hat{v}} + \frac{\overline{l}}{\overline{v}} = \frac{\sqrt{(\hat{x}-x)^2 + (\hat{y}-y)^2 + (\hat{z}-z)^2}}{\hat{v}} + \frac{\sqrt{(\overline{x}-x)^2 + (\overline{y}-y)^2 + (\overline{z}-z)^2}}{\overline{v}} \quad （7.1.1）$$

对上式求导，根据费马原理有

$$\begin{aligned}
\frac{(x-\hat{x}) + (z-\hat{z})z'_x}{\hat{v}\hat{l}} + \frac{(x-\overline{x}) + (z-\overline{z})z'_y}{\overline{v}\overline{l}} = 0 \\
\frac{(y-\hat{y}) + (z-\hat{z})z'_y}{\hat{v}\hat{l}} + \frac{(y-\overline{y}) + (z-\overline{z})z'_y}{\overline{v}\overline{l}} = 0
\end{aligned} \quad （7.1.2）$$

在初始路径点 $(x^*, y^*, z^*)$ 处对式（7.1.2）进行一阶泰勒展开，并令 $x^* - \hat{x} = a$，$y^* - \hat{y} = b$，$z^* - \hat{z} = c$，有

$$x^* - \overline{x} = \mu,\ y^* - \overline{y} = v,\ z^* - \overline{z} = \omega$$

$$p = \frac{a + cz'_x}{\hat{l}}, \quad q = \frac{b + cz'_y}{\hat{l}}, \quad s = \frac{\mu + \omega z'_x}{\overline{l}}, \quad t = \frac{v + \omega z'_y}{\overline{l}} \quad （7.1.3）$$

• 124 •

$$\theta_1 = 1 + cz_x'' + z_x'^2, \quad \psi_1 = 1 + \omega z_x'' + z_x'^2$$

$$\theta_2 = 1 + cz_y'' + z_y', \quad \psi_2 = 1 + \omega z_y'' + z_y'$$

$$\theta_3 = cz_{xy}'' + z_x' z_y', \quad \psi_3 = \omega z_{xy}'' + z_x' z_y'$$

推得

$$AX = B \tag{7.1.4}$$

式中，$A$ 为 $2 \times 2$ 维矩阵，$X$ 为校正量矢量，$B$ 为一个与初始路径有关的矢量：

$$A_{11} = ps\overline{v}\hat{l} + \overline{v}\overline{l}\,\theta_1 + ps\hat{v}\overline{l} + \hat{v}\hat{l}\,\psi_1$$

$$A_{12} = pt\overline{v}\hat{l} + \overline{v}\overline{l}\,\theta_3 + qs\hat{v}\overline{l} + \hat{v}\hat{l}\,\psi_3$$

$$A_{21} = qs\overline{v}\hat{l} + \overline{v}\overline{l}\,\theta_3 + pt\hat{v}\overline{l} + \hat{v}\hat{l}\,\psi_3$$

$$A_{22} = qt\overline{v}\hat{l} + \overline{v}\overline{l}\,\theta_2 + qt\hat{v}\overline{l} + \hat{v}\hat{l}\,\psi_2 \tag{7.1.5}$$

$$B_1 = -(p\overline{v} + s\hat{v})\tilde{l}\overline{l}$$

$$B_2 = -(q\overline{v} + t\hat{v})\tilde{l}\overline{l}$$

$$X = (\Delta x, \Delta y)^{\mathrm{T}}$$

解式（7.1.4）得到 $\Delta x$ 和 $\Delta y$ 的值后，利用 $(x^* + \Delta x, y^* + \Delta y, z(x^* + \Delta x, y^* + \Delta y))$ 代替原来的 $(x^*, y^*, z^*)$，继续上述过程，直至满足射线追踪精度为止。

上面推导的是透射波情况下的结果。对于反射波，可按上述方法推导出射线路径的校正公式如下：

$$\tilde{A}X = \tilde{B} \tag{7.1.6}$$

式中，$\tilde{A}$ 为 $2 \times 2$ 维矩阵，$X$ 为校正量矢量，$\tilde{B}$ 为一个与初始路径有关的矢量：

$$\tilde{A}_{11} = v(ps\hat{l} + \overline{l}\,\theta_1 + ps\overline{l} + \hat{l}\,\psi_1)$$

$$\tilde{A}_{12} = v(pt\hat{l} + \overline{l}\,\theta_3 + qs\overline{l} + \hat{l}\,\psi_3)$$

$$\tilde{A}_{21} = v(qs\hat{l} + \overline{l}\,\theta_3 + pt\overline{l} + \hat{l}\,\psi_3)$$

$$\tilde{A}_{22} = v(qt\hat{l} + \overline{l}\,\theta_2 + qt\overline{l} + \hat{l}\,\psi_2) \tag{7.1.7}$$

$$\tilde{B}_1 = -(p + s)v\tilde{l}\overline{l}$$

$$\tilde{B}_2 = -(q + t)v\tilde{l}\overline{l}$$

$$X = (\Delta x, \Delta y)^{\mathrm{T}}$$

**2. 介质特殊分布情况**

以上给出的一阶近似公式适用于任意界面，但对介质特殊分布的情况可以进一步简化。

1）当介质呈水平层状时，$z_x' = z_y' = 0$

假设分界面为 $z = z_0$，对于透射波，式（7.1.5）可以简化为

$$A_{11} = a\mu\left(\frac{\overline{v}}{\overline{l}} + \frac{\hat{v}}{\hat{l}}\right) + \overline{v}\overline{l} + \hat{v}\hat{l}$$

$$A_{12} = av\frac{\overline{v}}{\overline{l}} + b\mu\frac{\hat{v}}{\hat{l}}$$

$$A_{21} = b\mu\frac{\overline{v}}{\overline{l}} + av\frac{\hat{v}}{\hat{l}}$$

（7.1.8）

$$A_{22} = bv\left(\frac{\overline{v}}{\overline{l}} + \frac{\hat{v}}{\hat{l}}\right) + \overline{v}\overline{l} + \hat{v}\hat{l}$$

$$B_1 = -\left(a\overline{v}\overline{l} + \mu\hat{v}\hat{l}\right)$$

$$B_2 = -\left(b\overline{v}\overline{l} + v\hat{v}\hat{l}\right)$$

对于反射波，只需将上式中的所有 $\overline{v}$ 和 $\hat{v}$ 替换成 $v$ 。

2）当介质分界面呈倾斜层状时， $z_x' = M, z_y' = N$ ， $M$ 与 $N$ 为常数

此时，对于透射波，式（7.1.8）可以简化为

$$A_{11} = (a+cM)(\mu+\omega M)\left(\frac{\overline{v}}{\overline{l}} + \frac{\hat{v}}{\hat{l}}\right) + (1+M^2)\left(\overline{v}\overline{l} + \hat{v}\hat{l}\right)$$

$$A_{12} = (a+cM)(v+\omega N)\frac{\overline{v}}{\overline{l}} + (b+cN)(\mu+vM)\frac{\hat{v}}{\hat{l}} + MN\left(\overline{v}\overline{l} + \hat{v}\hat{l}\right)$$

$$A_{21} = (b+cN)(\mu+\omega M)\frac{\overline{v}}{\overline{l}} + (a+cM)(v+\omega N)\frac{\hat{v}}{\hat{l}} + MN\left(\overline{v}\overline{l} + \hat{v}\hat{l}\right)$$

（7.1.9）

$$A_{22} = (b+cN)(v+\omega N)\left(\frac{\overline{v}}{\overline{l}} + \frac{\hat{v}}{\hat{l}}\right) + (1+N^2)\left(\overline{v}\overline{l} + \hat{v}\hat{l}\right)$$

$$B_1 = -(a+cM)\overline{v}\overline{l} - (\mu+\omega M)\hat{v}\hat{l}$$

$$B_2 = -(b+cN)\overline{v}\overline{l} - (v+\omega N)\hat{v}\hat{l}$$

对于反射波，只需将上式中的所有 $\overline{v}$ 和 $\hat{v}$ 替换成 $v$ 。

### 7.1.2　收敛性问题

在上述公式的推导过程中，求射线路径时采用了一阶泰勒展开以进行逐段迭代，而当初始路径状态不太好时，这种办法有可能导致迭代失败。当然，对地震勘探来说，由于检波点和炮点按照一定的规律排列，采用上一次的射线路径作为下一次的初始路径可以克服迭代失败问题，但对研究方法本身来说，研究稳定算法具有重要意义。

研究发现，当采用不完全一阶泰勒展开时，可以获得一个正定方程组，其形式与式（7.1.4）一致，各个分量的具体形式如下：

$$A_{11} = \left(\overline{v}\overline{l} + \hat{v}\hat{l}\right)\left(1 + z_x'^2\right)$$

$$A_{12} = \left(\overline{v}\overline{l} + \hat{v}\hat{l}\right)z_x'z_y'$$

$$A_{21} = A_{12}$$

（7.1.10）

$$A_{22} = \left(\overline{v}\overline{l} + \hat{v}\hat{l}\right)\left(1 + z_y'^2\right)$$

$$B_1 = -(p\overline{v} + s\hat{v})\widetilde{l}\overline{l}$$

$$B_2 = -(q\overline{v} + t\hat{v})\widetilde{l}\overline{l}$$

利用式（7.1.10）中的各个分量进行射线追踪计算时，总能计算出射线路径。

### 7.1.3 雷达波的衰减问题

当雷达波在地下介质中传播时，根据雷达波传播的动力学特性，雷达波能量具有较强的衰减。根据雷达波传播的功率原理，雷达波在通过 $j$ 层介质时的振幅为

$$A_{p} = \frac{SD_{S}D_{R}R}{G_{i}G_{o}} \coprod_{j} T_{i}e^{-\alpha_{j}l_{j}} \qquad (7.1.11)$$

可见，反射雷达波的振幅（或能量）与如下因素有关：①雷达波的有效振幅 $S$；②雷达波的发射天线的定向因子 $D_{S}$；③雷达波的入射平面的几何扩散因子 $G_{i}$；④雷达波的入射平面的几何扩散因子 $G_{o}$；⑤雷达波在界面处的反射系数 $R$；⑥雷达波在界面处的透射系数 $T$；⑦雷达波在介质中的衰减因子 $\alpha$；⑧雷达波的接收天线的定向因子 $D_{R}$；⑨雷达波在介质中传播的距离 $l_{j}$。对于①～⑧，在分层均匀的介质中，当初始条件确定后，这些参数均为常数，而雷达波的传播距离 $l_{j}$ 可以按射线追踪法获得。

### 7.1.4 数值模拟计算

为了体会逐段迭代射线追踪法的计算速度、精度和可行性，下面对典型数据模型进行数值模拟计算。

图 7.2 所示为一个三层任意界面探地雷达的透射波射线追踪介质模型和波形图，发射天线的位置为 $T(200,200,0)$，接收天线的位置为 $R(600,600,0)$。第一层底界面的界面函数为 $z_{1} = 200 - 30\sin(x/100) + 40\cos(y/200)$，电磁波的传播速度为 5cm/ns；第二层底界面的界面函数为 $z_{2} = 500 - [(x-500)/50]^{2} + [(y-400)/50]^{2}$，电磁波的传播速度为 10cm/ns；第三层底界面的界面函数为 $z_{3} = 700 - 30\cos(x/100) + 40\sin(y/200)$，电磁波的传播速度为 12cm/ns；下部介质中电磁波的传播速度为 15cm/ns。图中，1 是射线在无耗介质中的传播，2 是射线在传播过程中因电导率的影响而产生电磁波能量衰减的传播，模型中介质的电阻率自上而下分别为 100Ω·m、200Ω·m、500Ω·m 和 1000Ω·m。

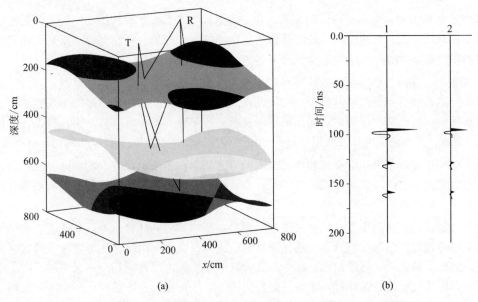

(a)                              (b)

图 7.2  三层任意界面探地雷达的透射波射线追踪介质模型(a)和波形图(b)

## 7.1.5 应用实例

我们利用探地雷达对吉林省长春市某大厦建筑场地进行了探测，目的是查明该场地的基底分布，合理地确定桩基础的类型，确定场地 30m 以内物性层的分布，查明是否存在物性层的明显变化，进而推断断层的存在及其分布规律。测量采用美国 GSSI 公司生产的 SIR-2 型探地雷达，完成了 9 条测线，其中南北向分布的 NS2 测线的长度为 120m，如图 7.3 所示。图中 ZK2 为钻孔，钻探深度约为 30m。进行三维正演模拟的初始资料是根据钻孔资料获得的。

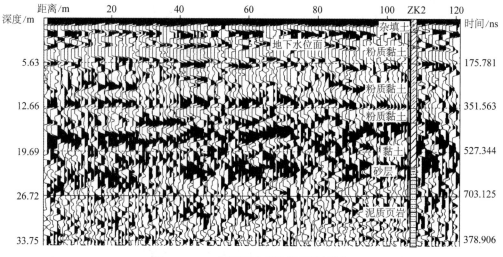

图 7.3　NS2 剖面探地雷达测量结果图

根据三维正演模拟，首先根据钻孔资料得到了地下各层介质中雷达波的传播速度，并以该资料为基础拟合了层面不同部位的深度资料。解释得到了 6 个较清楚的地质层和 1 个地下水位面。根据探地雷达测量资料和层面分布情况，可以推断该场地不存在大的、延伸较长的断层或破碎带。

由于测量过程中仪器的增益系数未知且存在多次波的干扰，正演拟合中未得到雷达波传播时真振幅的波形。

模型的数值模拟计算和实际应用表明，在三维结构下适合雷达波传播的逐段迭代射线追踪算法的基本思想明确，计算速度快，追踪计算的射线精度高，对给定模型可以追踪到真实路径的任意精度的逼近值。

研究表明，逐段迭代射线追踪法不仅可以模拟三维曲面中雷达波的传播问题，而且为探地雷达资料的三维反演解释奠定了基础。二维问题是三维问题的特例，因此该算法不仅能够对三维资料进行解释，而且能够对探地雷达的二维剖面资料进行解释。此外，该算法可以模拟任意探地雷达的天线组合，对探地雷达方法应用的可行性研究和探地雷达数据采集参数的确定具有重要作用。

需要说明的是，当介质分布比较特殊或者两点之间存在多条射线时，利用逐段迭代射线追踪法总可追踪到初始射线附近的一条射线路径。要追踪一条时间最短的射线路径，就要结合其他方法或者采用人机对话的方式对射线初始路径进行全局搜索。

此外，逐段迭代射线追踪法的计算速度主要取决于中间点的计算速度。在前面的例子中，中间点的求取是通过一阶泰勒展开逐段迭代计算的，计算速度要比用优化法等方法求解式（9.5.3）快得多，且计算精度高。逐段迭代射线追踪法计算速度快的主要原因是，它只用加、减、乘、除等四则运算来进行射线追踪计算，避免了像打靶法等方法那样一方面需要反复搜索射线路径与界面的交点，另一方面需要多次计算三角函数值或者求解方程组。

## 7.2 有限元法

有限元法是一种重要的数值模拟方法，其优越性体现在能够模拟复杂的介质，且与有限差分法相比具有更好的稳定性。国内外发表的关于用有限元模拟电磁波的文章很多，能够进行电磁波拟合和仿真的软件也很多，有的软件需要进行简单的修改，有的软件可以直接用于探地雷达的天线和探测模拟。底青云等（1999，2000，2004）采用有限元法研究了二维介质时空域内的雷达波传播，研究成果包括探地雷达工作中经常遇到的基岩起伏弯曲界面、管状体、路面薄层等雷达波波场特征，以及有耗介质和复杂频散介质复杂波场模拟。本节的内容以他们的研究为基础，介绍探地雷达的有限元模拟方法。

### 7.2.1 雷达波和地震波之间运动学规律的对比

#### 1. 地震波动方程

在线性流变体介质中，胡克定律可写为

$$\sigma_{ij} + \alpha_1 \dot{\sigma}_{ij} = (\alpha_2 \theta + \alpha_3 \dot{\theta})\delta_{ij} + \alpha_4 e_{ij} + \alpha_5 \dot{e}_{ij} \tag{7.2.1}$$

式中，$\sigma_{ij}$ 为应力，$e_{ij}$ 为应变，$\theta$ 为体膨胀，$\delta_{ij}$ 为 $\delta$ 函数，$\alpha_1$, $\alpha_2$, $\alpha_3$, $\alpha_4$, $\alpha_5$ 为系数，上面带点的符号表示求导。

对式（7.2.1）求坐标 $x_j$ 的偏导数，并应用运动方程

$$\rho \frac{\partial^2 u_i}{\partial t^2} = \frac{\partial \sigma_{ij}}{\partial x_j} + \rho X_i \tag{7.2.2}$$

以及应变和位移之间的关系式

$$\frac{\partial e_{ij}}{\partial x_j} = \frac{1}{2}\Delta u_i + \frac{1}{2}\frac{\partial \theta}{\partial x_1} \tag{7.2.3}$$

考虑弹性介质，令 $\alpha_1 = 0$, $\alpha_4 = 2\mu_s$, $\alpha_5 = 2\mu'_s$, $\alpha_2 = \lambda_s$, $\alpha_3 = \lambda'_s$。对于二维情况，有

$$\rho \frac{\partial^2 u_i}{\partial t^2} = (\lambda_s + \mu_s)\frac{\partial \theta}{\partial x_i} + \mu_s \Delta \mu_i + (\lambda'_s + \mu'_s)\frac{\partial \dot{\theta}}{\partial x_i} + \mu'_s \Delta \dot{u}_i + \rho X_i, i = 1, 2 \tag{7.2.4}$$

式中，$\rho$ 为介质密度，$u_i$ 为运动位移，$X_i$ 为外力，$\lambda_s$ 和 $\mu_s$ 分别为拉梅常数，$\lambda'_s$ 和 $\mu'_s$ 分别为阻尼常数。式（7.2.4）表明，两个分量是相互耦合的。在弹性介质中，即 $\lambda'_s$ 和 $\mu'_s$ 为零时，式（7.2.4）转化为弹性波动方程。在黏弹性介质中，即 $\lambda'_s$ 和 $\mu'_s$ 不为零时，$(\lambda'_s + \mu'_s)\frac{\partial \dot{\theta}}{\partial x_i} + \mu'_s \Delta \dot{u}_i$ 的作用是使波产生频散并被非完全弹性介质吸收。

#### 2. 高频电磁波（雷达波）波动方程

高频电磁波的波动方程可以表示为

$$\frac{\partial^2 \boldsymbol{E}}{\partial t^2} - \frac{1}{\mu\varepsilon}\nabla^2 \boldsymbol{E} + \frac{\sigma}{\varepsilon}\frac{\partial \boldsymbol{E}}{\partial t} = S \tag{7.2.5}$$

或

$$\frac{\partial^2 \boldsymbol{H}}{\partial t^2} - \frac{1}{\mu\varepsilon}\nabla^2 \boldsymbol{H} + \frac{\sigma}{\varepsilon}\frac{\partial \boldsymbol{H}}{\partial t} = S \qquad (7.2.6)$$

式中：$\boldsymbol{E}$ 为电场强度；$\boldsymbol{H}$ 为磁场强度；$S$ 为源函数；$\varepsilon$ 和 $\mu$ 分别为介电常数和磁导率，各向同性时为标量，各向异性时为张量；$\sigma$ 为电导率。

式（7.2.5）和式（7.2.6）两式表明，磁场 $H$ 和电场 $E$ 及其分量满足相同的微分方程。对于雷达波，频率 $\omega$ 很高，当 $\sigma \ll \varepsilon\omega$ 时，扩散项 $\mu\sigma\dfrac{\partial \boldsymbol{H}}{\partial t}$ 或 $\mu\sigma\dfrac{\partial \boldsymbol{E}}{\partial t}$ 几乎可以忽略，此时，式（7.2.5）和式（7.2.6）转化为纯波动方程。但当 $\sigma$ 较大时，即对于良导体或接近良导体或浅层含水的地层，$\sigma \ll \varepsilon\omega$ 不成立，扩散项 $\mu\sigma\dfrac{\partial \boldsymbol{H}}{\partial t}$ 和 $\mu\sigma\dfrac{\partial \boldsymbol{E}}{\partial t}$ 不能忽略。此时，雷达波和黏弹性介质中的地震波一样发生频散，并在传播过程中被介质吸收，只是雷达波的频散、吸收机制和黏弹性波的不同，表现为在微分方程中制约频散和吸收的项的数学形式不同，对弹性波为 $(\lambda'_s + \mu'_s)\dfrac{\partial}{\partial x_i}\dot{\theta} + \mu_s \Delta\dot{u}_i$，对雷达波为 $\dfrac{\sigma}{\varepsilon}\dfrac{\partial \boldsymbol{H}}{\partial t}$ 或 $\dfrac{\sigma}{\varepsilon}\dfrac{\partial \boldsymbol{E}}{\partial t}$。

式（7.2.5）的相应有限元方程为

$$\boldsymbol{M}\ddot{\boldsymbol{U}} + \boldsymbol{K}'\dot{\boldsymbol{U}} + \boldsymbol{K}\boldsymbol{U} = \dot{\boldsymbol{F}} \qquad (7.2.7)$$

式中，$\boldsymbol{M}$ 为质量阵，$\boldsymbol{U}$ 为位移矢量，$\dot{\boldsymbol{U}}$ 为 $\boldsymbol{U}$ 的一次时间导数，$\ddot{\boldsymbol{U}}$ 为 $\boldsymbol{U}$ 的二次时间导数，$\boldsymbol{K}'$ 为阻尼阵，$\boldsymbol{K}$ 为刚度阵，$\dot{\boldsymbol{F}}$ 为力矢量。对比式（7.2.7）和式（7.2.5）［或式（7.2.6）］，可以写出时域、空域中的二维雷达波有限元方程：

$$\boldsymbol{M}\ddot{\boldsymbol{H}} + \boldsymbol{K}'\dot{\boldsymbol{H}} + \boldsymbol{K}\boldsymbol{H} = S$$
$$\boldsymbol{M}\ddot{\boldsymbol{E}} + \boldsymbol{K}'\dot{\boldsymbol{E}} + \boldsymbol{K}\boldsymbol{E} = S \qquad (7.2.8)$$

式中，雷达波的 $\boldsymbol{M}$、$\boldsymbol{K}'$、$\boldsymbol{K}$ 的表达式与地震波的具体表达式不同。因此，尽管电磁波和地震波频散吸收机制不同，但形成有限元方程后的形式相同，可用与地震相同的方法来求解有限元方程。

式（7.2.8）中的 $\boldsymbol{M}$ 可以表示为对角元素为 1 的对角阵，而式（7.2.7）中的 $\boldsymbol{M}$ 的对角元素可以各不相同。

### 7.2.2 雷达波有限元正演模拟的实施

#### 1. $\sigma \ll \varepsilon\omega$ 时的情况

此时，假设扩散项可以忽略，雷达波有限元方程为

$$\boldsymbol{M}\ddot{\boldsymbol{H}} + \boldsymbol{K}\boldsymbol{H} = S_H \qquad (7.2.9)$$

$$\boldsymbol{M}\ddot{\boldsymbol{E}} + \boldsymbol{K}\boldsymbol{E} = S_E \qquad (7.2.10)$$

此时，$\boldsymbol{K}$ 的元素全为零，$S_H$ 为磁场源，$S_E$ 为电场源，对于 Pulse EKKO IV 型探地雷达，天线发射脉冲时间函数形式为

$$f(t) = t^2 \mathrm{e}^{-\alpha t}\sin \omega_0 t \qquad (7.2.11)$$

式中，$\omega_0$ 为发射中心频率，$\alpha$ 为衰减系数，可以取 $\alpha = \omega_0/\sqrt{3}$。于是，对于中心频率为 200MHz 的情况，脉冲函数就如图 7.4 所示。模拟时取前 10 个点，假定天线的发、收间距小到可以忽略，且只考虑天线发射脉冲的时间性，忽略天线的方向特性。于是，源函数 $S_H$ 和 $S_E$ 就可表示为

$$S(t,x) = f(t)\delta(x - x_0) \qquad (7.2.12)$$

式中， $x_0$ 为发射天线位置的坐标。

将研究区域划分为一系列有限元单元（这里采用三角形，然后由三角形拼成四边形）求系数 $\boldsymbol{K}$， $\boldsymbol{M}$ 为对角元素为 1 的对角阵，可以实现雷达波场的模拟。

### 2. $\sigma \ll \varepsilon\omega$ 不成立时的情况

此时扩散项不能忽略，其有限元方程为式（7.2.8）， $\boldsymbol{M}$ 和 $\boldsymbol{K}$ 的取值同前所述，只是 $\boldsymbol{K}'$ 需要重新求解。

取 $N$ 为图 7.5 所示的形状函数，对局部坐标系，有

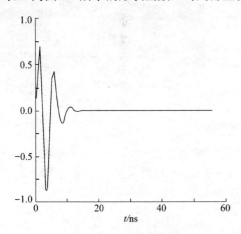

图 7.4　脉冲函数

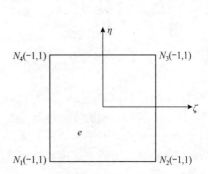

图 7.5　形状函数

$$N_1 = \frac{1}{4}(1-\zeta)(1-\eta) \qquad (7.2.13)$$

$$N_2 = \frac{1}{4}(1+\zeta)(1-\eta) \qquad (7.2.14)$$

$$N_3 = \frac{1}{4}(1+\zeta)(1+\eta) \qquad (7.2.15)$$

$$N_4 = \frac{1}{4}(1-\zeta)(1+\eta) \qquad (7.2.16)$$

相对于地震的四边形单元的阻尼阵 $\boldsymbol{K}'$，这里 $\boldsymbol{K}'$ 可以表达为

$$\boldsymbol{K}' = \int_e N^T N \frac{\sigma}{\varepsilon}\mathrm{d}x\mathrm{d}y = \frac{\sigma}{\varepsilon}\int_e N^T N\mathrm{d}\zeta\mathrm{d}\eta \qquad (7.2.17)$$

积分后即可得到 $\boldsymbol{K}'$ 的各个元素的值。

### 7.2.3　数值模拟

在上述理论基础上，我们设计了在均匀介质中有一薄层的模型（见图 7.6），分别对有衰减和无衰减两种情况进行了类自激自收模拟，同时对起伏的弯曲界面、双管体等情况进行了仿真模拟。模拟中二次源的设置未考虑几何扩散和界面反射系数。

使用有限元法进行仿真模拟时，几个模型采用的有限元剖分网格都为：水平方向（ $x$ 方向）100 个，垂直方向（ $y$ 方向）50 个，水平格距 0.2m，垂直格距 0.2m。模拟时选用图 7.4 所示的

脉冲函数。所有几何模型中的界面都用子波振幅描出，各幅结果图中的横轴为道号，纵轴为单程走时。

图 7.6(a)所示为薄层模型，薄层厚度为 0.8m，薄层中电磁波的传播速度为 0.039m/ns，围岩介质中电磁波的传播速度为 0.03m/ns。图 7.6(b)所示为不考虑介质衰减时的雷达波合成记录，从图中可清楚地识别薄层的上、下界面位置，这时的波动特性较明显。

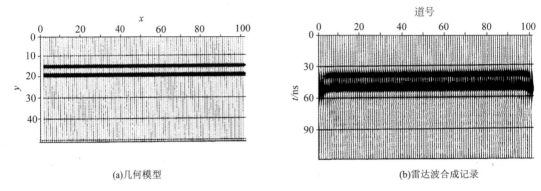

(a)几何模型            (b)雷达波合成记录

图 7.6 薄层模型

图 7.7(a)所示为均匀介质中的单一管状体模型，管体直径约为 0.7m，管体中电磁波的传播速度为 0.03m/ns，围岩中电磁波的传播速度为 0.17m/ns。图 7.7(b)和图 7.7(c)所示分别为不考虑介质衰减时和考虑介质衰减时的雷达波记录。可以看出管体雷达波的曲线是双曲线。管体的直径较大，因此双曲线弯曲的跨度较大。可以看到，考虑介质衰减后，下部介质中波的吸收明显。

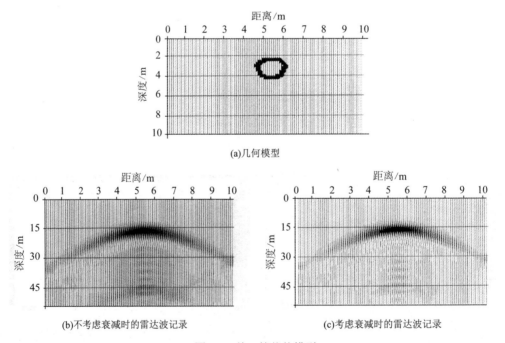

(a)几何模型

(b)不考虑衰减时的雷达波记录          (c)考虑衰减时的雷达波记录

图 7.7 单一管状体模型

为了检验方法的分辨率，我们设计了两个水平方向排列的管体，如图 7.8(a)所示。左管体中电磁波的传播速度为 0.06m/ns，右管体中电磁波的传播速度为 0.3m/ns，围岩中电磁波的传播速度为 0.17m/ns。两管体相距 1.2m 时，图 7.8(b)中的仿真记录清楚地显示了两管体的交叉双曲线特征（管径小时，双曲线分离），当两管体相距很近且最近点相距 0.1m 时，两条双曲线的尖点靠拢，不易分辨 [见图 7.8(c)]。

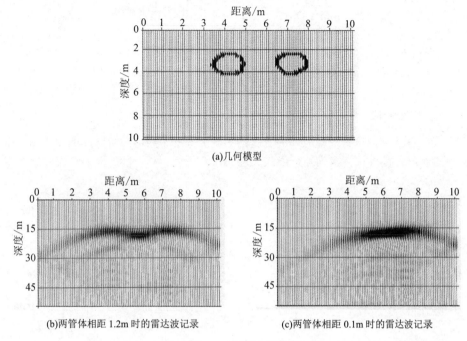

(a)几何模型

(b)两管体相距 1.2m 时的雷达波记录　　　　(c)两管体相距 0.1m 时的雷达波记录

图 7.8　双管体模型

在野外勘查中，我们经常遇到需要搞清楚基岩面起伏或湖底界面起伏形态的工作。为了更好地认识起伏界面雷达波的特性，我们设计了弯曲界面模型，如图 7.9(a)所示，界面上部介质中电磁波的传播速度为 0.17m/ns，相对介电常数为 3，界面下部介质中电磁波的传播速度为 0.033m/ns，相对介电常数为 81。使用含衰减项的有限元法模拟了雷达波记录，如图 7.9(b)所示。可以看出，界面起伏在波场图上有较明显的显示，但对于向斜型弯曲，波场趋于上拉，弯曲度变小，能量增大。

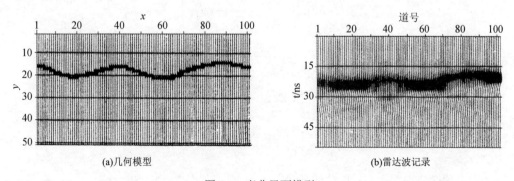

(a)几何模型　　　　　　　　　　　　　　　(b)雷达波记录

图 7.9　弯曲界面模型

有限元数值模拟能够方便地实现雷达波的正演合成，尤其是有限元法能对任意复杂形体进行模拟。有限元法具有如下特点：①从麦克斯韦方程出发，推导出了含衰减项的雷达波的有限元方程以及方程中各系数矩阵的求法，详细阐述了其实施过程；②结合介质的特性，可以方便地实现介质含衰减和不含衰减时时空域中雷达波场特征的模拟；③可以设计任意复杂地质结构的模型，程序自动剖分网络、自动判读网格参数。

## 7.3 时域有限差分法

电磁波的时域有限差分（Finite-Difference Time-Domain，FDTD）法一般是在时域中进行的。随着计算机技术的发展和广泛应用，近年来时域计算方法越来越受到人们的重视。目前，时域有限差分法日趋完善并得到广泛应用，显示出了独特的优势（葛德彪，阎玉波，2002；王秉中，2002；刘四新等，2005）。有限差分法结果直观，网格剖分简单，过程也比较简单，易被初学者接受。目前，用于探地雷达的 FDTD 模拟软件很多，有的用于天线的模拟，有的用于探地雷达探测的模拟。

### 7.3.1 FDTD 基本原理

时域有限差分法直接求解依赖时间的麦克斯韦旋度方程，利用二阶精度的中心差分近似地将旋度方程中的微分算符直接转换为差分形式，进而在一定体积和一段时间内实现对连续电磁场的数据取样压缩。

#### 1. Yee 的差分算法

考虑空间中的一个无源区域，介质的参数不随时间变化且各向同性，麦克斯韦旋度方程可以写为

$$\frac{\partial \boldsymbol{H}}{\partial t} = -\frac{1}{\mu}\nabla \times \boldsymbol{E} - \frac{\rho}{\mu}\boldsymbol{H} \tag{7.3.1}$$

$$\frac{\partial \boldsymbol{E}}{\partial t} = \frac{1}{\varepsilon}\nabla \times \boldsymbol{H} - \frac{\sigma}{\varepsilon}\boldsymbol{E} \tag{7.3.2}$$

式中，$\boldsymbol{E}$ 是电场强度，$\boldsymbol{H}$ 是磁场强度，$\varepsilon$ 是介电常数，$\sigma$ 是介质电导率，$\mu$ 是介质磁导率，$\rho$ 是计算磁损耗的磁阻率。在直角坐标系中写成分量，式（7.3.1）和式（7.3.2）变为

$$\frac{\partial H_x}{\partial t} = \frac{1}{\mu}\left(\frac{\partial E_y}{\partial z} - \frac{\partial E_z}{\partial y} - \rho H_x\right) \tag{7.3.3}$$

$$\frac{\partial H_y}{\partial t} = \frac{1}{\mu}\left(\frac{\partial E_z}{\partial x} - \frac{\partial E_x}{\partial z} - \rho H_y\right) \tag{7.3.4}$$

$$\frac{\partial H_z}{\partial t} = \frac{1}{\mu}\left(\frac{\partial E_x}{\partial y} - \frac{\partial E_y}{\partial x} - \rho H_z\right) \tag{7.3.5}$$

$$\frac{\partial E_x}{\partial t} = \frac{1}{\varepsilon}\left(\frac{\partial H_z}{\partial y} - \frac{\partial H_y}{\partial z} - \sigma E_x\right) \tag{7.3.6}$$

$$\frac{\partial E_y}{\partial t} = \frac{1}{\varepsilon}\left(\frac{\partial Hx}{\partial z} - \frac{\partial H_z}{\partial x} - \sigma E_y\right) \tag{7.3.7}$$

$$\frac{\partial E_z}{\partial t} = \frac{1}{\varepsilon}\left(\frac{\partial H_y}{\partial x} - \frac{\partial H_x}{\partial y} - \sigma E_z\right) \tag{7.3.8}$$

以上 6 个耦合偏微分方程是 FDTD 法的基础。

1966 年，K. S. Yee 对上述 6 个耦合偏微分方程引入了差分格式。按照 Yee 的差分算法，首先在空间建立矩形差分网格，网格节点与一组整数标号一一对应：

$$(i, j, k) = (i\Delta x, j\Delta y, k\Delta z) \tag{7.3.9}$$

该点的任意函数 $F(x, y, z, t)$ 在时刻 $n\Delta t$ 的值可以写为

$$F^n(i, j, k) = F(i\Delta x, j\Delta y, k\Delta z, n\Delta t) \tag{7.3.10}$$

式中，$\Delta x, \Delta y, \Delta z$ 是矩形网格分别沿 $x, y, z$ 方向的空间步长，$\Delta t$ 为时间步长。Yee 采用了中心差分来代替对时间、空间坐标的微分，具有二阶精度：

$$\frac{\partial F^n(i,j,k)}{\partial x} = \frac{F^n\left(i+\frac{1}{2},j,k\right) - F^n\left(i-\frac{1}{2},j,k\right)}{\Delta x} + O\left((\Delta x)^2\right) \tag{7.3.11}$$

$$\frac{\partial F^n(i,j,k)}{\partial t} = \frac{F^{n+\frac{1}{2}}(i,j,k) - F^{n-\frac{1}{2}}(i,j,k)}{\Delta t} + O\left((\Delta t)^2\right) \tag{7.3.12}$$

为了获得式（7.3.11）中的精度并满足式（7.3.3）至式（7.3.8），Yee 将空间中任意一个矩形网格上的 **E** 和 **H** 的 6 个分量如图 7.10 所示的那样放置，每个磁场分量由 4 个电场分量环绕；反过来，每个电场分量也由 4 个磁场分量环绕。为了获得式（7.3.12）的精度，Yee 将 **E** 和 **H** 在时间上相差半个时间步长交替计算。按照这些原则，可将式（7.3.3）至式（7.3.8）化为如下的差分方程：

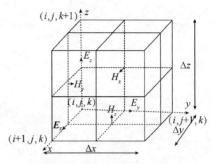

图 7.10　Yee 的差分网格

$$
\begin{aligned}
H_x^{n+\frac{1}{2}}\left(i,j+\tfrac{1}{2},k+\tfrac{1}{2}\right) = & \frac{1-\dfrac{\rho\left(i,j+\tfrac{1}{2},k+\tfrac{1}{2}\right)\Delta t}{2\mu\left(i,j+\tfrac{1}{2},k+\tfrac{1}{2}\right)}}{1+\dfrac{\rho\left(i,j+\tfrac{1}{2},k+\tfrac{1}{2}\right)\Delta t}{2\mu\left(i,j+\tfrac{1}{2},k+\tfrac{1}{2}\right)}} \cdot H_x^{n-\frac{1}{2}}\left(i,j+\tfrac{1}{2},k+\tfrac{1}{2}\right) + \\
& \frac{\Delta t}{\mu\left(i,j+\tfrac{1}{2},k+\tfrac{1}{2}\right)} \cdot \frac{1}{1+\left\{\rho\left(i,j+\tfrac{1}{2},k+\tfrac{1}{2}\right)\Delta t\Big/\left[2\mu\left(i,j+\tfrac{1}{2},k+\tfrac{1}{2}\right)\right]\right\}} \cdot \\
& \left\{\frac{E_y^n\left(i,j+\tfrac{1}{2},k+1\right)-E_y^n\left(i,j+\tfrac{1}{2},k\right)}{\Delta z} + \frac{E_z^n\left(i,j,k+\tfrac{1}{2}\right)-E_z^n\left(i,j+1,k+\tfrac{1}{2}\right)}{\Delta y}\right\}
\end{aligned} \tag{7.3.13}
$$

$$
\begin{aligned}
H_y^{n+\frac{1}{2}}\left(i+\tfrac{1}{2},j,k+\tfrac{1}{2}\right) = & \frac{1-\dfrac{\rho\left(i+\tfrac{1}{2},j,k+\tfrac{1}{2}\right)\Delta t}{2\mu\left(i+\tfrac{1}{2},j,k+\tfrac{1}{2}\right)}}{1+\dfrac{\rho\left(i+\tfrac{1}{2},j,k+\tfrac{1}{2}\right)\Delta t}{2\mu\left(i+\tfrac{1}{2},j,k+\tfrac{1}{2}\right)}} \cdot H_y^{n-\frac{1}{2}}\left(i+\tfrac{1}{2},j,k+\tfrac{1}{2}\right) + \\
& \frac{\Delta t}{\mu\left(i+\tfrac{1}{2},j,k+\tfrac{1}{2}\right)} \cdot \frac{1}{1+\left\{\rho\left(i+\tfrac{1}{2},j,k+\tfrac{1}{2}\right)\Delta t\Big/\left[2\mu\left(i+\tfrac{1}{2},j,k+\tfrac{1}{2}\right)\right]\right\}} \cdot \\
& \left\{\frac{E_z^n\left(i+1,j,k+\tfrac{1}{2}\right)-E_z^n\left(i,j,k+\tfrac{1}{2}\right)}{\Delta x} + \frac{E_x^n\left(i+\tfrac{1}{2},j,k\right)-E_x^n\left(i+\tfrac{1}{2},j,k+1\right)}{\Delta z}\right\}
\end{aligned} \tag{7.3.14}
$$

$$
\begin{aligned}
H_z^{n+\frac{1}{2}}\left(i+\tfrac{1}{2},j+\tfrac{1}{2},k\right) = & \frac{1-\dfrac{\rho\left(i+\tfrac{1}{2},j+\tfrac{1}{2},k\right)\Delta t}{2\mu\left(i+\tfrac{1}{2},j+\tfrac{1}{2},k\right)}}{1+\dfrac{\rho\left(i+\tfrac{1}{2},j+\tfrac{1}{2},k\right)\Delta t}{2\mu\left(i+\tfrac{1}{2},j+\tfrac{1}{2},k\right)}} \cdot H_z^{n-\frac{1}{2}}\left(i+\tfrac{1}{2},j+\tfrac{1}{2},k\right) + \\
& \frac{\Delta t}{\mu\left(i+\tfrac{1}{2},j+\tfrac{1}{2},k\right)} \cdot \frac{1}{1+\left\{\rho\left(i+\tfrac{1}{2},j+\tfrac{1}{2},k\right)\Delta t\Big/\left[2\mu\left(i+\tfrac{1}{2},j+\tfrac{1}{2},k\right)\right]\right\}} \cdot \\
& \left\{\frac{E_x^n\left(i+\tfrac{1}{2},j+1,k\right)-E_x^n\left(i+\tfrac{1}{2},j,k\right)}{\Delta y} + \frac{E_y^n\left(i,j+\tfrac{1}{2},k\right)-E_y^n\left(i+1,j+\tfrac{1}{2},k\right)}{\Delta x}\right\}
\end{aligned} \tag{7.3.15}
$$

$$E_x^{n+1}\left(i+\tfrac{1}{2},j,k\right)=\frac{1-\dfrac{\sigma\left(i+\tfrac{1}{2},j,k\right)\Delta t}{2\varepsilon\left(i+\tfrac{1}{2},j,k\right)}}{1+\dfrac{\sigma\left(i+\tfrac{1}{2},j,k\right)\Delta t}{2\varepsilon\left(i+\tfrac{1}{2},j,k\right)}}\cdot E_x^n\left(i+\tfrac{1}{2},j,k\right)+$$

$$\frac{\Delta t}{\varepsilon\left(i+\tfrac{1}{2},j,k\right)}\cdot\frac{1}{1+\left\{\sigma\left(i+\tfrac{1}{2},j,k\right)\Delta t\Big/\left[2\varepsilon\left(i+\tfrac{1}{2},j,k\right)\right]\right\}}\cdot \qquad (7.3.16)$$

$$\left\{\frac{H_z^{n+\frac{1}{2}}\left(i+\tfrac{1}{2},j+\tfrac{1}{2},k\right)-H_z^{n+\frac{1}{2}}\left(i+\tfrac{1}{2},j-\tfrac{1}{2},k\right)}{\Delta y}+\right.$$

$$\left.\frac{H_y^{n+\frac{1}{2}}\left(i+\tfrac{1}{2},j,k-\tfrac{1}{2}\right)-H_y^{n+\frac{1}{2}}\left(i+\tfrac{1}{2},j,k+\tfrac{1}{2}\right)}{\Delta z}\right\}$$

$$E_y^{n+1}\left(i,j+\tfrac{1}{2},k\right)=\frac{1-\dfrac{\sigma\left(i,j+\tfrac{1}{2},k\right)\Delta t}{2\varepsilon\left(i,j+\tfrac{1}{2},k\right)}}{1+\dfrac{\sigma\left(i,j+\tfrac{1}{2},k\right)\Delta t}{2\varepsilon\left(i,j+\tfrac{1}{2},k\right)}}\cdot E_y^n\left(i,j+\tfrac{1}{2},k\right)+$$

$$\frac{\Delta t}{\varepsilon\left(i,j+\tfrac{1}{2},k\right)}\cdot\frac{1}{1+\left\{\sigma\left(i,j+\tfrac{1}{2},k\right)\Delta t\Big/\left[2\varepsilon\left(i,j+\tfrac{1}{2},k\right)\right]\right\}}\cdot \qquad (7.3.17)$$

$$\left\{\frac{H_x^{n+\frac{1}{2}}\left(i,j+\tfrac{1}{2},k+\tfrac{1}{2}\right)-H_x^{n+\frac{1}{2}}\left(i,j+\tfrac{1}{2},k-\tfrac{1}{2}\right)}{\Delta z}+\right.$$

$$\left.\frac{H_z^{n+\frac{1}{2}}\left(i-\tfrac{1}{2},j+\tfrac{1}{2},k\right)-H_z^{n+\frac{1}{2}}\left(i+\tfrac{1}{2},j+\tfrac{1}{2},k\right)}{\Delta x}\right\}$$

$$E_z^{n+1}\left(i,j,k+\tfrac{1}{2}\right)=\frac{1-\dfrac{\sigma\left(i,j,k+\tfrac{1}{2}\right)\Delta t}{2\varepsilon\left(i,j,k+\tfrac{1}{2}\right)}}{1+\dfrac{\sigma\left(i,j,k+\tfrac{1}{2}\right)\Delta t}{2\varepsilon\left(i,j,k+\tfrac{1}{2}\right)}}\cdot E_z^n\left(i,j,k+\tfrac{1}{2}\right)+$$

$$\frac{\Delta t}{\varepsilon\left(i,j,k+\tfrac{1}{2}\right)}\cdot\frac{1}{1+\left\{\sigma\left(i,j,k+\tfrac{1}{2}\right)\Delta t\Big/2\varepsilon\left(i,j,k+\tfrac{1}{2}\right)\right\}}\cdot \qquad (7.3.18)$$

$$\left\{\frac{H_y^{n+\frac{1}{2}}\left(i+\tfrac{1}{2},j,k+\tfrac{1}{2}\right)-H_y^{n+\frac{1}{2}}\left(i-\tfrac{1}{2},j,k+\tfrac{1}{2}\right)}{\Delta x}+\right.$$

$$\left.\frac{H_x^{n+\frac{1}{2}}\left(i,j-\tfrac{1}{2},k+\tfrac{1}{2}\right)-H_x^{n+\frac{1}{2}}\left(i,j+\tfrac{1}{2},k+\tfrac{1}{2}\right)}{\Delta y}\right\}$$

　　由式（7.3.13）至式（7.3.18）可见，在每个网格点处，各个场分量的新值依赖于该点在前一时间步长时刻的值，以及该点周围邻近点处另一个场量的场分量早半个时间步长时刻的值。因此，在任意给定的时刻，场分量的计算可一次算出一个点，或者采用 $p$ 个并行处理器一次算出 $p$ 个点（并行算法）。通过这些基本算式，逐个时间步长地对模拟区域内各个网格点的电场、磁场交替进行计算，执行适当的时间步数后，就可得到需要的时域数值结果。这种差分格式通常称为**蛙跳格式**。

在式（7.3.13）至式（7.3.18）的差分格式中，当从第 $n$ 层推进到第 $n+1$ 层时，格式提供了逐点计算 $u_j^{n+1}$ 的直接表达式，具有这种特征的格式称为**显式格式**；与显式格式相对的是隐式格式，它通常要求解一个代数方程组。在 FDTD 法的显式蛙跳格式中，每一步计算都不需要做矩阵求逆运算，避免了矩阵求逆运算带来的许多问题，这是该方法的一个突出优点。

**2．环路积分解释**

前面从麦克斯韦旋度方程出发，利用中点差分公式推导出了 Yee 的差分方程。其实，从积分形式的麦克斯韦方程、安培定律和法拉第定律出发，同样可以推导出 Yee 的差分方程。为简化起见，这里只考虑自由空间这种最简单的介质情况。

如图 7.11 所示，将安培定律用于环路 $C_1$，有

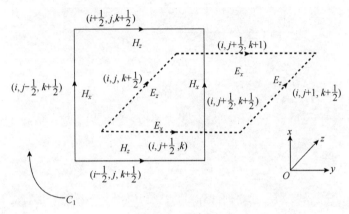

图 7.11　环路 $C_1$

$$\frac{\partial}{\partial t}\iint_{s_1} D \cdot \mathrm{d}S_1 = \oint_{C_1} H \cdot \mathrm{d}l_1 \tag{7.3.19}$$

假设场量在环路每一边的中点的值等于场量在该边上的平均值，于是有

$$\begin{aligned}\text{右边} \approx\ & H_x\left(i, j-\tfrac{1}{2}, k+\tfrac{1}{2}\right)\Delta x + H_y\left(i+\tfrac{1}{2}, j, k+\tfrac{1}{2}\right)\Delta y - \\ & H_x\left(i, j+\tfrac{1}{2}, k+\tfrac{1}{2}\right)\Delta x - H_y\left(i-\tfrac{1}{2}, j, k+\tfrac{1}{2}\right)\Delta y\end{aligned} \tag{7.3.20}$$

假设 $E_z\left(i, j, k+\tfrac{1}{2}\right)$ 是 $E_z$ 在小面元 $S_1$ 上的平均值。用中心差分代替对时间的偏导，且中点取在 $t=\left(n+\tfrac{1}{2}\right)\Delta t$ 处，得

$$\text{左边} \approx \frac{\varepsilon_0 \Delta x \Delta y}{\Delta t}\left[E_z^{n+1}\left(i, j, k+\tfrac{1}{2}\right) - E_z^{n}\left(i, j, k+\tfrac{1}{2}\right)\right] \tag{7.3.21}$$

于是，由式（7.3.19）和式（7.3.20）得

$$\begin{aligned}E_z^{n+1}\left(i, j, k+\tfrac{1}{2}\right) =\ & E_z^{n}\left(i, j, k+\tfrac{1}{2}\right) + \frac{\Delta t}{\varepsilon_0}\left\{\frac{H_y^{n+\frac{1}{2}}\left(i+\tfrac{1}{2}, j, k+\tfrac{1}{2}\right) - H_y^{n+\frac{1}{2}}\left(i-\tfrac{1}{2}, j, k+\tfrac{1}{2}\right)}{\Delta x} + \right. \\ & \left. \frac{H_x^{n+\frac{1}{2}}\left(i, j-\tfrac{1}{2}, k+\tfrac{1}{2}\right) - H_x^{n+\frac{1}{2}}\left(i, j+\tfrac{1}{2}, k+\tfrac{1}{2}\right)}{\Delta y}\right\}\end{aligned} \tag{7.3.22}$$

式（7.3.22）正是 Yee 的差分方程式（7.3.18）在自由空间中的简化形式。类似地，可以对 $E_x$ 和 $E_y$ 利用安培环路积分定律推导出相应的差分方程。

同样，我们可以将法拉第定律用于图 7.12 所示的环路 $C_2$：

$$\frac{\partial}{\partial t}\iint_{S_2} B \cdot \mathrm{d}S_2 = -\oint_{C_2} E \cdot \mathrm{d}l_2 \tag{7.3.23}$$

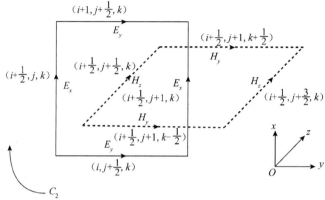

图 7.12 环路 $C_2$

假设场量在环路每一边的中点的值等于场量在该边上的平均值，于是有

$$\begin{aligned}\text{右边} \approx\ &-E_x\!\left(i+\tfrac{1}{2}, j, k\right)\Delta x - E_y\!\left(i+1, j+\tfrac{1}{2}, k\right)\Delta y + \\ &E_x\!\left(i+\tfrac{1}{2}, j+1, k\right)\Delta x + E_y\!\left(i, j+\tfrac{1}{2}, k\right)\Delta y\end{aligned} \tag{7.3.24}$$

假设 $H_z\!\left(i+\tfrac{1}{2}, j+\tfrac{1}{2}, k\right)$ 是 $H_z$ 在小面元 $S_2$ 上的平均值，用中点差分代替对时间的偏导，且中点取在 $t = n\Delta t$ 处，得

$$\text{左边} \approx \frac{\mu_0 \Delta x \Delta y}{\Delta t}\left[H_z^{n+\frac{1}{2}}\!\left(i+\tfrac{1}{2}, j+\tfrac{1}{2}, k\right) - H_z^{n-\frac{1}{2}}\!\left(i+\tfrac{1}{2}, j+\tfrac{1}{2}, k\right)\right] \tag{7.3.25}$$

由式（7.3.24）和式（7.3.25）得

$$\begin{aligned}H_z^{n+\frac{1}{2}}\!\left(i+\tfrac{1}{2}, j+\tfrac{1}{2}, k\right) = {}&H_z^{n-\frac{1}{2}}\!\left(i+\tfrac{1}{2}, j+\tfrac{1}{2}, k\right) + \frac{\Delta t}{\mu_0}\Bigg\{\frac{E_x^n\!\left(i+\tfrac{1}{2}, j+1, k\right) - E_x^n\!\left(i+\tfrac{1}{2}, j, k\right)}{\Delta y} + \\ &\frac{E_y^n\!\left(i, j+\tfrac{1}{2}, k\right) - E_y^n\!\left(i+1, j+\tfrac{1}{2}, k\right)}{\Delta x}\Bigg\}\end{aligned} \tag{7.3.26}$$

式（7.3.26）正是 Yee 的差分方程式（7.3.15）在自由空间的简化形式。类似地，可对 $H_x, H_y$ 利用法拉第定律推导出相应的差分方程。

上述过程不仅得到了 Yee 的差分格式，而且指出了另一条差分离散化的途径，即从麦克斯韦方程组的积分形式（安培定律、法拉第定律）出发进行离散化，这对于处理细线、槽缝等结构特别方便。

### 7.3.2　解的稳定条件和数值色散

#### 1. 解的稳定条件

在 FDTD 中，时间增量 $\Delta t$ 和空间增量 $\Delta x, \Delta y, \Delta z$ 不是独立的，为了避免数值结果的不稳定，它们必须满足一定的关系。这种不稳定表现为解显式差分方程时，随着时间步数的增加，计算结果将无限制地增加。

为了确定数值解的稳定条件，必须考虑在时域有限差分算法中出现的数值波模，基本方法是将有限差分算式分解为时间和空间的本征值问题。任何波都可展开成平面波谱的叠加，因此，若一种算法对一个平面波是不稳定的，则它对任何波都是不稳定的。因此，这里只需考虑平面波本征模在数字空间中的传播，这些模的本征谱由数字空间微分方程确定，并与由数字时间微分方程确定的稳定本征值谱进行比较。按照要求，空间本征值谱域必须全部包含在稳定区间内，以确保该算法中所有可能的数值波模是稳定的。

为简单起见，这里仅考虑无耗介质空间，这时 $E_z$，$H_z$ 的 FDTD 方程简化为

$$\left[E_z^{n+1}\left(i,j,k+\tfrac{1}{2}\right)-E_z^n\left(i,j,k+\tfrac{1}{2}\right)\right]\Big/\Delta t$$

$$=\frac{1}{\varepsilon}\left\{\frac{H_y^{n+\frac{1}{2}}\left(i+\frac{1}{2},j,k+\frac{1}{2}\right)-H_y^{n+\frac{1}{2}}\left(i-\frac{1}{2},j,k+\frac{1}{2}\right)}{\Delta x}-\frac{H_x^{n+\frac{1}{2}}\left(i,j+\frac{1}{2},k+\frac{1}{2}\right)-H_x^{n+\frac{1}{2}}\left(i,j-\frac{1}{2},k+\frac{1}{2}\right)}{\Delta y}\right\} \qquad (7.3.27)$$

$$\left[H_z^{n+\frac{1}{2}}\left(i+\tfrac{1}{2},j+\tfrac{1}{2},k\right)-H_z^{n-\frac{1}{2}}\left(i+\tfrac{1}{2},j+\tfrac{1}{2},k\right)\right]\Big/\Delta t$$

$$=-\frac{1}{\mu}\left\{\frac{E_y^n\left(i+1,j+\frac{1}{2},k\right)-E_y^n\left(i,j+\frac{1}{2},k\right)}{\Delta x}-\frac{E_x^n\left(i+\frac{1}{2},j+1,k\right)-E_x^n\left(i+\frac{1}{2},j,k\right)}{\Delta y}\right\} \qquad (7.3.28)$$

对其余 4 个分量，也可求得完全类似的方程。由这些方程的左边可以构成各个相应场分量的时间本征值方程。若用 $V$ 代表各个分量，则这些方程可写成统一的形式：

$$\frac{V^{n+\frac{1}{2}}-V^{n-\frac{1}{2}}}{\Delta t}=\lambda V^n \qquad (7.3.29)$$

定义一个增长因子 $q=V^{n+\frac{1}{2}}/V^n$，根据冯·诺依曼的稳定性条件，要求 $|q|\leqslant 1$。将之代入式（7.3.29），两边同除以 $V^{n-\frac{1}{2}}$，可得到 $q$ 必须满足的二次方程

$$q^2-\lambda\Delta t q-1=0 \qquad (7.3.30)$$

其解为

$$q=\frac{\lambda\Delta t}{2}\pm\sqrt{1+\left(\frac{\lambda\Delta t}{2}\right)^2} \qquad (7.3.31)$$

不难证明，为满足条件 $|q|\leqslant 1$，只要

$$\mathrm{Re}(\lambda)=0,\quad -\frac{2}{\Delta t}\leqslant \mathrm{Im}(\lambda)\leqslant \frac{2}{\Delta t} \qquad (7.3.32)$$

也就是说，为保证算法的稳定性，时间本征值必须落在这个虚轴的稳定区间内。

另一方面，将平面波本征模

$$V(i,j,k)=V\exp\left\{\mathrm{j}(ik_x\Delta x+jk_y\Delta y+kk_z\Delta z\right\} \qquad (7.3.33)$$

代入式（7.3.27）和式（7.3.28），其中 $\mathrm{j}=\sqrt{-1}$，可以得到各个分量之间的关系，其中 $E_z$ 和 $H_z$ 的表达式为

$$\frac{2\mathrm{j}}{\varepsilon}\left[\frac{H_y}{\Delta x}\sin\left(\frac{k_x\Delta x}{2}\right)-\frac{H_x}{\Delta y}\sin\left(\frac{k_y\Delta y}{2}\right)\right]=\lambda E_z \qquad (7.3.34)$$

$$-\frac{2\mathrm{j}}{\mu}\left[\frac{E_y}{\Delta x}\sin\left(\frac{k_x\Delta x}{2}\right)-\frac{E_x}{\Delta y}\sin\left(\frac{k_y\Delta y}{2}\right)\right]=\lambda H_z \tag{7.3.35}$$

另外 4 个分量的表达式为

$$\frac{2\mathrm{j}}{\varepsilon}\left[\frac{H_z}{\Delta y}\sin\left(\frac{k_y\Delta y}{2}\right)-\frac{H_y}{\Delta z}\sin\left(\frac{k_z\Delta z}{2}\right)\right]=\lambda E_x \tag{7.3.36}$$

$$\frac{2\mathrm{j}}{\varepsilon}\left[\frac{H_x}{\Delta z}\sin\left(\frac{k_z\Delta z}{2}\right)-\frac{H_z}{\Delta x}\sin\left(\frac{k_x\Delta x}{2}\right)\right]=\lambda E_y \tag{7.3.37}$$

$$-\frac{2\mathrm{j}}{\mu}\left[\frac{E_z}{\Delta y}\sin\left(\frac{k_y\Delta y}{2}\right)-\frac{E_y}{\Delta z}\sin\left(\frac{k_z\Delta z}{2}\right)\right]=\lambda H_x \tag{7.3.38}$$

$$-\frac{2\mathrm{j}}{\mu}\left[\frac{E_x}{\Delta z}\sin\left(\frac{k_z\Delta z}{2}\right)-\frac{E_z}{\Delta x}\sin\left(\frac{k_x\Delta x}{2}\right)\right]=\lambda H_y \tag{7.3.39}$$

用矩阵形式可将方程（7.3.34）至式（7.3.40）表示为

$$A\begin{bmatrix}E_x\\E_y\\E_z\\H_x\\H_y\\H_z\end{bmatrix}=0 \tag{7.3.40}$$

根据该齐次方程组有非零解的条件

$$\det\left\{A\left(\lambda,k_x,k_y,k_z,\Delta x,\Delta y,\Delta z,\varepsilon,\mu\right)\right\}=0 \tag{7.3.41}$$

解得

$$\lambda^2=-\frac{4}{\varepsilon\mu}\left[\frac{\sin^2\left(\dfrac{k_x\Delta x}{2}\right)}{\left(\Delta x\right)^2}+\frac{\sin^2\left(\dfrac{k_y\Delta y}{2}\right)}{\left(\Delta y\right)^2}+\frac{\sin^2\left(\dfrac{k_z\Delta z}{2}\right)}{\left(\Delta z\right)^2}\right] \tag{7.3.42}$$

显然，对所有可能的 $k_x, k_y$ 和 $k_z$，$\lambda$ 满足下列条件：

$$\mathrm{Re}(\lambda)=0,\ \left|\mathrm{Im}(\lambda)\right|\leqslant 2v\sqrt{\frac{1}{\left(\Delta x\right)^2}+\frac{1}{\left(\Delta y\right)^2}+\frac{1}{\left(\Delta z\right)^2}} \tag{7.3.43}$$

式中，$v=1/\sqrt{\varepsilon\mu}$。为了保证数值的稳定性，式（7.3.43）所示的 $\lambda$ 区域必须落入时间本征值的稳定区间内，于是由式（7.3.42）和式（7.3.43）可得

$$\Delta t\leqslant\frac{1}{v\sqrt{\dfrac{1}{\left(\Delta x\right)^2}+\dfrac{1}{\left(\Delta y\right)^2}+\dfrac{1}{\left(\Delta z\right)^2}}} \tag{7.3.44}$$

这就是时域有限差分算法的数值稳定条件。对于非均匀区域，应选最大的 $v$ 值设立标准。对

二维问题（如场不随 $z$ 变化的问题），可在上式中令 $\Delta z \to \infty$，得到相应的稳定条件。

### 2. 数值色散

使用差分方法对麦克斯韦方程进行数值计算时，会在计算网格中导致所模拟的波模色散，即在时域有限差分网格中，数值波模的传播速度随频率变化，这种变化由非物理因素引起，随数值波模在网格中的传播方向及离散化情况的不同而变化。这种色散将导致非物理因素引起的脉冲波形畸变、人为的各向异性及虚假的折射现象。因此，数值色散是时域有限差分法中必须考虑的一个因素。下面推导出数值色散方程。

考虑一个单色平面波，它的各个分量表示为

$$V^n(i,j,k) = V \exp\left\{ \mathrm{j}(ik_x\Delta x + jk_y\Delta y + kk_z\Delta z - n\omega\Delta t) \right\} \tag{7.3.45}$$

将它代入式（7.3.27）和式（7.3.28），得

$$E_z \sin\left(\frac{\omega\Delta t}{2}\right) = \frac{\Delta t}{\varepsilon}\left[\frac{H_x}{\Delta y}\sin\left(\frac{k_y\Delta y}{2}\right) - \frac{H_y}{\Delta x}\sin\left(\frac{k_x\Delta x}{2}\right)\right] \tag{7.3.46}$$

$$H_z \sin\left(\frac{\omega\Delta t}{2}\right) = \frac{\Delta t}{\mu}\left[\frac{E_y}{\Delta x}\sin\left(\frac{k_x\Delta x}{2}\right) - \frac{E_x}{\Delta y}\sin\left(\frac{k_y\Delta y}{2}\right)\right] \tag{7.3.47}$$

对其余 4 个场分量，可以得到类似的关系式。这些关系式构成一个齐次线性方程组

$$\boldsymbol{B}\begin{bmatrix} E_x \\ E_y \\ E_z \\ H_x \\ H_y \\ H_z \end{bmatrix} = 0 \tag{7.3.48}$$

根据该齐次方程组有非零解的条件

$$\det\left\{ B(k_x, k_y, k_z, \Delta x, \Delta y, \Delta z, \omega, \varepsilon, \mu) \right\} = 0 \tag{7.3.49}$$

解得

$$\left(\frac{1}{v\Delta t}\right)^2 \sin^2\left(\frac{\omega\Delta t}{2}\right) = \frac{\sin^2\left(\dfrac{k_x\Delta x}{2}\right)}{(\Delta x)^2} + \frac{\sin^2\left(\dfrac{k_y\Delta y}{2}\right)}{(\Delta y)^2} + \frac{\sin^2\left(\dfrac{k_z\Delta z}{2}\right)}{(\Delta z)^2} \tag{7.3.50}$$

上式就是三维情况下的数值色散关系式，其中 $k_x, k_y$ 和 $k_z$ 分别是波矢量沿 $x, y, z$ 方向的分量，$\omega$ 为角频率，$v$ 是被模拟的均匀介质中的光速。与数值色散关系对应，无耗介质中平面波的解析色散关系式为

$$\left(\frac{\omega}{v}\right)^2 = k_x^2 + k_y^2 + k_z^2 \tag{7.3.51}$$

由式（7.3.50）可知，当 $\Delta t, \Delta x, \Delta y, \Delta z$ 均趋于零时，它就变成式（7.3.51），说明只要时间和空间步长足够小，数值色散就可以减小到任意程度，但是这会增加计算机的存储空间和 CPU 时间，增大累积误差。因此，应该采用适当的时间和空间步长。有限步长对数值色散的影响是

不可避免的。

为了定量说明数值色散对 FDTD 网格的依赖关系，下面以二维 TM 波为例进行数值计算。假设 $\Delta x = \Delta y = \delta$，波的传播方向与 $x$ 轴的夹角为 $\alpha$，于是有 $k_x = k\cos\alpha$，$k_y = k\sin\alpha$，其中 $k$ 是波矢量的模。这时，数值色散关系为

$$\left(\frac{\delta}{v\Delta t}\right)^2 \sin^2\left(\frac{\omega\Delta t}{2}\right) = \sin^2\left(\frac{\delta\,k\cos\alpha}{2}\right) + \sin^2\left(\frac{\delta\,k\sin\alpha}{2}\right) \tag{7.3.52}$$

利用牛顿法迭代程序，给定 $\alpha,\delta,\Delta t$，可由式（7.3.52）求得 $(\lambda_0 k)$，进而求得相应的相速度 $v_p = \dfrac{\omega}{k}$。例如，取 $\alpha = 45°$，$v\Delta t = c\Delta t = \delta/2$，由式（7.3.52）得

$$\sin^2\left(\frac{k\delta}{2\sqrt{2}}\right) = 2\sin^2\left(\frac{2\pi f(\Delta t)}{2}\right) = 2\sin^2\left(\frac{\pi\,c(\Delta t)}{\lambda_0}\right) = 2\sin^2\left(\frac{\pi\delta}{2\lambda_0}\right) \tag{7.3.53}$$

进一步，取 $\delta = \lambda_0/5$，得

$$\sin^2\left(\frac{k\lambda_0}{10\sqrt{2}}\right) = 2\sin^2\left(\frac{\pi}{10}\right) \tag{7.3.54}$$

使用牛顿法迭代程序由该方程可解得 $(\lambda_0 k)$，并且由下述关系求得 $v_p/c$：

$$\frac{v_p}{c} = \frac{v_p}{\lambda_0 f} = \frac{2\pi v_p}{\lambda_0 \omega} = \frac{2\pi}{\lambda_0 k} = 0.9823 \tag{7.3.55}$$

图 7.13 中显示了 3 种网格分辨率情况下归一化相速度与时域有限差分网格中波的传播方向的变化。对于每种分辨率，为保证数值稳定，均保持关系 $v\Delta t = \delta/2$。由图 7.13 可见，对不同的分辨率，最大相速度均在 $\alpha = 45°$ 时出现，而 $\alpha = 0°$ 和 90° 时相速度最小，这表明此算法存在明显的各向异性，但这种现象随着分辨率的提高而迅速改善。例如，当 $\delta = \lambda/10$ 时，相速度的最大误差为 1.3%；而当 $\delta = \lambda/20$ 时仅为 0.31%，即网格减小 1 倍，相位误差减小为 1/4。

图 7.14 中显示了入射角为 45° 和 0°(90°) 时相速度随网格分辨率的变化情况，这里仍然取 $v\Delta t = \delta/2$。可以看出，记 $\delta = \zeta\lambda_0$，则对于每个入射角 $\alpha$，系数 $\zeta$ 有一个上限值 $\zeta_{\max}$。因此，由 $\zeta = \delta/\lambda_0$ 可知，若 $\lambda_0$ 固定，则 $\delta$ 不能任意大，随着分辨率 $\delta$ 变粗，相速度变小，最后到达某个临界值后，相速度急剧下降至零，即不能再在 FDTD 网格中传播。反之，若 $\delta$ 固定，则 $\lambda_0$ 不能任意小（即 $f$ 不能任意大），说明 Yee 的差分格式隐含有数字低通滤波特性，能传输的数值波模的波长根据传播方向的不同有一个 2～3 倍空间步长的下限。因此，FDTD 模拟有限宽度的脉冲会导致脉冲畸变累积，因为高频分量的传播速度比低频分量的慢，而频率高于上限频率（对应下限波长）的频谱分量更无法传播。这种数值色散将导致脉冲宽度增大，并且导致因高频分量传播速度慢而出现的高频拖尾。然而，只要适当选取脉冲的频谱分量和网格步长，使得主要频谱分量的波长至少为 10 倍网格步长，畸变就可以忽略不计。无论在哪个传播方向，主要频谱分量的数字相速度的变化范围都小于 1%。

除了数字相速度各向异性和脉冲畸变外，若网格尺寸是空间位置的函数，数值色散还会导致传播模式的伪折射。这种变步长网格将使数字传播模式的网格分辨率发生变化，影响模式相速度分布，导致非物理因素所致数值波模在不同网格尺寸分界面处反射和折射（尽管有时这些分界面位于自由空间中），就像真实的波在具有不同介质参数的分界面处被反射和折射那样，这种非物理折射的程度取决于模式相速度分布变化的幅度和突变强度，也可用介质分界面处波折射的常规理论进行定量分析。

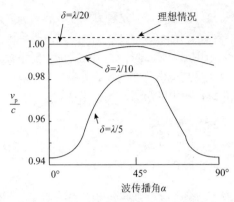
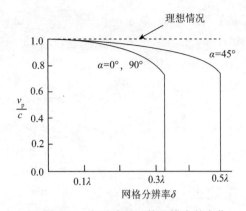

图 7.13　相速度随传播方向的变化　　　　　　图 7.14　相速度随网格分辨率的变化

前面说过，当步长为 $\Delta t$ 且 $\delta \to 0$ 时，式（7.3.50）退化为式（7.3.51），即理想色散情形。恰当地选取 $\Delta t$，$\delta$ 及传播方向，这种理想情况就会发生。例如，在三维矩形网格中，取波沿对角线方向传播（ $k_x = k_y = k_z = k/\sqrt{3}$ ），$\Delta t = \delta/(\sqrt{3}v)$ （数值稳定性的极限状态），即可得到理想色散关系。对二维方网格，取波沿对角线方向传播（ $k_x = k_y = k/\sqrt{3}$ ），$\Delta t = \delta/(\sqrt{2}v)$ ，也可得到理想色散关系。在一维情况下，取 $\Delta t = \delta/v$ ，对所有传播模式均可得到理想色散关系。

### 7.3.3　吸收边界条件

差分格式、解的稳定性、吸收边界条件是 FDTD 法的三大要素。前面介绍了 FDTD 差分格式、解的稳定性，下面介绍吸收边界条件。

时域有限差分法在计算机的数据存储空间中，对连续的实际电磁波的传播过程在时间和空间中进行数值模拟。在电磁场的辐射、散射等问题中，边界总是开放的，电磁场占据无限大的空间，而计算机的内存是有限的，因此只能模拟有限空间。也就是说，时域有限差分网格将在某处被截断。如何处理截断边界，使之与需要考虑的无限空间的差异尽量小，是时域有限差分法中必须要解决的一个重要问题。实际上，这要求在网格截断处不引起波的明显反射，因此对向外传播的波而言就像在无限大空间中传播一样。行之有效的方法之一是，在截断处设置一个边界条件，使传输到截断处的波被边界吸收而不产生反射，起到模拟无限空间的作用。当然，完全无反射不可能，但提出的一些吸收边界条件可以达到令人满意的结果。

吸收边界条件的研究大致分为两个阶段。第一个阶段是 20 世纪七八十年代，这个阶段共提出了 4 大类吸收边界条件：基于索末菲辐射条件的 Bayliss-Turkel 吸收边界条件；基于单向波动方程的 Engquist-Majda 吸收边界条件；利用插值技术的廖氏吸收边界条件；梅-方超吸收边界条件。这些吸收边界条件在 FDTD 仿真区域的外边界通常有 0.5%～5%的数值反射系数，在许多场合下可视为无反射吸收。第二个阶段是 20 世纪 90 年代，由 Berenger 提出了完全匹配层（PML）的理论模型及在 FDTD 中的实现技术，可在 FDTD 仿真区域的外边界提供比上述各种吸收边界条件低 40dB 的反射系数，使吸收边界条件的研究向前迈进了一大步。下面分别介绍这些吸收边界条件。

20 世纪七八十年代的几种主要吸收边界条件在 FDTD 计算区域外边界存在 0.5%～5%的数值反射系数。现代微波暗室的动态范围已能做到大于 70dB。若数值模拟的动态范围也能做到大于 70dB，则理论预测与实验测试的能力更匹配，以便更好地促进科学研究。实现大于 70dB 的理论预测动态范围，相当于将所有计算噪声抑制到小于入射波振幅的 $10^{-4}$，这就要求将现有吸收边界条件的有效反射系数再降低 40dB（100:1）。

1994 年，Berenger 提出用完全匹配层（PML）来吸收外向电磁波。这种方法在吸收边界区分裂电磁场分量，并对各个分裂的场分量赋以不同的损耗。于是，就能在 FDTD 网格外边界得到一种非物理吸收介质，它具有不依赖于外向波入射角和频率的波阻抗。Berenger 称，PML 的反射系数是前述标准二阶或三阶吸收边界条件的 1/3000，总网格噪声能量是使用普通吸收边界条件时的 $1/10^7$。

使用 PML，可使 FDTD 模拟的最大动态范围达到 80dB。

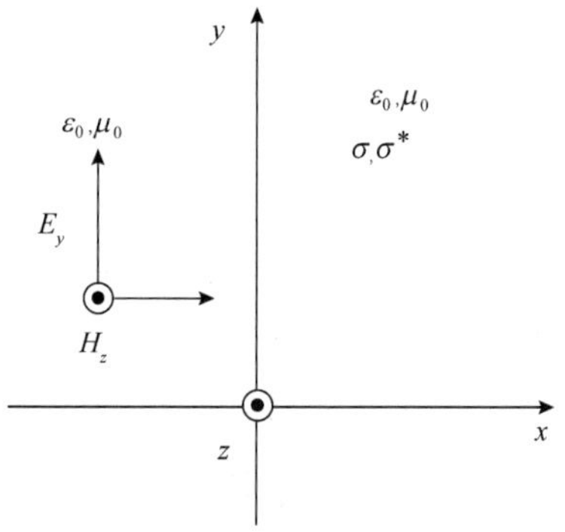

下面详细介绍 PML 的原理。

考虑平面波垂直入射时 PML 界面的情况。如图 7.15 所示，真空中的波阻抗为 $Z_0$，PML 中的波阻抗为 $Z$：

$$Z_0 = \sqrt{\mu_0 / \varepsilon_0} \tag{7.3.56}$$

$$Z = \sqrt{\frac{\mu_0 + \sigma^* / \mathrm{j}\omega}{\varepsilon_0 + \sigma / \mathrm{j}\omega}} \tag{7.3.57}$$

图 7.15　平面波垂直入射时 PML 界面的情况

式中，$\mu_0$ 和 $\varepsilon_0$ 分别是真空介质的磁导率和介电常数，$\sigma$ 和 $\sigma^*$ 分别是 PML 中的电导率和磁导率，$\omega$ 为角频率。进一步，若下列条件成立：

$$\frac{\sigma}{\varepsilon_0} = \frac{\sigma^*}{\mu_0} \tag{7.3.58}$$

则介质的波阻抗与自由空间的波阻抗相等，当波垂直入射介质和自由空间的分界面时，不存在反射。这个条件称为**阻抗匹配条件**。只要该条件得到满足，反射系数就独立于频率而始终为零。另外，若 $\sigma$、$\sigma^*$ 足够大，则电磁波将很快衰减。然而，当波倾斜入射时，即使满足条件式（7.3.81），反射系数也不完全为零。因此，即使用这样的介质将 FDTD 包围起来，吸收边界的反射系数也不为零。针对以上情况，Berenger 引入了新的电导率和磁导率，实现了倾斜入射时匹配条件也能得到满足的非物理介质。

下面以 TM 波为例考虑二维情况，如图 7.16 所示。电磁场只有 3 个分量，即 $E_x, E_y, H_z$。TM 波入射的反射系数 $R$ 表示为

$$R = \frac{Z\cos\theta_i - Z_0\cos\phi}{Z\cos\theta_i + Z_0\cos\phi} \tag{7.3.59}$$

为了在独立于频率和入射角的情况下使 $R=0$，需要满足式（7.3.58）中的阻抗匹配条件，且入射角和折射角必须相等，而这样的介质实际上不存在。因此，PML 是人工假想的介质，介质中的麦克斯韦方程不成立。

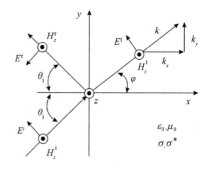

如图 7.16 所示，将 PML 中的波分为沿 $x$ 方向前进的波和沿 $y$ 方向前进的波。$y$ 方向的波满足斯涅尔定律，$x$ 方向的波必须满足波阻抗匹配条件。换句话说，$x$ 方向和 $y$ 方向的波都可视为独立向前运动的平面波。只有 $x$ 方向必须满足阻抗匹配条件，$y$ 方向则不需要。这就是 PML 的基本原理。

图 7.16　TM 波倾斜入射问题

将磁场分量 $H_z$ 分裂为两个子分量 $H_{zx}$ 和 $H_{zy}$。在 PML 中有 4 个场分量 $E_x, E_y, H_{zx}, H_{zy}$，满足下列方程：

$$\varepsilon_0 \frac{\partial E_x}{\partial t} + \sigma_y E_x = \frac{\partial (H_{zx} + H_{zy})}{\partial y} \qquad (7.3.60)$$

$$\varepsilon_0 \frac{\partial E_y}{\partial t} + \sigma_x E_y = -\frac{\partial (H_{zx} + H_{zy})}{\partial x} \qquad (7.3.61)$$

$$\mu_0 \frac{\partial H_{zx}}{\partial t} + \sigma_x^* H_{zx} = -\frac{\partial E_y}{\partial x} \qquad (7.3.62)$$

$$\mu_0 \frac{\partial H_{zy}}{\partial t} + \sigma_y^* H_{zy} = \frac{\partial E_x}{\partial y} \qquad (7.3.63)$$

式中，$\sigma_x$ 和 $\sigma_y$ 为电导率，$\sigma_x^*$ 和 $\sigma_y^*$ 为磁导率。

于是，匹配条件简化为

$$\begin{cases} \dfrac{\sigma_x}{\varepsilon_0} = \dfrac{\sigma_x^*}{\mu_0} \\ \sigma_y = \sigma_y^* = 0 \end{cases} \qquad (7.3.64)$$

只要以上条件得到满足，入射波就可被无反射地吸收。TE 波的情况可用同样的方法实现。三维情况下的 PML 可通过 TM 和 TE 波的合成来实现。吸收边界的效果如图 7.17 所示。

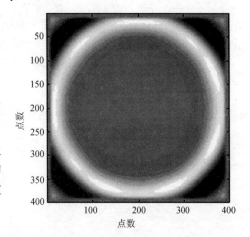

图 7.17　吸收边界的效果

### 7.3.4　FDTD 中的常用激励源

使用 FDTD 方法分析电磁问题时，一个重要的任务是模拟激励源，即选择合适的入射波形式及用适当的方法将入射波加入 FDTD 迭代。按源随时间变化来分，有两类激励源：一类是随时间周期变化的时谐场源，另一类是脉冲波源。按空间分布来分，有面源、线源、点源等。本章给出 FDTD 方法中的常用源，并介绍将激励源引入 FDTD 计算的方法。

下面给出 FDTD 中常用时谐场源和脉冲波源的时域和频域特性。

#### 1．时谐场源

为了用 FDTD 方法来计算时谐场情况下的电磁问题，假设入射场为

$$E_i(t) = \begin{cases} 0, & t < 0 \\ E_0 \sin(\omega t), & t \geqslant 0 \end{cases} \qquad (7.3.65)$$

实际上，这是一个自 $t = 0$ 开始的半无限正弦波序列。

考虑到建立过程，在激励源情况下达到时谐场的稳态通常需要 3～5 个周期。当然，散射问题所需的周期数还与散射体的大小和形状有关。例如，对于具有凹腔结构的物体，Taflove 等指出，达到稳定状态所需的周期数约等于所模拟散射结构的 $Q$ 值。为了缩短稳态建立时间，减小冲激效应，可以引入开关函数，如采用升余弦函数。

#### 2．脉冲波源

脉冲波源的频谱通常有一定的带宽。了解脉冲波源及其频谱特性，对于 FDTD 计算来说十分重要。下面介绍几种常用的脉冲波源。

1）高斯脉冲

高斯脉冲函数的时域形式为

$$E_i(t) = \exp\left(-\frac{4\pi(t-t_0)^2}{\tau^2}\right) \tag{7.3.66}$$

式中，$\tau$ 为常数，它决定高斯脉冲的宽度。脉冲峰值出现在 $t=t_0$ 时刻，如图 7.18(a)所示。上式的傅里叶变换为

$$E_i(f) = \frac{\tau}{2}\exp\left(-j2\pi f t_0 - \frac{\pi f^2 \tau^2}{4}\right) \tag{7.3.67}$$

其频谱如图 7.18(b)所示，其中去掉了负频率部分。通常取 $f=2/\tau$ 为高斯脉冲的频宽，这时频谱为最大值的 4.3%，当 $f=1/\tau$ 时频谱为最大值的 45.6%，当 $f=1.7/\tau$ 时频谱为最大值的 10%。

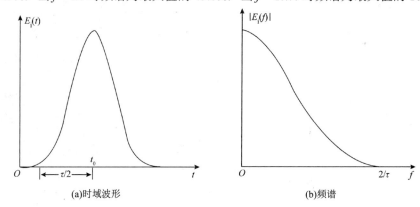

图 7.18　高斯脉冲的时域波形及其频谱

2）升余弦脉冲

升余弦脉冲函数的时域形式为

$$E_i(t) = \begin{cases} 0.5[1-\cos(2\pi t/\tau)], & 0 \leqslant t \leqslant \tau \\ 0, & 其他 \end{cases} \tag{7.3.68}$$

式中，$\tau$ 为脉冲底座宽度。升余弦脉冲的时域波形及其频谱如图 7.19 所示。上式的傅里叶变换为

$$E_i(f) = \frac{\tau \exp(-j\pi f \tau)}{1-f^2\tau^2}\frac{\sin(\pi f \tau)}{\pi f \tau} \tag{7.3.69}$$

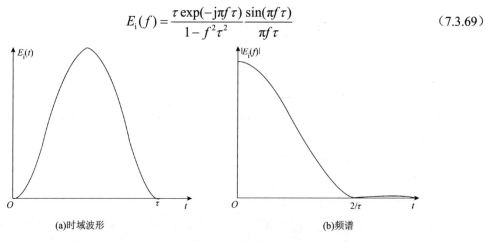

图 7.19　升余弦脉冲的时域波形及其频谱

该函数的形状类似于 $\dfrac{\sin x}{x}$，但尾部下降更快。当 $f = 2/\tau$ 时，频谱为第一个零点，当 $f = 1.6/\tau$ 时频谱为最大值的 10%。

3）微分高斯脉冲

对高斯脉冲求导，得到微分高斯脉冲函数

$$E_i(t) = (t - t_0)\exp\left[-\frac{4\pi(t - t_0)^2}{\tau^2}\right] \tag{7.3.70}$$

它的优点是不含零频率分量。微分高斯脉冲的时域波形及其频谱如图 7.20 所示。

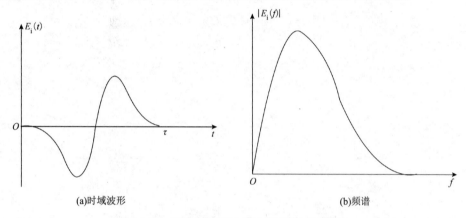

(a)时域波形      (b)频谱

图 7.20　微分高斯脉冲的时域波形及其频谱

4）截断三余弦脉冲

截断三余弦脉冲函数的时域形式为

$$E_i(t) = \begin{cases} \beta\left[10 - 15\cos(\omega_1 t) + 6\cos(\omega_2 t) - \cos(\omega_3 t)\right], & 0 \leqslant t \leqslant \tau \\ 0, & \text{其他} \end{cases} \tag{7.3.71}$$

式中，$\omega_i = 2\pi i/\tau$，$i = 1, 2, 3$，$\tau$ 为脉冲底座宽度。如图 7.21 所示，截断三余弦脉冲的波形也与高斯脉冲的相似，但在脉冲的两个端点即 $t = 0, \tau$ 时刻，对时间的前 5 阶导数都为零，因此与高斯脉冲相比在起始和终止时刻有更好的平滑性。截断三余弦脉冲的频谱形状也与高斯脉冲的相似，当 $f = 0$ 时频谱最大，当 $f = 1/\tau$ 时频谱为最大值的 40.4%，当 $f = 2/\tau$ 时频谱为最大值的 16.1%，当 $f = 3/\tau$ 时频谱为最大值的 4.8%。

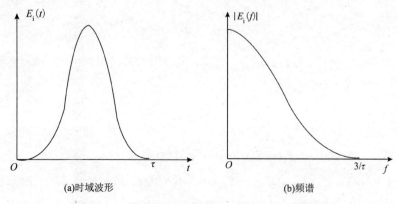

(a)时域波形      (b)频谱

图 7.21　截断三余弦脉冲的时域波形及其频谱

5）截断三正弦脉冲

对截断三余弦脉冲式（7.3.71）求导，便得到截断三正弦脉冲函数

$$E_i(t) = \begin{cases} \beta\left[15\omega_1\sin(\omega_1 t) - 6\omega_2\sin(\omega_2 t) + \omega_3\sin(\omega_3 t)\right], & 0 \leqslant t \leqslant \tau \\ 0, & \text{其他} \end{cases} \tag{7.3.72}$$

式中，$\omega_i = 2\pi i/\tau$，$i = 1, 2, 3$，$\tau$ 为脉冲底座宽度。如图 7.22(a)所示，截断三正弦脉冲的波形与微分高斯脉冲的相似，但在脉冲起始和终止时刻（$t = 0, \tau$）对时间的前 4 阶导数为零，并且具有很好的平滑性。截断三正弦脉冲的频谱如图 7.22(b)所示，当 $f = 0$ 时频谱为零，即没有直流分量；当 $f = 1.3/\tau$ 时频谱达到最大；当 $f = 0.1/\tau$ 和 $f = 3.2/\tau$ 时，频谱约为最大值的 12%。

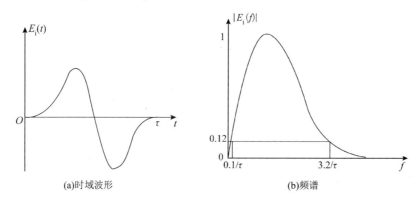

(a)时域波形　　　　　　　　　　(b)频谱

图 7.22　截断三正弦脉冲的时域波形及其频谱

6）调制高斯脉冲

调制高斯脉冲函数的时域形式为

$$E_i(t) = -\cos(\omega t)\exp\left[-\frac{4\pi(t - t_0)^2}{\tau^2}\right] \tag{7.3.73}$$

式中，等号右边第一项是基波表达式，中心频率为 $f_0 = \omega/2\pi$；第二项为高斯函数形式，$t_0$ 通常取基波的 2.25 个周期，即 $t_0 = 9\pi/2\omega$。图 7.23(a)显示了调制高斯脉冲的时域波形。调制高斯脉冲的频谱为

$$\begin{aligned} E_i(f) = &\frac{\tau}{4}\exp\left[-\frac{\pi(f - f_0)^2\tau^2}{4}\right]\exp\left[-\mathrm{j}2\pi f(f - f_0)t_0\right] + \\ &\frac{\pi}{4}\exp\left(-\frac{\pi(f + f_0)^2\tau^2}{4}\right)\exp\left[-\mathrm{j}2\pi(f + f_0)t_0\right] \end{aligned} \tag{7.3.74}$$

图 7.23(b)所示为调制高斯脉冲的频谱。可见，与高斯脉冲的频谱相比，调制高斯脉冲的频谱向零频率点两侧各移动了 $f_0$。

7）双指数脉冲

双指数脉冲函数的时域形式为

$$E_i(t) = A_0\left[\exp(-\alpha t) - \exp(-\beta t)\right] \tag{7.3.75}$$

当 $A_0 = 5.25 \times 10^4\,\mathrm{V/m}$，$\alpha = 4 \times 10^6\,\mathrm{s}^{-1}$，$\beta = 4.76 \times 10^8\,\mathrm{s}^{-1}$ 时，双指数脉冲波形称为 **Bell 波形**，常用于研究核电磁脉冲和雷电脉冲。双指数脉冲的傅里叶变换为

$$E_i(f) = A_0 \left( \frac{1}{\alpha + \mathrm{j}2\pi f} - \frac{1}{\beta + \mathrm{j}2\pi f} \right) \qquad (7.3.76)$$

双指数脉冲的时域波形及其频谱如图 7.24 所示。

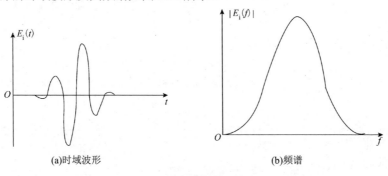

(a)时域波形　　　　　　　　　　(b)频谱

图 7.23　调制高斯脉冲的时域波形及其频谱

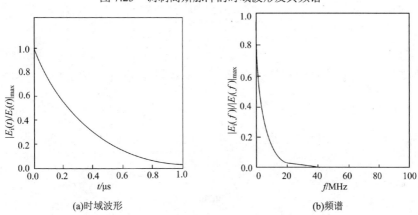

(a)时域波形　　　　　　　　　　(b)频谱

图 7.24　双指数脉冲的时域波形及其频谱

在以上讨论的脉冲中，除了高斯和双指数脉冲，其他几种脉冲在截断处都为零，是有限的底座函数，升余弦脉冲在截断处的一阶导数为零。截断三余弦脉冲的时域波形与高斯脉冲的相似，但在截断处其前五阶导数都为零，因此与高斯脉冲相比具有更好的平滑性。截断三正弦脉冲的时域波形与微分高斯脉冲的相似，但在截断处其前四阶导数都为零，因此也具有较好的平滑性。微分高斯脉冲、截断三正弦脉冲和调制高斯脉冲的频谱没有直流分量（零频）。

采用以上讨论的脉冲波作为入射波时，如果所关心频率范围内的最高频率为 $f_{\max}$，则对应的真空波长为 $\lambda_{\min} = c/f_{\max}$，其中 $c$ 为自由空间中的波速。若 FDTD 的 Yee 元胞尺度取为 $\delta = \lambda_{\min}/N$，$N \geqslant 10$，且时间步长间隔为 $\Delta t = \delta/(2c)$，则有

$$\Delta t = \frac{1}{2f_{\max} N} \qquad (7.3.77)$$

若脉冲宽度为 $\tau$，则在一个脉冲时间内，采样点的总数 $N$ 至少应取为

$$N_\tau = \frac{\tau}{\Delta t} = 2f_{\max} \tau N \qquad (7.3.78)$$

### 3. 电偶极子源

电偶极子由大小相等、符号相反的两个电荷 $q$ 组成，电荷间的距离为 $l$，电偶极矩为 $p = ql$。用电流表示时，根据 $I = \mathrm{d}q/\mathrm{d}t = \mathrm{j}\omega q$，有

$$Il = \mathrm{j}\omega p \tag{7.3.79}$$

自由空间中电偶极子的辐射场为

$$E(r,\omega) = \mathrm{j}\omega\mu Il \frac{\exp(-\mathrm{j}kr)}{4\pi r}\left\{ e_r\left[ -\frac{\mathrm{j}}{kr} + \left(\frac{\mathrm{j}}{kr}\right)^2 \right]2\cos\theta + e_\theta\left[ 1 - \frac{\mathrm{j}}{kr} + \left(\frac{\mathrm{j}}{kr}\right)^2 \right]\sin\theta \right\} \tag{7.3.80}$$

将式（7.3.79）代入式（7.3.80）得

$$\begin{aligned}
E(r,\omega) &= -\omega^2\mu p\frac{\exp(-\mathrm{j}kr)}{4\pi r}\left\{ e_r\left[ -\frac{\mathrm{j}c}{\omega r} - \frac{c^2}{\omega^2 r^2} \right]2\cos\theta + e_\theta\left[ 1 - \frac{\mathrm{j}c}{\omega r} - \frac{c^2}{\omega^2 r^2} \right]\sin\theta \right\} \\
&= -\frac{\mu}{4\pi r}\left\{ e_r\left[ -\frac{\mathrm{j}\omega c}{r} - \frac{c^2}{r^2} \right]2\cos\theta + e_\theta\left[ \omega^2 - \frac{\mathrm{j}\omega c}{r} - \frac{c^2}{r^2} \right]\sin\theta \right\}p\exp(-\mathrm{j}kr)
\end{aligned} \tag{7.3.81}$$

从频域过渡到时域，可以利用关系：

$$\frac{\partial}{\partial t} \rightarrow \mathrm{j}\omega \tag{7.3.82}$$

和

$$E\left(r,t-\frac{r}{c}\right) = \int E(r,\omega)\exp\left[\mathrm{j}\omega\left(t-\frac{r}{c}\right)\right]\mathrm{d}\omega = \int E(r,\omega)\exp(-\mathrm{j}kr)\exp(\mathrm{j}\omega t)\mathrm{d}\omega \tag{7.3.83}$$

于是式（7.3.82）可以改写为

$$E(r,t) = \frac{\mu}{4\pi r}\left\{ e_r\left[ \frac{c}{r}\frac{\partial}{\partial t} + \frac{c^2}{r^2} \right]2\cos\theta + e_\theta\left[ \frac{\partial^2}{\partial t^2} + \frac{c}{r}\frac{\partial}{\partial t} + \frac{c^2}{r^2} \right]\sin\theta \right\}p\left(t-\frac{r}{c}\right) \tag{7.3.84}$$

这就是电偶极子辐射场的时域公式。

考虑在 FDTD 中加入电偶极子源。由麦克斯韦方程有

$$\nabla \times \boldsymbol{H} = \frac{\partial \boldsymbol{D}}{\partial t} + \boldsymbol{J} \tag{7.3.85}$$

式中，电流密度 $\boldsymbol{J}$ 与电荷系统的电偶极矩 $p$ 有以下关系：

$$\int \boldsymbol{J}\mathrm{d}V = \frac{\mathrm{d}p}{\mathrm{d}t} \tag{7.3.86}$$

考虑一个很小的 FDTD 元胞，设元胞尺寸为 $\delta$ ，则式（7.3.86）可以改写为

$$\boldsymbol{J} = \frac{\mathrm{d}p}{\mathrm{d}t}\frac{1}{\delta^3} \tag{7.3.87}$$

将式（7.3.87）代入式（7.3.85），并且代入 $\boldsymbol{D} = \varepsilon_0\boldsymbol{E}$ ，有

$$\varepsilon_0\frac{\partial \boldsymbol{E}}{\partial t} = \nabla \times \boldsymbol{H} - \frac{1}{\delta^3}\frac{\mathrm{d}p}{\mathrm{d}t} \tag{7.3.88}$$

设电偶极子平行于 $z$ 轴，仅考虑上式的 $z$ 分量。当 $t = (n+1/2)\Delta t$ 时，对式（7.3.88）按 FDTD 方式差分离散得

$$E_z^{n+1} = E_z^n + \frac{\Delta t}{\varepsilon_0}[\nabla \times \boldsymbol{H}]_z^{n+1/2} - \frac{\Delta t}{\varepsilon_0\delta^3}\left[\frac{\mathrm{d}p}{\mathrm{d}t}\right]^{n+1/2} \tag{7.3.89}$$

这就是 FDTD 中偶极子辐射源的添加形式，适用于偶极子所在的节点位置。若 FDTD 元胞不是立方体，则上式中的 $\delta^3$ 改为元胞体积 $\Delta x\Delta y\Delta z$ 。对除偶极子外的其他节点，仍然应用无源空间 FDTD 计算公式。

为了检验式（7.3.89），考虑三维空间中的电偶极子辐射。设垂直电偶极子位于计算区域中心的 $E_z(0,1,1/2)$ 处，FDTD 计算区域为 $24 \times 24 \times 24$ 个元胞，四周被 PML 吸收层包围。元胞尺寸为 $5\text{cm} \times 5\text{cm} \times 5\text{cm}$，即 $\delta = 5\text{cm}$。按照 $\delta = 2c\Delta t$，时间间隔为 $\Delta t = 83.333\text{ps}$。考察距离辐射源 $10\delta$ 处观察点 $Q$ 的电场 $E_z(0,10,1/2)$。吸收层内侧距离观察点 $Q$ 两个元胞。在程序实现中，迭代由 FDTD 差分方程完成，添加激励源只需将式（7.3.89）右端的第三项直接加到 $E_z(0,0,1/2)$ 节点上即可。计算中辐射源采用高斯脉冲

$$ p(t) = 10^{-10} \exp\left[-\left(\frac{t-3T}{T}\right)^2\right], \quad T = 2\text{ns} \qquad (7.3.90) $$

在观察点 $Q$ 处，$r = 10\Delta x$，$\theta = 90°$，计算结果如图 7.25 所示。为便于比较，图中还给出了瞬态偶极子的解析解［即式（7.3.80）］。此外，还在 FDTD 区为 $65 \times 65 \times 65$ 个元胞计算了偶极子场，20ns 内来自截断边界处的反射波尚未到达 $Q$ 点，可认为是"真正"自由空间的 FDTD 解，图中记为参考曲线。8 层和 4 层元胞厚的 PML 结果与自由空间的 FDTD 结果及解析解非常吻合。此外，还应用二阶 Mur 吸收边界计算了相应的结果。由于吸收边界离观察点较近，只有两个元胞，由图可见此情况下应用 Mur 边界所得结果的偏差较大。

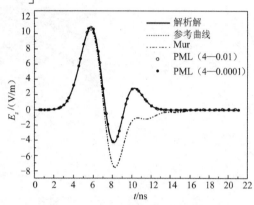

图 7.25　$Q$ 点处电偶极子的辐射场

## 7.3.5　计算实例

下面给出一些利用时域有限差分法模拟探地雷达测量的计算实例。根据实际情况，天线的布置可分为共发射源方式、共源距方式和共中点方式。

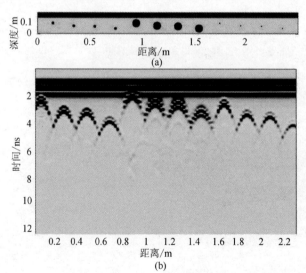

(a)

(b)

图 7.26　空洞及管线模型：(a)四根粗细不同的金属管线分别埋设在两侧，中间为 4 个空洞，周围介质为湿沙，采用共源距方式；(b)对应的合成雷达剖面

图 7.26(a)所示为埋设在相对介电常数为 20、电导率为 0.1 S/m 的湿沙中不同深度处的 8 个金属管线（两侧）和空洞（中间）的模型。这里采用 900MHz 的天线来采集数据，测量为共源距方式。图 7.26(b)所示为模拟结果，由于很高的阻抗对比以及明显的金属和湿沙的电性差异，反射信号的幅度很强。

在地质工程中，探地雷达可探测桥面和高速公路等混凝土结构下面的空洞与分层情况。这些目标和周围的介质相比，具有明显的电性差异。譬如，道路下面的空洞是由土壤中水的泄漏和过滤形成的。下面给出存在地下空洞时，道路的探地雷达探测的数值模拟。图 7.27(a)所示为道路的数值模型，相对介电常数为 6、电导率为 0.01S/m 的混凝土下方是湿沙。空洞具有不同的形状。图 7.27(b)所示为模拟结果，从中可以观察到由角衍射和反射引起的相位变化。从正演结果可知，探测

和估计混凝土下面的空洞是可行的。从计算结果可以看出，时域有限差分法较射线追踪法的优点是，反射、折射、衍射等都是自动进行的。同时还注意到，区分地下空洞的形状比较困难。

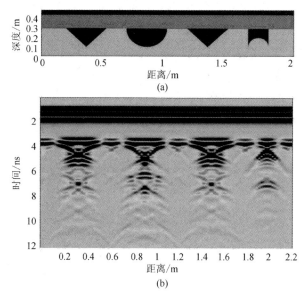

图 7.27　道路的数值模型(a)和模拟结果(b)

探地雷达常用于检验隧道衬砌和岩石之间的固结情况。当混凝土和岩石之间出现台阶状空隙，就表明工程质量存在问题。图 7.28(a)所示为混凝土和岩石间有空隙的模型，混凝土的相对介电常数和电导率分别为 6 和 0.005S/m，下部岩石的相对介电常数和电导率分别为 3 和 0.001S/m。天线操作频率为 900MHz。这些模型都非常简单，避免了来自其他目标的干扰。图 7.28(b)显示了利用时域有限差分合成的探地雷达信号。来自空隙的反射信号幅度非常明显，原因是这些材料和周围介质对比强烈。台阶的拐角引发了明显的绕射。

图 7.29 所示为混凝土中存在钢筋的情况，其他参数和图 7.27 中的相同。可以看出，每条钢筋都引发了强烈的抛物线形反射，并且交织在一起，而来自下方空隙的反射则变得不明显。

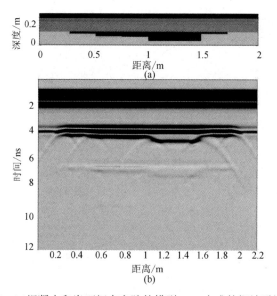

图 7.28　(a)混凝土和岩石间有空隙的模型；(b)合成的探地雷达信号

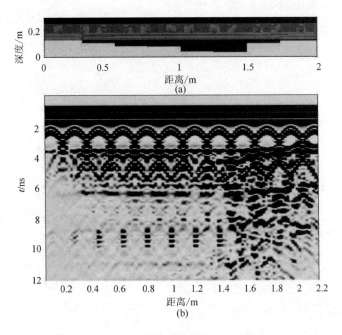

图 7.29　(a)混凝土中存在钢筋的模型；(b)合成的探地雷达信号

## 7.4　模型实验

在实验室环境下，使用矢量网络分析仪的步进频率探地雷达系统，可以完成常规的探地雷达探测研究及电磁波传播理论的相关研究。步进频率探地雷达系统实验系统如图 7.30 所示。

### 7.4.1　实验 1：直达波测量研究

直达波测量可用于研究电磁波在损耗介质中的衰减情况等。实验天线采用自制的高频半波偶极天线。两个半波偶极天线放于防水的塑料管中，并沿水平方向平行置于注满水的实验槽中，天线在水面下方 0.4m 的位置。系统发射扫频信号的扫描频带范围为 300kHz～2GHz，扫描点数

图 7.30　步进频率探地雷达系统实验系统

为 $N = 1601$，时域时窗为 0～150ns，发射平均功率为 0dBm。从矢量网络分析仪发射的电磁波扫频信号经过两副天线的滤波及近天线环境的滤波作用后，时域子波信号波形如图 7.31 所示。理想情况下，时域子波应是尖锐的单极脉冲，但天线系统的滤波作用使得子波被拉伸，并且出现振荡，无疑这会降低探测分辨率。

采用宽角测量方式测量时，初始偏移距为 5cm，发射天线固定，接收天线移动点距为 1cm。共炮点道集剖面如图 7.32 所示。从图中可看出，探测信号的信噪比很高，直达波在大偏移距的情况下仍具有很高的信噪比。图中，双曲线形的同相轴为水面的反射波，水面位置非常精确，分辨率也很高。

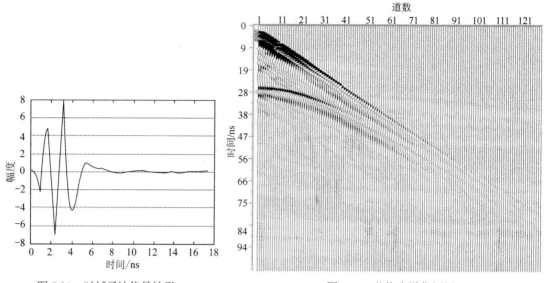

图 7.31  时域子波信号波形        图 7.32  共炮点道集剖面

### 7.4.2  实验 2：金属管探测

实验环境及系统设置参数与实验 1 的相同，时窗为 0～80ns，扫频点数为 $N = 1601$。水槽中深度为 1.0m 的位置水平放置了一根长度为 0.8m、直径 $\phi = 4cm$ 的铜管。测量方式为共偏移距方式，天线距为 25cm，天线与铜管的垂向距离为 0.30m，测点距为 1cm。图 7.33 所示为测量的原始剖面；图 7.34 所示为经过 F-K 偏移处理后的剖面，偏移速度为 $v = 0.0335m/ns$。

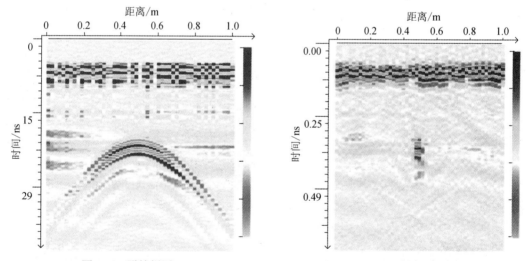

图 7.33  原始剖面        图 7.34  经过 F-K 偏移处理后的剖面

在原始剖面中，铜管的绕射双曲线很明显，信号比非常高，因为子波时宽较大，所以双曲线同相轴宽度也较大。经过 F-K 偏移处理后，铜管的绕射同相轴能量汇集在双曲线的顶部，水平分辨率进一步提高，整个剖面的信噪比也有了很大的提高。F-K 偏移的效果对偏移速度非常敏感，且 F-K 偏移是在频域中进行的，处理过程需要进行两次二维时频变换，变换过程中必然出现频谱泄漏等问题，因此在偏移结果剖面中，除了聚焦铜管的绕射波能量，还出现了四个绕射波的映像（以图像的中心为中心，上下左右各出现一个）。

### 7.4.3 实验3：单层塑料板探测

对于板状体结构，使用 SFGPR 系统进行探测，分析它对水平延伸异常体的探测能力。天线采用高频半波偶极天线，SFGPR 系统扫描频带为 300kHz～2GHz，扫频点数为 1024，时域时窗为 0～150ns。

模型中板尺寸为 30cm×18cm×0.9cm（长×宽×高）；板放在水下深度为 0.94m 的位置，天线放在水下深度为 0.64m 的位置，天线距为 7.5cm。测线沿板宽度方向（18cm 方向），测点距为 1cm。探测的原始剖面图如图 7.35 所示，上部水平延伸、能量很强的黑色条带为直达波。最下方平直、稳定的同相轴为水面反射。从中部的异常反射信号可以推断塑料板的位置：水平位置 $x = 0.175$cm 至 $x = 0.355$cm，纵向距离 $h = 0.0335$m/ns×19ns = 0.3183m。水面及直达波布满整个剖面，影响了异常体的凸显，沿水平方向对整个剖面移除均值后，减轻了直达波及水面的影响，移除水平均值后的剖面图如图 7.36 示。

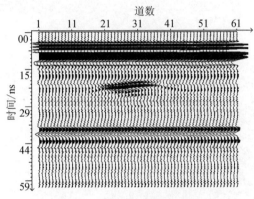 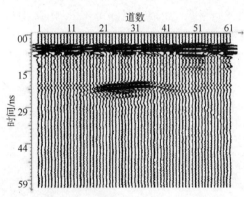

图 7.35　探测的原始剖面图　　　　　图 7.36　移除水平均值后的剖面图

### 7.4.4 实验4：多层塑料板探测

实验的目的是分析 SFGPR 探地雷达系统的探测分辨率，异常体模型为多层结构。模型由三块塑料板构成，上下两板并行放置，上界面间隔为 6cm，中间板倾斜放置，倾角为 10°。上板和中间板的尺寸为 30cm×18cm×0.5cm（长×宽×高）；下板尺寸为 30cm×18cm×2cm（长×宽×高）。多层塑料板模型的示意图和实物图如图 7.37 所示。

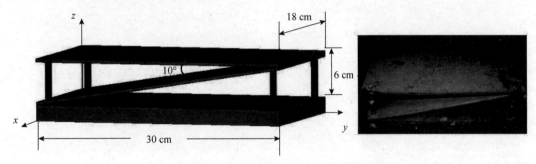

图 7.37　多层塑料板模型的示意图和实物图

SFGPR 系统的扫描频带为 300kHz～2.5GHz，扫描点数为 1024，时域时窗为 0～150ns，发射平均功率为 2dBm。采用高频半波偶极天线，天线放在水下深 0.64m 的位置，多层塑料板放在水下深 0.80m 的位置，天线距为 0.18cm，测线点距为 1cm。图 7.38 所示为原始探测剖面图，可以看到多层塑料板模型的形状很清晰，基本上呈现了模型的结构，模型的位置、水平长度及纵向延伸长度都很精确,可见探测分辨率很高。在探测过程中,天线的驱动云台在驱动天线过程中出现了一些抖动,且两副天线是单独驱动的,因此直达波在剖面上显得不太连续。

### 7.4.5 实验 5:水池中小球模型探测实验

实验的目的是探索多发多收(MIMO)系统的性能。实验采用半波偶极天线,设计中心频率为1GHz,实验中心频率为800~900MHz。小球实验模型如图 7.39 所示,即在水中放了 5 个高度不同、直径都为 5.5cm 的金属小球。在小球上面 24cm 处

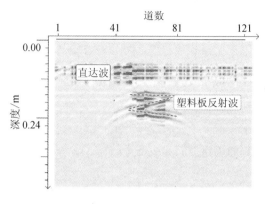

图 7.38　原始探测剖面图

布置一条测线。测量方式为双发双收,表示为 T1-10cm-T2-10cm-R1-10cm-R2。这样,通过不同的收发距组合,可以同时测得 4 个剖面,分别为 T2R1、T2R2、T1R1 和 T1R2。所测原始剖面如图 7.40 所示,经偏移处理后的剖面如图 7.41 所示。

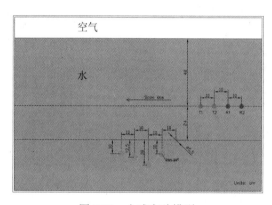

图 7.39　小球实验模型

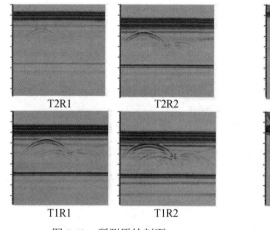

T2R1　　　　　　　　T2R2

T1R1　　　　　　　　T1R2

图 7.40　所测原始剖面

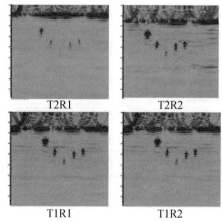

T2R1　　　　　　　　T2R2

T1R1　　　　　　　　T1R2

图 7.41　经偏移处理后的剖面

### 7.4.6 实验 6:复杂结构的石蜡模型探测

在上述模型实验中,天线都是放在水中的,且采用的都是高频半波偶极天线,这样做有利于对比参数,但同时隐去了许多实际野外探测中的复杂因素和条件。本实验为了模拟更真实的探测

环境，选用一个结构复杂的石蜡模型。模型放于木制实验台上，实验天线采用 Vivaldi 天线，天线前端距模型表面 0.5cm，天线距为 10cm，测点距为 1cm。SFGPR 系统的扫描频带为 300kHz～6GHz，扫描点数为 1024，时域时窗为 0～10ns，平均发射功率为 0dBm。

图 7.42 所示为模型结构图及实物照片。石蜡模型尺寸为 45cm×30cm×8.5cm（长×宽×高）；主体由石蜡组成，模型左下部梯形混凝土结构的厚度为 6.5cm，右下部梯形树脂材料的厚度为 4.5cm；两个梯形体下部的最小水平间距为 1cm，上部的最大水平间距为 4cm（槽宽）。探测时，天线在模型表面沿模型的长边进行测量，测量原始数据剖面图如图 7.43 所示。

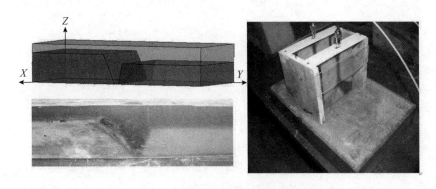

图 7.42　模型结构图及实物照片

Vivaldi 天线沿电磁波端射方向有一定的延伸长度，因为面天线不是一个点，而是有一定辐射长度的电磁辐射体，且 SFGPR 在转换到时域信号时，时间信号的零时刻刻度是以馈线末端口作为校准面的，即时间以馈线端口面作为零时间的开始位置。因此，在解释剖面图时，不能以原始剖面的零时间来刻度距离（或时间），而应参考直达波时间来重新刻度。在剖面图中，直达波到达时刻约为 1.90ns，因此重新刻度的天线端口的零时刻位置应为 $1.90 - 0.1/0.3 = 1.57$ns，即原剖面时间刻度都减去了 1.57ns。

在图 7.43 中，可以明显地看出各种波成分，还可区分模型中左右两个高度差仅为 1cm 的界面。天线距及测点距相对模型来说较大，水平分辨率较低，但仍然可以比较精确地划定两个梯形体的水平界限，槽宽也能基

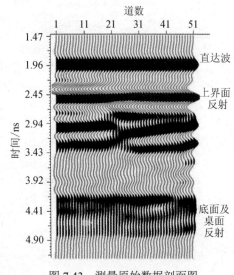

图 7.43　测量原始数据剖面图

本划定，位置与长度基本上与模型吻合。从图中可以估算出石蜡中波的传播速度约为 0.104m/ns，混凝土中波的传播速度为 0.10m/ns。

根据上述实验明显可以看出，SFGPR 系统具有很高的探测分辨率，探测信号信噪比高。在天线有效频带宽度较小、发射效率较低、馈电匹配较差的情况下，SFGPR 系统也能获得很好的效果。还可明显看出，探测剖面中很少出现类似于时域探地雷达中的强多次波现象，SFGPR 的探测剖面显得很干净，信噪比很高。可见，基于矢量网络分析仪的 SFGPR 探地雷达系统具有很强的探测能力，同时其剖面处理和解释完全可以采用时域探地雷达的处理和解释方法。

# 习　题

**7.1** 简述射线追踪法的原理。

**7.2** 简述有限元法模拟探地雷达的原理。

**7.3** 简述时域有限差分（FDTD）法模拟探地雷达的原理。

**7.4** 时域有限差分法的解的稳定性条件是什么？

**7.5** 简述完全匹配层（PML）的原理。

**7.6** 简述探地雷达方法进行物理模拟的基本条件。

# 参考文献

[1] 马争鸣，李衍达. 二步法射线追踪[J]. 地球物理学报，1991, 34(4): 501-508.

[2] 黄联捷，李幼铭，吴如山. 用于图像重建的波前法射线追踪[J]. 地球物理学报，35(2): 223-233.

[3] 杨长春，冷传波，李幼铭. 适于复杂地质模型的三维射线追踪法[J]. 地球物理学报，40(3): 414-420.

[4] 底青云，王妙月. 电磁波有限元仿真模拟[J]. 地球物理学报，1999, 42(6): 818-825.

[5] 底青云，许琨，王妙月. 衰减雷达波有限元偏移[J]. 地球物理学报，2000, 43(2): 257-263.

[6] 葛德彪，阎玉波. 电磁波时域有限差分法[M]. 西安：西安电子科技大学出版社，2002.

[7] 王秉中. 计算电磁学[M]. 北京：科学出版社，2002.

[8] Cai J. and McMechan G. A. Ray-based synthesis of bistatic ground-penetrating radar profile[J]. Geophysics, 1995, 60(1): 87-96.

[9] Cai J. and McMechan G. A. 2-D Ray-based tomography for velocity, layer shape, and attenuation from GPR data[J]. Geophysics, 1999, 64(5): 1579-1593.

[10] Chander R. On tracing seismic rays with specified end points in layers of constant velocity and plane interface[J]. Geophysical Prospecting, 1997, 25(1): 120-124.

[11] Farra, V. *Bending method revisited: a Hamiltonian approach*[J]. Geophysical Journal International, 1992, 109(1): 138-150.

[12] Farra V. *Ray tracing in complex media*[J]. Journal of Applied Geophysics, 1993, 30(1): 55-73.

[13] Liu Sixin and Sato Motoyuki. Transient Radiation from an Unloaded, Finite Dipole Antenna in a Borehole: Experimental and Numerical Results[J]. Geophysics, 2005, 70(6): k43-k51.

[14] Qingyun Di and Miaoyue Wang. Migration of ground-penetrating radar data with a finite-element method that considers attenuation and dispersion[J]. Geophysics, 2004, 69(2): 472-477.

[15] Sambridge M. S., Kennett B. L. N. *Boundary value ray tracing in heterogeneous medium: A simple and versatile algorithm*[J]. Geophysical Journal International 1991, 101(1): 157-168.

# 第8章 探地雷达数据处理

探地雷达在野外采集的原始数据，需要经过数据处理，得到有助于解释的数据或图像。原始数据中既包含有用信息，又包含各种噪声，有些情况下有用信息甚至可能会被噪声掩盖。数据处理的目的是抑制噪声、增强信号，即提高信噪比，以便从数据中提取速度、振幅、频率、相位等特征信息，帮助解释人员对原始数据进行地质解释。数据处理流程图如图 8.1 所示。下面结合探地雷达的数据特点介绍常规的数据处理方法。

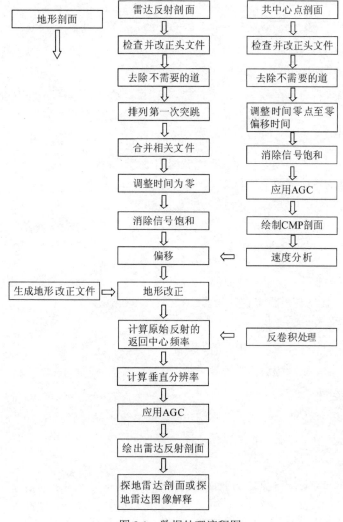

图8.1 数据处理流程图

一般情况下，探地雷达的数据处理流程可分为三部分。第一部分为数据编辑，包括数据的连接、废道的剔除、数据观测方向的一致化等；第二部分为常规处理，包括数字滤波、振幅处理、反卷积和偏移等；第三部分包括剖面修饰处理的相干加强，以及数字图像处理技术中的一些图像分割方法等。

## 8.1 资料整理、数据处理技术要求

探地雷达探测图像的解释应结合岩土勘察资料、地下管线调查资料及探测时的周边条件等做进一步的研究分析，图像的解释应尽可能准确地反映周边地层的实际情况，避免图像解释的盲目性和随意性。

资料处理和解释应符合下列要求。

（1）资料的解释与推断应充分结合物探工作范围内的地质、设计和施工资料，在反复对比分析中，总结和分析各种异常现象，得出较为准确的结论。

（2）应遵循野外探测与室内资料处理解释同步进行、室内资料的处理解释结果指导野外的进一步探测工作的原则，现场及时对资料进行初步整理和解释。如果发现原始资料有可疑之处或论述解释结论不够充分，就应做必要的外业补充工作。

（3）解释时，应通过综合资料，充分考虑地质情况和探测结果的内在联系与可能存在的干扰因素，充分考虑地球物理方法的多解性造成的虚假异常。

（4）结论应明确，符合测区的客观地质规律，各种探测方法的解释应相互补充、相互印证；如果解释结果不一致，应分析原因，并对推断的前提条件予以说明。

（5）先在原始图像上通过反射波波形和能量强度等特征，判断、识别和筛选异常。

（6）通过数据处理追踪强反射波和强吸收波同相轴，或利用异常的宽度及反射走时等参数，计算异常体的平面延伸范围和埋深。

## 8.2 数据编辑

### 1. 数据合并

当进行野外数据采集时，由于各种原因，如测线太长及电池电量等原因，数据可能不连续（未记录在一个文件中），因此在进行数据处理前，需要合并数据。

### 2. 废道剔除

当进行野外采集时，由于诸多原因，如天线未放好，或者在天线移动过程中进行了数据采集，在处理数据前应从数据中剔除废道或做充零处理。

### 3. 测线方向一致化

为了方便野外施工，不同测线的方向不同（在做网格化测量时最容易出现这种情况），而为了方便成图和资料的对比解释，必须使数据的方向一致，即通常所说的数据调头。

### 4. 漂移处理

有时，雷达剖面上的数据会出现全为正、全为负或正负半周不对称的情况，这时数据含有直流漂移量。在对数据进行其他处理前，需要首先消除或抑制直流成分。处理方法比较简单：首先对道数据求和，接着用和值除以采样点数得到平均值，然后将该道的数据减去这个平均值。这种处理方法用公式表示为

$$X'(n,t) = X(n,t) - \frac{1}{N}\sum_{k=1}^{N}X(n,k) \qquad (8.2.1)$$

如果将上面的公式修改为

$$X'(n,t) = X(n,t) - \frac{1}{M}\sum_{k=1}^{M} X(k,t) \tag{8.2.2}$$

就成了消除水平同相轴的方法，该方法可有效地消除雷达剖面上较强的水平干扰。图 8.2 显示了消除水平同相轴前后的效果对比。

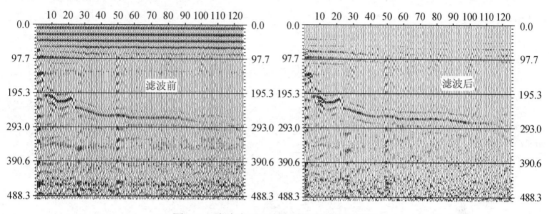

图 8.2　消除水平同相轴前后的效果对比

## 8.3　常规处理

### 8.3.1　数字滤波原理

在探地雷达的野外测量中，为了保留尽可能多的信息，常采用全通记录方式，以便同时记录有效波和干扰波。为了去除数据中的干扰信号，需要采用数字滤波方法，而数字滤波是根据数据中有效信号和干扰信号频谱范围的不同来消除干扰波的。

如果有效信号的频谱分布与干扰信号的频谱分布有较明显的界线，就可根据具体的干扰信号分布设计一个合理的滤波器滤除干扰信号，得到滤波后的结果。根据干扰信号的频谱分布的不同，可以采用低通、高通或带通的方法。频率域滤波的过程比较直观，因此下面以频率域滤波为例介绍数字滤波。

#### 1．理想低通滤波

如果噪声的频谱分布只有高频成分，那么可以采用如下滤波器将其滤除：

$$|H(f)| = \begin{cases} 1, & f \leqslant f_{\mathrm{h}} \\ 0, & \text{其他} \end{cases} \tag{8.3.1}$$

式中，$f_{\mathrm{h}}$ 是高频截止频率。

#### 2．理想高通滤波

如果噪声的频谱分布只有低频成分，那么可以采用如下滤波器将其滤除：

$$|H(f)| = \begin{cases} 1, & f \geqslant f_{\mathrm{l}} \\ 0, & \text{其他} \end{cases} \tag{8.3.2}$$

式中，$f_{\mathrm{l}}$ 是低频截止频率。

#### 3．理想带通滤波

如果噪声的频谱分布既有低频成分又有高频成分，那么可以采用如下滤波器将其滤除：

$$|H(f)| = \begin{cases} 1, & f_1 \leqslant f \leqslant f_h \\ 0, & \text{其他} \end{cases} \qquad (8.3.3)$$

所有理想滤波器的频率响应函数在截止频率 $f_1$ 和 $f_h$ 处都是间断的，间断函数的傅里叶变换（脉冲响应函数）必定是无限长的。实际计算中脉冲响应函数只能取有限长，即要对它进行截断。截断后的脉冲响应所对应的频率响应函数不再是理想的"门"，而是接近该"门"的一条幅值存在波动的曲线。这种现象称为**吉布斯现象**。

由于频率特性曲线在通频带内是波动的曲线，滤波后的有效波必定发生畸变。另外，频率特性曲线在通频带外也是波动的曲线，必定不能有效地抑制干扰。为了避免吉布斯现象，可采用若干方法，其中之一是镶边法，这种方法从频率域角度考虑问题，在矩形频率特性曲线的不连续点处镶上连续的边，使频率特性曲线变为连续的曲线。镶边函数有多种，下面用正弦函数的平方作为镶边函数，镶边后的带通滤波频率响应为

$$H(f) = \begin{cases} 0, & f < f_1 \\ \sin^2 \dfrac{\pi}{2}\left(\dfrac{f - f_1}{f_2 - f_1}\right), & f_1 \leqslant f \leqslant f_2 \\ 1, & f_2 < f < f_3 \\ \sin^2 \dfrac{\pi}{2}\left(\dfrac{f_4 - f}{f_4 - f_3}\right), & f_3 \leqslant f \leqslant f_4 \\ 0, & f > f_4 \end{cases} \qquad (8.3.4)$$

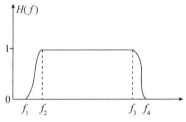

图 8.3 带通滤波的镶边函数

如图 8.3 所示，通过在频率域中对窗函数进行镶边，可以得到一个较好的带通滤波器，且在频率域中计算也较方便。

#### 4．时变滤波

探地雷达信号是宽频带信号。不同频率的成分在传播过程中，由于介质对信号高频成分的吸收大于低频，随着传播时间的增加，高频成分逐渐衰减。因此，在滤波处理过程中就提出了一个如何随时间增加合理地保留有效信号且同时抑制背景噪声的问题，即时变滤波。时变滤波是在带通滤波的基础上进行的随时间变化的一维频率滤波，是在数据记录道上按不同的时间段选取不同的带通频率进行的一维频率滤波。

当进行时变滤波时，首先要在雷达记录道上按不同的时间段选取时变点，相邻三个时间点组成一个带通滤波窗口，各个窗口之间重叠半个时窗，对重叠部分采用斜坡加权法来避免振幅的突变，如图 8.4 所示。

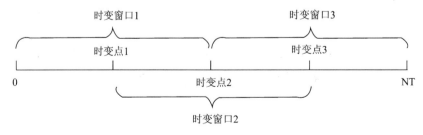

图 8.4 时变滤波窗口示意图

在不同的时变窗口内采用不同通频带的带通滤波，即可实现随时间变化的一维频率滤波。

#### 5．时变谱白化

谱白化是一种展宽频谱的基本方法，它不改变子波的相位特性，是一个"纯振幅"的滤波过程。谱白化可在频率域中实现，也可在时间域中实现。在频率域中进行处理时，根据雷达道振幅谱的大小求一个倒数，依该倒数按比例放大原来的各频率域振幅值，使振幅谱展成平的"白色"宽频谱，同时不改变原先的相位谱，然后执行逆傅里叶变换即得谱白化结果。

在实际处理过程中，为了消除高频随机噪声的影响，在谱白化前一般先要对输入数据进行带通滤波。图 8.5 所示为雷达记录原信号振幅谱，图 8.6 所示为带通滤波后的振幅谱，图 8.7 所示为谱白化后的振幅谱。时变处理的实现与上述时变滤波相同，即在每个时变窗口内进行上述谱白化处理。

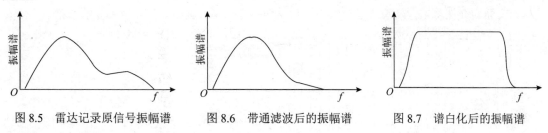

图 8.5　雷达记录原信号振幅谱　　　图 8.6　带通滤波后的振幅谱　　　图 8.7　谱白化后的振幅谱

#### 6．中值滤波

中值滤波是一种可以抑制数据中的噪声的非线性处理技术，它基于数据的如下特性：噪声（毛刺）往往以孤立点的形式出现，在整个数据中所占的比例较小。

在一维情况下，中值滤波器是一个含有奇数个数据的窗口，位于窗口正中的数据值用窗口内的各个数据值的中值代替。例如，若窗口的长度为 5，窗口中的数据值为 80, 80, 200, 110, 120，则中值为 110，因为从小到大（或从大到小）排序后，第三位的值（中值）是 110。于是，原来窗口正中的数据 200 就由 110 取代。若 200 是一个噪声的尖峰，则其被滤除；若 200 是一个信号，则滤除后就会降低分辨率。因此，中值滤波在某些情况下抑制噪声，而在另一些情况下会抑制信号。

中值滤波不影响阶跃函数和斜坡函数，但不能抑制持续期超过半窗口宽度的干扰脉冲。

应用中值滤波时，应注意如下事项：如果数据中没有明显的毛刺，就没有必要使用中值滤波；如果数据中存在毛刺，那么可先试用长度为 3 的窗口对信号进行处理，若无明显的信号损失，再将窗口长度延伸为 5，以便既达到较好的噪声滤除效果，又不过分地损害信号的细节。另一种方法是，采用固定窗口或可变窗口对信号进行级联中值滤波（即迭代处理）。一般来说，一次滤波不变的区间，以后几次滤波都将不变。小于窗宽 1/2 的区间每经过一次滤波都将变化，一直到所得信号区间大于窗的 1/2 为止。

### 8.3.2　反滤波（反卷积）

#### 1．基本原理

理想的探地雷达发射脉冲应该是一个宽带尖脉冲，但由于天线带宽的限制，实际发射的脉冲是一个有一定时间延续度的子波 $b(t)$。探地雷达记录可以假设为雷达子波与地下介质反射系数的卷积，即

$$x(t) = b(t) * r(t) \tag{8.3.5}$$

通过探地雷达的探测，可以了解地下介质的反射系数情况。雷达记录是雷达子波与地下反射系数的卷积，而不是直接的反射系数序列，因此要想办法消除雷达子波长度的影响，这个过程就是反卷积。令

$$r(t) = a(t) * x(t) \tag{8.3.6}$$

将上式代入式（8.3.5）得

$$x(t) = a(t) * b(t) * x(t) \tag{8.3.7}$$

若

$$a(t) * b(t) = 1 \tag{8.3.8}$$

则称($t$)为 $b(t)$ 的**反子波**。因此，如果知道雷达子波 $b(t)$，求出其反子波 $a(t)$，利用式（8.3.6）就可求出反射系数序列 $r(t)$。

### 2．子波的提取

由上面的介绍可知，要想通过反卷积求得反射系数序列，就必须先知道子波的形状。下面介绍反卷积中几种求取子波的常用方法。

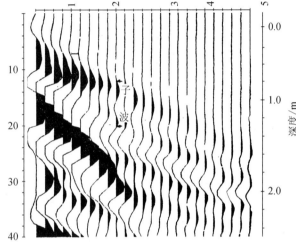

图 8.8　直接观察法提取雷达子波（李大心，1994）

#### 1）直接观察法求子波

当采用分离天线进行测量时，接收天线接收到的信号包括空气直达波、地表波和界面反射波。电磁波在空气中的传播速度约为 0.3m/ns，在介质中的传播速度约为 0.1m/ns。假设雷达子波的延续度为 10ns，两副天线之间的距离大于 2m，则空气直达波与地表波的时差大于一个子波的时长，于是就可选择一段形态较好的波形作为雷达子波。由图 8.8 可以看出，雷达子波近似为最小相位子波。

#### 2）希尔伯特变换法求子波

希尔伯特变换法的前提是雷达的子波是最小相位的，此时子波的 $Z$ 变换 $B(Z)$ 可用振幅谱 $B(\omega)$ 的对数来表示：

$$B(Z) = \sum_{n=0}^{\infty} B_n Z^n = \exp\left[\frac{1}{2\pi}\int_{-\pi}^{\pi} \ln B(\omega)^* \frac{e^{-j\omega} + Z}{e^{j\omega} - Z} d\omega\right], \qquad |Z| < 1 \tag{8.3.9}$$

取 $B(Z)$ 的自然对数得

$$\bar{B}(Z) = \ln B(Z) = \bar{B}_0 + \sum_{n=1}^{\infty} \bar{B}_n Z^n \tag{8.3.10}$$

式中，

$$\begin{cases} \bar{B}_0 = \dfrac{1}{2\pi}\displaystyle\int_{-\pi}^{\pi} \ln B(\omega) d\omega, & n = 0 \\[2mm] \bar{B}_n = \dfrac{1}{\pi}\displaystyle\int_{-\pi}^{\pi} \ln B(\omega) e^{jn\omega} d\omega, & n > 0 \end{cases} \tag{8.3.11}$$

在频率域中有

$$\begin{cases} B(\omega) = |B(\omega)| e^{j\varphi B(\omega)} \\[2mm] \bar{B}(\omega) = \ln B(\omega) = \ln |B(\omega)| + j\varphi_B(\omega) = \displaystyle\sum_{n=0}^{\infty} \bar{B}_n e^{-jn\omega} \end{cases} \tag{8.3.12}$$

比较实部和虚部得

$$\begin{cases} \ln|B(\omega)| = \displaystyle\sum_{n=0}^{\infty} \overline{B}_n \cos n\omega \\ \varphi_B(\omega) = -\displaystyle\sum_{n=0}^{\infty} \overline{B}_n \sin n\omega \end{cases} \tag{8.3.13}$$

以上两式正好互为希尔伯特变换。通过上面的方法就可得子波的相位谱。求取子波的具体步骤如下：如果设反射系数序列为白噪声序列，就可将雷达记录道的振幅谱 $|X(\omega)|$ 视为子波的振幅谱 $|B(\omega)|$，然后取振幅谱的自然对数得到 $\ln|B(\omega)|$，再由希尔伯特变换得到 $\varphi_B(\omega)$，于是最小相位子波的频谱为 $B(\omega) = |B(\omega)| e^{j\phi_{B(\omega)}}$。

### 3）Z 变换法求子波

Z 变换法的适用条件是子波是最小相位的。假设反射序列为白噪声，雷达记录道的自相关 $r_{xx}$ 等于子波自相关 $r_{bb}$。雷达记录道的 Z 变换可以写为

$$X(Z) = A_N \prod_{n=1}^{N} (Z - Z_n) \tag{8.3.14}$$

其自相关的 Z 变换为

$$R_{xx}(Z) = X(Z)X(Z^{-1}) = A_N^2 \prod (Z - Z_n)(Z^{-1} - Z_n) \tag{8.3.15}$$

其单位圆内的根为 $Z_n(n = 1, 2, \cdots, k)$ 和 $1/Z_n(n = k + 1, k + 2, \cdots, N)$，其单位圆外的根为 $1/Z_n(n = 1, 2, \cdots, k)$ 和 $Z_n(n = k + 1, k + 2, \cdots, N)$，因此必有一半的根在单位圆外。于是，可以利用单位圆外的根组成一个最小相位子波 $B(t)$。

具体计算步骤如下：首先由雷达记录道求得子相关序列 $r_{xx}$，对其做 Z 变换得到 $R_{xx}(z)$ 并令其等于子波自相关的 Z 变换，即 $R_{bb}(Z) = R_{xx}(z)$，分解 $R_{bb}(Z)$ 得到 $|Z_n| > 1$ 的解 $Z_n$，构成最小相位子波的 Z 变换：

$$B(Z) = A_N \prod_{n=1}^{k} (Z^{-1} - Z_n) \cdot \prod_{n=k+1}^{N} (Z - Z_n) \tag{8.3.16}$$

最后对 $B(Z)$ 做反 Z 变换，即求得最小相位子波 $B(t)$。

### 3. 最小平方反滤波

最小平方反滤波的目的是将雷达记录中的雷达子波压缩成尖脉冲，使雷达记录接近反射系数序列，提高时间分辨率。

一般来说，雷达记录可以表示为

$$X(t) = b(t)*\xi(t) + n(t) \tag{8.3.17}$$

式中，$b(t)$ 是雷达子波，$\xi(t)$ 是反射系数序列，$n(t)$ 是干扰信号。

最小平方反滤波是指选择一个合适的滤波器，使雷达记录滤波后的输出 $c(t) = a(t)*x(t)$ 与期望输出的一系列窄脉冲 $z(t) = a(t)*\xi(t)$ 的误差平方和最小，即

$$Q = \sum_{t=0}^{m+n} [(c(t) - z(t))]^2 = \sum_{t=0}^{m+n} \left[ \sum_{t=0}^{m} a(\tau)x(t-\tau) - \sum_{k=0}^{m} a(k)\xi(t-k) \right]^2 \tag{8.3.18}$$

使上式最小，即令 $\dfrac{\partial Q}{\partial a(s)} = 0$，得

$$\sum_{\tau=0}^{m} a(\tau) \sum_{t=0}^{m+n} x(t-\tau)x(t-s) = \sum_{t=0}^{m+n} z(t)x(t-s), \quad s=0,1,\cdots,m \qquad (8.3.19)$$

令

$$\begin{cases} r_{xx}(\tau-s) = \sum_{t=0}^{m+n} x(t-\tau)x(t-s) \\ r_{xx}(s) = \sum_{t=0}^{m+n} z(t)x(t-s) \end{cases} \qquad (8.3.20)$$

式中，$r_{xx}(\tau-s)$ 是时间延迟为 $\tau-s$ 的雷达自相关，$r_{xx}(s)$ 是时间延迟为 $s$ 的雷达记录与期望输出的互相关。于是，我们有

$$\sum_{\tau=0}^{m} r_{xx}(\tau-s)a(\tau) = r_{xx}(s), \quad s=0,1,\cdots,m \qquad (8.3.21)$$

设反射系数序列 $\xi(t)$ 为白噪声，它与随机噪声 $n(t)$ 不相关，则雷达记录的自相关 $r_{xx}(\tau-s)$ 为雷达子波的自相关 $r_{bb}(\tau-s)$ 与干扰的自相关 $r_{nn}(\tau-s)$ 之和：

$$r_{xx}(\tau-s) = r_{bb}(\tau-s) + r_{nn}(\tau-s) \qquad (8.3.22)$$

一般情况下，随机干扰 $n(t)$ 为白噪声，有

$$r_{nn}(\tau-s) = \begin{cases} e, & \tau=s \\ 0, & \tau \neq s \end{cases} \qquad (8.3.23)$$

于是有

$$r_{xx}(\tau-s) = \begin{cases} r_{bb}(0) + e, & \tau=s \\ r_{bb}(\tau-s), & \tau \neq s \end{cases} \qquad (8.3.24)$$

而 $r_{xx}(s) = z(t)*x(t-s) = d(\tau)*\xi(t-\tau)*\left[b(k)*\xi(t-k-s)+h(t-s)\right]$。

$\xi$ 是白噪声，因此有

$$\xi(t-\tau)*\xi(t-k-s) = \begin{cases} 1, & k=\tau-s \\ 0, & k \neq \tau-s \end{cases} \qquad (8.3.25)$$

随机噪声 $n(t)$ 与反射系数序列 $\xi(t)$ 不相关，即

$$\xi(t-\tau)*n(t-s) = 0 \qquad (8.3.26)$$

于是有

$$r_{xx}(s) = \sum_{\tau=0}^{m+n} d(\tau)b(\tau-s) = r_{db}(s) \qquad (8.3.27)$$

从而得到方程组

$$\sum \left[r_{bb}(\tau-s)+r_{nn}(\tau-s)\right]a(\tau) = r_{db}(s) \qquad (8.3.28)$$

如果希望输出 $d(t)$ 是一个尖脉冲 $\delta(t)$，则

$$r_{db}(s) = \begin{cases} 1, & s=0 \\ 0, & s \neq 0 \end{cases} \qquad (8.3.29)$$

于是式（8.3.28）变成

$$\begin{bmatrix} r_{xx}(0) & r_{xx}(1) & \cdots & r_{xx}(m) \\ r_{xx}(1) & r_{xx}(0) & \cdots & r_{xx}(m-1) \\ \vdots & \vdots & \ddots & \vdots \\ r_{xx}(m) & r_{xx}(m-1) & \cdots & r_{xx}(0) \end{bmatrix} \begin{bmatrix} a(0) \\ a(1) \\ \vdots \\ a(m) \end{bmatrix} = \begin{bmatrix} 1 \\ 0 \\ \vdots \\ 0 \end{bmatrix} \qquad (8.3.30a)$$

或

$$\begin{bmatrix} r_{bb}(0)+\mathrm{e} & r_{bb}(1) & \cdots & r_{bb}(m) \\ r_{bb}(1) & r_{bb}(0)+\mathrm{e} & \cdots & r_{bb}(m-1) \\ \vdots & \vdots & \ddots & \vdots \\ r_{bb}(m) & r_{bb}(m-1) & \cdots & r_{bb}(0)+\mathrm{e} \end{bmatrix} \begin{bmatrix} a(0) \\ a(1) \\ \vdots \\ a(m) \end{bmatrix} = \begin{bmatrix} 1 \\ 0 \\ \vdots \\ 0 \end{bmatrix} \qquad (8.3.30b)$$

解矩阵方程，即可得到期望输出 $d(t)$ 为尖脉冲的反滤波因子。再由 $a(t)$ 对输入的雷达记录 $x(t)$ 进行反滤波，即可将雷达记录反滤波为反射系数序列。

**4．预测反卷积方法原理**

1）预测滤波原理

预测滤波是指对某个物理量的未来值进行估计，即利用该物理量的过去值和现在值得到其在未来某一时刻的估计值（预测值）。天气预报、雷达预报、导弹跟踪等都属于这类问题。预测实质上也是一种滤波，称为**预测滤波**。

所谓预测滤波，是指设计预测滤波因子 $c(t)$ 来对某个物理量的过去值 $g(t-1)$，$g(t-2)$，$\cdots$，$g(t-m)$ 和现在值 $g(t)$ 进行运算，得到其在未来某一时刻 $(t+\alpha)$ 的预测值：

$$\hat{g}(t+\alpha) = c(t)*g(t) = \sum_{\tau=0}^{m} c(\tau)g(t-\tau) \qquad (8.3.31)$$

使预测值与实际未来值 $g(t+\alpha)$ 之差 $\varepsilon(t+\alpha) = g(t+\alpha)-\hat{g}(t+\alpha)$ ［$\varepsilon$ 称为**预测误差**］在最小平方意义下最小，即求

$$\frac{\partial Q}{\partial c(s)} = \frac{\partial}{\partial c(s)}\left[\sum_{t=0}^{T}\varepsilon^2(t+\alpha)\right] = \frac{\partial}{\partial c(s)}\left\{\sum_{t=0}^{T}[g(t+\alpha)-\hat{g}(t+\alpha)]^2\right\} = 0 \qquad (8.3.32)$$

得到

$$\sum_{\tau=0}^{m} c(\tau)\sum_{t=0}^{T} g(t-\tau)g(t-s) = \sum_{t=0}^{T} g(t+\alpha)g(t-s) \qquad (8.3.33a)$$

或

$$\sum_{\tau=0}^{m} c(\tau)r_{gg}(\tau-s) = r_{gg}(s+\alpha), \quad s=0,1,2,\cdots,m \qquad (8.3.33b)$$

这个方程组可以写成如下矩阵形式：

$$\begin{bmatrix} r_{gg}(0) & r_{gg}(1) & \cdots & r_{gg}(m) \\ r_{gg}(1) & r_{gg}(0) & \cdots & r_{gg}(m-1) \\ \vdots & \vdots & \ddots & \vdots \\ r_{gg}(m) & r_{gg}(m-1) & \cdots & r_{gg}(0) \end{bmatrix} \begin{bmatrix} c(0) \\ c(1) \\ \vdots \\ c(m) \end{bmatrix} = \begin{bmatrix} r_{gg}(\alpha) \\ r_{gg}(\alpha+1) \\ \vdots \\ r_{gg}(\alpha+m) \end{bmatrix} \qquad (8.3.34)$$

其系数矩阵是托普利兹矩阵，$\alpha$ 称为**预测间距**或**预测步长**。解该方程组即可得到预测滤波因子 $c(t)$，用它对输入道进行滤波运算可以求出未来时刻 $t+\alpha$ 的最佳预测值 $\hat{g}(t+\alpha)$。由此可知，预测滤波一定是物理可实现的。

2）预测反卷积的基本思想

将上述预测滤波的理论用于求解反卷积的问题称为**预测反卷积**。从可预测上讲，物理量可分为两大类：可预测量和不可预测量。凡可由过去值和现在值对未来值进行预测的量是可预测量，否则是不可预测量。一个物理量之所以是可预测量，是因为各个时刻之间有一定的关系，即是相关的。若一个物理量是互不相关的随机量，则必为不可预测量。观测得到的测量值一般包含有这两种量，即观测值由可预测部分和不可预测部分组成。因此，预测滤波的结果 $\hat{g}(t+\alpha)$ 与真实未来值 $g(t+\alpha)$ 之间才有差异。$\hat{g}(t+\alpha)$ 反映的是观测中的可预测部分，而预测误差 $\varepsilon(t+\alpha)$ 反映的是不可预测部分。在一定条件下，滤波器的输出也可视为由两部分内容组成，其脉冲响应为可预测部分，而其输入内容为不可预测部分。因此，预测反卷积所希望得到的是那些不可预测部分的内容，即预测误差。于是，预测反卷积又称**预测误差反卷积**，其滤波因子又称**预测误差滤波因子**。显然，预测误差滤波也必为物理可实现的。

在探地雷达数据处理过程中，为了实现提高纵向分辨率的预测反卷积，还要做与最小平方反卷积相同的两个假设：①反射系数序列是互不相关的白噪声序列；②雷达子波是最小相位子波。

有了假设①，反射系数必定是不可预测的，所以可以用预测反卷积求出，得到纵向分辨率很高的输出。假设②是能获得稳定的、物理可实现的预测反卷积因子的保证。

预测反卷积的输入是经大地滤波后的雷达记录道，其输出是预测误差，所以能够提高纵向分辨率。当然，提高纵向分辨率的效果与预测步长 $\alpha$ 的选择有关。一般来说，$\alpha$ 越小，纵向分辨率就越高。

3）预测误差卷积因子的求取

预测误差卷积因子是通过预测卷积因子求得的，因为二者之间有着密切的关系。由

$$\varepsilon(t+\alpha) = g(t+\alpha) - \hat{g}(t+\alpha) = \hat{g}(t+\alpha) - c(t)*g(t) \qquad (8.3.35)$$

可得 Z 变换关系

$$z^{-\alpha}E(z) = z^{-\alpha}G(z) - c(z)G(z) \qquad (8.3.36)$$

即

$$\begin{cases} E(z) = G(z)\left[1 - z^{\alpha}c(z)\right] \\ E(z) = G(z)A''(z) \\ A''(z) = 1 - z^{\alpha}c(z) \end{cases} \qquad (8.3.37)$$

为预测误差滤波因子的 Z 变换，$c(z)$ 是预测滤波因子 $c(t) = (c(0), c(1), \cdots, c(m))$ 的 Z 变换，所以预测误差滤波因子为

$$a''(t) = \left(1, \underbrace{0, 0, \cdots, 0}_{a-1}, -c(0), -c(1), \cdots, -c(m)\right) \qquad (8.3.38)$$

于是，确定预测步长 $\alpha$ 后，就可将输入记录道 $g(t)$ 的自相关值代入式（8.3.34）的相应位置，求解该方程得到预测滤波因子 $c(t)$，再根据式（8.3.38）直接写出预测误差滤波因子。

4）用预测反卷积消除振铃效应干扰

振铃效应是指在探地雷达数据中于地面与天线面之间产生的多次反射。如果从滤波的观点考虑问题，就可将振铃效应视为一个滤波器，其输入为一次反射波 $s(t)$，其输出为带有振铃效应干扰的记录 $g(t)$。因此，将 $g(t)$ 作为反卷积输入，有可能得到只含一次波 $s(t)$ 的输出。按照预测的

观点，振铃效应干扰是一种多次波，且在一次波之后的 $\tau_H$ 时刻开始有规律地出现，属于可预测量。在预测滤波中，选择预测步长 $\alpha = \tau_H$，求出预测因子并进行滤波，得到的预测结果是振铃干扰，预测误差当然就是需要的一次波。因此，可以利用预测反卷积消除振铃效应干扰而得到无振铃效应的一次波记录，其成功的关键在于正确地选择预测步长 $\alpha$。若 $\alpha$ 正好选为地面与天线间的双程走时 $\tau_H$，则可达到抑制振铃效应的目的。这里采用互相关的方法来估测 $\tau_H$，以便确定预测步长 $\alpha$。图 8.9 所示为预测反卷积处理前后结果比较图。

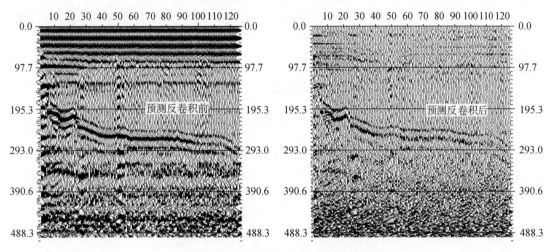

图 8.9　预测反卷积处理前后结果比较图

### 5. 最小熵反卷积

最小熵反滤波即最小熵反卷积是最近几年发展起来的一种新反卷积方法。最小反卷积的目标与其他反卷积方法的相同，即压缩雷达信号的长度，提高雷达信号的分辨能力，进一步确定地下反射界面的反射系数。

最小熵反卷积与其他反卷积方法相比，优点在于不需要事先估计雷达子波，而是通过选择一段探地雷达记录道使输出记录道具有最简单的外形，进而确定反滤波算子，且不要求雷达子波是最小相位的及反射系数序列是白噪声的。

#### 1）最小熵反滤波原理

雷达记录 $x(t)$ 可认为是雷达子波 $b(t)$ 与反射系数序列 $\xi(t)$ 的卷积，即

$$x(t) = \xi(t)*b(t) \tag{8.3.39}$$

进行反卷积的目的是找到一个反卷积因子 $f(t)$，使雷达记录 $x(t)$ 与线性算子 $f(t)$ 卷积的结果得到反射系数序列 $\xi(t)$，即

$$\xi(t) = f(t)*x(t) \tag{8.3.40}$$

求反卷积因子的假设条件与具体方法是不同的。最小熵反卷积假设选取一段雷达记录道段为输入：

$$x_{ij}, \quad i = 1, 2, \cdots, N_s; j = 1, 2, \cdots, N_t \tag{8.3.41}$$

式中，$N_s$ 是记录道段数，$N_t$ 是每个记录道段的时间采样点数。

假定：①每个记录道段的期望输出由几个大的尖脉冲组成，而不是白噪声；②当雷达子波的形状保持不变时，各记录道段的尖脉冲之间的时间间隔是不同的。

最小熵反卷积问题的关键是找到一个线性算子（反卷积因子）$f_j$，当 $f_j$ 与输入记录道段 $x_{ij}$ 卷积时，使输出记录道段具有 $y_{ij}$ 的"简单"外形：

$$y_{ij} = \sum_{k=1}^{m+1} f_k x_{i,j-k}$$（8.3.42）

式中，$m+1$ 是线性算子 $f_j$ 的采样点数。

所谓"简单"外形，是指每个输出记录道段的期望输出是由符号和位置未知的几个大尖脉冲组成的。这样的处理使信号的秩达到最大，或者说使信号的熵达到最小，因此这种方法称为**最小熵反卷积**。

作为输出记录道段简单性的度量，这里引用数据分析中的最大方差范数：

$$V = \sum_i V_i$$（8.3.43）

$$V_i = \frac{\sum_j y_{ij}^4}{\left(\sum_j y_{ij}^2\right)^2}$$（8.3.44）

图 8.10 中显示了简单数据序列的最大方差范数 $V$ 的特性。

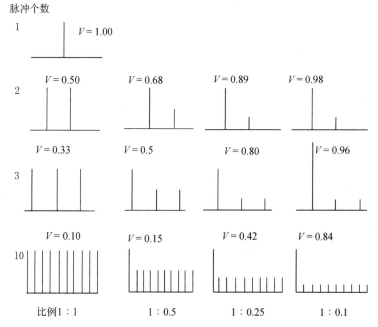

图 8.10　简单数据序列的最大方差范数 $V$ 的特性

对于单个记录道段，因为

$$0 < \sum_j y_{ij}^4 \leqslant \left(\sum_j y_{ij}^2\right)^2$$（8.3.45）

所以 $0 < V \leqslant 1$。

由图 8.10 可以看出，当记录道段中只有一个非零尖脉冲时，$V=1$，达到最大值；当记录道段中有两个相等的非零尖脉冲时，$V=0.50$；当记录道段中有 3 个相等的非零尖脉冲时，$V=0.33$；

当记录道段中有 10 个相等的非零尖脉冲时，$V = 0.10$。由此可见，记录道中相等的非零尖脉冲的数量越少，$V$ 的数值就越大。同时，从图中还可看出，当记录道段中还有多个不相等的非零尖脉冲时，这些尖脉冲的振幅相差越大，$V$ 的数值就越大。因此，使 $V$ 值达到最大，有着简化记录道段外形的作用。这个 $V$ 值的大小不受尖脉冲的极性及其所在位置的影响。

下面计算线性算子即反卷积因子 $f_k$。为了使 $V$ 值达到最大，$V$ 对 $f_k$ 求导并令其为零得

$$\frac{\partial V}{\partial f_k} = \sum_i \frac{\partial V_i}{\partial f_k} = \sum_i \frac{\partial}{\partial f_k} \frac{\sum_j y_{ij}^4}{\left(\sum_j y_{ij}^2\right)^2} = -\sum_i \left[ 4V_i u_i^{-1} \sum_j y_{ij} \frac{\partial y_{ij}}{\partial f_k} - 4u_i^{-2} \sum_j y_{ij}^2 \frac{\partial y_{ij}}{\partial f_k} \right] = 0 \qquad (8.3.46)$$

式中，$u_i = \sum_j y_{ij}^2$。由式（8.3.42）可知

$$\frac{\partial y_{ij}}{\partial f_k} = x_{i,j-k} \qquad (8.3.47)$$

因此，式（8.3.46）可以写成

$$\sum_i V_i u_i^{-1} \sum_j \sum_l f_l x_{i,j-l} x_{i,j-k} = \sum_i u_i^{-2} \sum_j y_{ij}^3 x_{i,j-k} \qquad (8.3.48a)$$

或

$$\sum_l f_l \sum_i V_i u_i^{-1} \sum_j x_{i,j-1} x_{i,j-k} = \sum_i u_i^{-2} \sum_j y_{ij}^3 x_{i,j-k}, \quad k = 0, 1, 2, \cdots, m; l = 0, 1, 2, \cdots, m \qquad (8.3.48b)$$

令

$$R_{xx}(1-k) = \sum_i V_i u_i^{-1} \sum_j y_{ij}^3 x_{i,j-k} \qquad (8.3.49)$$

和

$$R_{xy}^3(k) = \sum_i u_i^{-2} \sum_j y_{ij}^3 x_{i,j-k} \qquad (8.3.50)$$

则式（8.3.48）变成

$$\sum_l f_l R_{xx}(1-k) = R_{xy}^3(k), \quad k = 0, 1, 2, \cdots, m; l = 0, 1, 2, \cdots, m \qquad (8.3.51)$$

写成矩阵形式有

$$\begin{bmatrix} R_{xx}(0) & R_{xx}(1) & \cdots & R_{xx}(m) \\ R_{xx}(1) & R_{xx}(0) & \cdots & R_{xx}(m-1) \\ \vdots & \vdots & \ddots & \vdots \\ R_{xx}(m) & R_{xx}(m-1) & \cdots & R_{xx}(0) \end{bmatrix} \begin{bmatrix} f_0 \\ f_1 \\ \vdots \\ f_m \end{bmatrix} = \begin{bmatrix} R_{xy}^3(0) \\ R_{xy}^3(1) \\ \vdots \\ R_{xy}^3(m) \end{bmatrix} \qquad (8.3.52)$$

或

$$\boldsymbol{R}_{xx} \cdot \boldsymbol{f} = \boldsymbol{R}_{xy}^3 \qquad (8.3.53)$$

式中，等号左边的矩阵是一个托普利兹矩阵，其元素 $R_{xx}$ 是各输入记录道段的自相关加权和。等号右边列矩阵的各元素 $R_{xy}^3$ 是输入记录道段与相应输出的立方的互相关加权和。由式（8.3.49）和式（8.3.50）可知，这些值都与输出 $y_{ij}$ 有关，即与所求的线性算子 $f_j$ 有关。因此，式（8.3.52）

是一个高次非线性方程，不能直接求解，但可用迭代法求解。迭代法求解的步骤如下：

（1）首先假设一个线性算子 $f$。

（2）根据式（8.3.42）将线性算子 $f_j$ 与输入记录道段 $x_{ij}$ 卷积，得到相应的输出记录道段 $y_{ij}$。

（3）根据式（8.3.49）和式（8.3.50）计算出 $R_{xx}$ 和 $R_{xy}^3$。

（4）解方程（8.3.52），得到一个新线性算子 $f$。

（5）重复步骤（2）至（4），直到得到的输出记录道段结果满意为止。

上述迭代步骤并不能得到 $V$ 的一个唯一极大值，但可以得到一个有用的极大值。经验表明，上述迭代运算通常计算 4～6 次就已足够。每次迭代计算后，得到的线性算子 $f$ 可能需要标定，以保持振幅不变。

最小熵反卷积的线性算子是根据使输出记录道段具有最简单的外形这个准则确定的。输出尖脉冲的极性和延迟并不影响这一准则，因此不能精确地预测它们。一般来说，若线性算子的初始值是一个尖脉冲，则输出尖脉冲的位置将与雷达记录上的最大正振幅或最大负振幅位置近似一致。

多道最小熵反卷积会使原始雷达数据发生相移和（或）相位反转，因此要在仔细对比输出与输入记录后，对输出记录进行时移和（或）相位反转，而这一工作非常烦琐，所以这里采用单道最小熵反卷积，其原理与以上说明的相同。

2）计算实例

为了检验方法的有效性，我们利用该方法对理论合成探地雷达数据进行了试算。图 8.11 所示为原始合成数据，其中含有 3 个同相轴，后两个同相轴基本上分不开。图 8.12 所示为最小熵反卷积处理后的结果，从中可以看出对单个同相轴，子波得到了较好的压缩，同时后两个同相轴已能很好地分开，表明了方法的有效性。

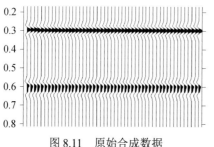 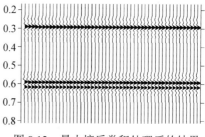

图 8.11　原始合成数据　　　　图 8.12　最小熵反卷积处理后的结果

# 8.4　偏移处理

## 8.4.1　偏移归位的概念

类似于反射地震方法，地面探地雷达同样接收来自地下介质界面的反射波。偏离测点的地下介质交界面的反射点，只要其法平面通过测点，都可被记录下来。当进行数据处理时，需要将雷达记录中的每个反射点移到其原来的位置，这种处理方法称为**偏移归位处理**。经过偏移归位处理的雷达剖面能够反映地下介质的真实位置。实际上的偏移技术有两类：一类是以射线理论为基础的偏移法，另一类是波动方程偏移法。

## 8.4.2　绕射扫描叠加

绕射扫描叠加基于射线理论，是反射波自动偏移归位到其空间真实位置上的一种方法。按照惠更斯原理，地下界面的每个反射点都可视为一个子波源，这些子波源产生的绕射波都可到达地表并被接收天线接收。地面接收到的子波源绕射波的时距曲线呈双曲线状，应用绕射扫描偏移叠加处理时，把地下划分为网格，将每个网格点视为一个反射点。如果反射点 $P$ 的深度为 $H$，反射点所处的记录道为 $S_i$（其地表水平位置为 $X_i$），那么扫描点对应任意记录道 $S_j$（地表水平位置 $x_j$）的反射波或绕射波走时为

$$t_{ij} = \frac{2}{v}\sqrt{H^2 + (x_j - x_i)^2}, \quad j = 1, 2, \cdots, m \tag{8.4.1}$$

式中，$m$ 为参与偏移叠加的记录道，$v$ 为地层的电磁波传播速度。

将记录道 $S_j$ 上 $t_{ij}$ 时刻的振幅值与 $P$ 点的振幅值叠加起来，作为 $P$ 点的总振幅值 $a_i$：

$$a_i = \sum_{j=1}^{m} a_{ij} \tag{8.4.2}$$

按照上述方法进行绕射偏移叠加得到的深度剖面，在有反射界面或绕射点的地方，由于各记录道的振幅值 $a_{ij}$ 接近同相叠加，叠加后的振幅值增大；反之，在没有反射界面或绕射点的地方，由于各记录道的随机振幅值非同相叠加，它们彼此部分抵消，叠加后的总振幅值自然相对减小。于是，就完成了反射波和绕射波的自动归位。图 8.13 所示为模拟数据的绕射扫描叠加偏移示例。

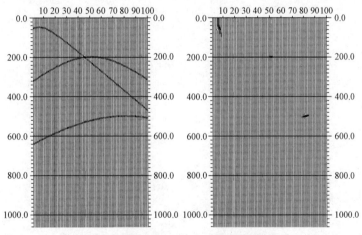

图 8.13　模拟数据的绕射扫描叠加偏移示例

### 8.4.3　相移偏移法

波动方程偏移法必然朝成像位置准确、能量恢复相对保真、效率高和效果好的方向发展。因此，如果要采用其他算法，就要满足以下条件：①使用准确或接近准确的波动方程，可以是单程波，也可以是原型波，或者是十分接近原型波的方程形式；②方法必须适应复杂的地下地质结构和速度模型；③研究偏移剖面的振幅保真问题，增强叠前偏移技术和三维偏移技术的研究与推广使用；④处理工作量的增加必然要求采用快速有效的计算方法，将一切现代可用的快速计算机和快速算法应用于地震偏移技术。盖兹达戈提出的可以解决横向变速的相移偏移法就建立在这些考虑之上。

#### 1. 方法原理

1）相移法

相移（Phase Shift，PS）法由 Gazdag（1978, 1984）首先提出，最初只能应用于速度横向均匀

的介质。在二维情况下，标量波动方程可以表示为

$$\frac{\partial^2 p}{\partial z^2} = \frac{1}{v^2}\frac{\partial^2 p}{\partial t^2} - \frac{\partial^2 p}{\partial x^2} \qquad (8.4.3)$$

式中，$p = p(x,z,t)$ 为波场声压，$z$ 为深度，$x$ 为水平距离，$t$ 为时间。令

$$p(x,z,t) = \sum_{k_x}\sum_{\omega} P(k_x,z,\omega)\exp\left[j(k_x + \omega t)\right] \qquad (8.4.4)$$

式中，$k_x$ 为水平波数，$\omega$ 为圆频率。将式（8.4.4）代入式（8.4.3）得

$$\frac{\partial^2 P}{\partial z^2} = -k_z^2 P \qquad (8.4.5)$$

其解析解为

$$P(k_x,z+\Delta z,\omega) = P(k_x,z,\omega)\exp(jk_z\Delta z) \qquad (8.4.6)$$

上式中的任意 $k_z$ 都可表示为

$$k_z = \pm\frac{\omega}{v}\left[1 - \left(\frac{vk_x}{\omega}\right)^2\right]^{1/2} \qquad (8.4.7)$$

式中，"+"号和"−"号分别对应于雷达波反向与正向的向下延拓过程。对于将地表数据向下延拓的过程，上式取"+"号，即

$$k_z = \frac{\omega}{v}\left[1 - \left(\frac{vk_x}{\omega}\right)^2\right]^{1/2} \qquad (8.4.8)$$

将式（8.4.8）代入式（8.4.6）得

$$P(k_x,z+\Delta z,\omega) = P(k_x,z,\omega)\exp\left\{\frac{j\omega}{v}\left[1 - \left(\frac{vk_x}{\omega}\right)^2\right]^{1/2}\Delta z\right\} \qquad (8.4.9)$$

式（8.4.9）是如下方程的解：

$$\frac{\partial P(k_x,z,\omega)}{\partial z} = j\left(\frac{\omega}{v}\right)\left[1 - \left(\frac{vk_x}{\omega}\right)^2\right]^{1/2} \qquad (8.4.10)$$

式（8.4.9）即为 Gazdag（1978）提出的相移法原型。从以上推导可以看出，相移法没有任何倾角限制。显然，式（8.4.9）只适用于速度横向均匀的介质。

相移法一般用于波动方程叠前深度偏移的背景场偏移成像，对偏移角度没有限制，可达 90°，速度可以沿垂直方向变化，但横向速度应为常数。相移法的优点是偏移是无条件稳定的，适合陡倾角复杂构造成像，计算速度快、精度高；缺点是不能成像横向速度变化介质雷达波场。

2）相移加内插法

当介质存在横向速度变化时，直接应用式（8.4.9）会产生较大的误差。为了克服介质中存在的横向速度变化，Gazdag（1984）又提出了相移加内插（Phase Shift Plus Interpolation，PSPI）法。经检验，这是一种行之有效的办法，其具体做法为将式（8.4.6）分解为以下两式：

$$P^*(z) = P(z)\exp\left(j\frac{\omega}{v}\Delta z\right) \qquad (8.4.11a)$$

$$P(z+\Delta z) = P^*(z)\exp\left[j\left(k_z - \frac{\omega}{v'}\right)\Delta z\right] \qquad (8.4.11b)$$

式中，$v' \neq v(x,z)$ 为 $v(x,z)$ 的某种近似。对雷达数据进行关于时间的傅里叶变换后，首先由时移方程（8.4.11a）求出 $P^*$，然后根据式（8.4.11b），分别选取速度

$$v_1(z) = \min[v(x,z)] \qquad (8.4.12)$$

$$v_2(z) = \max[v(x,z)] \qquad (8.4.13)$$

作为 $v'$ 进行相移计算，其中 $v_1$ 和 $v_2$ 称为**参考速度**。

设 $v_1$ 和 $v_2$ 对应的参考相移波场分别为 $P_1(k_x, z+\Delta z, \omega)$ 和 $P_2(k_x, z+\Delta z, \omega)$，则 $P_1$ 和 $P_2$ 可表示为

$$P_1(k_x, z+\Delta z, \omega) = A_1\exp(j\theta_1) \qquad (8.4.14)$$

$$P_2(k_x, z+\Delta z, \omega) = A_2\exp(j\theta_2) \qquad (8.4.15)$$

根据式（8.4.14）、式（8.4.15）对 $P(k_x, z+\Delta z, \omega)$ 做关于 $v$ 的线性插值，可得

$$P(k_x, z+\Delta z, \omega) = A\exp(j\theta) \qquad (8.4.16)$$

$$A = \frac{A_1(v_2-v)+A_2(v-v_1)}{v_2-v_1} \qquad (8.4.17)$$

$$\theta = \frac{\theta_1(v_2-v)+\theta_2(v-v_1)}{v_2-v_1} \qquad (8.4.18)$$

式（8.4.16）至式（8.4.18）就是相移加内插法的计算公式。

在实际应用中，对于某个深度 $z=z'$，当 $\max[v(x,z')]$ 与 $\min[v(x,z')]$ 的比值大于 $\rho_{\max}=1.5$ 时，需要两个以上的参考速度，其具体数量 $l$ 由下式确定：

$$(\rho_{\max})^{l-1} \geqslant R \qquad (8.4.19)$$

$l$ 是满足上式的最小整数，且参考速度的选择应满足

$$\frac{v_{i+1}}{v_i} = \frac{v_i}{v_{i-1}} = \rho, \quad 2 \leqslant i \leqslant l-1 \qquad (8.4.20)$$

当 $l>2$ 时，式（8.4.17）和式（8.4.18）的插值由与 $v(x,z)$ 最接近的两个参考速度对应的参考波场完成。

相移加内插法的计算流程如图 8.14 所示。从实际效果看，相移加内插法具有适应较强横向速度变化的能力，但因其需要频繁地计算参考波场，计算效率较低。

相移加内插法在 PS 法的基础上，通过改进实现适度横向速度变化介质的雷达数据偏移。其优点是，相对 PS 法而言，可实现对适度横向速度变化情况下雷达数据的偏移且计算稳定；缺点是计算量较大，且计算精度不高。

### 2．相移偏移法的实现过程

相移法首先用 $\exp(jk_z z)$ 直接向下外推，然后估

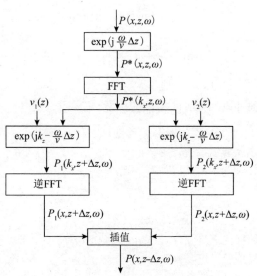

图 8.14　相移加内插法的计算流程

算 $t = 0$ 时（反射面在 $t = 0$ 时激发）的波场。在所有的广角偏移法中，相移法最容易处理速度随深度变化的问题，即使是相位角和倾斜函数的影响也能正确地包含在内。与基尔霍夫偏移法不一样，采用这种相移法不存在使算子出现假频的危险。相移法首先对时间剖面进行二维傅里叶变换，然后将 $(\omega, k_x)$ 平面内所有变换后的数据值乘以

$$e^{jk_z \Delta z} = \exp\left\{-j\frac{\omega}{v}\left[1 - \left(\frac{vk_x}{\omega}\right)^2\right]^{1/2} \cdot \Delta z\right\} = C \tag{8.4.21}$$

以便向下延拓至某个深度 $\Delta z$。输出偏移剖面的时间采样间隔 $\Delta\tau$ 通常选为输入数据的时间采样率，所以当选取深度为 $\Delta z = v\Delta\tau$ 时，一个时间单位情形下的向下延拓算子为 $C$，数据将多次乘以 $C$，即将它向下延拓多个 $\Delta\tau$：

$$\exp\left\{-j\omega\Delta\tau\left[1 - \left(\frac{vk_x}{\omega}\right)^2\right]^{1/2}\right\} = C \tag{8.4.22}$$

下一项任务是成像。在每个深度上完成逆傅里叶变换后，接着选定其在 $t = 0$ 时的值。因为只需要在 $t = 0$ 时的一个点上完成傅里叶变换，所以这也是所需要的全部计算。$t = 0$ 时的值是各个 $\omega$ 频率分量之和，因此计算特别容易（将 $t = 0$ 代入逆傅里叶积分即可）。最后进行 $k_x$ 至 $x$ 的逆傅里叶变换。从上行波 $u$ 计算出成像的偏移过程总结如下：

$$U(\omega, k_x) = \text{FT}[u(t, x)] \tag{8.4.23}$$

For $\tau = \Delta\tau, 2\Delta\tau, \cdots$，雷达记录时间轴末端{

  For all $k_x$

   $\text{Image}(k_x, \tau) = 0$

   For all $\omega$ {

    $C = \exp\left(-j\omega\Delta\tau\sqrt{1 - v^2 k_x^2/\omega^2}\right)$

    $U(\omega, k_x) = U(\omega, k_x) * C$

    $\text{Image}(k_x, \tau) = \text{Image}(k_x, \tau) + U(\omega, k_x)$

   }

  $\text{Image}(x, \tau) = \text{FT}[I(k_x, \tau)]$

}

### 8.4.4 基尔霍夫积分偏移法原理

基尔霍夫积分偏移法是一种基于波动方程基尔霍夫积分解的偏移法。三维纵波波动方程的基尔霍夫分解为

$$u(x, y, z, t) = -\frac{1}{4\pi}\oiint_Q\left\{[u]\frac{\partial}{\partial n}\left(\frac{1}{r}\right) - \frac{1}{r}\left[\frac{\partial u}{\partial n}\right] - \frac{1}{V_r}\frac{\partial r}{\partial n}\left[\frac{\partial u}{\partial t}\right]\right\}dQ \tag{8.4.24}$$

式中，$Q$ 是包围点 $(x, y, z)$ 的闭曲面，$n$ 是 $Q$ 的外法线，$r$ 是从点 $(x, y, z)$ 至闭曲面 $Q$ 上各点的距离，[ ] 表示延迟位，$[u] = u(t - r/V)$。

该分解的实质是由闭曲面 $Q$ 上各点的已知波场值计算闭曲面内任意一点处的波场值，是惠更斯原理的严格数学形式。

选择闭曲面 $Q$ 由一个无限大的平地面 $Q_0$ 和一个无限大的半球面 $Q_1$ 组成。$Q_1$ 上各点波场值的面积分对面内一点波场函数的贡献为零。因此，仅由平地面 $Q_0$ 上各点的波场值计算地下各点的波场值：

$$u(x,y,z,t) = \frac{1}{2\pi} \iint_{Q_0} \left\{ [u]\frac{\partial}{\partial z}\left(\frac{1}{r}\right) - \frac{1}{V_r}\frac{\partial r}{\partial z}\left[\frac{\partial u}{\partial t}\right] \right\} \mathrm{d}Q \qquad (8.4.25)$$

此时，式（8.4.24）中的 $\partial u/\partial n$ 项消失，积分号前的负号也因 $z$ 轴正向与 $n$ 的相反而变为正号。

以上就是问题的基尔霍夫积分计算公式。偏移处理的是反问题，它将反射界面的各点视为同时激发上行波的源点，将地面接收点视为二次震源，将时间"倒退"到 $t=0$ 时刻，寻找反射界面的源波场函数，进而确定反射界面。反问题也能用上式求解，差别仅在于 $[\ ]$ 不再是延迟位，而是超前位，$[u]=u(t+r/V)$。根据这种理解，基尔霍夫积分延拓公式应为

$$u(x,y,z,t) = \frac{1}{2\pi} \iint_{Q_0} \left\{ \frac{\partial}{\partial z}\left(\frac{1}{r}\right) - \frac{1}{V_r}\frac{\partial r}{\partial z}\frac{\partial}{\partial \tau} \right\} u\left(x_t, y_t, 0, \tau = t + \frac{r}{V}\right) \mathrm{d}Q \qquad (8.4.26)$$

按照成像原理，$t=0$ 时刻的波场值即为偏移结果。只考虑二维偏移，忽略 $y$ 坐标，将空间深度 $z$ 转换为时间深度 $t_0 = 2z/V$，可得基尔霍夫积分偏移公式

$$u(x,t_0,t=0) = \frac{1}{2\pi} \int_x \left\{ \frac{\partial}{\partial z}\left(\frac{1}{r}\right) - \frac{1}{V_r}\frac{\partial r}{\partial z}\frac{\partial}{\partial r} \right\} u(x_t,0,\tau) \mathrm{d}x \qquad (8.4.27)$$

式中，$\tau = \sqrt{t_0^2 + 4(x-x_t)^2/V^2}$，其中 $x_t$ 为地面记录道的横坐标，$x$ 为偏移后剖面道的横坐标，$r = \sqrt{z^2 + (x-x_t)^2}$。由 $\partial r/\partial z = -\cos\theta$ 得

$$u(x,t_0) = \frac{1}{2\pi} \int_{-\infty}^{\infty} \left\{ \frac{\cos\theta}{r^2} u(x_t,0,\tau) + \frac{\cos\theta}{V_r}\frac{\partial}{\partial \tau} u(x_t,0,\tau) \right\} \mathrm{d}x \qquad (8.4.28)$$

由此可见，基尔霍夫积分偏移与绕射扫描叠加十分相似，都按双曲线取值叠加后放到双曲线的顶点处。不同之处在于：①不仅要取各道的幅值，而且要取各道的幅值关于时间的导数 $\partial u/\partial \tau$ 参加叠加；②各道相应幅值叠加时不是简单相加，而是加权叠加。

因此，虽然基尔霍夫积分法形式上与绕射扫描叠加类似，但二者有着本质的区别：前者的基础是波动方程，可保留波的动力学特性；后者属于几何地震学范畴，只保留波的运动学特征。

## 8.5 探地雷达数据分析与增强处理

由于干扰及地下介质复杂，探地雷达数据即使进行了数据处理，有时也难以根据雷达图像对其进行地质解释，因此需要对图像信息进行增强处理，改善图像质量，以便于识别。

### 8.5.1 振幅恢复

雷达接收到的反射波振幅由于波前扩散和介质对电磁波的吸收，在时间轴上会逐渐衰减。为了使反射波振幅仅与反射层有关，需要进行振幅恢复。

在均匀介质中，距发射天线 $r$ 处的电磁波振幅为

$$A = \frac{A_0}{r} \mathrm{e}^{-\alpha t} \qquad (8.5.1)$$

式中，$A_0$ 是雷达发射天线发射出的电磁波的振幅，$1/r$ 是波前扩散因子，$\alpha$ 是吸收系数。若接收到的反射波的双程走时为 $t$，则反射波的真振幅为

$$A_0 = Are^{\alpha t} \tag{8.5.2}$$

由于反射波的实际路径 $r = vt$（$v$ 是电磁波的平均速度），所以上式变为

$$A_0 = Avte^{\alpha t} \tag{8.5.3}$$

于是，就可以由雷达记录的反射波幅度 $A$ 与反射波走时 $t$ 近似恢复反射波的真振幅，关键是吸收系数 $\alpha$ 的选取。

## 8.5.2  道内均衡

雷达数据经处理后，通常浅层能量很强，深层能量很弱，给信息输出显示造成困难。为了清晰的显示浅层、中层和深层，需要使用道内均衡来解决这个问题。

道内均衡的基本思想是，将各道中能量强的波相对压缩一定的比例，而将各道中能量相对弱的波增大一定的比例，使强波和弱波的振幅控制在一定的动态范围内。据此，将一道记录的振幅值在不同的反射段内乘以不同的权系数即可。

设 $F_j$ 为均衡后的振幅值，$f_j$ 为待均衡的振幅值，$1/W_j$ 为权系数（$j$ 为采样序号），则

$$F_j \propto \frac{f_j}{W_j}, \qquad j = 0,1,2,\cdots,N \tag{8.5.4}$$

式中，$W_j$ 是一个缓慢渐变的序列，其局部可视为常数，相当于由各个 $F_j$ 和各个 $f_j$ 构成的波形的局是相似的。而从整道记录来看，对于振幅小的时段，取较小的 $W_j$ 值，以增大 $F_j$ 的值；对于振幅较大的时段，取较大的 $W_j$ 值，以缩小 $F_j$ 的值。因此，$W_j$ 应是一个与某个时段内的平均振幅成比例的序列。于是，设待均衡的记录全长为 $N$，将它平分为 $K$ 段，每段的长度为 $2M$，有

$$2M = \text{int } [N/K] \tag{8.5.5}$$

又设 $E_j$ 为各段内的振幅和，记为

$$E_j = \sum_{m=-M}^{M} \left| f_{j+m} \right| \tag{8.5.6}$$

$E_j/(2M+1)$ 可代表每个时间段内的平均振幅，若以其倒数作为加权系数，则均衡处理后的振幅为

$$F_j = \frac{Cf_j}{\dfrac{1}{2M+1}\displaystyle\sum_{m=-M}^{M}\left| f_{j+m} \right|} \tag{8.5.7}$$

式中，$C$ 称为**道内平衡系数**，它是一个由用户提供的常数，用于调整振幅的幅度。

## 8.5.3  道间均衡

一般情况下，由于接收条件的差异，雷达记录道与道之间的能量不均衡，而这会影响剖面上同相轴的连续性。为了改善剖面的质量，需要进行道间均衡处理。

道间均衡处理的基本原理与道内均衡的相同，不过是将道内的均衡改为道与道之间的加权，使各道的能量达到强弱均衡，处于一定范围内。

在计算平均振幅时，将一条记录分成若干组，每组为 $n$ 道（$n$ 为奇数），把求出的平均值的倒数作为权系数，用该系数对 $n$ 道的中心道加权。平均振幅的求法是，各道首先求出自己的平均振幅，然后将各道的平均振幅相加，再除以 $n$。

### 8.5.4  希尔伯特变换与属性分析

希尔伯特变换是一种将实数序列投射到复数域的积分变换，该变换以著名数学家希尔伯特的名字命名。利用希尔伯特变换，可以求出信号的瞬时振幅、瞬时相位等信息。希尔伯特变换的本质是让时间序列 $f(t)$ 与 $1/\pi t$ 卷积，通过瞬时属性反映 $f(t)$ 的局部特征。卷积后的信号幅值不发生变化，只出现 90°相移（正频率为 90°，负频率为-90°），因此该滤波器也称 90°**移相器**。鉴于这些特征，希尔伯特变换在通信理论、地震信号处理、探地雷达信号处理等领域得到了广泛应用，不仅可用于信号变换、信号滤波处理，而且可以该变换为基础得到各类希尔伯特滤波器。

#### 1. 希尔伯特变换

希尔伯特变换可视为一个全通滤波器，输入信号 $f(t)$ 经滤波器 $H(\omega)$ 处理后得到输出信号 $\hat{f}(\omega)$。$H(\omega)$ 具有如下幅频特性［见式（8.5.8）］和相移特性［见式（8.5.9）］。

全通型的幅频特性为

$$|H(\omega)| = 1 \tag{8.5.8}$$

相移特性为

$$\begin{cases} \angle H(\omega) = +90°, & \omega < 0 \\ \angle H(\omega) = -90°, & \omega > 0 \\ \angle H(\omega) = 0°, & \omega < 0 \end{cases} \tag{8.5.9}$$

合并式（8.5.8）和式（8.5.9）得

$$H(\omega) = \begin{cases} +\mathrm{j}, & \omega < 0 \\ -\mathrm{j}, & \omega > 0 \\ 0, & \omega = 0 \end{cases} \tag{8.5.10}$$

希尔伯特变换定义为

$$\hat{x}(t) = \frac{1}{\pi t} * x(t) \tag{8.5.11}$$

式中，$\hat{x}(t)$ 是 $x(t)$ 的希尔伯特变换，而 $x(t)$ 是 $\hat{x}(t)$ 的希尔伯特逆变换，即 $\hat{x}(t)$ 与 $x(t)$ 互为一个希尔伯特变换对。由此可知，希尔伯特变换能够很好地对应于傅里叶变换，只是积分变换的核函数不同。

#### 2. 希尔伯特变换的主要性质

（1）信号 $x(t)$ 与其希尔伯特变换 $\hat{x}(t)$ 具有相同的功率谱、振幅谱和能量谱，只是相位谱有所不同。在希尔伯特变换过程中，振幅还是原来的值，只有信号的相位发生变化。

（2）$x(t)$ 与其希尔伯特变换 $\hat{x}(t)$ 是彼此正交的，即

$$\int_{-\infty}^{\infty} x(t)\hat{x}(t)\mathrm{d}t = 0 \tag{8.5.12}$$

（3）信号 $x(t)$ 经两次希尔伯特变换后得到的信号 $\hat{\hat{x}}(t)$ 与原信号只相差一个负号，即

$$\hat{x}(t) = -x(t) \tag{8.5.13}$$

对信号做两次希尔伯特变换相当于将信号中的正频率成分移相-180°，负频率成分移相180°，所以经两次希尔伯特变换后恰好使得信号反号。

（4）卷积的希尔伯特变换为

$$\hat{h}(t) = x_1(t) * \hat{x}_2(t) = \hat{x}_1(t) * x_2(t) \tag{8.5.14}$$

### 3．希尔伯特变换的瞬时属性

在探地雷达数据处理中，为了计算复信号并对其进行分析，经常应用希尔伯特变换以获得探地雷达信号的瞬时属性。如果以时间序列 $f(t)$ 为实部，以其希尔伯特变换 $H(t)$ 为虚部，就可以构造对应于时间序列 $f(t)$ 的复信号 $z(t)$：

$$z(t) = f(t) + j * H(t) = f(t) + j * H[x(t)] \tag{8.5.15}$$

在探地雷达信号处理中，对待处理信号 $x(t)$ 进行希尔伯特变换：

$$\hat{x}(t) = \int_{-\infty}^{\infty} \frac{x(\tau)}{\pi(t-\tau)} \mathrm{d}\tau \tag{8.5.16}$$

可以得到探地雷达信号 $x(t)$ 的复信号 $z(t)$：

$$z(t) = x(t) + j\hat{x}(t) = X(t) + jY(t) \tag{8.5.17}$$

则探地雷达信号 $x(t)$ 的瞬时属性可以按如下方式计算：

$$\alpha(t) = \sqrt{X^2(t) + Y^2(t)} \tag{8.5.18}$$

$$\theta(t) = \arctan\left[\frac{Y(t)}{X(t)}\right] \tag{8.5.19}$$

式中，$\alpha(t)$ 为瞬时振幅，$\theta(t)$ 为瞬时相位。瞬时频率定义为解析信号瞬时相位的导数，即

$$\varpi(t) = \frac{\mathrm{d}\theta}{\mathrm{d}t} \tag{8.5.20}$$

### 4．探地雷达信号处理及分析

下面采用一个道路塌陷区的探地雷达信号进行瞬时属性计算。

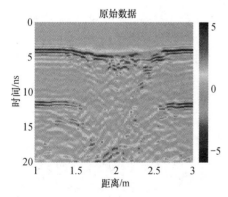

图 8.15　探地雷达的原始数据

图 8.16 中显示了希尔伯特变换求探地雷达信号的瞬时属性结果图，瞬时振幅与图 8.15 中的原信号相比，对层界面的反射信号更强，下部的砾石反射也更清晰。瞬时振幅反映的是探地雷达信号的反射强度，它与探地雷达信号总能量的平方根成正比。图 8.16 中瞬时相位反映的是探地雷达信号中同相轴的连续性，在各向同性均匀介质中，高频电磁波的相位是连续的，但地下介质体通常是不均匀的，经过异常体时，相位便在该处发生变化，而这与信号能量的强弱无关。当瞬时振幅不强时，瞬时相位图仍能体现其位置。瞬时频率反映的是瞬时相位的时间变化率，当探地雷达信号中的高频电磁波途经变化的岩性或变化的地层时，瞬时频率图中电磁波的频率将发生明显变化，这种变化能辅助人们识别地层和分析岩性变化。因此，利用瞬时频率和瞬时振幅可以确定地下异常体的大致位置，然后运用瞬时相位大致描述其轮廓。

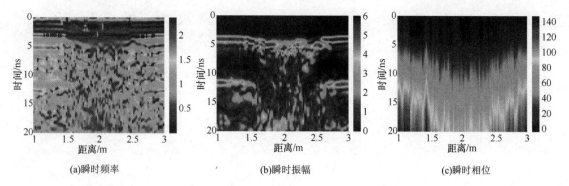

| (a)瞬时频率 | (b)瞬时振幅 | (c)瞬时相位 |

图 8.16　希尔伯特变换求探地雷达信号的瞬时属性结果图

## 8.6　经验模态分解与信号提取

经验模态分解（Empirical Mode Decomposition，EMD）法是近年来发展的一种新型自适应信号时频分析方法，这种方法可根据信号本身的特性自动提取信号的内在本征模态函数，因此是一种分析非线性非平稳性信号的强大信号分析技术。由 Huang 等于 1998 年开发的 EMD 在希尔伯特变换的基础上提出了新的希尔伯特-黄变换，其高分辨率和自适应性可以根据信号特点直接分解（Huang et al.，1998）。在用 EMD 法分解信号后，可以选择不同的本征模态函数（Intrinsic Mode Function，IMF）分量，以达到分离噪声和有效信号的目的，进而抑制噪声。

### 8.6.1　经验模态分解

#### 1．EMD 法的基本原理

EMD 法将原信号分解为有限个窄带分量，每个分量就是一个本征模态函数。不同的 IMF 中包含不同的频率成分，信号经 EMD 分解后，各分量之间的瞬时频率互不相同，每个 IMF 的希尔伯特变换得到的瞬时频率具有明确的物理意义。每个 IMF 应满足以下两个条件：①信号中极值点的数量和过零点的数量必须相等，或者最多相差一个；②在任何时间点上，信号的局部极大值的包络（上包络线）和局部极小值的包络（下包络线）的均值必须为零。

对于一个给定的实信号 $x(t)$，EMD 法如下。

（1）找出 $x(t)$ 的所有极值点，用插值法将所有极大值点确定为上包络线，将所有极小值点确定为下包络线；计算上下包络线的均值 $m_1(t)$，用原信号 $x(t)$ 减去均值 $m_1(t)$ 得到一个新信号 $h_1^1(t)$，

$$h_1^1(t) = x(t) - m_1(t) \tag{8.6.1}$$

该过程称为**筛选过程**。根据 IMF 的判定条件，如果 $h_1^1(t)$ 满足 IMF 定义的条件，则把 $h_1^1(t)$ 视为第一个 IMF 分量。然而，$h_1^1(t)$ 通常不满足 IMF 条件。

（2）将 $h_1^1(t)$ 作为新数据，重复步骤（1），计算上下包络线的均值 $m_1^1(t)$，然后判断 $h_1^1(t) = h_1(t) - m_1^1(t)$ 是否满足 IMF 条件，否则重复步骤（1）$k$ 次，直到 $h_1^k(t)$ 满足 IMF 条件：

$$h_1^k(t) = h_1^{k-1}(t) - m_1^k(t) \tag{8.6.2}$$

得到 $x(t)$ 的第一个 IMF 分量，即包含原信号中的最高频率成分，并将 $h_1^k(t)$ 记为 $c_1(t)$：

$$c_1(t) = \text{IMF}_1 = h_1^k(t) \tag{8.6.3}$$

（3）用实信号 $x(t)$ 减去 $c_1(t)$，得到去掉高频成分的剩余信号 $r_1(t)$：

$$r_1(t) = x(t) - c_1(t) \tag{8.6.4}$$

将 $r_1(t)$ 作为新数据，循环以上计算步骤，得到 $x(t)$ 的第二个 IMF 分量 $c_2(t)$。然后用 $r_1(t)$ 与 $c_2(t)$ 相减计算出 $r_2(t)$，重复 $n$ 次：

$$\begin{aligned} r_2(t) &= r_1(t) - c_2(t) \\ r_3(t) &= r_2(t) - c_3(t) \\ &\vdots \\ r_n(t) &= r_{n-1}(t) - c_n(t) \end{aligned} \tag{8.6.5}$$

直到 $r_n(t)$ 小于阈值，或者 $r_n(t)$ 为一个常量或单调函数，分解过程结束。

（4）实信号 $x(t)$ 的表达式为

$$x(t) = \sum_{i=1}^{n} c_i(t) + r_n(t) \tag{8.6.6}$$

实信号被 EMD 分解为若干从高频到低频的 IMF 分量和一个残余分量。

**2. EMD 法的主要性质**

对于 EMD 法来说，不仅分解效果简洁、直观，而且具有良好的自适应性、分解的完备性和近似正交性的特征。

1）自适应性

EMD 法的自适应性主要表现在以下三方面。

（1）生成的基函数具有自适应性。各本征模态函数分量可视为信号分解时自适应获得的频率可变、振幅可变的广义基。在信号分解过程中，不需要预先设定基函数，这些广义基是可以完全自适应得到的。

（2）本征模态函数的分辨率具有自适应性。经 EMD 分解得到的本征模态函数分量的特征时间尺度是不相同的，因此各本征模态函数分量的频率分辨率也不相同。包含高频成分的 IMF 具有较低的频率分辨率，包含低频成分的 IMF 具有较高的频率分辨率，且对包含不同频率成分的本征模态函数来说，其频率分辨率都是自适应获得的，不受任何先验知识的制约。

（3）自适应滤波特性。对于具有不同带宽及频率成分的本征模态函数分量，随着被分解信号的变化，其带宽和所含的频率成分也发生变化，且总首先分解出含有高频成分的 IMF 分量。因此，EMD 分解法可视为一组具有自适应特性的带通滤波器，被分解信号不同，其带宽和截止频率也不同。

2）完备性

EMD 是一种完全的信号分解方法，且分解过程是可逆的，通过将得到的各个 IMF 分量和剩余分量 $r_n(t)$ 相加可以完整地重构原信号。

3）近似正交性

经验模态分解的正交性是指分解得到的各个 IMF 分量之间相互正交的性质。Huang 等通过大量试验分析发现，对一般信号而言，其正交性指数 IO 通常不高于 1%，即使对于一些长度很短的信号，其 IO 值也可能达到 5%，因此可以认为 EMD 分解得到的各个 IMF 分量之间是近似正交的。

### 3．EMD 法的主要问题

（1）模态混叠现象。模态混叠现象是指在一个 IMF 分量中存在不同频率段的信号，或者是指在不同的 IMF 分量中出现了相同或相似频率段的信号。这会导致信号分离不准确、不具体，同时使 IMF 分量的物理意义不复存在，时频分布严重偏移。一般情况下，信号中出现间断及信号质量差、噪声强会导致模态混叠问题的出现。

（2）无数学基础理论。到目前为止，仍没有严密的数学基础理论和数学逻辑对 EMD 法进行证明和解释。同时，对于 IMF 分量的定义，数学理论也没有明确的定义。

## 8.6.2 整体经验模态分解

### 1．整体经验模态分解法的基本原理

为了克服 EMD 分解过程中的模态混叠问题，Wu 和 Huang（2009）提出了一种改进的 EMD 法，即总体经验模态分解（Ensemble Empirical Mode Decomposition，EEMD）法。EEMD 法是一种噪声辅助的数据分析方法，在每次进行 EMD 分解之前，它将不同的白噪声加入原信号，且每次添加的白噪声的比例是相同的。将添加了噪声的信号作为新的待分解信号，并对其进行 EMD 分解，共进行若干次加入噪声的分解。最后，对获得的所有 IMF 分量进行平均，得到最终的 IMF。

EEMD 法的具体分解流程如下。

（1）将一定强度的高斯白噪声添加到原信号中，形成新的待分解信号。

（2）对得到的新的含噪信号进行 EMD 分解，得到各个 IMF 分量。

（3）重复执行步骤（1）和（2），共进行 $I$ 次分解，且每次加入的高斯白噪声序列是不同的。

（4）对 $I$ 次 EMD 分解得到的所有 IMF 进行整体平均，并将得到的均值作为原信号分解的最终 IMF 分量，即

$$\overline{\text{IMF}_i} = \frac{1}{I}\sum\nolimits_{m=1}^{I} \text{IMF}_{im}, \quad m = 1,2,\cdots,I \tag{8.6.7}$$

式中，$\overline{\text{IMF}_i}$ 是最终得到的第 $i$ 个 IMF 分量，$\text{IMF}_{im}$ 是第 $m$ 个加噪信号分解得到的第 $i$ 个 IMF 分量。

### 2．EEMD 法存在的问题

1）参数选取

集成平均的次数和添加噪声的幅度是影响 EEMD 法实施的两个重要参数。

加入白噪声后的平均计算次数应该满足下面的统计公式：

$$\varepsilon_N = \frac{\varepsilon}{\sqrt{N}} \tag{8.6.8}$$

式中，$N$ 是平均计算的次数，$\varepsilon$ 是加入白噪声的百分比，$\varepsilon_N$ 是原信号与最终结果的标准差。噪声百分比对 EEMD 的影响很大，一般情况下应选择相对较小的噪声百分比。

2）不完全分解

每次添加的高斯白噪声都是随机的，因此 EEMD 法每次分解的结果都是不同的，即每次分解得到的 IMF 分量是不同的。

### 8.6.3　完全总体经验模态分解

#### 1．完全总体经验模态分解法的基本原理

完全总体经验模态分解（Complete Ensemble Empirical Mode Decomposition，CEEMD）法于 2011 年由 Torres 提出（Torres et al.，2011），是一种改进的 EEMD 法，可以有效地解决 EEMD 法中因添加附加高斯白噪声所带来的新问题。

CEEMD 法也是一种噪声辅助的数据分析方法，其具体分解步骤如下。

（1）将固定比例的高斯白噪声添加到原信号中，形成新的待分解信号，对新信号进行 EMD 分解得到第一阶 IMF 分量，用不同的白噪声分别进行 $N$ 次分解，并将得到的 $N$ 个一阶 IMF 进行整体平均，即

$$\mathrm{IMF}_1 = \frac{1}{N}\sum_{i=1}^{N} E_1[x + \varepsilon\omega_1] \tag{8.6.9}$$

式中，$\mathrm{IMF}_1$ 为原信号 $x$ 的第一阶 IMF 分量，$\omega_1^i$ 是均值为零、方差为 1 的高斯白噪声，$\varepsilon$ 为加入噪声的比例，$N$ 为加入不同噪声实现 EMD 分解的次数，$E_i$ 表示产生的第 $i$ 个 IMF 分量。

（2）计算一阶残差：

$$r_1 = x - \mathrm{IMF}_1 \tag{8.6.10}$$

（3）继续分解 $r_1 + \varepsilon E_1[\omega_1], i = 1,2,3,\cdots,N$，直到分解的各分量满足一阶 IMF 的要求，并对所得的各个 $\mathrm{IMF}_1$ 进行整体平均，得到原信号的第二阶本征模态函数 $\mathrm{IMF}_2$，即

$$\mathrm{IMF}_2 = \frac{1}{N}\sum_{i=1}^{N} E_1\left[r_1 + \varepsilon E_1[\omega_1]\right] \tag{8.6.11}$$

对于 $k = 1,2,\cdots,K$，计算 $k$ 阶残差 $r_k = r_{k-1} - \mathrm{IMF}_k$，然后提取 $r_k + \varepsilon E_k[\omega_i]$ 的一阶 IMF 分量，其中 $k = 1,2,\cdots,N$，再次计算它们的整体平均，得到原信号的第 $k+1$ 阶分量 $\mathrm{IMF}_{k+1}$：

$$\mathrm{IMF}_{k+1} = \frac{1}{N}\sum_{i=1}^{N} E_1\left[r_k + \varepsilon E_k[\omega_i]\right] \tag{8.6.12}$$

（4）继续进行筛选直到残差的极值个数不超过两个（残差为常量或单调函数）时停止，得到

$$R = x - \sum_{k=1}^{K} \mathrm{IMF}_k \tag{8.6.13}$$

式中，$R$ 是最终的残差，$K$ 是原信号分解得到的 IMF 分量的数量。因此，原信号可以表示为

$$x = \sum_{k=1}^{K} \mathrm{IMF}_k + R \tag{8.6.14}$$

式（8.6.14）表明 CEEMD 法能够实现信号的完全分解。与 EMD 法和 EEMD 法相比，CEEMD 法不仅解决了模态混叠的问题，而且能够精确地重构原信号。因此，该方法更适合分析探地雷达信号。

#### 2．CEEMD 法存在的问题

CEEMD 法解决了 EEMD 法不能重构原信号的问题，模态混叠问题也得到了极大的改进，但也存在一些问题。

（1）运算时间长。CEEMD 法以 EMD 法为数学运算基础，缺少数学基础理论的严格论证，导致计算过程比较复杂，而 IMF 分量的提取和高斯白噪声的添加导致计算时间进一步增加，

因此这三种方法的运算时间较长，运算效率欠佳。

（2）对噪声及采样信号敏感。CEEMD 法作为 EMD 法和 EEMD 法的改进，主要变化是对高斯白噪声的使用，因此多次使用高斯白噪声会使得 CEEMD 法对噪声及采样信号较为敏感，易出现噪声分离不净、有效信号频率段无法准确分离到 IMF 分量中等问题。

（3）模态混叠问题仍有出现。

### 8.6.4 变分模态分解

2014 年，Dragomiretskiy 等提出了变分模态分解（Variational Mode Decomposition，VMD）法，相比于基于时间域递归分解的 EMD 法，VMD 法是一种基于频率域的完全非递归信号分解法，可以解决 EMD 法的部分问题，拥有更好的噪声鲁棒性（Dragomiretskiy et al.，2014）。VMD 法通过迭代搜索变分模型的最优解来确定每个 IMF 分量的中心频率和带宽，能够自适应地对信号进行频率域剖分并有效地分离 IMF 分量。

#### 1. VMD 法的基本原理

VMD 法与前三种方法的理论基础并不一致，VMD 法主要通过确定变分模型的最优解来确定 IMF 分量参数。在 VMD 法中，本征模态函数（IMF）被重新定义为一个基于调制准则的调幅-调频（AM-FM）信号，即

$$u_k(t) = A_k(t)\cos(\phi_k(t)) \tag{8.6.15}$$

式中，$\phi_k(t)$ 为 $u_k(t)$ 的相位，且 $\phi_k'(t) \geqslant 0$；$A_k(t)$ 为 $u_k(t)$ 的瞬时振幅，且 $A_k(t) \geqslant 0$；$\omega_k(t)$ 为 $u_k(t)$ 的瞬时频率，且 $\omega_k(t) = \phi_k'(t)$。$A_k(t)$ 和 $\omega_k(t)$ 相对于相位 $\phi_k(t)$ 的变化速度较慢，即在足够长的时间范围 $[t-\delta, t+\delta]$ 内（$\delta \approx 2\pi/\phi_k'(t)$），$u_k(t)$ 近似为一个振幅为 $A_k(t)$、频率为 $\omega_k(t)$ 的谐波信号。

根据 Carson 准则，新定义的 IMF 带宽估计为

$$\mathrm{BW}_{\mathrm{AM-FM}} = 2(\Delta f + f_{\mathrm{FM}} + f_{\mathrm{AM}}) \tag{8.6.16}$$

式中，$\Delta f$ 为瞬时频率的最大偏差，$f_{\mathrm{FM}}$ 为瞬时频率的偏移率，$f_{\mathrm{AM}}$ 为包络线 $A_k(t)$ 的最高频率。

在得到 IMF 分量时，VMD 法不采用 EMD 法所用的信号分解方法，而将信号分解过程转移到变分框架内，通过搜寻约束变分模型最优解进而实现信号自适应分解。在迭代求解变分模型的过程中，不断更新每个 IMF 分量的频率中心及带宽，最后根据信号的频率域特性完成信号频带的自适应剖分，得到若干窄带 IMF 分量。假设原信号被 VMD 分解为 $K$ 个 IMF 分量，则与之对应的约束变分模型表达式为

$$\min_{\{u_k\},\{\omega_k\}} \left\{ \sum_k \left\| \partial_t \left[ \left( \delta(t) + \frac{\mathrm{j}}{\pi t} \right) * u_k(t) \right] \mathrm{e}^{-\mathrm{j}\omega_k t} \right\|_2^2 \right\} \\ \text{s.t.} \ \sum_k u_k = f \tag{8.6.17}$$

式中，$\{u_k\} = \{u_1, u_2, \cdots, u_k\}$ 是被 VMD 法分解得到的 $K$ 个 IMF 分量，$\{\omega_k\} = \{\omega_1, \omega_2, \cdots, \omega_k\}$ 是各个 IMF 分量 $u_k$ 的频率中心，$\partial_t$ 表示对函数求时间的偏导数，$\delta(t)$ 是单位脉冲函数，j 是虚数单位，* 表示卷积。

为求解上述约束变分问题的最优解，引入惩罚参数 $\alpha$ 和拉格朗日乘子 $\lambda$，得到扩展的拉格朗日表达式：

$$L(\{u_k\}, \{\omega_k\}, \lambda) = \alpha \sum_k \left\| \partial_t \left[ \left( \delta(t) + \frac{\mathrm{j}}{\pi t} \right) * u_k(t) \right] \mathrm{e}^{-\mathrm{j}\omega_k t} \right\|_2^2 + \left\| f - \sum u_k \right\|_2^2 + \langle \lambda, f - \sum u_k \rangle \tag{8.6.18}$$

式中，为了保证信号的重构精度，一般设 $\alpha$ 为足够大的正数。

式（8.6.18）的最优解是利用交替方向乘子算法求上述增广拉格朗日函数的鞍点得到的，结果是 $K$ 个窄带 IMF 分量，具体求解步骤如下。

（1）对各个参数初始化 $\{u_k^1\}, \{w_k^1\}, \lambda^1, n = 0$。

（2）$n = n+1$。

（3）计算内层第一个循环，对 $u_k$ 进行更新：

$$\hat{u}_k^{n+1}(\omega) = \frac{\hat{f}(\omega) - \sum_{i<k} \hat{u}_k^{n+1}(\omega) + \sum_{i>k} \hat{u}_k^{n+1}(\omega) + (\hat{\lambda}(\omega)/2)}{1 + 2\alpha(\omega - \omega_k^n)^2} \tag{8.6.19}$$

（4）$k = k+1$，重复步骤（3），直到 $k = K$，终止内层第一个循环。

（5）计算内层第二个循环，对 $\omega_k$ 进行更新：

$$\omega_k^{n+1} = \frac{\int_0^\infty \omega |\hat{u}_k^{n+1}(\omega)|^2 \, \mathrm{d}\omega}{\int_0^\infty |\hat{u}_k^{n+1}(\omega)|^2 \, \mathrm{d}\omega} \tag{8.6.20}$$

（6）$k = k+1$，重复步骤（5），直到 $k = K$，终止内层第二个循环。

（7）更新拉格朗日乘子 $\lambda$：

$$\hat{\lambda}^{n+1} = \hat{\lambda}^n + \tau\left(\hat{f} - \sum_k \hat{u}_k^{n+1}\right) \tag{8.6.21}$$

（8）重复步骤（2）至（7），直到满足迭代停止条件 $\sum_k \left\|\hat{u}_{ik}^{n+1} - \hat{u}_i^n\right\|_2^2 \Big/ \left\|\hat{u}_{ik}^n\right\|_2^2 < \varepsilon$，结束整个循环，计算得到 $K$ 个窄带 IMF 分量。

### 2．VMD 法存在的问题

VMD 法的原理不同于 EMD 法、EEMD 法和 CEEMD 法，它解决了后三种方法数学理论不严谨的问题，同时能够更有效地克服模态混叠问题，且具有较快的运算速度。然而，VMD 法也存在一些问题。

（1）无法自适应惩罚因子及 IMF 分量个数。VMD 法虽然有数学理论支撑，但其具体参数的选取却缺乏理论依据，如惩罚因子这个重要参数无法自适应地选取，而必须根据经验事先人为给定。同时，对于分解后的 IMF 分量个数也无法如 EMD 法、EEMD 法、CEEMD 法那样自适应地给出。

（2）端点效应仍然存在。处理信号时，由于信号的端点处往往不是极值，在对极值点进行插值过程中便会出现误差，在数据两端出现发散现象，且会影响整个数据的质量，导致结果失真。

### 3．实测信号处理及分析一

下面应用 VMD 法和 EMD 法分别对探地雷达实测数据进行处理。图 8.17 显示了在长春某工厂使用探地雷达采集的实测数据剖面图，天线的中心频率为 500MHz，共 505 道，每道有 576 个采样点。对原始数据进行去直达波等预处理，得到预处理后的剖面图如图 8.18 所示。经过预处理后，直达波被有效地去除，突出了异常体信号，但雷达剖面中仍然含有一些噪声。

选取图 8.17 中的第 150 道探地雷达信号进行处理并分析，得到第 150 道探地雷达信号及其频谱，如图 8.19 所示，图中探地雷达信号包含低频噪声和高频噪声。

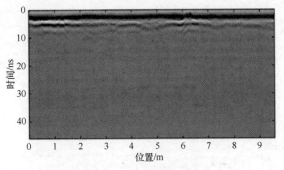

图 8.17　实测数据剖面图

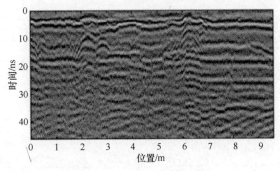

图 8.18　预处理后的剖面图

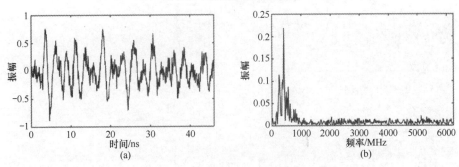

图 8.19　第 150 道探地雷达信号及其频谱

　　图 8.20 显示了 VMD 分解后的各个 IMF 分量波形图及其频谱，图 8.21 显示了 EMD 分解后的各个 IMF 分量波形图及其频谱，图 8.22 显示了 VMD 去噪后的信号、VMD 去噪后的信号频谱、EMD 去噪后的信号和 EMD 去噪后的信号频谱。

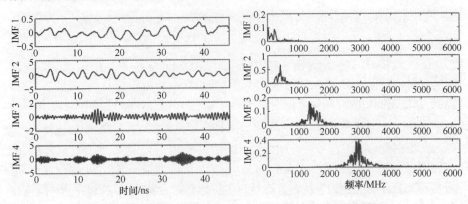

图 8.20　VMD 分解后的各个 IMF 分量波形图及其频谱

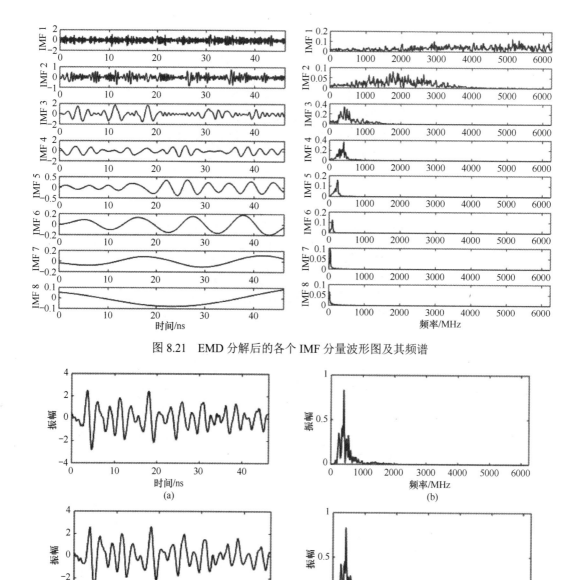

图 8.21  EMD 分解后的各个 IMF 分量波形图及其频谱

图 8.22  (a)VMD 去噪后信号；(b)VMD 去噪后的信号频谱；(c)EMD 去噪后的信号；
(d) EMD 去噪后的信号频谱

应用 VMD 法和 EMD 法分别对图 8.17 中预处理后的探地雷达剖面的 505 道数据进行逐道去噪处理，结果分别如图 8.23 和图 8.24 所示。从图中可以看出，相比 EMD 去噪后的雷达剖面图，VMD 去噪后的雷达剖面中的同相轴更清晰、连续，异常体的双曲线形态也更清晰。

去噪后的探地雷达剖面经时深转换（电磁波速度为 0.1m/ns）后，得到的探地雷达剖面解释图如图 8.25 所示。根据雷达回波信号进行层位划分的结果如下：第一层的深度范围为 0～0.23m，为混凝土层；第二层的深度范围为 0.2～0.9m，为垫层；第三层为地基土层。在水平位置 0～1m 和 6～6.1m 处，振幅强烈且伴有强烈的多次波，这是由工厂地面的金属轨道导致的；同样，在水平位置 0.2m 和 1.1m 处，振幅强烈且伴有强烈的多次波，这是由深度分别为 0.25m 和 0.2m 的地下金属导线导致的；此外，在水平位置 2.2m 和 2.9m 处，振幅强烈且伴有强烈的多次波，这是由深度分别在 0.5m 和 0.55m 的地下金属管导致的。

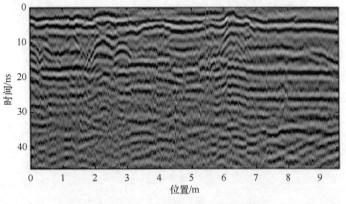

图 8.23　VMD 去噪后的雷达剖面图

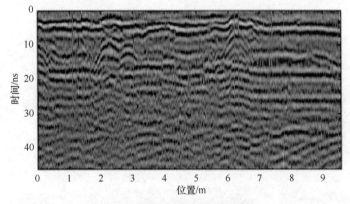

图 8.24　EMD 去噪后的雷达剖面图

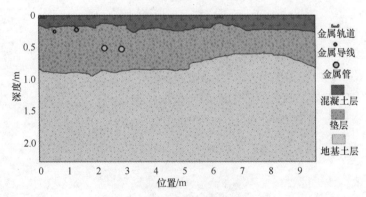

图 8.25　探地雷达剖面解释图

### 4. 实测信号处理及分析二

下面是使用探地雷达对吉林大学朝阳校区内的一处地下管道进行 GPR 实测与处理的结果。天线的中心频率为 500MHz，共 922 道，每道有 1178 个采样点。随后对该数据进行了预处理，结果如图 8.26 所示，可以看出异常信息比较突出，但不够清晰，噪声混杂严重。

使用 EMD、EEMD、CEEMD 和 VMD 四种模态分解去噪方法分别对预处理后的探地雷达剖面的 922 道数据进行去噪处理，得到了如图 8.27 至图 8.30 所示的结果。

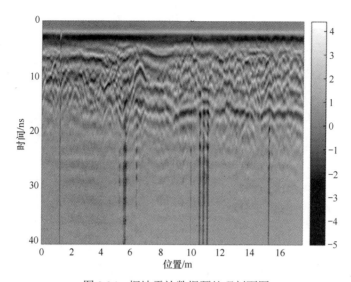

图 8.26 探地雷达数据预处理剖面图

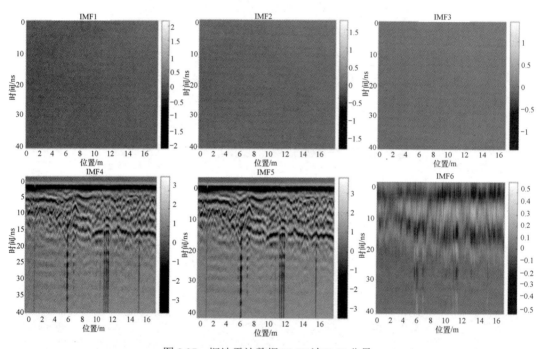

图 8.27 探地雷达数据 EMD 法 IMF 分量

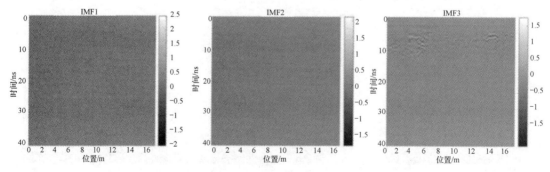

图 8.28 探地雷达数据 EEMD 法 IMF 分量

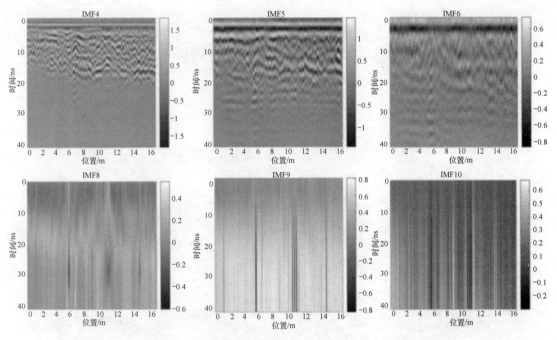

图 8.28　探地雷达数据 EEMD 法 IMF 分量（续）

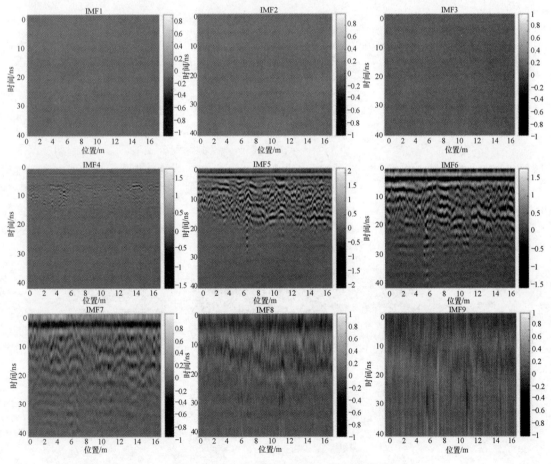

图 8.29　探地雷达数据 CEEMD 法 IMF 分量

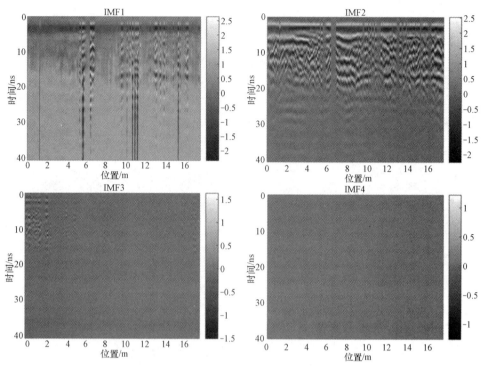

图 8.30　探地雷达数据 VMD 法 IMF 分量

对雷达剖面应用 CEEMD 法和 VMD 法后，异常体的双曲线变得更清晰，同相轴也变得更连续。因此，在探地雷达实测数据的处理过程中，CEEMD 法和 VMD 法能够有效地抑制噪声，提高信噪比。

对实测数据四种模态分解方法 IMF 分量的叠加结果进行分析和比较，并对处理后的探地雷达剖面进行时深转换，得到探地雷达数据剖面地质解释图，如图 8.31 所示。以回波信号为依据对地下成分划分的结果如下：第一层的深度范围为 0～0.25m，推测为混凝土层；第二层的深度范围为 0.25～0.9m，推测为垫层；第三层的深度范围为 0.9m 以下，推测为地基土层。详细分析异常体发现，在水平位置 1.2m、2.3m、3.0m、10.0m 处存在强烈的多次波，且振幅较强，判断这是由地下的金属导线导致的。在水平位置 5.0m 和 6.5m 处的异常，判断是路面的井盖导致的。在水平位置 5.5m 处的异常，判断是地下金属管线导致的。在水平位置 13.5～14.0m 处的异常，判断是由欠密实区域导致的，这里之前可能被挖开过。

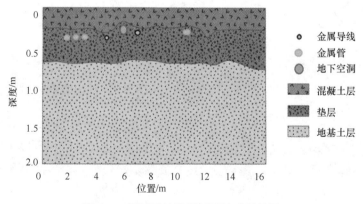

图 8.31　探地雷达数据剖面地质解释图

# 习　题

**8.1**　简述探地雷达数据采集和处理的基础。

**8.2**　简述探地雷达数据解释的基本方法。

**8.3**　举例说明探地雷达信号反卷积处理的作用。

**8.4**　详细介绍偏移成像方法，并用 MATLAB 编写程序。

**8.5**　举例说明图像处理方法在探地雷达数据处理中的应用与效果。

**8.6**　说明数学分析方法在探地雷达数据处理中的应用条件与效果。

# 参考文献

[1]　何樵登. 地震勘探原理和方法[M]. 北京：地质出版社，1986.

[2]　李大心. 探地雷达方法与运用[M]. 北京：地质出版社，1994.

[3]　李文忠. F-K 偏移技术在地质雷达资料处理方面的应用[J]. 物化探计算技术，1998, 20(3): 280-283.

[4]　Dragomiretskiy K. Zosso D. *Variational mode decomposition*[J]. IEEE Trans. Signal Process., 2014, 62(3): 531-544.

[5]　Dragomiretskiy K., Zosso D. *Two-dimensional variational mode decomposition: Energy Minimization Methods*[J]. Computer Vision and Pattern Recognition, 2015, 8932(3): 197-208.

[6]　Fisher E., McMechan G. A. and Annan A. P. *Acquistion and Processing of wide-aperture ground-penetrating radar data*[J]. Geophysics, 1992, 57(2): 495-504.

[7]　Gazdag J. *Wave Equation Migration with the phase shift Method*[J]. Geophysics, 1978, 43(4): 1342-1351.

[8]　Gazdag J. Sguazzero P. *Migration of seismic data by Phase shift plus Interpolation*[J]. Geophysics, 1984, 49(1): 124-131.

[9]　Huang N. E., Shen Z., Steven R. L. *The empirical mode decomposition and the Hilbert spectrum for nonlinear and non-stationary time series analysis*[J]. J. Proc R Soclond, Series A, 1998, 454: 903-995.

[10]　Maijala, P. *Application of Some Seismic Data Processing Methods to Ground Penetrating Radar Data*[D]. Fourth International Conference on Ground Penetrating Radar June 8-13, 1992, Rovaniemi, Finland. Geological Survey of Finland, Special Paper 16, 365.

[11]　Stolt R. H. *Migration by Fourier transform*[J]. Geophysics, 1978, 43(1): 23-48.

[12]　Torres M. E., Colominas M. A., et al. *A complete ensemble empirical mode decomposition with adaptive noise*[J]. Acoustics, Speech and Signal Processing, IEEE International Conference on, 2011, 4144-4147.

[13]　Wu Z., Huang N. E. *Ensemble empirical mode decomposition: a noise-assisted data analysis method*[J]. Advances in Adaptive Data Analysis, 2009, 1(01): 1-41.

# 第9章 探地雷达数据解释

探地雷达数据解释的目的是确定探测数据中有意义的介质内部结构、介质特征和分布规律等地质信息，是探地雷达主要探测目标的体现。探地雷达的野外测量设计、数据采集、数据处理和成像等，都是围绕探地雷达的数据解释和确定目标参数及地质意义这一目标而进行的。

介绍探地雷达的数据解释方面的文献非常多，而且常常伴随探地雷达的广泛应用领域。因此，探地雷达的数据解释要求我们不仅要充分了解数据采集和处理的各个环节，而且要了解地质学、材料学等方面的知识，并能与其他探测方法有机地结合，获得较为正确的解释结果。

探地雷达的数据解释过程也是一个综合推理和反复验证的过程。在进行探地雷达的工作前，需要建立工作目标的地质模型，进而转化为物性模型，最后得到探地雷达的响应模型。完成数据采集后，对数据进行初步解释，分析初始地质模型的正确性，然后修改地质模型，并且进行数据处理和数据成像等，进一步验证和修改得到的模型。结合多种资料，如地质、钻探、其他探测数据等，综合得到解释结果。可见，探地雷达的数据解释需要探地雷达工作者和相关领域的专家紧密结合。

探地雷达的数据解释成果通常包括：得到主要的异常标志和异常响应的主要特征参数；得到探测断面或三维体内的主要介质层或目标体的位置和性质；得到探测断面或三维体的地质结构，推断产生该结构的地质过程；得到地下介质的物性参数，辅助工程地质或工程质量等的评价。

## 9.1 探地雷达数据解释基础和解释流程

### 1. 探地雷达数据解释基础

当进行探地雷达剖面的解释时，通常做如下假设。

(1) 探地雷达剖面上的相关反射波和波形特征由介质的电性差异引起。

(2) 电性质的差异表现为介质的差异。于是，就可以通过雷达波形的到时和振幅等参数，确定速度和介质的变化范围，进而得到不同介质或介质成分差异的结构图像。

(3) 雷达剖面的参数（如波形、振幅、相位等）与介质的变化有关，因此可由这些参数确定介质的性质和属性的变化。

### 2. 解释流程

探地雷达的数据解释包括如下方面：①数据校正和检查；②反射目标体的拾取；③反射层的拾取；④地质历史的推断；⑤综合地质解释。图 9.1 所示为探地雷达数据解释的一般流程。

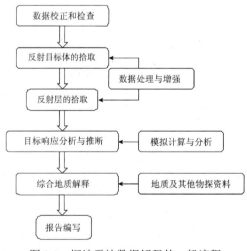

图 9.1 探地雷达数据解释的一般流程

## 9.2 典型目标体探地雷达异常特征

在野外探地雷达的探测中，剖面法应用最多。下面介绍使用剖面法进行探测时，一些典型形体的异常特征，以便为探地雷达数据解释提供参考。

### 1. 等轴状形体

图 9.2 所示为等轴状模型示意图，其中正方体和球体模型分布在不同的三维空间位置，采用天线中心频率为 900MHz 的天线采集数据，测量方式为剖面法。在三维模拟结果（见图 9.3 和图 9.4）中，可以清晰地看出各个目标体的分布位置和延伸范围。主要特征是反射体的双曲线异常形态，双曲线的顶部对应异常体的顶部。在不同方向的测线上，有着相同的形态。

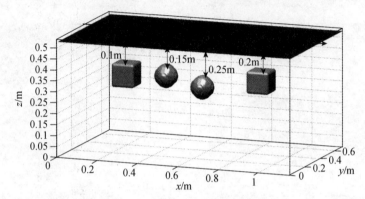

图 9.2 等轴状模型示意图

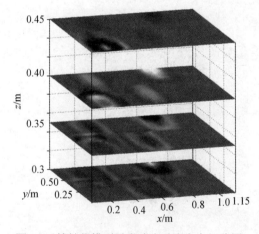

图 9.3 等轴状模型异常响应垂直方向切片图

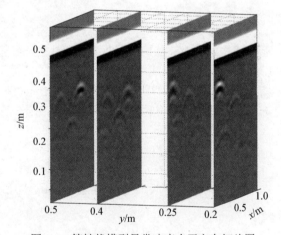

图 9.4 等轴状模型异常响应水平方向切片图

### 2. 水平圆柱体

在探地雷达的应用中常见水平圆柱体，如地下管线探测、钢筋混凝土检测等。为了研究水平圆柱体的异常情况，这里选取水平分布的钢筋和管线圆柱体模型进行模拟。图 9.5 所示为钢筋/管线模型示意图，相邻目标体的间距为 0.2m，圆柱体半径为 0.1m。周围介质的相对介电常数为 6，电导率为 0.005S/m。采用天线中心频率为 900MHz 的天线采集数据，采用剖面法方式进行观测（见图 9.6 和图 9.7）。通过正演模拟，可以清晰地看到目标体的异常形态。另外，圆柱体之间的距离也可分辨，相邻目标体之间的杂波干扰较小。相比管线而言，钢筋目标体明显存在较大的能量反射，这与其本身的电性参数有关。

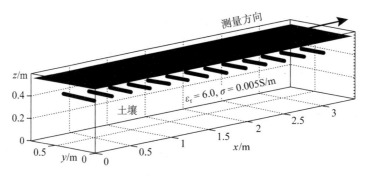

图 9.5　钢筋/管线模型示意图

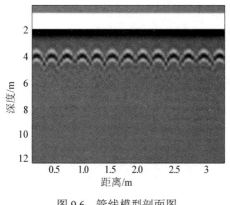

图 9.6　管线模型剖面图

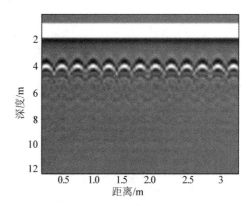

图 9.7　钢筋模型剖面图

### 3. 地下沟谷

为了反映地下沟谷异常的形态特征，构建了有不同凹陷中心角的三个沟谷模型，如图 9.8(a) 所示。根据射线追踪分析，接收到反射波的路径示意图如图 9.8(b)所示，图中 R 表示一次反射，RR 表示两次反射。天线中心频率为 200MHz，测量方式为剖面法。图 9.9 所示为不同沟谷中心角的雷达剖面图，从中可以看出，当凹陷中心角较大时，剖面绕射较弱，能清晰地看出沟谷的形态分布，随着凹陷中心角的减小，即沟谷凹陷越来越深时，沟谷两侧的绕射逐渐增强，但都能很好地反映沟谷的异常特征，不会影响剖面解释。

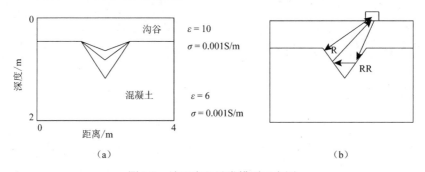

（a）　　　　　　　　　　　　　　　（b）

图 9.8　地下沟谷异常模型示意图

### 4. 地下起伏层状介质

Goodman（1994）根据野外探测情况设计了一个模型，并且利用射线追踪方法模拟了探测结果，如图 9.10 所示。由图可见，模型共分为三层和两个界面。第一层模拟土壤，第二层模拟沙层，第三层模拟基岩。当第二层的电性参数发生变化时，模拟结果如图 9.10(b)所示。由图可见，当第二层的电性参数与第一层的电性参数接近时，第二层的形状无较大的变化。随着电性差异的增大，第二个水平界面的响应发生很大的变化。图 9.10(c)所示为根据电磁波传播得到的不同反射波分析结果，其中 R 表示反射波，T 表示透射波。根据模拟结果，可以帮助我们认识反射波记录并分析地质结构。

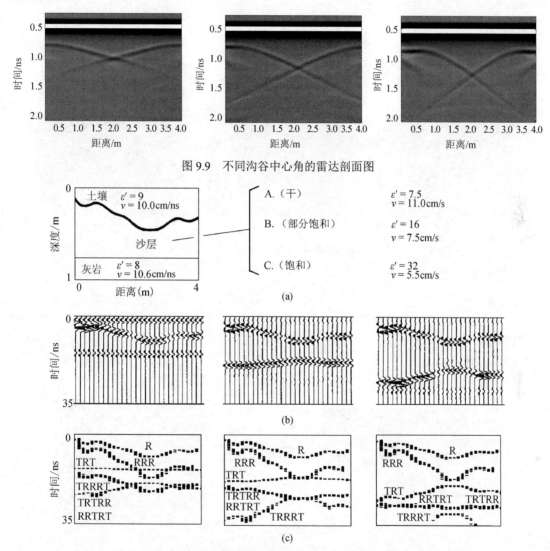

图 9.9　不同沟谷中心角的雷达剖面图

图 9.10　起伏地形的目标体探测模拟图，三种不同的中间沙层介电常数对应不同的探地雷达剖面（Goodman，1994）

　　为了反映地下层状介质的异常响应特征，设计了图 9.11 所示的阶梯状起伏模型，当用探地雷达探测隐蔽工程时经常遇到这种模型。改变中间沙层的电性参数，研究起伏层对下伏水平层探测响应的影响。中间介质层的相对介电常数分别取 7.5、16 和 32，天线中心频率为 500MHz，测量方式为剖面法。图 9.12 显示了地下层状介质起伏模型模拟探地雷达剖面图。通过正演模拟，当中间沙层的介电常数与相邻层的相差不大时，还可看出下层分界面的水平反射，当中间层的介电常数差异逐渐增加时，能量反射越来越强，下伏水平层的异常响应发生变形。从这个模型可以看出：在实际探地雷达的剖面解释中，要重视这种现象的存在，当上一层不是水平地层时，下一层尽管是水平地层，当介电参数相差较大时，下伏水平层的响应已经不水平，需要进行偏移处理以提高地下目标的探测效果。

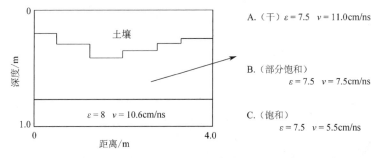

图 9.11　阶梯状起伏模型

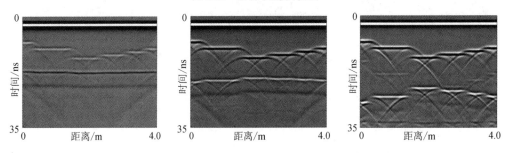

图 9.12　地下层状介质起伏模型模拟探地雷达剖面图

**5．复杂异常形体模型**

下面建立一个如图 9.13 所示的复杂模型。上层圆柱形介质是半径为 0.1 m、间距为 0.2m 的圆形空洞，下层介质由两个倒三角形、一个半圆和一个凹形体组成，相对介电常数为 10。背景介质的相对介电常数为 6，天线中心频率为 900MHz，测量方式为剖面法。图 9.14 所示为复杂模型模拟的探地雷达剖面图，从中可以对各个目标体进行很好的定位。当下层目标体的形态差异很大、干扰很强时，很难清晰地分辨目标体的形态，需要进行精细的处理和分析。

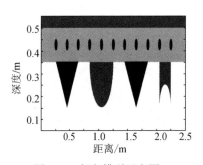

图 9.13　复杂模型示意图

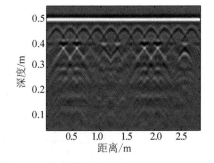

图 9.14　复杂模型模拟的探地雷达剖面图

# 9.3　时间剖面的解释方法

## 9.3.1　反射层的拾取

探地雷达地质解释的基础是拾取反射层。不同探测目的对地层的划分是不同的。例如，在进行考古调查时，特别关注文化层的识别。又如，在进行工程地质调查时，常以地层的承载力作为地层划分的依据，因此不仅要划分基岩，而且要对基岩风化程度加以区分。为此，需要根据测量目的对比雷达图像与钻探结果，建立测区地层的反射波组特征。

通常从经过勘探孔的测线开始，根据勘探孔与雷达图像的对比，建立各种地层的探地雷达标志性反射波组特征和参数。识别反射波组的标志包括同相性、相似性和波形特征等。

探地雷达图像剖面是探地雷达资料地质解释的基础图件，只要地下介质中存在电性差异，就可在雷达图像剖面中找到相应的反射波。通过对比相邻道上的反射波，将不同道上同一个反射波的相同相位连接起来。一般来说，对于没有断裂构造的区域或不连续的目标体，同一波组往往有一组光滑且平行的同相轴与之对应。

探地雷达测量使用的点距很小（小于 2m），地下介质的地质变化一般情况下比较缓慢，因此相邻记录道上同一反射波组的特征保持不变。同一地层的电性特征接近，其反射波组的波形、振幅、周期及其包络线形态等具有反射波形的相似性。确定具有一定特征的反射波组是反射层识别的基础，而反射波组的同相性与相似性为反射层的追踪提供了依据。

根据反射波组的特征就可在雷达图像剖面中拾取反射层。一般从垂直走向的测线开始，逐条测线进行。最后拾取的反射层必须能在全部测线中进行对比，以保证在全部测线上的一致性。

### 9.3.2 时间剖面的解释

根据地层反射波组特征在与钻孔对应的位置划分反射波组后，就要依据反射波组的同相性与相似性进行地层的追索与对比。

在进行时间剖面的对比前，要掌握区域地质资料，了解测区所处的构造背景。在此基础上，充分利用时间剖面的直观性和范围大的特点，统观整条测线，研究重要波组的特征及其相互关系，掌握重要波组的地质构造特征，尤其要重点研究特征波的同相轴变化。特征波是指强振幅、能长距离连续追踪且波形稳定的反射波，一般是主要岩性分界面的有效波。它们的特征明显，易于识别。掌握了它们，就能研究剖面的主要地质构造特点。探地雷达剖面的反射层拾取实例如图 9.15 所示，上图为探地雷达剖面，600 扫描位置为钻孔位置；下图为解释的反射层，其中 D 为风成沙丘，BR 为滩脊，GL 为湖积黑泥层，CL 为黏土层，W 为可能的沙积扇，PS 为可能的前积三角洲沉积物区，SS 为沙层间反射。

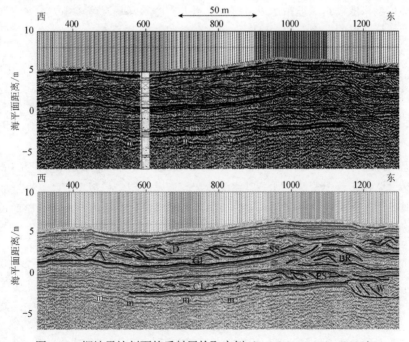

图 9.15　探地雷达剖面的反射层拾取实例（L. Nielsen et al.，2009）

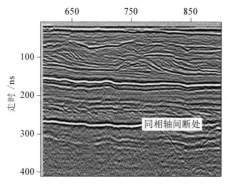

图 9.16　同相轴间断的解释实例

时间剖面上主要表现了如下特征。

（1）雷达反射波同相轴发生明显错动。破碎带及较大裂缝、含水量变化较大的区域造成正常地层的电性质发生突变。两侧地层或土壤电性质发生变化，表现在探地雷达时间剖面上为反映地下地层界面上的雷达反射波同相轴明显错动。电性质变化越大，这一特征越明显，如图 9.16 所示。

（2）雷达反射波同相轴局部缺失。地下裂缝、地层性质突变和孔隙发育情况与程度，往往是不均衡的，其对雷达反射波的吸收和衰减作用，往往使得在裂缝、裂隙发育的位置造成可连续追踪对比的雷达反射波同相轴局部缺失，而缺失的范围与地下裂缝横向发育范围和土壤性质突变大小有关。

（3）雷达反射波波形发生畸变。地下裂缝、裂隙等在地质雷达时间剖面上的另一表现特征为，由于地下裂缝、不均匀体对雷达波的电磁弛豫效应和衰减、吸收，造成雷达反射波局部发生波形畸变，畸变程度与地下裂缝、裂隙及不均匀体的规模有关。

（4）雷达反射波频率发生变化。介质的各种成分及其盐碱性质对雷达波具有频散和衰减、吸收作用，在对接收到的雷达波波形进行改造的同时，造成雷达反射波的局部频率降低，这也是在探地雷达时间剖面上识别不同介质性质边界的一个重要标志。

上述现象在探地雷达时间剖面上的特征往往不是孤立的，即有时几种特征同时存在，有时只有某个特征更突出，其他特征不明显，这就需要资料解释人员除对区域地质条件充分了解外，还要具有丰富的实践和解释经验，以便去伪存真，得到更准确的地下地质信息。

### 9.3.3　雷达波速度的求取

雷达波速度的求取既是探地雷达资料解释的重要内容，又是深度转化的重要参数，其准确与否直接关系到解释结果的准确程度。获取电磁波在介质中的传播速度的方法有已知目标换算法、反射系数法、$x^2 - t^2$ 解释法（几何刻度法）、CDP 速度分析法等。

#### 1．已知目标换算法

已知目标换算法既是最简单的方法，又是常用的方法。该方法采用钻探方法或其他方法获取已知地层或目标体的深度，根据电磁波的传播平均时间进行计算。然后，利用得到的速度来推断没有钻孔或已知目标的区域地质体的深度。

#### 2．反射系数法

反射系数法常用于浅层检测，如公路路面检测。通常采用金属板反射法。介质的反射波振幅与反射系数成正比，因此通过观测金属板的反射波振幅（反射系数为 1）和介质的反射波振幅，可以得到电磁波在介质中的传播速度，即

$$v = \frac{1 - A/A_{\mathrm{m}}}{1 + A/A_{\mathrm{m}}} \cdot c \qquad (9.3.1)$$

式中，$A_{\mathrm{m}}$ 是金属板的反射振幅，$A$ 是介质的反射振幅，$c$ 为光速。

#### 3．$x^2 - t^2$ 解释法

该方法广泛应用于地震数据处理与解释。在地震勘探中，常用该方法分析不同偏移距的走时曲

线的变化；而在探地雷达中，几何刻度法通过考虑天线移动过程中地下目标对电磁波的不同反射路径，求得电磁波在地下介质中的传播速度，其区别如图9.17和图9.18所示。

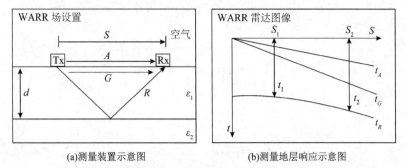

(a)测量装置示意图       (b)测量地层响应示意图

图 9.17 基于宽角测量的 $x^2 - t^2$ 法的解释示意图

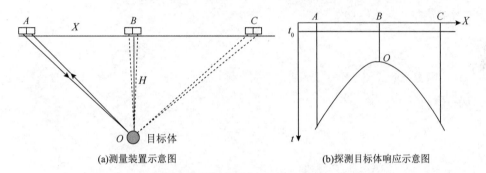

(a)测量装置示意图       (b)探测目标体响应示意图

图 9.18 基于剖面法测量的 $x^2 - t^2$ 法的解释示意图

$$t(x) = \frac{s}{v} = \frac{2\sqrt{x^2 + z^2}}{v} = \sqrt{\frac{4x^2}{v^2} + t_0^2} \qquad (9.3.2)$$

式中，$t(x)$ 为当前位置 $x$ 到目标的双程时间，$t_0$ 为沿垂直路径到目标的双程时间。可见，由该式可以得到电磁波的速度值。

### 4．CDP 速度分析法（宽角法测量数据的速度分析）

速度分析在地震信号处理与解释中已有几十年的历史，方法和理论都比较成熟。探地雷达的宽角法测量类似于地震 CDP 剖面，可以借鉴地震勘探数据处理与解释中的速度分析来确定探地雷达的速度。

速度分析包括速度谱法和速度扫描法。为了加快计算速度、提高解释精度及适应解决不同地质问题的需要，人们先后研制了各种速度分析方法，如自适应速度分析、连续速度分析、偏移速度分析和三维速度分析等。

对原始共中心点的探地雷达剖面，多道信号的正常时差中隐含着雷达波传播速度这一参数。当地下介质呈水平层状时，反射波正常时差 $\Delta t_i$ 是雷达天线距离 $x_i$、回声时间 $t_0$ 和均方根速度 $v_{rms}$ 的函数：

$$\Delta t_i = \Delta t_i(t_0, x_i, v_{rms}) = \left[ t_0^2 + \frac{x_i^2}{v_{rms}^2} \right] - t_0, \qquad i = 1, 2, \cdots, N \qquad (9.3.3)$$

如果能从记录中准确地拾取反射信号，得到正常时差，则求得速度参数不会有太大的困难，这是速度分析的基础。叠加速度是在多次覆盖雷达剖面中，使用常规速度分析方法所能求出的唯

——一种速度。对于水平介质，当雷达天线距离不是很大时，叠加速度就是均方根速度。均方根速度实质上是用双曲线时距关系代替水平层状介质非双曲线时距关系时所对应的速度，它考虑了不均匀介质的"折射"效应，因此适用范围很广。当地下介质由多个水平层组成且假设各层均一时，正常时差速度 $v_{nmo}$ 也近似等于均方根速度。

由此，为了得到介电常数，应用狄克斯（Dix）公式将均方根速度转换为层速度：

$$v_{i,n} = \sqrt{\frac{t_{0,n}v_{rms,n}^2 - t_{0,n-1}v_{rms,n-1}^2}{t_{0,n} - t_{0,n-1}}} \tag{9.3.4}$$

式中，$v_{i,n}$ 是第 $n$ 层的层速度，$v_{rms,n}$ 是至第 $n$ 层底部的均方根速度，$t_{0,n}$ 是至第 $n$ 层底部的双程旅行时间，$v_{rms,n-1}$ 是至第 $n-1$ 层的均方根速度，$t_{0,n-1}$ 是至第 $n-1$ 层底部的双程旅行时间。层速度是与地层岩性密切相关的速度，在各种速度中十分重要，也往往是探地雷达解释的主要目标。

第 $n$ 层介质的厚度可表示为

$$d_n = \frac{v_{i,n}(t_{0,n} - t_{0,n-1})}{2} \tag{9.3.5}$$

从而可将介电常数与介质层速度联系起来。对于无损或低损耗介质（土壤的黏土含量和含盐度都较低），速度与相对介电常数的关系可近似表示为

$$v_i = \frac{c}{\sqrt{\varepsilon_r}} \tag{9.3.6}$$

式中，$c$ 为电磁波在真空中的传播速度。

对于倾斜地层，其叠加速度为等效速度，这时狄克斯公式写为

$$v_{i,n} = \left( \frac{t_{0,n}(v_{e,n}\cos\varphi)^2 - t_{0,n-1}(v_{e,n-1}\cos\varphi)^2}{t_{0,n} - t_{0,n-1}} \right)^{1/2} \tag{9.3.7}$$

式中，$v_e$ 为等效速度，$\varphi$ 为地层倾角：

$$v_e = \frac{v_\sigma}{\cos\varphi} \tag{9.3.8}$$

速度谱的概念是仿照频谱的概念而来的。频谱表示能量相对频率的变化规律。因此，将雷达波能量相对速度的变化规律称为**速度谱**，它利用一系列预先选定的试验速度，在计算机上对多道记录进行以时距曲线方程为基础的计算，然后根据一定的判别准则找出并显示实际雷达波速度随反射波旅行时间（$t_0$）或深度的变化关系。目前，在数字处理中，速度分析是以速度谱为基础的。在一般的地质条件下，速度谱通常可以给出较理想的介质速度，且处理方法简单，应用十分广泛。

常将速度谱的判别准则分为平均振幅（或平均振幅能量）准则、非归一化准则、统计归一化互相关准则和相似系数准则。速度谱是基本的速度分析资料，依据不同的速度分析判别准则，其制作方法可分成两大类：一类是相关函数法，另一类是叠加法。从计算量上看，叠加法较相关函数法的运算量小；从获取的信息量来说，相关函数法较叠加法丰富。

叠加速度谱利用最小二乘法可以得出下面的速度判别准则：当扫描速度为最佳速度时，利用该速度求出的各道数据的叠加平均振幅能量最大。速度谱的制作要经过二次扫描，即 $t_0$ 时间扫描和速度 $v$ 扫描，实质上相当于计算所有网格点上的能量值。

完整的速度谱显示图像由速度谱图像、共中心点（或共深度点）剖面和平均振幅能量曲线（又

称**能量变化曲线**）构成。能量变化曲线由速度谱矩阵中平均振幅能量的最大值构成，反映了能量随深度（$t_0$ 时间）的变化。这条曲线上有一系列明显的峰值，它们都对应着共中心点道集中一个较强的反射波同相轴。

计算速度谱时，若扫描到界面 R，则与之对应的双程走时为 $t_0$，此时选择一系列试验速度 $v_1, v_2, \cdots, v_M$。根据双曲线公式

$$t_{i,j} = \left( t_0^2 + \frac{x_i^2}{v_j^2} \right)^{1/2}, \qquad i = 1, 2, \cdots, N; j = 1, 2, \cdots, M \qquad (9.3.9)$$

可以计算出一系列到达时，根据某一速度算出的到达时在道集记录上取值叠加，可得到叠加振幅。平均振幅能量的表达式为

$$A = \sum_{k=0}^{K} \frac{1}{N} \left[ \sum_{i=1}^{N} g_i(t_{i,j} + k\Delta) \right]^2 \qquad (9.3.10)$$

以上两式中，$x_i$ 为第 $i$ 道的天线距离，$v_j$ 为扫描速度，$t_{i,j}$ 为对应的双程旅行时间，$g_i(t)$ 为第 $i$ 道 $t$ 时刻的振幅值，$A$ 为平均振幅能量，$k\Delta$ 为时窗长度。

制作叠加速度谱的参数包括：时窗长度 $k\Delta$、时间间隔 $\Delta t_0$、速度间隔 $\Delta V$。这些参数的选择对速度谱的质量有直接影响。理想情况应当是时窗长度随不同到达时间的反射波的延续时间变化；时间间隔 $\Delta t_0$ 就是时窗 $M\Delta$ 每次移动的时间距离，时间间隔的选择应考虑到能使速度谱图像的峰值位置连续变化，以便可靠地追踪速度随时间 $t_0$ 的变化规律；速度间隔 $\Delta V$ 是指在选定的速度范围内的速度增量。在速度扫描过程中，叠加能量振幅的时窗应根据原始图像合理选择，时窗的起点应在直达波初至时间之下，以减小直达波的影响。

## 9.4　属性解释

在探地雷达的应用中，不仅要获得不同的介质分界和地质构造线，而且希望能够对目标进行分类和识别。在目标或探测地层中，探地雷达的记录和处理后数据的属性是目标分类的重要标志。我们可以从数据中分离出对目标解释来说非常重要的属性参数，如振幅、频率、衰减、相位和极性等，其中振幅、频率和极性具有明确的地质意义，它们与目标的反射特性的物理特性有直接联系。

希尔伯特变换是分析信号瞬时振幅、瞬时相位和瞬时频率的重要手段，能更有效地、真实地获取信号中所含的信息，有利于分析地下介质的分布情况。

根据卷积原理，探地雷达记录可视为反射系数和发射源子波的卷积。图 9.19 所示为根据不同反射系数获得反射记录的简单模拟结果。图 9.19(a) 的上图为发射子波，中图为反射系数序列，下图为合成记录。图 9.19(a) 和 (b) 的差异是第二个反射系数的极性相反。

振幅与反射目标的反射系数直接相关，反射系数的大小直接决定振幅的高低。通过反射波的振幅相对大小，可以分析界面两侧介质物性差异的大小。相位和极性也是界面两侧物质差异的重要标志。如图 9.19 所示，我们可以清晰地看到反射系数极性差异表现在反射记录上的差异，这些标志是反射目标层或目标介质的重要参数。

探地雷达的发射天线的发射频率是固定的，但由于介质的物理性质差异，对不同频率的成分信号的吸收不同，在剖面上，反射波的频率发生变化，可以通过这种频率成分的差异来分析介质变化和物理性质的差异。图 9.20 所示为加拿大某三角洲沉积环境的探地雷达剖面。在 300ns 以下，其反射信号与上部的反射信号相比具有明显的频率变化。上部介质的频率较高，代表含泥的沙质

介质，电导率较低，对电磁波高频成分吸收较少，表现出相对高频的特征；下部介质的含泥量较高，且介质的含水量也较高，介质的电导率提高，对电磁波高频成分吸收相对较多。

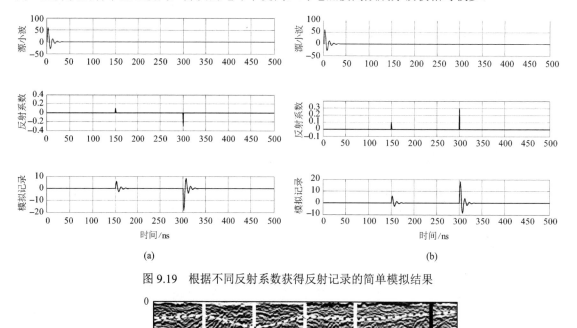

(a)　　　　　　　　　　　　　　　　(b)

图 9.19　根据不同反射系数获得反射记录的简单模拟结果

图 9.20　加拿大某三角洲沉积环境的探地雷达剖面，天线发射频率为 50MHz（Jol and Smith，1991）。图中虚线将剖面分为三个区域，分别为上部河岸相沉积、中部过渡沙和泥质沉积物，以及下部河岸相沉积物。雷达波速度为 0.07m/ns，剖面纵轴为双程时间

　　此外，目标体的纹理特性也是分析目标体的重要标志。纹理分析采用统计方法，以特征参数的形式表达不同的反射特征（S. Moysey et al.，2006）。这些统计参数可以定量地描述介质的特点和地质意义。这是探地雷达剖面从定性解释向定量解释方向发展的一个重要标志。

## 9.5　频散介质一维反演

　　在地球物理学范畴内，广义上讲，反演是指由地球表面观测到的物理现象或探测数据来推测地球内部介质物理状态的空间变化及物性结构参数的方法。具体地说，地球物理反演研究的是各种地球物理方法中反问题共同的数学物理性质以及解估计的构成与评价方法。

　　在地球物理学中，反演的目的是根据观测数据求相应的地球物理模型。因此，首先要确定观测数据和地球物理模型参数之间的函数对应关系，即无论是用解析方法还是用数值方法，只有确定了地球物理模型与数据之间的正演关系，才能实现反演映射。在本书中，首先进行正演模拟，然后进行反演验算，即正演为反演提供前提条件，反演则检验正演方法是否正确。

　　以地球物理反演中，反演方法有多种，如最小二乘法、牛顿法、共轭梯度法、广义逆算法、模拟退火法、遗传算法、神经网络算法、多尺度反演等。本书中介绍理论的模拟计算，因此主要

采用精度较高的最小二乘法来进行反演。下面简要介绍最小二乘法的基本原理。

## 9.5.1 最小二乘法的基本原理

某些地球物理问题的目标函数由若干函数的平方和构成，可以写为

$$\phi(\boldsymbol{b}) = \sum_{i=1}^{m} f_i(\boldsymbol{b}), \qquad \boldsymbol{b} = [b_1, b_2, \cdots, b_n]^{\mathrm{T}} \tag{9.5.1}$$

设 $m \geqslant n$，则称其极小化问题

$$\min\left[\phi(\boldsymbol{b}) = \sum_{i=1}^{m} f_i(\boldsymbol{b})\right] \tag{9.5.2}$$

为**最小二乘问题**。当 $f_i(\boldsymbol{b})$ 为 $\boldsymbol{b}$ 的线性函数时，上述问题就称为**线性最小二乘问题**；当 $f_i(\boldsymbol{b})$ 为 $\boldsymbol{b}$ 的非线性函数时，上述问题就称为**非线性最小二乘问题**。

1）线性最小二乘法

假设

$$f_i(\boldsymbol{b}) = \boldsymbol{A}_i^{\mathrm{T}} \boldsymbol{b} - \boldsymbol{d}_i \tag{9.5.3}$$

式中，$\boldsymbol{A}_i$ 是 $N$ 维矢量，$\boldsymbol{d}_i$ 是观测的实际数据。令 $\boldsymbol{A}$ 为 $M \times N$ 维矩阵，$\boldsymbol{d}$ 为 $M$ 维矢量，则有

$$\phi(\boldsymbol{b}) = \sum_{i=1}^{M} f_i^2(\boldsymbol{b}) = (\boldsymbol{A}\boldsymbol{b} - \boldsymbol{d})^{\mathrm{T}}(\boldsymbol{A}\boldsymbol{b} - \boldsymbol{d}) = \boldsymbol{b}^{\mathrm{T}} \boldsymbol{A}^{\mathrm{T}} \boldsymbol{A} \boldsymbol{b} - 2\boldsymbol{b}^{\mathrm{T}} \boldsymbol{A}^{\mathrm{T}} \boldsymbol{d} + \boldsymbol{d}^{\mathrm{T}} \boldsymbol{d} \tag{9.5.4}$$

令

$$\nabla\phi(\boldsymbol{b}) = 2\boldsymbol{A}^{\mathrm{T}} \boldsymbol{A} \boldsymbol{b} - 2\boldsymbol{A}^{\mathrm{T}} \boldsymbol{d} \tag{9.5.5}$$

若 $\boldsymbol{A}$ 是满秩的，$\boldsymbol{A}^{\mathrm{T}} \boldsymbol{A}$ 为对称正定矩阵，则问题的解为

$$\boldsymbol{b}^* = (\boldsymbol{A}^{\mathrm{T}} \boldsymbol{A})^{-1} \boldsymbol{A}^{\mathrm{T}} \boldsymbol{b} \tag{9.5.6}$$

因为 $f_i(\boldsymbol{b})$ 为线性函数，所以只要 $\boldsymbol{A}^{\mathrm{T}} \boldsymbol{A}$ 非奇异，$\boldsymbol{b}^*$ 必为全局最小点。

2）非线性最小二乘法

利用泰勒展开将 $f(\boldsymbol{b})$ 在某近似解 $\boldsymbol{b}^{(k)}$ 附近展开成泰勒级数，就可将非线性函数 $f(\boldsymbol{b})$ 近似表示为线性函数，并且忽略掉一次以上的项，得到

$$f(\boldsymbol{b}) \approx f(\boldsymbol{b}^{(k)}) + \nabla f(\boldsymbol{b}^{(k)})^{\mathrm{T}}(\boldsymbol{b} - \boldsymbol{b}^{(k)}) \tag{9.5.7}$$

此时，目标函数的极小值可以写为

$$\min\phi(\boldsymbol{b}) = \sum_{i=1}^{M} \left[ \nabla f_i(\boldsymbol{b}^{(k)})^{\mathrm{T}} \boldsymbol{b}^{(k)} - f_i(\boldsymbol{b}^{(k)}) \right]^2 \tag{9.5.8}$$

令

$$\boldsymbol{A}_k = \begin{bmatrix} \nabla f_1(\boldsymbol{b}^{(k)})^{\mathrm{T}} \\ \vdots \\ \nabla f_M(\boldsymbol{b}^{(k)})^{\mathrm{T}} \end{bmatrix} \tag{9.5.9}$$

$$\boldsymbol{d} = \begin{bmatrix} \nabla f_1(\boldsymbol{b}^{(k)}) \boldsymbol{b}^{(k)} - f_1(\boldsymbol{b}^{(k)}) \\ \vdots \\ \nabla f_M(\boldsymbol{b}^{(k)}) \boldsymbol{b}^{(k)} - f_M(\boldsymbol{b}^{(k)}) \end{bmatrix} \tag{9.5.10}$$

$$f^{(k)} = \begin{bmatrix} f_1(\boldsymbol{b}^{(k)}) \\ \vdots \\ f_M(\boldsymbol{b}^{(k)}) \end{bmatrix} \quad (9.5.11)$$

于是目标函数可以写为下面的矩阵形式：

$$\phi(\boldsymbol{b}) = (\boldsymbol{Ab} - \boldsymbol{d})^{\mathrm{T}} (\boldsymbol{Ab} - \boldsymbol{d}) \quad (9.5.12)$$

对于将 $f(\boldsymbol{b})$ 在某近似解 $\boldsymbol{b}^{(k)}$ 附近展开成泰勒级数进而线性化的情况，因为 $\nabla^2 f(\boldsymbol{b}) = 0$，所以 $\boldsymbol{A}_k^{\mathrm{T}} \boldsymbol{A}_k$ 可视为目标函数的海森矩阵，记为 $\boldsymbol{H}_k = \boldsymbol{A}_k^{\mathrm{T}} \boldsymbol{A}_k$。

因为 $2\boldsymbol{A}_k^{\mathrm{T}} f^{(k)} = \nabla \phi(\boldsymbol{b}^{(k)})$，所以有

$$\boldsymbol{b}^{(k+1)} = \boldsymbol{b}^{(k)} - \boldsymbol{H}_k^{-1} \nabla \phi(\boldsymbol{b}^{(k)}) \quad (9.5.13)$$

这种方法称为**高斯-牛顿法**。

将 $-\boldsymbol{H}_k^{-1} \nabla \phi(\boldsymbol{b}^{(k)})$ 作为确定 $\boldsymbol{b}^{(k)}$ 的搜索方向，即

$$\boldsymbol{p}^{(k)} = -\boldsymbol{H}_k^{-1} \nabla \phi(\boldsymbol{b}^{(k)}) \quad (9.5.14)$$

沿此方向进行搜索，并求出最优步长 $\boldsymbol{t}^{(k)}$ 后，令

$$\boldsymbol{b}^{(k+1)} = \boldsymbol{b}^{(k)} + \boldsymbol{t}^{(k)} \boldsymbol{p}^{(k)} \quad (9.5.15)$$

将 $\boldsymbol{b}^{(k+1)}$ 作为第 $k+1$ 次的近似解，直到满足要求。这种方法称为**广义最小二乘法**。

最小二乘法的缺点在于校正矢量的步长较大，收敛性不稳定，而阻尼最小二乘法利用最速下降法的优势弥补了普通最小二乘法的这一不足。

对于目标函数

$$\phi(\boldsymbol{b}) = \sum_{i=1}^{m} f_i^2(\boldsymbol{b}), \qquad \boldsymbol{b} = [b_1, b_2, \cdots, b_n]^{\mathrm{T}} \quad (9.5.16)$$

的极小问题，最小二乘法将问题转化为求线性方程组的问题：

$$\boldsymbol{A\delta} = \boldsymbol{g} \quad (9.5.17)$$

式中，$\boldsymbol{A}$ 为 $M \times N$ 维对称矩阵，$\boldsymbol{\delta} = \boldsymbol{b}^{(k+1)} - \boldsymbol{b}^{(k)}$，$\boldsymbol{g}$ 为 $N$ 维矢量。

阻尼最小二乘法是将上式改写为

$$(\boldsymbol{A} + \lambda \boldsymbol{I}) \boldsymbol{\delta} = \boldsymbol{g} \quad (9.5.18)$$

式中，$\boldsymbol{I}$ 为单位矩阵，$\lambda$ 为**阻尼因子**，$\boldsymbol{\delta}$ 为 $\lambda$ 的函数。因此，阻尼最小二乘法的迭代公式为

$$\boldsymbol{b}^{(k+1)} = \boldsymbol{b}^{(k)} + (\boldsymbol{A} + \lambda \boldsymbol{I})^{-1} \boldsymbol{g} \quad (9.5.19)$$

### 9.5.2 反演算例

下面在反演方法中采用带限马奎特阻尼最小二乘法对地下电阻率和介电常数进行反演。为了提高反演效率，在反演计算中针对不同的模型引入了正演计算中所用的 Chave 高斯积分算法。

马奎特阻尼最小二乘法结合了最小二乘法和最速下降法的优点，可以提高收敛的稳定性，原理如上文所述。马奎特阻尼最小二乘法的公式可以表示为

$$(\boldsymbol{K}(X)^{\mathrm{T}} \boldsymbol{K}(X) + \alpha \boldsymbol{I}) \Delta \boldsymbol{P} = -\boldsymbol{K}(X)^{\mathrm{T}} \boldsymbol{R}(X)$$

$$\boldsymbol{K}(X) = \boldsymbol{R}'(X) \quad (9.5.20)$$

$$\boldsymbol{R}(X) = \frac{\mathrm{EZ}(X) - \mathrm{EM}(X)}{\mathrm{EZ}(X)}$$

式中，$R(X)$ 为拟合剩余矢量，它由模型响应矢量和观测数据决定；$I$ 为单位矢量；$\alpha$ 为阻尼因子，其初值为 10；$\Delta P$ 为模型修正量。EZ($X$)表示实测数据，EM($X$)表示模型响应矢量。反演流程如图 9.21 所示。

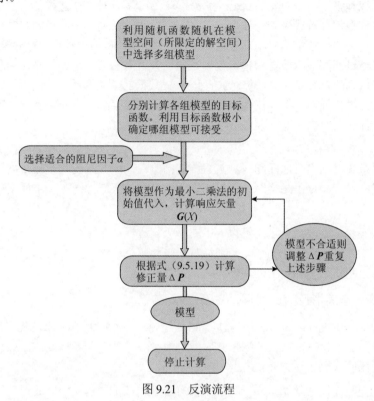

图 9.21  反演流程

对于正演中采用 Cole-Cole 模型的情况，反演参数主要为介质的电阻率（不考虑频散）、光频介电常数 $\varepsilon_\infty$、静态介电常数 $\varepsilon_s$ 和层厚。反演以两层和三层频散介质为例。频率范围为 0.5～250MHz，129 个频点均匀分布在整个频率范围内。真实的模型参数如表 9.1 所示，利用 Chave 高斯积分算法计算正演响应作为观测数据，并用上述反演方法进行参数反演，所得结果也如表 9.1 所示。

表 9.1  两层介质电性参数反演结果表

| 反演参数 | 电阻率/$\Omega \cdot$m | | 光频介电常数 $\varepsilon_\infty$ | | 静态介电常数 $\varepsilon_s$ | | 厚度/m |
|---|---|---|---|---|---|---|---|
| | $\rho_1$ | $\rho_2$ | $\varepsilon_{\infty1}$ | $\varepsilon_{\infty2}$ | $\varepsilon_{s1}$ | $\varepsilon_{s2}$ | $h_1$ |
| 真实值 | 300.00 | 300.00 | 5.00 | 20.00 | 2.50 | 10.00 | 2.50 |
| 初始值 | 308.00 | 290.00 | 4.80 | 19.50 | 2.30 | 15.50 | 2.46 |
| 反演值（9 次迭代） | 296.987 | 300.352 | 5.041 | 19.820 | 2.455 | 9.466 | 2.495 |
| 误差（%） | 1.0 | 0.2 | 0.82 | 0.9 | 1.8 | 5.34 | 0.2 |

从以上算例可以看出，不仅反演得到了介质模型的几何参数，而且得到了电阻率、两个不同频率下的介电常数值。这进一步验证了正演方法的正确性，同时这些反演结果也将为高精度的工程与环境地球物理勘探提供基础。

反演中个别参数误差过大是因为所包含的信息量不足，可以通过增大收发距或扩大频率范围来增加信息量进行改善。

## 9.6 全波形反演

目前,利用探地雷达(Ground Penetrating Radar,GPR)记录实现建模的方法主要包括速度分析、幅度与偏移研究、层析成像和全波形反演,前三种方法仅利用了波场的走时信息,反演结果的精度和分辨率均受限。在最小二乘理论框架下,全波形反演充分利用了波场的走时、振幅、相位等全波信息,通过匹配观测数据和模拟数据,使二者之间的残差达到最小,从而提供地下精细的地质结构和高保真的岩石物性参数信息。基于 GPR 数据的全波形反演方法可以综合利用电磁波场的运动学和动力学特征,挖掘其在确定近地表目标体的赋存状态以及定量化、精细化地描述地下介质的电性差异(主要是介电常数和电导率)等方面的潜力。

常规全波形反演方法主要包含以下几部分:①初始输入的观测数据、初始模型和子波;②正演模拟,生成模拟数据以不断地匹配观测数据;③构建目标函数,衡量观测数据与模拟数据的匹配程度;④反演的梯度计算;⑤采用局部优化算法求模型的更新方向;⑥求模型更新步长,对模型进行更新。

电磁波正演理论、有限差分正演模拟、子波和吸收边界条件等内容请参看本书的第 7 章。本节将在多偏移距探地雷达采集方式下,分别沿时间域和频率域这两条主线着重介绍全波形反演框架中目标函数的建立以及模型的优化更新。

### 9.6.1 地面 GPR 全波形反演的发展历史及现状

全波形反演(Full Waveform Inversion,FWI)起源于时间域地震成像领域,其充分利用了地震波场的动力学和运动学特征来估计地下介质的属性参数,是一种高精度、高分辨率的反演成像方法,已成为勘探地球物理界的研究热点之一。

电磁波与地震波在动力学和运动学特征上具有较高相似性,这便为全波形反演方法从地震勘探领域迁移至探地雷达研究领域提供了可能。然而,地面雷达的探测方式对地下介质的观测角度有限,会增加反问题的病态程度和不确定性(Meles et al.,2012)。此外,反演的计算量大、计算效率过低且高度依赖于初始模型,这些因素都会影响成像效果。为了获取高精度的反演结果,国内外的许多专家和学者致力于地面 GPR 全波形反演研究。在 GPR 全波形反演研究初期,Moghaddam 等(1991)比较了 Born 迭代方法与 Tarantola 提出的全波形反演技术,并且尝试对尺度较小的介电常数目标体进行了成像测试。全波形反演方法最初在探地雷达领域的应用主要是估计农业土壤含水量(Lambot et al.,2008;Minet et al.,2012),估算混凝土、层状土等分层结构中的介电常数和电导率参数信息(Busch et al.,2013)。这些研究大多是频率域反演,且局限于一维几何结构,如在多层介质中。这种针对一维电磁数据的全波形反演能够提供可靠的地下参数估计,但缺乏对地下介电常数和电导率异质性分布情况的考虑,具有一定的局限性。随后,Saintenoy(1998)、Lopes(2009)和 El Bouajaji 等(2011)开展了对地面 GPR 数据的全波形反演研究,用于反演二维介电常数模型。Wang and Oristaglio(2000)将广义拉冬变换和并矢格林函数的几何光学近似用于重构地下介电常数和电导率的参数分布;Lavoué 等(2015)针对多偏移距采集方式获得的 GPR 数据,采用拟牛顿法实现了频率域的全波形反演,同时重构了介电常数和电导率分布。Pinard 等(2015)基于截断牛顿法进行了频率域全波形反演;Watson(2016)提出了一种基于全变差正则化和新海森近似的全波形反演方案,用于反演多偏移距 GPR 数据。周辉等(2014)提出了一种不需要从实际雷达资料中提取激发脉冲的 GPR 全波形反演方法;Feng 等(2017)提出了一种探地雷达数据和井间地震数据的联合全波形反演方法,并将其应用于土木工程领域。Ren(2018)采用交叉梯度结构约束了交替反演介电常数和电导率模型;Nilot 等(2018)采用无记忆拟牛顿方法对介电常数和电导率进行了同步更新；俞海龙等（2018，2019）对比了不同局部优化算法对全波形反演收敛性的影响；冯德山和王珣（2018）基于 GPU（Graphics Processing Unit）并行加速的维度提升反演策略，采用优化的共轭梯度法，在时间域中实现了介电常数和电导率的快速反演；Feng 等（2019）提出了一种基于全变差正则化的 GPR 多尺度全波形全变差双参数反演方法；Huai等（2019）结合震源编码技术在时间域中提出了一种基于模型的阶梯式层剥离全波形反演方法，用于准确重构地下介电常数模型。

### 9.6.2　时间域全波形反演

#### 1. 目标函数的建立

全波形反演的基本思想是通过最小化观测数据与模拟数据的残差来获得模型参数的空间分布。在迭代运算中，通过匹配波场的振幅、相位等"全波形"信息来最终实现对模型参数的反演。基于最小二乘的目标函数可以表示为

$$\Phi(\varepsilon,\sigma) = \frac{1}{2}\sum_i^{ns}\sum_j^{nr}\sum_t^{T}\left[E(\varepsilon,\sigma)-E^{\text{obs}}\right]^{\text{T}}\left[E(\varepsilon,\sigma)-E^{\text{obs}}\right] \tag{9.6.1}$$

式中，$E^{\text{obs}}$ 和 $E(\varepsilon,\sigma)$ 分别表示观测数据和模拟数据。式（9.6.1）表示在源点 $i$、接收器 $j$ 和观测时间 $t$ 上进行求和。为便于描述，用 $m$ 表示模型参数 $\varepsilon$ 和 $\sigma$，用 $E$ 表示 $E(\varepsilon,\sigma)$。

#### 2. 目标函数的梯度求取

目标函数关于模型参数的导数为

$$\frac{\partial \Phi}{\partial m} = \left\langle \frac{\partial E}{\partial m}, r \right\rangle \tag{9.6.2}$$

式中，$\langle\cdot\rangle$ 表示内积，$\partial E/\partial m$ 为 Fréchet 导数（雅可比矩阵或敏感核函数），$r = [E - E^{\text{obs}}]$。

目标函数关于模型参数的梯度计算是全波形反演的核心内容。Fréchet 导数的计算量和内存消耗都很大，为了避免直接计算 Fréchet 导数，通常采用一阶伴随状态法（Plessix，2006），即利用正传波场与反传残差波场（伴随波场）的零延迟互相关来求梯度。其中，伴随波场是通过在检波器位置激发时间反传的波场残差来生成的。在 TM 模式下，目标函数关于模型参数的梯度表达式为

$$\frac{\partial \Phi}{\partial \varepsilon} = \sum_i^{ns}\sum_j^{nr}\int_0^T E_y^*(i,j,t)\frac{\partial E_y(i,j,t)}{\partial t}\,\mathrm{d}t \tag{9.6.3}$$

$$\frac{\partial \Phi}{\partial \sigma} = \sum_i^{ns}\sum_j^{nr}\int_0^T E_y^*(i,j,t)E_y\,\mathrm{d}t \tag{9.6.4}$$

式中，$\partial\Phi/\partial\varepsilon$ 和 $\partial\Phi/\partial\sigma$ 分别为目标函数关于介电常数和电导率的梯度，$E_y$ 为正传波场，$E_y^*$ 为伴随波场。

求梯度的过程可以概括为如下步骤。

步骤 1：计算并记录每一时刻对应的正传波场 $E_y$。

步骤 2：计算检波点位置的电磁波场残差 $r = [E - E^{\text{obs}}]$。

步骤 3：将电磁波场残差反传到模型空间中，得到反传波场 $E_y^*$。

步骤 4：求正传波场关于时间的一阶导数并与反传波场内积，得到单个源对应的梯度。

步骤 5：将所有源对应的梯度值叠加，得到目标函数关于模型参数的全局梯度。

### 3. 模型的优化更新

电磁模型的优化更新主要包括两部分内容：更新方向和更新步长。下面分别介绍求更新方向和更新步长的方法。

#### 1）更新方向

一般而言，可将全波形反演视为一个无约束优化问题，通过反复迭代，使得所构造的目标函数最小。该优化问题主要分为两类：全局优化算法和局部优化算法。全局优化算法有蒙特卡罗法、粒子群算法、遗传算法、模拟退火法等。常用的局部优化算法可以分为梯度引导类算法与牛顿类算法。全局优化算法有助于搜索全局最优解，避免反演过程陷入局部极小值，但由于全波形反演过程涉及求解大量的模型参数，如果采用全局优化算法，那么计算量巨大，因此常用局部优化算法进行模型的优化更新。

在局部优化算法中，模型的更新方程为

$$\boldsymbol{m}_{k+1} = \boldsymbol{m}_k + \alpha_k \delta \boldsymbol{m}_k \tag{9.6.5}$$

式中，$\boldsymbol{m}_k$ 和 $\boldsymbol{m}_{k+1}$ 分别是第 $k$ 次和第 $k+1$ 次迭代的模型参数，$\alpha_k$ 是更新步长，$\delta \boldsymbol{m}_k$ 是模型的更新方向。求 $\delta \boldsymbol{m}_k$ 的方法不同，下面以梯度引导类算法为例说明模型优化更新的具体实施流程。梯度引导类算法应用较多的有最速下降（Steepest Descent，SD）法和非线性共轭梯度（NonLinear ConjuGate，NLCG）法。

（1）最速下降法。最速下降法是求解无约束优化问题的基础算法，它采用负梯度方向作为搜索方向，因此也称**梯度法**：

$$\delta \boldsymbol{m}_k = -g(\boldsymbol{m}_k) \tag{9.6.6}$$

式中，$g$ 表示梯度。

采用最速下降法进行模型优化更新的步骤如下。

步骤 1：设置终止迭代精度 $0 \leqslant \varepsilon \leqslant 1$ 和初始模型 $\boldsymbol{m}_0$，且令迭代次数 $k = 0$。

步骤 2：计算 $\boldsymbol{g}_k = \nabla \Phi(\boldsymbol{m}_k)$，若 $\|\boldsymbol{g}_k\| \leqslant \varepsilon$，则停止迭代运算，并输出最终结果 $\boldsymbol{m}_k$；否则，继续迭代更新。

步骤 3：计算更新方向：$\delta \boldsymbol{g}_k = -\boldsymbol{g}_k$。

步骤 4：采用线搜索技术确定迭代步长 $\alpha_k$。

步骤 5：求更新后的模型参数：$\boldsymbol{m}_{k+1} = \boldsymbol{m}_k + \alpha_k \delta \boldsymbol{m}_k$。

步骤 6：令 $k = k+1$，并转回步骤 2。

（2）共轭梯度法。共轭梯度（Conjugate Gradient，CG）法是另一种用于求解无约束优化问题的梯度类算法，它在计算时仅利用一阶导数信息，克服了最速下降法收敛慢的缺陷，无须求目标函数关于模型参数的二阶导数，即避免了利用牛顿法需要计算并存储海森矩阵及其逆的缺陷，具有收敛快、所需存储量小且不需要引入任何外来参数等优点。共轭梯度算法的基本思想是，将共轭性与最速下降方法相结合，利用当前迭代和上次迭代求得的梯度构造一组共轭方向作为新的更新方向，并沿这组方向进行搜索，最终求得目标函数的极小点，实现快速迭代求最优解的目标。采用共轭梯度算法的模型更新方向可以改写为

$$\delta \boldsymbol{m}_k = -g(\boldsymbol{m}_k) + \beta_k \delta \boldsymbol{m}_{k-1} \tag{9.6.7}$$

式中，$\delta \boldsymbol{m}_k$ 与 $\delta \boldsymbol{m}_{k-1}$ 互为共轭，$\beta_k$ 可通过如下多种计算方法求得。

①Fletcher-Reeves 法：

$$\beta_k = \frac{\boldsymbol{g}_{k+1}^{\mathrm{T}} \boldsymbol{g}_{k+1}}{\boldsymbol{g}_k^{\mathrm{T}} \boldsymbol{g}_k} \qquad (9.6.8)$$

②Dixon 法：

$$\beta_k = \frac{\boldsymbol{g}_{k+1}^{\mathrm{T}} \boldsymbol{g}_{k+1}}{-\delta m_k^{\mathrm{T}} \boldsymbol{g}_k} \qquad (9.6.9)$$

③Dai-Yuan 法：

$$\beta_k = \frac{\boldsymbol{g}_{k+1}^{\mathrm{T}} \boldsymbol{g}_{k+1}}{-\delta \boldsymbol{m}_k^{\mathrm{T}} (\boldsymbol{g}_{k+1} - \boldsymbol{g}_k)} \qquad (9.6.10)$$

④Crowder-Wolfe 法：

$$\beta_k = \frac{\boldsymbol{g}_{k+1}^{\mathrm{T}} (\boldsymbol{g}_{k+1} - \boldsymbol{g}_k)}{-\delta \boldsymbol{m}_k^{\mathrm{T}} (\boldsymbol{g}_{k+1} - \boldsymbol{g}_k)} \qquad (9.6.11)$$

⑤Polak-Ribiére-Polyak 法：

$$\beta_k = \frac{\boldsymbol{g}_{k+1}^{\mathrm{T}} (\boldsymbol{g}_{k+1} - \boldsymbol{g}_k)}{\boldsymbol{g}_k^{\mathrm{T}} \boldsymbol{g}_k} \qquad (9.6.12)$$

共轭梯度算法的流程如下所示。

步骤 1：设置终止迭代精度 $0 \leqslant \varepsilon \leqslant 1$ 和初始模型 $\boldsymbol{m}_0$，计算初始迭代梯度 $\boldsymbol{g}_0 = \nabla \Phi(\boldsymbol{m}_0)$，且令迭代次数 $k = 0$。

步骤 2：若 $\|\boldsymbol{g}_k\| \leqslant \varepsilon$，则停止迭代运算，并输出最终结果 $\boldsymbol{m}_k$；否则，继续迭代更新。

步骤 3：计算更新方向 $\delta \boldsymbol{m}_k$：

$$\delta \boldsymbol{m}_k = \begin{cases} -\boldsymbol{g}_k, & k = 0 \\ -\boldsymbol{g}_k + \beta_k \delta \boldsymbol{m}_{k-1}, & k \geqslant 1 \end{cases} \qquad (9.6.13)$$

式中，$\beta_k$ 可由式（9.6.8）至式（9.6.12）确定。

步骤 4：采用线搜索技术确定迭代步长 $\alpha_k$。

步骤 5：求更新后的模型参数 $\boldsymbol{m}_{k+1} = \boldsymbol{m}_k + \alpha_k \delta \boldsymbol{m}_k$，并求当前迭代的梯度 $\boldsymbol{g}_k = \nabla \Phi(\boldsymbol{m}_k)$。

步骤 6：令 $k = k + 1$，转回步骤 2。

2）更新步长

在反演过程中，模型更新步长（收敛速率系数）的求取至关重要，它关系到反演方法实现性能的优劣。当更新步长选得过大时，极易打破反演迭代过程的稳定性，此时目标函数倾向于陷入局部极小值；然而，当更新步长选得过小时，为实现目标函数的收敛，需要额外增加迭代次数作为代价，因此提高了计算成本，对全波形反演这种受巨大计算量制约的反演问题来说尤其如此。目前，求模型更新步长的常用方法是线搜索技术，线搜索技术分为精确线搜索和非精确线搜索（马昌凤，2010）。在反演过程中，多数优化算法的收敛速度并不依赖于精确搜索过程，非精确线搜索既能确保目标函数具有可接受的下降量，又能保证整体收敛速度，是目前被人们广泛采用的步长求取方法。下面介绍一种非精确线搜索方法，即 Armijo 准则。

**Armijo 准则**。设 $\beta \in (0,1)$，$\lambda \in (0,0.5)$，令步长 $\alpha_k = \beta^{n_k}$，$n_k$ 为满足如下不等式的最小非负整数：

$$\Phi(\boldsymbol{m}_k + \beta^n \delta \boldsymbol{m}_k) \leqslant \Phi(\boldsymbol{m}_k) + \lambda \beta^n \boldsymbol{g}^{\mathrm{T}}(\boldsymbol{m}_k) \delta \boldsymbol{m}_k \tag{9.6.14}$$

Armijo 准则的具体实施步骤如下。

步骤 1：令 $\beta \in (0,1)$，$\lambda \in (0,0.5)$，$n = 0$。

步骤 2：若不等式

$$\Phi(\boldsymbol{m}_k + \beta^n \delta \boldsymbol{m}_k) \leqslant \Phi(\boldsymbol{m}_k) + \lambda \beta^n \boldsymbol{g}^{\mathrm{T}}(\boldsymbol{m}_k) \delta \boldsymbol{m}_k$$

成立，则令 $n_k = n$，$\boldsymbol{m}_{k+1} = \boldsymbol{m}_k + \beta^{n_k} \delta \boldsymbol{m}_k$，停止计算；否则，继续执行步骤 3。

步骤 3：令 $n = n+1$，转回执行步骤 2。

### 4. 反演算例

时间域的全波形反演可以提供高分辨率的地下介质的参数分布。然而，由于反演过程涉及的数据量巨大，且波形反演本身具有非线性特征，采用常规的梯度类优化算法容易使目标函数陷入局部极小值。为了避免这种情况，通常需要建立一个较为准确的初始模型来确保反演过程的收敛。此外，在时间域反演过程中需要同时考虑所有频率成分，这无疑也增大了反问题的非线性化程度。Bunks 等（1995）提出了时间域多尺度反演方案，基本思想是低频信号的目标函数相对光滑，对局部极小不敏感，容易收敛到全局最优，因此大大降低了对初始模型的高度依赖。基本原理是：将观测数据和地震子波分解为不同的频率成分，在反演的初始阶段首先利用低频成分构造可靠的大尺度结构（光滑的背景速度场），并将低频反演结果作为后续高频反演的初始模型；接着，利用高频成分表征地下介质模型的精细结构。这种多尺度策略将反演问题划分为不同的"空间尺度"，增大了反问题求解的稳定性及反演结果的置信度。

滤波是实现时间域多尺度波形反演的关键。下面借鉴 Boonyasiriwat 等（2009）提出的滤波思想，采用维纳滤波器进行滤波。维纳滤波器的优点是可以使滤波后的信号与目标信号更加匹配。维纳滤波器的计算公式为

$$f_{\mathrm{Wiener}}(\omega) = \frac{W_{\mathrm{target}}(\omega) W_{\mathrm{original}}^{\dagger}(\omega)}{\left| W_{\mathrm{original}}^{\dagger}(\omega) \right|^2 + \varepsilon^2} \tag{9.6.15}$$

式中，$\omega$ 为角频率，$f_{\mathrm{Wiener}}(\omega)$ 为维纳滤波器，$W_{\mathrm{original}}^{\dagger}(\omega)$ 为原始子波 [假设预先已知 $W_{\mathrm{original}}^{\dagger}(\omega)$ ]，$W_{\mathrm{target}}(\omega)$ 为低频目标子波，$\varepsilon$ 为控制数值溢出的稳定因子。

为了说明时间域多尺度全波形反演算法的有效性，下面选取复杂随机土壤介质模型（Zeng et al.，2015, 2017；Li et al.，2017）进行数值模拟。该模型可更真实地反映地下不同参数之间的耦合关系，较为客观地表征地下电学属性的空间分布特征。

具有块状分布特征的随机土壤介质模型如图 9.22(a) 所示，其参数分布具有很强的随机性和异质性，且在不同深度位置存在高介电常数值的狭窄裂缝，参数横向分布较连续，但在模型中间的高相对介电常数区域内，参数的纵向分布表现出较强的随机性和不连续特征。模型大小为 9.54m×9m，顶部空气层厚度为 0.36m，有限差分网格间距为 $h = 9\mathrm{cm}$，共有 $107 \times 105 = 11235$ 个网格点。采用中心频率为 120MHz 的发射源对模型开展多偏移距探地雷达数值计算，其中地面观测系统由 22 个间隔 $5h$ 的发射天线和 54 个间隔 $2h$ 的接收天线组成，每个发射天线激发的信号均可被所有接收天线记录。

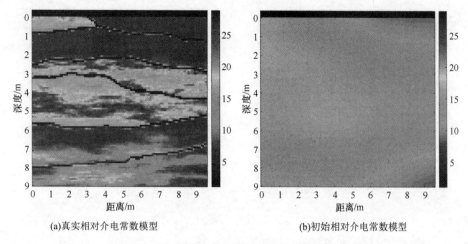

(a)真实相对介电常数模型        (b)初始相对介电常数模型

图 9.22　具有块状分布特征的随机土壤介质模型

首先利用真实模型计算观测数据，并用真实模型的大规模平滑结果作为反演前需要输入的初始模型［见图 9.22(b)］。这里只研究时间域的单参数全波形反演，因此下面讨论的内容仅涉及相对介电常数 $\varepsilon_r$ 的反演结果。为了执行多尺度策略，按照二次函数的变化趋势，在频率范围 5～80MHz 内选取 25 个频率反演，每个频率进行 40 次迭代，总迭代次数为 1000。图 9.23 显示了时间域多尺度全波形反演结果。

可以看出多尺度全波形反演能够清晰地反映异常的整体分布特征，结果中位于 0～2m 内的部分与真实模型非常接近。7m 以上区域的反演质量较好，能够准确地描绘随机土壤模型中参数分布的非均匀性；此外，还可准确圈出模型中部的块状异常、内部的局部次异常及其非均匀分布特征。但位于深度 7～9m 内的高介电常数裂缝被反演得不够清晰、准确；与真实模型相比，其位置发生偏离，且在深部裂缝下部即模型底部区域，对随机介质的表征精度有限。这一问题可通过在现有反演框架下增加能够增强模型深部反演精度的策略加以改善。

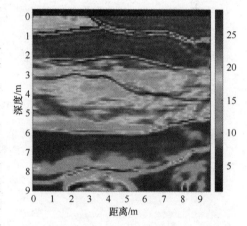

图 9.23　时间域多尺度全波形反演结果

图 9.24 所示为单道抽取的波形对比图，具体说明如下。从由反演结果算出的模拟数据中，提取第 11 个源（位于 $x=4.5$m 处的发射天线）的第 20 道记录（红色虚线），分别与由真实模型计算的观测数据的对应道记录（蓝色实线）进行对比，计算出二者之间的误差（绿色点线）；为了更好地观察延迟到达的记录特征，应用了随时间变化的增益。不难发现提取的模拟道中到时较早的记录与观测记录非常吻合，但模拟记录的幅值在到时约为 260ns 后变小，与观测记录之间的误差增大，这一点同样证实了模型底部的反演准确度不是很理想，需要进一步改善。

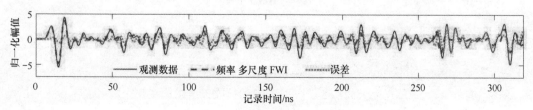

图 9.24　单道抽取的波形对比图

### 9.6.3 频率域全波形反演

Pratt 首先将 Tarantola 时间域全波形反演的理论拓展到了频率域，为频率域全波形反演的发展奠定了基础，提高了计算效率，并由此推动了该技术的实用化进程。近年来，在探地雷达研究领域，频率域全波形反演也受到了广泛关注。相比于时间域反演，频率域可以应用多种目标函数和灵活多变的多尺度策略。

#### 1. 目标函数的建立

在频率域中，目标函数同样可以表示为模拟数据和观测数据的 $l_2$ 范数：

$$\hat{\varPhi}(\varepsilon,\sigma) = \frac{1}{2}\sum_{i}^{ns}\sum_{j}^{nr}\left[\hat{E}_{i,j}(\varepsilon,\sigma)-\hat{E}_{i,j}^{\text{obs}}\right]\left[\hat{E}_{i,j}(\varepsilon,\sigma)-\hat{E}_{i,j}^{\text{obs}}\right] \tag{9.6.16}$$

式中，$\hat{E}_{i,j}(\varepsilon,\sigma)$ 和 $\hat{E}_{i,j}^{\text{obs}}$ 分别为频率域中第 $i$ 个发射天线在第 $j$ 个接收天线位置处的模拟数据和观测数据，$ns$ 和 $nr$ 分别为发射天线和接收天线的数量。在频率域中，空间任意位置的电场值可以表示为源与对应位置格林函数的点积，于是式（9.6.16）可以改写为

$$\hat{\varPhi} = \frac{1}{2}\sum_{i}^{ns}\sum_{j}^{nr}\left(G_{i,j}^{\text{for}}\cdot s^{\text{for}}-G_{i,j}^{\text{obs}}\cdot s^{\text{obs}}\right)\cdot\left(G_{i,j}^{\text{for}}\cdot s^{\text{for}}-G_{i,j}^{\text{obs}}\cdot s^{\text{obs}}\right)^{*} \tag{9.6.17}$$

式中，$G$ 和 $s$ 分别表示格林函数和子波，上标 obs 和 for 则分别表示实测和正演。全波形反演可通过最小化式（9.6.17）来实现模型更新。为便于描述，用 $\hat{E}$ 表示 $\hat{E}(\varepsilon,\sigma)$。

#### 2. 目标函数的梯度求取

目标函数关于模型参数的导数为（Bing and Greenhalgh，1998a，1998b）：

$$\frac{\partial\hat{\varPhi}}{\partial m} = \text{Re}\sum_{i}^{ns}\sum_{j}^{nr}\frac{\partial\hat{E}_{i,j}}{\partial m}\cdot\hat{r}_{i,j} \tag{9.6.18}$$

式中，$\hat{r}=\left[\hat{E}_{i,j}-\hat{E}_{i,j}^{\text{obs}}\right]$ 为波场残差，而 $\dfrac{\partial\hat{E}_{i,j}}{\partial m}\cdot\hat{r}_{i,j}$ 则通过下式计算：

$$\frac{\partial\hat{E}_{i,j}}{\partial m}\cdot\hat{r} = \left(\hat{v}_{i,x}^{E}\cdot\hat{G}_{x,j}^{E}\right)\cdot\hat{r}_{i,j} \tag{9.6.19}$$

式中，$\hat{v}$ 为虚拟源，且有 $\hat{v}_{\varepsilon}=\mathrm{j}\omega\hat{E}$，$\hat{v}_{\sigma}=\hat{E}$；$\hat{v}_{i,x}^{E}$ 和 $\hat{G}_{x,j}^{E}$ 的下标之所以不同，是因为虚拟源 $\hat{v}$ 对应于发射，而格林函数 $\hat{G}$ 则对应于接收，因此上式可进一步整理为

$$\frac{\partial\hat{E}_{i,j}}{\partial m}\cdot\hat{r} = \hat{v}_{i,x}^{E}\left(\hat{G}_{x,j}^{E}\cdot\hat{r}_{i,j}\right) \tag{9.6.20}$$

这里，$\hat{G}_{x,j}^{E}\cdot\hat{r}_{i,j}$ 被视为点积 $\hat{r}_{i,j}$ 的反传项。因此，式（9.6.20）表示虚拟源与波场残差反传场的乘积。

采用伴随状态法（Plessix，2006）求得的梯度公式为

$$\nabla\hat{\varPhi}_{\varepsilon} = \sum_{i}^{ns}(\omega^{2}\hat{E})\cdot\hat{G}\hat{T} \tag{9.6.21}$$

$$\nabla\hat{\varPhi}_{\sigma} = -\sum_{i}^{ns}(\mathrm{j}\omega\hat{E})\cdot\hat{G}\hat{T} \tag{9.6.22}$$

式中，$\hat{T}$ 表示反传波场：

$$\hat{T} = \sum_{j}^{nr}(\hat{r}) \tag{9.6.23}$$

### 3. 模型的优化更新

#### 1）更新方向

在时间域全波形反演框架中详细介绍了两种常用的梯度引导类算法。下面介绍一种拟牛顿算法——有限内存 BFGS（Limited memory BFGS，L-BFGS）算法（Nocedal and Wright，2006）。L-BFGS 算法只需存储邻近几次迭代中获取的梯度和模型参数信息即可构建矩阵来近似海森矩阵的逆，而早期迭代中得到的梯度和模型信息在新的迭代过程中不再使用，可将其删除以高效利用内存空间，因此该算法的计算成本和内存消耗均较低。

给定初始模型 $m_0$，可通过求模型更新量来迭代更新模型：

$$m_{k+1} = m_k + \alpha_k \delta m_k \tag{9.6.24}$$

式中，$m_k$ 和 $m_{k+1}$ 分别为第 $k$ 次和第 $k+1$ 次迭代的模型参数；$\alpha_k$ 为更新步长；$\delta m_k$ 为模型的更新方向，它满足牛顿方程：

$$\delta m_k = -H(m_k)^{-1} g(m_k) \tag{9.6.25}$$

式中，$g(m_k)$ 表示梯度，是目标函数 $\Phi$ 对模型参数的一阶导数；$H_k^{-1}$ 表示海森算子 $H_k$ 的逆矩阵，其中，海森算子 $H_k$ 是目标函数 $\Phi$ 对模型参数的二阶导数。

采用 L-BFGS 算法的模型更新方向为

$$\delta m_k = -H_k g(m_k) \tag{9.6.26}$$

式中，$H_k$ 是逆海森矩阵的近似矩阵，第 $k+1$ 次迭代的 $H_{k+1}$ 可用第 $k$ 次迭代求得的 $H_k$ 更新得到：

$$H_{k+1} = V_k^{\mathrm{T}} H_k V_k + \rho_k s_k s_k^{\mathrm{T}} \tag{9.6.27}$$

式中，

$$\rho_k = \frac{1}{y_k^{\mathrm{T}} s_k}, \quad V_k = I - \rho_k y_k s_k^{\mathrm{T}} \tag{9.6.28}$$

$$s_k = m_{k+1} - m_k, \quad y_k = g_{k+1} - g_k \tag{9.6.29}$$

由式（9.6.27）可知，预先获得 $H_k$ 的值是进一步计算得到 $H_{k+1}$ 的前提，但是当模型参量过多时，对 $H_k$ 的计算和存储则会变得十分复杂。因此，在实际操作时，一般只存储 $p$ 个矢量对 $\{s_i, y_i\}$，此时式（9.6.26）中的 $H_k g(m_k)$ 可通过在第 $k$ 次迭代计算的梯度和矢量对 $\{s_i, y_i\}$ 之间进行一系列运算得到。每次迭代后，所用的所有矢量对中最早的一对 $\{s_i, y_i\}$ 将被最近一次运算得到的 $\{s_k, y_k\}$ 替换。一般而言，当 $p$ 取 3～20 时，采用 L-BFGS 算法进行反演的结果最优。

例如，对于第 $k$ 次迭代，$H_k$ 可表示为

$$\begin{aligned} H_k = (V_{k-1}^{\mathrm{T}} \cdots V_{k-p}^{\mathrm{T}}) H_k^0 (V_{k-p} \cdots V_{k-1}) + \rho_{k-p} (V_{k-1}^{\mathrm{T}} \cdots V_{k-p+1}^{\mathrm{T}}) s_{k-p} s_{k-p}^{\mathrm{T}} (V_{k-p+1} \cdots V_{k-1}) + \\ \rho_{k-p+1} (V_{k-1}^{\mathrm{T}} \cdots V_{k-p+2}^{\mathrm{T}}) s_{k-p+1} s_{k-p+1}^{\mathrm{T}} (V_{k-p+2} \cdots V_{k-1}) + \cdots + \rho_{k-1} s_{k-1} s_{k-1}^{\mathrm{T}} \end{aligned} \tag{9.6.30}$$

式中，矢量对 $\{s_i, y_i\}$ 中的下标 $i = k-p, \cdots, k-1$，$H_k^0$ 为初始逆海森的近似矩阵：

$$H_k^0 = \frac{s_k^{\mathrm{T}} y_k}{\|y_k\|^2} I \tag{9.6.31}$$

L-BFGS 算法流程可描述如下。

步骤 1：设置终止迭代精度 $0 \leqslant \varepsilon \leqslant 1$ 和初始模型 $m_0$，计算初始迭代梯度 $g_0 = \nabla \Phi(m_0)$，且

令迭代次数 $k = 0$。

步骤 2：若 $\|g_k\| \leqslant \varepsilon$，则停止迭代运算，并输出最终结果 $m_k$；否则，继续迭代更新。

步骤 3：计算更新方向 $\delta m_k$。计算 $H_k^0$、$V_k$ 后得到 $H_{k+1}$，进一步计算得到 $\delta m_k = -H_k g(m_k)$。

步骤 4：用线搜索技术确定迭代步长 $\alpha_k$。

步骤 5：求更新后的模型参数 $m_{k+1} = m_k + \alpha_k \delta m_k$，求当前迭代的梯度 $g_k = \nabla \Phi(m_k)$，保存当前次迭代的矢量对 $\{s_k, y_k\}$，其中 $s_k = m_{k+1} - m_k$，$y_k = g_{k+1} - g_k$。

步骤 6：令 $k = k + 1$，转回步骤 2。

2）更新步长求取

9.6.2 节介绍了 Armijo 准则，下面介绍另一种常用的非精确线搜索方法——Wolfe 准则。

**Wolfe 准则**。设 $\rho \in (0, 0.5)$，$\lambda \in (0, 0.5)$，求 $\alpha_k$ 使得如下两个不等式均成立：

$$\Phi(m_k + \alpha_k \delta m_k) \leqslant \Phi(m_k) + \rho \alpha_k g^{\mathrm{T}}(m_k) \delta m_k \tag{9.6.32}$$

$$\nabla \Phi(m_k + \alpha_k \delta m_k)^{\mathrm{T}} \delta m_k \geqslant \lambda g^{\mathrm{T}}(m_k) \delta m_k \tag{9.6.33}$$

式中，$g(m_k) = \nabla \Phi(m_k)$。式（9.6.32）也可替换成另一个更强的约束条件：

$$\left| \nabla \Phi(m_k + \alpha_k \delta m_k)^{\mathrm{T}} \delta m_k \right| \leqslant -\lambda g^{\mathrm{T}}(m_k) \delta m_k \tag{9.6.34}$$

此时，当 $\lambda > 0$ 且足够小时，即可确保式（9.6.33）变为近似精确线搜索，于是称式（9.6.32）和式（9.6.34）为强 Wolfe 准则。

强 Wolfe 准则保证了新的更新量 $m_{k+1} = m_k + \alpha_k \delta m_k$ 在 $m_k$ 的某一邻域内，目标函数值具有可接受的下降量。

**4．反演算例**

本节给出频率域多参数全波形反演算例。多参数全波形反演是指实现两个或两个以上物性参数的同步反演。相较于单参数全波形反演，在多参数全波形反演过程中，探地雷达数据对各个参数的敏感性不同，多个参数之间相互耦合，且各个参数的物理量纲也不统一，这些都会增加多参数全波形反演的非线性程度和病态程度。此外，地面多偏移距探地雷达采集模式对地下介质照射程度的减弱（与四周的观测系统相比）也会增加介电常数和电导率之间的解耦难度（Hak and Mulder，2010）。下面采用一种相位校正策略，即在低损耗介质的前提下，利用修改的损耗正切公式对伴随源进行相位校正。在相位层面上，将双参数扰动的伴随源分成两部分，这两部分在相位上分别与两个单参数扰动的伴随源一致。该策略可在一定程度上缓解参数模型之间的折中效应，有助于确保双参数模型同步重建的准确性和置信度。

1）相位校正方法

根据 Lavoué 等（2014）的推导，介电常数和电导率散射波场的比值可写为

$$\frac{u_{\mathrm{sc}}(\sigma, \delta \sigma_i)}{u_{\mathrm{sc}}(\varepsilon, \delta \sigma_i)} = \frac{-\mathrm{j}\omega \delta \sigma_i}{-\omega^2 \delta \varepsilon_i} = \mathrm{j} \frac{\sigma_i}{\varepsilon_i \omega} \frac{\delta p^{\sigma}}{\delta p^{\varepsilon}} \tag{9.6.35}$$

式中，$\tan \delta_i = \dfrac{\sigma_i}{\varepsilon_i \omega}$ 为损耗正切，$\sigma_i$ 和 $\varepsilon_i$ 分别表示网格点 $i$ 处的电导率和介电常数背景值，$\delta p^{\sigma}$ 和 $\delta p^{\varepsilon}$ 分别表示电导率和介电常数相对于背景值的变化量。相位校正方法定义 $\dfrac{\sigma_i}{\varepsilon_i \omega} \dfrac{\delta p^{\sigma}}{\delta p^{\varepsilon}}$ 为修改的损

耗正切。具体的相位校正方案给出如下。

首先，将 $\theta^{\varepsilon}$ 指定为用以校正 $\varepsilon$-$\sigma$ 扰动和 $\varepsilon$ 扰动的散射波场之间相位差的校正角度：

$$\theta^{\varepsilon} = \arctan\left(\tan\delta_i \cdot \frac{\delta p^{\sigma}}{\delta p^{\varepsilon}}\right) = \arctan\left(\frac{\sigma_i}{\varepsilon_i\omega}\frac{\delta p^{\sigma}}{\delta p^{\varepsilon}}\right) \tag{9.6.36}$$

由于 $\varepsilon$ 扰动和 $\sigma$ 扰动的散射波场之间存在 90°相移，所以用以校正 $\varepsilon$-$\sigma$ 扰动和 $\sigma$ 扰动的散射波场之间相位差的校正角度 $\theta^{\sigma}$ 可记为

$$\theta^{\sigma} = \theta^{\varepsilon} - \pi/2 \tag{9.6.37}$$

在多参数全波形反演过程中，可以用初始模型和当前迭代模型来估计校正角度 $\theta^{\varepsilon}$ 和 $\theta^{\sigma}$，并对伴随源的相位进行调整，以获得两个新的伴随源。在频率域中，加载在每个接收天线位置的伴随源都是一个复数，可将其表示为 $a + jb$；如将其相位旋转 $\theta$（$\theta = \theta^{\varepsilon}$ 或 $\theta^{\sigma}$）度，则旋转后的伴随源可以表示为 $a + ja\tan(\arctan(b/a) + \theta)$。当 $\theta = \theta^{\varepsilon}$ 时，即可获得用于计算介电常数梯度的伴随源；同理，当 $\theta = \theta^{\sigma}$ 时，可获得用于计算电导率梯度的伴随源；因为在每次迭代中都需要重新计算伴随源，所以 $\theta^{\varepsilon}$ 和 $\theta^{\sigma}$ 也需要在每次迭代更新过程中重新计算。

由式（9.6.36）可知，在计算 $\theta^{\varepsilon}$ 和 $\theta^{\sigma}$ 过程中，估计相对扰动量比值 $\frac{\delta p^{\sigma}}{\delta p^{\varepsilon}}$ 是关键，具体的求取过程如下。

（1）平滑初始模型，并计算每个网格节点 $i$ 上当前迭代模型（$\varepsilon_{\text{cur}}^i, \sigma_{\text{cur}}^i$）与平滑后的初始模型（$\varepsilon_{\text{si}}^i, \sigma_{\text{si}}^i$）之间的差异，即 $\Delta\varepsilon^i = \varepsilon_{\text{cur}}^i - \varepsilon_{\text{si}}^i, \Delta\sigma^i = \sigma_{\text{cur}}^i - \sigma_{\text{si}}^i$。

（2）分别计算每个网格节点 $i$ 上两参数相对于背景参数的扰动量：

$$\delta p^{\varepsilon_i} = \frac{\Delta\varepsilon^i}{\varepsilon_{\text{si}}^i}, \quad \delta p^{\sigma_i} = \frac{\Delta\sigma^i}{\sigma_{\text{si}}^i}$$

（3）计算每个网格节点 $i$ 对应的相对扰动量比值 $\frac{\delta p^{\sigma_i}}{\delta p^{\varepsilon_i}}$。

（4）对所有网格点的相对扰动量比值取平均值，并将其作为 $\frac{\delta p^{\sigma}}{\delta p^{\varepsilon}}$ 的最终估计值。为避免 $\delta p^{\varepsilon}$

接近 0 值时导致计算结果不稳定，在进行平均运算前，需要预先对所有网格点的相对扰动量比值进行中值滤波，以剔除异常值。

2）反演算例

下面采用一个接近地下实际介质分布的土壤模型（Lavoué et al.，2014）进行数值模拟，以便说明基于相位校正的多参数全波形反演方法的可靠性。基于格勒诺布尔（法国）附近一个沉积河床试验场地上得到的共偏移距探地雷达剖面，建立介电常数和电导率的二维分布。图 9.25(a) 和图 9.25(b)分别显示了真实相对介电常数模型和真实电导率模型。模型的介电常数值和电导率值原则上与粉砂质土壤（第一层）保持一致；然而，实际上，两个模型的属性分布各具特征，且第一层包含两个黏土透镜体（模型右上角）。地表（$z = 0$）以上存在厚度为 50cm 的空气层（$\varepsilon_{\text{r}} = 0, \sigma = 1\text{mS/m}$）；地表下方，介电常数值的变化范围为 4（中间主体部分）到 32（右上角的黏土透镜体和模型底部的地下水位线），电导率值在 0.1mS/m（第一层）到 20mS/m（底部）之间变化。其中，空气-地表界面的最大介电常数比值为 1:10，而地下（底部主体）的最大介电常数比值则为 4:22。此外，在深度为 $z = 3.5\text{m}$ 处存在一个衰减层，其电导率值为 $\sigma = 10 \text{ mS/m}$，该衰减层

的存在可能会影响对其下方结构的成像与识别。用于全波形反演的初始模型是在真实模型上应用平滑算子（标准差为 0.2m 的高斯滤波器）得到的［见图 9.25(c)和图 9.25(d)］。

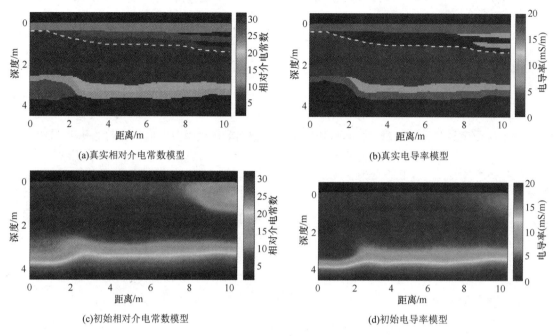

(a)真实相对介电常数模型

(b)真实电导率模型

(c)初始相对介电常数模型

(d)初始电导率模型

图 9.25　土壤电性参数模型

两个参数模型被离散为101×207 个网格点，网格间距为 5cm。多偏移距观测系统由 42 个间隔为 5cm 的发射天线、42 个间隔为 5cm 的接收天线构成，发射天线和接收天线均被布置在地表-空气界面以上一个网格点的位置（$z = -0.5\text{m}$）。源脉冲是中心频率为 120MHz 的 Blackman-Harris 窗函数的一阶导数。总记录时长为 240ns，采样间隔为 0.08ns。这里仍采用频率多尺度策略，遵循二次函数的变化趋势，在频率范围 20～120MHz 内选取了 20 个频率：20, 21, 22, 24, 26, 29, 32, 36, 40, 45, 50, 56, 62, 69, 76, 84, 92, 101, 110, 120（单位为 MHz），每个频率执行 30 次迭代，共产生 600 次迭代运算。

反演结果如图 9.26 所示，采用 L-BFGS 优化算法与相位校正方法的组合方案可为相对介电常数和电导率模型提供较可靠的重构结果。图 9.26(a)中所示的相对介电常数反演结果与真实模型高度的相似，模型深部的反演质量较好；在电导率反演结果中［见图 9.26(b)］，粉砂质土壤层及其包含的两个透镜体均准确地得到了恢复，模型自上而下的背景值连续分布且被精确重建；然而，$z = 3.5\text{m}$ 附近的衰减层的分辨率和反演精度仍然较低，这可能是在执行相位校正方法的过程中对相对扰动量比值估计不足导致的。

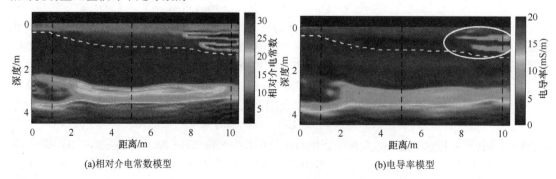

(a)相对介电常数模型

(b)电导率模型

图 9.26　反演结果

图 9.27 给出了第 30 个发射天线对应的观测记录（黑色曲线），以及采用主频为 80MHz 的子波在初始模型和反演结果上进行正演所得到的模拟记录（绿色曲线和红色曲线）的拟合结果。为了更好地突出远偏移距和较晚到达时的记录响应特征，对单源记录（观测和模拟记录）进行了逐道均衡，且每隔 5 道显示 1 道。不难看出模拟记录与观测记录的匹配度较好，在每道记录的较晚到时位置，模拟记录的振幅和相位与观测记录较一致（见图中蓝色虚线圈出部分）。此外，观测数据与反演结果对应的模拟数据之差的归一化 $L_2$ 范数误差值为 0.3409，说明反演结果比较接近真实模型。

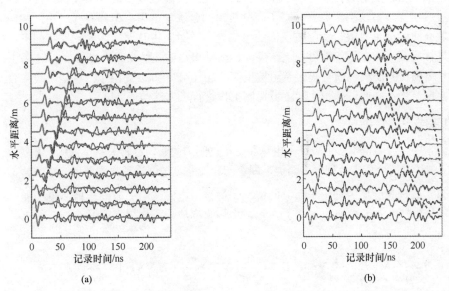

图 9.27　第 30 个发射天线对应的时间域数据匹配结果：(a)观测数据与对初始模型进行正演获得的模拟记录的匹配结果；(b)观测数据与利用反演结果计算得到的模拟数据的匹配结果

## 9.7　阻抗反演

阻抗反演起源于地震勘探领域，是一种利用地震资料反演地层波阻抗的处理解释技术。阻抗反演技术可将常规的反射地震剖面转换成岩层型剖面，能够较真实地反映地下岩性和物性的展布及变化特征，可以直接与测井资料对比，从而进行储层岩性解释和物性分析。探地雷达的工作原理以及物理机制与地震勘探的类似，因此阻抗反演同样适用于探地雷达数据处理与解释环节。波阻抗是由磁导率与介电常数比值的平方根定义的。在不考虑磁导率的条件下，电磁波阻抗值直接与介电常数相关。在探地雷达参数反演中，介电常数又是重要的反演参数。因此，可以通过阻抗反演获得地下介质的介电常数信息，进而实现复杂非均匀介质的参数反演。

### 9.7.1　阻抗反演的发展历史及现状

阻抗反演技术起源于 20 世纪 70 年代 Roy Lindseth 开发的波阻抗反演方法。Cooke and Schneider（1983）提出了广义线性反演理论，为波阻抗反演技术的发展奠定了基础。李宏兵（1996）提出了递推反演与宽带约束反演相结合的技术，有效地抑制了单道反演方法难以解决的噪声问题。1999 年，Connolly 率先开展了弹性波阻抗反演的相关研究。随后，在 2000 年美国勘探地球物理年会（SEG）上，学者们纷纷发表了关于弹性波阻抗的研究成果。不久后，ARCO 公司开发了一种新型弹性波阻抗反演方法，该方法在反射系数稳定性方面要优于 Connolly 提出的阻抗反演方法。BP Amoco 公司提出了用于流体和岩性预测的扩充弹性波阻抗方法。然而，阻抗反演方法易受到噪声、不良振幅值及地震资料带宽的影响，同时波阻抗值又会随递推公式积累一定的误差。针对这些问题，一些学者提出在地震资料的基础上增加测井资料作为约束条件，主要利用测井资料中的高频信息来拓宽地震资料的频带范围，进而提高地震剖面的分辨率。崔成军等（2010）、苗广文（2011）、陈怀震（2013）等分别将基于线性和非线性的阻抗反演方法用于地震勘探储层预测，并结合测井资料处理实测数据，获得了高分辨率的反演结果。

探地雷达数据波阻抗反演研究出现得相对较晚。2012 年，Schmelzbach 等依据地震波阻抗反演流程应用探地雷达反射数据进行含水量估计，首先通过随机介质的数值模拟验证了该方法的有效性，随后反演探地雷达实测数据获得了高分辨率的含水量结果。李静等（2014，2015）采用三层随机土壤介质验证了有限带宽阻抗反演的可靠性，并对蒙古某地区污染物探测的多条探地雷达测线数据进行反演，建立了三维可视化结果，反演结果与钻孔结果吻合度较好。Li 等（2017）实现了基于月壤随机介质模型的有限带宽阻抗反演。2018 年，刘钰提出了一种基于有限带宽阻抗反演的考古勘探流程，并通过苏州木渎古城探测工作进行了方法验证。

### 9.7.2 电磁学中的波阻抗

在电磁学中，波阻抗本质上表征了电场和磁场之间的关系，这种关系不依赖于激励，仅由介质决定。电磁波传播的介质主要划分为两类，即空间和线路，地球物理学主要研究空间传播的情况。

这里只考虑理想介质中均匀平面波的情况。假设横电磁波沿 $z$ 方向传播，电场强度沿 $x$ 方向传播，它仅与坐标 $z$ 有关，而与 $x$ 和 $y$ 无关。根据麦克斯韦方程组中的 $\nabla \times \boldsymbol{E} = -\mathrm{j}\omega\mu\boldsymbol{H}$，磁场强度可表示为

$$\boldsymbol{H} = \frac{\mathrm{j}}{\omega\mu}\nabla \times \boldsymbol{E} = \frac{\mathrm{j}}{\omega\mu}\nabla \times (\boldsymbol{e}_x E_x) = \frac{\mathrm{j}}{\omega\mu}\left[(\nabla E_x) \times \boldsymbol{e}_x + E_x\nabla \times \boldsymbol{e}_x\right] = \frac{\mathrm{j}}{\omega\mu}(\nabla E_x) \times \boldsymbol{e}_x, \quad (9.7.1)$$

因为

$$\nabla E_x = \boldsymbol{e}_x\frac{\partial \boldsymbol{E}_x}{\partial x} + \boldsymbol{e}_y\frac{\partial \boldsymbol{E}_x}{\partial y} + \boldsymbol{e}_z\frac{\partial \boldsymbol{E}_x}{\partial z} = \boldsymbol{e}_z\frac{\partial \boldsymbol{E}_x}{\partial z} \quad (9.7.2)$$

将式（9.7.2）代入式（9.7.1）得

$$\boldsymbol{H} = \boldsymbol{e}_y\frac{\mathrm{j}}{\omega\mu}\frac{\partial \boldsymbol{E}_x}{\partial z} = \boldsymbol{e}_y H_y \quad (9.7.3)$$

波数 $k = \omega\sqrt{\varepsilon\mu}$，将其代入式（9.7.3）得

$$H_y = \frac{\mathrm{j}}{\omega\mu}\frac{\partial \boldsymbol{E}_x}{\partial z} = \sqrt{\frac{\varepsilon}{\mu}}E_{x0}\mathrm{e}^{-\mathrm{j}kz} = H_{y0}\mathrm{e}^{-\mathrm{j}kz} \quad (9.7.4)$$

由此可定义电场强度与磁场强度的比值为电磁波的波阻抗，用 $Z$ 表示，即

$$Z = \frac{E_x}{H_y} = \sqrt{\frac{\mu}{\varepsilon}} \quad (9.7.5)$$

当平面波在真空中传播时，波阻抗 $Z_0$ 表示为

$$Z_0 = \sqrt{\mu_0/\varepsilon_0} = 120\pi \approx 377\Omega \quad (9.7.6)$$

### 9.7.3 有限带宽阻抗反演的基本原理

波阻抗反演中应用较为广泛的一类反演是有限带宽阻抗反演，即以雷达记录的反卷积为基础来计算波阻抗，由于常规反卷积结果的频带宽度通常是有限的，波阻抗反演的结果受反卷积结果

频带的限制，所以称为**有限带宽阻抗反演**。然而，有限带宽阻抗反演也可获得宽频带的波阻抗结果，通过辅助资料来补偿准确的低频信息，通过选择稀疏脉冲反卷积来恢复有效的高频信息。

有限带宽阻抗反演的具体流程分为稀疏脉冲反卷积、波阻抗计算和实际剖面获得三步。

### 1. 稀疏脉冲反卷积

稀疏脉冲反卷积是一种利用已知子波或提取的子波进行类似反演过程的反射系数求取方法。该方法假设地下电磁波阻抗模型所对应的反射系数序列是稀疏分布的，即可由起主要作用的强反射系数序列和高斯背景弱反射系数序列叠加而成，然后通过正则化迭代反演方法求解出强反射系数序列（Sacchi，1997）。该方法可较好地解决常规反卷积方法中的多解性问题，且能有效地恢复反射系数序列中的高频成分，得到更接近真实的结果。

稀疏脉冲反卷积的具体原理如下。首先，假设反射系数序列是稀疏分布的，计算值和观测值的残差为

$$e_t = \sum_i w_{t-i} R_i - d_t, \quad i = 1, 2, \cdots, N \tag{9.7.7}$$

式中，$w$ 代表在地面上产生的静态有限带宽子波，$R$ 代表反射系数序列，$t$ 代表时间，$d_t$ 代表在时间域上有限带宽子波与反射系数序列发生卷积而生成的探地雷达记录，即

$$d_t = R_t \otimes w_t \tag{9.7.8}$$

反问题的目的就是找到符合条件的反射系数序列，使下面的目标函数最小：

$$\Gamma = \Gamma_r + \mu \Gamma_x \tag{9.7.9}$$

这个目标函数的第一项为 $\Gamma_r = \sum_t \frac{1}{2} e_t^2$，它对残差进行最小平方约束，保证所求结果与雷达记录符合；第二项为正则化项，它对反射系数进行稀疏约束，保证求解结果稀疏，提升解的稳定性，其中 $\mu$ 称为**阻尼系数**，需要选取适当的值进行稀疏控制。这里采取 $L_1$ 范数正则化方法来确定 $\Gamma_x$：

$$\Gamma_x = \sum_t |R_t| \tag{9.7.10}$$

令

$$\frac{\partial \Gamma_x}{\partial r_t} = \sum_t e_t w_{t-i} + \mu \sum_i \frac{|R_i|}{R_t} = 0 \tag{9.7.11}$$

可以推导出

$$\sum_t \sum_i (w_{t-i} w_{t-i} + \mu \frac{1}{|R_t|}) R_t = \sum_t w_{t-i} d_t \tag{9.7.12}$$

将上式转化成矩阵形式有

$$(\boldsymbol{R} + \boldsymbol{Q})\boldsymbol{x} = \boldsymbol{g} \tag{9.7.13}$$

式中，$\boldsymbol{Q} = \mathrm{diag}\left(\mu \frac{1}{|R_i|}\right)$，diag 表示将括号中的列矢量转换成相应的对角矩阵；$\boldsymbol{x}$ 表示反射系数序列 $R_i$ 的列矢量。一般选择迭代重复加权最小二乘法来求解 $\boldsymbol{x}$，以获得较高精度的解，具体求解步骤如下。

（1）根据已知子波和探地雷达记录计算矩阵 $\boldsymbol{R}$ 和 $\boldsymbol{g}$，选取适当的阻尼系数 $\mu$，利用常规脉冲反卷积结果 $\boldsymbol{x}_s$ 计算初始矩阵 $\boldsymbol{Q}^{(0)} = \mathrm{diag}\left(\mu \frac{1}{|x_s|}\right)$。

（2）计算 $\boldsymbol{x}^k = (\boldsymbol{R} + \boldsymbol{Q}^{k-1})^{-1} \boldsymbol{g}$ 以及 $\boldsymbol{Q}^k = \mathrm{diag}\left(\mu \frac{1}{|x^k|}\right)$，其中 $k$ 为迭代次数。

（3）给出一个固定的次数，步骤（2）的迭代次数达到该值后停止并输出结果 $x$ 。也可设置一个阈值，当步骤（2）中的结果对应的目标函数小于该值时停止迭代。

## 2. 波阻抗计算

由式（9.7.5）可知，波阻抗是由磁导率与介电常数比值的平方根定义的。因此，只要地下不同岩层之间存在介电常数差，由此产生的反射波信号同样就可由阻抗值的差来体现，即可以建立反射系数与不同层界面阻抗值之间的联系。电磁波由第 $n$ 层介质垂直入射第 $n+1$ 层介质时，波阻抗 $Z$ 与反射系数 $R$ 之间存在如下关系：

$$R_n = \frac{Z_{n+1} - Z_n}{Z_{n+1} + Z_n} \tag{9.7.14}$$

由式（9.7.5）和式（9.7.6）可知，阻抗值与相对介电常数的关系可以表示为

$$Z = \frac{Z_0}{\sqrt{\varepsilon_r}} \tag{9.7.15}$$

因此式（9.7.14）可进一步表示为

$$R_n = \frac{Z_{n+1} - Z_n}{Z_{n+1} + Z_n} = \frac{\sqrt{\varepsilon_{rn}} - \sqrt{\varepsilon_{rn+1}}}{\sqrt{\varepsilon_{rn}} + \sqrt{\varepsilon_{rn+1}}} \tag{9.7.16}$$

式中，$R_n$ 为第 $n$ 层介质与第 $n+1$ 层介质分界面的反射系数，$Z_n$ 为第 $n$ 层介质的波阻抗，$Z_{n+1}$ 为第 $n+1$ 层介质的波阻抗，$\varepsilon_{rn}$ 为第 $n$ 层介质的相对介电常数，$\varepsilon_{rn+1}$ 为第 $n+1$ 层介质的相对介电常数。当已知反射系数求解波阻抗时，上式可以转化为

$$Z_{n+1} = Z_n \frac{1+R_n}{1-R_n} = Z_1 \prod_{i=1}^{n} \frac{1+R_i}{1-R_i} \tag{9.7.17}$$

式中，$Z_1$ 代表地面的波阻抗。若假设反射系数都小于 0.3（Oldenburg et al.，1983），则上式可改写为

$$Z_n = Z_1 \exp\left(2\sum_{i=1}^{n-1} R_i\right) \tag{9.7.18}$$

显然，如果采用其他方法（如测井资料）获取了地面波阻抗值，就可由反射系数递推出任意时刻的波阻抗，因此这种方法也称**递推法**，与其等价的方法还有**积分法**。

在有限带宽阻抗反演中，递推计算出的地层波阻抗 $Z$ 可进一步表示为

$$Z(t) = \left\langle Z(t) + Z^b(t) \right\rangle \tag{9.7.19}$$

式中，$Z(t)$ 是由低通滤波器得到的有限带宽估计阻抗，$Z^b(t)$ 是通过背景参考实测介电常数计算得到的参考阻抗。

## 3. 实际剖面获得

由于探地雷达仪器的原因，其数据通常要进行去直流滤波处理，而这会使得反射系数结果的低频信息不再可靠。在由反射系数计算波阻抗的过程中，递推法或者积分法会放大这种低频干扰，所以需要将其滤掉并补偿准确的低频成分。低频成分无法从雷达记录中得到，只能通过辅助资料获取。一般来说，获取低频成分的方法有两种：第一种是在有井的情况下，对波阻抗测井资料进行低通滤波，得到地下介质准确的低频成分；第二种是在无井的情况下，利用探地雷达共中心点数据进行速度分析，得到分析和平滑后的层速度曲线，再进行低通滤波以得到低频成分。将所得到的低频成分加到前面计算的波阻抗剖面上，就得到了最终的实际波阻抗剖面。

### 9.7.4　数值模拟算例

下面主要参考 Robert J. Ferguson and Gary F. Margrave（1996）介绍的有限带宽阻抗（BLIMP）反演方法，其具体工作流程如下所示。

(1) 首先，根据纵向井中介电常数实测值转换得到真实的阻抗值，计算出它的线性变化趋势，并由原始阻抗值减去计算所得的线性趋势值。

(2) 对步骤（1）所得结果进行傅里叶变换，得到相应的频谱。

(3) 采用有限带宽积分滤波处理每道探地雷达记录并取幂。

(4) 计算步骤（2）所得结果的傅里叶频谱。

(5) 选择合适的阈值匹配步骤（2）和步骤（4）所得的傅里叶频谱。

(6) 选择合适的阈值与步骤（4）中的频谱结果相乘。

(7) 对步骤（2）中的结果进行低通滤波并与步骤（6）的结果相加。

(8) 对步骤（7）的结果进行傅里叶逆变换。

(9) 将步骤（1）中的线性趋势值与步骤（8）中的结果相加，即得到最终的阻抗估计结果。

下面以图 9.28 所示的一个二维随机土壤三层介质模型为例来测试有限带宽阻抗反演的准确性和可靠性。

图 9.29(a)所示为对上述模型进行正演模拟得到的结果，其中三层土壤的反射界面清晰可见。根据有限带宽阻抗反演方法的具体工作流程，首先从正演结果中提取反射系数，然后任意选择模型的某道数据作为纵向测井介电常数参考值。阻抗反演得到的最终结果如图 9.29(b)所示，其中介电常数反演结果与真实模型整体上吻合较好，介电常数值的变化趋势和分布情况也与真实模型较为一致，但是仍然无法获取随机土壤层内部的细节信息，说明该反演方法

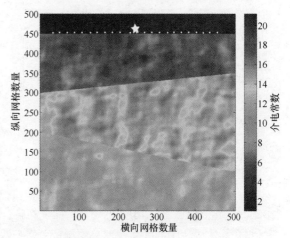

图 9.28　二维随机土壤三层介质模型

的分辨率有限，可以进一步优化反演流程以提高反演结果的准确性。

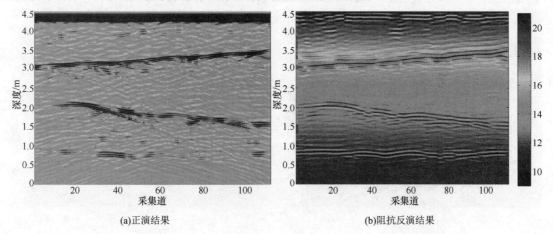

(a)正演结果　　　　　　　　　　　　　(b)阻抗反演结果

图 9.29　三层随机土壤介质模型正演结果及阻抗反演估计相对介电常数值

### 9.7.5 应用实例

下面给出采用实测探地雷达数据开展阻抗反演的应用实例。探地雷达实测数据由日本东北大学佐藤源之教授及其团队于 2005 年在蒙古某地区探测地下水污染物分布时采集获得（Knwalsky et al.，2005）。图 9.30(a)中给出了测线分布示意图：等间距地布置了 30 条共偏移距测线，测线沿东北方向分布，每条测线的长度约为 20m，相邻测线间距为 1m。采用瑞典 Mala 探地雷达仪器，发射天线的中心频率为 100MHz。为了更好地分析探测结果，分别在第 11 条和第 23 条测线处布置了三个钻孔，位置如图 9.30(b)所示，且分别命名为 J-22、Q-11 和 D-11。通过钻孔测量发现该地区地下主要呈现层状分布结构：如图 9.30(b)所示，上层深度 0～2m 内是淤泥，深度 4m 以下仍然存在一定厚度的淤泥，底部基底为泥岩。值得注意的是，在中间层深约 4m 的位置分布有少量的油质淤泥薄层，这是探地雷达探测的主要目标层。

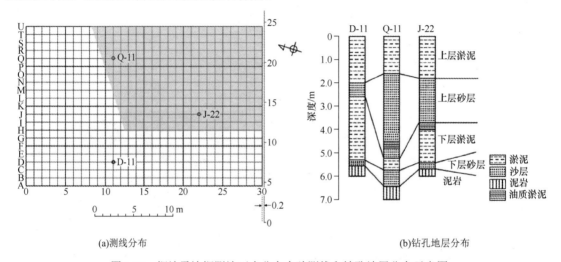

(a)测线分布　　　　　　　　　　　　　　　　　(b)钻孔地层分布

图 9.30　探地雷达探测地下水分布实验测线和钻孔地层分布示意图

由 30 条测线的探测结果组合而成的三维立体分布图如图 9.31 所示，它直观地反映出了测区地下结构的分布特征。从图中可以看出，地下介质具有很好的成层性，这与图 9.30(b)给出的钻孔资料基本吻合。然后，采用 TDR 仪器分别测量了三个钻孔处深度 0～6m 内的相对介电常数（见图 9.32），对比图中的三条曲线可以看出，不同区域介电常数实测值的变化趋势较为接近，表明该地区的地层结构变化不大，横向连续性较好，且呈层状分布。接着，采用有限带宽阻抗反演方法对上述探测结果进行参数反演，并将三个钻孔的相对介电常数实测值作为整个区域的横向背景约束值。

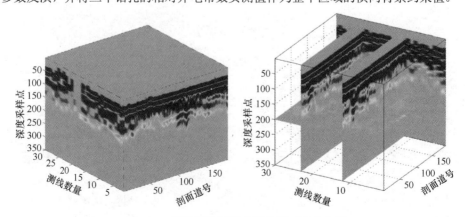

图 9.31　探地雷达探测剖面结果三维分布图

为了进一步验证反演结果的可靠性，提取钻孔位置的实测数据与反演得到的相对介电常数值进行拟合对比，结果如图 9.33 所示。图 9.33(a) 至图 9.33(c) 分别为三个钻孔位置的反演结果与实测值的拟合曲线，其中实线代表实测值，虚线代表阻抗反演估计值。对比二者可以看出，无论是在参数的整体变化趋势方面，还是在局部细节的表征方面，有限带宽阻抗反演结果与实测值的吻合度都较高，因此充分说明了有限带宽阻抗反演的精度与可靠性。

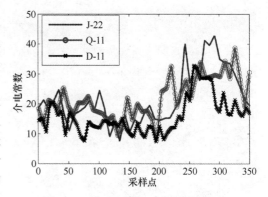

图 9.32　钻孔实测相对介电常数曲线

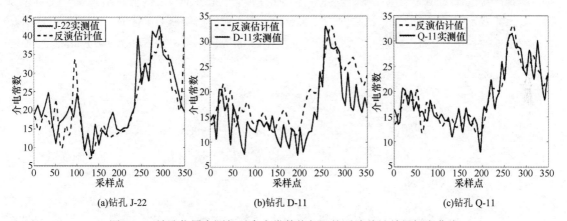

(a)钻孔 J-22　　　　　　　(b)钻孔 D-11　　　　　　　(c)钻孔 Q-11

图 9.33　钻孔位置实测相对介电常数值与阻抗反演估计结果拟合曲线

## 9.8　多极化成像与目标识别

极化分解技术是一类能够提取目标体的散射极化属性的极化分析技术，被广泛应用于 SAR 数据处理中。目前，极化分解方法被应用于极化探地雷达中以提取目标体属性，是一种区分目标体形状的新方法。下面介绍三种用于分析多极化探地雷达数据的处理方法：极化偏移成像、基于 $H\text{-}\alpha$ 分解的目标分类识别和基于 Freeman 分解的目标分类识别。

### 9.8.1　极化偏移成像

极化偏移成像技术是一种将叠前克希霍夫偏移与 Pauli 分解相结合的方法。叠前克希霍夫偏移（Schneider，1978；Yilmaz，2001；Feng and Sato，2004）表示为

$$S_{\text{out}}(x_{\text{out}}, y_{\text{out}}, z) = \frac{1}{2\pi} \iint \frac{\cos\theta}{v_{\text{rms}} r} \frac{\partial}{\partial t} S(x, y, t) \mathrm{d}x \mathrm{d}y \tag{9.8.1}$$

式中，$v_{\text{rms}}$ 表示散射点 $(x_{\text{out}}, y_{\text{out}}, z)$ 的均方根速度，$r$ 表示测点和散射点之间的距离，$\theta$ 表示传播方向与 $z$ 轴之间的夹角，$S_{\text{out}}(x_{\text{out}}, y_{\text{out}}, z)$ 代表偏移后的散射矩阵，$S(x, y, t)$ 表示时间域中的散射矩阵，由下式给出（Cloude and Pottier，1996）：

$$S(x, y, t) = \begin{bmatrix} S_{\text{HH}}(x, y, t) & S_{\text{VH}}(x, y, t) \\ S_{\text{VH}}(x, y, t) & S_{\text{VV}}(x, y, t) \end{bmatrix} \tag{9.8.2}$$

式中，$t$ 表示 EM 波的传播时间，由下式给出：

$$t = \left[ \frac{z^2 + (x+d-x_{out}) + (y-y_{out})}{v_{rms}^2} \right]^{1/2} + \left[ \frac{z^2 + (x-d-x_{out}) + (y-y_{out})}{v_{rms}^2} \right]^{1/2} \qquad (9.8.3)$$

式中，$d$ 表示发射天线和接收天线之间距离的一半。

散射矩阵也可表示为（Martinez et al.，2005；Lee and Pottier，2009）

$$S = \alpha S_a + \beta S_b + \gamma S_c \qquad (9.8.4)$$

式中 $\{S_a, S_b, S_c\}$ 是 Pauli 基，由下式给出（Martinez et al.，2005；Lee and Pottier，2009）：

$$S_a = \frac{1}{\sqrt{2}} \begin{bmatrix} 1 & 0 \\ 0 & 1 \end{bmatrix}, \quad S_b = \frac{1}{\sqrt{2}} \begin{bmatrix} 1 & 0 \\ 0 & -1 \end{bmatrix}, \quad S_c = \frac{1}{\sqrt{2}} \begin{bmatrix} 0 & 1 \\ 1 & 0 \end{bmatrix} \qquad (9.8.5)$$

一般来说，$S_a$ 对应于单次或奇数反弹散射，如球体、板或三面体的散射；$S_b$ 表示二面角散射机制，常称**双反弹或偶次反弹**，因为回波的偏振相对于入射波的偏振是镜像的；$S_c$ 表示以体积散射为特征的散射机制，如森林树冠能够返回正交极化（Martinez et al.，2005；Lee and Pottier，2009）。$\alpha$、$\beta$ 和 $\gamma$ 是系数，分别表示 $S_a$、$S_b$ 和 $S_c$ 对散射矩阵 $S$ 的贡献，由下式计算：

$$\alpha = \frac{S_{HH} + S_{VV}}{\sqrt{2}}, \quad \beta = \frac{S_{HH} - S_{VV}}{\sqrt{2}}, \quad \gamma = \sqrt{2} S_{VH} \qquad (9.8.6)$$

在这种情况下，散射矩阵 $S$ 的总功率（SPAN）是保持不变的，由下式给出：

$$\text{SPAN} = |S_{HH}|^2 + |S_{VV}|^2 + 2|S_{VH}|^2 = |\alpha|^2 + |\beta|^2 + |\gamma|^2 \qquad (9.8.7)$$

因此，偏移公式可以表示为

$$S_{out}(x_{out}, y_{out}, z) = \frac{1}{2\pi} \iint \frac{\cos\theta}{v_{rms} r} \frac{\partial}{\partial t} \{\alpha S_a + \beta S_b + \lambda S_c\} dx dy \qquad (9.8.8)$$

$$S_{out} = A S_a + B S_b + C S_c \qquad (9.8.9)$$

式中，$A$、$B$ 和 $C$ 分别代表 $\alpha$、$\beta$ 和 $\gamma$ 偏移后的值，可由下式计算得到：

$$A = \frac{1}{2\pi} \iint \frac{\cos\theta}{v_{rms} r} \frac{\partial}{\partial t} \alpha \, dx \, dy, \quad B = \frac{1}{2\pi} \iint \frac{\cos\theta}{v_{rms} r} \frac{\partial}{\partial t} \beta \, dx \, dy, \quad C = \frac{1}{2\pi} \iint \frac{\cos\theta}{v_{rms} r} \frac{\partial}{\partial t} \gamma \, dx \, dy \qquad (9.8.10)$$

偏移后的 $\alpha$、$\beta$ 和 $\gamma$ 可以组合成单个数据集。将偏移后的 $\alpha$ 值的平方、偏移后的 $\beta$ 值的平方和偏移后的 $\gamma$ 值的平方的强度分别编码为一个颜色通道，然后将其组合成单个 RGB 数据，就可用来表示地下物体的极化特性。对应于物理散射机制的 RGB 数据可用于定性地解释目标的物理特性。一般来说，矩阵 $S_a$ 对应于单次或奇数反弹散射，如球体、板或三面体的散射，因此系数 $\alpha$ 表示了 $S_a$ 的贡献程度，偏移后的 $\alpha$ 值的平方决定了由以单次或奇数反弹为特征的目标散射的功率。矩阵 $S_b$ 对应于双反弹或偶次反弹，如二面角的散射，系数 $\beta$ 代表 $S_b$ 的贡献程度，偏移后的 $\beta$ 值的平方决定了以双反弹或偶次反弹为特征的目标散射的功率。矩阵 $S_c$ 对应于以体积散射为特征的散射机制，如森林冠层，系数 $\gamma$ 表示 $S_c$ 的贡献程度，偏移后的 $\gamma$ 值的平方决定了以体积散射为特征的目标散射的功率（Martinez et al.，2005）。因此，合并后的数据可以显示地下物体的图像和极化特性，我们从中可以获得地下目标体的几何信息和物理散射机制。

图 9.34 至图 9.38 显示了 4 种不同典型散射体及其对应的全极化探地雷达测量数据垂直剖面。通过极化偏移处理，可以获得由式（9.8.10）中 $A$、$B$ 和 $C$ 组成的彩色编码图像，其二维剖面及三维图像如图 9.39 所示。最后将式（9.8.9）中的极化偏移结果与彩色编码图像相结合，获得由彩色编码和融合剖面组成的成像结果，如图 9.39 所示。通过剖面形态及颜色可以对 4 种目标进行分类识别。

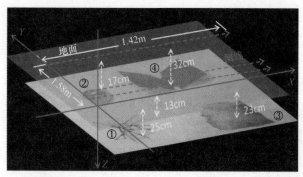

图 9.34 全极化探地雷达测量实验中使用的模型：①多分枝散射体；②球体；③平面板；④二面角反射器

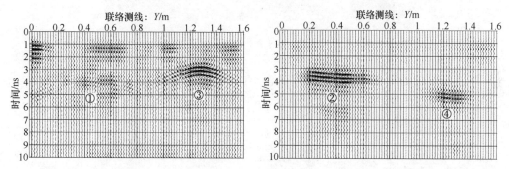

图 9.35 全极化数据的 VV 极化垂直剖面。左图为 $x = 0.34$m 处的剖面，右图为 $x = 1.06$m 处的剖面。①多分枝散射体；②球体；③平面板；④二面角反射器

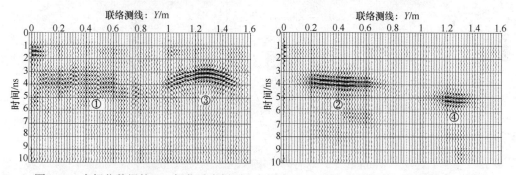

图 9.36 全极化数据的 HH 极化垂直剖面。左图为 $x = 0.34$m 处的剖面，右图为 $x = 1.06$m 处的剖面。①多分枝散射体；②球体；③平面板；④二面角反射器

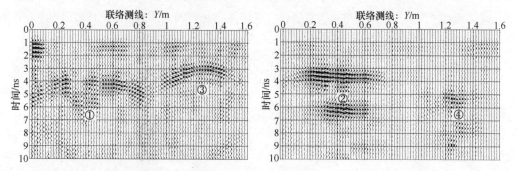

图 9.37 全极化数据的 VH 极化垂直剖面。左图为 $x = 0.34$m 处的剖面，右图为 $x = 1.06$m 处的剖面。①多分枝散射体；②球体；③平面板；④二面角反射器

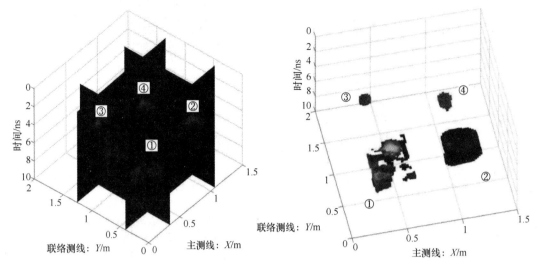

图9.38  由 $\alpha$、$\beta$ 和 $\gamma$ 组成的彩色编码图像。左图为 $x = 0.34\text{m}$、$x = 1.06\text{m}$、$y = 0.4\text{m}$、$y = 1.26\text{m}$ 处的剖面组成的交叉图像,右图为三维图像。①多分枝散射体;②球体;③平面板;④二面角反射器

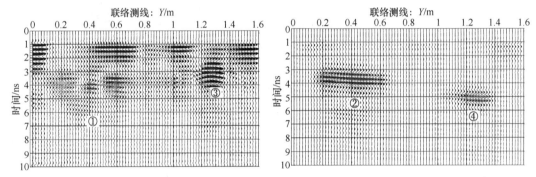

图9.39  由彩色编码和融合剖面组成的成像结果。左图为 $x = 0.34\text{m}$ 处的剖面,右图为 $x = 1.06\text{m}$ 处的剖面。①多分枝散射体;②球体;③平面板;④二面角反射器

### 9.8.2  基于 $H\text{-}\alpha$ 分解的目标分类识别

$H\text{-}\alpha$ 分解是一种基于 Kennaugh 矩阵的极化分解方法,它是 Cloude and Pottier(1997)提出的利用二阶统计量的平滑算法提取平均参数的方法。这种分解技术对相干矩阵的特征矢量进行分析,将相干矩阵分解为不同的散射类型及对应的特征值,最终提取两个属性特征——熵 $H$ 和 $\alpha$。在散射过程中,熵作为一种自然测度衡量散射数据的内在可逆性;$\alpha$ 可以识别基本的平均散射机制。这两个特征参数对目标体的分类起至关重要的作用。

散射矢量 $\boldsymbol{k}$ 定义为

$$\boldsymbol{k} = \frac{1}{\sqrt{2}}\begin{bmatrix} S_{\text{HH}} + S_{\text{VV}} & S_{\text{HH}} - S_{\text{VV}} & 2S_{\text{VH}} \end{bmatrix} \tag{9.8.11}$$

相干矩阵 $\boldsymbol{T}$ 定义为

$$\boldsymbol{T} = \boldsymbol{k} \cdot \boldsymbol{k}^{\text{T*}} \tag{9.8.12}$$

则相干矩阵 $\boldsymbol{T}$ 可以写成如下形式(Cloude & Pottier,1996):

$$T = \begin{bmatrix} \dfrac{(S_{HH}+S_{VV})(S_{HH}+S_{VV})^*}{2} & \dfrac{(S_{HH}+S_{VV})(S_{HH}-S_{VV})^*}{2} & (S_{HH}+S_{VV})S_{VH}^* \\[2mm] \dfrac{(S_{HH}-S_{VV})(S_{HH}+S_{VV})^*}{2} & \dfrac{(S_{HH}-S_{VV})(S_{HH}-S_{VV})^*}{2} & (S_{HH}-S_{VV})S_{VH}^* \\[2mm] S_{VH}(S_{HH}+S_{VV})^* & S_{VH}(S_{HH}-S_{VV})^* & 2S_{VH}S_{VH}^* \end{bmatrix} \qquad (9.8.13)$$

对相干矩阵进行特征分解可得到如下形式（Lee et al.，1999）：

$$T = U_3 \Lambda U_3^{-1} = U_3 \begin{bmatrix} \lambda_1 & 0 & 0 \\ 0 & \lambda_2 & 0 \\ 0 & 0 & \lambda_3 \end{bmatrix} U_3^{-1} \qquad (9.8.14)$$

$$U_3 = \begin{bmatrix} e_1 & e_2 & e_3 \end{bmatrix}^T = \begin{bmatrix} \cos\alpha_1 & \cos\alpha_2 & \cos\alpha_3 \\ \sin\alpha_1\cos\beta_1 e^{j\delta_1} & \sin\alpha_2\cos\beta_2 e^{j\delta_2} & \sin\alpha_3\cos\beta_3 e^{j\delta_3} \\ \sin\alpha_1\cos\beta_1 e^{j\gamma_1} & \sin\alpha_2\cos\beta_2 e^{j\gamma_2} & \sin\alpha_3\cos\beta_3 e^{j\gamma_3} \end{bmatrix} \qquad (9.8.15)$$

式中，$\Lambda$ 是一个单位矩阵，其元素对应于相关矩阵 $T$ 的正交特征矢量 $e_1$、$e_2$ 和 $e_3$。在这个 3×3 维单位矩阵中，可以提取出主要散射机制的参数 $\alpha$、$\beta$、$\delta$ 和 $\gamma$。$\bar{\alpha}$ 是用来识别主要散射机制的关键参数，因为参数 $\bar{\alpha}$ 的值能与散射过程背后的物理性质相联系，且是旋转不变的。参数数 $\beta$、$\delta$ 和 $\gamma$ 是用来定义目标极化方向角的。为了从整体上描述不同散射类型在统计意义上的无序性，提出了一个有效且合适的基不变参数——极化熵，它定义如下（Cloude and Pottier，1997）：

$$H = \sum_{i=1}^{3} -p_i \log_3^{p_i} \qquad (9.8.16)$$

式中，

$$P_i = \frac{\lambda_i}{\lambda_1 + \lambda_2 + \lambda_3} \qquad (9.8.17)$$

其中，$P_i$ 是由特征值 $\lambda_i$ 获得的伪概率，因为特征值是旋转不变的，所以极化熵也是旋转不变的。当极化熵的值较低时，说明系统是弱去极化的，在这种情况下占主要优势的散射机制可视为某个指定的等效点目标散射机制。当极化熵较高时，平均散射体呈去极化状态，在这种情况下不再存在单一的散射目标。当极化熵逐渐增大时，从极化测量数据中可以识别的散射机制的数量逐渐减少。当极化熵到达最大时，极化信息为零，目标散射完全是一个随机噪声的过程。

系数 $\alpha_i$ 与随机过程有关，该参数的估计最好使用其平均值，即

$$\bar{\alpha} = \sum_{i=1}^{3} P_i \alpha_i \qquad (9.8.18)$$

参数 $\bar{\alpha}$ 的有效范围与随机散射机制的连续变化一致，从几何光学的表面散射（$\bar{\alpha}=0°$）开始经过物理光学的表面散射模型变为布拉格表面模型，再由偶极子散射（$\bar{\alpha}=45°$）变为两个介质表面的二次散射，最后变为金属表面的二面体散射（$\bar{\alpha}=90°$）。

有了两个特征参数熵 $H$ 和 $\alpha$，就构成一个二维 $H$-$\alpha$ 分类空间，这个分类空间显示了对随机散射问题分类的 $H$-$\alpha$ 平面，如图 9.40 所示（Cloude S. R. and Pottier E.，1997）。

在图 9.40 中，$H$-$\alpha$ 平面被分成了 9 个区域，不同的区域代表不同类型的物理散射机制。在熵 $H$ 和 $\alpha$ 值的可行性组合范围内，边界的位置设定依据的是散射机制的总属性。图 9.40 中的边界最初由 Cloude 提出，如图 9.41 所示（Cloude & Pottier，1997）。

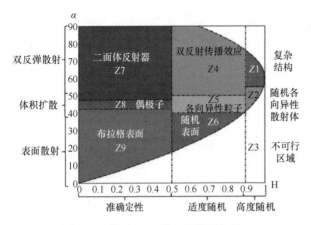

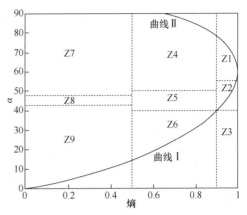

图 9.40 基于 $H$-$\alpha$ 的二维特征空间 图 9.41 $H$-$\alpha$ 的二维特征空间

在图 9.41 中，曲线 I 和曲线 II 的画法如式（9.8.19）、式（9.8.20）和式（9.8.21）所示。

$$T_{\text{I}} = \begin{bmatrix} 1 & 0 & 0 \\ 0 & m & 0 \\ 0 & 0 & m \end{bmatrix}, \quad 0 \leqslant m \leqslant 1 \tag{9.8.19}$$

$$T_{\text{II}} = \begin{bmatrix} 0 & 0 & 0 \\ 0 & 1 & 0 \\ 0 & 0 & 2m \end{bmatrix}, \quad 0 \leqslant m \leqslant 0.5 \tag{9.8.20}$$

$$T_{\text{II}} = \begin{bmatrix} 2m-1 & 0 & 0 \\ 0 & 1 & 0 \\ 0 & 0 & 1 \end{bmatrix}, \quad 0.5 \leqslant m \leqslant 1 \tag{9.8.21}$$

目标体的协方差矩阵有两种形式。

由式（9.8.16）、式（9.8.17）、式（9.8.18）和式（9.8.19）可得

$$H(m)_{\text{I}} = -\frac{1}{2m+1} \log_3^{\frac{1}{2m+1}} - \frac{2m}{2m+1} \log_3^{\frac{m}{2m+1}}, \quad 0 \leqslant m \leqslant 1 \tag{9.8.22}$$

$$\bar{\alpha}(m)_{\text{I}} = \frac{m}{2m+1}\pi, \quad 0 \leqslant m \leqslant 1 \tag{9.8.23}$$

由式（9.8.16）、式（9.8.17）、式（9.8.18）和式（9.8.21）可得

$$H(m)_{\text{II}} = -\frac{2m-1}{2m+1} \log_3^{\frac{2m-1}{2m+1}} - \frac{2}{2m+1} \log_3^{\frac{1}{2m+1}}, \quad 0.5 \leqslant m \leqslant 1 \tag{9.8.24}$$

$$\bar{\alpha}(m)_{\text{II}} = \frac{\pi}{2m+1}, \quad 0.5 \leqslant m \leqslant 1 \tag{9.8.25}$$

通过式（9.8.24）和式（9.8.25）就可画出图 9.41 中的两条曲线边界。

$H$-$\alpha$ 分解的主要思想是，熵作为一种自然测度衡量散射数据的内在可逆性，而 $\alpha$ 可用来识别潜在的平均散射机制。在设置这些边界时，有一定程度的任意性，不依赖于一个特定的数据集。因此，能够得到一个 $H$-$\alpha$ 目标体的分布，它在该二维 $H$-$\alpha$ 平面上被用来解释地下目标体的散射机制并对地下目标体进行分类。

在 $H\text{-}\alpha$ 平面上，8 个区域分别用 8 种不同的颜色表示，如图 9.40 所示。我们不能定义区域 3 的颜色，因为这个区域是不可实现的区域，且不能区分高熵表面散射。这些颜色能够显示出不同散射类型的分类特点。因此，每对 $H\text{-}\alpha$ 的值都能被一种颜色表示，且能获得地下 $H\text{-}\alpha$ 彩色目标体图像，也可用来对目标体进行分类。

- 区域 9：低熵表面散射。在该区域中出现低熵过程，光滑大物理表面如水、冰都属于该类。

- 区域 8：低熵偶极散射。在该区域中出现强烈相关机制，且在 HH 和 VV 极化之间有很大的幅值不平衡。

- 区域 7：低熵多次散射事件。该区域对应于低熵双反弹散射事件，如孤立的电介质和金属二面角散射体。

- 区域 6：中等熵表面散射。该区域反映了表面粗糙度的变化，由于树冠传播效应，熵增加。

- 区域 5：中熵偶极子散射。该区域对应于中度熵，但偶极型散射机制占主导。

- 区域 4：中等熵大量散射。该区域为中度熵的二面角散射。这是发生在林业应用上的例子。

- 区域 3：高熵表面散射。对于散射机制的识别，该区域被认为是不可实现的区域。

- 区域 2：高熵偶极子散射。

- 区域 1：高熵大量散射。

利用图 9.36 至图 9.38 中的数据进行 $H\text{-}\alpha$ 分解处理，提取 4 种目标的 $H\text{-}\alpha$ 特征点并投影到图 9.41 所示的模板中，结果如图 9.42 所示。4 种目标落于不同的区域，其中平面板与球体位于同一个区域。之后利用图 9.40 所示模板中不同区域对应的颜色进行彩色编码，获得图 9.43 中的三维彩色编码图像。通过结合不同目标的颜色及形态，可以对其进行区分。

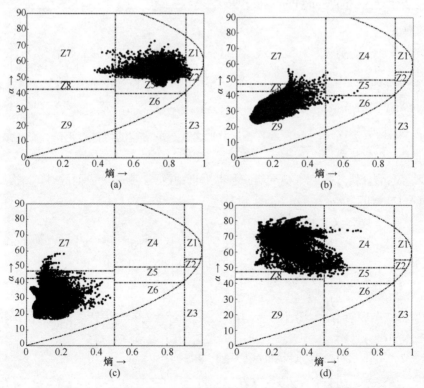

图 9.42  4 种目标体 $H\text{-}\alpha$ 分解结果：(a)多分枝散射体；(b)球体；(c)平面板；(d)二面角反射器

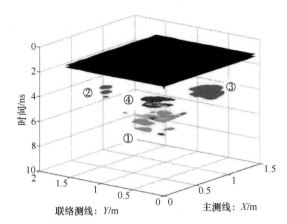

图 9.43　4 种目标体 $H\text{-}\alpha$ 分解结果三维图像：①多分枝散射体；②球体；③平面板；④二面角反射器

### 9.8.3　基于 Freeman 分解的目标分类识别

频率域中的散射矩阵可以表示为

$$\boldsymbol{S}(x_i,\omega_j) = \begin{bmatrix} S_{HH}(x_i,\omega_j) & S_{VH}(x_i,\omega_j) \\ S_{VH}(x_i,\omega_j) & S_{VV}(x_i,\omega_j) \end{bmatrix}, \quad i=1,\cdots,n ; \quad j=1,\cdots,m \tag{9.8.26}$$

式中，$x$ 为坐标位置，$\omega$ 为角频率，$n$ 为测点数，$m$ 为频率采样点。

散射矩阵可以表示为 Lexicogrophic 矩阵，全极化探地雷达数据表示为（Cloude and Pottier，1996）

$$\boldsymbol{\varOmega}(x_i,\omega_j) = \left[ S_{HH}(x_i,\omega_j), \sqrt{2}S_{VH}(x_i,\omega_j), S_{VV}(x_i,\omega_j) \right]^{\mathrm{T}} \tag{9.8.27}$$

则协方差矩阵表示为（Cloude and Pottier，1996）

$$\begin{aligned}
\boldsymbol{C}_3 &= \left\langle \boldsymbol{\varOmega} \cdot \boldsymbol{\varOmega}^{*\mathrm{T}} \right\rangle \\
&= \begin{bmatrix}
\left| S_{HH}(x_i,\omega_j) \right|^2 & \sqrt{2}S_{HH}(x_i,\omega_j) \cdot S_{VH}(x_i,\omega_j)^* & S_{HH}(x_i,\omega_j) \cdot S_{VV}(x_i,\omega_j)^* \\
\sqrt{2}S_{VH}(x_i,\omega_j) \cdot S_{HH}(x_i,\omega_j)^* & 2\left| S_{VH}(x_i,\omega_j) \right|^2 & \sqrt{2}S_{VH}(x_i,\omega_j) \cdot S_{VV}(x_i,\omega_j)^* \\
S_{VV}(x_i,\omega_j) \cdot S_{HH}(x_i,\omega_j)^* & \sqrt{2}S_{VV}(x_i,\omega_j) \cdot S_{VH}(x_i,\omega_j)^* & \left| S_{VV}(x_i,\omega_j) \right|^2
\end{bmatrix}
\end{aligned} \tag{9.8.28}$$

式中，上标 T 表示转置运算，上标*表示共轭运算。这里不是常规的协方差矩阵，需要做期望运算，但可理解为非相干极化形式。

在每个测量位置，协方差矩阵 $\boldsymbol{C}_3$ 包含三种散射机制模型，分别为表面散射、二次散射和体散射（Freeman & Durden，1998）：

$$\begin{aligned}
\boldsymbol{C}_3 &= \boldsymbol{C}_{3v} + \boldsymbol{C}_{3d} + \boldsymbol{C}_{3s} \\
&= \frac{f_v}{8}\begin{bmatrix} 3 & 0 & 1 \\ 0 & 2 & 0 \\ 1 & 0 & 3 \end{bmatrix} + f_d\begin{bmatrix} |\alpha|^2 & 0 & \alpha \\ 0 & 0 & 0 \\ \alpha^* & 0 & 1 \end{bmatrix} + f_s\begin{bmatrix} |\beta|^2 & 0 & \beta \\ 0 & 0 & 0 \\ \beta^* & 0 & 1 \end{bmatrix} \\
&= \begin{bmatrix}
\dfrac{3f_v}{8} + f_d|\alpha|^2 + f_s|\beta|^2 & 0 & \dfrac{f_v}{8} + f_d\alpha + f_s\beta \\
0 & \dfrac{2f_d}{8} & 0 \\
\dfrac{f_v}{8} + f_d\alpha^* + f_s\beta^* & 0 & \dfrac{3f_v}{8} + f_d + f_s
\end{bmatrix}
\end{aligned} \tag{9.8.29}$$

式中，$C_{3v}$、$C_{3d}$、$C_{3s}$ 分别为体散射协方差矩阵、二次散射协方差矩阵和表面散射协方差矩阵，分别对应 Freeman 分解技术的三种物理模型。联立式（9.8.28）与式（9.8.29）可以得到 4 个方程：

$$\left|S_{HH}(x_i,\omega_j)\right|^2 = \frac{3f_v}{8} + f_d|\alpha|^2 + f_s|\beta|^2$$

$$\left|S_{VV}(x_i,\omega_j)\right|^2 = \frac{3f_v}{8} + f_d + f_s$$

$$S_{HH}(x_i,\omega_j)\cdot S_{VV}(x_i,\omega_j)^* = \frac{f_v}{8} + f_d\alpha + f_s\beta \qquad (9.8.30)$$

$$\left|S_{VH}(x_i,\omega_j)\right|^2 = \frac{f_v}{8}$$

在每个测量位置，总散射能量为

$$\mathrm{SPAN} = \left|S_{HH}(x_i,\omega_j)\right|^2 + 2\left|S_{VH}(x_i,\omega_j)\right|^2 + \left|S_{VV}(x_i,\omega_j)\right|^2 \qquad (9.8.31)$$

$$= P_s(x_i,\omega_j) + P_d(x_i,\omega_j) + P_v(x_i,\omega_j)$$

$$P_s(x_i,\omega_j) = f_s(1+|\beta|^2)$$

$$P_d(x_i,\omega_j) = f_d(1+|\alpha|^2) \qquad (9.8.32)$$

$$P_v(x_i,\omega_j) = f_v$$

$$\boldsymbol{P}(x_i,\omega_j) = \left[P_d(x_i,\omega_j), P_v(x_i,\omega_j), P_s(x_i,\omega_j)\right] \qquad (9.8.33)$$

式中，$P_s$、$P_d$ 和 $P_v$ 表示三种散射模型的散射能量，散射能量矢量 $\boldsymbol{P}$ 用于形成 RGB 图，进而表示极化信息。

同样，利用图 9.36 至图 9.38 中的数据进行 Freeman 分解处理，利用分解得到的 $P_s$、$P_d$ 和 $P_v$ 进行彩色编码，结果如图 9.44 所示。4 种目标呈现不同的颜色，因此可以对其进行区分。

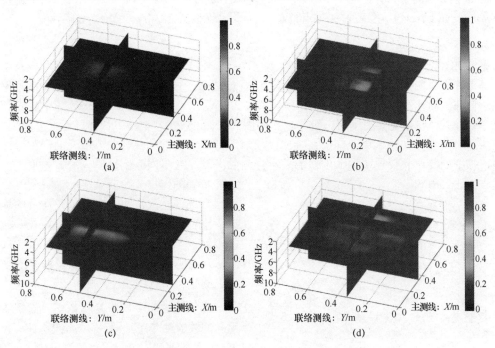

图 9.44　由 Freeman 分解结果进行彩色编码得到的 4 种目标体的剖面图像：
(a)平面板；(b)球体；(c)二面角反射器；(d)多分枝散射体

## 9.9 人工智能解释

道路三维阵列探地雷达检测会产生海量的探地雷达数据，而在海量数据的异常体识别和解释中，人为探地雷达数据研判和解释工作量大，且存在较大的主观性和不确定性。人工智能如深度学习方法的快速发展为探地雷达数据的高效、智能解释提供了可行的途径。目前，探地雷达数据人工智能解解释的主要工作分为如下两方面：①探地雷达数据智能目标检测与识别；②探地雷达数据智能反演。

### 9.9.1 探地雷达数据智能目标检测与识别

探地雷达数据的目标检测方法主要分为传统机器学习方法与深度学习方法两类（杨必胜等，2020）。在传统机器学习方法中，以霍夫变换最为经典，其应用主要以识别雷达图像中的双曲线信号为主，但受限于处理和离散化大量参数而导致的巨大计算量（Windsor et al.，2014）。基于模板匹配的双曲线特征检测法也常用于探地雷达目标检测，但其运行机理是依靠手工设计的模板与探地雷达图像块进行匹配，对实测数据的鲁棒性较差。字典学习、基于特征的梯度方向直方图和基于特征学习算法等方法都在自动化和准确率上有所不足。

1989 年，LeCun 为手写文字识别提出了卷积神经网络（Convolutional Neural Networks，CNN）算法。受限于计算机性能，直到 21 世纪，深度学习如卷积神经网络才出现爆发式的应用与发展，当前深度学习方法在语音识别、图像识别等领域取得了重要进展。利用深度学习方法进行探地雷达图像自动解释已成为当前海量探地雷达数据智能解释的发展趋势。探地雷达智能目标检测主流算法分为 Two-stage 方法和 One-stage 方法。

#### 1. Two-stage 方法：卷积神经网络探地雷达目标识别

卷积神经网络实际上是一种具有卷积结构的深度神经网络，结构中主要包含卷积层（Convolutional Layers）、池化层（Pooling Layer）和全连接层（Fully Connected Layer）。

##### 1）卷积层

普通神经网络对输入层和隐藏层进行"全连接"设计。一般采样相对较小的图像从整幅图像中计算特征。如果是较大的图像（如 96×96），就要通过这种全连通网络的方法来学习整幅图像上的特征，而这会变得非常耗时。例如，假设需要设计 10000 个输入单元学习 100 个特征，就有 1000000 个参数需要去学习，且与较小的图像（如 28×28）相比，计算过程也会慢 100 倍。卷积层对隐藏单元和输入单元间的连接加以限制。每个隐藏单元映射输入单元的一部分窗口。例如，每个隐藏单元仅连接输入图像的一小片相邻区域。对不同于图像输入的输入形式，也有一些特别的连接到单隐藏层的输入信号"连接区域"选择方式。每个隐藏单元连接的输入区域大小称为神经元的**感受野**（Receptive Field），即卷积神经网络每层输出的特征图（Feature Map）上的像素点映射回输入图像上的区域大小。卷积层示意图如图 9.45 所示。

卷积层的主要部分是卷积核，卷积核的作用与滤波器的作用类似，每个滤波器训练一个深度，有几个滤波器输出单元就有多少个深度。因此，其主要作用就是提取图片信息，达到降维的

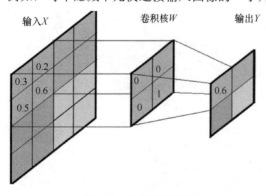

图 9.45 卷积层示意图

目的。卷积层输出单元的大小由以下三个量控制：深度、步幅和补零。

- 深度（depth）：控制输出单元的深度，即滤波器的个数，连接同一块区域的神经元个数。
- 步幅（Stride）：控制同一深度的两个相邻隐藏单元与它们相连接的输入区域的距离。若步幅很小（如 stride = 1），相邻隐藏单元的输入区域的重叠部分就很多；步幅很大时，重叠区域变少。
- 补零（Zero-padding）：在输入单元周围补零来改变输入单元的整体大小，进而控制输出单元的空间大小。

在卷积层之后往往会加入激活函数，激活函数的作用是对隐藏变量使用按元素运算的非线性函数进行变换，增加神经网络模型的非线性。

2）池化层

在卷积神经网络中，通常会在相邻的卷积层之间加入一个池化层，池化层的主要作用是对卷积层所提取的信息进行降维，减少计算量。这不仅会降低特征图的分辨率，而且会加强图像特征的尺度不变性，增强图像进行平移、旋转、缩放等处理后的鲁棒性。目前，主要的池化操作有最大池化（取最大值）和平均池化（取平均值）。池化层示意图如图9.46所示。

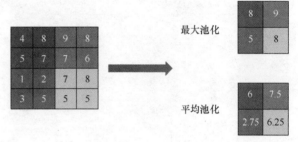

3）全连接层

全连接层的每个节点都与上一层的所有节点相连，故称**全连接层**。将通过前一层计算

图9.46 池化层示意图

得到的特征空间映射到样本标记空间的作用，是将特征表示整合为一个值，其优点是减少了特征位置对分类结果的影响，提高了整个网络的鲁棒性。

2．One-stage 方法：YOLO 目标检测算法

YOLO（You Only Look Once）算法是目标检测 One-stage 类的代表算法，不同于 R-CNN、Fast-RCNN、Faster-RCNN 等 Two-Stage 类算法，YOLO 相对于 Two-stage 算法能一步到位地完成目标定位和目标识别。YOLO 算法是目标识别技术的重要突破之一，识别速度大大提升，使得目标识别算法进入了实时应用领域。其中，YOLO v1～v3 由 Joseph Redmon 完成，而 YOLO v3 之后作者在 2020 年 2 月宣布放弃 YOLO 后续版本的开发，同年 4 月，与合作者在 arXiv 上提出了 YOLO v4，接着 6 月 YOLO v5 陆续发布并持续更新。YOLO v5 从代码上理解时，内容分为 4 部分，分别是输入端、Backbone 网络、Neck 网络和 Head 输出端。YOLO v5 的框架结构如图 9.47 所示。

YOLO 识别框架需要预先获得大量知识（信息），这些信息来源有多种形式，其中占主体的是实际采集数据，其余来源为模拟数据、开源数据，或者进行数据增强以扩充数据集。数据增强同样可以运用人工智能的手段去完成。例如，生成式对抗网络（Generative Adversarial Networks，GAN）可以生成图像（像素点），也可将探地雷达数据当作像素点来生成，因此能在短时间内生成无数合理的雷达图像以扩充数据集，是 YOLO 识别算法的重要补充。GAN 其实是两个网络的组合：生成网络（Generator）负责生成模拟数据；判别网络（Discriminator）负责判断输入的数据是真实的还是生成的。生成网络要不断优化自己生成的数据以让判别网络判断不出来，判别网络也要优化自己生成的数据以让自己判断得更准确，二者形成对抗，因此称为**对抗网络**。训练的过程是生成器和判别器博弈的过程。生成器生成假数据，然后将生成的假数据和真数据都输入判别器，判别器要判断出哪些数据是真的、哪些数据是假的。GAN 的结构如图 9.48 所示。

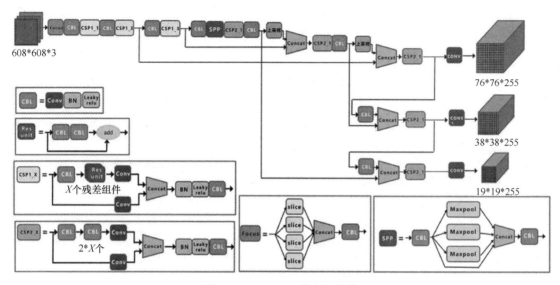

图 9.47　YOLO v5 的框架结构

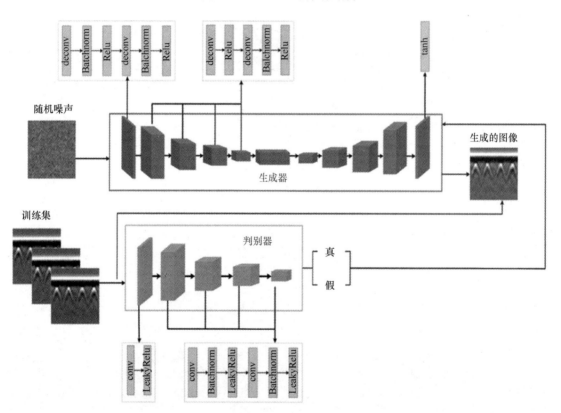

图 9.48　GAN 的结构（Yue et al.，2021）

　　判别器第一次判别的结果有很大的误差，因此要根据误差来优化判别器。判别器水平提高后，生成器生成的数据与判别器判别的结构更吻合，因此反过来可以优化生成器，如此循环往复，直到达到均衡。GAN 实际上根据损失函数和目的的不同，存在很多变体。在探地雷达图像生成领域，最常见网络是 WGAN，其与 GAN 的区别主要是所用的损失函数不同。WGAN 所用的损失函数是

Wassertain，其优点如下：当两个概率分布完全重合时，该损失函数为 0；该损失函数是对称的；即使两个分布不相交，也可进行衡量，且在一定条件下可微，因此具备后向传输的能力。

WGAN 的损失函数为

$$\text{Loss\_D} = \min_{\theta}\left(-\frac{1}{M}\sum\nolimits_{i=1,\ X_i \sim P_r}^{M} f_{\theta}(X_i) + \frac{1}{N}\sum\nolimits_{j=1,\ X_j \sim P_g}^{M} f_{\theta}(X_i)\right) \qquad (9.9.1)$$

$$\text{Loss\_G} = -\frac{1}{N}\sum\nolimits_{j=1,\ z_i \sim P_r}^{M} f_{\theta}\left(g_w(z_j)\right) \qquad (9.9.2)$$

根据上述神经网络和前期输入的少量实测数据及部分模拟数据，可以得到大量符合真实地下情况的探地雷达图像，通过之后的数据标注及目标检测网络的训练，便可得到更高精度的、更丰富目标体的检测结果。

### 3. YOLO v5 探地雷达目标识别案例测试

#### 1）基本流程与基本算法

YOLO v5 算法识别基本流程图如图 9.49 所示。首先获得数据集，将含有钢筋的数据输入 RCE-GAN 网络以去除钢筋网信号，然后将数据集分成三部分，即训练集、测试集和验证集，并对训练集和测试集数据进行标注。对训练集和测试集应用 YOLO v5 算法进行网格训练与测试，结束后将整个验证集和去除钢筋网后的数据输入训练好的 YOLO v5 框架，得到智能识别结果，最后对识别结果进行综合评估。

深度学习识别算法需要大量训练样本标注所需检测和识别的异常目标，因此如何在少量样本条件下获得准确的识别效果是探地雷达智能识别技术的重要挑战。主要采用两种策略解决上述问题：①在实测数据样本的基础上，结合模型数据作为融合训练样本，同时加入迁移学习提高样本数据的泛化能力；②对包含多类识别目标的探地雷达数据进行异常分离，减少相互干扰。采用 16 组隧洞探地雷达实测数据，数据量相比智能识别框架所需的参数要少很多，容易引起过拟合现象。引

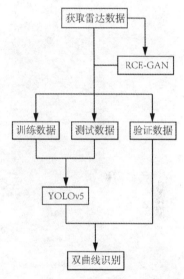

图 9.49　YOLO v5 算法识别基本流程图

入数据增强可解决过拟合问题。数据增强主要引入开源雷达数据集，而探地雷达数据的标准公共数据库的实际数据数量较少。这里，智能识别采用来自 https://github.com/irenexychen/gpr-data-classifier 的 171 个带注释的公开数据集，具体数据集参数见表 9.2，数据集组成如图 9.50 所示。

表 9.2　数据集参数

| 信号来源 | 数据集 | | |
|---|---|---|---|
| | 训练集 | 测试集 | 验证集 |
| 实测雷达数据 | 8 | 4 | 4 |
| 开源雷达数据集 | 132 | 39 | 0 |

人工标注的数据解译原始数据，以便智能识别框架理解与学习。数据集由两部分组成，即开源雷达数据集和实测雷达数据集。开源雷达数据已被标注，标注针对的是实际采集的雷达数据和部分经过 RCE-GAN 的数据，且数据标注范围为训练集和测试集。标注工具是开源软件 labelImg。标注过程如图 9.51 所示，标注后的结果是生成对应图像名的文本文件。

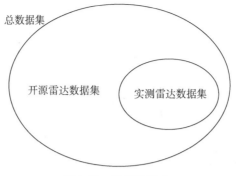

图 9.50  数据集组成

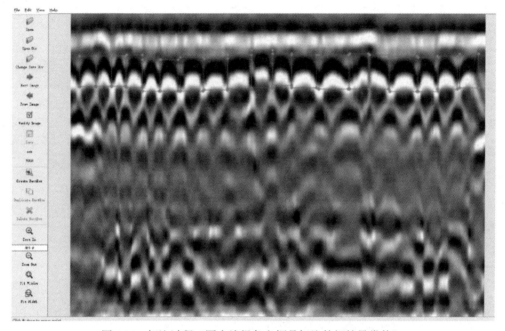

图 9.51  标注过程（图中浅绿色方框是标注的钢筋异常体）

RCE-GAN（Generative Adversarial Network-based Rebar Clutter Elimination network）是基于深度学习对抗网络的去除钢筋杂波技术（Wang，2022），是 GAN 的一种变体，保留了 GAN 的对抗特征，包含两个对抗的网络 $G$ 和 $D$，在这个框架基础上，RCE-GAN 借鉴了 CycleGAN 的思路，通过引入周期一致性损失，能在未配对的探地雷达图像之间学习高层特征。图 9.52 所示为 RCE-GAN 的整体结构示意图。

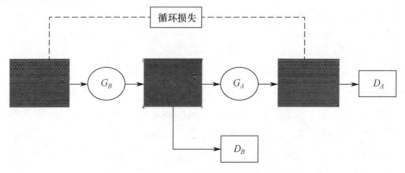

图 9.52  RCE-GAN 的整体结构示意图

整个网络包含两个生成器 $G_A$、$G_B$ 和两个鉴别器 $D_A$、$D_B$。$A$、$B$ 代表探地雷达数据的两个域，域 $A$ 包含具有钢筋杂波的探地雷达数据图像，域 $B$ 包含仅具有缺陷回波的探地雷达数据图像。两个生成器分别学习两个映射，即 $G_A : A$ 到 $B$，$G_B : B$ 到 $A$。在两个对抗性鉴别器 $D_B$ 和 $G_B$ 中，$D_B$ 鼓励生成器 $G_B$ 生成与域 $B$ 无法区分的图像，反之亦然；$D_A$、$G_A$ 和域 $A$ 同样如此。两个对抗性学习过程用损失函数表示如下：

$$L_{\text{GAN}}(G_B, D_B, B, A) = E_{b \sim p(b)} \left[ \log D_{B(b)} \right] + E_{a \sim p(a)} \left[ \log(1 - D_B(G_B(a)) \right] \tag{9.9.3}$$

$$L_{\text{GAN}}(G_A, D_A, A, B) = E_{a \sim p(a)} \left[ \log D_{A(a)} \right] + E_{b \sim p(b)} \left[ \log(1 - D_A(G_A(b)) \right] \tag{9.9.4}$$

式（9.9.3）为映射函数 $G_B : A$ 到 $B$ 的对抗性损失，式（9.9.4）为映射函数 $G_A : B$ 到 $A$ 的对抗性损失；$a$、$b$ 分别是域 $A$ 和域 $B$ 的探地雷达图像。$E_{b \sim p(b)}$ 和 $E_{a \sim p(a)}$ 分别是不同数据分布损失函数的期望。

在对抗性损失的情况下，该训练网络可以训练 $G_A$ 和 $G_B$，使其尽可能产生和域 $A$ 与域 $B$ 相同的数据输出。但是，如果只应用对抗性损失，该网络将随机生成没有钢筋杂波的探地雷达数据图像。因此，学习得到的映射函数是循环一致的，表示为

$$L_{\text{cycle}}(G_A, G_B) = \| c - a \|_{L_1} \tag{9.9.5}$$

如式（9.9.5）所示，$L_1$ 距离损失使重新生成的图像 $c$ 在 $L_1$ 距离意义下接近原始输入 $a$。通过引入循环一致性损失，网络可以学习两个域之间的高级特征。最后，完整的目标函数定义为

$$L = L_{\text{GAN}}(G_B, D_B, B, A) + L_{\text{GAN}}(G_A, D_A, A, B) + \lambda L_{\text{cycle}}(G_B) \tag{9.9.6}$$

式中，$\lambda$ 是控制两个目标的平衡参数。

按照实际的混凝土探地雷达模型，基于 GPRMAX 开源软件设计了如图 9.53 的模拟数据集，域 $A$ 包含具有钢筋杂波的探地雷达数据图像，域 $B$ 包含仅具有缺陷回波的探地雷达数据图像。每个域各有 200 个数据。

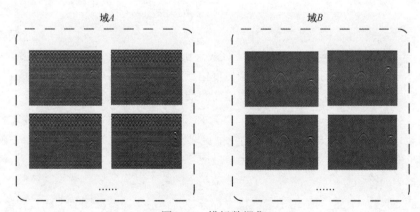

图 9.53　模拟数据集

经过 RCE-GAN 训练后，将训练好的生成器 $G_B$ 输入图 9.54(a)，可以得到如图 9.54(b)的效果，输入具有钢筋杂波的探地雷达数据图像，则生成只包含缺陷回波的探地雷达数据图像结果。可以看出，对于模拟数据，钢筋的去除效果十分有效。

2）YOLO v5 目标识别过程的 4 个阶段

在 RCE-GAN 训练数据集增强的基础上，采用 YOLO v5 开展目标识别。YOLO v5 网络主要包括以下结构：输入端、骨干网络、Neck（颈部）网络和 Head（头部）网络。

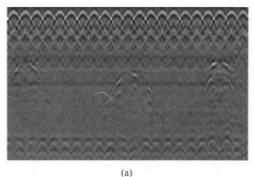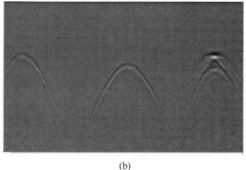

(a)                    (b)

图 9.54　(a)模拟钢筋异常体数据；(b) $G_B$ 生成的去除钢筋结果

（1）输入端。输入端表示数据图像从开始到进入神经网络的阶段，需要经过一系列流程算法对图像进行标准化处理。YOLO v5 在该阶段采用 Mosaic 数据增强（见图 9.55）、自适应锚框计算与自适应图像缩放方法来提升模型的训练速度和网络精度。自适应锚框是指初始针对不同数据集设置特定长宽的锚框后，在网络训练中自动更新锚框长宽。自适应图像缩放是指在输入数据图像具有不同的尺寸时，需要统一缩放到一个固定的尺寸。

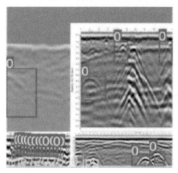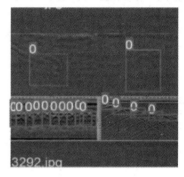

图 9.55　Mosaic 数据增强

（2）骨干网络。YOLO v5 使用 CSP 作为骨干网络，其作用是从输入图像中提取丰富的信息特征。CSP 的全称是跨阶段局部网络（Cross Stage Partial Networks），它解决了其他大型卷积神经网络框架骨干中网络优化的梯度信息重复问题，将梯度的变化集成到特征图中，减少了模型的参数量，保证了推理速度和准确率，同时减小了模型尺寸。

（3）Neck 网络。YOLO v5 使用 PANET 作为 Neck 网络。PANET 基于 Mask R-CNN 和 FPN 框架，加强了信息传播。该网络的特征提取器采用一种自下向上路径的新 FPN 结构，改善了低层特征的传播。同时，使用自适应特征池化恢复每个候选区域和所有特征层次之间被破坏的信息路径，聚合每个特征层次上的每个候选区域，避免其被任意分配。

（4）Head 网络。Head 网络用于最终检测部分，其作用是在特征图上生成带有类概率、对象得分及包围框的最终输出矢量图。

3）过程与结果分析

YOLO v5 算法导入标注后的数据集训练。为了测试算法的可靠性，这里基于 GPRMAX 开源软件设计了随机单层钢筋分布的 500 个模拟数据集（见图 9.56），将其按 8:1:1 的比例分为训练集、测试集和验证集。对训练集和测试集数据进行标注，其中训练集和测试集钢筋水平间距固定为 0.5m，钢筋的深度为 0.1m 和 0.5m 之间随机分布。验证集数据钢筋水平间距依次为 0.4m、0.3m、0.2m 和 0.1m，每种间距各 10 份数据集。

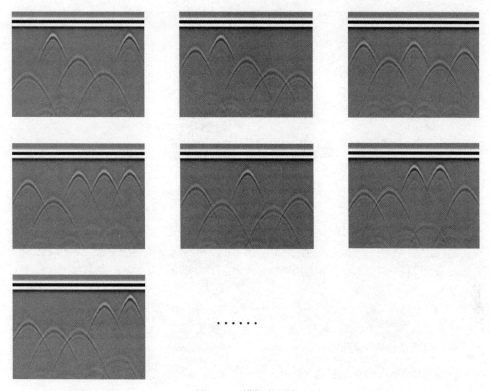

图 9.56　模拟数据集

按图 9.49 中的流程进行智能识别,将验证集数据应用于训练好的识别框架,识别结果如图 9.57 所示。YOLO v5 框架下的智能识别系统拥有一定的延展性,虽然用于训练的数据集仅包含水平间距为 0.5m 的随机钢筋层,但对水平间距更小的随机钢筋层也体现出了较好的识别能力。然而,在钢筋过于密集时,多次波的产生对结果也产生了影响。

图 9.57　识别结果:(a)水平间距为 0.4m 的随机钢筋层;(b)水平间距为 0.3m 的随机钢筋层;(c)水平间距为 0.2m 的随机钢筋层;(d)水平间距为 0.1m 的随机钢筋层

下面介绍智能识别的精度评判标准。在训练阶段，使用召回率（Recall）、精度（Precision）、F1 分数（F1-score）和平均精度（mAP）4 个指标来评估检测性能，定义如下：

$$\text{Recall} = \frac{\text{TP}}{\text{TP} + \text{FN}} \tag{9.9.7}$$

$$\text{Precision} = \frac{\text{TP}}{\text{TP} + \text{FP}} \tag{9.9.8}$$

$$\text{F1-score} = \frac{2 \times \text{Precision} \times \text{Recall}}{\text{Precision} + \text{Recall}} \tag{9.9.9}$$

$$\text{AP} = \int_0^1 P(r)\,\mathrm{d}r\,, \qquad \text{mAP} = \frac{\sum_{i=1}^k \text{AP}_i}{k} \tag{9.9.10}$$

式中，TP（真阳性）和 FP（假阳性）表示正确和错误识别为阳性样本的目标数量；FN（假阴性）表示被错误识别为阴性样本的目标数量；精度是网络检测为阳性样本（包括 TP 和 FP）的所有样本中 TP 的比率，代表网络正确识别阳性样本的能力；召回率是所有实际阳性样本（包括 TP 和 FN）中 TP 的比率，反映了找到所有实际阳性样本的能力；F1 分数又称**平衡分数**，可视为模型精度和召回率的加权平均值，其最大值为 1，最小值为 0。F1 分数越高，意味着网络同时获得更高的精确度和召回率；AP 表示由 P-R（精度-召回）曲线和横坐标 R（召回）轴包围的区域。平均精度（mAP）是所有等级 AP 的平均值。

在检测阶段，采用准确率（Ac）来评估检测性能：

$$\text{Ac} = \frac{\sum_1^k \text{con}_i}{N} \tag{9.9.11}$$

式中，$N$ 表示肉眼识别的目标数，$\text{con}_i$ 表示第 $i$ 个智能识别目标的置信度，$k$ 表示智能识别到目标的个数。准确率可以代表智能识别目标的可靠性，准确率越高，说明智能识别越精准。

数据集包括两个主要组成部分，即开源雷达数据集和实测雷达数据集。本节探讨二者间的影响因素。首先，设定如表 9.3 所示的数据集 1 参数，智能识别框架只学习开源雷达数据，测试该条件下对实测雷达数据的识别影响。图 9.58 所示为验证集的识别结果，可以看到在训练数据集和测试数据集缺乏实测雷达数据时，对验证数据集中实测雷达数据的识别效果总体较差。

表 9.3　数据集 1 参数

| 信号来源 | 数据集 | | |
|---|---|---|---|
| | 训练集 | 测试集 | 验证集 |
| 实测雷达数据集 | 0 | 0 | 4 |
| 开源雷达数据集 | 132 | 39 | 0 |

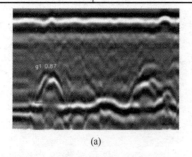
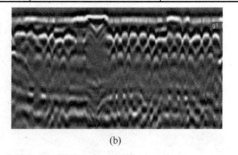

(a)　　　　　　　　　　　　　　　　(b)

图 9.58　数据集 1 的智能识别结果：(a)素混凝土衬砌；(b)双层钢筋衬砌；(c)单层钢筋衬砌；(d)双层钢筋和钢绞线衬砌

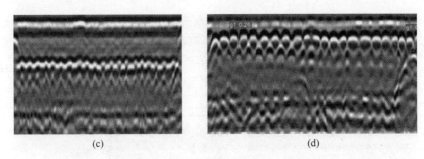

(c) (d)

图 9.58 数据集 1 的智能识别结果：(a)素混凝土衬砌；(b)双层钢筋衬砌；(c)单层
钢筋衬砌；(d)双层钢筋和钢绞线衬砌（续）

设计表 9.4 中的数据集 2 参数，测试只有实测雷达数据时对钢筋及异常体的识别效果。图 9.59
所示为验证集的识别结果，可以看到在训练数据集和测试集只有实测雷达数据时，对验证数据集中
的实测雷达数据，钢筋信号识别效果良好，但对异常体回波信号识别效果较差。出现这种情况的原
因是，在训练数据的过程中，整体数据图像的样本较少，但是对于钢筋信号，每个图像样本中包含
了大量钢筋标注信号样本，所以钢筋信号的识别效果良好，但对异常体信号而言，它在每个图像样
本中的数量偏少，导致最终识别效果不佳，且从置信度来说，整体置信度偏低。

表 9.4　数据集 2 参数

| 信号来源 | 数据集 | | |
|---|---|---|---|
| | 训练集 | 测试集 | 验证集 |
| 实测雷达数据集 | 8 | 4 | 4 |
| 开源雷达数据集 | 0 | 0 | 0 |

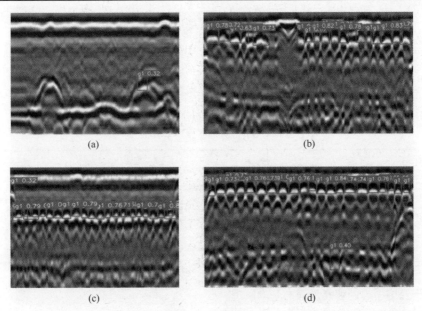

(a)　　　　　　　　　　　　　　(b)

(c)　　　　　　　　　　　　　　(d)

图 9.59 数据集 2 的智能识别结果：(a)素混凝土衬砌；(b)双层钢筋衬砌；(c)单层
钢筋衬砌；(d)双层钢筋和钢绞线衬砌

设计表 9.5 中的数据集 3 参数，测试同时存在实测雷达数据和开源雷达数据时对钢筋及异常
体的识别效果。图 9.60 所示为验证集的识别结果，可以看到同时存在训练数据集和测试集时，对
验证数据集中的实测雷达数据识别效果都非常好。

表9.5 数据集3参数

| 信号来源 | 数据集 | | |
|---|---|---|---|
| | 训练集 | 测试集 | 验证集 |
| 实测雷达数据 | 8 | 4 | 4 |
| 开源雷达数据集 | 132 | 39 | 0 |

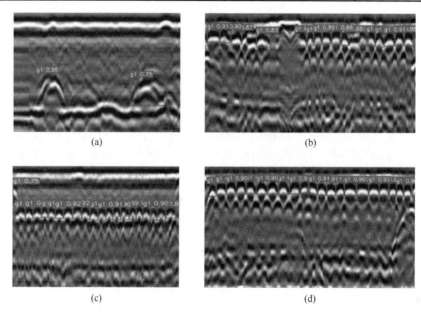

图9.60 数据集3的智能识别结果：(a)素混凝土衬砌；(b)双层钢筋衬砌；(c)单层钢筋衬砌；(d)双层钢筋和钢绞线衬砌

对于实际水工隧洞实测探地雷达数据，表9.6中给出了数据集精度分析。对素混凝土、单层钢筋、双层钢筋以及双层钢筋和钢绞线衬砌4个区域在不同数据集情况下的智能识别效果进行评价，在第一类数据集上识别效果最差，在第二类数据集上识别效果中等，在第三类数据集上识别效果最好，识别精度高达80%以上。

表9.6 数据集精度分析

| 数据集 | 精 度 | | | |
|---|---|---|---|---|
| | 召回率 | 精 度 | F1分数 | 平均精度 |
| 数据集1 | 0.79 | 0.88 | 0.83 | 0.83 |
| 数据集2 | 0.86 | 0.89 | 0.87 | 0.91 |
| 数据集3 | 0.88 | 0.94 | 0.91 | 0.91 |

### 9.9.2 基于深度学习的探地雷达数据智能反演

**1. 基于深度学习的智能反演的基本原理**

反演问题是指在给定物理条件下，根据测量数据预测物理特性的过程。一般来说，正演建模过程可以表示为

$$d = \varphi(m) \tag{9.9.12}$$

式中，$d$ 代表观测数据，$m$ 表示模型矢量，$\varphi$ 表示正演算子。反演问题的目标是从观测数据 $d$ 中获得一个未知模型 $m$。引入如下目标函数开展探地雷达参数反演：

$$J = \left\| \boldsymbol{d} - \varphi(\boldsymbol{m}) \right\|_2^2 + \lambda \left\| \boldsymbol{m} - \boldsymbol{m}_0 \right\|_2^2 \qquad (9.9.13)$$

式中，$\boldsymbol{m}_0$ 代表初始模型，$\lambda$ 代表非负正则化参数，$\varphi$ 代表正演算子。该方法的主要缺点之一是难以求解非线性逆问题。

对于基于深度学习的探地雷达反演，正演算子 $\varphi$ 是未知的。相反，应在基于深度学习的探地雷达反演中提供一些物理关系（即标签）$\boldsymbol{m}$ 和观测数据（即输入）$\boldsymbol{d}$ 的样本，以获得映射函数。也就是说，该问题可归类为回归任务的监督学习，目标是使用训练的映射函数实现观测探地雷达数据到雷达波速度属性的转换。基于深度学习的反演的目标函数为

$$J = \frac{1}{2} \left\| \boldsymbol{m} - \xi_\theta \boldsymbol{d} \right\|_2^2 \qquad (9.9.14)$$

式中，$\boldsymbol{m}$ 代表数据标签（电磁波速度），$\xi_\theta$ 表示将观测数据转换为雷达波速度的映射函数，$\boldsymbol{d}$ 表示测量的探地雷达数据，$\theta$ 表示要优化的参数集（即权重和偏差），基于深度学习的探地雷达反演训练过程的目标是获得非线性映射函数 $\xi_\theta$（包括权重和偏差在内的最优网络参数），相当于 $\varphi$ 的逆算子。

CNN 可用于学习表示输入数据和输出标签之间的非线性内在关系。输入数据被传递到多个隐藏层，而这些隐藏层本质上是数学函数，用于压缩和提取更高层次的信息（通常称为**特征**），然后将这些特征映射到作为数据对应标签的输出上。输入数据使用基于梯度的方法（如反向传播）对输出标签进行训练，可最大限度地减少与网络权重相关的损失函数，直到收敛。然后，就可将这种监督训练模式应用于新数据集以预测输出。

图 9.61 所示为一种采用卷积神经网络进行反演的模型。

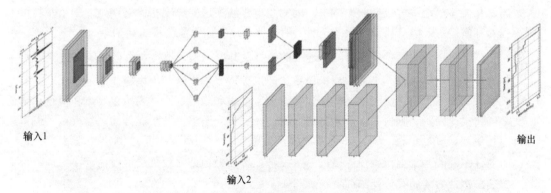

图 9.61 一种采用卷积神经网络进行反演的模型。这是加入初始模型约束的共偏移距探地雷达数据速度反演的卷积神经网络结构图，其中卷积层为黄色，池化层为橘红色，合并层为红色，上采样层为蓝色

在网络中，输入是一维探地雷达时间序列数据，数据特征编码器负责完成采样任务和特征提取，为电磁波速度的恢复提供充足的信息。因此，首先使用普通卷积层和池化层，然后使用不同扩张率的空洞卷积进行不同感受野的特征提取；电磁波速度解码器主要负责对输入的特征图进行上采样，因此主要使用卷积层、池化层和上采样层，将网络提取的特征图恢复到与输出数据同样的长度，有效地整合各部分特征以匹配相应的电磁波速度作为输出。

由于输入是一维探地雷达时间序列，所以在该卷积神经网络模型中，卷积层使用一维卷积层，它通过在输入数据的滑动窗口上执行一维卷积来提取特征。池化层在保留重要信息的同时，减少了输入数据的维度。空洞卷积层是一种跳过一些元素来进行卷积的卷积层，不同的空洞卷积层具

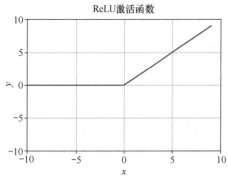

图 9.62 ReLU 函数的图像

有不同的扩张率，对输入数据的观测尺度不同。合并层是组合（连接）上一层输出的层。网络使用 ReLu 函数作为激活层，激活函数对神经网络来说十分关键，它决定上个神经元的信号传递到下一神经元的内容。一般来说，激活函数是非线性的，这有助于提高神经网络的表示和学习能力。激活函数主要包括 Sigmoid 函数、Tanh 函数和 ReLU 函数，目前使用较普遍的激活函数是 ReLU 函数，该函数是分段线性函数，本质上是斜坡函数，解决了另两种激活函数中的梯度消失问题。ReLU 函数的图像如图 9.62 所示，定义如下：

$$\sigma(x) = \begin{cases} x, & x \geqslant 0 \\ 0, & x < 0 \end{cases} \tag{9.9.15}$$

对于优化方法，用于神经网络模型训练的优化算法与传统的最优化方法之间存在一些不同：前者通过降低损失函数 $J(\theta)$ 来提高某些性能度量（$P$），而后者关注的是损失函数本身。常见的优化器包括 SGD、AdaGrad、RMSprop、AdaDelta 和 Adam 等，其中 Adam 是结合了 AdaGrad 与 RMSProp 优化算法优点的学习率自适应的优化算法，它综合考虑了对梯度的一阶矩估计和二阶矩估计，然后进行计算并更新步长。Adam 优化器实现简单，计算高效，对内存需求少，适用于梯度稀疏或梯度存在很大噪声的问题，因此被广泛用于神经网络的训练过程。

通过正演模拟了大量探地雷达数据，利用一维电磁波速度和一维探地雷达数据作为训练数据集，对卷积神经网络模型进行训练，学习地下介质电磁波速度与探地雷达模拟数据之间的内在物理关系。在共偏移探地雷达数据的模拟中，因为与电磁波穿透的深度相比偏移距非常小，将每道数据都视为零偏移来采集。基于卷积神经网络的探地雷达数据反演流程总结如下。

（1）生成随机层数、随机层厚、随机速度的模型及其模拟的探地雷达数据来制作数据集。

（2）训练神经网络。输入是共偏移探地雷达波形数据，输出是一维电磁速度模型。训练的主要步骤如下：①定义网络结构，包含输入、输出和隐藏层。②初始化权重和偏置。③前向传播，得到预测值。④计算损失函数，计算预测误差。⑤反向传播，对权重和偏置进行更新。重复步骤③～⑤，直到损失函数最小，且训练数据无过拟合，训练才结束。

（3）设计不同的一维和二维速度模型，将经过训练的卷积神经网络用于探地雷达数据进行反演，测试方法的有效性，分析影响因素。

**2. 探地雷达深度学习智能反演模型测试**

1）层状模型反演测试

建立一个涵盖探地雷达应用中常用电磁波速度模型的数据集，选择范围 0.054～0.212m/ns 内的电磁波速度（该范围内的速度适用于大多数层状地质模型），对应的介电常数范围为 2～30，生成 3～10 个随机层模型。生成的电磁波速度是在空间深度域中创建的，正演模拟得到的探地雷达振幅数据是在时间深度域中创建的，因此为了使神经网络的输入和输出在深度域上保持一致，需要根据公式

$$t = \frac{2d}{v} \tag{9.9.16}$$

将空间深度域中的电磁波速度转换到时间深度域中，生成的一维电磁波速度则作为神经网络训练

的输出。根据探地雷达电磁波在介质中的传播速度与介质相对介电常数转换公式，计算出相对应相对介电常数 $\varepsilon_r$ 地质模型。使用二维时间域有限差分进行正演模拟，共生成了 8000 个一维速度（介电常数）模型。数据集样本模型如图 9.63 所示，对应的正演探地雷达振幅数据图（即原始探地雷达数据图）如图 9.65(a)所示。

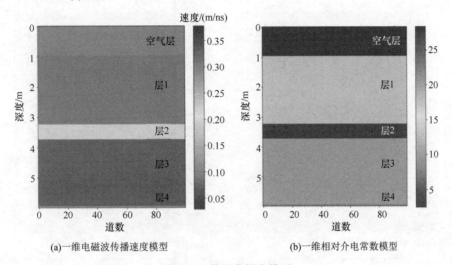

(a)一维电磁波传播速度模型　　　　　　(b)一维相对介电常数模型

图 9.63　数据集样本模型

直达波是对探地雷达数据的主要干扰信号之一，因为直达波的振幅远大于目标体反射回波的振幅，所以去除直达波有助于目标反射的识别和神经网络的学习训练。选择使用图基窗函数对探地雷达数据进行滤波，以去除直达波的干扰。图基窗函数由以下公式给出：

$$a(k) = \begin{cases} 0.5\left(1+\cos\left(\dfrac{\pi|k-M|-aM}{(1-\alpha)M}\right)\right), & |k-M| \geqslant \alpha M \\ 1, & |k-M| < \alpha M \end{cases} \tag{9.9.17}$$

式中，$M=(N-1)/2$，$N$ 为窗函数的长度，$\alpha$ 是 0 和 1 之间的一个常数。

根据直达波的位置特点对图基窗函数进行了修改，如图 9.64 所示。利用得到的窗函数对探地雷达数据进行滤波以去除直达波，得到去除直达波后的探地雷达数据图如图 9.65(b)所示。

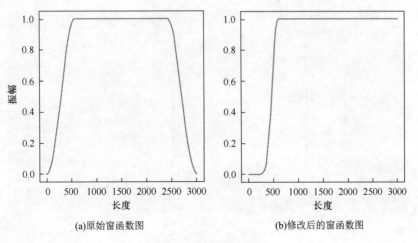

(a)原始窗函数图　　　　　　(b)修改后的窗函数图

图 9.64　图基窗函数图

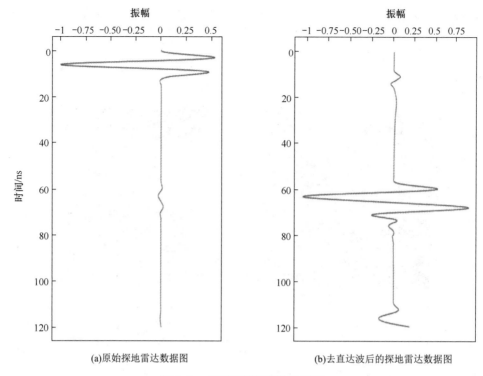

(a)原始探地雷达数据图　　　　　　　(b)去直达波后的探地雷达数据图

图 9.65　模型正演得到的曲线图

　　训练结束后，随机地从测试集中选择 4 个一维速度模型样本，将对应的探地雷达振幅数据进行预处理后，输入训练完成的神经网络模型，以预测速度模型，预测结果图如图 9.66 所示。从图中可以看出，对模型的浅层速度预测结果较好，在模型的深层速度预测中，预测结果与真实模型存在一定的误差。分别计算 4 个模型预测结果与真实速度之间的 $R^2$ 值，得到 0.9949、0.9929、0.9921 和 0.9553，说明预测结果整体与真实值之间的误差较小。

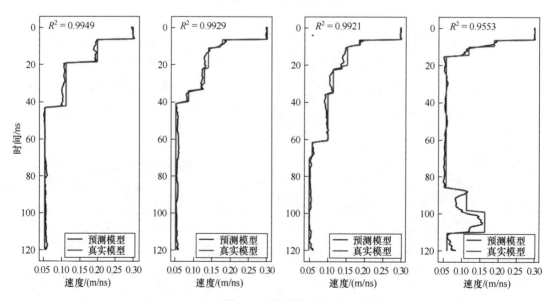

图 9.66　预测结果图

2）二维随机介质模型反演测试

为了测试神经网络在二维层状地质模型中反演预测的效果，设计了一个 4 层起伏界面随机介质模型，这种不均匀介质会产生弱非相干波干扰结果，进而增加解释的难度。因此，为了获得更接近真实介质模型的探地雷达模拟数据，应在建模时考虑模型背景介质的非均匀性，同时反映介质的宏观性质和微观变化，进而更好地测试神经网络模型反演预测的准确性和泛化能力。

采用小尺度非均匀椭球式混合型自相关函数建立随机分布介质模型：

$$f(x, y) = \exp\left[\left(\frac{x^2}{a^2} + \frac{y^2}{b^2}\right)^{\frac{1}{1+r}}\right] \tag{9.9.18}$$

在这种建立随机介质模型的方法中，不但使用了可以表征多尺度随机变化的粗糙度因子 $r$，而且考虑了背景介质中的各向异性，其中 $a$ 代表 $x$ 方向的自相关长度，$b$ 代表 $y$ 方向的自相关长度。因此，为了能够同时体现介质内部介电性质的随机性与各向异性，使用混合型自相关函数建立了非均匀层状介质模型。

通过设置粗糙控制因子 $r = 0.01$，自相关长度 $a = b = 0.05$，构造了如图 9.67(a)所示的 4 层起伏界面随机等效介质模型，并对其进行正演模拟，得到了探地雷达数据结果，如图 9.68(a)所示。首先对原始数据进行预处理（去除直达波、最大振幅归一化），如图 9.67(b)所示，然后将预处理后的探地雷达数据输入神经网络直接进行反演预测，结果显示模型的浅层界面比较清晰，但深层界面十分模糊，且速度值与随机等效介质真实速度模型的差别较大，计算得到 $R^2$ 的值为 0.0911，表明预测结果与真实模型值之间存在较大的误差。因此，直接使用之前训练的神经网络模型对起伏界面随机等效层状介质进行速度预测存在问题，一是速度值的大小与真实模型速度值差别很大，二是速度的分布预测十分不准确。对之前的 4 层起伏界面随机介质层状模型进行预测，输入预处理后的探地雷达数据和初始模型后，预测结果如图 9.68(b)所示，从图中可以看出，加入初始模型进行神经网络训练后，各层界面分层结构更明显，电磁速度值及空间分布与真实模型接近，模型预测结果与真实模型的吻合性很好。

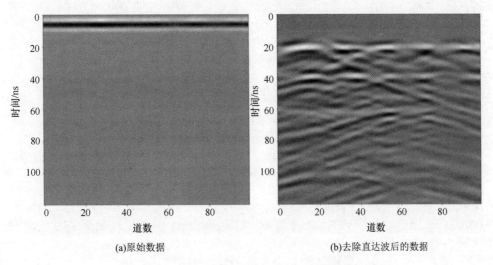

(a)原始数据　　　　　　　　　　　　　　(b)去除直达波后的数据

图 9.67　界面起伏的随机等效介质正演模拟结果图

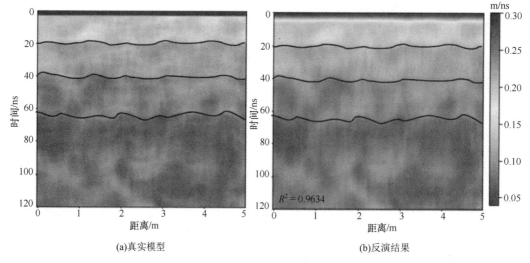

(a)真实模型　　　　　　　　　　(b)反演结果

图9.68　加入初始模型约束后的速度预测结果对比图

# 习　题

**9.1** $t^2$-$x^2$方法。该方法广泛用于反射地震数据解释,在探地雷达中也应用广泛,但其几何装置有一定的变化。首先看下面的采集装置:①在宽角测量中,水平地层埋深为$h$,源和接收天线的距离为$x$;②在剖面测量中,测量点状目标的反射,目标埋深为$h$,发射和接收天线沿剖面移动,$x$为移动的距离。对上面的情况①和②,推导$t^2$和$x^2$之间的关系。假设介质具有均匀速度$v$。

**9.2** 图9.9和图9.14是GPR反射剖面。在该剖面上,可以看到一些反射信号来自点状反射目标。

（1）根据$t^2$-$x^2$方法计算介质的视速度。

（2）能否确定反射体到剖面的距离?

（3）反射体是来自空中（如电线或电线杆等）还是来自地下（如埋藏在地下的地下管线）?

（4）是否是线状目标?如果是,能确定目标体是垂直于测线还是平行于测线?若不是前两者,给出目标体与测线所夹的斜角?若信息不足,如何进一步工作来确定这些参数?

**9.3** 用颜色标出图9.15中的其他重要的反射体位置,说明它们可能是些什么目标。

**9.4** 图9.16是另一个探地雷达剖面。标出主要的反射目标,分析其代表什么样的目标体。能确定断层位置吗?

**9.5** 介绍探地雷达两种共中心点剖面的特点,并针对具体情况完成如下工作:①标出空气波和地下直达波,并利用直达波确定地下介质中的速度;②分析地下反射层的反射信号。

**9.6** 说明混凝土探测中介电常数的获取方法并进行误差分析。

**9.7** 综合解释探地雷达反演技术与人工智能目标识别技术。

# 参考文献

[1] 陈怀震,印兴耀,等. 裂缝型碳酸盐岩储层方位各向异性弹性阻抗反演[J]. 地球物理学进展,2013, 28: 3073-3079.

[2] 崔成军,龚姚进,申大媛. 波阻抗反演在储层预测研究中的应用[J]. 地球物理学进展,2010, 25: 9-15.

[3] 冯德山,王珣. 基于GPU并行的时间域全波形优化共轭梯度法快速GPR双参数反演[J]. 地球物理学报,2018, 61: 4647-4659.

[4] 李大心. 探地雷达方法与应用[M]. 北京:地质出版社,1994.

[5] 李宏兵. 具有剔除噪音功能的多道广义线性反演[J]. 石油物探,1996, 35: 11-17.

[6] 李静. 随机等效介质探地雷达探测技术和参数反演[D]. 吉林大学,2014.

[7] 刘钰. 探地雷达数据波阻抗反演方法及其应用研究[D]. 浙江大学, 2018.

[8] 谢里夫. 勘探地表学[M]. 北京: 石油工业出版社, 1999.

[9] 俞海龙. 基于修正 PRP 共轭梯度法的探地雷达时间域全波形反演[D]. 吉林大学, 2019.

[10] 俞海龙, 冯晅, 赵建宇. 基于梯度法和 L-BFGS 算法的探地雷达时间域全波形反演[J]. 物化探计算技术, 2018, 40: 623-630.

[11] 周辉, 陈汉明, 李卿卿, 等. 不需提取激发脉冲的探地雷达波形反演方法[J]. 地球物理学报, 2014, 57(6): 1968-1976.

[12] 曾昭发, 陈雄, 李静, 等. 随机等效介质探地雷达参数递推阻抗反演研究[J]. Applied Geophysics, 2015, 4: 615-625.

[13] 曾昭发, 刘四新, 等. 探地雷达原理与应用[M]. 北京: 科学出版社, 2006.

[14] Connolly, P. *Elastic impedance*[J]. The Leading Edge, 1999, 18: 438-452.

[15] Cooke D. A., Schneider W. A. *Generalized linear inversion of reflection seismic data*[J]. Geophysics 1983, 48: 665-676.

[16] Bing Z., Greenhalgh S. *A damping method for the computation of the 2.5-D Green's function for arbitrary acoustic media*[C]. Geophysical Journal International, 1998a, 133: 111-120.

[17] Bing Z., Greenhalgh S. *Crosshole acoustic velocity imaging with full-waveform spectral data: 2.5-D numerical simulations*[J]. Exploration Geophysics, 1998b, 29: 680-684.

[18] Boonyasiriwat C., Valasek P., et al. *An efficient multiscale method for time-domain waveform tomography*[J]. Geophysics, 2009, 74: WCC59-WCC68.

[19] Bunks C., Saleck F. M. et al. *Multiscale seismic waveform inversion*[J]. Geophysics, 1995, 60: 1457-1473.

[20] Busch S., Van Der Kruk J., Vereecken H. *Improved characterization of fine-texture soils using on-ground GPR full-waveform inversion*[J]. IEEE Transactions on Geoscience and Remote Sensing, 2013, 52: 3947-3958.

[21] Dafflon B., Irving J. and Hollige K. *Use of high-resolution geophysical data to characterize heterogeneous aquifers: Influence of data integration method on hydrological prediction*[J]. Water Resources Research, 2009, 45: W09407, doi: 10.1029/2008WR007646.

[22] Ferguson R. J., Margrave G. F. *A simple algorithm for band-limited impedance inversion*[R]. CREWES Research Report-Volume 8, 1996.

[23] El Bouajaji M., Lanteri S., Yedlin M. *Discontinuous Galerkin frequency domain forward modelling for the inversion of electric permittivity in the 2D case*[J]. Geophysical Prospecting, 2011, 59: 920-933.

[24] Feng D. S., Cao C., Wang X. *Multiscale full-waveform dual-parameter inversion based on total variation regularization to on-ground GPR data*[J]. IEEE Transaction on Geoscience and Remote Sensing, 2019, 57: 9450-9465.

[25] Feng X., Ren Q., Liu C., et al. *Joint acoustic full-waveform inversion of crosshole seismic and ground-penetrating radar data in the frequency domain Joint FWI of seismic and GPR data*[J]. Geophysics, 2017, 82: H41-H56.

[26] Goodman D. *Gromd Penetrating radar simulation in engiueering and archaeology*[J], Geophysics, 59(2): 224-232.

[27] Hak B., Mulder W. A. *Seismic attenuation imaging with causality*[J]. Geophysical Journal International, 2011, 184: 439-451.

[28] Huai N., Zeng Z., Li J., et al. *Model-based layer stripping FWI with a stepped inversion sequence for GPR data*[J]. Geophysical Journal International, 2019, 218, 1032-1043.

[29] Knwalsky M. B., Finsterle S., Peterson J., et al. *Estimation of field-scale soil hydraulic and dielectric parameters through joint inversion of GPR and hydrological data*[J]. Water Resources Research, 2005, 41: W11425, doi: 10.1029/2005WR004237.

[30] Jadoon K. Z., Lambot S., Scharnagl B., et al. *Quantifying field-scale surface soil water content from proximal GPR signal inversion in the time domain*[J]. Near Surface Geophysics, 2010, 8: 483-491.

[31] Jol H. M., and Smith D. G. *Ground penetrating radar of northern lacustrine deltas*[J]. Canadian Journal of Earth Sciences, 1991, 28, 1939-1947.

[32] Lambot S., Slob E. C., Chavarro D., et al. *Measuring soil surface water content in irrigated areas of southern Tunisia using full-waveform inversion of proximal GPR data*[J]. Near Surface Geophysics,2008, 6: 403-410.

[33] Lavoué F., Brossier R., Métivier L., et al. *Frequency-domain modelling and inversion of electromagnetic data for 2D permittivity and conductivity imaging: an application to the Institute Fresnel exprimental dataset*[J]. Near Surface Geophysics, 2015, 13: 227-241.

[34] Li J., Zeng Z., Liu C., et al. *A study on lunar regolith quantitative random model and lunar penetrating radar parameter inversion*[J]. IEEE Geoscience and Remote Sensing Letters, 2017, 14: 1953-1957.

[35] Lopes F. *Inversion des formes d'ondes électromagnétiques de données radar multioffsets*[J]. Paris, 2009, 7.

[36] Meles G. A., Greenhalgh S. A., Green A. G., et al. *GPR full-waveform sensitivity and resolution analysis using an FDTD adjoint method*[J]. IEEE Transaction on Geoscience and Remote Sensing, 2012, 50: 1881-1896.

[37] Minet J., Bogaert P., Vanclooster M., et al. *Validation of ground penetrating radar full-waveform inversion for field scale soil moisture mapping*[J]. Journal of Hydrology, 2012, 424: 112-123.

[38] Moghaddam M., Chew W. C. and Oristaglio M. *Comparison of the born iterative method and tarantola's method for an electromagnetic time-domain inverse problem*[J]. International Journal of Imaging Systems and Technology, 1991, 3: 318-333.

[39] Nilot E., Feng X., Zhang Y., et al. *Multiparameter full-waveform inversion of on-ground GPR using memoryless quasi-Newton (MLQN) method*[D]. International Conference on Ground Penetrating Rada (GPR), IEEE: 1-4, 2018.

[40] Nocedal J., Wright S. J. *Numerical optimization*[M]. New York: Springer, 2006.

[41] Oldenburg D. W., Scheuer T., Levy S. *Recovery of the acoustic-impedance from reflection seismograms*[J]. Geophysics, 1983, 48:1318-1337.

[42] Pinard H., Garambois S., Metivier L., et al. *2D frequency-domain full-waveform inversion of GPR data: permittivity and conductivity imaging*[J]. International Workshop on Advanced Ground Penetrating Radar, IEEE: 1-4, 2015.

[43] Plessix R. E. *A review of the adjoint-state method for computing the gradient of a functional with geophysical applications*[J]. Geophysical Journal International, 2006, 167: 495-503.

[44] Ren Q. *Inverts permittivity and conductivity with structural constraint in GPR FWI based on truncated Newton method*[J]. Journal of Applied Geophysics, 2018, 151: 186-193.

[45] Sacchi M. D. *Reweighting strategies in seismic deconvolution*[J]. Geophysical Journal International, 1997, 129: 651-656.

[46] Saintenoy. A. *Radar géologique: acquisition de données multi-déports pour une mesure multi-parametres*[J]. Paris 7, 1998.

[47] Schmelzbach C., Tronicke J., Dietrich P. *High-resolution water content estimation from surface-based ground-penetrating radar reflection data by impedance inversion*[J]. Water Resources research, 2012, 48: W08505.

[48] Stephen Moysey, Rosemary J. Knight, and Harry M. Jol. *Texture-based classification of ground-penetrating radar images*[J]. GEOPHYSICS, Vol. 71, No. 6，2006; P.K111-K118.

[49] Wang T., Oristaglio M. L. *GPR imaging using the generalized Radon transform*[J]. Geophysics, 2000, 65: 1553-1559.

[50] Watson F. M. *Towards 3D full-waveform inversion for GPR*[D]. 2016 IEEE Radar Conference, IEEE: 1-6.

[51] Zeng Z. F., Chen X., Li J. et al. *Recursive impedance inversion of ground-penetrating radar data in stochastic media*[J]. Applied Geophysics, 2015, 12: 615-625.

[52] Zeng Z., Huai N., Li J., et al. *Stochastic inversion of cross-borehole radar data from metalliferous vein detection*[J]. Journal of Geophysics and Engineering, 2017, 14: 1327-1334.

[53] Cloude S. R. & Pottier, E. *A review of target decomposition theorems in radar polarimetry*[J]. IEEE Trans.

Geosci. Remote Sens., 1996, 34(2): 498-518.

[54] Cloude S. R. & Pottier E. *An entropy based classification scheme for land applications of polarimetric SAR*[J]. IEEE Trans. Geosci. Remote Sens., 1997, 35(1): 68-78.

[55] Feng X. & Sato M. *Pre-stack migration applied to GPR for landmine detection*[J]. Inverse Probl., 2004, 20(6), S99-S115.

[56] Freeman A., Durden S. L. *A three-component scattering model for polarimetric SAR data*[J]. IEEE Trans. Geosci. Remote Sens., 1998, 36, 963-973.

[57] Lee J. S., Grunes M. R., et al. *Unsupervised classification of polarimetric SAR images by applying target decomposition and complex wishart distribution*[J]. IEEE Trans. Geosci. Remote Sensing, 1999, 37, 2249-2258.

[58] Lee J. S. & Pottier E. *Polarimetric Radar Imaging: From Basics to Applications*[M]. CRC Press, 2009.

[59] Martinez C. L., Famil L. F. & Pottier E. *PolSARpro Manual: Polarimetric Decompositions*, ESA., 2005.

[60] Schneider W. A. *Integral formulation for migration in 2 and 3 dimensions*[J]. Geophysics, 1978, 43(1): 49-76.

[61] Yilmaz Ö. *Seismic data analysis: processing, inversion, and interpretation of seismic data*[J]. Society of Exploration Geophysicists, Investigations in geophysics, 2001: no. 10, doi:10.1190/1.9781560801580.

[62] 杨必胜，宗泽亮，陈驰，等. 车载探地雷达地下目标实时探测法[J]. 测绘学报，2020, 48(7): 874-883.

[63] Windsor C. G., Capineri L., Falorni P. *A data pair-labeled generalized Hough transform for radar location of buried objects*[J]. IEEE Geoscience and Remote Sensing Letters, 2014, 11(1): 124-127.

[64] Sagnard, Tarel, J. P. *Template-matching based detection of hyperbolas in ground-penetrating radargrams for buried utilites*[J]. Journal of Geophysics and Engineering, 2016. 13(4): 491-504.

[65] Terrasse G, Nicolas J. M., Trouve E, et al. *Auto-matic localization of gas pipes from GPR imagery*[C]. Proceedings of the 24th European Signal Processing Conference. Budapest, Hungary: IEEE, 2016:1235-1248.

[66] STorrione P. A., Morton, Sakaguchi R., et al. *Histograms of oriented gradients for landmine detection in ground-penetrating radar data*[J]. IEEE Transactions on Geoscience and Remote Sensing, 2014, 52(3): 1539-1550.

[67] LeCun Y., Boser B., Denker J. S., et al. *Backpropagation applied to handwritten zip code recognition*[J]. Neural computation, 1989, 1(4): 541-551.

[68] Yue Y., Liu H., Meng X., Li Y., Du Y. *Generation of High-Precision Ground Penetrating Radar Images Using Improved Least Square Generative Adversarial Networks*[J]. Remote Sens. 2021, 13, 4590.

[69] Adler Jonas and Öktem Ozan. *Solving ill-posed inverse problems using iterative deep neural networks*[J]. Inverse Problems, 2017, 33(12): 124007.

[70] Leong Z. X., & Zhu T. *Direct velocity inversion of ground penetrating radar data using GPRNet*[J]. Journal of Geophysical Research: Solid Earth, 126. (2021).

[71] 赵勇. 基于 CNN 的探地雷达数据反演与道路病害自动识别[D]. 吉林大学，2022.

[72] Ian Goodfellow, Yoshua Bengio, Aaron Courville. *Deep Learning*[M]. MIT Press, 2016.

[73] 林景宜. 三维复杂土壤电磁性质建模与 GPR 信号分析[D]. 吉林大学，2019.

[74] Jiang Z., Zeng Z. F., Li J., et al. *Simulation and analysis of GPR signal based on stochastic media model with an ellipsoidal autocorrelation function*[J]. Journal of Applied Geophysics, 2013: 91-97.

# 第10章 钻孔雷达

由于地面探地雷达的探测范围有限，人们期望能在井中进行雷达探测。这种探测的覆盖范围更大（Sandberg et al.，1991），原因是地面探地雷达必须穿透覆盖层和风化带，而这些介质的电导率值往往较大，抑制了雷达信号的传播。常规取芯填图及地球物理测井能提供一些岩石质量的信息，但只对井眼周围的有限范围敏感。大多数测井方法只能测量距井眼几毫米到几米范围内的地层，由于井眼的布局所限，许多重要的地质特征会被错过。虽然可在同一地区增加井眼，但是由于经济上的原因而不现实。

当探地雷达天线被放入孔中时，称为**钻孔雷达**，有时又称**井中雷达、孔中雷达、雷达测井**等。钻孔雷达仪器在结晶岩石中的探测范围大于100m，即使在相对导电的岩石（200～300Ω·m）中，探测范围也可达 10～20m。除了探测范围，雷达可在每个重点深度上进行上百次重复探测，通过对这些探测结果进行平均，可以大大提升仪器的信噪比。在实际工作中，脉冲是宽带的，分辨率可能要好于一个波长。对于 100MHz 的 RAMAC 系统来说，岩石中的波长为 0.5～1.5m，因此许多反射体能以 0.5m 的精度来确定。

本章首先介绍钻孔雷达的发展历史，然后介绍钻孔雷达的测量原理及测量方式，包括单孔反射测量、跨孔测量和井地测量。作为重要的技术，本章还将介绍极化钻孔雷达、定向钻孔雷达，最后给出一些实例。

## 10.1 钻孔雷达的发展历史及现状

1978 年，Rubin、Fowler 和 Marino 等在辉绿岩中进行了钻孔雷达实验（Olsson，1992）。采用的脉冲雷达系统包括跨孔和单孔雷达系统。Wright 和 Watts（1984）开发了一套单孔反射系统，并用在了放射性废料的有关研究中。

1980 年开始的国际 STRIPA 计划的目的是，开发和研究一些能用于处理高含量核废料并能确定结晶岩中地下水流特征的技术（Sandberg et al.，1991）。在过去的几十年里，大多数核废料处置办法是将其埋于地下几百米深处的储存场所，其安全性依赖于地下容器封闭的有效性。放射性核废料通过地下岩石运移的最主要的机制是地下水的流动。在结晶岩中，几乎所有的地下水运移都发生在占有岩石体积很小一部分的裂缝带中。因此，确定裂缝带的位置及其运移能力，对放射性核废料从容器到生物圈的运移评价是非常重要的。

RAMAC 钻孔雷达的开发是在国际 STRIPA 计划的多国经济合作和发展组织的框架下完成的。研究活动在瑞典中部一个废弃的铁矿上进行。国际 STRIPA 计划具有良好进行地下探测工作的设施，许多场所进行过大量的地质和地球物理研究。在该研究计划下，开发了钻孔雷达和地震方法。在实验区域进行了单孔和跨孔的水动力测试，钻孔雷达主要确定主要裂缝带的位置，可提供裂缝带宽度和延伸的信息。雷达探测到的裂缝带和水流通道之间具有很好的相关性。

Nickel 等（1983）曾在盐丘中进行单孔脉冲雷达实验，而在跨孔测量时则使用了连续波系统。美国 Lawrenec Livemore 国家实验室的科研小组也开发了利用连续波的井下系统，他们的工作目标包括断层、遂道和油页岩等的层析成像及分析（Dines and Lytle，1979；Lytle et al.，1979；Daily，1984）。

20 世纪 90 年代，日本东北大学的研究人员还研究开发了极化钻孔雷达系统，这种系统能够进行井下全极化测量（Sato，1995；Miwa，1999；Sato，2000；Miwa，2000）。

此外，为了克服定向钻孔雷达单孔测量中的方位模糊性，前人还开发了定向钻孔雷达系统，这种系统利用同一钻孔即可进行三维测量（Warrd，2001；Dongen et al.，2001；Kim et al.，1998；Ebihara et al.，2000；Lytle，1978）。

## 10.2　钻孔雷达的测量方式

钻孔雷达方法也建立在地下介质中雷达波传播的基础上。雷达波能在岩石或土壤中穿透一定的距离，频率通常为 10～1000MHz。雷达波的传播取决如下参数：介电常数 $\varepsilon = \varepsilon_r \varepsilon_0$、磁导率 $\mu = \mu_r \mu_0$、电导率 $\sigma$ 和角频率 $\omega = 2\pi f$。除了极少数铁磁材料，岩石的相对磁导率接近 1，因此该参数的变化通常可以忽略。参数 $Q = \omega \varepsilon / \sigma$ 决定某种介质是否支持雷达波的传播。若介质的 $Q \gg 1$，电磁波的能量将主要以波的形式传播；若介质的 $Q \ll 1$，则主要以扩散形式传播。$Q$ 值是雷达波衰减到一定量时，电磁波在介质中传播的波长数的度量。若 $Q \gg 1$，速度 $v$ 和衰减系数 $\alpha$ 的关系为

$$v = \frac{c}{\sqrt{\mu_r \varepsilon_r}} \tag{10.2.1}$$

$$\alpha = \frac{\sigma Z_0}{2\sqrt{\varepsilon_r}} \tag{10.2.2}$$

式中，$Z_0$ 为自由空间波阻抗（$Z_0 = 377\Omega$）。参数 $\delta = \alpha^{-1}$ 称为**趋肤深度**，它决定了平面波幅度减小到 $e^{-1}$ 时的传播距离。一些岩石的 $Q$ 值和趋肤深度如表 10.1 所示。

表 10.1　一些岩石的 $Q$ 值和趋肤深度（Sandberg，1991）

| 岩石类型 | $\varepsilon_r$ | 电阻率 | $Q$ 值 | 趋肤深度/m |
|---|---|---|---|---|
| 20MHz | | | | |
| 花岗岩 | 5.5 | 2500 | 15 | 31 |
| 石英砂岩 | 4.54 | 10750 | 54 | 120 |
| 砂岩[1] | 2.04 | 1330 | 3.8 | 10 |
| 灰岩[2] | 4.52 | 1320 | 6.6 | 15 |
| 灰岩[3] | 6.0 | 10200 | 85 | 130 |
| 灰岩[4] | 44.0 | 51 | 2.4 | 1.6 |
| 混凝土 | 3.72 | 6250 | 26 | 64 |
| 粗糙的冰碛 | 7.62 | 376 | 3.2 | 5.15 |
| 50MHz | | | | |
| 干盐 | $\approx 6$ | > 7770 | > 130 | > 100 |
| 花岗岩 | 5.2 | 1430 | 21 | 17 |
| 砂岩[1]（100MHz） | 1.83 | 539 | 5.5 | 3.9 |
| 灰岩[2] | 4.24 | 769 | 9.1 | 8.4 |
| 灰岩[3] | 5.9 | 3540 | 80 | 46 |
| 灰岩[4] | 17.5 | 19 | 1.2 | 0.46 |
| 混凝土 | 3.64 | 3110 | 31 | 31 |
| 粗糙的冰碛 | 7.14 | 248 | 5.9 | 3.5 |

1. 意大利 Gran Sasso；2. 瑞典南部，Lund；3. 北海（含油）；4. 北海（含盐水）。

在钻孔雷达探测中，通常可以精确确定某个目标位置的精度和分辨率。探测能力取决于目标物体和周围介质之间的电参数的差异及目标的大小。虽然探测能力的一般原则很难精确确定，但是可以给出一个简单的实验性准则。目标必须在某一方向至少延伸半个波长。若电性差异很大，即使物体很小也能探测到，如细导线。若差异很小，则通常要求 0.1 个波长的大小。

大多数矿物的相对介电常数为 4～7，水的相对介电常数约为 80。在很多地质环境下，水是唯一在介电常数上产生较大差异的物质。根据式（10.2.1）和式（10.2.2），雷达波速度和雷达波衰减依赖于电导率和介电常数，因此可用于确定含水量及孔隙度。

如图 10.1 所示，钻孔雷达与地面雷达的基本原理相同，即其包括雷达发射天线和接收天线，并且内置在不同的探头内。天线通过光纤与控制单元相连，光纤则将触发信号传输到探头，并将采集的数据传到控制单元。微机用于存储和显示图像。例如，RAMAC 钻孔雷达目前提供的天线的中心频率范围为 20～250MHz。

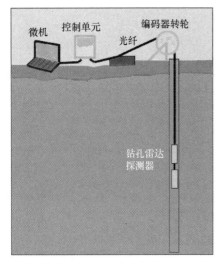

图 10.1  钻孔雷达测量示意图
（以 RAMAC 雷达为例）

雷达波受土壤和岩石的电导率影响，若周围介质的电导率非常大，就很难进行雷达反射测量。然而，在高电导率介质中，可以进行跨孔和孔中-地面探测，因为这两种方法不需要反射。孔中-地面探测有时称为**垂直雷达剖面**（Vertical Radar Profile，VRP）。我们可由直达波信号的振幅和到达时间得到探测目标的状况，而不需要反射信号。

钻孔雷达常用于地质调查、工程勘查、环境调查、水电大坝勘察、断裂带探测、空洞探测、喀斯特地区调查、盐层调查等。钻孔雷达的测量方式有三种，即单孔反射测量、跨孔测量、孔中-地面测量。

## 10.2.1  单孔反射测量

在单孔反射测量模式下，雷达的发射天线和接收天线以固定间距下到相同的钻孔中，如图 10.2(a)所示。在这种模式下，应采用光纤来传递触发天线的信号和传输数据，因为光纤可消除天线信号的影响。最常用的天线是偶极子天线，它可向 360°空间辐射和接收反射信号（无方向性）。钻孔雷达数据的解释与地面探地雷达数据的基本一样，只是地面雷达只接收地下的信号，而钻孔雷达的信号是全空间的。如果使用偶极子天线，那么仅从一个钻孔中得到的数据无法确定反射体的方位，但可以确定反射体的距离、反射体是否是面状的以及平面体和钻孔的夹角。例如，可对交叉经过钻孔的平面断裂带成像，也可对点反射体成像，如图 10.2(b)所示。

当天线在断裂带反射面的上部时，它对反射面的上部成像，即对钻孔的左边部分成像。当天线到达反射面的下部时，对反射面的下部成像，即对钻孔的右边部分成像。平面两边的图像如图 10.2(b)所示。解释钻孔雷达数据时，雷达图像是 360°接收的。点反射体显示的图像为双曲线。解释从单孔中得到的雷达数据时，解释人员无法给出反射体的方向，只能得出其到钻孔的位置。为了估计反射方位，至少需要两个钻孔的数据。图 10.3 所示为某地花岗岩中的实测结果，天线的中心频率为 100MHz。从图中可以清楚看出大量断裂，其中有些穿过钻孔。

单孔反射测量的数据处理方法见第 6 章。单孔反射测量的缺点是，无法确定反射体的方位。一种克服这种缺点的方法是，利用来自多个钻孔的单孔测量数据进行综合解释。若各个钻孔之间的距离比较合适，就能克服上述问题。上述方法被大量用在国际 STRIPA 计划的第二阶段，能推断出地下断裂的详细模型。实践表明，探测成像结果与来自岩芯和地球物理测井的结果对应良好。

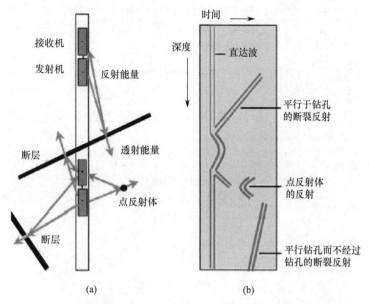

图 10.2　(a)单孔反射测量中天线的布置；(b)来自断裂和点反射体的雷达记录

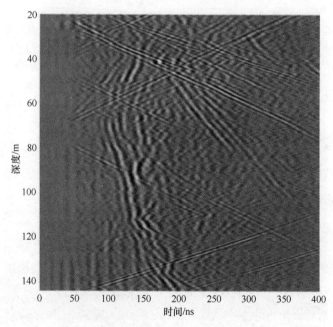

图 10.3　某地花岗岩中的实测结果，天线的中心频率为100MHz

## 10.2.2　跨孔测量

跨孔测量是指在两个钻孔中分别放入发射天线和接收天线进行探测。在跨孔模式下，发射天线和接收天线置于不同的钻孔中。为了减少几何位置的影响及方便数据处理和解释，两个钻孔最好在相同的二维平面中，调查的介质也在两个钻孔之间。

与单孔反射法相比，跨孔雷达探测所需的测量时间要长得多，因为需要记录更多的数据。

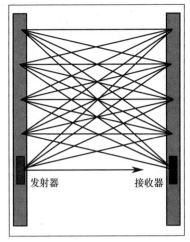

图 10.4　层析成像原理

当发射天线固定在一个位置上时，接收天线在另一个钻孔中扫描整个长度；然后，发射天线往下移动一步，接收天线再次扫描整个长度；如此重复进行，直到发射天线覆盖整个钻孔为止，如图 10.4 所示。跨孔测量数据的处理和解释方法通常分为跨孔反射分析和层析成像分析。

### 1. 跨孔反射分析

当发射器和接收器位于不同的钻孔中时，直达波的后面会出现反射波或散射波，而直达波是唯一对层析成像有用的信息。反射信号作为一种副产品，提供探测介质的有关信息，如断裂的存在和产状。

与单孔测量相比，由于反射几何形态发生了变化，原来无法显示的裂缝带也会显示出来，如一些接近水平的断裂，还可得到有关断裂方位的信息。从原理上讲，跨孔反射测量能够完整地确定断裂带的方位。这种方法的缺点是，在这种情况下，分析变得更复杂；另外，反射信号与单孔反射测量相比，传播的距离更远。

对于反射数据，可以用与普通地震偏移相同的方法进行处理，只是发射和接收位置发生了相应的变化（Zhou and Sato，1998；Zhou et al.，2001）。

### 2. 层析成像分析

跨孔探测方式的重要用途之一是层析成像（Olsson et al.，1992；Fullagar et al.，2000）。我们可以使用两种记录数据进行层析成像：直达波的振幅和传播时间。直达波的振幅主要受介质对电磁波衰减的影响，而传播时间则受介电常数大小的影响，因此它们可用来确定钻孔之间含水量较高区域（如充水的断裂带或溶洞等）。进行跨孔雷达测量时，测量点的布置要经过优化考虑，以便满足层析成像的需要。同时，测量过程中得到的反射数据可视为一种副产品。

跨孔层析成像最早由 Dines 和 Lytle 于 1979 年提出。层析反演在唯一性和畸变性、射线弯曲及射线的不完全覆盖等方面均取得了很大的进展。层析成像已被人们广泛用于跨孔地震数据及跨孔雷达数据的处理和解释中。

## 10.2.3　孔中-地面测量

标准探地雷达系统可用于从地面到钻孔中进行探测。地面发射天线放在地面上的不同位置，钻孔中的接收天线从上往下移动，这种方式称为**垂直雷达剖面**（VRP）（Zhou and Sato，2000），反之亦然，如图 10.5 所示。我们可以得到钻孔天线和地面天线之间介质的振幅和速度层析成像图。VRP 探测常用于速度探测，探测平面可以在不同的方向上。

垂直雷达剖面技术和普通探地雷达相比，具有更深的探测深度。从原理上说，它和垂直地震剖面（VSP）具有同样的优点。井中的发射器位于地表地层之下，来自发射器的波传播遇到地下目标体，能量经目标体反射到地面的接收器。在这个过程中，雷达波只经过表层一次。因此，地表接收的

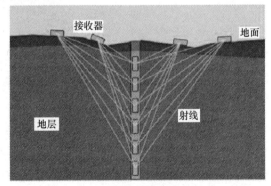

图 10.5　钻孔雷达地面-孔中设置

能量比经过表层两次的反射波能量要强一些。另外，由于发射器位于无噪声的井中，干扰较小。这两个优点使得 VRP 比普通探地雷达能探测得更深。为了获得清楚可信的地下图像，需要对数据进行成像处理，而成像的方法有两种：一为时间域数据偏移，二为层析成像。层析成像方法已在前面介绍。时间域偏移方法有多种，如基尔霍夫偏移、反向时间差分技术，以及建立在反演理论基础上的偏移。图 10.6 所示为 VRP 测量数据的偏移结果。

另外，根据 VRP 数据还可获得电磁波传播速度，进而根据孔隙度与介电常数的关系推断探测介质的孔隙度。电磁波速度的计算可以采用 Tikhanov 约束反演法，然后利用 Topp 公式或时间传播岩石物理模型估计饱和沉积岩的含水量。钻孔雷达的 VRP 方法与中子测井方法相比，具有成本低、数据易于采集的优点。

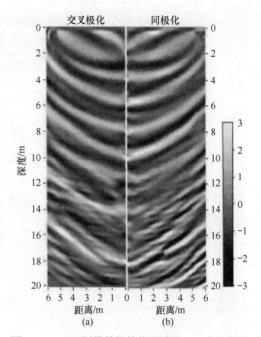

图 10.6　VRP 测量数据的偏移结果：(a)交叉极化方式；(b)同极化方式（Zhou et al.，2000）

VRP 数据是电压的时间函数，这里的时间是电磁波能量从发射器到接收器的直达时间。首先，记录的数据经过编辑处理，保证正确的发射接收天线位置及相关的偏移距等信息。雷达系统存在系统误差，因此需要对数据进行处理以消除这些误差。常用的方法包括补偿取样频率和零时间校正。结果对取样不匹配和电子线路引起的时间滞后产生的误差进行校正，以消除直流偏压。采用自动增益处理可以改进记录道的波形显示。

直达波的到达时间通常是第一个能量峰值的时间，因为峰值时间容易可信地识别。然而，在信噪比变小或信号波形发生变化时，会产生一些错误，因此需要经过直达波提取和传播时间校正。然后，根据传播时间和天线位置的数据，经反演后得到随深度变化的速度值。速度求取过程包括正演和反演。首先，正演模拟计算发射和接收之间的射线路径。对很长的射线来说，为了使反问题线性化，射线路径用直线近似。注意，要选用赤池信息准则（AIC）发现最佳的层数，而不使用任意的层数。赤池信息准则包括模型数并决定拟合程度。决定的模型参数平衡数据和更多模型参数的拟合。作为优化的结果，地下模型被定为 0.5m 厚的水平层。接着上，使用带有 Tikhonov 约束的加权阻尼最小二乘法来反演数据。该过程利用建立在奇异值分解之上的反演方法来求一个超定方程组的解。

当探测介质为低损耗介质时，各层的速度 $v$ 可由下式转换成介电常数：

$$\varepsilon_r = (c/v)^2 \qquad (10.2.3)$$

式中，$c$ 为光速。然后，采用 Topp 公式或其他公式［如式（10.2.4）所示的时间传播模型］，将介电常数转换成含水量或其他物理性质参数：

$$\theta = \frac{\sqrt{\varepsilon_r} - \sqrt{\varepsilon_{matrix}}}{\sqrt{\varepsilon_{water}} - \sqrt{\varepsilon_{matrix}}} \qquad (10.2.4)$$

Topp 方程是一个经验关系式，它未考虑矿物和岩性。时间传播模型是一个混合模型，饱和的地下介质可视为一个两相（淡水和骨架成分）系统。其他成分如泥质和金属矿物的含量较低，因此被忽略。在实际的拟合计算中，淡水的介电常数被视为80，而骨架的介电常数则被视为8。

图 10.7 所示为使用两种方法计算的孔隙度的对比情况。

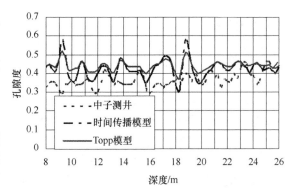

图 10.7 使用两种方法计算的孔隙度的对比情况

## 10.2.4 定向钻孔雷达

进行单孔测量时，常规钻孔雷达天线的辐射和接收都是全方位的，因此无法对地质目标的方位做出精确定位。为了改变这种情况，有人开发了定向钻孔雷达（Directional Borehole Radar），即单孔测量的三维技术。在实际的地质测量中，有时只有一个钻孔，因此无法使用跨孔测量技术。在这种情况下，确定反射体的问题只能使用定向钻孔雷达技术来解决，因为这种技术可在几度的精度范围内确定反射体的方向。

定向钻孔雷达的实现方式有两种：一是定向接收天线方式，它通过数据处理来提取反射体的方位信息；二是定向发射天线方式，此时反射物体的方位位于天线的发射方向。

### 1．定向接收天线方式

下面以 RAMAC 定向钻孔雷达为例加以说明。RAMAC 定向钻孔雷达发射天线的中央频率为 60MHz，与大约 2m 的波长相对应。制作定向天线的主要困难是，井眼直径通常远小于一个波长，因此天线是低效的。然而，当系统的动态范围和稳定性足够高且信号能被精确测量时，以上困难可以得到克服。因为 RAMAC 系统使用取样技术记录时间道，系统的时间精度就显得非常重要。对定向天线来说，由于要记录小相位差，时间精度就显得更重要。系统时间的稳定性容许来自四个不同信号的定向数据合成，从而避免钻孔中天线的旋转。四个天线的信号经分析和提取，获得定向雷达信号，以进一步合成任意方向天线的函数。对不同方向的雷达图像作图，可以确定其特定反射体的极小和极大反射方向。为了确定仪器的精度，定向天线在国际 STRIPA 计划中进行了广泛试验。实践证明，规则反射体的方向可在 5°精度范围内确定，表明钻孔雷达能确定断裂面的方位。

联邦德国地球科学和自然资源研究所（German Federal Institute for Geoscience and Natural Resource）开发了一种非常坚固的定向雷达系统，主要用于岩盐和盐丘探测，也可用于其他地质调查。该仪器的特点是可以和标准的测井电缆连接，因此可以作为常规测井探头使用。

该仪器具有方向敏感性，一次测量即可获得所有信息。反射体的方向通过三个不同的接收天线获得。如图 10.8 所示，其中两个天线是对方向敏感的环状天线，呈正交排列，第三个天线为全方位天线。对两个方向敏感天线的信号进行处理后，就可推断出反射体的方位信息。

韩国地质采矿和材料研究所（Korea Institute of Geology, Mining and Material，KIGMM）金等人针对 RAMAC 和德国的定向钻孔雷达，开发了数据处理算法，这种算法建立在最小二乘的基础上，可求出反射信号幅度最大时的入射角和反射体的方位角，既能使用于 RAMAC 定向雷达系统，又适用于德国的系统。下面简要介绍这种数据处理算法。

如图 10.9 所示，若电磁波以角度 $\alpha$ 入射坐标原点，就可将信号分解为 $x$ 分量 $x(t)$ 和 $y$ 分量 $y(t)$。当两个理想的环状天线分别位于 $x=0$ 平面和 $y=0$ 平面时，若将它们记录的信号指定为 $x(t)$ 和 $y(t)$，则入射信号可表示为两个互相正交天线信号的矢量和。当用下标 $i$ 表示第 $i$ 次取样时，有

$$\boldsymbol{s}_i = \boldsymbol{x}_i \cos\alpha_i + \boldsymbol{y}_i \sin\alpha_i \tag{10.2.5}$$

式中，$i = 1, 2, \cdots, n$，$n$ 是取样数。

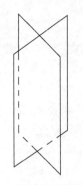

图 10.8　两个对方向敏感的
环状天线示意图

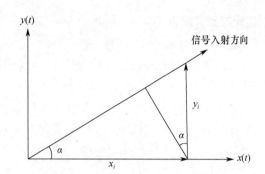

图 10.9　以 $\alpha$ 角入射的雷达信号可由两个
正交环状天线的信号计算

计算反射体的方位等效于发现反射波的入射角 $\alpha_i$，这时给出式（10.2.5）的最大幅度。通过求解方程，可得到一系列随取样数变化的入射角 $\alpha_i$，进而得到入射角的一个时间系列。然而，定向天线的信号的信噪比较低，因此在给定时间窗口内求最小二乘意义上的入射角会给出更可靠的结果。于是，问题就变为求满足下列方程的入射角：

$$Q(\alpha_i) = \sum_{i=i_1}^{i_2} \boldsymbol{s}_i^2 = \sum_{i=i_1}^{i_2} \left( \boldsymbol{x}_i \cos \alpha_j + \boldsymbol{y}_i \sin \alpha_j \right)^2 \approx \text{MAX} \tag{10.2.6}$$

式（10.2.6）关于 $\alpha_i$ 的微分为

$$\tan \alpha_i = \frac{1}{2 \sum \boldsymbol{x}_i \boldsymbol{y}_i} \left[ \left( \sum \boldsymbol{x}_i^2 - \sum \boldsymbol{y}_i^2 \right) \pm \sqrt{\left( \sum \boldsymbol{x}_i^2 - \sum \boldsymbol{y}_i^2 \right)^2 + 4\left( \sum \boldsymbol{x}_i \boldsymbol{y}_j \right)^2} \right] \tag{10.2.7}$$

由式（10.2.7）可以求得两个 $\alpha_i$，分别对应入射波的最大能量和最小能量，它们都可能是入射角。我们选择使得 $Q(\alpha_i)$ 最大的 $\alpha_i$ 值。

以上方法计算的入射角可以是两个相反的方向。这可解释为环状天线的指向性显示出两个最大幅度的方向，而这两个方向都垂直于环平面。考虑到相反方向的入射波在环状天线中感生出的信号有 180° 的反转，因此可在两个相反的入射方向中选择一个方向。由于偶极子天线在垂直偶极子轴的方向上无指向性，选取偶极子天线的记录信号作为参考信号。如果偶极子天线所测信号和式（10.2.4）中的合成信号同相，估计的角度就是入射波的角度。否则，就要给计算值加上 180°。

沿记录道移动预先给定的时间窗口，并计算入射角，就可得到一个以入射角为记录的道。联邦德国地球科学和自然资源研究所开发的定向天线系统由两个正交的环状天线和一个偶极子天线组成，因此可以直接使用该算法。但对 RAMAC 定向天线系统来说，它由 4 个棒状天线组成，因此必须用来自 4 个棒状天线的信号来合成环状天线的信号。

另外，日本的研究人员也研制了类似的钻孔定向雷达接收天线的样机，并利用 Multiple Signal Classification（MUSIC）算法来处理阵列天线的信号，最终得出了井周围反射体的三维估计。如图 10.10 所示，该接收天线是一个装在金属圆柱上的共形阵列天线，由若干环状天线组成，一些环对垂直方向的磁场敏感，另一些环对水平方向的磁场敏感。

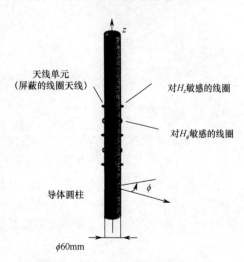

图 10.10　海老原等开发的定向天线

### 2．定向发射天线方式

井下天线一般由电偶极子或磁偶极子组成。无论是电偶极子还是磁偶极子，天线辐射在以井轴旋转的方向上都具有全指向性。为了解决反射体的精确定位问题，需要研究和开发围绕井轴不对称的天线，即指向性天线。这种天线能够指示反射体的方位。

在这方面最早开展研究的是美国加利福尼亚大学劳伦斯·利弗莫尔实验室（Lawrence Livemore Laboratory）的 R. Jeffrey Lytle 等。他们研究出一种天线［见图 10.11(a)］，天线的点辐射源偏心地位于高介电常数介质中。由于源的偏心作用，天线的辐射在旋转方向上不是轴对称的，但该研究未给出实测数据。

美国地质调查局（USGS）的 D. L. Wright 等也进行了大量研究并开发出了定向雷达系统的样机。如图 10.11(b)所示，该天线是由腔背单极天线（Cavity-backed Monopole Antenna）组成的。他们用数值模拟和物理实验的方法证实了该天线的有效性，表明该天线具有方位指向性，但不可避免地存在一些后向辐射。

荷兰 T&A RADAR 公司的孔中定向雷达系统如图 10.11(c)所示。他们在一个偶极子天线的后面放置了一个反射体，并在其中填充了特殊的材料，构成了指向性天线。这种天线类似于地质雷达中的屏蔽天线。高频范围内天线的指向性很容易获得，但这些频率的穿透能力很差。因此，在开发过程中需要折中，即同时保证穿透能力和指向性，而这就决定了天线的大小和探头的尺寸。对于 100MHz 的测量，该天线做了优化。另一个有关的问题是整体模块和耐用性等方面的考虑，以便产生简单而灵活的仪器。这些考虑导致探头自身的定位系统和实际的雷达系统完全分离。雷达系统位于柱形雷达模块中，它包括两个天线和所有电子器件。该模块本身不能决定探头本身的方位，且不能承受大的压力和外部温度。定位模块用于确定探头本身的位置，它包括一个电动机和一个位置探测器，并将整个天线置于其中。定位模块保护雷达模块避开井下的恶劣环境。

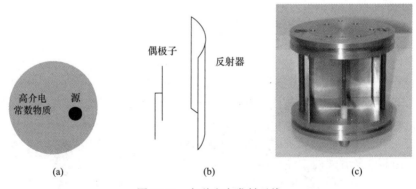

（a）　　　　　　　　　　（b）　　　　　　　　　　（c）

图 10.11　各种定向发射天线

## 10.2.5　极化钻孔雷达

### 1．极化的原理

为了获得较深的径向探测深度，大多数钻孔雷达系统使用的频率为 10～100MHz，这比普通地质雷达（GPR）的工作频率低一些，分辨率较差。在很多钻孔雷达的应用中，地下裂缝的特征很重要。有时，我们需要知道裂缝的渗透率，这在工程应用中是很重要的。然而，这些分析使用常规钻孔雷达很难获得，原因是它仅能估计裂缝的位置和方位，而不能给出有关物理性质的详细描述。

为了解决这些问题，有人提出了极化钻孔雷达（Polarimetric Borehole Radar）。雷达极化（Radar

Polarimetry）测量技术是一种新技术，它已被用于空中雷达遥感系统。通过利用雷达信号中的极化信息，我们可以了解更多有关雷达目标的情况。雷达极化在钻孔雷达上的应用，可让我们获得有关地下裂缝的更多信息。

为了克服雷达分辨率和穿透深度的矛盾问题，日本学者提出了孔中雷达极化技术。如果我们利用极化信息，即使不知道目标的详细结构，也能推断更多的有关雷达目标的信息。图 10.12 和图 10.13 给出了来自薄裂缝的三维时间域有限差分（FDTD）雷达反射的快照。图中，电偶极子位于区域中间并发出一束脉冲。图 10.12 所示为裂缝面平坦时的散射，而图 10.13 所示为裂缝面粗糙时的散射。在图 10.12 和图 10.13 中，图 10.12(a)表示同极化时的场，图 10.12(b)表示交叉极化时的场。在两种情况下，裂缝层的厚度和材料是一致的。在图 10.12(a)和图 10.13(a)中，来自电偶极子的入射场均显现出球状特征，而在图 10.12(b)和图 10.13(b)中却未出现。同时，在图 10.12(a)和图 10.13(a)中，来自裂缝的散射场可以清楚显现出来。相反，散射场在图 10.12(b)中未显示，而在图 10.13(b)则显示了。这一结果清楚地表明，裂缝面粗糙时会导致去极化场的散射。因此，如果测量雷达的极化状态，就可估计裂缝的表面条件。

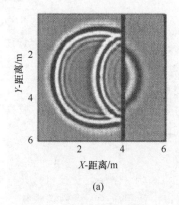 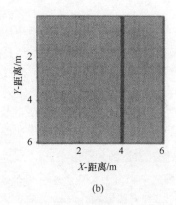

(a)                                    (b)

图 10.12　裂缝平坦时三维散射的 FDTD 模拟结果。发射源位于中央，极化方向垂直于裂缝面：(a)和入射场同极化的分量；(b)和入射场垂直极化的分量

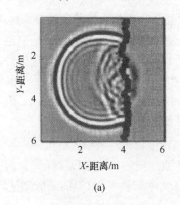 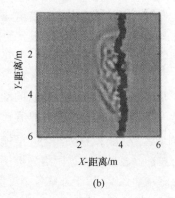

(a)                                    (b)

图 10.13　裂缝粗糙时三维散射的 FDTD 模拟结果。发射源位于中央，极化方向垂直于裂缝面：(a)和入射场同极化的分量；(b)和入射场垂直极化的分量

尽管如此，直接解释极化雷达信息是不容易的。然而，利用不同极化方法可对裂缝进行分类，因为在同一种力学系统下形成的裂缝具有类似的物理性质，包括表面粗糙度和裂缝中材料的性质等。同时，裂缝带的厚度通常只有几毫米，能产生体散射和很强的交叉极化反射。

## 2. 极化天线的实现

对钻孔雷达测量来说，钻孔的直径通常小于 10cm，因此大多数普通钻孔雷达系统使用细偶极子天线作为发射器和接收器。偶极子天线具有很细的结构，适合放在防水的钻孔雷达探管中，能产生平行于探头轴线的电场。为了产生和井轴正交的电场，位于导体柱上的槽形天线被引入研究。槽形天线实际上是一种孔径天线。轴向槽形天线可视为一匝线圈的变体，因此可近似地视为垂直于井的水平偶极子，它发出水平电场。相反，常规偶极子天线是垂直偶极子，能产生垂直电场。组合电偶极子和磁偶极子，就能在井中进行全极化测量。图 10.14 所示为极化钻孔雷达系统中的天线设置。为了获得全极化雷达信号，可改变天线组合以在同一井中进行 4 次重复测量。

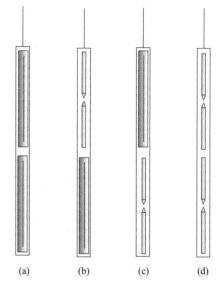

图 10.14　极化钻孔雷达系统中的天线设置：(a)槽形-槽形（H-H）；(b)槽形-偶极子（H-V）；(c)偶极子-槽形（V-H）；(d)偶极子-偶极子（V-V）

佐藤等开发了极化雷达系统。该系统是基于网络分析仪的步进频率雷达系统。步进频率雷达系统能由网络分析仪简单建立。同时，网络分析仪不需改变任何元件就能进行宽频带测量。偶极子的长度决定天线的共振频率，而柱状槽形天线的共振频率不仅受其长度的影响，而且由其半径决定。由于天线必须放于细柱状井下探头中，槽形天线的共振频率比偶极子的要高。

## 3. 极化钻孔雷达的测量系统

图 10.15 所示为日本东北大学开发的极化钻孔雷达系统。网络分析仪自身具有振荡器和接收器。发射天线连到发射端口，接收天线连接到接收端口，就组成了一个雷达系统。然而，钻孔雷达的天线是放在井下探头中的，网络分析仪和井下探头之间用同轴线连接不现实，原因是信号的衰减太大。因此，使用模拟光纤连接系统进行网络分析仪和井下探头之间的信号传输。该系统由商用射频放大器和光电转换器组成。使用 InGaAsP-LED 作为电光信号转换器，使用 InGaAs-Pin 发光二极管作为光电转换器。信号传输使用的是波长为 1300nm 的多模光纤。网络分析仪的射频输出转换成光信号，并传到井下探头。来自网络分析仪的光信号被转换为射频信号，经功率放大后送至发射天线。接收到的雷达信号经前置放大器放大并转换成光信号，然后传回网络分析仪。光连接的频率范围为 2～500MHz，系统的动态范围为 70dB，足够满足测量要求，但与常规的脉冲雷达相比要低一些。通过选通消除直达信号，可以改善动态范围。

在雷达测量之前，将发射天线的功放输出口直接和接收天线的前置放大器连在一起，对信号传输系统进行校准。校准是通过网络分析仪的内部函数完成的。整个环路在每个频率处的增益都被网络分析仪记录并保存，用于补偿各个测量信号。在实际测量中，仪器的最低测量频率从 10MHz 扩展到 2MHz，因此这个频带的信噪比较低。

井下电子器件的最大直径为 30mm，且所有井下的电子器件都放在天线内部，因此，除了井下天线本身，井下探头无金属物质存在。井下仪器由天线内的电池供电，无须地面供电。雷达天线和系统的其他部分是电绝缘的，因此能获得理想的辐射特征。雷达天线放于防水的玻璃钢管内。发射天线和接收天线放在不同的玻璃钢管内，因此探头既可用于单孔测量，又可用于跨孔测量。

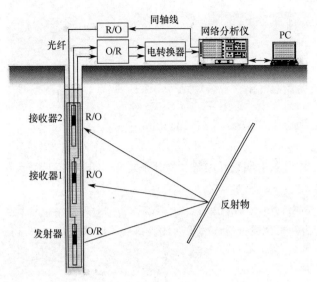

图 10.15　日本东北大学开发的极化钻孔雷达系统

## 10.3　钻孔雷达数据处理

对单孔反射测量来说，数据处理和地面雷达的相同，但解释不同。对跨孔测量或井-地测量来说，层析成像处理是很重要的处理手段。另外，钻孔雷达全波形反演（Full-Waveform Inversion，FWI）也得到了发展。

### 10.3.1　跨孔雷达层析成像

在层析成像重建中，常用区域边界上的测量值来确定内部物质的性质。一般来说，发射器和接收器位于某个区域的边界上，发射器和接收器之间的每条射线从原理上说都可认为描述了射线所经过岩石性质的平均值。为了获得某一点岩石性质的估计值，需要使得若干条射线通过某点附近时具有不同的方向和不同的信息含量，而这就要求多条射线交于同一点。对于井的布置来说，这是一个很强的约束，主要限制是发射器和接收器及钻孔必须在同一平面内。

进行跨孔测量时，发射器和接收器之间的直达波（或初至）的传播时间和幅度可以提取出来。假设传播时间可用速度的倒数（即慢度）的线性积分来表示，对每条射线来说，

$$d_i = \int_{L_i}\left(1/v(x)\right)\mathrm{d}s = \int_{L_i}s(x)\,\mathrm{d}s \qquad (10.3.1)$$

假设射线 $L_i$ 为直线，以使得方程是线性的，同时简化反问题。这种假设在速度差异较小的介质（小于 10%～15%）中是成立的；有时，即使存在大的速度对比，如低异常嵌于高速介质中，这种假设也成立。

幅度不能从线性积分直接获得，但通过取对数，问题就变成了线性层析成像反演。电场幅度随距离 $r$ 的衰减可以表示为

$$E = C_t a(\theta)\frac{\exp(-\alpha r)}{r} \qquad (10.3.2)$$

式中，$\alpha$ 为介质衰减常数，$a(\theta)$ 为天线指向性，$C_t$ 是表示天线辐射功率的一个常数。接收信号的幅度也取决于接收天线的指向性增益。信号的幅度可让式（10.3.2）乘以接收天线的指向性增益得到。当发射和接收使用同样的天线时，接收天线的指向性增益和发射天线的相同，因此接收信号

的幅度 $E_m$ 表示为

$$E_m = E_0 \frac{\exp(-\alpha r)}{r} a(\theta_1) a(\theta_2) \qquad （10.3.3）$$

式中，$E_0$ 是与系统有关的归一化常数。对式（10.3.3）取对数并重新整理得

$$\alpha r = \int_{L_i} \alpha(x) \mathrm{d}s = \ln \frac{E_0 a(\theta_1) a(\theta_2)}{r E_m} \qquad （10.3.4）$$

这里假设乘积 $\alpha r$ 能通过每条射线衰减的线性积分来建立。因此，接收信号幅度对数反演应给出研究平面内衰减分布的估计。

　　钻孔之间的平面可分成许多小的单元，线性积分通过求和的方法计算，来自每个单元的贡献被认为和该单元中射线的长度成正比。假设射线为直线，则式（10.3.1）可离散为

$$d_i = \sum_{j=1}^{M} G_{ij} b_j \qquad （10.3.5）$$

式中，$G_{ij}$ 为第 $i$ 条射线在第 $i$ 个单元中的长度，$b_j$ 是第 $j$ 个单元的衰减常数或慢度，如图 10.16 所示。采用最小二乘法求解该线性方程组，能减小相对于欧几里得范数的误差。层析成像的方程组通常很大且稀疏，这使得直接求解法不太适用。目前，适用的算法很多，其中最基本的算法有代数重建技术法、共轭梯度法、滤波反投影法、SVD 法等。这里主要介绍代数重建技术法（ART 法）和联合迭代重建技术法（SIRT 法），以及结合 Lanczos 投影法、最小二乘法和矩阵 QR 分解法而得到的 LSQR 法，它实质上是一种共轭梯度法。

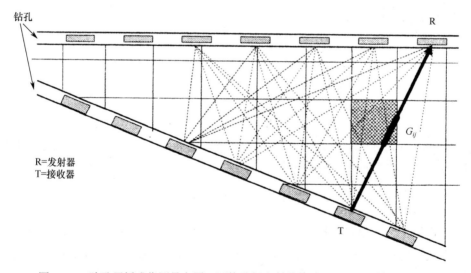

图 10.16　跨孔层析成像测量布置：网格分解和射线格式（Olesson 等，1992）

### 1. 代数重建技术法（ART 法）

　　代数重建技术（Algebraic Reconstruction Technique，ART）是按射线依次修改有关像元的图像矢量的一类迭代算法，其迭代过程如下：首先，给定慢度矢量的初值 $S_i^{(0)}(i=1,2,\cdots,I)$，然后循环地从方程组的第一个方程到最后一个方程，依次对慢度矢量 $S_i^{(k)}(i=1,2,\cdots,I)$ 进行修正，直到修正后的慢度矢量满足预定误差的要求为止。

　　在方程中令图像矢量产生一个增量 $\Delta N$，有

$$\Delta \tau_j = \sum_{i=1}^{I} \Delta N_i L_{ij}, \qquad j = 1, 2, \cdots, J \qquad (10.3.6)$$

作为迭代算法，要根据第 $j$ 条射线的走时差 $\Delta \tau_j$ 求慢度的修改增量 $\Delta N_i$。方程可能是欠定的或病态的，因此可用它作为约束 $\Delta N_i$ 的 $L^2$ 模的极小解。根据拉格朗日乘子法，令目标函数为

$$Q = \sum_{i=1}^{I} (\Delta N_i^2 - \lambda \Delta N_i L_{ij}) + \lambda \Delta \tau_j = \min, \quad \lambda \text{ 为拉格朗日乘子} \qquad (10.3.7)$$

由 $\dfrac{\partial Q}{\partial(\Delta N_i)} = 0$ 得 $\Delta N_i = \dfrac{\lambda}{2} L_{ij}$，代入上式有 $\Delta \tau_j = \sum_{i=1}^{I} \dfrac{\lambda}{2} L_{ij}^2$，即

$$\frac{\lambda}{2} = \Delta \tau_j \Big/ \sum_{i=1}^{I} L_{ij}^2$$

因此，再由上式便可写出由第 $j$ 条射线及第 $i$ 个像元求波慢度修改增量的公式：

$$\Delta N = L_{ij} \Delta \tau_j \Big/ \sum_{i=1}^{I} L_{ij}^2 \qquad (10.3.8)$$

上式就是所谓的加法修正的公式。

当然，不一定非取 $\Delta N$ 的 $L^2$ 模极小，也可取任意阶的模极小如 $L^{2p}$ 模极小来求慢度的修改增量，其中 $p = 1, 2, \cdots, \infty$。由矢量范数的定义可知，此时目标函数可以取为

$$q = \left( \sum_I |\Delta N_i|^{2p} \right)^{1/2p} + \lambda \left( \Delta \tau_j - \sum_I L_{ij} \Delta N_i \right) \qquad (10.3.9)$$

令 $\partial Q / \partial(\Delta N_i) = 0$ 及 $\partial Q / \partial \lambda = 0$ 得

$$\Delta N_i = \frac{L_{ij}^{1/(2p-1)}}{\sum_i L_{ij}^{2p(2p-1)}} \Delta \tau_j \qquad (10.3.10)$$

上式虽然可用来做迭代修改，但当 $p > 1$ 时涉及开方运算，速度太慢，一般很少采用。只是在 $p \to \infty$ 时，可导出 ART 迭代的最简单修正公式：

$$\Delta N_i = \Delta \tau_j \Big/ \sum_I L_{ij} \qquad (10.3.11)$$

它说明走时差平均地分配给每条射线 $j$ 通过的单元，而不考虑像元内射线的长短。

综上所述，ART 法的具体步骤如下：①选定初值 $S_i^{(0)} (i = 1, 2, \cdots, I)$；②计算第 $j$ 个观测值与第 $j$ 个方程的估算值之差 $r_j^{(k)}$；③计算慢度矢量 $S_i^{(k)} (i = 1, 2, \cdots, I)$。其中 $k$ 从 1 开始递增。对每个 $k$ 都执行步骤②和③。随着 $k$ 的递增，对应的方程从第一个方程到最后一个方程逐轮循环。每完成一轮循环，都要判定迭代结果满足预定误差的要求，满足则停止，不满足则进入下一轮循环。每次完成步骤③后，都需要对 $S_i^{(k)} (i = 1, 2, \cdots, K)$ 加以约束。

### 2. LSQR 法

LSQR 法由 Paige 和 Sanders 于 1982 年提出，是利用 Lanczos 迭代法求解最小二乘问题的一种方法。LSQR 法具有计算量小的优点，且能很容易地利用矩阵的稀疏性简化计算，因而适合求解大型稀疏问题。

对于方程 $\boldsymbol{Ax} = \boldsymbol{b}$，其最小二乘问题 $\min \|\boldsymbol{Ax} - \boldsymbol{b}\|_2$ 可以通过双对角化来求解。假设 $\boldsymbol{U}_k = [\boldsymbol{u}_1, \boldsymbol{u}_2, \cdots, \boldsymbol{u}_k]$ 和 $\boldsymbol{V}_k = [\boldsymbol{v}_1, \boldsymbol{v}_2, \cdots, \boldsymbol{v}_k]$ 是正交阵，且 $\boldsymbol{B}_k$ 是如下的 $(k+1) \times k$ 维下双角阵：

$$\boldsymbol{B}_k = \begin{bmatrix} \alpha_1 & & & & \\ \beta_2, \alpha_2 & & & & \\ & \ddots & & & \\ & & \ddots & & \\ & & & \ddots & \alpha_k \\ & & & & \beta_{k+1} \end{bmatrix} \quad (10.3.12)$$

用下列迭代方法可实现矩阵 $\boldsymbol{A}$ 的双对角分解：

$$\left. \begin{array}{l} \beta_1 \boldsymbol{u}_1 = \boldsymbol{b}, \ \alpha_1 \boldsymbol{v}_1 = \boldsymbol{A}^{\mathrm{T}} \boldsymbol{u}_1 \\ \beta_{i+1} = \boldsymbol{A} \boldsymbol{v}_i - \alpha_i \boldsymbol{u}_i \\ \alpha_{i+1} \boldsymbol{v}_{i+1} = \boldsymbol{A}^{\mathrm{T}} \boldsymbol{u}_{i+1} - \beta_{i+1} \boldsymbol{v}_i \end{array} \right\}, \quad i = 1, 2, \cdots \quad (10.3.13)$$

式中 $\alpha_i \geqslant 0$，$\beta_i \geqslant 0$。使 $\|\boldsymbol{u}_i\| \equiv \|\boldsymbol{v}_i\| \equiv 1$，式（4.8）又可写成

$$\begin{cases} \boldsymbol{U}_{k+1}(\beta_1 \boldsymbol{e}_1) = \boldsymbol{b} \\ \boldsymbol{A} \boldsymbol{V}_k = \boldsymbol{U}_{k+1} \boldsymbol{B}_k \\ \boldsymbol{A}^{\mathrm{T}} \boldsymbol{U}_{k+1} = \boldsymbol{V}_k \boldsymbol{B}_k^{\mathrm{T}} + \alpha_{k+1} \boldsymbol{v}_{k+1} \boldsymbol{e}_{k+1}^{\mathrm{T}} \end{cases} \quad (10.3.14)$$

式中，$\boldsymbol{e}_{k+1}^{\mathrm{T}}$ 表示 $n$ 阶单位矩阵的第 $k+1$ 行。再设

$$\boldsymbol{x}_k = \boldsymbol{V}_k \boldsymbol{y}_k$$
$$\boldsymbol{r}_k = \boldsymbol{b} - \boldsymbol{A} \boldsymbol{x}_k$$
$$\boldsymbol{t}_{k+1} = \beta_1 \boldsymbol{e}_1 - \boldsymbol{B}_k \boldsymbol{y}_k$$

可以确定

$$\boldsymbol{r}_k = \boldsymbol{b} - \boldsymbol{A} \boldsymbol{x}_k = \boldsymbol{U}_{k+1}(\beta_1 \boldsymbol{e}_1) - \boldsymbol{A} \boldsymbol{V}_k \boldsymbol{y}_k = \boldsymbol{U}_{k+1}(\beta_1 \boldsymbol{e}_1) - \boldsymbol{U}_{k+1} \boldsymbol{B}_k \boldsymbol{y}_k = \boldsymbol{U}_{k+1} \boldsymbol{t}_{k+1} \quad (10.3.15)$$

在满足给定精度时停止迭代。由于我们希望 $\|\boldsymbol{r}_k\|$ 尽量小，且 $\boldsymbol{U}_{k+1}$ 理论上是正交阵，取 $\boldsymbol{y}_k$ 使 $\|\boldsymbol{t}_{k+1}\|$ 最小，解最小二乘问题 $\min \|\beta_1 \boldsymbol{e}_1 - \boldsymbol{B}_k \boldsymbol{y}_k\|$。这就构成 LSQR 法的基础。

LSQR 主要步骤总结如下。

（1）初始化：

$$\beta_1 \boldsymbol{u}_1 = \boldsymbol{b}_1, \quad \alpha_1 \boldsymbol{v}_1 = \boldsymbol{A}^{\mathrm{T}} \boldsymbol{u}_1, \quad \boldsymbol{w}_1 = \boldsymbol{v}_1, \quad \boldsymbol{x}_0 = 0, \quad \bar{\phi}_1 = \beta_1, \quad \bar{\rho}_1 = \alpha_1$$

式中，$\boldsymbol{b}_1$ 和 $\boldsymbol{u}_1$ 为 $m$ 维矢量，$w_1$ 和 $x_0$ 为 $n$ 维矢量，$\bar{\phi}_1$、$\bar{\rho}_1$、$\alpha_1$ 和 $\beta_1$ 为实数。

（2）对 $i = 1, 2, 3, \cdots$，执行如下步骤：

(a)双对角化矩阵：

① $\beta_{i+1} \boldsymbol{u}_{i+1} = \boldsymbol{A} \boldsymbol{u}_i - \alpha_i \boldsymbol{u}_i$

② $\alpha_{i+1} \boldsymbol{v}_{i+1} = \boldsymbol{A}^{\mathrm{T}} \boldsymbol{u}_{i+1} - \beta_{i+1} \boldsymbol{v}_i$

(b)修改参数：

① $\rho_i = (\bar{\rho}^2 + \beta_{i+1}^{\ 2})^{1/2}$

② $c_i = \bar{\rho}_i / \rho_1$

③ $s_i = \beta_{i+1} / \rho_i$

④ $\theta_{i+1} = s_i \alpha_{i+1}$

⑤ $\bar{\rho}_i = -c_i \alpha_{i+1}$

⑥ $\phi_1 = c_i \bar{\phi}_i$

⑦ $\bar{\phi}_{i+1} = s_i \bar{\phi}_{i+1}$

（3）迭代求解：

(a) $\boldsymbol{x}_i = \boldsymbol{x}_{i-1} + (\phi_i / \rho_i) \boldsymbol{w}_i$

(b) $\boldsymbol{w}_{i+1} = \boldsymbol{v}_{i+1} - (\theta_{i+1} / \rho_i) \boldsymbol{w}_i$

（4）收敛判别。

最简单的测试是，当迭代次数增加时，若求得的解没有明显变化，就可以停止迭代。

用 LSQR 法解方程组得到解后就可用灰度图像显示结果，进而直观地辨别所研究断面的异常体。

图 10.17 所示为对一个模型（模型 1）运用平直射线追踪及 LSQR 法得到的层析成像反演结果，可以看出结果比较理想。图 10.18 所示是对存在高速、低速两个异常区的另一个模型（模型 2，背景速度为 0.13m/ns，高速异常区的速度为 0.3m/ns，低速异常区的速度为 0.033m/ns）运用平直射线追踪及 LSQR 法得到的层析成像反演结果，结果中显示了两个异常区。

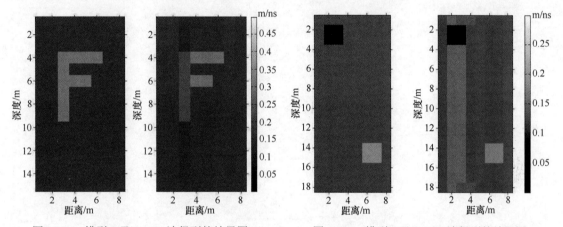

图 10.17　模型 1 及 LSQR 法得到的结果图　　　　图 10.18　模型 2 及 LSQR 法得到的结果图

### 3. 联合迭代重建技术法（SIRT 法）

最优化准则和联合迭代重建技术（Simultaneous Iterative Reconstruction Technique，SIRT）法也称**逐点重建法**，最初由 Gilbert（1972）提出。SIRT 法和 ART 法类似，区别在于：ART 法每次在修正值时只考虑一条射线，而 SIRT 法则用一个像素内通过的所有射线的修正值来确定该像素的平均修正值。SIRT 法在计算完所有射线后，才完成一次迭代。取平均修正值可以抑制一些干扰因素，且 SIRT 法的计算结果与观测数据的使用顺序无关。

SIRT 法的原理如下。首先给出一组速度初值 $\boldsymbol{S}_j^{(0)}$，计算估算值 $\boldsymbol{P}_i^{(k)}$，得到观测值和估算值的差 $\boldsymbol{\Delta}_i = \boldsymbol{T}_i - \boldsymbol{P}_i^{(k)}$，其中 $\boldsymbol{P}_i^{(k)} = \sum_{j=1}^{m} \boldsymbol{L}_{ij} \boldsymbol{S}_j^{(k)}$（其中 $\boldsymbol{L}_{ij}$ 是由射线追踪算法求得的系数矩阵）。于是，像素内的平均修正值为

$$\Delta \boldsymbol{S}_j^{(k)} = \frac{1}{N_j} \sum_{i=1}^{n} \left\{ \frac{\boldsymbol{\Delta}_i \times \boldsymbol{L}_{ij}}{\sum_{j=1}^{m} \boldsymbol{L}_{ij}^2} \right\} \tag{10.3.16}$$

式中，$N_j$ 表示穿过第 $j$ 个网格的射线数，$n$ 表示总射线数，$m$ 表示模型离散后的网格数。用上式对第 $j$ 个像素的慢度值 $S_j$ 进行修正，得到 $S_j^{(k+1)} = S_j^k + \Delta S_j^k$。当估算值与观测值之间的差小于给定误差时停止迭代，否则进行下一轮迭代。

其具体步骤如下。

（1）首先给未知数 $S_j$ 的一组初值 $S_j^{(0)}$，令 $S_j = S_j^{(0)}$，$j = 1, 2, \cdots, N$。

（2）计算第 1 个到第 $M$ 个方程的估算值 $P_i$，

$$P_i = \sum_{j=1}^{N} L_{ij} S_j^{(0)}, \qquad i = 1, 2, \cdots, M \tag{10.3.17}$$

（3）求出观测值 $T_i$ 与计算值 $P_i$ 之差 $\Delta_i$：

$$\Delta_i = T_i - P_i \qquad i = 1, 2, \cdots, M \tag{10.3.18}$$

设第 $i$ 条射线在第 $j$ 个像元内的第 $q$ 次慢度修正值为 $\Delta S_{ij}^{(q)}$，则

$$\sum_{j=1}^{N} L_{ij} \Delta S_{ij}^{(q)} = T_i - P_i = \Delta_i \tag{10.3.19}$$

设修正值 $\Delta S_{ij}^{(q)}$ 正比于第 $j$ 个像元内射线所通过的路径 $L_{ij}$ 与该射线长度 $R_i$ 之比，即

$$\Delta S_{ij}^{(q)} = \alpha_i \frac{L_{ij}}{R_i} \tag{10.3.20}$$

式中，$\alpha_i$ 是第 $i$ 条射线的比例常数，$R_i$ 是第 $i$ 条射线的全长，

$$R_i = \sum_{j=1}^{N} L_{ij} \tag{10.3.21}$$

（4）将式（10.3.21）代入式（10.3.19）和式（10.3.20），整理得

$$\alpha_i = \Delta_i \cdot \frac{R_i}{\sum\limits_{j=1}^{N} (L_{ij})^2} \tag{10.3.22}$$

将式（10.3.22）代入式（10.3.20）得

$$\Delta S_{ij}^{(q)} = \Delta_i \cdot \frac{L_{ij}}{\sum\limits_{j=1}^{N} (L_{ij})^2} \tag{10.3.23}$$

（5）为求出第 $j$ 个像元内的平均修正值 $\Delta S_j^{(q)}$，假设该像元内共有 $N_j$ 条射线通过，则

$$\Delta S_j^{(q)} = \frac{1}{N_j} \sum_{i=1}^{N_j} \Delta S_{ij}^{(q)} \tag{10.3.24}$$

（6）用平均修正值 $\Delta S_j^{(q)}$ 对第 $j$ 个像元的 $S_j$ 做修正。修正时，$S_j$ 值受下列物理条件约束：

$$S_{\min} \leqslant S_j \leqslant S_{\max}$$

若 $S_j < S_{\min}$，则取 $S_j = S_{\min}$；若 $S_j > S_{\max}$，则取 $S_j = S_{\max}$。$S_{\min}$ 和 $S_{\max}$ 为介质慢度的边界值，介质不同，慢度值的边界也不同。

（7）对求得的 $S_j$ 值，用下式判断其收敛程度：

$$\left| S_j^{(q)} - S_j^{(q-1)} \right| \leqslant e \tag{10.3.25}$$

如果条件成立，则认为 $S_j$ 值达到预定的收敛要求，否则就要做下一轮迭代，直至满足条件时停止。

从步骤（4）和（5）的计算过程可以看出，我们并不是用第 $i$ 条射线的修正值 $\Delta S_{ij}^{(q)}$ 来求慢度 $\Delta S_{ij}^{(q+1)}$ 的，而是保存由所有射线得到的修改值，在本轮对射线迭代结束后求所有射线在像元内 $\Delta S_{ij}^{(q)}$ 的平均值，然后由

$$S_j^{(q+1)} = S_j^{(q)} + \Delta S_{ij}^{(q)} \tag{10.3.26}$$

对每个像元的波慢做修改，再判断是否达到收敛要求。SIRT 法的计算流程图如图 10.19 所示。

下面以一个简单的模型为例加以说明。假设有一个存在高速异常的介质模型，将其离散成 5×5 的网格，此时第 2 行第 3 列和第 3 行第 2 列存在高速异常。运用线性插值射线追踪法得到射线路径，再用 SIRT 法得到的结果如图 10.20 所示。图 10.21(a)所示为一个层状介质模型，在 3～5m 深处有一个低速层，在 20～24m 深处有一个高速层，图 10.21(b)所示为迭代 10 次后的结果图，图中显示了两个异常区域的速度、位置和大小，即层析成像得到了较理想的结果。图 10.22 所示为存在方形异常介质时的层析成像结果，其中显示了两个异常方形区域的速度、位置和大小，结果也比较理想。图 10.23 所示为存在横向异常介质时的层析成像结果，可以看出当异常为横向异常时，无论是速度、位置，还是大小，都吻合得较好。

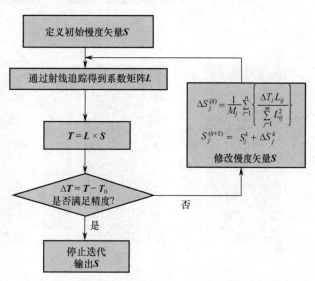

图 10.19　SIRT 法的计算流程图

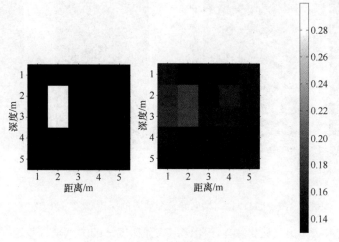

图 10.20　5×5 网格模型及反演结果

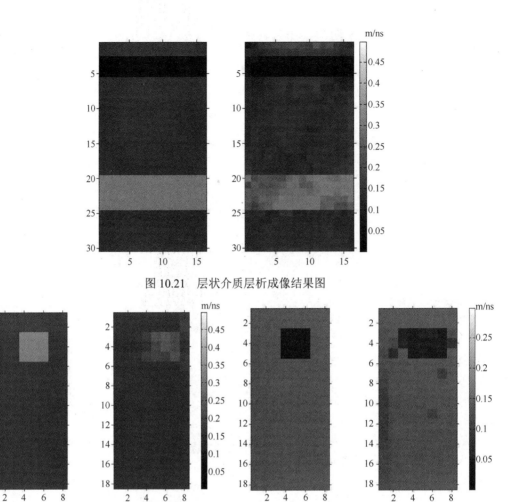

图 10.21　层状介质层析成像结果图

(a)存在高速异常区的介质　　　　　　　　　(b)存在低速异常区的介质

图 10.22　存在方形异常介质时的层析成像结果

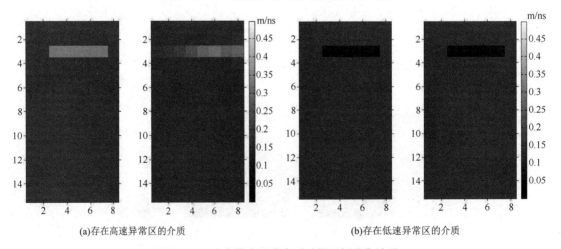

(a)存在高速异常区的介质　　　　　　　　　(b)存在低速异常区的介质

图 10.23　存在横向异常介质时的层析成像结果

与代数重建技术法和实时迭代重建法相比，共轭梯度法的优点是收敛速度快，缺点是需要更多的内存，且很难像 ART 法和 SIRT 法那样选择性地加入光滑因子。

跨孔测量所记录的雷达信号的典型例子如图 10.24 所示，我们试图从该信号中提取初至的时间和信号幅度。由于跨孔测量时通常包括大量射线，需要采取一些能自动提取数据的方法与技术，能自动提取每道信号的最大值和最小值，以及波至的时间。传播时间定义为脉冲最大值或最小值的时间之差，幅度定义为最大值和最小值之差，即峰-峰幅度。注意，传播时间的定义会导致一定的偏差。

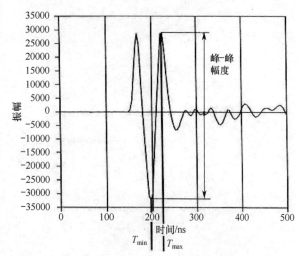

图 10.24　跨孔测量所记录的雷达信号的典型例子（Olesson et al., 1992）

这种方法对雷达信号来说是有用的，因为此时第一脉冲常常是最大的。这种方法通常不用于跨孔测量，因为这时最大信号通常不在最初的脉冲周期中。雷达波的初至通常有一个极小值和两个几乎等幅的极大值。由于频散的影响，两个最大值的相对大小会发生变化，最大传播时间将从这两最大值获得。传播时间对波形的小变化非常敏感，因此不同射线获得的最大传播时间会不一致。而最小传播时间则不然，因此常用于实际计算。峰-峰幅度尽管受脉冲频散的影响，但通常能给出满意的数据集。

图 10.25 所示为一应用实例，测量区域为水库大坝。从层析成像的结果可以看出坝体的速度分布，黑色区域的速度较慢，表示大坝中漏水。

层析成像也可用于差值探测，但此时要进行两次数据采集：第一次是用现有的地下结构，第二次是在加入示踪液后采集。差值层析成像的典型应用是在断裂带内注入盐示踪液，通过注入前后探测的幅度变化来确定地质结构。

## 10.3.2　跨孔雷达全波形反演

波形反演在探地雷达领域已应用十多年，较完善的跨孔雷达波形反演理论由 Ernst 等（2007）提出，但只能实现介电常数和电导率的交替反演。之后，Meles 等提出了基于麦克斯韦方程的矢量全波形反演技术，并通过分别求

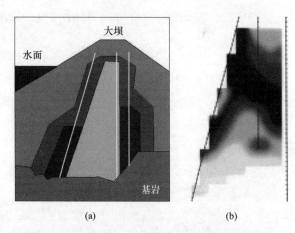

图 10.25　(a)水库大坝模型；(b)速度层析成像结果

取迭代步长的方式实现了介电常数和电导率的同步反演。在国内，吴俊军在其博士论文中详细推导了时间域波形反演公式，并针对多个合成数据反演结果进行了分析。本章参考地震勘探波形反演，使用求导法重新推导时间域波形反演的理论公式，较 Meles 的理论更加简单易懂。由于吴俊军已对时间域波形反演的合成数据结果做了较详细的分析，本章中只给出两组合成数据结果以验证反演效果，而将分析重点放在两组实际数据的反演结果上。

源子波的求取在实际数据反演中十分重要，本章的实际数据反演使用反卷积法来估计源子波。如果实际数据的信噪比较低，该方法在实际应用中就需要人为选择最佳源子波。鉴于源子波估计的复杂性，这里实现了一种不依赖源子波的时间域波形反演：使用一种新目标函数，使得反演过程不

再依赖源子波，实现介电常数和电导率的同步反演。然而，该方法在计算梯度时需要进行卷积和互相关运算，提高了反演的非线性程度，因此需要好的初始模型和反演策略来保证收敛。

### 1. 时间域波形反演理论

#### 1）正演问题的积分表达

麦克斯韦方程可以表示成如下形式：

$$M(\varepsilon,\sigma)\begin{bmatrix} E \\ H \end{bmatrix} = \begin{bmatrix} J \\ 0 \end{bmatrix} \tag{10.3.27}$$

式中，$E$ 和 $H$ 是电流密度源 $J$ 产生的电场和磁场，$M(\varepsilon,\sigma)$ 是麦克斯韦算子。由于不考虑磁导率，假设磁导率为常数且等于 $\mu_0$。在时间域中，式（10.3.27）的具体表达形式为

$$\begin{bmatrix} -\varepsilon(\boldsymbol{x})\partial_t - \sigma(\boldsymbol{x}) & \nabla\times \\ \nabla\times & \mu_0\partial_t \end{bmatrix}\begin{bmatrix} \boldsymbol{E}(\boldsymbol{x},t) \\ \boldsymbol{H}(\boldsymbol{x},t) \end{bmatrix} = \begin{bmatrix} \boldsymbol{J}(\boldsymbol{x},t) \\ 0 \end{bmatrix} \tag{10.3.28}$$

式中，$\varepsilon(\boldsymbol{x})$ 和 $\sigma(\boldsymbol{x})$ 表示介电常数和电导率的空间分布。场量值是关于空间和时间的矢量，而电性参数是仅与位置相关的标量。这里只使用电场值而忽略磁场值。注意，忽略磁场值仅是为了使公式更简洁，磁场量在计算过程中不可或缺。式（10.3.27）可以写成简单形式：

$$\boldsymbol{E} = \boldsymbol{G} * \boldsymbol{J} \tag{10.3.29}$$

式中，$G$ 是 $M$ 算子对应的格林函数。我们可以这样理解上式：在时间域中，空间任意位置的电场值等于其对应位置的格林函数与源的卷积；在频率域中，空间任意位置的电场值等于对应位置的格林函数与源的点乘。在时间域中，式（10.3.29）的右端可以写成积分形式：

$$\boldsymbol{E}(\boldsymbol{x},t) = \int_V \mathrm{d}V(\boldsymbol{x}')\int_0^T \mathrm{d}t'\boldsymbol{G}(\boldsymbol{x},t,\boldsymbol{x}',t')\boldsymbol{J}(\boldsymbol{x}',t') \tag{10.3.30}$$

式中，$\boldsymbol{E}(\boldsymbol{x},t)$ 为源 $J$ 在 $(\boldsymbol{x},t)$ 处产生的电场，$\boldsymbol{G}(\boldsymbol{x},t,\boldsymbol{x}',t')$ 为电场位置对应的格林函数。

#### 2）目标函数的梯度计算

波形反演的主要目的是寻找目标函数最小时对应的介电常数 $\varepsilon$ 与电导率 $\sigma$ 的空间分布。目标函数的表达式为

$$\boldsymbol{S}(\varepsilon,\sigma) = \frac{1}{2}\sum_i^{ns}\sum_j^{nr}\sum_\tau^t\left[\boldsymbol{E}(\varepsilon,\sigma) - \boldsymbol{E}^{\mathrm{obs}}\right]\cdot\left[\boldsymbol{E}(\varepsilon,\sigma) - \boldsymbol{E}^{\mathrm{obs}}\right] \tag{10.3.31}$$

式中，$\boldsymbol{E}(\varepsilon,\sigma)$ 和 $\boldsymbol{E}^{\mathrm{obs}}$ 分别为正演数据和实际数据，式（10.3.31）表示在源 $i$、接收器 $j$ 及观测时间 $\tau$ 三个方向上的求和。目标函数对应的梯度由式（10.3.31）对模型参数的求导得到。为简洁起见，使用 $p$ 代表模型参数 $\varepsilon$ 和 $\sigma$，使用 $E$ 代替 $\boldsymbol{E}(\varepsilon,\sigma)$：

$$\frac{\partial \boldsymbol{S}}{\partial p} = \sum_i^{ns}\sum_j^{nr}\sum_\tau^t\frac{\partial \boldsymbol{E}}{\partial p}\cdot(\boldsymbol{E} - \boldsymbol{E}^{\mathrm{obs}}) \tag{10.3.32}$$

上式可重写为

$$\frac{\partial \boldsymbol{S}}{\partial p} = \sum_i^{ns}\sum_j^{nr}\sum_\tau^t\boldsymbol{v} * \boldsymbol{g}\cdot(\boldsymbol{E} - \boldsymbol{E}^{\mathrm{obs}}) \tag{10.3.33}$$

式中，$\boldsymbol{v}$ 为虚拟源矢量。将卷积写成积分形式有

$$\frac{\partial \boldsymbol{S}}{\partial p} = \sum_i^{ns}\sum_j^{nr}\int_{-\infty}^{\infty}\left[\int_{-\infty}^{\infty}v_{i,x}(\xi-\tau)g_{x,j}(\tau)\mathrm{d}\tau\right]r_{i,j}(\xi)\mathrm{d}\xi \tag{10.3.34}$$

式中，$i$ 代表发射，$j$ 代表接收。注意，$v_{i,x}$ 和 $g_{x,j}$ 的下标不同，因为虚拟源 $v$ 对应发射，而格林函数 $g$ 则对应接收；$v_{i,x}$ 和 $g_{x,j}$ 对应的时间不同，因为卷积写成了积分形式。令 $\xi - \tau = t$，有 $\mathrm{d}\tau = -\mathrm{d}t$，则重新整理式（10.3.33）有

$$\frac{\partial S}{\partial p} = \sum_i^{ns} \sum_j^{nr} \int_{-\infty}^{\infty} v_{i,x}(t) \left[ \int_{-\infty}^{\infty} g_{x,j}(\xi - t) r_{i,j}(\xi) \mathrm{d}\xi \right] \mathrm{d}t \qquad (10.3.35)$$

式中，

$$r(\xi) = E(\xi) - E^{\mathrm{obs}}(\xi)$$

因为后向传播场 $\int_{-\infty}^{\infty} g(\xi - t) r(\xi) \mathrm{d}\xi$ 在时间上是倒置的，所以可以认为式（10.3.35）是后向传播场与虚拟源之间的零相位卷积，这与 Meles 等通过扰动目标函数来求梯度所得的结果一致。根据式（10.3.35），得到具体的梯度表达式为

$$\begin{bmatrix} \nabla S_\varepsilon \\ \nabla S_\sigma \end{bmatrix} = \sum_i^{ns} \sum_\tau^t \begin{bmatrix} (\partial_t E) G^{\mathrm{T}} R \\ (E) G^{\mathrm{T}} R \end{bmatrix} \qquad (10.3.36)$$

式中，$G^{\mathrm{T}} R$ 代表残场之和 $R$ 的后向传播过程，其中

$$R = \sum_j^{nr} (r) \qquad (10.3.37)$$

3）迭代步长的求解

为了使式（10.3.30）中的目标函数最小，我们采用共轭梯度法更新模型参数：

$$\varepsilon(x)_{k+1} = \varepsilon(x)_k - \zeta_{\varepsilon,k} \cdot C_\varepsilon(x)_k \qquad (10.3.38)$$

$$\sigma(x)_{k+1} = \sigma(x)_k - \zeta_{\sigma,k} \cdot C_\sigma(x)_k \qquad (10.3.39)$$

式中，$\zeta_{\varepsilon,k}$ 和 $\zeta_{\sigma,k}$ 分别是第 $k$ 次迭代中介电常数和电导率的迭代步长；$C_\varepsilon(x)_k$ 和 $C_\sigma(x)_k$ 分别是介电常数和电导率对应的共轭梯度方向。由当前和上一次的梯度计算得到

$$C_\varepsilon(x)_k = \nabla S_\varepsilon(x)_k + \frac{\nabla S_\varepsilon(x)_k \left( \nabla S_\varepsilon(x)_k - \nabla S_\varepsilon(x)_{k-1} \right)}{\nabla S_\varepsilon(x)_{k-1} \nabla S_\varepsilon(x)_{k-1}} C_\varepsilon(x)_{k-1} \qquad (10.3.40)$$

$$C_\sigma(x)_k = \nabla S_\sigma(x)_k + \frac{\nabla S_\sigma(x)_k \left( \nabla S_\sigma(x)_k - \nabla S_\sigma(x)_{k-1} \right)}{\nabla S_\sigma(x)_{k-1} \nabla S_\sigma(x)_{k-1}} C_\sigma(x)_{k-1} \qquad (10.3.41)$$

当 $k = 1$ 时，满足 $C_\varepsilon(x)_1 = \nabla S_\varepsilon(x)_1$ 和 $C_\sigma(x)_1 = \nabla S_\sigma(x)_1$。

沿各自的负 $C_\varepsilon$ 方向和 $C_\sigma$ 方向寻找极值点，就能在同一次迭代中实现介电常数和电导率的同步反演。第 $n + 1$ 次的目标函数的表达式为

$$\begin{aligned} S(p_{n+1}) &= S\left( p_n - \alpha_n C_p^n \right) \\ &= \frac{1}{2} \sum_i^{ns} \sum_j^{nr} \sum_\tau^t \left[ \left( E_{i,j} \left( p_n - \alpha_n C_p^n \right) - E_{i,j}^{\mathrm{obs}} \right) \cdot \left( E_{i,j} \left( p_n - \alpha_n C_p^n \right) - E_{i,j}^{\mathrm{obs}} \right) \right] \end{aligned} \qquad (10.3.42)$$

式中，$E^{\mathrm{obs}}$ 为实际数据，$E$ 为正演数据，$C_p^n$ 为第 $n$ 次迭代的共轭梯度，且有

$$FC_p^n = \lim_{\kappa \to 0} \frac{E_{i,j} \left( p_n - \kappa C_p^n \right) - E_{i,j}(p_n)}{\kappa} \qquad (10.3.43)$$

式中，$F$ 是电场 $E$ 在模型参数 $p$ 处的线性因子。这里按照负梯度方向搜索步长，因此有

$$E_{i,j}\left(p_n - \alpha_n C_p^n\right) = E_{i,j}\left(p_n\right) - \alpha_n F C_p^n \tag{10.3.44}$$

将式（10.3.44）代入式（10.3.42）得

$$S\left(p_{n+1}\right) = \frac{1}{2}\sum_i^{ns}\sum_j^{nr}\sum_\tau^t\left[\left(E_{i,j}\left(p_n\right) - \alpha_n F_{i,j}C_p^n\right) - E_{i,j}^{\mathrm{obs}}\right] \cdot \left[\left(E_{i,j}\left(p_n\right) - \alpha_n F_{i,j}C_p^n\right) - E_{i,j}^{\mathrm{obs}}\right] \tag{10.3.45}$$

整理上式得

$$S\left(p_{n+1}\right) = \frac{1}{2}\sum_i^{ns}\sum_j^{nr}\sum_\tau^t\left[\left(E_{i,j}\left(p_n\right) - E_{i,j}^{\mathrm{obs}}\right) - \alpha_n F_{i,j}C_p^n\right] \cdot \left[\left(E_{i,j}\left(p_n\right) - E_{i,j}^{\mathrm{obs}}\right) - \alpha_n F_{i,j}C_p^n\right] \tag{10.3.46}$$

当 $S\left(p_{n+1}\right)$ 最小时，满足

$$\frac{\partial S\left(p_{n+1}\right)}{\partial \alpha_n} = 0 \tag{10.3.47}$$

$\alpha_n$ 为最佳步长，即

$$\alpha_n = \frac{\displaystyle\sum_i^{ns}\sum_j^{nr}\sum_\tau^t\left(F_{i,j}C_p^n\right)\left(E_{i,j} - E_{i,j}^{\mathrm{obs}}\right)}{\displaystyle\sum_i^{ns}\sum_j^{nr}\sum_\tau^t\left(F_{i,j}C_p^n\right)\left(F_{i,j}C_p^n\right)} \tag{10.3.48}$$

在同步反演中，分别沿负 $C_p^n$ 方向和负 $C_p^n$ 方向寻找最佳步长，因此需要给定两个不同的小稳定因子 $\kappa_\varepsilon$ 和 $\kappa_\sigma$。将式（10.3.43）代入式（10.3.48），得到具体的步长公式为

$$\zeta_{\varepsilon,k} = \kappa_\varepsilon \frac{\displaystyle\sum_i^{ns}\sum_j^{nr}\sum_\tau^t\left[E(\varepsilon + \kappa_\varepsilon C_{\varepsilon,k}, \sigma) - E(\varepsilon,\sigma)\right] \cdot \left[E(\varepsilon,\sigma) - E^{\mathrm{obs}}\right]}{\displaystyle\sum_i^{ns}\sum_j^{nr}\sum_\tau^t\left[E(\varepsilon + \kappa_\varepsilon C_{\varepsilon,k}, \sigma) - E(\varepsilon,\sigma)\right] \cdot \left[E(\varepsilon + \kappa_\varepsilon C_{\varepsilon,k}, \sigma) - E(\varepsilon,\sigma)\right]} \tag{10.3.49}$$

$$\zeta_{\sigma,k} = \kappa_\sigma \frac{\displaystyle\sum_i^{ns}\sum_j^{nr}\sum_\tau^t\left[E(\varepsilon + \kappa_\sigma C_{\sigma,k}, \sigma) - E(\varepsilon,\sigma)\right] \cdot \left[E(\varepsilon,\sigma) - E^{\mathrm{obs}}\right]}{\displaystyle\sum_i^{ns}\sum_j^{nr}\sum_\tau^t\left[E(\varepsilon + \kappa_\sigma C_{\sigma,k}, \sigma) - E(\varepsilon,\sigma)\right] \cdot \left[E(\varepsilon + \kappa_\sigma C_{\sigma,k}, \sigma) - E(\varepsilon,\sigma)\right]} \tag{10.3.50}$$

注意，$\kappa_\varepsilon$ 和 $\kappa_\sigma$ 是不同的小稳定因子，在反演过程中必须小心地为其选择适当的值并随着迭代更新。

**2. 时间域波形反演结果**

下面给出两组合成数据的时间域波形反演结果。在合成数据的过程中，均使用中心频率为 100MHz 的雷克子波作为源，且在反演过程中认为源是已知的。计算梯度时，需要计算正向传播场和反向传播场，这意味着在所有的天线（接收和发射）位置都有源参与计算过程。然而，正演过程中天线附近存在强烈的近场干扰，会对反演结果造成不利影响。这里对天线附近的梯度值进行中值滤波和滑动平均处理，以便既有效地压制源的近场干扰，又不改变中间区域的梯度值。

1）复杂模型下同时反演（复杂模型 I）

模型如图 10.26 所示，大小为 6m×6m，包含 3 个地层：第一个地层与第三个地层的模型参数相同，相对介电常数为 5，电导率为 0.001S/m；中间层的相对介电常数为 5.5，电导率为 0.0028S/m；两个直径为 0.5m 的异常体埋藏在中间层中，位于 3m 深处，间隔为 2m，相对介电常数为 7，电导率为 0.008S/m。在本次模拟中，共有 13 组发射（圆圈表示），每组发射对应 13 个接收器（叉号表

示）。发射器与接收器的位置均在深度 0m 和 6m 之间，并以 0.5m 等间隔排列。初始介电常数模型和电导率模型由拉普拉斯域波形反演得到。

图 10.26(c)所示为相对介电常数反演结果，图 10.26(f)所示为电导率反演结果。初始模型由拉普拉斯域波形反演得到。由图 10.26(b)和图 10.26(e)可以看出，初始模型能够反映地层的大致情况，但无法表征异常体的位置和形状。对于图 10.26(c)和图 10.26(f)，介电常数和电导率的反演结果都能正确地重建上、下两个界面，与真实模型一致。两个异常体成像清晰，位置与数值都吻合得较好。

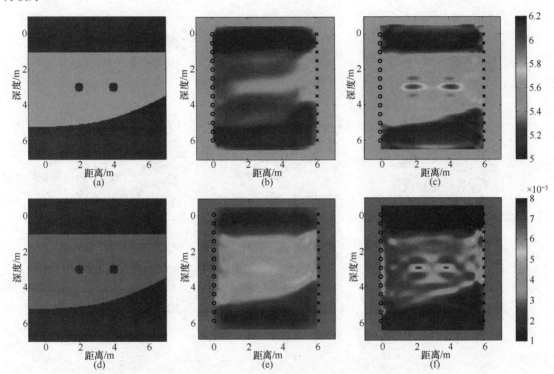

图 10.26　复杂模型 I 同时反演：(a)介电常数真实模型；(b)介电常数初始模型；(c)介电常数反演结果；(d)电导率真实模型；(e)电导率初始模型；(f)电导率反演结果

2）复杂模型下同时反演（复杂模型 II）

模型如图 10.27 所示，大小为 10m×20m。发射天线（圆圈表示）位于水平距离 0m 处，深度为 0～20m，共 41 个，间距为 0.5m；接收天线（叉号表示）位于水平距离 10m 处，深度同样为 0～20m，间距为 0.5m，共 41 个。三个直径为 0.5m 的异常体位于深度 6.5m 处，间隔为 2m，相对介电常数为 7，电导率为 0.008S/m。另一个较大的异常体位于深度 12m 处，直径为 1m，相对介电常数为 6.5，电导率为 0.005S/m。整个模型分为三个地层，其中中间层的相对介电常数为 5.5，电导率为 0.0028S/m；顶层和底层的电性参数相同，相对介电常数为 5，电导率为 0.001S/m。

同样，图 10.27(b)和图 10.27(e)分别为介电常数和电导率初始模型，由拉普拉斯域波形反演得到，因此只能大致表出地层的结构，无法反演出异常体的位置和形状。图 10.27(c)和图 10.27(f)为介电常数和电导率的时间域波形反演结果。对比图 10.27(c)和图 10.27(f)可知，无论是介电常数还是电导率，都清晰地表征了三个地层的形态，且中间层中的三个小异常体和大异常体的位置与形态都很准确：深度 6.5m 处的三个异常体十分清晰，可以互相区分开；深度 12m 处的大异常体的位置和形状准确。然而，所有异常体横向上均有拉长，这主要是由观测方式造成的。

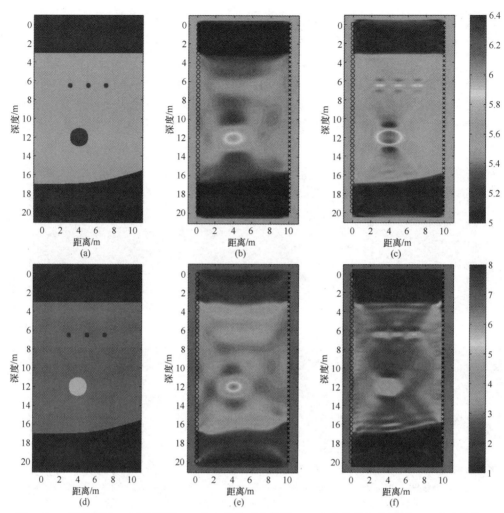

图 10.27　复杂模型 II 同时反演：(a)介电常数真实模型；(b)介电常数初始模型；(c)介电常数
反演结果；(d)电导率真实模型；(e)电导率初始模型；(f)电导率反演结果

## 10.4　钻孔雷达应用实例

钻孔雷达作为一种大深度、高分辨率方法，近年来得到广泛应用，应用领域包括油田、矿山、水文、工程和环境地质等方面。

### 10.4.1　油田应用

钻孔雷达用于油田时，通常称为**雷达测井**。

常规测井方法要么侧向探测深度不够深，要么没有方位探测能力，一些复杂缝洞型油气藏的识别面临很大困难，而利用常规测井技术很难判别。为了解决这些问题，借鉴将医学核磁共振技术"嫁接"到测井行业的核磁共振测井技术，科研人员一直努力地在将基于高频电磁波的雷达成像技术应用到测井行业，希望在油气井中开展雷达成像测井工作。雷达技术在地球物理领域多用于探地雷达和钻孔雷达，二者广泛用于水文地质勘察、工程勘察等领域。目前，钻孔雷达技术仅适用于较浅的井和地质情况较简单的环境，而不适用于油气井的复杂地质环境，也不能承受井深大于 2000m 的高温高压环境，所以还不能将普通钻孔雷达仪器直接用于油气资源勘探。因此，需要开发新的适用于油气勘探的钻孔雷达测井技术和装备。

20 世纪 60 年代，人们开始对电磁波测井技术进行研究和开发，但进展一直比较缓慢。在国外，荷兰 T&A RADAR 公司最早开展了雷达测井研究。在国内，刘四新等对电磁波测井有关资料进行了综述，并对雷达测井的基本原理进行了介绍；大庆测井公司、吉林大学、中国石油大学和电子科技大学等单位都开展了雷达成像测井的研究工作，但公开发表的资料较少。

雷达成像测井系统由地面和井下两部分设备构成，地面设备包括数据收发模块和信号处理模块；井下设备包括收发系统、探测电路模块（含电源、信号控制模块、信号传输模块等）。雷达成像测井系统结构如图 10.28 所示。

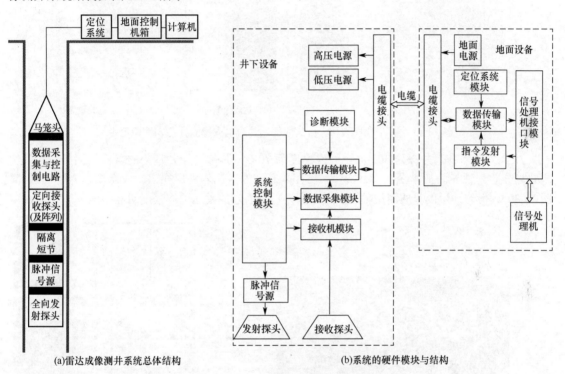

(a)雷达成像测井系统总体结构　　　　　　　(b)系统的硬件模块与结构

图 10.28　雷达成像测井系统结构

为了验证雷达成像测井仪器系统的性能，为仪器的后期改进积累经验，及为下一步工业化推广应用做准备，在多口油气田作业井中进行了现场测井试验。经过入井测试，碎屑岩地层中的实测径向探测距离达到 6.9m，碳酸盐岩地层中实测的径向探测距离达到 9.4m，能有效识别油气井旁 5m 的裂缝发育带。该雷达成像测井仪器已在大牛地气田、东胜气田、西北油田、河南油田等油气田的 6 口井中进行了试验，最深下井深度为 6568m，测井速度为 600m/h，成功完成了雷达成像测井各项数据的采集，雷达成像测井资料与电成像测井资料对应性好。为了展示雷达成像测井效果，下面给出部分井的测井结果。

井 A 位于山西省晋中市榆社县，井深为 2300m，泥浆类型为水基聚合物，泥浆密度为 1.23g/cm$^3$，井底温度为 50.6℃，1734m 以下为碳酸盐岩地层，以上为碎屑岩地层。在两层石灰岩中，雷达成像和能量曲线上都有明显的异常反映，由雷达提取的电阻率 $R_t$ 也能看出灰岩段的高。井 A 雷达成像测井试验是一次成功的现场测井试验，利用雷达成像测井资料能有效地识别灰岩和砂泥的岩性界面（见图 10.29）。灰岩地层的电阻率高于砂岩和泥岩地层，且灰岩层的含水饱和度低，这种情况下对电磁波的吸收作用减小，所以灰岩地层中雷达回波的幅度明显高于砂岩和泥岩地层。

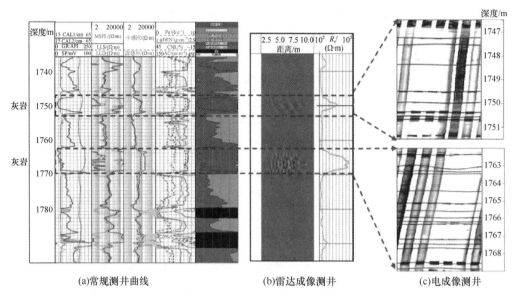

(a)常规测井曲线          (b)雷达成像测井          (c)电成像测井

图 10.29　井 A 常规测井、雷达成像测井与电成像测井对岩性的识别

　　井 B 为清水井,井深为 2000m,井底温度为 70℃,其常规测井划分的岩性界面与雷达成像测井划分的岩性界面基本吻合,1506m 和 1510m 之间的薄泥岩夹层在雷达成像图中界限明显(见图 10.30)。泥岩地层的雷达回波幅度明显减弱,白云岩层的雷达回波幅度明显增强。

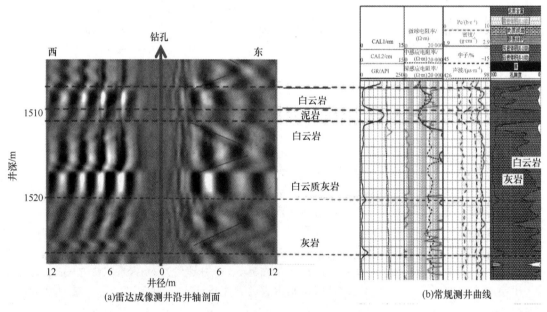

(a)雷达成像测井沿井轴剖面          (b)常规测井曲线

图 10.30　井 B 雷达成像测井与常规测井地层划分对比

　　井 C 是一口裂缝发育的井,图 10.31 所示为该井雷达成像测井与电成像测井裂缝异常对比。裂缝 F1 和裂缝 F2 在雷达成像和电成像测井图上都有异常显示,裂缝 F3 仅在雷达成像测井图上有异常显示。裂缝 F1 和裂缝 F2 比裂缝 F3 具有更好的延展性(连通性)。电成像测井反映井壁上裂缝的发育情况,雷达成像测井反映井周裂缝的延伸情况,两者结合可对裂缝的延展性进行判断,进而更好地判断储层的有效性,对后期压裂施工有很好的指导意义。

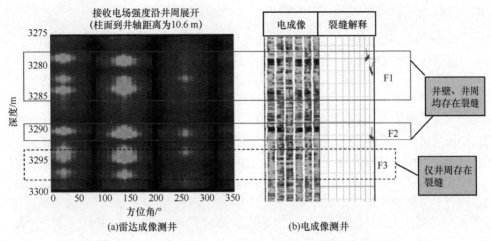

(a)雷达成像测井                    (b)电成像测井

图 10.31  井 C 中的裂缝在雷达成像测井图与电成像测井图上的显示

## 10.4.2  矿山和煤田应用

### 1. 南非深部金矿的探测

许多勘探地球物理方法（如三维地震）已从石油工业借鉴过来，经过大量努力后用于超深金矿的战略性规划。然而，不管这些方法多么有用，都很难区分直径不到 20m 的可能给矿工生命带来危险的地质体。为了探测直径不到 1m 的目标，南非采矿技术与设备合作研究中心开发了一系列超细的钻孔雷达。

威恩特斯多普接触带矿脉（Ventersdrop Contact Reef，VCR）是一个主要的金矿床。在南非，小于现有采矿深度的储量正在急剧减少。例如，小于 3.5km 深度的金矿只占总储量的 1/6。如果采矿安全到达 5km 以下，在开采之前就必须找出无压力和无断层的通道。

如图 10.32 所示，VCR 呈起伏、倾斜的片状，且被网状河道切割，接着被 100 多米厚的火山岩浆覆盖，最后被沉积物覆盖。这种地形导致了一个和矿体等级及压力集中程度有关的岩相，而当采矿区与台地边缘相遇时，这些都将无法控制。

太古界威特沃特斯兰德盆地在南非的经济发展中扮演着重要的角色，其面积约为 60000km²。VCR 在该盆地中具有独特的地质

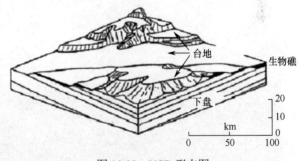

图 10.32  VCR 形态图

构造：横向延伸超过 100km。VCR 位于盆地的西北边缘，是主要的采金层位。尽管开采了一个世纪，现在的年采金量仍占世界的 6%。VCR 的厚度约为 1.2m，金的品位为 10～15 克/吨。

由于存在网状河道和阶梯状河道三角洲，可能造成岩礁缺失。2.7 亿年前的大量火山熔岩充填了河道。这些地质体包括一些化石、丘陵和古河道。后来的地质事件又形成了大大小小的一些断层、节理和岩墙，且在约翰内斯堡附近出现了露头。在 Carletoanle 地区，其埋深为 2～5km，倾向为南东 18°～25°。

浅部矿脉的枯竭迫使南非金矿业开始开发更深处的岩礁。有人曾预测 2010 年南非 30%的黄金产量来自 3km 以下的矿脉，那时将出现复杂的岩石工程问题。沿着小断层、岩墙、古地台等，经常出现灾难性的流体和大应力能量的集中区域。这些小规模的目标很难圈定，因为它们超出了常

规探测方法的分辨率范围。

钻孔雷达被用于描绘 VCR 的详细结构。雷达发射天线和接收天线的功率为 20kW，探头直径为 32mm，带宽为 10～125MHz。该系统被用在与岩礁成 26°的井孔中，测出了一条长约 300m 的剖面，距钻孔 80m 的 VCR 的结构清晰可见。南非超深金矿给雷达的应用提供了理想的环境及高分辨率雷达图像的经济动力。钻孔雷达用于进行高分辨率测量，能探测到工作区向前 200m 的断裂区块等目标，避免了一些潜在的灾难。

图 10.33 所示为一个长度为 1.7m、直径为 32mm 的钻孔雷达发射器进入一个直径为 47mm 的钻孔时的情景。1kV、5ns 宽的脉冲以 0.5ms 的间隔，通过一个带负荷的宽带非对称偶极子天线。类似的细接收器和发射器连在一起。雷达回波馈电给一个 10～100MHz 的低噪声增益模块，到达一发光二极管。调制的 860nm 光及时间断开标志传送到反调制器及 250MS/s 的 8 位模数转换器。这些器件都密封在一台 PC 104 计算机中，并采用由 486 母板控制的叠加单元及内存，叠加将系统的动态范围提高到了 11～12 位。

钻孔雷达系统的设计不仅考虑了钻孔很细这一情况，而且考虑了深部采矿环境非常恶劣的事实。在钻孔钻遇到高压断层带时，仪器被卡的可能性极高。井下岩石的温度高达 70℃，由于太热，仪器经常掉入井中。由于空气又热又潮湿，且有酸味，电子线路的密封是必要的。具有电动机的绞车带有长 400 多米、直径为 8mm 的电缆。数据采集的速度约为 10m/min。随着雷达探头的移动，反射体在回波图上产生特征模式。

图 10.34 所示为一个来自 VCR 的雷达剖面。数据经过滤波和 AGC 处理，以使典型目标的回波模式更清楚。通过比较野外数据和先验地质信息发现，第一反射来自相邻的井眼，接下来来自 VCR 上部的火山熔岩。来自 VCR 的镜状反射形成第三条线，且非常明显。由于距离越远，目标反射信号越弱，而噪声的大小基本上固定，当径向距离约为 80m 时，VCR 的镜状反射变得比噪声小。

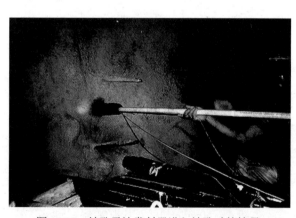

图 10.33　钻孔雷达发射器进入钻孔时的情景

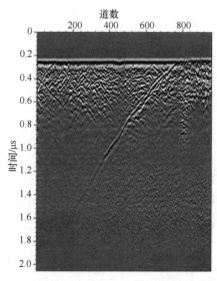

图 10.34　来自 VCR 的雷达剖面

## 2．加拿大镍-铜矿的应用研究

Fullagar 等介绍并比较了跨孔电波透视法和钻孔雷达法在加拿大镍-铜矿的应用情况。

为了降低采矿成本和增大产出，Fullagar Geophysics Pty 有限公司在 1993—1996 年间利用钻孔雷达和井间无线电波透视法圈定了加拿大安大略省萨德伯里地区的 McConnell 块状硫化镍-铜矿床，结果如图 10.35 所示。钻孔雷达和井间无线电波透视的区别是，前者可以进行单孔反射和跨孔透视测量，测量的信号通常为时间域信号，通过傅里叶变换可以产生不同频率的幅度和相位（速度）信息，可分别进行偏移成像和层析成像；后者只能进行井间透视测量，测得的信号为若干频率的幅度信息，主要利用投影法和层析成像进行解释。

　　Fullagar 等首先在两孔间进行跨孔无线电波测量，所用仪器是中国产的 JW-4 型仪器，共记录了 0.5MHz 和 5MHz 之间 10 个频率的数据。所有频率的电磁波信号在萨德伯里角砾岩中都穿透了至少 150m 的距离。最终的电波吸收层析成像图清晰地显示了 110 多米深处向下延伸的 McConnell 矿床，如图 10.36 所示。只要发射器和接收器之一位于硫化矿床中，信号就会消失，而当发射器和接收器位于矿体的两侧时，所期望的无线电"阴影"并未出现。二维模型表明，硫化矿体的边缘引起的绕射并不影响观测场的幅度。

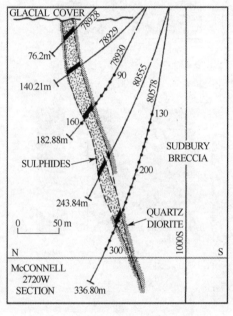

图 10.35　McConnell 矿床断面图
（Fullagar et al.，2000）

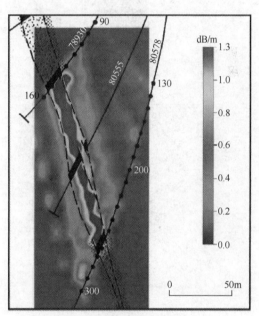

图 10.36　电波透视层析成像图
（Fullagar et al.，2000）

　　利用 60MHz 的 RAMAC 钻孔雷达对该矿进行了单孔反射测量和跨孔测量。来自硫化物的反射有一些问题。从单孔测量数据可以观察到来自矿体顶板的相关反射，其延续达 25m，如图 10.37 所示。除了一些不利的勘探测量布置，抑制反射的因素包括围岩的不均匀性、硫化物的分散性及接触面的不规则性。利用跨孔雷达的数据建立萨德伯里角砾岩的速度和衰减层析成像，结果如图 10.38 所示。雷达速度约为 125m/μs，而 60MHz 的典型吸收系数为 0.8dB/m。利用基尔霍夫偏移对跨孔雷达信号反射进行偏移处理，所得图像上显示的反射带大致平行于推测硫化物矿体的边缘。

　　McConnel 矿床的各种高频电波勘探结果表明，电波层析成像及简单的电波阴影法对接近矿体的勘探及圈定是具有潜在价值的，而钻孔雷达单孔测量在这一特殊环境下的应用效果则不确定，这可能与钻孔和矿体的相对位置有关。当钻孔位置相对于矿体位置合适时，有可能测出非常清晰的信号。

　　该研究所用的钻孔雷达为 RAMAC 系统，主要针对工程和环境问题设计，而不一定适合金属矿的探测。可见，利用钻孔雷达探测金属矿的技术有待进一步研究。

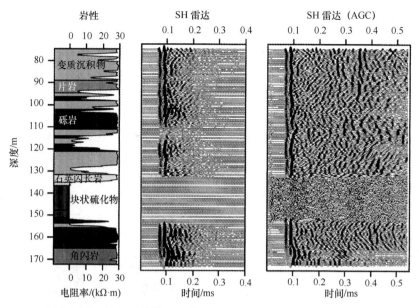

图 10.37　钻孔雷达单孔反射测量结果（Fullagar et al.，2000）

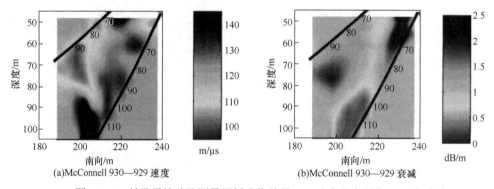

(a)McConnell 930—929 速度　　　　　　　　(b)McConnell 930—929 衰减

图 10.38　钻孔雷达跨孔测量层析成像结果：(a)速度分布图像；(b)衰减系
数图像（Fullagar et al.，2000）

### 3．确定煤层采空区

为了确定矿区下沉的可能性及采矿成本，有必要了解地下矿体存在与否及其范围。调查区域的采矿活动可能在三个煤层（6 号煤层、7 号煤层和 Seelyville 煤层）之上，深度范围为 70～300 英尺。

在采矿图出现之前，矿区已采矿十年之久，矿区的采矿情况并不清楚，因此需要精确了解采矿区范围。为此，跨孔雷达测量被用来确定 6 号煤层、7 号煤层和 Seelyville 煤层的分布范围。

钻孔雷达测量井场布置如图 10.39 所示。钻孔雷达在探测固体煤层的应用中效果非常好，原因是煤层上下都由与煤层电性不同的介质组成。例如，页岩、泥岩和黏土等介质通常表现出较低的电阻率（0.5～100Ω·m），煤通常表现出很高的电阻率（200～800Ω·m）。煤层的介电常数（5～6）要比顶界面和底界面的介电常数（大于等于 10）低。这种电性上的差异在煤层的上下界面形成边界条件。电磁波好像限制在煤层中传播，波的传播好像在波导中传播一样。因此，天线电信号在煤层中的传播衰减比自由空间中的衰减更小。当两个天线放入井中且对着同一煤层时，天线电信号从一个天线发出，经过一定的衰减到达接收天线，如图 10.40 所示。当煤层均匀时，衰减率由煤层的性质决定，如电阻率、湿度、厚度等。在这种情况下，衰减仅是天线间距离的函数，距离越大，信号越弱。煤层中的采空区可视为异常，当射线穿过或接近采空区时，信号衰减将很大。如果采空区接近但不在测线路径上，衰减将有少量增加。

图 10.39　钻孔雷达测量井场布置

通过测量穿过煤层的钻孔之间的测线上的信号强度，就可求出固体煤层的衰减率。通过和其他路径上的衰减相比，可以确定哪些测线通过固体煤层，哪些射线通过或接近采空区。采用这种方法，就可确定测线上采空区存在的可能性。

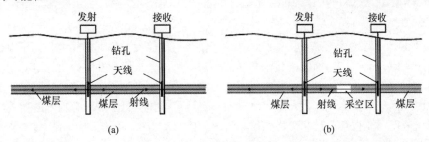

图 10.40　钻孔雷达测量煤层时的射线路径：(a)固体煤层；(b)有采空区煤层

经过 8 天的野外工作，共测得 51 条测线。钻孔之间电波的传播距离达到 240 英尺，远大于使用地面探地雷达得到的结果。跨孔测量可找出固体煤层及水淹过的采空区。

7 号煤层钻孔间的测线情况及解释结果如图 10.41 所示。共测得 41 条测线，所有测线（除了 TL-3 TL-6 和 TL-2 TL-20）都证实了采矿带的范围。为了评价 TL 3 和 TL 6 之间的采矿情况，又增加了一个钻孔（TL-31）。来自这口井的测量证实了固体煤层。采矿带在 TL-3 TL-6 测线的边缘并未向西南方向发展。其余的异常测线表明了非采空区，这可由采矿图和其他测线读数证实。这些异常可能来自一些遗留在矿中的钢框架。

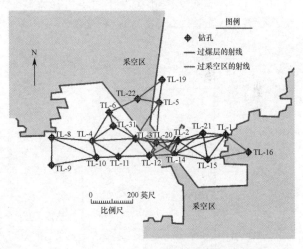

图 10.41　7 号煤层钻孔间的测线情况及解释结果

钻孔雷达调查证实了以下几点：①7 号煤层的采矿图是精确的；②6 号煤层未开采；③Seelyville 煤层 300 英尺下有一个未知的已开采区域，且被钻孔证实。

### 10.4.3　水文、工程、环境地质中的应用

#### 1. 冰川学研究

英国利兹大学的学者研究表明，冰体在物质组成上表现出了高度的空间异向性（Murray，2000）。变化冰体的性质差异包括温度、晶体颗粒大小、方位、形状，以及气泡、沉积物、水、熔化的离子和溶质的浓度。以上各个性质都对冰对应力的响应有一定的控制作用，因此冰的特征由其相应的流变学性质的空间变化决定。研究表明，含水量增加 1%，样品的应变率就增加 400%。探地雷达可用来对

冰川的热区域成像，确定水及沉积物含量的变化。在沉积物缺失的情况下，标准混合模型可用来由雷达速度计算含水量，如图 10.42 所示。

### 2．水文地质特征探测

到目前为止，钻孔雷达广泛且成功的应用都在水文地质方面。

英国兰卡斯特大学以 Andrew Binley 为代表的研究小组应用钻孔雷达研究了地下水的季节变化和运移规律。跨孔雷达层析成像方法能够提供高分辨率的水文地质结构图像，有时甚至能够详细评价地下环境的变化过程。采用适当的岩石物理学关系，这种方法能提供适合地下水建模的参数和约束的数据，这在英国舍伍德砂岩中进行的渗流带示踪剂的试验中得到了证实。这种方法能在 200 小时的监控时段内显示示踪剂的垂直移动。通过比较不同时刻的含水量变化，有效水传导率被估计为 0.4m/d。该值与在野外饱和带进行的水动力测试的结果具有可比性，可用来给污染物运移模型提供参数。

要准确预测地下环境中污染物的最终结果，了解水源的恢复过程非常重要。为了很好地理解渗流带的水化学机制，需要适当地特征化水文学的动态变化。含水量和孔隙介质介电常数及电性质之间可以建立起很好的相关性。通过在井中放置适当的传感器，得到了英格兰哈特菲尔德的三叠纪舍伍德砂岩水源地两年间的介电常数和电阻率剖面。雷达数据和电阻率剖面有很好的相关性。渗流带的季节性变化表明了监控期湿带和干带的移动情况。在第二个实验场地（距哈特菲尔德 17km 的爱克勃罗），钻孔雷达也观察到砂岩中的含水量变化，如图 10.43 所示。两个实验场地的砂岩中的季节性湿带的运移速度约为 2m/d。在两个实验场地都发现近地表 3m 范围内的运移很慢，表明污染物大多被控制在近地表。这些结果对预测渗流带中污染物移动的模拟程序来说具有很重要意义。

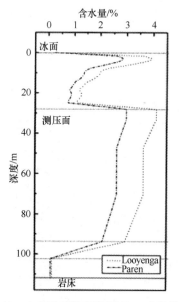

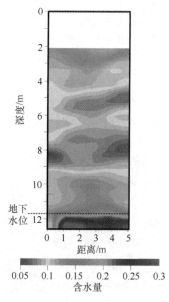

图 10.42　由钻孔雷达和地面 CMP 方法得到的
　　　　　含水量模型（Murray，2000）

图 10.43　利用钻孔雷达观测到的含水量分布

美国能源部渗流带运移场研究项目（Vadose Zone Transport Field Studies）的目的是，减少污染物下方渗流带运移过程中的不确定性，评价渗流带中的污染物运移。在该研究中，钻孔雷达得到了广泛应用。

虽然钻孔和露头能提供一些有关岩石的取样，但在实验中存在提供点测量之间的体积信息的需要。例如，当介质不均匀时，有时需提供几厘米到几十米范围的信息，这些特点足以改变污染物的运移。迄今为止的研究表明，在很短的距离内，孔隙介质的物理结构是不均匀的，在土壤样品和取样现场之间存在结构差异。跨孔地球物理方法（包括钻孔雷达和跨孔地震法）能提供这方面的信息。

对渗流带污染物运移的理解虽然未被不完备的概念模型阻碍，但确实受到了不完备监控技术的制约。过去，污染物的圈定主要依赖自然伽马能谱测井，这种方法无法追踪在渗流带中移动的元素，因此需要一种能够精确描述渗流带中污染物运移的手段。

来自渗流带的取芯分析在识别和确定污染物时非常有用。然而，这些分析很少且成本很高。如果没有足够的取芯，那么清楚识别非均匀渗流带中污染物的位置就很困难。因此，跨孔方法有可能提供一种低成本的手段。

地球物理方法的全面应用应能确定污染物的位置。要注意的问题是，跨孔方法的敏感度、分辨率和精度能否获得井旁及井间污染物随时间与空间变化的分布情况。更广泛地说，该研究的焦点是地球物理方法的能力能否确定和区分天然复杂体及地下污染物产生的非均匀性。

研究表明，雷达方法和地震方法的层析成像结果都很好，如图 10.44 所示。雷达测量在频率为 200MHz 时能穿透 5m 甚至 10m 的深度，在频率为 50MHz 时，能穿透 20m 的深度。地震数据表明，在频率为几百赫兹时，最重要的结果是地震数据和雷达数据互为补充，雷达数据主要对湿度的变化敏感，而地震数据主要对孔隙度的变化敏感。从时间流逝的观点看，雷达能以很高的分辨率显示湿度的变化，而地震却可以较高的分辨率显示岩性。总之，雷达和地震成像法产生互补的速度场，在确定水文地质参数时提供互补的信息。

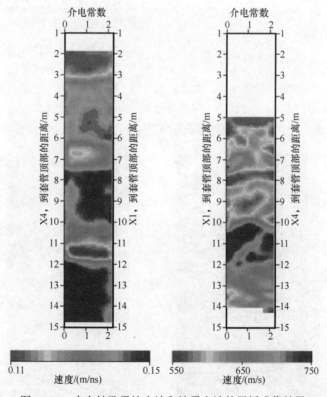

图 10.44　来自钻孔雷达方法和地震方法的层析成像结果

美国地质调查局（USGS）的有毒物质水文计划（Toxic Substance Hydrology Program）始于 1982 年，目的是为人们提供水环境中有毒物质的科学信息。地表水、地下水、土壤和空气中有毒物质的污染是人们面临的重大问题。污染物（如富营养物、有机化合物、金属和病菌等）常通过工业、农业、采矿及其他人类活动进入环境，它们的运移量和持续性往往很难评价。消除污染物、保护人类环境所需的时间和成本非常巨大。在调查地下水的过程中，使用了钻孔雷达的方法。

美国新罕布什尔州镜湖附近的裂缝性岩石含水层具有复杂多变的水文特征，它们大多分布在近地表，常常受污染物的影响。地下水运动的速率及通道的不确定性阻碍了人们对污染的治理。USGS 的科学家正在开发各种技术来确定地下水及污染物的移动。例如，钻孔雷达被用来确定裂缝的位置（这些裂缝可能是污染物运移的通道）。该方法的使用将极大地提高人们预测有毒物质移动的能力，且有助于在其他地方制定补救方法。

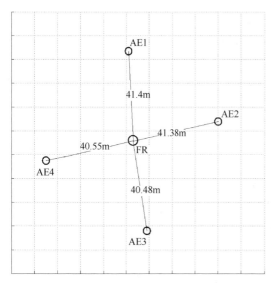

图 10.45　试验场地钻孔分布图

### 3. 北京郊区地下裂缝分布的探测

在地下工程地质中，断裂带的分布规律探测是一个很重要的方面。下面以探测实例介绍钻孔雷达探测地下裂缝的结果（Liu et al., 2004, 2005）。试验场地位于北京西郊的一处石灰岩小山上。地下岩石被许多裂缝切割，且裂缝中充满了水。钻孔共有 FR、AE1、AE2、AE3 和 AE4 五个，其分布如图 10.45 所示。在钻孔 FR、AE1、AE3、AE4 中进行了单孔反射测量，在钻孔 FR 和 AE2 之间进行了跨孔雷达测量。在钻孔 AE1 中测得的原始数据如图 10.46(a)所示。从原始数据很难发现明显的有用信息。

为了提高信噪比和分辨率，对测量得到的原始数据进行了常规数据处理，包括时间增益补偿、自动增益控制（AGC）、带通滤波、直达波剔除等。钻孔 AE1 的处理结果如图 10.46(b)所示，其中清楚地反映了裂缝信息。可以看出，钻孔雷达具有非常高的分辨率。这个实验场地非常适合使用钻孔雷达。根据跨孔测量确定的该场地的速度为 0.128m/ns，由此推断径向探测距离可达 30m。

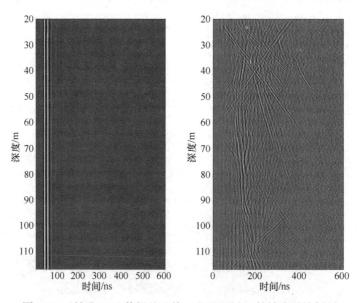

图 10.46　钻孔 AE1 数据处理前(a)和处理后(b)的钻孔雷达剖面

下面用平面反射体的特征来解释处理结果。时间-深度坐标系中的裂缝分布如图 10.47 所示，其中用直线表示裂缝的位置，这与实际的空间分布是有差别的。为了更好地理解裂缝的形态，我们需要将它们转换成真正的空间分布。从时间域剖面转换到空间域图像的常用方法称为**偏移**。针对实际情况，考虑到场地的裂缝大多为平面反射体，采用了一种简单的偏移或转换方法。对单孔反射测量来说，某一深度和某一时刻的反射信号可能来自一个椭圆的周边，其焦点位于反射天线和接收天线处，长轴和短轴由反射信号的走时和速度的乘积决定。平面裂缝的空间展布位置可由与反射信号两端对应的两个椭圆的共同切线决定。裂缝的空间分布如图 10.48 所示。

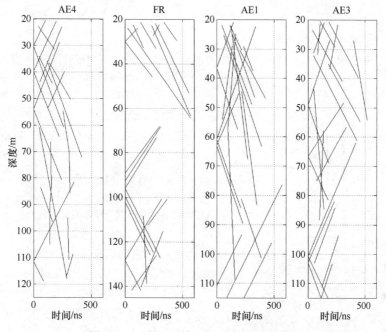

图 10.47  时间-深度坐标系中的裂缝分布

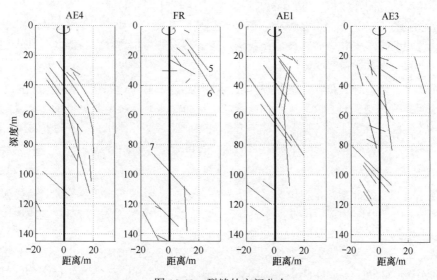

图 10.48  裂缝的空间分布

比较解释的裂缝和地质取芯结果，发现大多数解释结果和地质取芯是对应的。另外，钻孔雷达可以探测比取芯信息更多的信息，因为有些裂缝不与钻孔相交。由于普通钻孔雷达的测量是全方位的，裂缝的方位是不确定的。

观察和分析图 10.48 中的处理结果，发现大多数裂缝与钻孔的夹角为 50°~60°，这是同一应力系统作用的结果。原状裂缝的实际延伸长度可能比解释的结果要长，因为雷达的探测能力有限，无法探测出完整的裂缝几何形态。反射信号的大小由多个因素决定，如天线的指向性、裂缝开口的大小、充填物质以及裂缝与钻孔的夹角等。通常情况下，水平裂缝很难探测，垂直裂缝则很容易探测。在该场地，径向探测范围可达 30m。

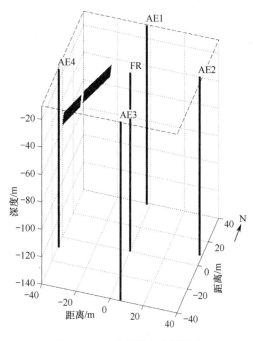

图 10.49　5 号裂缝的空间展布

一般来说，使用来自单一钻孔的测量数据是无法确定裂缝的方位角的。然而，如果同一裂缝被来自两个或多个钻孔的测量发现，就有可能确定该裂缝的走向。就该试验场地而言，井间的距离约为 40m，超出了雷达的径向探测范围。因此，单孔反射测量无法测得其他钻孔的存在。但是，一些位于钻孔中间的裂缝有可能被来自两个或多个钻孔的测量观测到。

我们借助计算机来推断裂缝的倾向。钻孔 FR 位于一系列钻孔的中心，因此钻孔 FR 附近的裂缝很容易被其他钻孔观测到。我们选择 5 号、6 号和 7 号裂缝进行分析。以 5 号裂缝为例，通过比较 AE1、AE3、AE4 探测到的具有相同倾角的裂缝，有可能推断裂缝的方位。如图 10.49 所示，改变钻孔 FR 附近的 5 号裂缝的方位以及被 AE4 探测到的具有相同倾角的裂缝的方位。如果它们位于同一平面内，就认为它们是同一裂缝，且被两个钻孔的测量同时观测到。若某一裂缝同时被两个钻孔的测量观测到，该裂缝的方位就有两种可能。7 号裂缝的方位是 171°±90°∠44.2°。只有当倾向和两个钻孔的连线相同时，推断的裂缝的方位才是唯一的。例如，5 号裂缝的方位是 257.5°∠52.8°，6 号裂缝的方位是 357°∠57.9°。若某一裂缝同时被三个或更多钻孔探测到，裂缝的方位就可唯一地确定。利用多孔探测的图像，我们对一些裂缝的方位进行了推断。实践表明，钻孔雷达可以对地下裂缝进行清晰的成像。

钻孔雷达是非常有效的地下探测手段，可用来探测地下的裂缝系统，能克服一些常规地质雷达的缺点，但具有探测上的方位不确定性。钻孔雷达可用来确定裂缝到钻孔的距离及与钻孔的夹角。利用多孔测量，有可能确定某些裂缝的方位。然而，多钻孔测量会提高勘探成本，经济上是不可取的。因此，开发能够进行三维测量的定向钻孔雷达是必然趋势。

**4．岫岩玉矿采空区探测**

岫岩位于辽东半岛北部，是我国著名的玉石产地之一。1995 年，于岫岩哈达碑镇发现了世界最大的玉体——"玉皇"，如图 10.50 所示。"玉皇"高 25m，最大直径为 30m，总体积达到 2.4 万立方米，总重量约为 6 万吨。本次数据采集的位置是"玉皇"脚下，目的是探测地基稳定状况、采空区层数、充填情况等。采集过程使用基于矢量网络分析仪的自制钻孔雷达天线系统，其中心频率为 100MHz。两个钻孔之间的距离为 16m。共有 32 个发射源，范围从 29.5m 到 67.5m 等间隔分布，每组发射对应 28 个接收器。接收器序列以 1m 的间距等间隔排列，且随源的每次下移整体向下移动 1m。

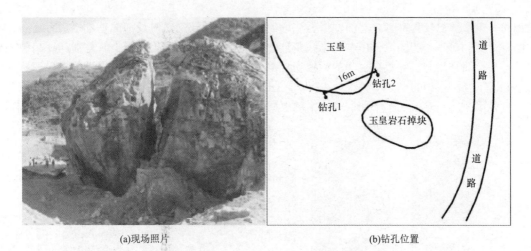

(a)现场照片                                        (b)钻孔位置

图 10.50  "玉皇"现场照片及钻孔位置示意图

在图 10.50(a)中，开裂的岩体是"玉皇"，人站立的位置是岩石掉块。根据已有的地质资料，得知"玉皇"下方 0～100m 内存在 5 层以上的巷道，分别属于不同的矿山。在这些巷道中，有的已经坍塌，有的尚在使用，具体情况不得而知。

图 10.51 所示为岫岩实际数据波形反演过程中使用的源子波，由反卷积法得到。该组实际数据的质量不高，在第一次源子波估计之后仅对其振幅做校正，因此图中两次波形估计得到的源子波是重合在一起的。

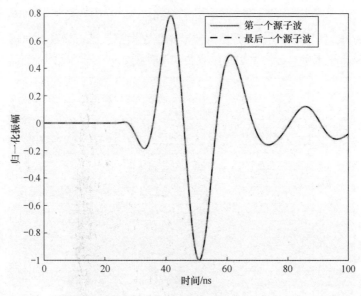

图 10.51  岫岩实际数据波形反演过程中使用的源子波（归一化振幅）

图 10.52(a)和图 10.52(c)所示为我们所能得到的最好的岫岩实际数据的射线结果，分别由走时反演（介电常数）和重心频率下降法（电导率）得到。图 10.52(b)和图 10.52(d)所示为同时迭代的波形反演结果。由于已知地下存在多层采空区，由此推断在深度 36.5～41.5m 处存在两层以上的采空区，在深度 51.5～56.5m 处存在一个采空巷道，在深度 61.5～67.5m 处有较大的采空巷道。对比射线结果和波形反演结果发现，对于相对介电常数，射线结果和波形反演结果的差别不大，主要是因为在计算走时成像时，手动提取的走时数据精度很高，加之走时反演技术完善，变换得到

的相对介电常数已较为准确。然而，值得注意的是，波形反演在走时反演的基础上仍有提高。一方面，对比图10.53(a)和图10.53(b)，可以清楚地看到二者的相位之间仍有较小的差别，但图10.53(b)中的波形反演结果与实际数据之间的相位吻合得更好。另一方面，波形反演得到的电导率结果较重心频率下降法得到的电导率有较大的提高。图10.52(d)与图10.52(c)相比，体现了更多的细节，在深度范围36.5～46.5m内，图10.52(d)中的电导率与相对介电常数的相似度更高，且细节更丰富。

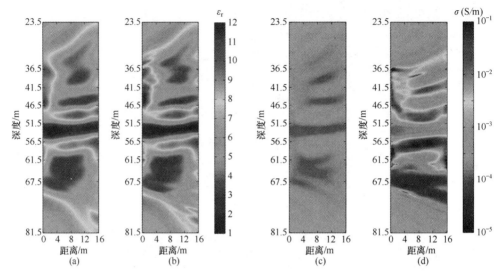

图 10.52 岫岩实际数据反演结果：(a)走时反演得到的相对介电常数；(b)波形反演得到的相对介电常数；(c)重心频率下降法得到的电导率；(d)波形反演得到的电导率

对比图10.53(a)和图10.53(b)，发现波形反演结果在振幅上比射线结果准确。总体而言，波形反演结果比射线结果更准确、分辨率更高，且与实际数据之间的误差更小。

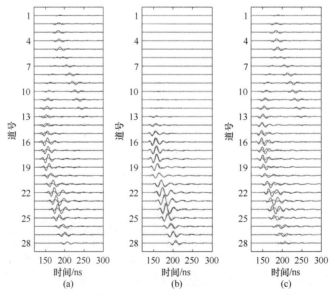

图 10.53 源在 50.5m 深处的接收器波形：(a)黑线和蓝线分别为实测数据波形和基于射线模型的正演波形；(b)黑线和红线分别为实测数据波形和最后一次全波形反演的波形；(c)蓝线和红线分别为(a)中黑线与蓝线的差及(b)中黑线和红线的差。所有数据都已根据输入数据的最大振幅归一化

# 习　题

**10.1**　钻孔雷达和常规地面探地雷达有何区别？

**10.2**　钻孔雷达有几种测量方式？各有什么优缺点？

**10.3**　钻孔雷达能够解决哪些问题？

**10.4**　跨孔雷达层析成像的原理是什么？

**10.5**　跨孔雷达全波形反演的原理是什么？全波形反演有什么优点？

# 参考文献

[1] Andrew Binley, Giorgio Cassiani, et al. *Vadose zone flow model parameterisation using cross-borehole radar and resistivity imaging*[J]. Journal of Hydrology, 2002, 267(3-4): 147-159.

[2] Andrew Binley, Peter Winship L. Jared West, et al. *Seasonal variation of moisture content in unsaturated sandstone inferred from borehole radar and resistivity profiles*[J]. Journal of Hydrology, 2002, 267(3-4): 160-172.

[3] Chaoguang Zhou, Lanbo Liu, et al. *Nonlinear inversion of borehole-radar tomography data to reconstruct velocity and attenuation distribution in earth materials*[J]. Journal of Applied Geophysics, 2001, 47(3-4): 271-284.

[4] Daily W. *Underground oil-shale retort monitoring using geotomography*[J]. Geophysics, 1984, 49(10): 1701-1707.

[5] Dines K. A., and Lytle R. J. *Computerized geophysical tomography*[J]. Proceedings of the IEEE, 1979, 67(7): 1065-1073.

[6] Ebihara S., Sato M., Niitsuma H. *Super-Resolution of Coherent targets by a Directional Borehole Radar*[J]. IEEE Transaction Geoscience and Remote Sensing, 2000, 38(4): 1725-1732.

[7] Eric V. Sandberg, Olle L. Olsson and Lars R. Falk. *Combined interpretation of fracture zones in crystalline rock using single-hole, crosshole tomography and directional borehole-radar data*[J]. The Log Analyst, 1991, 32(2): 108-119.

[8] Hui Zhou and Motoyuki Sato. *Fracture detection using crosshole radar in Kamaishi*[C]. Expanded Abstracts, 69th Annual Meeting of Society of Exploration Geophysics, USA. 1999, 480-483.

[9] Hui Zhou and Motoyuki Sato. *Application of vertical radar profiling technique to Sendai Castle*[J]. GEOPHYSICS, 2000, 65(2): 533-539.

[10] Jung-Ho Kim, Seong-Jun Cho and Seung-Hwan Chung. *Three-dimensional of fractures with direction finding antenna in borehole radar survey*[C]. Proceeding of 4th SEGJ International Symposium, Japan. 1998, 291-296.

[11] Koen W. A. van Dongen, Peter M. van den Berg and Jacob T. Fokkema. *A Directional borehole radar: numerical and experimental verification*[C]. IEEE AP-S, International Symposium and USNC/URSI National Radio Meeting, Boston MA, USA, 2001, 746-749.

[12] Lytle R. J., Laine E. F. *Design of miniature directional antenna for geophysical probing from borehole*[J]. IEEE Transaction Geoscience and Remote Sensing, 1978, 16(6): 304-307.

[13] Lytle R. J., Laine E. F., et al. *Cross-borehole electromagnetic probing to locate high-constrast anomalies*[J]. Geophysics, 1979, 44(10): 1667-1676.

[14] Miwa T., Sato M., Niitsuma H. *Subsurface fracture measurement with polarimetric borehole radar*[J]. IEEE Transaction Geoscience and Remote Sensing, 1999, 37(2): 828-837.

[15] Miwa T., Sato M., Niitsuma H. *Enhancement of reflected waves in single-hole polarimetric borehole radar measurement*[J]. IEEE Transaction on Antennas and Propagations, 2000, 48(5): 1430-1437.

[16] Murray T., Stuart G. W., et al. *Englaicial water distribution in a temperate glacier from surface and borehole radar velocity analysis*[J]. Journal of Glaciology, 2000, 46(154): 389-398.

[17] Nickle H., Sender F., Thierbachm R., et al. *Exploring the interior of salt domes from borehole*[J]. Geophysical

Prospecting, 1983, 31(1):131-148.

[18] Olsson O., Falk L., Forslund O., et al. *Borehole radar applied to the characterization of hydraulically conductive fracture zones in crystalline rock*[J]. Geophysical Prospecting, 1992, 40(2): 109-142.

[19] Peter K., Fullagar, Dean W., et al. *Radio tomography and borehole radar delineation of the McConnell nickel sulfide deposit, Sudbury, Ontario, Canada*[J]. Geophysics, 2000, 65(6):1920-1930.

[20] Ronald van Waard. *3D borehole radar technology development aims to transform drilling applications*[J]. First Break, 2001, 19(9): 491-493.

[21] Sato M. and Miwa T. *Polarimetric borehole radar system for fracture measurement*[J]. Subsurface Sensing technologies and Applications, 2000, 1(1): 161-175.

[22] Sato M., Takeshi O., Niitsuma H. *Cross-polarization borehole radar measurements with a slot antenna*[J]. Journal of Applied Geophysics, 1995, 33(1): 53-61.

[23] Liu Sixin and Sato M. *Subsurface water-filled fracture detection by borehole radar: a case history*[C]. Proceeding of the International Conference on Environmental and Engineering Geophysics, ICEEG2004, Wuhan, China, June 6-9, 2004, pp.251-256.

[24] Liu Sixin, Zeng Zhaofa, Sato M. *Subsurface water-filled fracture detection by borehole radar: a case history*[C]. 2005 IEEE International Geoscience and Remote Sensing Symposium proceedings, IGARSS 2005, Souel, Korea, July 25-29, 2005.

[25] Wright D. L., Watts R. D., Bramsoe E. *A short-pulse electromagnetic transponder for hole-hole use*[J]. IEEE Transaction Geoscience and Remote Sensing, 1984, 22(6): 720-725.

# 第11章　机载探地雷达

探地雷达自 20 世纪中后期发展以来，经过多年的研究与应用，方法的有效性已得到认可。对小区域而言，即使是对非常崎岖的地形条件，不同的地面探地雷达也是很有效的。然而，对大面积或危险区域的调查来说，地面探地雷达的效率低，需要借助于机载探地雷达（Airborne GPR）。

## 11.1　发展历史及现状

机载探地雷达出现于 20 世纪 60 年代，是随冰剖面法的测量而发展起来的，主要目的是探测几千尺厚的冰层，主要由丹麦技术大学和英国剑桥极地研究所完成。当探测目标转向研究土壤中近地表的成像方法时，超宽带雷达就逐渐发展起来。高分辨率和穿透深度都很重要，因此需要使用更长的波长和更宽的带宽。20 世纪 70 年代，人们进行了超宽带机载雷达平台试验，但真正的商用产品出现于 1979 年，由 SRI 国际公司开发。在中加里曼丹地区的试验表明，频率为 200～400MHz 的机载探地雷达不但可以穿透森林覆盖，而且可以穿透土壤。

国际上研究和应用机载探地雷达的机构有十多个，包括美军寒地研究及工程实验室（CRREL）、得克萨斯大学奥斯汀分校地球物理研究所（UTIG）、德国地球科学和自然资源研究所（BGR）、美国斯坦福国际研究所（SRI）、美国国际雷达咨询公司（IRC）、瑞典国防研究所（FOA）、俄罗斯 INTARI 公司、加拿大传感器设计有限公司、加拿大贝德福德海洋研究所、意大利热那亚大学和博洛尼亚大学、印度雪及雪崩研究站、挪威科技大学，以及美国的 JPL、LLNL、ERIM、洛克希德·马丁公司等。近年来，无人机的发展进一步推动了机载探地雷达的发展。

## 11.2　固定翼飞机搭载的探地雷达

### 1. TTIG 探地雷达系统

得克萨斯大学奥斯汀分校地球物理研究所（UTIG）建立了自己的航空地球物理平台（见图 11.1）。该平台包括 6 个传感器系统：重力仪、磁力仪、激光高度计、导航系统、数码相机和冰雷达。传感器装在一架带滑雪板的"双水獭"飞机上，非常适合冰川和冰下地质研究。

雷达系统采用线性调频防式，频率范围为 52.5～67.5MHz，峰值发射功率为 8kW，脉冲周期为 1μs，每秒发射 6804

图 11.1　UTIG 的机载雷达系统

个脉冲。UTIG 航空项目始于 1991 年，项目最终开发了第一个同时解决冰川及冰川地质的航空集成平台。研究最初致力于地质结构对南极洲冰流位置及演化的影响。随着该项目的成功，美国国家自然科学基金（NSF）要求并资助 UTIG 领导美国在南极地区的航空物探工作。在 1994—2002 年的野外工作中，研究小组共进行了 425 次野外飞行，采集了大量数据。图 11.2 所示为在沃斯托克湖进行冰川探测的雷达剖面，可以看出来自上千米地下的反射。另外，来自地面杂波的消除也是数据处理的关键。图 11.3 所示为南极洲泰勒谷探测的最终处理结果，白点是雷达的地面控制点。

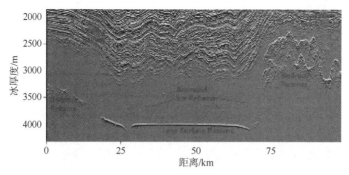

图 11.2　UTIG 的机载雷达系统冰川探测的剖面

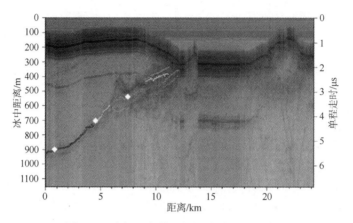

图 11.3　南极洲泰勒谷探测的最终处理结果

### 2．FOLPEN Ⅱ 系统

美国斯坦福国际研究所（SRI）和国际雷达咨询公司（IRC）的机载探地雷达设备基本一致，均采用超宽带（UWB）雷达（见图 11.4）。从 1990 年到 1995 年间，斯坦福国际研究所开发了 FOLPEN Ⅱ，它是用于穿透植被和土壤的 GPR 系统，是一种 GPR/SAR，其操作频率为 100～500MHz，在 BACJ-31 的机翼下装有两个天线，一个用于发射信号，另一个用于接收信号。FOLPEN Ⅱ 能产生 1m×1m 的实时图像，具有 JPL 开发的图像处理能力，工作高度为 300～3000m。该系统主要用来探测地雷，图 11.15 所示为尤马沙漠地雷探测结果，M-60 反坦克地雷埋在地表之下 15cm 的位置。另一个主要应用是探测隐藏在森林中的军事目标，穿透森林覆盖的雷达可以探测出隐藏于树下的坦克、战车等（见图 11.6）。

图 11.4　IRC 的机载探地雷达系统

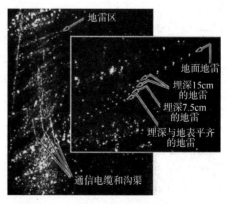

图 11.5　尤马沙漠地雷探测结果

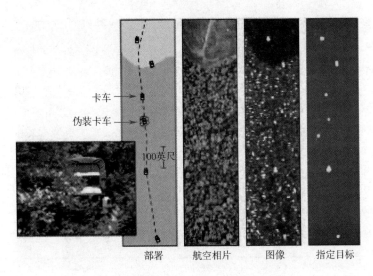

| 部署 | 航空相片 | 图像 | 指定目标 |

图 11.6　机载雷达探测隐藏于森林中的军事目标

### 3. CARABAS 系统

瑞典国防研究所（FOA）于 1992 年研制的 CARABAS（Coherent All Radio Band Sensing）是另一种机载合成孔径雷达（SAR），能够穿透植被并进行地下目标体的追踪。CARABAS 拥有 5m 的天线，在 VLF 波段工作。之后，FOA 又对它进行了更新，新系统的工作频率可降至 100MHz 以下，降低分辨率的同时提高了探测深度，且已被用于军事目标的探测。此外，CARABAS 还可在工作频率低于 100MHz 时探测几千米长的地下管道。

### 4. INTARI 系统

1991 年，俄罗斯 INTARI 公司在研究地球的两极地区时，与莫斯科科研所合作研发了机载 GPR，这是一种能在 1.5/2m 波长下工作的合成孔径雷达，其穿透干土深度可达 100m。

GPR 技术的发展始于 1984 年的苏联。当时，三项先进工程正处在试验飞行调查时期，INTARI 的专家参与并研制了这些系统中的两个，且参加了所有系统的成像解释与分析，因此对关于地质和其他资源的调查积累了独特的技术与经验。作为研究手段，这些系统被安装在大且昂贵的飞行器上，但在商业应用中却未有效地发挥作用。此外，苏联计算机工业的缓慢发展也导致成像解释设备过时，无法提供高质量的商用成果。自 1991 年以来，INTARI 一直致力于 GPR 的研究，设计并发展了基于如下要求的 GPR 系统：①利用轻飞行器，起飞重量不超过 20 吨；②为了保护飞行器并完成主要目的，具有必要时快速安装 GPR 并卸下的能力。

### 5. Bedford 系统

加拿大传感器设计有限公司和加拿大贝德福德海洋研究所 1990 年开始合作研究利用直升机搭载的传感器来检测加拿大东海岸的冰，目的是支持冬季的海上运输。观测结果直接用于冰的季节性变化，间接用于卫星图像的冰灾识别算法的证实，是海冰季节性变化的直接数据源。VideoGPS 传感器集成系统装在海岸警卫队的 BO-105 飞机上，包括激光高度计、数字图像捕获器和 GPS 接收机。激光高度计测量飞行高度及冰面的起伏，海面数字图像间有足够的重叠，可以提供直升机飞行路径的二维图像，同时提供所经路径的一维起伏剖面。该系统集成了探地雷达系统，用来测量海冰的厚度。在加拿大东海岸和北极圈地区，海冰的存在时间达几个月。尽管这些冰盖是海豹、北极熊等动物的栖息地，但对航海来说是一种灾难。自 20 世纪 90 年代以来，贝德福德海洋研究所一直都在进行这方面的观测。

### 6. MSAR 系统

20 世纪 90 年代，美国洛克希德·马丁公司开发了一种具有探地能力的开放模块式 SAR（MSAR），其工作频率范围为 500～800MHz，侧视角范围为 30°～60°。MSAR 的分辨率可达米级，发射的峰值功率为 20W，操作高度为 2000m，扫描宽度为 200m。美国劳伦斯利莫尔国立实验室（LLNL）开发了另一种机载 GPR，它是一种具有探地能力的侧视 SAR，可用于地雷探测，雷达则装在 18m 长的坚固臂上。美国密歇根环境研究所（ERIM）也开发了机载探地雷达 FOPEN，它是一种超宽带 SAR，用于穿透森林覆盖，天线波束可在范围 15°～60°内变化。FOPEN 装在 DHC-7 飞机上，巡航速度为 116m/s，飞行高度为 6400m，天线波束宽度在前进方向为 30°。FOPEN 目前正准备用于无人机（Unmaned Aerial Vehicle，UAV）上。

几种主要机载探地雷达系统的参数如表 11.1 所示。

表 11.1　几种主要机载探地雷达系统的参数

| 系　　统 | CARBAS | FOLPEN II | MSAR | UWB/FOPEN |
|---|---|---|---|---|
| 制造商 | FOA（瑞典） | SRI（美国） | 洛克希德（美国） | ERIM（美国） |
| 高度（m） | 1500～6500 | 300～3000 | 2000 | 6370 |
| 速度（m/s） | 100 | 100 | 100 | 110 |
| 天线 | 2 偶极子（八木） | 分离天线 | 分离天线 | 0.74×1.48 孔径天线 |
| 频率（MHz） | 20～90（VLF） | 100～500（VHF～UHF） | 500～800（UHF） | 200～900（UHF） |
| 脉冲宽度（μs） | 0.5 | — | 10 | 49 |
| 带宽（MHz） | 70 | 200 | 200 | 360 |
| 峰值功率（W） | 1000 | 400 | 20 | 420 |
| 视角（°） | 15～65 | 30～70 | 30～60 | 15～60 |

## 11.3　直升机搭载的探地雷达

### 1. CRREL 系统

CRREL 是开展机载探地雷达较早且应用较多的机构之一，它采用直升机搭载常规探地雷达天线的方法，在阿拉斯加和南极洲附近开展了探测冰层厚度和冰内洞穴的工作，并且取得了大量成果。图 11.7 所示为 Bell 206B 直升机搭载常规雷达天线的照片，左图为工作频率为 100MHz～1.4GHz 的宽带天线，右图为工作频率为 500MHz 的天线。在阿拉斯加布莱克拉皮兹冰川探测的雷达剖面如图 11.8 所示，可以看出 1.4GHz 宽带雷达可以清楚地探测 60m 厚的冰川。

图 11.7　Bell 206B 直升机搭载常规雷达天线照片

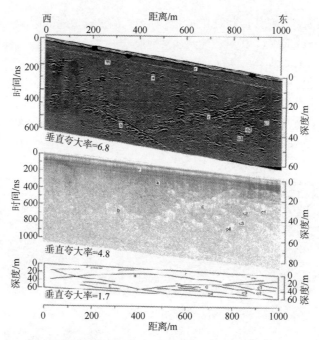

图 11.8　CRREL 机载雷达探测的雷达剖面：1.4GHz（上）；100MHz（中）；解释剖面（下）

## 2. BGR 系统

德国地球科学和自然资源研究所（BGR）的系统由汉堡技术大学研发，如图 11.9 所示。仪器装置安装在 AS350 直升机上。BGR 系统采用特定设计的角反射天线，工作频率是 150MHz，脉冲宽度为 12ns/60ns/600ns，峰值功率为 1.6kW，最小采样间隔为 1ns，冰层理论探测深度为 1500m，垂直分辨率为 1m/5m/50m，定位采用 Trimble 4000S DPS 系统，供电电压为 18～36V（16A）。

BGR 系统成功地在南极洲地区对极地的冰层进行了探测。图 11.10 所示为 BGR 系统对南极洲毛德皇后地探测的结果。数据采用对数区取样，这样做的优点是可以减少取样数，缺点是反射信号的相位信息丢失。在大多数情况下，来自冰层的反射强烈，因此很容易识别。但在有些情况下，来自像干冰下海水这种高导层的强反射很容易造成多次波，这些多次波会严重干扰有用信号，因此需要消除。

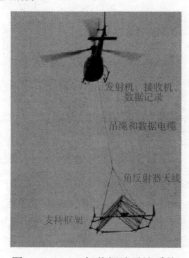

图 11.9　BGR 机载探地雷达系统

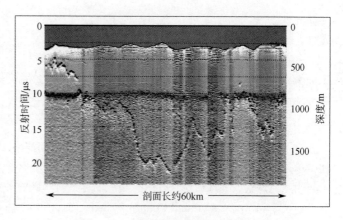

图 11.10　南极洲毛德皇后地探测的结果

2005 年 9 月，在阿塔卡马沙漠同时开展了为期两周的机载探地雷达探测和地面地球物理调查工作，其首要目的是测试机载 GPR 对该地区浅部地质结构进行遥感调查的有效性，进而确定属于该沙漠地区的盐湖的边缘的地下水位面。利用电法和 GPR 方法的地面地球物理调查与机载 GPR 方法同时展开，目的是促进深度探测及校验机载 GPR 系统的技术参数。调查结果表明，该地区因干燥而具有极高的电阻率值，且探测出了地下水位面，从另一个角度证明了机载 GPR 系统的有效性。从图 11.11 可以看出，来自 1.5μs 的反射能量大致等效于 100m 的探测深度（采用的速度为 155m/μs）。然而，在这个深度未发现清晰的反射体。

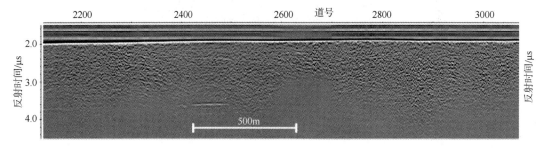

图 11.11　阿塔卡马沙漠探测剖面

### 3．Urbini 系统

意大利热那亚大学和博洛尼亚大学的研究人员 Urbini 等利用直升机搭载的探地雷达（见图 11.12）探测了南极大陆的冰雪厚度，以了解冰川和气候的变化。观测数据能反映冰雪的积累和融化过程。

### 4．印度雪及雪崩研究站系统

印度雪及雪崩研究站采用直升机搭载半球形领结形偶极天线（HBD-350）和 SIR-3000 控制单元进行了试验研究，目的是探索机载探地雷达在崎岖山区探测雪深及埋藏物的效果。在印度喜马拉雅山地区的试验研究表明，机载探地雷达可用于冰雪覆盖的山区。

## 11.4　无人机搭载的探地雷达

近年来，无人机的发展极大地促进了机载探地雷达的发展。瑞典 Geoscanners 公司、加拿大 Aerospectrum 公司、比利时鲁汶大学、西班牙奥维耶多大学、德国开姆尼

图 11.12　直升机搭载的意大利探地雷达

茨工业大学、哥伦比亚哈维里亚那天主教大学、斯洛文尼亚马里博尔大学等先后研发了无人机搭载的探地雷达系统。

### 1．Aerospectrum 系统

加拿大 Aerospectrum 公司主要开发各种无人机应用产品，它将一种商用探地雷达天线和一种小型控制单元集成到自行研发的无人机上，同时搭载了定位用的 RTK 系统。用于测深的集成无人机系统由与回声测深仪或探地雷达（GPR）集成的无人机（UAV）组成，如图 11.13 所示。通过将机载计算机 UgCS（Universal ground Control System）SkyHub 添加到系统中，确保了完全集成。将激光/雷达高度计添加到系统中，使无人机能够根据从高度计接收到的数据精确地跟踪地形。无人机的飞

行是使用 UgCS 空中网关的全部功能进行规划和管理的。借助于 UgCS，传感器的数据记录可自动启动，并使用自动驾驶仪的 GPS 坐标进行地理标记。

图 11.13　加拿大 Aerospectrum 公司集成的无人机探地雷达系统

该设备可用于河底和湖底测深，探测实例如图 11.14 所示。

水深测量

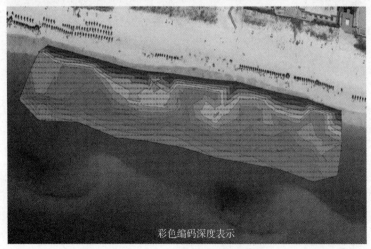

彩色编码深度表示

图 11.14　水深测量及探测结果

## 2．比利时鲁汶大学系统

比利时鲁汶大学的 Lambot 小组开发的机载雷达系统是一种基于网络分析仪的步进频率探地雷达系统，主要目的是探测近地表的水分。在该研究中，他们研制了新的无人机地面穿透雷达（GPR），用于土壤水分测绘。整个雷达系统的质量为 1.5kg，由用作频域雷达的手持式矢量网络分析仪（VNA）、覆盖宽频率范围（250～2800MHz）的轻型混合喇叭偶极子天线、用于定位的 GPS、带控制应用程序的微型计算机和用于远程控制的智能手机组成。系统基于 Lambot 等的雷达方程和多层介质格林函数，使用全波逆建模从雷达数据中导出土壤水分。反演是在时间域中进行的，重点是表面反射。该无人机系统的特点是通过校准程序确定的全局反射和透射函数。他们在比利时黄土地区的三块不同农田上进行了无人机探地雷达测量，为了避免土壤表面粗糙度的影响，所用的工作频率范围为 500～700MHz，且重点放在土壤顶部 10～20cm 的深度。这些区域呈现了一系列地形条件，导致了特定的土壤水分分布。土壤湿度图是使用克里格法根据当地测量结果绘制的。得到的土壤湿度图与实地地形条件和航空正射影像观测结果非常一致。这些结果证明了无人机探地雷达在野外快速、高分辨率绘制土壤湿度图及支持精确农业和环境监测等方面的潜力与优势。

图 11.15　安装在无人机上的混合喇叭偶极子天线原型机

雷达及其控制系统主要包括：①一个轻型矢量网络分析仪，②一个发射和接收（单基地）天线，③一个带电源的英特尔计算棒，④一部智能手机。上面介绍的设备安装在无人机上，如图 11.15 所示。

采用克里格插值法得到的连续土壤湿度图如图 11.16(a)所示，采用摄影测量由无人机航空摄影得到的场地数字高程模型如图 11.16(b)所示。摄影测量处理的软件是 Agisoft Metashape，数据采集采用的无人机是飞行高度为 90m 的 DJI Phantom 4 Pro。曲面模型的分辨率约为 5cm。

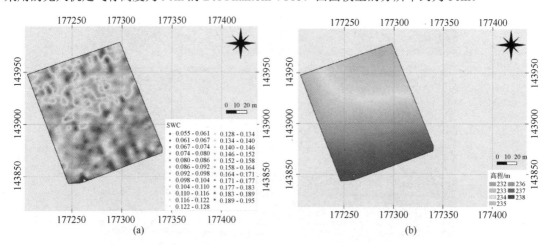

图 11.16　比利时 Cinq Etoiles（F1）的农田：(a)土壤湿度图；(b)数字高程图。投影为比利时兰伯特 72（m）

试验场地 F1 位于一个小集水区，其高度从南向北逐渐下降，最大高差约为 5m，如图 11.16(b)所示。土壤湿度图似乎也与地形一致。顶部和斜坡是田地中最干燥的部分，而底部则是最潮湿的部分。关于地形引起的入射角变化，我们注意到，场地顶部和底部相对平坦，呈现出非常不同的土壤湿度。场地顶部和边坡呈现相似的土壤湿度，而底部则不同，表明坡度对雷达测量的影响远小于土壤湿度变异的影响。因此，在这些条件下，忽略入射角似乎是一个很好的近似值，因为天线在该频率范围内的小角度近似各向同性增益造成。

### 3. 西班牙奥维耶多大学系统

西班牙奥维耶多大学设计了一种多通道机载探地雷达系统，它是一种搭载在无人机上的探地雷达（GPR）系统，主要用于探测和对掩埋目标成像，特别是地雷和简易爆炸装置。该系统基于空中平台的硬件和架构，增大了扫描面积，提高了检测能力。这些改进是通过采用两个接收天线和新处理技术来实现的，提高了探地雷达图像的信杂比。此外，还研究了影响探地雷达图像分辨率的参数，如合成孔径雷达（SAR）技术的高速度和可以同时处理的测量量。该系统具有以下几个优点：安全性和更快的扫描速度，以及检测金属和非金属目标的能力。

GPR 系统可根据相对于土壤/地面的照射角度进行分类，如下所示。

(1) 前视型探地雷达系统（FLGPR）。发射天线以给定入射角照射土壤，以最小化从空气-土壤界面返回的反射。雷达天线与地面之间的角度仅导致反射能量的一小部分向雷达反向散射。因此，FLGPR 系统要求接收器具有高动态范围，以实现足够的灵敏度来检测掩埋目标。

(2) 俯视探地雷达系统（DLGPR）。入射波通常撞击地面界面。从雷达到地面的距离比 FLGPR 小，可提供更好的分辨率。一般来说，掩埋目标的后向散射功率大于 FLGPR，但由于电磁波在地面上的反射，杂波也更大。

在地雷和简易爆炸装置探测方面，探地雷达系统已成为一种有效的解决方案，因为它们能够探测金属和非金属掩埋目标。

1）机载探地雷达系统概述

原型机主要系统概述如下。

(1) 飞行控制子系统。它由一台微型计算机和一块附加板组成，用作无人机飞行控制器。附加板包括通常安装在无人机上的定位传感器：惯性测量单元（IMU）、气压计和 GNSS 接收器。

(2) 精确定位子系统。提供厘米级精度，包括一个激光雷达（光探测和测距）高度计（或测距仪）和一个双频 RTK-GNSS 系统，后者由 RTK 天线和 RTK 接收机组成。从 GNSS 基站接收 RTK 校正并发送到 RTK 接收器。选择双频 RTK 是因为与单频 RTK 相比，前者具有更好的精度和可用性（即提供校正坐标的时间百分比）、更强的鲁棒性（如在有限的天视区域工作时）以及更快的部署时间。RTK 精度在水平面上约为 0.5cm，在垂直方向上约为 1cm。对于激光雷达，估计精度约为 1.8cm。

(3) 雷达子系统。选择了一种轻型、紧凑的超宽带雷达，工作频带范围为 100MHz～6GHz。该雷达有一个发射端口和两个接收端口。因此，利用端口数量，雷达可连接到一个 3 单元天线阵列。每个天线都是工作在 600MHz～6GHz 频段的 UWB Vivaldi 天线。

(4) 地面站。由传统笔记本电脑组成，接收雷达测量、定位和地理参考信息。使用 GPR-SAR 成像算法对地理参考测量进行处理，以创建地下和掩埋物体的雷达图像。

(5) 通信子系统。由数据链路和无线电控制链路组成。无人机和作为地面站的笔记本电脑之间的无线局域网基于现场部署的无线局域网（WLAN）。WLAN 可设置为在 2.4GHz 或 5.8GHz 下工作。由于用于 IED 和 LM 探测配置的 DLGPR 机载多通道探地雷达及定向天线的使用，除了 WLAN 和 UWB 雷达都使用扩频信号，雷达和 WLAN 之间的干扰可以忽

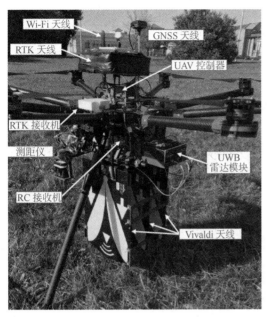

图 11.17　仪器的整体结构

略不计。现场部署的 WLAN 连接到移动电话以实现互联网接入，可以接收来自 GNSS 基站的 RTK 校正。无人机的无线电控制则选择了 433MHz 的发射和接收模块。图 11.17 所示为仪器的整体结构。

2）数据处理

基于无人机的探地雷达系统的两个主要数据源分别来自定位和地理参考信息子系统和雷达子系统。前者需要适当地参考雷达测量，以便可应用 GPR-SAR 处理。注意，地理参考雷达测量值将实时发送到地面控制站。

首先，处理定位信息，即根据局部坐标系定义的 $(x, y, z)$。定位信息还用于选择待处理的雷达测量值，主要是避免某些区域的过采样，并丢弃无价值的数据。雷达数据处理的基本预处理包括：首先，检索脉冲响应；然后，执行时间选通以选择感兴趣的范围；最后，应用平均减法和高度校正来抑制杂波。

应用奇异值分解（SVD）滤波和处理增益技术改进了预处理。预处理后，应用傅里叶变换将雷达数据变换到频率域中。接着，给定测量值 $(x, y, z)$ 和调查/成像域坐标 $(x', y', z')$，应用 SAR 处理以恢复雷达模块的每个信道 $n$（$n = 1, 2$）的调查域内的反射率 $\rho\mathrm{CHn}(x', y', z')$。最后，将两个通道相干组合，获得单个反射率集 $\rho(x', y', z')$。

数据处理流程图如图 11.18 所示。

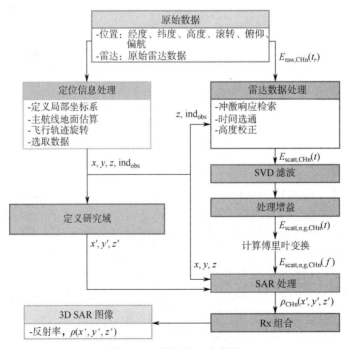

图 11.18　数据处理流程图

3）应用实例

改进的基于无人机的探地雷达系统用于简易爆炸装置和地雷探测。现场需要两人进行测量：一人负责地面站（笔记本电脑）和不同子系统的配置，监督系统是否按预期工作；另一人负责管理无人机的无线电控制单元，以实现手动飞行模式（起飞和着陆所需）。关于原型准备所需的时间，由于使用了双频 GNSS-RTK 接收器，无人机通电后几秒内即可达到最大定位精度。在配备单波段 GNSSRTK 模块的其他系统中，达到最大精度可能需要几分钟。

图 11.19 左侧显示了该场景的图片及无人机遵循的飞行路径方案。

试验区土壤是含水量高的壤质土壤，因为湿度计在土壤中测出的湿度为 40%～60%。土壤的相对介电常数为 5～8，这与壤土的预期相对介电系数值一致。如图 11.19 所示，包含两个掩埋目标：第一个是金属盘，其埋深为 25cm；第二个是杀伤性塑料地雷，其埋深为 13cm。

图 11.19　试验场地场景和掩埋目标图片，左侧的方案显示了飞行路径

图 11.20(a)和图 11.21(a)显示了当两个接收通道的 SAR 图像相干组合时，在应用 SVD 滤波和处理增益之前，以金属盘位置为中心的 SAR 图像切片。观察发现，金属盘上的反射振幅比空气-土壤界面的振幅低 25dB，仅比圆形/杂波水平高约 5dB。

接着，在雷达测量处理中引入 SVD 滤波时的结果，如图 11.20(b)和图 11.21(b)所示：注意到杂波减少，空气-土壤界面处反射的部分滤波。图 11.20(c)和图 11.21(c)显示了应用处理增益的效果：金属盘上的反射水平增大了 6～7dB，但杂波也增加。最后，在图 11.20(d)和图 11.21(d)中显示了奇异值分解滤波和处理增益的组合结果，由于处理增益的贡献，金属盘上的反射增强，且由于奇异值分解滤波器，杂波显著减少。除了金属圆盘上的反射，还观察到 $x = 0.5m$ 和 $y = 7.5m$ 处的另一个伪影，它可能是由土壤不均匀性（潮湿区域或石头）造成的。

平面 z = −0.7m

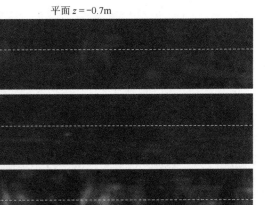

图 11.20　SAR 图像。$z = -70$cm 处的水平切片，中心位于埋深为 25cm、直径为 18cm 的金属盘位置。归一化反射率，单位为 dB。Rx 信道 1 和 2 的相干组合。(a)不应用 SVD 滤波或处理增益；(b)应用 SVD 滤波；(c)应用处理增益；(d)应用 SVD 滤波和处理增益

平面 x = −0.11m

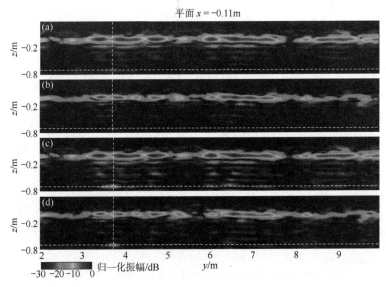

图 11.21　SAR 图像。$x = 11$cm 处沿测线的垂直切片，中心位于埋深为 25cm、直径为 18cm 的金属圆盘位置。归一化反射率，单位为 dB。Rx 信道 1 和 2 的相干组合。(a)不应用 SVD 滤波或处理增益；(b)应用 SVD 滤波；(c)应用处理增益；(d)应用 SVD 滤波和处理增益

## 11.5  仪器系统及应用

机载雷达的搭载平台有三种，即固定翼飞机（包括无人机）、直升机和无人机。这几种平台各有优缺点。固定翼飞机搭载的探地雷达装置主要在大面积地球物理调查或人类无法接近的地区使用，如沙漠地区、永久冻土带、高山地区、雷区等。直升机搭载的探地雷达对大面积普查提供很高的数据密度，对人类无法到达的地区也可在很短的时间内进行调查，以满足人们的需要；另外，直升机的高灵活性还能增大感兴趣地区的数据密度。无人机搭载的探地雷达主要适合小范围探测，主要用于1～2m浅表层的探测，探测目标为水分或地雷等。可见，机载 GPR 具有很多优点，如全球性的快速测量、目标区域的高分辨率覆盖、多期分析、多种传感器集成等。

机载雷达系统也有两种：一种是用于地面的常规探地雷达系统，另一种是专为机载雷达开发的雷达系统。不同机构开发的系统是不同的，既有宽带雷达系统，又有超宽带系统。注意，超宽带是就信号的相对带宽而言的，当信号的带宽与中心频率之比大于 25% 时，称为**超宽带**（UWB），当信号的带宽与中心频率之比为 1%～25%时，称为**宽带**（WB），当信号的带宽与中心频率之比小于 1%时，称为**窄带**（NB），如表 11.2 所示。

表 11.2  目前国际上的机载探地雷达系统及应用

| 研究机构名称 | 雷达系统 | 带宽 | 搭载平台 | 用  途 |
|---|---|---|---|---|
| 美军寒地研究及工程实验室 | 通用雷达系统 | WB | 直升机 | 冰川、雪地、南极洲 |
| 意大利热那亚大学和博洛尼亚大学 | 通用雷达系统 | WB | 直升机 | 南极调查 |
| 印度雪及雪崩研究站 | 通用雷达系统 | WB | 直升机 | 积雪厚度、雪下目标探测 |
| 得克萨斯大学奥斯汀分校地球物理研究所 | 专用雷达系统 | WB | 固定翼飞机 | 冰川、雪地、南极洲 |
| 德国地球科学和自然资源研究所 | 专用雷达系统 | WB | 直升机 | 冰川、雪地、沙漠地区 |
| 加拿大贝德福德海洋研究所 | Eisflow，专用雷达系统 | | 直升机 | 冰厚测量 |
| 美国斯坦福国际研究所/美国国际雷达咨询公司 | FOLPEN，专用雷达系统 | UWB | 固定翼飞机 | 地雷探测、森林覆盖军事目标探测 |
| 瑞典国防研究所 | CARABAS，专用雷达系统 | UWB | 固定翼飞机 | 地下目标、军事目标 |
| 俄罗斯 INTARI | 专用雷达系统 | UWB | 固定翼飞机 | 极地调查 |
| 美国密歇根环境研究所 | FOPEN，专用雷达系统 | UWB | 固定翼飞机 | 穿透植被探测 |

探地雷达系统的用途也可分成三类：第一类是冰雪及极地探测应用，用于全球变化研究或服务于海上运输；第二类为区域地质调查，如沙漠找水等；第三类为穿透森林植被的探测，如地雷或军事目标探测等。

## 习  题

**11.1**  举例说明机载探地雷达有哪些应用。

**11.2**  和常规地面探地雷达相比，机载探地雷达有哪些优点？

**11.3**  极地冰雷达的主要原理与探测能力是什么？

**11.4**  无人机平台为探地雷达带来了哪些应用领域？

## 参考文献

[1]  李大心. 探地雷达方法与应用[M]. 北京：地质出版社，1994.

[2] 曾昭发，刘四新，王者江，等. 探地雷达方法原理及应用[M]. 北京：科学出版社，2006.

[3] 粟毅，黄春琳，雷文太. 探地雷达方法理论与应用[M]. 北京：科学出版社，2006.

[4] 冯彦谦. 机载探地雷达探测地下目标体的数值仿真和成像研究[D]. 吉林大学，2008.

[5] John W. Holt et al. *Identifying and Characterizing Subsurface Echoes in Airborne Radar Sounding Data From a High-Clutter Environment in Taylor Valley, Antarctica*[C]. 11th International Conference on Ground Penetrating Radar, June 19-22, 2006, Columbus Ohio, USA.

[6] Volkmar Damm et al. *Airborne GPR measurements in the Atacama Desert first results and constraints using a 150MHz pulse radar for groundwater exploration*[C]. 11th International Conference on Ground Penetrating Radar, June 19-22, 2006, Columbus Ohio, USA.

[7] Dieter Eisenburger et al. *Helicopter-borne GPR Systems for Geological Applications, Workshop on Remote Sensing by Low-Frequency Radars*[J]. Naples, Italy -20/21 September 2001.

[8] Damm V., Eisenburger D., Jenett M. *Ice thickness data acquired using a helicopter-borne pulse radar system, Workshop on Remote Sensing by Low-Frequency Radars*[J]. Naples, Italy -20/21 September 2001.

[9] Lalumierel L. and Prinsenberg S. *Integration of a Helicopter-Based Ground Penetrating Radar (GPR) with a Laser, Video and GPS System*[C]. Proceedings of the Nineteenth (2009) International Offshore and Polar Engineering Conference.

[10] Stefano Urbini, Luca Vittuari and Stefano Gandolfi. *GPR and GPS data integration examples of application in Antarctica*[J]. Annali Di Geofisica, Vol 44, No. 4, August 2001 (03).

[11] Negi H. S., Snehmani, N. K., et al. Sharma. *Estimation of snow depth and detection of buried objects using airborne Ground Penetrating Radar in Indian Himalaya*[J]. Current Science, Vol. 94, No. 7, 10 April 2008.

# 第12章　工程探测应用

探地雷达在工程探测领域中应用广泛，近年来出现了大量的应用实例。按照行业领域划分，探地雷达的主要应用领域是公路工程探测领域和水利工程探测领域，如高等级公路的质量检测、隧道工程的质量检测和地质超前预报、水利工程隐患检测等。本章着重介绍探地雷达在公路工程探测领域、水利工程探测领域和电力工程探测领域中的应用。

## 12.1　公路工程探测领域

在公路建设和维护中，探地雷达方法发挥了重要的作用。在公路勘察设计阶段，探地雷达可用于划分地层，探测基岩面、断层、古墓、管道、潜水面，圈定富水地段等，为公路的选址设计提供资料；在公路施工阶段，探地雷达可用于监测路基和基层的厚度及压实情况，起到对施工质量的监测作用；在公路验收阶段，探地雷达可用于公路面层厚度、压实度的检测，为公路的验收和后期管理提供资料；在公路运行后的维护方面，探地雷达可进行公路面层下的脱空、隐伏裂缝、空洞等隐患探测，为公路的维护提供资料。

高等级公路质量检测的原始方法是采用钻探取芯法，该方法不仅效率低、代表性差，而且会对公路造成破坏，探地雷达具有快速、连续、无损检测的特点，可为公路工程建设质量评价提供更丰富的科学信息。

### 12.1.1　公路病害检测

公路病害主要分为原状地基土内洞穴、路基填土不密实和路面基层与填土间的脱空等。原状地基土内洞穴由地下水的作用、古墓、窑洞和蚁穴等引起，路基填土不密实主要由碾压不实引起，路基填土脱空一般出现在桥涵两侧及路面基础层与填土层之间。

西铜一级公路铜川收费站附近有一段混凝土路面出现了裂缝，为了查明裂缝出现的原因，1994年在裂缝附近做了多条探地雷达剖面，其中一条沿公路走向的纵剖面的探地雷达图像如图12.1所示。图中强反射信号为路基黄土层的反射信号，反射信号的整体形态呈凹陷形，反映了黄土受潮后形成了塌陷。

路基压实情况的好坏在探地雷达图像上有明显反映。图12.2所示为西安至宝鸡高速公路上路基压实好和压实差的对比剖面图，该公路由13cm厚的沥青混凝土面层、35cm厚的二灰砾石（土）基层和约3.5m厚的路基构成，检测目的是了解涵洞两侧路基的压实情况。图12.2(a)所示为路基压实好的特征剖面，路基压实好时，在各层中介质的密度和含水量分布均匀，电磁波在同一层介质中传播时呈指数衰减，在雷达剖面上没有反射振幅强、相位杂乱的反射信号显示；图12.2(b)所示为路基压实差的特征剖面，路基压实差时，各层中介质的密度

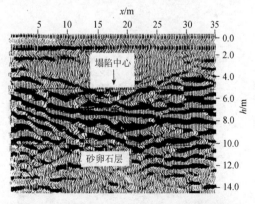

图12.1　沿公路走向的纵剖面的探地雷达图像

和含水量分布不均匀，电磁波在同一层介质中传播时遇到含水量或密度差异的部位时产生明显的反射，在面层和基层中显示了反射振幅较强、相位连续性差的反射信号。

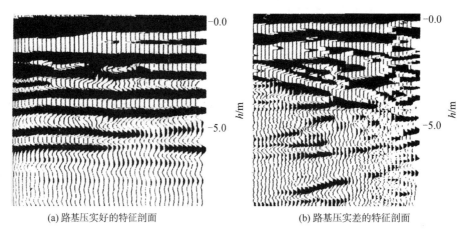

(a) 路基压实好的特征剖面　　　　　　　　(b) 路基压实差的特征剖面

图 12.2　路基压实好和压实差的对比剖面图

　　公路投入使用后因路基的沉降不均等原因，常出现面层下的脱空，如不及时查明和维修，会对行车安全造成严重危害，而要查明此类隐患，探地雷达是最实用的检测方法。由于车辆的长期碾压，脱空地段的路面往往出现开裂和下陷等现象，地表水沿裂缝渗透使脱空部位路面下介质的含水量增大，电磁波的传播速度减小，反射波振幅增大，因此在探地雷达剖面上脱空部位的反射波同相轴具有明显的凹陷形态（见图 12.3）。

　　路面下的空洞是严重威胁行车和行人安全的公路隐患之一。空洞在成因上有自然形成和人工形成两类，自然形成的空洞是地下岩土层在水流或重力作用下形成的空洞，如砂土层地区地下水流动带走局部砂土形成空洞、石灰岩地区地下水流的侵蚀形成溶洞等。人工形成的空洞是人类活动过程中破坏地下岩土层的完整性，后期在水和重力作用下形成的空洞，如地下管道施工回填不密实在重力作用下形成的空洞、地下过水管线渗漏带走源头介质形成的空洞等。空洞介质与其周围介质存在较大的电性差异，具体反映在相对介电常数上，是探地雷达探测地下空洞的前提条件。空洞在探地雷达剖面上的异常一般呈双曲线形态，当空洞介质为空气且空洞埋深较浅时，空洞异常在雷达剖面上显示明显，异常部位多次波发育。图 12.4 所示为通过地下通道的探地雷达剖面，在水平方向 3～13m 处的强反射波是地下通道的反映，通道顶板埋深约 1m；当空洞内介质为水且空洞埋深较大时，空洞异常在雷达剖面上显示不明显，异常部位的多次波不发育。图 12.5 中水平方向 2.0～3.5m 处的弧形绕射异常，是一个埋深为 4m、直径约为 1m 的地下含水空洞的反映。

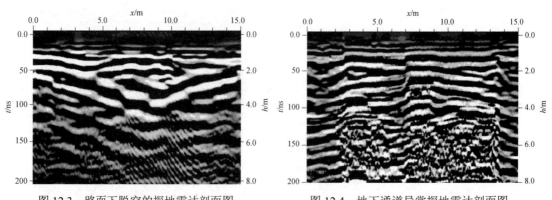

图 12.3　路面下脱空的探地雷达剖面图　　　　　图 12.4　地下通道异常探地雷达剖面图

在公路的长期运营过程中,当路基岩土发生沉陷时,沉陷带与周围的地层产生错动,形成断层或裂缝,在雷达图像中表现为反射同相轴不连续,出现错位或断开。由图 12.6 可以看出,该路段的 K128 + 438 之前为正常路段,K128 + 438 之后路基明显开始下沉,且下沉量越来越大。路基填土从上到下分为 3 个明显的下沉标志层,最上面的标志层(最新的一次下沉)下沉 35～40cm,最早的标志层(下沉最大的一层)下沉 95～100cm,第二下沉标志层下沉 80cm,如图中的三组箭头所示。该下沉路段下沉-回填-下沉-回填的多次反复过程十分清楚。

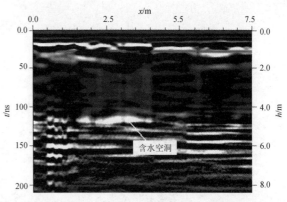

图 12.5 含水空洞异常探地雷达剖面图

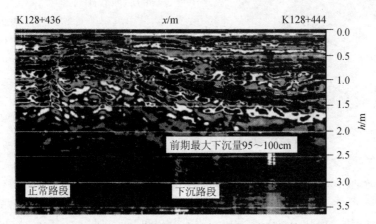

图 12.6 路基下沉异常探地雷达剖面图(谢昭晖等,2007)

## 12.1.2 公路结构层厚度检测

公路由土基础、二灰土、二灰碎石、面层等构成。面层分为混凝土面层和沥青混凝土面层两种。由于空气、沥青混凝土面层或混凝土面层、二灰碎石、土壤等介质的相对介电常数不同,电磁波在介质发生变化的界面上产生反射波,而在同层介质中则呈指数衰减。图 12.7 所示为电磁波在公路剖面中各界面的传播示意图,图 12.8 所示为电磁波在公路剖面中各界面的扫描示意图。

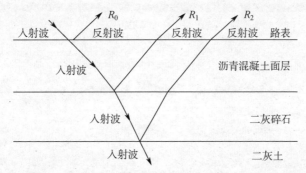

图 12.7 电磁波在公路剖面中各界面的传播示意图。$R_0$ 为路表反射波;$R_1$ 为面层与二灰石界面的反射波;$R_2$ 为二灰碎石与二灰土界面的反射波

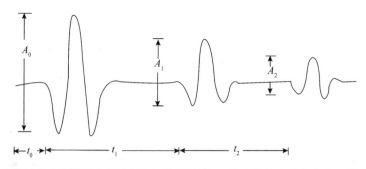

图 12.8  电磁波在公路剖面中各界面的扫描示意图。$t_0$ 为电磁波在空气中的双程走时，
$t_1$ 为电磁波在沥青面层中的双程走时，$t_2$ 为电磁波在二灰碎石中的双程走时；
$A_0$ 为反射波 $R_0$ 的振幅，$A_1$ 为反射波 $R_1$ 的振幅，$A_2$ 为反射波 $R_2$ 的振幅

图 12.9  公路检测专用的雷达系统

在公路结构层厚度的探地雷达检测中，所用天线一般为 900MHz 或 2.5GHz 的道路专用喇叭形天线，天线悬挂在吉普车的后面。图 12.9 所示为公路检测专用的雷达系统。测量中汽车的行驶速度一般为 30~60km/h，以测量轮跟踪记录里程。测量点距为 50cm，每隔 5~10m 提供一个单点厚度值。在检测过程中，应结合每个施工标段的钻孔取芯资料对电磁波在结构层中的传播速度进行标定，并计算出在各施工标段中电磁波的平均速度，以该平均速度值和时间剖面上电磁波在结构层中的双程走时，按公式 $H = vt/2$ 计算出该标段内各检测点上结构层的厚度。

吉林省长春至四平的高速公路采用沥青混凝土路面，路面下为碎石垫层。路面设计厚度为 25cm，路面分三次铺设完成。在第二次和第三次铺设完成后，采用探地雷达进行了路面厚度检测。检测中使用的探地雷达为 SIR-2 型，天线中心频率为 900MHz，时窗为 15ns。检测中天线悬挂在吉普车尾部，汽车行驶速度为 20km/h，天线底部距路面的高度为 5cm。数据采集后进行了空间域滤波、反卷积滤波、偏移和增益恢复等处理。图 12.10 所示为某段路面的探地雷达检测剖面图，图中变化范围为 5~9ns 的强反射波同相轴是沥青混凝土面层与碎石垫层界面的反射，根据该反射界面在时间剖面上的双程走时和电磁波在沥青混凝土路面中的传播速度可以计算出路面厚度。

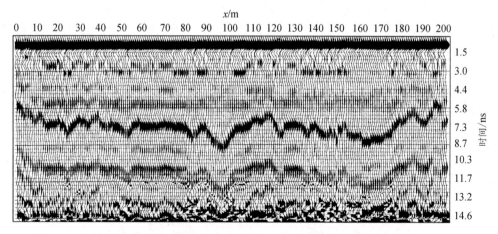

图 12.10  长春-四平高速公路某段路面的探地雷达检测剖面图

沥青混凝土路面的电磁波速度采用实验标定的方法得到。检测结果表明，由于二灰石层凹凸不平，导致沥青混凝土路面厚度有较大的变化，最薄处为26cm，最厚处为43cm。

路面厚度的评价按国家公路路面结构层厚度评定标准进行，每隔10m提取一条雷达扫面，由计算机或人工读取电磁波在结构层中的双程走时，计算该点的厚度值，每隔250m出一张厚度评价结果表。表12.1所示为长春-四平高速公路桩号K121＋500～K121＋740的厚度评价结果。

表 12.1　长春-四平高速公路桩号 K121＋500～K121＋740 的厚度评价结果

| 桩　号 | 厚度/cm | 桩　号 | 厚度/cm | 桩　号 | 厚度/cm |
|---|---|---|---|---|---|
| K121＋500 | 16.3 | K121＋600 | 18.2 | K121＋700 | 17.1 |
| K121＋510 | 17.5 | K121＋610 | 16.5 | K121＋710 | 16.9 |
| K121＋520 | 17.8 | K121＋620 | 16.6 | K121＋720 | 17.3 |
| K121＋530 | 17.2 | K121＋630 | 17.8 | K121＋730 | 18.8 |
| K121＋540 | 17.3 | K121＋640 | 16.6 | K121＋740 | 18.7 |
| K121＋550 | 18.1 | K121＋650 | 17.5 | 厚度代表值 | 17.52 |
| K121＋560 | 18.3 | K121＋660 | 16.9 | 平均厚度 | 17.58 |
| K121＋570 | 19.4 | K121＋670 | 17.1 | 标准差 | 0.78 |
| K121＋580 | 18.2 | K121＋680 | 17.5 | 最大厚度 | 19.4 |
| K121＋590 | 18.1 | K121＋690 | 18.3 | 最小厚度 | 16.3 |

探地雷达方法在公路质量检测中除了可进行路面厚度检测、路基隐患（脱空、裂缝等）检测和桥涵质量检测，还可对电磁波与路面压实度、强度及含水量的关系进行检测。

### 12.1.3　掌子面前方地质超前预报

在隧道挖掘过程中，常因掌子面前方地质情况不详，在不良地质地段出现坍塌、涌水等现象，严重时造成人身伤亡和设备损坏等事故，给国家造成巨大的经济损失。因此，在隧道掘进过程中及时了解掌子面前方地质情况，特别是断层、破碎带、岩溶等不良地质构造的规模和性质，对于确保施工安全、合理安排掘进方案、掘进速度和支护措施至关重要。

隧道掌子面前方地质情况预报按能预报的距离分为长距离预报、中距离预报和短距离预报。开展掌子面前方地质结构预报的地球物理方法有地震反射法（如 TSP 及高密度地震影像等方法）、探地雷达方法、声波探测方法和红外探测方法等。中、长距离预报一般采用地震反射法，可预报的距离为几十米至一百米；短距离预报采用探地雷达方法、声波探测法或红外探测方法，探地雷达方法可以预报的距离一般为 20m。TSP 方法预报的内容包括：软弱岩层的分布、断层及其影响带、节理裂隙发育带、溶洞和围岩类别；探地雷达方法预报的内容包括：岩溶、断层破碎带和地下水赋存情况；红外探测方法主要用于水和瓦斯等隐蔽灾害源分布的探测。

隧道前方岩层中由于存在断裂、破碎带或岩溶不良地质体，改变了岩体结构的完整性，在断裂带上岩石破碎，且常存在裂隙水，而在岩溶内则存在黏性土、水或空气填充，断裂或岩溶等不良地质体与完整围岩之间存在较大的电性和弹性差异，为开展地球物理方法超前预报提供了条件。当裂隙发育或存在断层、破碎带时，由于岩石的不连续性和强度的变化，使得介电常数发生明显改变，在探地雷达剖面上则形成反射波同相轴不连续的强反射异常。

吉林省某公路隧道岩石以花岗岩为主，其中穿插有角闪岩和绿泥角闪岩破碎带，岩石节理裂隙发育。在掘进方向上有两组大断裂（走向为 NNE 和 NNW）交替出现，与 EW 向小断层及破碎带相切割，呈屋顶形，易产生大块脱落体。为了施工安全及合理设计掘进方案，采用反射地震影

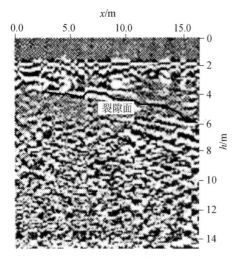

图 12.11　断裂的探地雷达探测图像

像和探地雷达相结合的方法进行了掌子面前方地质情况的中、短距离预报。图 12.11 所示为该隧道某桩号掌子面上的探地雷达探测图像，其中 4～6m 深处的一条倾斜反射波同相轴反映了一条发育的裂隙或小断层。

地震方法的实施方式是，在掌子面的不同高程上水平布置 2 条测线，使用石膏在掌子面上等距离地粘接检波器，使用大锤在测线上激发地震波，地震波采用打深孔埋设雷管引爆的方式得到，在掌子面上接收地震波。探地雷达方法的实施方式是，在掌子面两侧洞壁及掌子面上水平布置测线，使用 100MHz 天线等距离点测采集，测点间距为 10～20cm，时窗为 500ns。

图 12.12 所示为桩号 K241 + 138 掌子面上人工地震和探地雷达方法综合预报的结果。在 K241 + 138～K241 + 063 段有断层 3 处（F116、F120 和 F135），岩性异常带 1 处。综合解释推断的位置为 K241 + 115、K241 + 120、K241 + 135，岩性异常带的位置在 K241 + 068 附近，推断宽度为 10～20m。挖掘证实有断层 2 条（F115 和 F135），出露桩号与推断位置相差约 1m，走向近 EW，断距为 0.3m。岩性异常带为岩性破碎带，宽约 20m，出露桩号与预报推断的桩号相差约 8m，系由伟晶岩及角闪岩多次侵入造成。预报推断的岩性异常带的桩号与实际出露桩号的误差，源于所测地震波传播速度的误差。

图 12.13 所示为探地雷达方法在桩号 K241 + 247 掌子面上和隧道两壁上的预报结果。在洞两壁检测到断层 3 条（F1、F2 和 F3）。按几何关系推测，F1 与 F3 在掌子面前方 10m 附近交会，F2 与 F3 在掌子面前方约 35m 附近交会。掌子面上测量到前方断裂 5 条，分别为 F242、F239、F235、F230 和 F225，走向近 EW，与 F1 和 F3 断层相切割，洞顶极易形成塌落块体，对施工安全有严重危害。挖掘证明，掌子面上预报的结果与地质构造出露位置吻合。根据预报结果，施工单位及时调整掘进方案和掘进速度，采取了更合理的安全防范措施，避免了工程事故的发生。

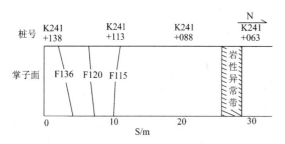

图 12.12　桩号 K241 + 138 掌子面预报结果示意图

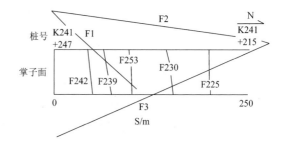

图 12.13　桩号 K241 + 247 掌子面预报结果示意图

掌子面前方地质超前预报除了确定断裂位置，对前方的岩溶及软弱夹层等地质体也有较好的预报效果。珠海市某公路隧道岩石为弱风化花岗岩，岩质坚硬，节理、裂隙较发育。在隧道掘进过程中，发现有花岗岩俘虏体分布在掌子面上，俘虏体呈灰绿色和软泥状，对隧道掘进安全构成危害。为了查明俘虏体在掌子面前方分布的规模，采用探地雷达进行了超前预报。使用的仪器为 SIR-3000 探地雷达，天线的中心频率为 100MHz，采样时窗 350ns，测量点距为 20cm。图 12.14 所示为 ZK16 + 082 掌子面超前预报的探地雷达剖面图，图中显示的低频强振幅特征的反射信号区推断为花岗岩俘虏体，推断的俘虏体在掌子面前方的分布宽度约为 7m，延伸长度约为 11m，挖掘结果证实了该异常体的存在。

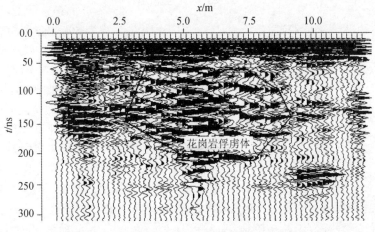

图 12.14  ZK16 + 082 掌子面超前预报的探地雷达剖面图

　　地下水主要赋存在岩溶与裂隙中。在富水区，由于水的介电常数与岩石的差异较大，在探地雷达图像上会形成反射振幅较强的异常区。在深埋隧道或富水地层及岩溶发育地区，探地雷达是一种很好的预报手段。图 12.15 所示为掌子面前方岩层中富水区的探地雷达剖面图像，根据雷达图像中反射波振幅、相位和频率的变化，很容易圈出含水层的位置。

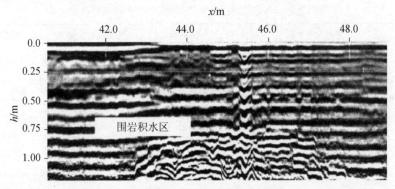

图 12.15  掌子面前方岩层中富水区的探地雷达剖面图像（赵永贵等，2003）

　　在发表的探地雷达应用文献中，关于掌子面前方地质超前预报的居多。但要指出的是，在实际预报工作中，还有许多因素会影响预报的准确性，包括掌子面上岩石的不均匀性和因爆破引起的岩石松动等因素对剖面的影响，隧道两壁形成的侧反射干扰及工程设备的干扰等使得异常体不易被识别，预报人员不了解隧道所处的地质环境和可能出现的隐患性质等。因此，技术人员要仔细阅读工程勘察报告，了解隧道的岩石结构、地质构造和地下水分布情况，仔细分析探地雷达反映的异常特征，避免发生误判现象。一般来说，在掌子面平整且岩石完整的情况下，探地雷达预报前方约 20m 距离内的不良地质现象是较准确的，而异常的性质则是不确定的。如果掌子面上岩石松散且岩性极不均匀，探地雷达预报的精度就会明显降低。

## 12.1.4　隧道衬砌质量检测

　　衬砌是隧道的主要承载结构，也是隧道防水的重要工程，其施工质量对隧道长期稳定发挥着重要的作用，对隧道工程质量的检测也显得尤为重要。隧道衬砌质量检测包括如下内容：隧道衬砌厚度，衬砌背后未填实的空区，复合式衬砌中两层衬砌间的较大空隙，施工时坍方位置及坍方处理情况，围岩中地下水侵入隧道的位置，衬砌混凝土的密实程度等。隧道衬砌质量检测的主要方法是探地雷达方法。

使用探地雷达进行隧道衬砌质量检测时，一般采用中心频率为 500MHz 或 900MHz 的天线，检测厚度可达 1～3m。检测时布置 5 条测线，它们分布在隧道的拱顶、拱腰和边墙三个部位（见图 12.16），拱顶在隧道的正顶部附近，拱腰在隧道的起拱线以上约 1m 处，边墙在排水盖板以上约 1.5m 处。采用连续测量方式，测点间隔一般为几厘米。为了保证探地雷达时间剖面上各测点位置与实际检测里程相对应，在检测时以测量轮跟踪测量里程，且在隧道边墙上每隔 10m 做一个里程标记，供校正剖面上的里程号。检测时，天线要紧贴洞壁保持匀速运动，避免天线的颠簸对时间剖面产生干扰。

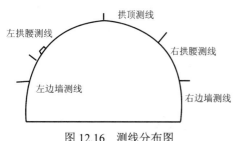

图 12.16　测线分布图

检查隧道衬砌时，雷达天线的快速运动往往形成天线贴壁不良等现象，剖面上有较强的多次波出现；此外，为了抑制隧道内电缆、钢管排架等对雷达数据造成的干扰，在对隧道衬砌检测的探地雷达数据进行解释前，必须经过背景消除和反卷积滤波等数据处理，消除多次波和其他背景干扰波，突出衬砌介质与围岩接触面上的反射信号。

隧道衬砌质量检测中相关介质的物理参数如表 12.2 所示。

表 12.2　隧道衬砌质量检测中相关介质的物理参数

| 介　　质 | 介电常数 | 电导率（mS/m） | 传播速度（m/ns） | 衰减系数（dB/m） |
| --- | --- | --- | --- | --- |
| 空气 | 1 | 0 | 0.3 | 0 |
| 水 | 80 | 0.5 | 0.033 | 0.1 |
| 砂岩 | 6 | 0.04 | — | — |
| 灰岩 | 4～8 | 0.5～2 | 0.12 | 0.4～1 |
| 花岗岩 | 4～6 | 0.01～1 | 0.13 | 0.01～1 |
| 混凝土 | 4～20 | 1～100 | 0.11～0.12 | — |
| 黏土 | 5～40 | 2～1000 | 0.06 | 1～300 |

在衬砌质量检测过程中，首先要在探地雷达剖面上确认出混凝土与围岩界面之间的反射波同相轴，读取反射波双程旅行时间，按照公式 $H = Vt/2$ 计算出混凝土衬砌厚度和异常体的埋深。电磁波在衬砌中的传播速度的求取方法是，首先在隧道衬砌上做短测线，测量衬砌与岩体交界面反射波的走时，接着在测线部位打钻孔穿透衬砌，实际丈量衬砌厚度后按照公式计算出速度 $V$ 的值。如果无法钻孔，可以在隧道进出口的明洞处进行短测线测量，根据明洞的实际厚度标定出电磁波在衬砌中的传播速度。

尽管模筑混凝土衬砌、喷射混凝土与围岩有一定的介电常数差异，在探地雷达剖面上存在反射界面，但由于衬砌厚度仅为几十厘米，该反射界面在反射时间上往往与雷达发射的直达波形成的周期信号重叠，在原始检测剖面上不易识别，必须经过数据处理以消除直达波的干扰后，以围岩开挖时形成的起伏反射波同相轴的特点为依据进行仔细识别。

脱空是隧道衬砌质量检测的重要内容之一。脱空体一般出现在二次衬砌与喷射混凝土的接触界面及钢支撑与围岩的接触界面上，如果脱空体内为空气，由于混凝土和空气的电性差异较大，当电磁波在混凝土与空气之间、空气与围岩之间传播时，上下两个界面会产生两次强反射，雷达剖面上会出现双曲线形态的强反射波，其同相轴与相邻道发生错位，根据该特征可确定空洞的位置和分布范围，计算出空洞到衬砌外表面的距离。然而，有时脱空形成的异常与围岩表面局部凸起形成的异常相近，因此在确认是否为脱空时，要对异常形态加以细致分析和确认。图 12.17 所示为衬砌背后的空区图像，图中 K 为空区位置，C 为衬砌底面，由于喷射混凝土与模筑混凝土之间有较大的空区，模筑混凝土与空气相接而产生较强的反射，在雷达图像上出现清晰而连续的反射波同相轴。

因超挖或坍塌形成的空区，在施工中应进行回填，回填是否密实在探地雷达剖面上会有明显的显示，在回填欠密实区域，探地雷达图像上出现反射相位不连续强反射信号。图 12.18 为一处回填欠密实区的探地雷达图像，在测线的 3.5～10m 处，初衬结构层内有明显的电磁波强反射异常区，反映出回填区内物质的差异性，根据异常的形态可圈定出回填欠密实区的边界。

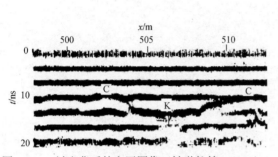

图 12.17 衬砌背后的空区图像（钟世航等，2002）

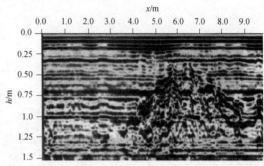

图 12.18 初衬与围岩间回填欠密实处理前的探地雷达图像（肖宏跃等，2008）

对欠密实区进行压注水泥浆处理后，采用探地雷达进行复测，得到欠密实处理后的探地雷达图像，如图 12.19 所示。由图可见，原回填欠密实区上的雷达图像发生了明显的变化，虽然异常体的形态一致，但由于水泥浆与混凝土初衬的介电常数接近，异常区内的反射波同相轴已变得连续，表明原来回填的介质经水泥注浆后已形成相对密实的结合体。

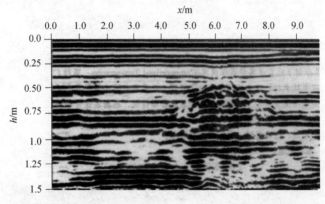

图 12.19 初衬与围岩间回填欠密实处理后的探地雷达图像（肖宏跃等，2008）

衬砌的密实度往往是建设方要求检测的内容之一，而探地雷达检测分析的密实度是由反射波振幅和相位的变化程度得到的，其物理意义很难用密实度来量化。我们可以根据探地雷达剖面反射波振幅、相位和频率的变化特征，将衬砌混凝土划分为密实和相对不密实两类，在密实的混凝土上，雷达反射波的振幅呈指数衰减，反射相位稳定，层内没有强振幅的杂乱反射；在不密实的混凝土上，雷达反射波的振幅变化较大，反射相位不稳定，剖面上的波形杂乱。

某公路隧道在衬砌质量检测中发现一些部位的电磁反射波具有明显的差异，表现在反射波振幅出现不均匀的变化，反射波相位不稳定，同向轴不连续，波形杂乱。对这些异常部位进行取芯验证后，发现这些部位的混凝土中含有大量的蜂窝状空洞。图 12.20 所示为衬砌中混凝土密实度差产生的反射波异常。

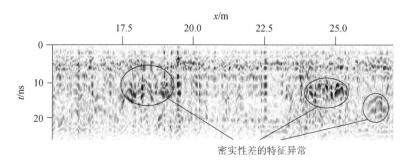

图 12.20　混凝土密实度差产生的反射波异常

　　隧道衬砌厚度检测是隧道工程质量检测的首要任务。探地雷达的发射和接收天线紧贴于衬砌表面，电磁波进入混凝土衬砌，遇到钢筋、钢质拱架、塑料防水板材等介电常数有差别的材料、混凝土中间的不连续面、混凝土与空气的分界面、混凝土与岩石的分界面、岩石中的裂隙面等，就会产生反射。根据反映混凝土与围岩界面的反射波同相轴的变化，就可以计算出衬砌厚度。

　　吉林省某公路隧道全长约 1.6 km，为了全面了解衬砌质量，在隧道即将贯通前开展了探地雷达检测，检测的主要内容是混凝土衬砌厚度是否满足设计要求及是否有较大的脱空。检测中采用 SIR-2 型探地雷达，天线中心频率为 500MHz，采样时窗为 40ns，测量点距为 10cm。检测前，在隧道边墙上每隔 10m 做一个里程标记，检测时用测量轮跟踪记录里程，并以边墙上的里程标记校正时间剖面上的里程号。解释资料时，取电磁波在明洞混凝土中的传播速度 $V = 0.12\text{m/ns}$ 计算衬砌厚度。对雷达检测数据采取背景消除和反卷积滤波，消除了直达波对衬砌底界面的干扰。

　　隧道的衬砌类型如下：Sm3，设计模筑衬砌厚度 40cm；Sm4，设计模筑衬砌厚度 35cm；Sm5，设计模筑衬砌厚度 30cm。图 12.21 所示为 K21 + 390～K21 + 430 区段边墙测线的探地雷达剖面，该区段的衬砌类型为 Sm5。在剖面时间轴上 10ns 附近起伏的同相轴是喷射混凝土与模筑衬砌之间的反射界面。图 12.22 所示为根据反射波双程走时计算出的混凝土衬砌厚度解释曲线。检测结果表明，在所检测的 1.2km 范围内，在隧道边墙和隧道拱腰处有 100 余点（处）的衬砌厚度小于设计要求，最大欠挖为 7～9cm。

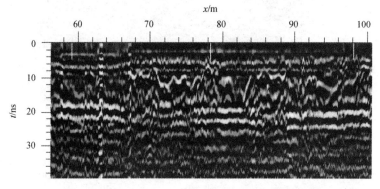

图 12.21　K21 + 390～K21 + 430 区段边墙测线的探地雷达剖面

由于隧道工程为隐蔽性工程，隧道的质量检测是一项复杂而技术性强的工作，要求检测人员不仅要熟悉雷达检测和数据处理过程，而且要充分了解隧道施工工艺，针对不同隧道了解、分析衬砌与壁后回填介质及围岩的差异，熟悉隧道设计、施工及相应的验收评定标准，对检测结果实事求是，既不夸大存在的问题，又不隐瞒存在的缺陷，能阐述清楚的问题一定要透彻，不能阐述清楚的总是应分析和说明原因，以免造成不必要的误解。

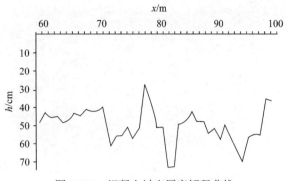

图 12.22　混凝土衬砌厚度解释曲线

对于衬砌厚度，一般情况下，当模筑混凝土与喷射混凝土间铺设了防水板时，在经过数据处理后的雷达图像上可以分出二者间的界线；如果未铺设防水板，当模筑混凝土衬砌与喷射混凝土黏结较好时，二者间的界面上可能没有明显的反射波或仅有微弱的反射波，在这种情况下，二衬与初期支护可能被作为一层考虑；对于模筑混凝土衬砌的密实度，雷达检测结果可以根据波形的变化区分出相对不密实的部位，但不能确定密实度；对于脱空，在初衬与围岩或二衬与初衬间如果存在较大的脱空，探地雷达是可以探测到的，但空隙的深度是很难准确确定的，原因如下：一是不知道空洞内介质是空气还是水，因此雷达波在空洞内的波速无法准确给定；二是空洞第二界面的反射波特征很难确认，即使能给出空洞的深度，也只能作为参考。

### 12.1.5　钢筋质量检测

混凝土中钢筋的检测一直是探地雷达的主要应用方向。目前，探地雷达不仅已用于混凝土中钢筋的定位，而且已用于判断钢筋的锈蚀度。

探地雷达检测钢筋的效果之所以明显，主要原因是混凝土与钢筋的电性差异较大。混凝土的相对介电常数为 6～9，而钢筋则属于良导体。目前，人们开发了多款用于钢筋定位或成像的探地雷达系统，探测天线包括喇叭天线和小型领结天线，中心频率为 1～3GHz。图 12.23 所示为典型钢筋的探地雷达异常图像。由于钢筋异常典型，人们为智能解释开发了大量自动识别算法。图 12.24 所示为典型隧道衬砌探地雷达图像，由图可见表层钢筋显示为双曲线形式，底层反射为混凝土与岩石的接触面。

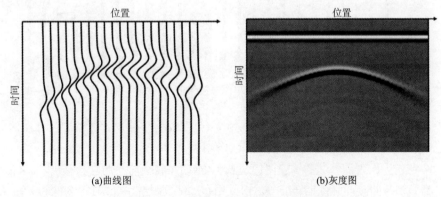

(a)曲线图　　　　　　　　　(b)灰度图

图 12.23　典型钢筋的探地雷达异常图像

腐蚀是钢筋混凝土结构耐久性退化的主要因素，可导致巨大的经济损失，且对公共安全威胁巨大。钢筋的腐蚀过程分为钝化阶段、腐蚀扩展阶段和劣化阶段。钝化阶段是指嵌入混凝土

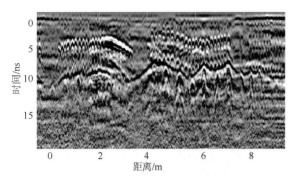

图12.24 典型隧道衬砌探地雷达图像

的增强筋（钢筋）表面的钝化氧化膜被破坏，通常由氯化物侵入或碳化引起。在腐蚀扩展阶段，发生电化学反应并导致钢筋质量损失，进而生锈和出现裂纹。在劣化阶段，混凝土表面出现可见的纵向裂缝，钢筋结构受到区域破坏，需要修复以保证结构安全。由于维护成本随退化程度的提高而大大增加，早期钢筋腐蚀的检测和评估对决策者采取行动延长结构使用寿命和降低生命周期维护成本具有重要意义。

广州大学刘海采用多极化探地雷达分析了钢筋的锈蚀度：使用极化GPR检测和评估钢筋混凝土的早期腐蚀，测量两个正交极化通道中记录的钢筋反射，通过极化变换和系统校准从中提取全极化散射矩阵。利用物理模型实验，对带有两个预埋钢筋的混凝土试样进行加速腐蚀实验，以验证极化GPR在早期腐蚀评估中的潜力。结果表明，多极化雷达信号比正常的平行极化雷达信号更敏感。随着腐蚀的发展，多极化信号中钢筋反射的幅度增大，但其行进时间减小。随着腐蚀过程的发展，腐蚀螺纹钢的散射机理由低熵偶极子散射向低熵表面散射转变。这种现象表明，带肋钢筋表面在腐蚀过程中趋于光滑。使用 $H$-$\alpha$ 散射分类的颜色填充迁移的GPR图像，可以直观地检测和评估混凝土中钢筋的早期腐蚀。

在腐蚀之前，测试钢筋的散点集中在Z8区，这可能是由钢筋上螺纹的凸起引起的。随着腐蚀的发展，腐蚀钢筋的散射分布由Z8区的低熵偶极子散射向Z9区的低熵表面散射转变。图12.25显示了不同散射类型的散射数量。显然，当腐蚀发生时，测试钢筋的散射特性转移到Z9区的低熵表面散射。Z9区代表具有光滑表面的目标分类，这意味着带肋测试钢筋的表面因腐蚀而变得光滑，原因可能是钢筋的带肋部分在腐蚀过程中首先被腐蚀，或者腐蚀产物包裹在钢筋周围，进而降低了表面粗糙度。

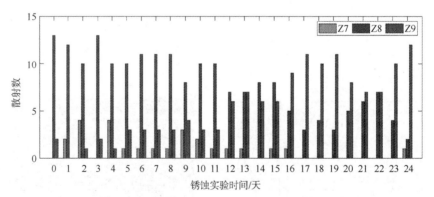

图12.25 多极化探地雷达探测钢筋锈蚀度。不同偏振类别中散射数量随腐蚀天数的
分布，Z7～Z9为多极化 $H$-$\alpha$ 分布]（Liu et.al.，2022）

图12.26所示为次表面钢筋的重建图像。显然，钢筋在腐蚀前的响应具有代表Z8散射特性的蓝色主色。当腐蚀开始时，测试钢筋的颜色由蓝色和品红色组成，分别指Z8区和Z9区。腐蚀结束后，钢筋颜色大多变为洋红色，表明被腐蚀钢筋的散射特性从Z8变为Z9。$H$-$\alpha$ 分解和迁移的GPR图像相结合，可以轻松且直观地评估腐蚀程度，因此充分证明了极化GPR检测钢筋混凝土早期腐蚀的能力。

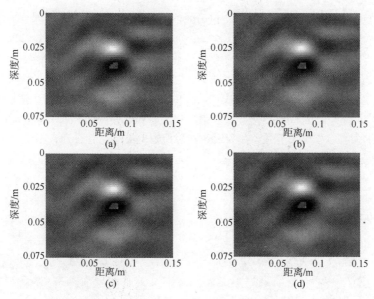

图 12.26　(a)第 0 天、(b)第 8 天、(c)第 16 天、(d)第 24 天 RH 偏振通道中
次表面钢筋的 $H$-$\alpha$ 颜色编码重建图像（Liu et. al.，2022）

## 12.2　水利工程探测领域

　　我国在 20 世纪五六十年代修筑了大量水坝，在多年的蓄水运行中，由于年久失修，这些水坝大多存在不同程度的渗漏，尤其是一些小型水库因图纸丢失，水坝的防渗结构类型和防渗结构的所在位置都不清楚。因此，在 1998—2001 年对中小型水库水坝的维修中，探地雷达对水坝防渗结构的探测和渗漏通道的探测发挥了重要作用。探地雷达在水利工程领域的应用主要体现在对堤坝的质量检测上，如堤坝防渗墙渗漏位置和渗漏通道的检测、堤坝浸润线探测等。

　　探地雷达对水坝的探测一般采用低频天线，如 40MHz 或 60MHz 天线，采用剖面法，测点间距为 0.5～1m。测线布置在坝顶和后坡马道上，测线方向沿水坝轴线方向布置。对水坝浅部进行检测时，也可采用 100MHz 天线，使用连续采集方式。

### 12.2.1　堤坝蚁巢、洞穴的探地雷达探测

　　土体堤坝中因碾压不实、库水浸透或动物危害等因素，坝体中常出现土洞、动物巢穴等危害坝体安全的隐患。例如，在我国南方各省（区）的水利工程中，白蚁巢穴就是一种常见的隐患。白蚁主巢的直径一般为 40～60cm，大者可达数米，主巢周围分布着几十个甚至数百个卫星菌圃，其间由四通八达的蚁道沟通，且有的贯穿堤坝的内外坡。因此，深藏于堤坝中的白蚁危害造成的堤坝险情和溃堤率是主要原因，找出堤坝中的白蚁巢是消除堤坝白蚁隐患的关键。目前，对坝体中的土洞、动物巢穴进行探测的最有效物探方法是探地雷达和高密度电法。图 12.27 显示了埋深为 3.18m、体积为 135cm×114cm×114cm 的白蚁主巢的探地雷达图像，由图可见，白蚁巢在图像上的反射波呈多重强弱交错的凸形条纹状。当巢穴的埋深较浅时，异常反射波的条距较宽，反射幅度较大；当巢穴的埋深较深时，异常反射波的强度减弱，强弱相间的条纹减少，但异常反射波形特征仍然明显，与周围土壤的分界清晰。探地雷达检测结果经过开挖验证，为水坝的防险加固提供了科学依据。

　　合水水库有主、副坝 6 座，1995 年在紧靠第二副坝的蓄水区库底铺设防渗土工膜，最高铺设到

29m 高程，工程完工后，当水位在 29m 高程以下时，反滤层的渗水量基本正常，但当水位超过 29m 高程时，反滤层出现流量突然增大的现象。为了查明其原因，采用探地雷达对该坝进行了检测。检测时水库水位高程为 30m，雷达测线布置在离水位线约 1m 远的水面上，雷达天线漂浮在水面上并由人工推动，检测结果在坝体上发现了 8 个洞穴和 2 条裂缝，在紧靠坝右端的蓄水区发现了 10 余个洞穴和 1 处沉陷区，洞穴有的以单体形式出现，有的则以群体形式出现。图 12.28 所示为洞穴群的探地雷达图像。检测结果认为，第二副坝 29m 高程以上存在较多隐患，水库水位超过 29m 高程时反滤层流量的突然加大与这些隐患有关，建议对这些隐患进行处理，并且建议将土工膜铺设到 34m 高程。根据该方案处理后，反滤层的流量下降到了正常流量。

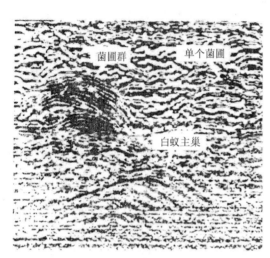

图 12.27　南方某堤坝白蚁主巢的探地雷达图像
（吴晋等，1998）

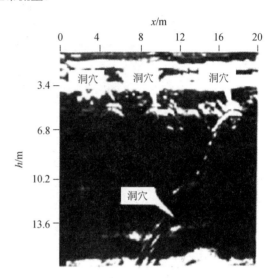

图 12.28　洞穴群的探地雷达图像
（徐兴新等，1999）

## 12.2.2　水坝渗漏通道探测

　　水坝渗漏分为坝基渗漏和坝体及其附属构造渗漏，以坝基渗漏较为常见。形成水坝渗漏的主要条件是库区岩性条件和坝体质量条件。从库区岩性条件分析，造成水坝渗漏的原因是存在地质上的渗漏通道，即存在透水岩层或透水岩性带，库水通过地质上的渗漏通道渗向库外。例如，第四纪地层疏松的卵砾石和砂砾石是构成渗漏通道的岩性条件，石灰岩地区发育的岩溶裂隙和岩溶通道也是构成水坝渗漏通道的岩性条件。从坝体质量条件分析，坝体设计不合理、施工粗糙、清基不彻底、齿槽未按设计开挖、填土材料不佳、碾压不实等，均会导致水坝不均匀沉陷，破坏坝体及防渗结构的整体性，造成水坝渗漏。

　　渗透水对水坝的破坏是一个渐进的过程，水坝的渗流扩大通常从坝身土体不密实、局部存在松散裂隙的地方开始，坝体上下游水头差是堤坝水渗透的动力，在此压力差的作用下，水从库内经过堤身逐渐流向库外。若该渗流量不大，并达到平衡稳定状态，则坝基安全；若渗流渐渐加大，并带走其中的部分细微颗粒，则松散、不密实土体颗粒间的孔隙会越来越大，以致产生洞穴，最终形成渗漏通道，危及坝体安全。

　　探地雷达方法用于探测水坝渗漏点和渗漏通道时，具有较好的探测效果。水坝由块石、黏土、砂、砾石、混凝土等材料组成，对土石坝而言，在坝体防渗物质均一、土质干溶重较大、坝身碾压密实的坝体上，当局部发生渗漏时，在水的作用下，渗漏通道及周围的黏土等处于相对饱和状态，介电常数和电导率增大，与不渗漏的部位形成明显的电性界面，导致雷达剖面上的强反射异常。此时，雷达剖面上的反射波强度增大，反射波同相轴基本上不连续或局部连续。

黑龙江省某水坝为均质土坝，1998 年遭受洪水冲刷后，在水坝后坡高程范围 193～200m 内出现了 30 余处面积不等的漏水点。为了查明漏水点在坝体内的分布情况，采用 SIR-2 型探地雷达和 40MHz 天线，在平行坝轴线方向的坝顶、坝前坡、坝后坡进行了探地雷达探测。探测中采用的参数如下：采样时窗为 800ns，样点数为 1024，测点间距为 0.5m。对雷达记录采取了时间域和空间域滤波、反卷积滤波处理。

坝顶测线探测结果显示，在桩号 K0＋060～K0＋120 及 K0＋240～K0＋400 的雷达图像中出现了多处零星分布的强反射信号。图 12.29 所示为坝顶测线的探地雷达剖面图，图中强反射区到坝顶的埋深为 10～12m。该水坝为均质土坝，雷达工作现场无其他干扰，因此这种呈零星分布的强反射只能是由坝体局部黏土受水浸润处于相对饱和状态，与周围未受水浸润的黏土形成明显电性差异形成的。在库区的水体作用下，长期受浸润的土壤黏粒形成泥浆，且向坝体下游逐渐渗出，形成散浸。后期的钻探取芯表明，在桩号 K0＋240～K0＋400 处距坝顶 11m 以下的黏土含水量明显大于其他地段，是发生渗漏的严重区段。探地雷达检测结果为灌浆处理提供了准确的位置。

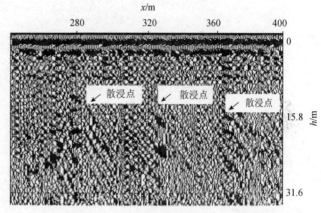

图 12.29　坝顶测线的探地雷达剖面图

有些水坝始建于 20 世纪五六十年代，由当时的人民公社组织建设，多年来因对竣工资料管理不善，造成竣工图纸缺失，当水库出现渗漏后，设计部门首先要查明水库的结构，如水库的防渗结构、黏土防渗墙的位置及其结构、防渗齿槽的位置等，如果大量采用钻探方式，则会对水库造成更大的破坏，而使用探地雷达方法探测黏土芯墙的位置及防渗齿槽的位置是一种较为科学的手段，例如在黑龙江省桦树川水库、吉林省胖头沟水库探测黏土芯墙的埋深及其形态和防渗齿槽的位置时，就取得了较好的成果，为水库的防险加固设计提供了原始资料。

## 12.2.3　水下工程隐患探测

广东省鉴江干流上的积美拦河闸坝，是一座以排洪、灌溉、供水为主，结合航运、水力发电及公路交通运输等综合利用的水利枢纽工程。工程主要由深水闸、溢流坝、水电站、船闸、闸坝顶公路桥组成，全长 300 余米。坝址区地层为第四纪冲积、洪积沙层，且厚度较大。设计洪峰流量为 $4840m^3/s$，1990 年 12 月投入运行。闸室结构为分离式，底板长 13.0m，闸室上游设长为 16.0m 的钢筋混凝土防渗铺盖。闸下采用底流式消能，消能池长 7.0m，消能池下游设长为 31.5m 的海漫。海漫底层为碎石和干砌石，面层为混凝土。坝上设溢流孔 11 个，坝底长 7.0m，坝上游设长 20.5m 的钢筋混凝土防渗铺盖。坝下游采用底流消能，护坦长 5.5m，护坦下设长为 32.0m 的海漫。海漫底层为碎石和干砌石，面层为混凝土。

1999 年汛期，工程管理部门采用测量水深和潜水探摸的方式对工程水下部分进行检查，发现闸下的海漫被冲毁，随即采取了在坑底撒碎石，再抛投尼龙绳网袋包裹的块石进行处理。2000 年春季，在抛石处理区的下游又发现部分海漫被冲毁。2000 年 6 月，应用探地雷达对水下工程进行全面检测，并与测量水深和潜水探摸的结果进行验证。雷达测线布置在闸坝下游的海漫和部分消力池上，探测采用的是中国电波传播研究所研制的 LT-1A 型探地雷达和 80MHz 的"领结"形天线，使用的脉冲发生源的脉冲宽度为5ns，采样点数为512，扫描速率为51.2次/秒。

拦河闸坝的消能池、铺盖和海漫均由混凝土浇制而成，因此正常状态的混凝土板在探地雷达图像上表现为界面下方无强反射的平直、连续区域，与水下混凝土板呈大块状破裂并向上隆起后的探地雷达图像有明显差异。图12.30所示为混凝土板呈大块状破裂并向上隆起后的探地雷达图像。

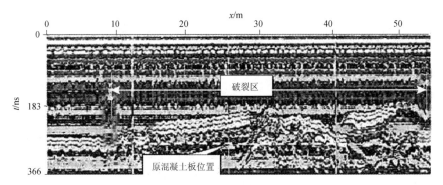

图12.30　混凝土板呈大块状破裂并向上隆起后的探地雷达图像（徐兴新等，2002）

### 12.2.4　江堤滑塌成因探测

沿海某江堤近年来曾发生多次滑塌，为了查明滑塌的成因，采用探地雷达方法在江堤岸附近江面与江堤附近及其内侧滩地上进行了详细的探测，目的是了解江堤附近江底地形的变化及堤基的结构和稳定性。图12.31所示是江堤下方滩涂地上测线探测的探地雷达记录。使用的雷达天线的中心频率为59MHz，收发天线距为2.0m，测点距为1.0m。

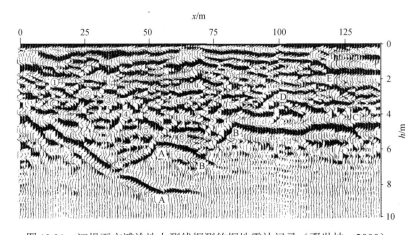

图12.31　江堤下方滩涂地上测线探测的探地雷达记录（邓世坤，2000）

雷达探测记录中最底部的强反射波同相轴被确定为砂层与黏土分界面的反射，以电磁波在黏土中的传播速度$v=0.07$m/ns计算时，其埋深为4～7m。该反射波同相轴有两处明显的错断，断面为A-A和B-B，位置分别在剖面水平轴的55m附近和75～80m附近，其中A-A断面上的断距达2.4～2.6m，近直立状。图中①～⑤为推断断裂未发生前的砂层表面的反射，由它们组成一条断续的同相轴。探地雷达探测结果表明，该场地内存在断层，且其错断了第四系地层，是第四系活断层，而该处江堤的滑塌可能与地震活动有关。

## 12.3 电力工程探测领域

在电站的建设和维护中，探地雷达发挥着重要的作用。例如，在浅覆盖地区，采用探地雷达可查明电站厂址的基岩埋深、潜水面埋深和地质构造的分布等；在石灰岩地区，采用探地雷达可查明地下岩溶的分布；在核电站的选址中，采用探地雷达可查明厂址内的断裂构造和节理、裂隙的分布等；在电站的运行与维护中，采用探地雷达可查明储灰坝的浸润线和渗漏通道等。

### 12.3.1 不良地质现象探测

锦州市某火电厂坐落在石灰岩地区，基础施工前对部分基桩位置进行了钻探勘查，结果表明，场地内岩溶十分发育，岩溶大多位于基岩下方2～5m深处，分布密集。有的溶洞横向上贯通，形成流水通道；有的溶洞纵向上呈串珠状分布。为了了解每个桩基坑下是否有溶洞及溶洞的规模与埋深，在基坑内的基岩表面开展了探地雷达探测。受基坑直径的限制，探地雷达探测使用500MHz天线，时窗为80ns，采样点数为1024，采用剖面法连续测量。探测时，将雷达天线紧贴基坑岩石表面，沿十字形测线观测，如发现溶洞异常再加密观测，进一步确定溶洞在基坑内的分布。在探地雷达剖面上，完整基岩上的反射波同相轴呈水平状条纹分布，反射波振幅与反射波相位稳定，而在有溶洞的位置，反射信号呈双曲线状，反射波振幅变大，反射波相位不稳定，多次波发育。图12.32(a)和图12.32(b)分别为基坑Q30和Q98内沿南北向测线观测的探地雷达图像，图12.32(a)显示异常出现在测线上的0.7～1.2m处，宽约0.5m，为强振幅双曲线形异常，推断为溶洞，根据电磁波在风化灰岩上的传播速度0.11m/ns计算，溶洞埋深约为1.5m；图12.32(b)显示溶洞异常位于1.0～1.4m处，埋深约为2.5m。在场地内，探地雷达探测到基坑下方溶洞异常20余处，探测结果避免了钻探的盲目性，对确定溶洞位置及下一步的灌浆处理起到了重要作用。

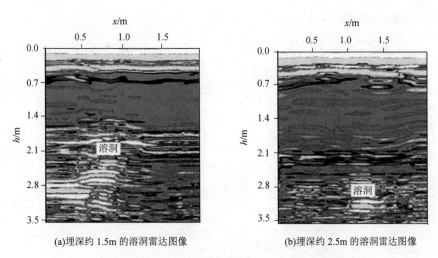

(a)埋深约1.5m的溶洞雷达图像　　　　　(b)埋深约2.5m的溶洞雷达图像

图12.32　沿南北向测线观测的探地雷达图像

红沿河核电站场址在地质勘察时，发现有花岗岩俘虏体不均匀分布在弱风化花岗岩层内，呈灰绿色硬土状，埋深为0～30m。为了查明其在场地内的分布，使用探地雷达进行了探测。测线布置为网格测线，线距约为20m。使用的仪器为SIR-2型探地雷达，天线中心频率为40MHz，收发天线距为2m，测点间距为1m，采样时窗为1000ns。

在探地雷达剖面上，弱风化花岗岩体上的雷达波反射振幅较弱，相位稳定；而在具有俘虏体、全或强风化花岗岩分布的部位，雷达波反射振幅较强，与弱风化花岗岩上的反射信号形成明显差异。

图 12.33 所示为 RD5 测线 90～170m 处的探地雷达剖面图，图中的线条是根据反射波的变化特征划分的花岗岩俘虏体与弱风化花岗岩的分界。在对各测线的探地雷达剖面进行数据处理和解释后，分析出了每条测线上俘虏体的分布范围，结合场地钻孔资料确定出花岗岩俘虏体在整个场区上的空间分布及其埋深，绘制出每条测线上俘虏体分布及埋深的断面图，以及俘虏体在整个场地上分布的平面位置图。

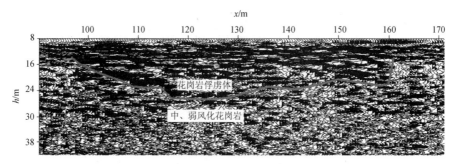

图 12.33　RD5 测线 90～170m 处的探地雷达剖面图

图 12.34 所示为花岗岩俘虏体分布平面图，图中的 RD1～RD17 为探地雷达测线，阴影部分为花岗岩俘虏体分布区，ZK6～ZK44 为钻孔位置。探地雷达探测结果很好地显示了花岗岩俘虏体在场地上的分布，为场地的地基评价和地基处理提供了依据。

## 12.3.2　岩性界面划分

粉质黏土与强风化基岩及强风化基岩与弱风化基岩因岩性差异和不同岩性含水量的改变，相对介电常数会发生改变，这种变化在雷达剖面上表现为雷达波的反射振幅、相位和反射时间上的变化，形成不同岩性界面的反射波同相轴，以此可以划分岩性分界面。

在铁岭电厂副坝选址勘察中，采用探地雷达方法配合钻探进行岩性分层，取得了较好的效果。场地地层分为 3 层，第一层为粉质黏土，含少量铁锰质结核，混碎石，埋深为 0.5～4m；第二层为强风化

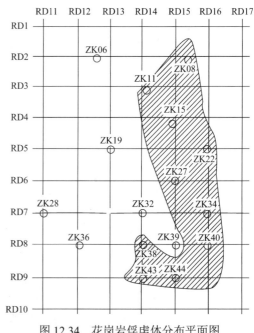

图 12.34　花岗岩俘虏体分布平面图

花岗岩，中细粒结构，块状构造，裂隙较发育，呈砂土状或碎块状，埋深为 8～14m；第三层为中风化花岗岩，中细粒结构，块状构造，裂隙较发育。

探地雷达探测仪器为 SIR-2 型，使用 40MHz 分离天线，采样时窗为 700ns，采样点数为 1024，测点间距为 0.5m，叠加次数为 64。场地内沿 NW 方向布置 3 条测线，测线间距为 20m。

探地雷达剖面纵向上大致分为 3 个反射层。第一层分布在雷达剖面时间轴的 30～70ns，为粉质黏土层；第二层分布在雷达剖面时间轴的 30～380ns，为强风化花岗岩层；第三层分布在雷达剖面时间轴的 180～380ns 以下，为中风化花岗岩上界面。采用宽角反射测量出电磁波在介质中传播的平均速度为 0.09m/ns。III～III'测线的探地雷达剖面图如图 12.35 所示。

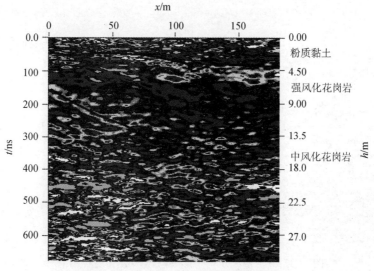

图 12.35　III～III'测线的探地雷达剖面图

III～III'测线的探地雷达探测成果图如图 12.36 所示，其中对比了探地雷达解释的风化界线与钻探解释的风化界线。由图可见，两者划分的风化界线非常接近，对粉质黏土与强风化花岗岩界线的划分则基本吻合。

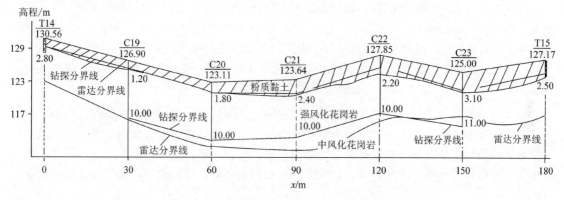

图 12.36　III～III'测线的探地雷达探测成果图

### 12.3.3　核电站选址勘察

辽宁省某核电站共有两个备用厂址，要通过勘察确定出一个最佳厂址。在对备用厂址的勘察中，采用探地雷达方法配合钻探和地质调查完成基岩埋深与断裂构造的探测。一个备用厂址的地貌为剥蚀缓丘，地形起伏较大，钻探资料显示，第四系覆盖厚约 3m，下伏基岩为花岗岩、板岩和千枚岩。全风化-强风化厚度为 6～10m，岩石破碎，节理裂隙发育。

使用 SIR-2 型探地雷达，天线中心频率为 40MHz，收发天线距为 2m，测点间距为 1m，采样时窗为 1000ns。在数据处理时使用了空间域滤波、反卷积滤波、偏移和增益等方法。I 号测线 600～1000m 处的探地雷达探测剖面如图 12.37 所示，在剖面的垂直方向上，探地雷达分层效果明显，以电磁波在介质中的传播速度 0.08m/ns 计算，0～4m 的电性层推断为第四系覆盖，层厚度为 3～4m；4～8m 的电性层推断为全风化基岩层，层厚度为 4～6m；8～13m 的电性层推断为强风化基岩底界面，层厚度为 5～6m。在剖面的水平方向上，沿弱风化基岩顶界面附近的反射波同相轴对比追踪，在 680～710m 处同相轴出现错位现象，结合地质调查分析，推断该异常为岩石破碎带，其影响宽度约为 30m，埋深约为 12m，倾角近直立状。

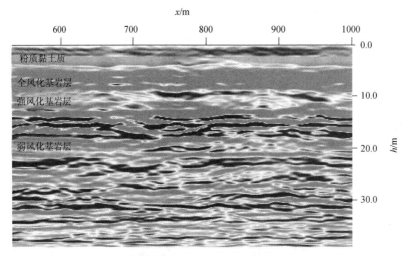

图 12.37　Ⅰ号测线 600～1000m 处的探地雷达探测剖面

## 12.3.4　灰坝渗漏探测

灰坝是火电厂的一个重要组成部分，承担着燃煤灰渣的存储任务。灰坝由初期坝和子坝组成，初期坝由碎石土分层填筑碾压而成，子坝在粉煤灰基础上由碎石土分层填筑碾压而成。灰坝防渗结构由排渗管、碎石土和土工膜等共同形成。在储灰过程中，由于管理不善和取灰不当等原因，坝前大量积水，如果坝体存在碾压不实及土工膜破损等隐患，将会造成坝体的大范围渗漏。渗漏会破坏坝体的稳定性，因此电厂往往要投入大量的经费治理灰坝的渗漏治理。灰坝渗漏往往与如下因素有关：①干滩长度较小或坝前长期积水；②土工膜破裂，库水浸入坝体内部；③筑坝材料碾压不实，级配不均，存在软弱层或软弱部位，形成渗流通道。

在灰坝渗漏治理中，首先要了解坝体的浸润线、渗漏位置、渗漏范围和高程，并依此对渗漏病因做出诊断。因此，如何准确地测量浸润线和渗流在坝体内的分布及其与溢出点的关系，对分析灰坝的稳定性和确定加固处理方案至关重要。实践证明，自然电位、地质雷达和高密度电阻率方法可以确定坝前入水位置、坝体内的浸润状态和浸润线位置，是灰坝渗漏探测的有效方法。

吉林省某电厂灰坝由于取灰不当，造成坝前长期积水，在后坡 312.0m 高程附近发生多处大面积渗漏，后坡溢出点位置随坝前水位升高而抬高，溢出位置高于承压管测量的浸润线位置 9～12m，溢出点分布在水平方向的 87～255m 处。在加固治理前，为分析造成渗漏的原因，确定渗漏位置和渗漏通道，开展了地球物理探测，采用的探测方法为自然电位测量、高密度测量和地质雷达测量。地质雷达测线布置在前坡坡面、坝顶和后坡溢出点上方的坡面上，目的是确定渗漏位置在坝体介质中的分布。图 12.38 所示为在 318.0m 高程的坝前坡面上测量的地质雷达探测剖面图，使用的地质雷达天线频率为 40MHz，测量方法为剖面法，测点间距为 0.5m。在对采集的数据进行反卷积滤波和空间域滤波后，突出了渗流介质的异常特征，图中水平方向 90～175m 处和 203～285m 处有呈条带状分布的强振幅异常，剖面左侧异常的深度为 2.5～7.5m，剖面右侧异常的深度为 3.5～7.5m，推断为坝体内存在的两个渗流带，根据异常的空间分布特征可见，渗流主要分布在 315.5～310.5m 高程。发生渗漏的主要原因是土工膜多处破损，筑坝材料碾压不实，渗流沿软弱层溢出，坝体防渗结构的完整性遭到破坏，因此是急需治理的危坝。

自然电位测线布置在前坡灰水面上和后坡 312.0m 高程上，目的是测量渗漏的入水点和出水点位置。图 12.39 所示为在坝前灰水面上测量的自然电位曲线图，图中负异常主要分布在测线的 67～137 号和 197～247 号测点，根据低阻异常的幅度和空间分布关系，将坝前入渗划分为两个入渗带，其中 1 号入渗带由 4 个主要入渗点组成，入渗水量较大或深度相对较小；2 号入渗带由十余个主要入渗点组成。

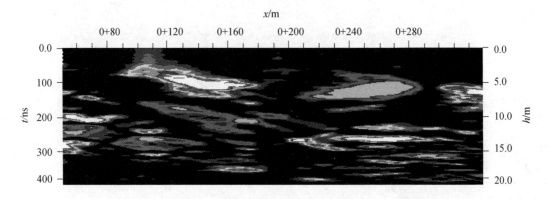

图 12.38　在 318.0m 高程的坝前坡面上测量的地质雷达探测剖面图

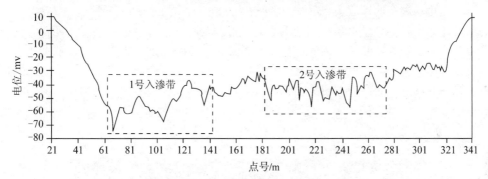

图 12.39　在坝前灰水面上测量的自然电位曲线图

自然电位测量与探地雷达探测取得了一致的结果，两种方法相结合客观地评价出了该灰坝的渗漏情况。地球物理探测结果表明：该灰坝引起渗漏的入渗点多，高程不等；坝体内主要存在两个渗流带，渗流带的高程为 315.5～310m，水平位置为 90～175m 和 203～285m；发生渗漏的主要原因是土工膜多处破损，筑坝材料碾压不实，渗流沿软弱层溢出，坝体防渗结构的完整性遭到破坏，是急需治理的危坝。图 12.40 所示为开挖后暴露出的土工膜破损情况。

图 12.40　开挖后暴露出的土工膜破损情况

浸润线是连接干滩、坝体及下游静止水位的连线，是坝体排水性能的综合反映，当灰坝发生渗漏时，浸润线位置往往会抬高。因此，实测浸润线对评价灰坝的稳定性至关重要。测量浸润线的传统方法是通过承压管观测，当承压管堵塞时采用钻探方法观测。无论是承压管观测还是钻探观测，都存在观测点少、浸润面的空间分布描述精度差等缺点。采用地质雷达方法探测灰坝浸润线是近年来开展的研究工作，通过沿坝轴线方向在干滩、各级子坝、初期坝和堆石凌体上探测浸润界面的深度，可以任意求取各个横断面上的浸润线，可以在三维空间上描述浸润界面的特征，这对分析灰坝渗漏的成因有重要帮助。

在沿灰坝轴线方向测量的地质雷达剖面上，浸润界面具有如下特征。

（1）在沟谷地带，灰坝的浸润界面具有两坝肩浸润位置高、中部浸润位置低的特点。因此，浸润界面在地质雷达剖面上呈双曲线状。

（2）储灰场水力输灰存在粒径分选现象，灰渣的渗透系数存在各向异性。因此，浸润界面形成的反射波同相轴连续性较差。

（3）浸润界面处介质的相对介电常数明显增大，形成差异较大的电性界面，在界面上电磁波反射能量增大，反射波频率低；在浸润面下方介质饱和，对电磁波呈强吸收状态。

黑龙江省某电厂灰坝由初期坝和两级子坝构成，二级子坝的高程为 165.5m，断面上介质分布自上而下为砂砾石、黏土、粗砂、碎渣石和灰渣。灰水面的高程约为 162.0m。地质雷达测线沿坝轴线方向布置在坝前 25m 处的干滩、二级子坝、一级子坝、初期坝及堆石凌体上。测量中采用的地质雷达天线频率为 60MHz，测量方法为剖面法，测点间距为 0.5～1.0m。

图 12.41 所示为在黑龙江省某电厂灰坝 2 级子坝上测量的地质雷达剖面图，该图是对数据采取空间域滤波、反卷积滤波、偏移处理和振幅调整后得到的。图中 60～180ns 之间存在明显的凹线形异常显示，其形态特征符合浸润面在灰坝轴向上的分布特点。电磁波在坝体介质中的传播速度为宽角法测量的速度值，即 $v = 0.085～0.09$m/ns。由于凹线形异常垂向宽度较大，在浸润面的深度计算中，如果以上顶时间为浸润面反射波走时，则二级子坝的浸润面将高出干滩静水位高程，这显然是不合理的。因此，以凹线形异常的底部为饱和界面位置，依据如下：子坝是以灰渣为基础构筑的，灰渣具有渗透性，从湿润到饱和是一个渐变过程；从电磁波传播能量上分析，饱和界面以下介质的相对介电常数较大，电磁波衰减系数大，在剖面图上显示为强吸收特征。

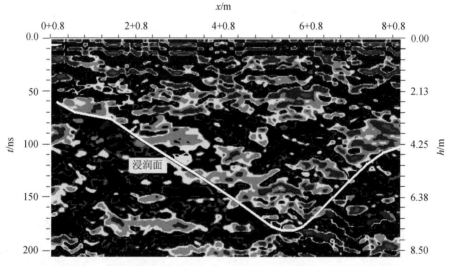

图 12.41　在黑龙江省某电厂灰坝 2 级子坝上测量的地质雷达剖面图

采用探地雷达对该灰坝进行详细探测后，根据在灰坝干滩、二级子坝、一级子坝、初期坝和堆石棱体上探测得到的浸润界面结果，绘制了各断面上的浸润线。图 12.42 所示为灰坝 4 + 20 断面上的浸润线位置图。各个断面上浸润线位置的高低及其浸润线形态的好坏，充分反映了断面上防渗结构的完好程度，4 + 20 断面及其附近的浸润线位置均较低，表明该段灰坝的防渗性能较好；在后坡脚处观察，渗流在初期坝底部溢出；2 + 20 断面及其附近的浸润线位置较高，渗流在一级马道附近溢出，表明该段灰坝的防渗结构变差，是需要重点维修的部位。

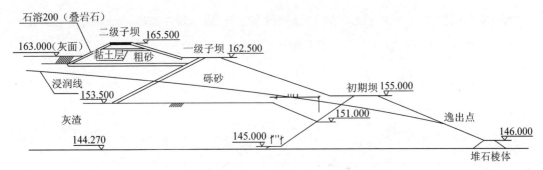

图 12.42 灰坝 4 + 20 断面上的浸润线位置图

## 12.3.5 水电站坝基隐患探测

拟建沙阡水电站位于贵州高原北部芙蓉江中游的深切峡谷中，属典型的峡谷型水库，上坝址出露的地层为奥陶系地层，岩性为灰岩、页岩，覆盖层厚度为 1～4m。从上坝址左坝肩的峭壁上看，可见一明显的断层穿过，并出现 4 条与主断层近垂直的断层裂隙带。下坝址出露的地层为志留系石牛栏组，岩性为灰岩。在下坝址左岸坝址上游的峭壁上可见一明显的大裂隙发育，顶部宽达 20 多米。探地雷达勘探的任务是，查明上坝址断层裂隙带在覆盖区的延伸情况及下坝址左岸大裂隙在坝址位置的发育情况。在上坝址沿推测断层裂隙带的延伸方向垂直布置了 3 条测线，在下坝址沿大裂隙的延伸方向垂直布置了 2 条测线，采用 0.5m 点距，天线距为 2m，天线中心频率为 40MHz。

图 12.43 所示为上坝址左肩一条测线的探地雷达图像，图中强反射信号是由地层错动导致岩层破碎引起的，其中水平方向的 16m、28m、36m、44m 处为断层裂隙面，位置正好与从上坝肩峭壁上观测的 4 条裂隙带的延伸相吻合。

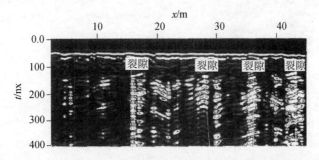

图 12.43 上坝址左肩一条测线的探地雷达图像（熊勇等，2005）

图 12.44 所示为下坝址左坝肩一条测线的探地雷达图像，图中 3～16m 处出现强反射信号，推断该区域为下坝址处大裂隙的延伸，因其已被碎石填充，加上含水量大，所以出现波形较混乱的强反射区。

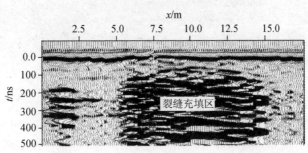

图 12.44 下坝址左坝肩一条测线的探地雷达图像（熊勇等，2005）

通过探地雷达探测，查明了上坝左肩断层裂隙带在覆盖区延伸的情况及下坝址左岸大裂隙在坝址位置发育的情况，达到了预期的勘探目的。

## 12.4 城市建设工程领域

### 12.4.1 地下管线探测

探地雷达是探测地下管线的有力工具，探地雷达与地下管线仪配合工作，对地下管线探测可以起到优势互补的作用。在地下管线相对集中的街道交叉部位，通过探地雷达探测可以大致确定地下管线的数量和走向，为地下管线仪对这些管线的进一步确认和追踪创造条件。此外，目前地下管线仪难以对非金属管线进行探测，只能使用探地雷达或其他地球物理方法。

进行地下管线探测时，若地下管线的走向已知，则雷达测线的布置要垂直于管线走向，若管线的走向不详，则可交叉布置测线。地下管线探测一般采用 500MHz、300MHz 或 100MHz 的雷达天线，测量方法为剖面法。当测线垂直地下管线测量时，地下管线在探地雷达剖面上呈双曲线形态。金属管线或电缆因其介电常数与周围土介质的介电常数差别较大，地下管线形成的反射或绕射信号能量强，埋藏较浅的金属管线在双曲线下伴随有较强的多次波。图 12.45 所示为吉林省某厂区一条地下电缆的探地雷达图像，横坐标 4m 和 5m 之间的强反射是由地下电缆引起的。探地雷达对地下管线的探测效果因管线的埋深、管径大小、材质的差异及管线内液体介质的差异而不同。在同等深度下，非金属管线的反射波能量较弱，管线的异常较难识别；在同等材质下，充水管线的反射波能量较强，异常更清晰。总体而言，埋藏较浅的地下管线，在地下介质较均匀的条件下，一般都能有较好的探测效果，而对埋藏较深的地下管线，探地雷达的探测效果较差。

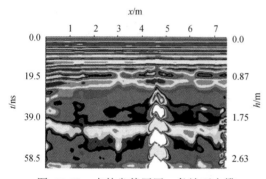

图 12.45 吉林省某厂区一条地下电缆的探地雷达图像

非金属材质的 PVC 或陶瓷管线与土介质的介电常数差异较小，形成的反射波能量较弱，异常一般不清晰，需要仔细识别。图 12.46 所示为横穿马路探测的探地雷达剖面，反映了金属材质管线与非金属材质管线在反射能量上的差异。

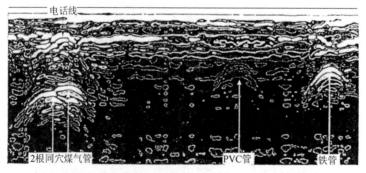

图 12.46 横穿马路探测的探地雷达剖面（美国 GSSI 地质雷达公司）

当多条金属管线在沟道内并行分布且管线间隔较小时，从雷达剖面上一般很难区分管线的具体数量，确定沟道内的管线数量还应配合使用其他方法。图 12.47 所示为某地沟的探地雷达图像，地沟上顶埋深约为 0.9m，沟壁为砖结构，地沟内有 2 条金属管线通过，管线间隔约为 20cm，管线距盖板 30～40cm。雷达图像中横坐标 1.5m 和 3.2m 处的强反射信号为沟壁砖墙结沟的反射，沟道内的弧形反射信号为地下管线的反射。

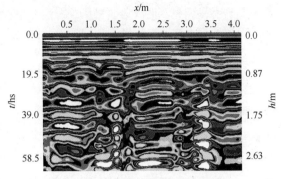

图 12.47　某地沟的探地雷达图像

## 12.4.2　地下建筑结构物探测

在旧城改造工程中，特别是在旧城地基上兴建高层建筑时，若基础采用沉管灌注桩，那么对桩基础施工影响最大的是旧房基础。当桩位下面存在旧房基础时，坚硬的混凝土墙会使桩头损坏，这不但会影响工程进度，而且会带来严重的经济损失，因此施工前需要对场区隐伏的旧房基础进行探测，查明其分布位置。旧房基础水平宽度一般较小，约为 0.8m，顶部埋深较浅，采用探地雷达探测时，时间剖面上旧房基础的反射点较少，因此测点密度要大。探地雷达探测可使用 100MHz 天线，时窗设为 200ns。场地多为建筑拆迁场地，地表层介质极不均匀，因此在探测前要细致地清理测线上的建筑垃圾，并通过试验确定最佳的观测参数。旧房基础在时间剖面上形成的反射波异常的特点是，反射波同相轴不连续，产生错位现象，如图 12.48 所示。

对于城市地铁隧道工程，在隧道掘进过程中需查明隧道线前方隐伏的地基或其他结构障碍物，为隧道线路施工提供安全依据。市区建筑物密集，不利于其他地球物理方法的开展，而探地雷达方法具有采集速度快、分辨率高和作业面小的特点，因此探地雷达方法在城市环境下探测地下结构物是一种较有效的方法。

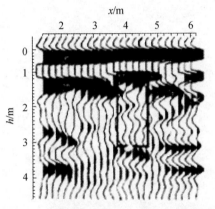

图 12.48　旧房基础上的反射波异常特征

# 12.5　城市道路塌陷检测

## 12.5.1　城市道路塌陷隐患成因

近年来，随着各地城市化建设的逐步加快，城市建设的力度加大，由于地面、地下工程施工导致的地面塌陷事故逐年增多，地面塌陷给城市带来的危害日益显现。

对于第四系较厚的土壤分布区域，道路塌陷多是工程和地下管线渗漏，在极端降雨条件下，由于地下水负荷超过设计，产生冲刷，进而产生地下空洞。总结 2017—2020 年深圳发生的 1178 起地面坍塌事故，分析事故规模及发生的空间与时间规律后，得出如下结论：①时间上，从地面坍塌事故发生的时间来看，每月均有地面坍塌事故发生，但汛期地面坍塌事故的发生数高于非汛期，其中汛期（4～9 月）的发生数约占发生总数的 69%，非汛期的发生数约占发生总数的 31%。②空间上，城区地下管线老旧、地铁施工区域，地面坍塌事故点较多。③位置分布上，发生在市政道路上的地面坍塌事故约占 50%，发生在人行道上的地面坍塌事故约占 30%，发生在绿化带、工业园区、住宅小区等的地面坍塌事故约占 20%。

造成地面坍塌的具体因素是多方面的，主要包括：①给排水管道、暗渠化河道渗漏或破裂，由于早期建设标准偏低，工程质量较差；维护保养缺乏，安全隐患众多。②轨道明挖段、建筑基坑等开挖施工。例如，基坑周边沉降变形，导致管道破裂；基坑支护破坏，引发周边管道破裂；

渗流导致水土流失，造成地面坍塌。在饱和含水地层，由于围护墙的止水效果不好或止水结构失效，导致周边大量地下水夹带砂粒涌入基坑，水土流失严重而引发地面坍塌。③轨道暗挖段、顶管及隧道等施工。④回填不密实，道路、人行道等区域因回填土不密实，地面沉降，表层硬化层与原地面之间形成空洞，由于土体松散，较易流失，会形成较大空洞而引发地面坍塌。因地面沉降导致管道变形破损，水流渗漏，水土流失形成空洞而引发地面坍塌。

由于各地出现多处严重地面塌陷事故，各地政府都非常重视探测与监测预警工作。我国具有大面积的灰岩分布区，区域岩石溶蚀，产生溶洞。在长期的地质和人为作用下，溶洞扩大，导致地面塌陷。例如，我国西南地区就经常出现这类地面坍塌。

### 12.5.2 城市道路塌陷探地雷达探测

探地雷达数据采集高效，因此广泛用于道路的快速检测和风险排查。由于三维探地雷达的发展，探地雷达已成为一种常规的检测手段，同时根据不同的地表条件，配合地震测量、高密度电阻率测量和瞬变电磁测量。

#### 1. 典型地下空洞异常特征

道路的路面层一般由沥青构成，因此设其相对介电常数为 5，基层一般使用水泥、石灰土、砂土等组成的混合材料，相对介电常数设为 9；路基主要由土壤或砂砾构成，相对介电常数设为 6。设天线中心频率为 500MHz，使用 Ricker 子波作为信号源子波，发射、接收天线间距为 0.2m，时窗为 26ns，测点间距为 0.02m，模拟空间的大小为 2m×1.2m，网格尺寸为 $dx = dy = dz = 0.01m$。最上面一层为空气层；第一层为路面层，设厚度为 $h_1 = 0.1m$；第二层为基层，设厚度为 $h_2 = 0.2m$；第三层为路基层，设厚度为 $h_3 = 0.6m$。采用探地雷达模拟软件，对空洞模型和松散体模型，得到如图 12.49 所示的典型道路塌陷隐患模型与探地雷达响应图。

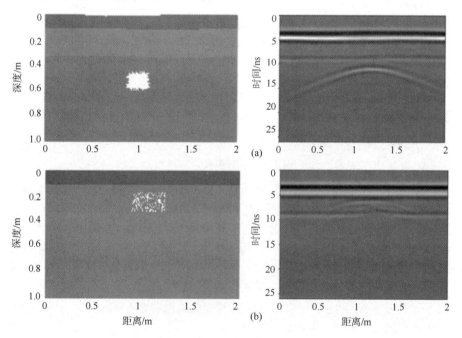

图 12.49　典型道路塌陷隐患模型与探地雷达响应图：(a)空洞模型；(b)松散体模型

设不规则空洞内部的填充介质是空气，且空洞随机地分布在模型路基中。图 12.49(a)所示为一个空洞模型及其正演模拟的二维时间剖面图，可以看到空洞异常的形状为双曲线。

对于松散或不密实的隐患，由图 12.49(b)可以看出其探地雷达剖面上有许多散射，且分层模糊。空洞、不密实和周围背景介质之间存在明显的介电差异。雷达波剖面电磁波同相轴、振幅能量、相位和频率均表现出差异，这些差异为探地雷达探测道路地下隐患的图像识别提供了充分的地球物理基础。

图 12.50 所示为某市实际道路隐患探测中探地雷达的测量异常图。测线长为 465m，采样点数为 512，时窗为 70ns，共测量了 10119 道，换算到实际比例的图像后，长宽比很大。为便于显示和解释，可将识别区域单独裁剪出来显示。

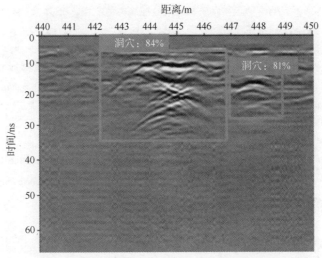

图 12.50　某市实际道路隐患探测中探地雷达的测量异常图

图 12.51 所示为水平距离 309～320m 处的一段探地雷达图像，可以看出在 318～319m 处识别出了一个不密实区域，该区域存在杂波干扰，分层模糊。

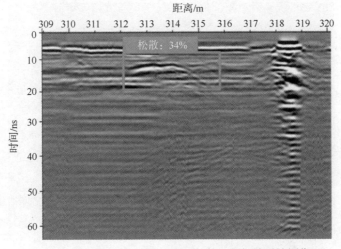

图 12.51　水平距离 309～320m 处的一段探地雷达图像

# 习　题

**12.1**　探地雷达在公路工程探测领域有哪些应用？

**12.2**　为什么要进行掌子面前方超前地质预报？简述预报所用的方法、内容和影响因素。

**12.3**  探地雷达方法在水利工程及电力工程探测中分别有哪些应用？

**12.4**  针对堤坝存在的隐患，请用多种方法进行探查并简述理由。

# 参考文献

[1]  谢朝晖，李金铭. 探地雷达技术在道路路基病害探测中的应用[J]. 地质与勘探，2007，Vol. 43, No. 5.

[2]  钟世航. 探地雷达在混凝土结构物检测中几个问题的讨论[J]. 地质与勘探，2003, Vol. 39 增刊.

[3]  赵永贵，刘浩，李宇，等. 隧道地质超前预报研究进展[J]. 地球物理学进展，2003, Vol. 18, No. 3.

[4]  肖宏跃，雷宛，孙希蒿，等. 隧道衬砌质量缺陷的探地雷达图像分析[J]. 工程勘察，2008，第 8 期.

[5]  徐兴新，吴晋，沈锦音. 探地雷达检测闸坝水下工程隐患[J]. 水利水运工程学报，2002，第 1 期.

[6]  吴晋，徐兴新，等. 各类水利工程隐患的探地雷达影像识别与分析[J]. 水利水电技术，1998，第 8 期.

[7]  邓世坤. 探地雷达在水利设施现状及隐患探测中的应用[J]. 物探与化探，2000, Vol. 24, No. 4.

[8]  熊勇，韦斯. 探地雷达在贵州水利水电勘察中的应用[J]. 物探与化探，2005, Vol. 29, No. 5.

[9]  李江林，薛建，曾昭发，等. 隧道掘进中掌子面前方岩石结构的超前预报[J]. 长春科技大学学报，2000, Vol. 30, No. 1.

[10]  薛建，田刚，谭笑平，等. 地质雷达在高速公路检测上的应用[J]. 世界地质，1997, Vol. 16, No. 2.

[11]  薛建，易兵，陈锁，等. 灰坝渗漏的地球物理探测方法[J]. 物探与化探，2008, Vol. 32, No. 1.

[12]  Liu H., Zhong J. Y., et al. *Detection of early-stage rebar corrosion using a polarimetric ground penetrating radar system*[J]. Construction and Building Materials, Volume 317, 2022, 125768.

# 第13章　水文地质领域

水文地质主要研究地下水的分布和形成规律、地下水的物理性质和化学成分、地下水资源及其合理利用、地下水对工程建设和矿山开采的不利影响及其防治等问题。在对一个地区水文地质的调查和研究中，水文地质学家需要关心当地的地表及地下水分布、地下水埋深、含水岩层、基岩界面、古河道等一些与地下水相关的地质问题，在对这些地质问题的调查中，探地雷达方法效果明显，与其他地球物理方法相互配合和补充，可为水文地质调查提供更多的资料。

## 13.1　河道探测

### 13.1.1　古河道探测

古河道是在内因或外因作用下形成的河流改道，如构造运动使某一河段地面抬升或下沉，冰川、崩塌、滑坡等将河道堰塞后由人工另辟河道等。有些古河道保留在现有地表，有些古河道由于沉降被后来的沉积物埋藏成为隐伏的古河道。探测古河道不仅可以研究河流的变迁史，还可以研究地下水的分布特征及古河道对工程的影响等。例如，在水利工程中，由于古河道常引起大量渗漏，在水库建坝时需要对坝基下古河道的地质情况进行详细勘查，了解古河道的分布范围、埋深及砂砾石层厚度等。探测隐伏古河道常用的地球物理方法有电测深、自然电位、地震勘探和地质雷达等方法。

图 13.1 所示为用对称四极剖面法追索古河道的 $\rho_s$ 剖面平面图，由图中各对称四极剖面的特征可以看出，在低阻背景上有一个高阻异常带，推断它是古河道的反映，而古河道由一条主流和一条支流组成。此外，利用 $\rho_s$ 曲线特征可以大致确定出古河道的形态、中心位置和宽度。若 $\rho_s$ 曲线对称，则其极大值对应于古河床最深的中心位置。若 $\rho_s$ 曲线不对称，则可根据曲线两翼的陡缓推断古河道两岸坡度的大小，其视宽度可由 $\rho_s$ 曲线的拐点位置大致确定，如图 13.2 中横穿古河道的对称四极剖面 $\rho_s$ 曲线所示。等 $\rho_s$ 断面图上的等值线形状可以直观地反映古河道的断面形态。

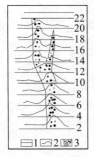

图 13.1　用对称四极剖面法追索古河道的 $\rho_s$ 剖面平面图。
1 表示测线；2 表示 $\rho_s$ 曲线；3 表示推断的古河道

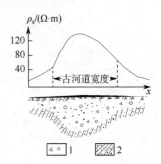

图 13.2　横穿古河道的对称四极剖面 $\rho_s$ 曲线：
1 表示砂砾岩；2 表示坚硬砂岩

图 13.3 所示为云南某地寻找浅层砂砾石富水地段（古河道）成果图。由图可见，在 371 号点附近，$\rho_s$ 等值线呈高阻闭合圈形态。结合当地的水文地质条件，推断该异常由一条浅层古河道引起。经 KZ8、KZ10、KZ11 孔验证，证实了古河道的存在——KZ11 打到了富含地下水的砂砾石层。

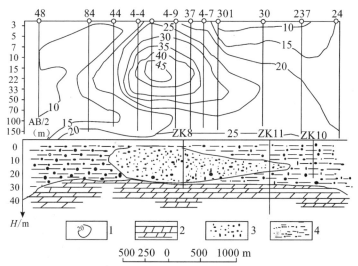

图 13.3 云南某地寻找浅层砂砾石富水地段（古河道）成果图：1 表示
$\rho_s$ 等值曲线；2 表示泥灰岩；3 表示砂砾层；4 表示黏土

图 13.4 所示为地震横波法探测古河道的实例剖面图。根据钻探资料推测该区域有一条古河道，河道埋深为 20～30m。为了查明古河道的位置，采用横波地震勘探。由图可见，约 40ms 处的同相轴是第四系地层内部的反射，同相轴连续性好、起伏小；140～220ms 处为古河道及两岸附近地层的反射，同相轴连续性好、起伏大，其形态特征反映了古河道的形态，河道底部埋深约为 28m，视宽度约为 130m。

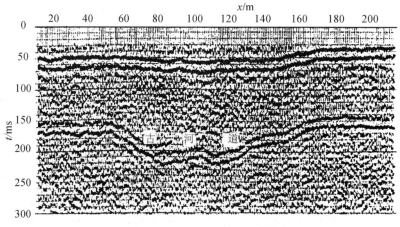

图 13.4 地震横波法探测古河道的实例剖面图

上面列举了电法与地震探测古河道的实例。在古河道探测中，探地雷达也具有明显的效果。图 13.4 列举的探测区位于某水库坝线到趾极线的河床内，地表出露的主要是第四系砂、砾、卵石层，下部为绿泥石云母石英片岩。由上至下的电性特征如下：表层，电阻率为 50～2600Ω·m，为冲洪积细砂、乱石层，层厚 1～2m；中间层，电阻率为 250～350Ω·m，为饱水乱石层，层厚 5～20m；基层，电阻率为 1000～3500Ω·m，为绿泥石云母石英片岩。在河床覆盖层下部，钻探揭示河槽基岩埋深为 19～23m。

探测所用仪器是加拿大 EKKO 100 探地雷达，天线中心频率为 100MHz，收发天线距为 1m，测量点距为 0.5m，时窗为 600ns，采样间隔为 1.6ns，叠加次数为 64。对探测资料进行消除噪声等处理后，以电磁波在覆盖层中的传播速度 $v = 0.102\mathrm{m/ns}$ 计算反射层深度，将时间剖面转换为深度剖面。图 13.5 所示为一条横穿河床探测的探地雷达剖面图。

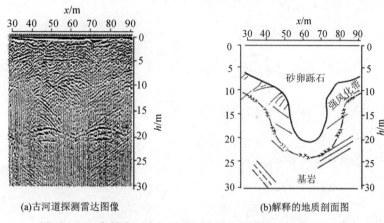

(a)古河道探测雷达图像　　　　　　(b)解释的地质剖面图

图 13.5　一条横穿河床探测的探地雷达剖面图（马翔，2001）

在图 13.5(a)中，覆盖层反射波组由交错的弧形同相轴组成，与下部基岩强风化带上倾斜且平行的波组形成明显的分界线，该分界线即是覆盖层与基岩的分界线。古河道两侧的基岩反射波组由两侧向中间倾斜，是基岩中的节理和裂隙含水后形成的强反射同相轴，与细密的弱反射波组形成明显的包络分界带，据此特征可以确定古河道的左右壁边界。根据雷达剖面特征推断的古河道形态呈近似于对称的 V 形，两侧的基岩埋深为 7～10m，古河道的埋深 21m，宽为 20m，强风化带的厚度为 5～7m。图 13.5(b)是根据雷达探测剖面解释的地质剖面图。

### 13.1.2　河道堵塞现状探测

对现有河道进行探测和研究，有助于了解河床的抬升、沉降和淤积的状况。例如，巴西西部的盘图诺地区是世界上现存最大的热带湿地，在雨季，洪水冲积的泥沙堵塞河道，极易造成河道淤积和改道。为了了解河道的现有情况，采用探地雷达对流经该地区的河道进行探测。探测使用的仪器是美国 GSSI 公司生产的探地雷达，使用 100MHz 天线。探测中将 100MHz 收发分置天线安装在双体船上，由平底船拖着沿河道水面进行探测。图 13.6 所示为河流各段的典型探测结果。

图 13.6(a)所示为河流上游的探测结果，深度为 2～3m 的强反射界面是河床的反射，河床的反射波同相轴呈锯齿状，反映了地质学中的典型巨浪形状；图 13.6(b)所示为雨季河水泛滥时沿河道主流横向探测的结果，横向距离 0～100m 内为河道，100～120m 内为主河道的决口，再向右是支流的探测结果。雨季时支流的水深约为 4m，主干道的水深仅约为 2m，很容易造成主河道决口和周围区域的泛滥。在 620～660m 处有一深达 6m 的决口，它可能是以前河流决口形成的支流；图 13.6(c)所示为河流下游从支流逆流而上横穿主河道的探测结果，130～150m 处是决口的反射，深度达 4m。

采用探地雷达对洪水前后的河道进行探测，可了解河道淤积在洪水前后的变化。图 13.7 所示为河道在洪水前后的变化探测剖面。图 13.7(a)是洪水前对河道探测的剖面图，图 13.7(b)是洪水后在同一位置重新探测的探地雷达剖面图，对比两图可以看到，图 13.7(a)中 15～30m 处在河床的反射波同相轴上突起的信号，在图 13.7(b)上已消失，而在 5m 附近和 45m 附近河床凹陷的部位明显被抬高，表明洪水将河床顶部突起的砂石冲走而填充到河床的凹陷部位，使得凹陷部位的沉积物厚度变厚。

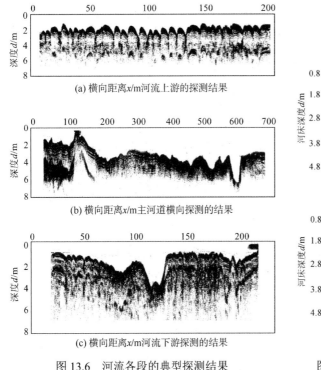

(a) 横向距离x/m河流上游的探测结果

(b) 横向距离x/m主河道横向探测的结果

(c) 横向距离x/m河流下游探测的结果

图13.6　河流各段的典型探测结果

（粟毅等，2006）

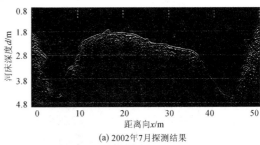

(a) 2002年7月探测结果

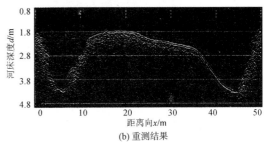

(b) 重测结果

图13.7　河道在洪水前后的变化探测剖面图

（粟毅等，2006）

## 13.2　潜水面探测

潜水是埋藏在第一隔水层之上的水，潜水的自由表面称为**潜水面**。潜水与大气降水及河、湖的水体有密切的相互补给关系：当河水位高于潜水面时，河水补给两岸潜水；当潜水面高于河水位时，潜水补给河水。因此，了解潜水面的埋深往往成为水文地质工作者研究当地水文地质的重要问题之一。同时，潜水面与人类的生产、生活密切相关，要做到保水与防水并重，无论是保水、防水还是生态重建，都要了解当地地下潜水的分布情况。采用探地雷达方法确定埋深较浅的地下潜水面是一种有效的方法。

介质的介电常数主要受介质中含水率的影响，水的介电常数是81，黏土的介电常数是5～40，在介质均一的情况下，含水量的微小变化将引起介质介电常数的较大改变，介质的含水率增大，介电常数就会增大，而电磁波在介质中的传播速度则降低。因此，在探地雷达剖面上，潜水面会引起电磁波的强反射，而在大多数情况下，地下潜水面又随着地形的变化而变化。因此，地下潜水面在雷达剖面上将表现为一条平直的反射波同相轴。

在干旱地区寻找适用饮用和农业灌溉的地下水时，首先要了解当地的潜水深度。为了验证探地雷达应用于干旱区潜水埋深探测的有效性，雷少刚等选取神东矿区松散层为第四系风积沙覆盖的两个工作面（分别为32201工作面和71303工作面），根据对水井调查的结果，两个工作面上的潜水位平均深度分别为41m和10m。采用探地雷达对潜水面进行探测，并利用附近水位实测值进行验证。结果表明，探地雷达在其可达的探测深度范围内，当上覆地层的吸收系数较小时，使用探地雷达探测潜水面埋深是可行的。

探测使用的仪器为瑞典的RAMAC，天线主频为25MHz，叠加次数为128，天线间距为1m，采样点距为2m。在数据处理中使用了数字滤波、偏移绕射处理和信号增强处理。

图13.8所示为32201工作面测线meng21的探地雷达剖面图,该测线的第13道处有2号水井,其基岩深度为52.8m。探测当天观测到2号井中的水深为40.83m。在图中的42m处,可以见到明显的反射波同相轴显示,通过比对当天的水位深度值,认为该反射波同相轴为潜水面。在对71303工作面上的潜水面进行探测时,探地雷达也取得了与水井反映的地下水深度一致的探地雷达记录。

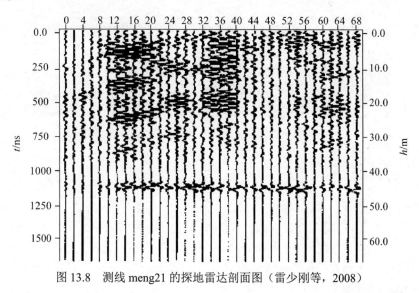

图13.8　测线meng21的探地雷达剖面图(雷少刚等,2008)

## 13.3　水深探测

水深探测的传统方法有测深杆法、测深锤法和回声探测法。测深杆法采用竹竿、硬塑料管或铝合金管等材料为标杆,探测时将探测杆垂直水面插入水底并读取水面与探测杆相交位置的刻度,适合对水深小于5m的水深进行探测;回声测深法采用声波换能器向水中发射声波,声波在水中传播遇到水底介质时发生反射,反射回水面的声波被接收换能器接收,根据声波在水中的传播速度和水底对声波的双程反射时间计算出水深。探地雷达测量水深的原理与回声测深法的接近,探测时发射与接收天线置于水面竹筏或平底木船上,发射天线发射的电磁波在水中传播,当电磁波遇到水底介质时发生反射,反射回水面的电磁波被接收天线接收,根据雷达剖面上显示的水底介质反射波的双程走时和电磁波在水中的传播速度计算出水深。

探地雷达探测水深时可采用100MHz双体天线,采样时窗根据最大水深确定,可探测的最大水深为5～7m。当水深较大时,应采用更低频率的天线进行探测,如40MHz杆状天线等,探测深度可达15m。在水深探测过程中,要对探地雷达天线进行防水保护,避免因天线进水而造成损坏,测量点距可根据对横向探测精度的要求确定,一般为1～5m。

电磁波在水中的传播速度约为0.03m/ns,但会随水中矿化度的不同发生微小变化。

图13.9所示为在长春市某水库采用SIR-2型雷达探测的结果,天线为60MHz杆状分离天线,采样时窗为600ns,收发天线距为1m,采样间距为1m。探测的目的是了解库水的深度和库底淤泥沉积厚度。在探地雷达剖面时间轴上200～300ns处出现的强振幅反射波同相轴是水底介质的反射,水深为3.6～4.5m,从水库岸边向水库中部逐渐变深。

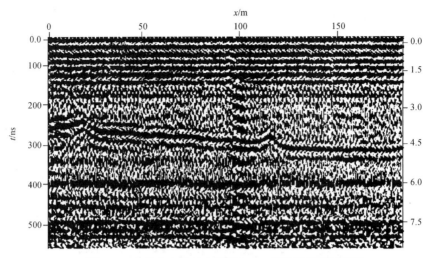

图 13.9　在长春市某水库采用 SIR-2 型雷达探测的结果

## 13.4　冻土层探测

随着全球气温的升高，多年冻土层逐渐融化和消失，使得地下水位下降，导致森林湿地退化和局部消失，进而改变土壤层的水热环境，致使林型及地被生物群落等发生重要演变，对该区的生态环境产生重要影响。因此，了解多年冻土带的冻土分布情况，研究其演变趋势对林业生产和生态环境研究都有重要意义。此外，当公路、高速铁路及输油管线等工程需要穿过冻土区时，也要了解冻土分布情况和冻土层的厚度资料。

对冻土探测的传统方法是钻孔、坑探和航片等。探地雷达作为一种高分辨率的地面探测手段，对冻土层分布的探测效果明显。例如，俞祁浩等应用探地雷达研究了中国小兴安岭地区黑河-北安公路沿线岛状多年冻土的分布及变化等。

多年冻土层中的含水层界面和冻结融化层界面与非冻土在介电常数上的差异性，是探地雷达探测冻土层的首要条件，如空气的介电常数为 1，水的介电常数为 81，冰的介电常数为 3.2，粉土的介电常数为 5～30，黏土的介电常数为 5～40。在相邻两层不同介质的界面上，电磁波的反射系数可以表示为

$$r = \frac{\sqrt{\varepsilon_1} - \sqrt{\varepsilon_2}}{\sqrt{\varepsilon_1} + \sqrt{\varepsilon_2}}$$

式中，$r$ 为反射系数，$\varepsilon_1$ 和 $\varepsilon_2$ 为两层不同介质的介电常数。由反射系数可知，随着介电常数差异的增大，其反射振幅强度随之增大，而反射系数正负值的变化将导致反射信号的相位变化，因此在多年冻土层探测的雷达剖面上将形成具有较强反射振幅和不同相位特征的反射波。下面以俞祁浩等的研究工作介绍探地雷达在冻土层探测领域的应用。

研究区位于黑龙江省黑河市-北安市，按照我国对东北地区冻土的分区，属小兴安岭岛状多年冻土区，北安处于多年冻土的南端，属高纬度多年冻土，其分布受纬度地带性的制约。冻土存在于植被茂密、沼泽化的谷底、河漫滩和低级阶地内。

探测中使用的仪器为 EKKO 100 型探地雷达，天线中心频率为 50MHz，道间距为 0.5m，在探测过程中天线极性方向垂直于勘探剖面。在资料处理中，使用自动增益放大突出冻土界面的信号幅度，使用带通滤波削减天线与地面的耦合噪声，使用空间滤波消除多次反射。根据探坑资料确定雷

达波速为 0.07m/ns。在雷达资料解释中，冻土、融土界限的划分在重点考虑雷达波特征的同时，还综合考虑了地形、地质、水文等因素的影响。研究区域位置图如图 13.10 所示。

图 13.11 所示为里程 K113 段从沼泽地中心到非沼泽林地的探地雷达实测剖面，沼泽与林地界线位于水平坐标 190m 处，在水平位置 30m 处有一个地质探坑，探坑揭示地层剖面自上而下为：0.0～0.25m，草炭层；0.25～0.8m，泥炭层（平均含水量为 22.6%）；0.8～2.1m，亚黏土（含水量为 12.2%）；2.1～3.0m，亚黏土夹碎石土；多年冻土层的上限为 1.7m。冻土结构为整体状构造，肉眼可见少量冰晶，2.1m 以下见地下冰。

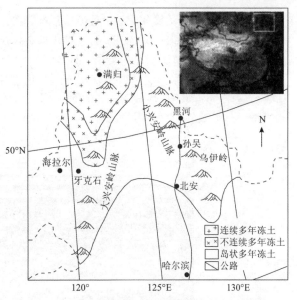

图 13.10　研究区域位置图（俞祁浩等，2008）

在探地雷达剖面上，对应多年冻土层的上限，雷达波有一个反射振幅较强的反射界面，成为非冻土与冻土顶板的标志。在地表基本平坦的条件下，冻土层顶板在深度范围 1.7～2.5m 内略有起伏，冻土的深度范围小于 11m，冻土位置如图 13.11 中白色点线圈定的位置所示，在水平距离 0～55m 处的沼泽腹地，厚层地下冰非常发育，存在地下冰与冻土互层的现象，在雷达剖面上有多个反射相位。在水平距离 55～140m 范围内由于地下冰较薄且整体性好，反射波组较单一，在 140～180m 范围内，可能由于粗颗粒土或碎石土的出现，冻土层的均匀性被破坏，地下冰以透镜体的形式与土壤相互掺杂。多年冻土消失在水平距离的 185m 处。

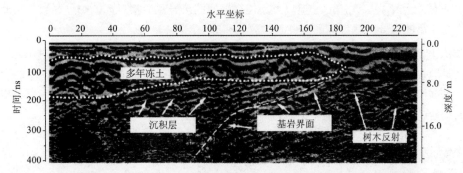

图 13.11　里程 K113 段从沼泽地中心到非沼泽林地的探地雷达实测剖面（俞祁浩等，2008）

岛状多年冻土主要发育在沟谷洼地和山间盆地中，有一定坡度的山坡和山岭地段则没有多年冻土分布。图 13.12 所示为 K75 段探地雷达剖面图，即从草滩地到林地的探地雷达剖面图。该研究区的坡度较小，地表干燥，表层无积水，草炭、泥炭层厚度为 0.5m，含水量约为 15%。钻探揭露其地质剖面为：0.5～1.5m，亚黏土、亚砂土；1.5m 以下，砂土夹碎石；未见多年冻土。在雷达剖面上，在 2m 深度也未见到强反射层。地表发育的塔头草等现象揭示，该区域曾有多年冻土的存在，由于草滩地没有高大植被对地表的遮阳作用，地表辐射强度要高于树林中地表的辐射强度，加之地表土层相对干燥，其地表温度应高于林地地表温度。勘探结果表明，湿地干缩后，地温快速升高，多年冻土快速退化。

研究表明，研究区地下冰的发育程度可划分为 3 个等级：①地下冰发育地段，具有较厚的草炭层、泥炭层、地表沼泽化湿地，且可见有苔藓层，活动层厚度较薄，多年冻土上限为 1.2～1.4m；土质一般为亚黏土和亚砂土，冻土呈层状构造，冻土类型多为饱冰冻土，含土冰层。②地下冰中等发育地段，有草炭层、泥炭层、地表沼泽化湿地，活动层厚度一般为 1.5～2.0m；土质多为亚砂土、碎石土，冰土层呈微层状构造，多为富冰冻土；③地下冰不发育地段，草炭层基本干枯或被破坏，泥炭土厚度较薄，活动层厚度一般大于 2.0m；土质主要为黏土或砂砾石土，属多冰冻土。

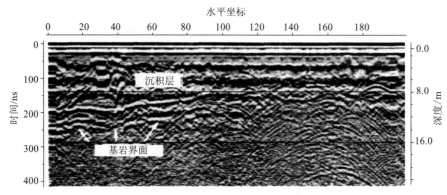

图 13.12　K75 段探地雷达剖面图

多年冻土的演变与地表的水文地质条件有较大的关系，在同一地区相同地貌和植被条件下，地表水分的差异可能导致土体热量收支的不同或多年冻土的存在与否，在暖季，沼泽湿地体表层水分和饱和泥炭层的热容量较一般土体的热容量高出约 4 倍，太阳辐射的热量更多地被表层水分吸收，减小了土体的升温；水分通过蒸发和流动带走大量热量，对表层土体起到了较好的冷却作用，使沼泽湿地的地温维持在较低的温度；进入冰冻期后，湿地土壤处于冻结状态，冰的热导系数是水的 4 倍，且草炭、泥炭的空隙较大，使得地层的热导系数接近冰的热导系数。由此可见，只要地表有充足的水分，就可保证地表的净放热和冻土的存在。

多年冻土是地-气水热交换的结果，随着环境温度的升高，冻土分布面积逐渐萎缩，厚度逐渐变薄，如果地表湿地消失，多年冻土会快速退化和消失。由于多年冻土在退化过程中与生态环境密切相关，冻土的消失将对原有冻土湿地的存在与否、生态环境的变化趋势等产生重要影响。因此，在人类活动中应充分重视对冻土的保护。

## 13.5　落水洞探测

在潮湿地区下伏碳酸盐、硫酸盐或氯化物等矿脉的岩石的地方，容易形成落水洞。即使是细小的土坑，一旦它们接近地表，也会破坏公路和其他建筑。例如，美国佛罗里达州渗坑普遍存在，原因是人为地破坏了水文动态平衡。美国东部许多州富含碳酸盐岩地区的渗坑发展为落水洞，几百万年前在碳酸岩区形成的渗坑和岩溶，如今已被新沉积物冲填。通常，因大雨或地下水大量抽取导致水位频繁变动后，向下冲刷的较新沉积物导致岩溶或渗坑扩大并向地表扩展。

图 13.13 所示为美国佛罗里达州隐伏渗坑探地雷达剖面图，其基底为石灰岩，上覆有砂或黏土并形成盖层。如今，石灰岩溶已稳定，但在水文动态的相互作用下，将来也许会受到破坏。因为天线在稍有凹陷的地表拖动，剖面显示的水位明显向上凸起，而不呈水平状，16m 深的反射是水层的多次反射，因基底饱和态变化，图中的深度有所改变，水位上方未饱和物质中的传播速度

为 0.07m/ns，该水位下方物质中的传播速度减小到约 0.05m/ns。因此，雷达剖面上垂向深度的比例尺发生了改变。

## 13.6 水下结构物探测

采用探地雷达对水下结构物进行探测，可以了解水对水下结构物的冲刷和破坏程度，进而为分析水下结构物的稳定性提供资料。

河水对水下桥墩的常年冲刷会影响桥墩的稳定性，给桥的运行带来严重隐患。常规的调查是水下人工调查，不仅施工效率低，而且危险性较大。因此，如何采用安全又快速的方法进行调查，对及时排除隐患具有重要意义。其他地球物理方法也常用于桥墩处水流冲刷的探测，如地震反射方法、声波方法和直流电法等。探地雷达具有快速、准确的特点，能准确和快速地获取水底形态，为分析桥墩处的泥土和岩石提供重要的手段。

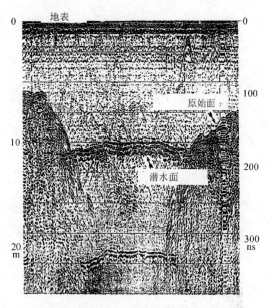

图 13.13　美国佛罗里达州隐伏渗坑探地雷达剖面图

根据工程地质和水文地质调查，常见的水下冲刷情况如图 13.14 所示。地质形态的变化，导致河水的流速发生变化。速度的变化产生不同的冲刷力，造成局部地段的过度冲刷，将沉积物带走，并在水流速度减弱的地段沉积，这种作用在自然界中常能改变河道的位置。图 13.14(a)所示为由这种现象导致的河道变化。在图 13.14(b)中，由于桥梁建设，河道局部宽度的变化导致水流速度和局部流动方向变化，增加对河道的冲刷。在图 13.14(c)中，由于桥墩建成后水流受到阻碍，产生局部的过冲刷。如果不监测水下的沉积物形态，就不了解沉积物对桥墩安全性的影响，为桥梁的运行带来巨大的隐患。

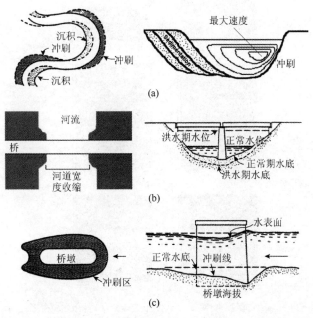

图 13.14　常见的水下冲刷情况：(a)通常情况下河流的冲刷；(b)宽度变化的冲刷；
(c)局部冲刷。左侧是平面视图，右侧是剖面图（Xanthakos，1995）

利用探地雷达方法探测水下冲刷的主要优点如下：①探测系统无须进入水下，可将探地雷达剖面延伸到周围区域，更方便分析冲刷的成因；②探地雷达探测可得到水底和水底下伏沉积物的准确深度结构模型及沉积物的物质类型；③可采用后处理方法对数据进行处理和成像；④采用不同的天线可得到不同岩土结构或岩土相单元的分辨能力，最小厚度可达 0.1m。

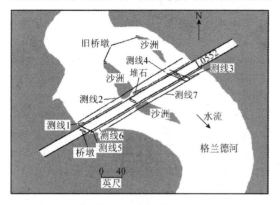

图 13.15 对美国密苏里州奇利可提一处桥墩进行水下冲刷情况探测时的测线布置示意图

Webb（2000）等用探地雷达对美国密苏里州奇利可提的一处桥墩进行了探地雷达探测，如图 13.15 所示。采用美国 GSSI 的 SIR-10B 型探地雷达系统，天线中心频率为 200MHz，局部采用 400MHz 的天线来提高探测分辨率。时窗为 200～350ns，测线布置分别垂直和平行水流方向，采用小船搭载的天线进行移动探测，在桥上和两岸进行距离控制。

选择一个探测剖面，采用多次垂直叠加数据采集，对测量数据进行水平距离校正，并进行偏移处理和速度校正处理后，得到的剖面如图 13.16(a)～(c)所示。在速度校正中，采用已知水深进行校正。根据探测和处理结果，获得水底的形态，用灰色实线表示。从水底的形态可以得到桥墩处的冲刷情况。此外，水底到较稳定的地层还有一定的深度，该深度线用白线表示。探测结果可为工程施工提供清晰的图像。

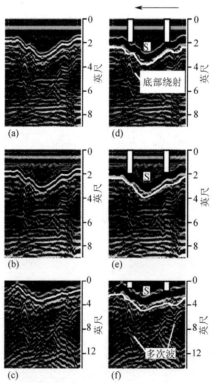

图 13.16 采集数据处理结果和解释结果：(a)叠加数据；(b)偏移后的数据；(c)根据速度校正解释的结果；(d)根据叠加数据解释的结果；(e)根据偏移数据解释的结果；(f)根据速度校正解释的结果。灰色和白色曲线分别代表水底和需要填实的冲刷区域

## 13.7　地下水污染探测

被无机盐污染的水因离子浓度增大，电阻率降低。由于污染水与未污染水的电阻率差异明显，如果埋藏不深，又有一定的体积，就可采用地球物理方法进行探测。

使用探地雷达调查地下水污染时，通常要经历三个阶段。第一个阶段是使用探地雷达圈出污染区，协助确定监测井位；第二个阶段是打监测井和取水样、土样进行化验分析，测量井中的水位，确定水力梯度和水流方向；第三个阶段是对比雷达和土样、水样化学分析数据，确定污染的范围和程度。

加拿大滑铁卢大学对用于服装干洗和金属清洗的乙烯（$C_2Cl_4$）的污染情况进行了研究。每排出 1 升乙烯会污染 1000 万升水。在实验场周围将钢板打入地下，隔断场地内外的水力联系，通过浅孔向场内注入乙烯，在周围的监测孔内进行中子、密度和感应测井，并定期测量地面和井地电阻率，开展探地雷达剖面测量。结果发现，由于乙烯中的氯俘获中子，在中子测井曲线上出现负峰，偏高浓度的乙烯在雷达剖面上表现为明显的反射，根据电阻率异常也可看出乙烯随时间的移动。

探地雷达向地下发射电磁波，电磁波遇到介电常数不同的介质的界面时发生反射，从而探查土壤与地下水被污染的范围。美国曾采用探地雷达探查工业固体废料对地下水和土壤污染的深度与范围，结果显示，有机污染源的扩散往往会使周围介质中的导电性离子数量增加，在周围形成一个低阻带，这个低阻带在探地雷达记录上表现为反射信号的强烈衰减。因此，根据探地雷达信号的衰减程度与范围，可对污染程度进行评估。图 13.17 所示为污染源外地下水流动方向上的一条探测记录，从图中可以清楚地看到被污染地下水与未被污染地下水的图像的明显差别，探测结果与钻探取样化验的结果完全吻合。

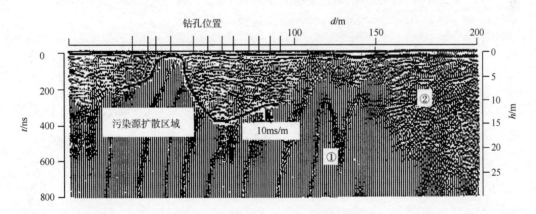

图 13.17　污染源外地下水流动方向上的一条探测记录：①未被污染；②已被污染（李大心，1994）

1996 年，美国西密歇根大学的 William 等使用探地雷达对美国空军基地的汽油类 LNAPL 造成的地下水及土壤污染进行了调查，并且取得了成功。调查结果显示，探地雷达清晰地显示出了 LNAPL 污染羽的形态和范围，因为这些污染羽已通过早期的地球物理方法得到确认。研究结果还显示，LNAPL 在毛细带的微生物降解作用及其伴随的电化学作用下，还导致土壤的导电性发生变化。污染羽的探地雷达剖面如图 13.18 所示。

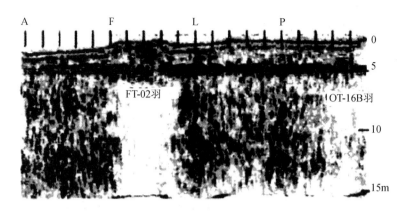

图 13.18　污染羽的探地雷达剖面（Sauck, William A，1997）

# 习　　题

**13.1**　简要说明探地雷达在水文地质领域中的应用原理，并说明其应用方向。

**13.2**　在潜水面深度探测中，应用探地雷达的条件是什么？参数是如何选取的？对于探地雷达数据，应如何加强有用信号？

**13.3**　简述在冻土层探测中如何应用探地雷达。

**13.4**　请用多种方法对古河道进行探测，说明如何确定宽度、埋深和厚度。

# 参考文献

[1]　王兴泰. 工程与环境物探新方法新技术[M]. 北京：地质出版社，1996.

[2]　粟毅，黄春琳，雷文太. 探地雷达理论与应用[M]. 北京：科学出版社，2006.

[3]　Webb D. J., Anderson N. L., et al. *Application of Ground Penetrating Radar*[D]. Federal Highway Administration and Missouri Department of Transportation special publication, 2000.

[4]　俞祁浩，金会军，钱进，等. 应用探地雷达研究中国小兴安岭地区黑河-北安公路沿线岛状多年冻土的分布及其变化[J]. 冰川冻土，2008, Vol. 30, No. 3.

[5]　雷少刚，卞正富，张日晨，等. 探地雷达探测干旱区潜水埋深研究[J]. 中国雷达，2008 年，第 1 期.

[6]　马翔. 探地雷达在水库坝基古河道勘探中的应用[J]. 工程勘察，2001 年，第 1 期.

[7]　周迅，姜月华. 地质雷达在地下水有机污染调查方面的应用进展[J]. 地下水，2007, Vol. 29, No. 2.

# 第14章 环境地质应用

随着自然科学和生产力的高速发展，人类与自然环境的矛盾进一步激化。自20世纪50年代以来，全球性环境地质问题日趋尖锐，水资源短缺、水质恶化、地面沉降、岩溶塌陷、地震、海水入侵、滑坡、沙漠化和多发性地方病等说明了地质环境对人类所产生的巨大影响，将人类对地质环境的认识与研究推向了一个新高度——既要研究地质环境对人类的影响，又要研究人类对地质环境的作用。环境地质研究的内容包括区域地质环境、地质灾害、古气候变化规律、工程建设中可能引起的环境恶化问题和自然资源开发中的环境地质问题。本章重点介绍探地雷达在地质灾害探测和污染调查中的应用。

地质灾害是环境地质领域中的一个重要研究内容。地质灾害是指由自然或人为作用或者两者的协同作用，导致地球表面破坏人类财产和生存环境的比较强烈的岩土体移动事件。地质灾害主要包括地震、崩塌（含危岩体）、滑坡、泥石流、岩溶、地面塌陷和地裂缝等。灾害的地质评价与监测的目的是，科学地确定地质体的特征、稳定状态和发展趋势，分析地质灾害发生的危险性，论证地质灾害预报和防治的可行性，为选择防治方案或实施防治工程对策提供依据。

地质灾害勘查的任务与内容如下：①查明地质灾害体的特征与地质环境，以及自然演化过程或人为诱发因素；②分析、研究地质灾害体的成因机制；③勘查地质灾害体的形态、结构和主要作用因素等，并评价其稳定性；④预测地质灾害体的发展趋势，评价其危险性；⑤进行防治工程可行性论证，提出防治工程规划方案。

地质灾害勘查中常用的地球物理方法有电法、弹性波法、放射性法、重力法、热测量法、测井法等。探地雷达在地质灾害调查中的应用较广泛，对埋藏较浅的地质灾害体的调查效果显著。

## 14.1 地下岩溶探测

### 14.1.1 城市区域岩溶探测

溶洞是可溶岩的一种常见地质现象。溶洞有的是空洞，有的被水或泥土填充。溶洞的存在对可溶岩区的工程建筑有较大危害。当岩面覆盖易被冲蚀的渗透地层且岩溶与上覆地层存在水力联系时，这种水力联系就会加速岩溶发育。当岩溶顶部变薄而无法支撑上方地层的负荷时，就会发生塌落形成开口溶洞。在开口溶洞上方的土体中，存在被冲蚀、土体密度降低的现象。

图14.1所示为广州花都区某开口溶洞探地雷达图像。该处的覆盖层是细颗粒粉砂，有一定的渗透性，其下为灰岩。灰岩面附近岩溶发育，在灰岩面雷达图像中可见不规则强反射波。强反射波围成的区域内有一组周期短的弱反射波，其特征与上覆地层反射波的特征类似，表明灰岩中的空洞已被上覆地层冲蚀的土体充填。因为开口溶洞上方的土体已被冲蚀，所以其反射波的形态特征与周围土层的反射波的形态特征不同，表明上覆地层已受到扰动。扰动土层与冲填溶洞构成了开口溶洞特征。这类溶洞会使上覆地层承载力明显降低，容易引发坍塌。

在岩溶发育地区，因地下水等作用，灰岩表面容易形成溶沟，导致其剧烈起伏，物性分布也十分复杂。在探地雷达剖面上，根据灰岩上界面的反射波同相轴横向对比追踪，可以确定灰岩上界面的起伏形态。图14.2所示为在吉林省明城矿区开展断层探测时得到的岩溶发育区灰岩上表面起伏的探地雷达剖面图，图中深约5m处的强反射波信号是灰岩上界面的反射信号，反射波同相轴横向上呈锯齿状，表明了灰岩表面的起伏和溶蚀风化程度的差异。

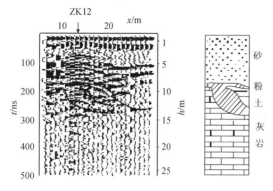

图 14.1　某开口溶洞探地雷达图像
（李大心，1994）

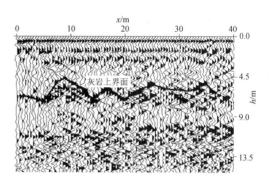

图 14.2　岩溶发育区灰岩上表面起伏的
探地雷达剖面图

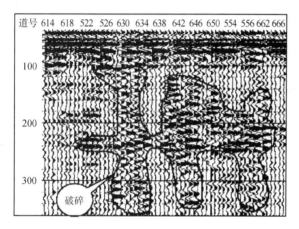

图 14.3　岩溶破碎带的探地雷达剖面（邢文宝，2006）

在隐伏基岩为灰岩、白云岩等可溶性岩石的地区，溶蚀破碎带是一种常见的地质现象，对工程结构的稳定性有很大危害。一般情况下，致密灰岩上的雷达波没有明显的反射，而当灰岩在地表或地下水的作用下发生溶蚀后，首先会以细微的裂隙形式存在，随着溶蚀程度的提高，裂隙发育，规模不断扩大，最后数条裂隙间相互连通形成岩溶破碎带和/或溶洞。岩溶破碎带常被水、黏土和岩溶蚀变物填充，这些物质与完整灰岩在介电常数上有明显的差异，对电磁波会形成明显的反射或绕射，进而形成反映岩溶破碎带的探地雷达剖面，如图 14.3 所示。

## 14.1.2　铁路路基地下岩溶探测

道路下方的岩溶是道路建设和运行的重要隐患。岩溶一般出现在石灰岩地区，地表条件较复杂，基岩出露较多，传统直流电法电极布设困难。于是，探地雷达就成了一种重要的方法。图 14.4 所示为一个比较成功的路基岩溶探测结果图实例。探测区域是我国西南地区的铁路路基勘探区域，该区域的地形地貌为低山陡坡，自然坡度为 35°～45°，线路右侧部分的地段为陡崖，崖高 6～20m，山坡上有溶沟和溶槽，植被较发育。

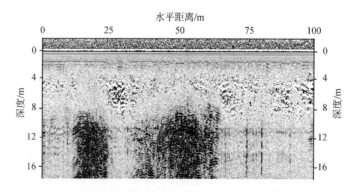

图 14.4　路基岩溶探测结果图（钟凌云提供数据）

区域地层岩性如下：块石土，厚 1～5.5m，IV；黏土，硬塑，III；T1j3 灰岩、角砾状灰岩，青灰色、浅肉红色、弱风化，呈中厚至巨厚层状，V。产状为 175°∠25°，右侧视倾角为 16°，节理主要发育 2 组：345°∠88°，间距为 1～3m；75°∠78°，间距约为 1.2m，节理面粗糙。水文地质条件比较复杂，表现为地下水为基岩裂隙水及管道型岩溶水，发育溶洞、暗河，由岩溶洼地、漏斗汇集后经落水洞、竖井排入暗河。存在大量的不良地质现象，例如：①本段岩溶洼地、漏斗、溶洞和暗河发育。②灰岩致密坚硬，角砾状灰岩相对软弱，岩层软硬相间，岩层倾向线路左侧，同时发育近垂直节理，坡面易形成危石。③角砾状灰岩含膏盐。

探测时采用中心频率为 100MHz 的天线，平均换算速度为 0.1m/s。在 8m 深度下方存在两个范围不等的振幅较强、形态复杂的反射体，工程证实其为充满黏土的溶洞，溶洞形态不规则。

## 14.2 采空区与洞穴探测

### 14.2.1 采空区探测

采空区是人类采矿时在地表下面留下的空洞。采空区存在时，会使得矿山的生产面临很大的安全隐患，人和机械设备都有可能掉入采空区而受到伤害或损害。采空区具有隐蔽性强、分布规律差等特点，因此如何对采空区的分布范围、空间形态特征和冒落状况进行量化评估，一直是困扰工程技术人员进行采空区潜在危害评价及合理确定采空区处治对策的关键技术难题。为了研究有效探测采空区的方法和技术，煤炭科学研究总院和其他一些科研部门进行了大量研究工作。研究成果表明，采用地震勘探法、高密度电法、瞬变电磁法、钻孔弹性波 CT 法、$\alpha$ 卡测量法及探地雷达法等地球物理方法对探测采空区探测都有一定的效果。

采空区内的介质（水或空气等）与围岩介质在介电常数上有较大的差异，这为探地雷达法探测采空区提供了地球物理条件。为了了解探地雷达法探测采空区的效果，吉林大学在鞍山铁矿区开展了探地雷达法探测采空区的应用研究。研究分两步进行：首先在已知采空区上开展实验，得到该地质条件下采空区的探地雷达特征图像，研究其探测深度和探测精度，以及复杂地质条件对探地雷达探测的影响；然后采取综合物探方法开展未知采空区的探测研究。下面列举两个实例来说明探地雷达对采空区探测的应用。

图 14.5 所示为鞍山矿区某已知采空区的探地雷达图像，该采空区的宽度为 15～17m，上顶埋深为 7～8m，地表土层厚度为 0.3～0.5m。实验中使用的探地雷达天线频率为 40MHz，采用点叠加观测方式，采样时窗为 800ns，收发天线距为 1m，采样点距为 1m。采空区位于雷达图像横坐标的 24～40m 处，该处的反射波同相轴发生错断，反射波能量强，两端点处出现明显的绕射现象。由已知采空区的探测实验可知，探地雷达方法对埋藏较浅的采空区的探测是有效的。

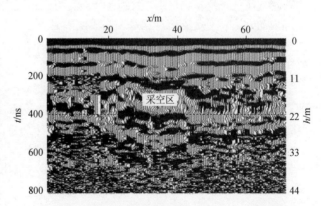

图 14.5　鞍山矿区某已知采空区的探地雷达图像

在对采空区进行实际探测时，结合人工地震、瞬变电磁等其他地球物理方法，可以起到优势互补的作用。雷达波受地表浅部介质不均匀性的影响较大，因此在资料解释时要特别注意区分浅部地形变化或岩性变化产生的异常，避免与采空区的异常相混淆。

山东至莱芜高速公路在线路复测中，发现博山西城地段沿路轴线及其附近地区出现不同程度的开裂和沉陷，裂缝宽度最大为50cm，具有一定的延展性，沉陷坑的直径约为80cm，推测是由煤井采空区塌陷所致，严重影响了道路建设工程的顺利进行。为了查明对路基影响范围内的采空区分布及埋深，在裂缝严重地段布置了13条探地雷达测线，测线垂直公路轴线布置，测线间距为30m，所用仪器为EKKO 100型探地雷达，天线中心频率为25MHz，天线间距为4m，时窗为1500ns。其中，K2+390测线的长度为89m，剖面方向为EW，路中轴线位于测线的60m处。图14.6所示为K2+390测线探地雷达剖面图。

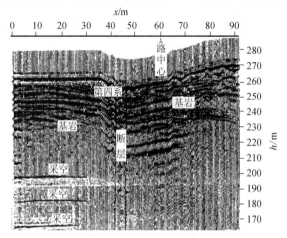

图 14.6　K2＋390 测线探地雷达剖面图（刘红军等，1999）

在43～49m和54～59m处分别发育一条断层，产状近乎直立，在雷达图像上表现为带状强反射，断裂带内反射波同相轴与周围存在明显的不连续性；在测线20m和25m处见两条地裂缝，裂缝张开宽度为20～30cm，呈NE方向展布；剖面水平距离0～33m范围内标高180m和200m处有采空区分布，表现为雷达图像上同相轴连续性好，形成明显的强反射界面特征，推断为采空区顶板或塌陷区顶板所在位置。结合13条测线的探测结果推测，采空区走向与路轴线大致平行，埋深多为75～95m。建议对路基及两侧各10m内的路基土层进行强夯处理，对路基范围内的采空区段进行注浆处理，以防后期对公路产生更大的破坏。

## 14.2.2　土洞与人防工程探测

土洞产生的塌陷越来越多地受到人们的关注。土洞的成因较复杂，天然土洞主要是由地表水的淋漓及地下水的流动逐渐带走松散的土体形成的。土洞危害地表的建筑设施，土洞坍塌会导致道路塌陷或地表建筑物坍塌，因此查明土洞的分布往往是土洞发育地区地基勘查的重要内容之一。土洞内的介质（空气、泥、水等）与周围的黏土在电导率和介电常数上都有明显的差异，因此使用高密度电法或探地雷达探测土洞都具有较好的效果。例如，北京、上海等城市在建设地铁时使用了探地雷达检测路面下方的空洞，为地铁施工安全提供资料。

1993年，西南某机场在施工中发现多处不明成因的土洞，为了确保日后飞机的安全降落，需要查明土洞的位置和埋深。场地内被第四系黏土覆盖，8～10m以下为石灰岩。探测所用仪器为SIR-10型探地雷达，天线中心频率为100MHz，采用剖面法连续测量方式。在已平整的长约120m、宽约60m的跑道上共发现3处土洞异常。图14.7所示为1号土洞异常的探地雷达剖面，土洞异常在剖面上呈现强振幅双曲线形。开挖结果证实该土洞的埋深为1.7m，直径约为2m。探地雷达探测结果为消除机场跑道上的隐患提供了资料。

图14.8所示为深圳龙岗区某厂房雷达探测土洞剖面，探测区域上覆地层为粉质黏土，下伏基岩为大理岩。在剖面深度方向5m上方，黏土介质的层间反射具有较连续的反射波同相轴显示，表明黏土层横向分布连续，深度约为5m；水平距离0～4m处的强振幅反射异常为钻探验证的土洞；水平距离10～13m处出现相同特征的反射异常区，推断为一处具有相同特征的土洞。

地下人防工程对地面建筑有较大的危害，这个问题在我国北方地区尤为突出。在地下人防工程未查明之前，地面建筑变形和坍塌的事件时有发生。因此，在地面建筑设计和施工前，查明地下人防工程的分布情况，对确保建筑工程的质量和安全十分重要。调查地下人防工程时一般采用钻探或地球物理方法，对埋深较浅但保存较完整的人防工程，探地雷达探测也是行之有效的。

图 14.7　1 号土洞异常的探地雷达剖面
（何金武等，2008）

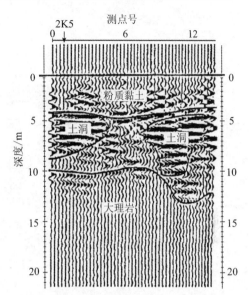

图 14.8　深圳龙岗区某厂房雷达探测土洞剖面
（王俊如等，2002）

在地表平整、地下人防工程埋深较浅的情况下（埋深 1～3m），探地雷达探测一般使用 100MHz 天线，在垂直已知人防走向方向采用连续采集方式进行探测；对于埋深较大人防工程的探测，需要使用低频天线，如 60MHz 或 40MHz 天线等，采用点测方式垂直已知的人防走向方向探测。如果在探测前的调查中未能摸清地下人防工程的走向，则要网格化布置测线进行探测。

人防工程探测场地多为已拆迁的建筑场地，地表介质复杂且条件较差，因此在数据处理时应消除浅层介质不均匀性造成的影响。对有异议的异常，还应采取其他地球物理方法（如高密度电法、高密度地震影像法）或钻探加以验证。

某建筑工程施工时已知场地内有人防工程，埋深约为 2m，具体位置和走向不详。为了查明人防工程的埋深和走向，采用探地雷达进行了探测。探测使用 100MHz 天线，采用剖面法连续采集，测线布置为网格状。图 14.9 所示为东西向一条测线的雷达图像，在横坐标的 1.5～3.5m 处和纵坐标的 2.2m 处，反射波同相轴发生错断，且有绕射现象发生，结合现场调查资料确认雷达图像上的异常由地下人防工程（洞）引起。该洞顶板埋深约为 1.8m，宽度为 1.8～2.0m。对该异常追踪探测表明，该人防工程的走向近南北向。

我国北方地区的地下人防工程多为几十年前挖掘的，大多数埋深为 6～15m，多为土洞或砖拱

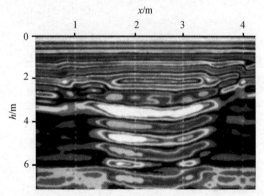

图 14.9　东西向一条测线的雷达图像

结构，规模较大的长达数千米，宽度可行驶汽车，规模较小的仅可容一两人藏身。至今，多数人防工程因管理不善已造成坍塌、积水或积泥。对于那些完整性差且埋深较大的人防工程的探测还

是比较困难的，成功的实例较少，原因在于厚层黏土对电磁波的衰减较大，人防工程在探地雷达剖面上的反射或绕射的振幅一般较弱，异常不易识别。因此，对人防工程的探测要采取探测与走访调查相结合以及使用几种物探方法相互验证的方式进行，对明显异常要敢于肯定，对表层干扰大但不明显的异常不要轻易给出结论。

## 14.3 滑坡探测

滑坡是指斜坡上的土体或岩体受到河流的冲刷、地下水的活动、地震或人工切坡等因素的影响，在重力作用下沿着一定的软弱面向下滑动的自然现象。滑坡按滑动体积分为小型滑坡、中型滑坡、大型滑坡和特大型滑坡，按滑动速度分为蠕动型滑坡、慢速滑坡、中速滑坡和高速滑坡。滑坡对人的生命和生产带来了巨大危害。例如，1961年，湖南省资水某水库发生重大滑坡，滑体达165万立方米，土石以25m/s的速度滑入深50余米的山区水库，库水漫过尚未建成的大坝顶部泄向下游，造成40余人死亡和巨大的财产损失。因此，对滑坡体的监测已引起人们的高度重视。目前，用于调查滑坡范围及随时间变化过程研究的地球物理方法较多，如采用重力测量圈定滑坡范围，采用自然电位监测滑坡动态，采用地温监测与滑坡有关的地下水流动态。放射性、电法、地震、探地雷达等方法也是滑坡调查中的常用方法。

由于受强挤压剪切力的作用，滑动面上的岩土结构会发生很大的变化，岩土的内在联系受到破坏，常呈糜棱状。滑动面上岩土的含水率和矿化度增大时，会使滑动面的介电常数与电导率相对上下地层增高，形成一个电磁波反射界面，而探地雷达图像中可以反映这种特征。滑坡根据其特征，可分为残积土滑坡、碎石类滑坡和软土工程滑坡。

残积土滑体的滑床基本由基岩组成，基岩面上的风化物颗粒较粗，渗水性好，介电常数小。滑动面的含水率增大，介电常数增大，滑动面与上下介质的差异加大，形成电磁波反射界面。图14.10显示了残积土滑体滑动面的探地雷达图像。

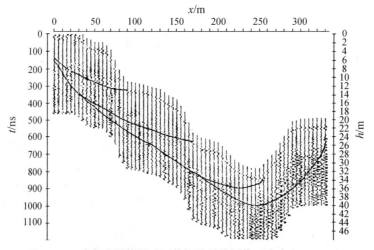

图14.10　残积土滑体滑动面的探地雷达图像（李大心，1994）

碎石类滑坡处于断裂、褶皱发育地段，滑床由完整的基岩组成，滑带由断裂、褶皱形成的结构面组成。湖北巴东新城滑坡是一个古滑体，基岩由二叠系砂质泥岩与泥灰岩组成，受构造影响，基岩面上覆盖有碎裂岩和块裂岩。该滑坡地表覆盖第四系残积土，滑体呈多层结构，滑带基本沿褶皱构造形成断裂面。在断裂与滑体滑动的双重作用下，滑带岩石结构受到严重破坏，从而形成较强的反射面。当断裂跨越地层界面时，滑带两侧的反射波同相轴错断。虽然滑带基本沿坡面向下，但在个别地段由于断裂面不规则形成鞍状滑面特征，明显不同于土体滑坡。图 14.11 所示为湖北巴东新城滑坡的探地雷达图像。

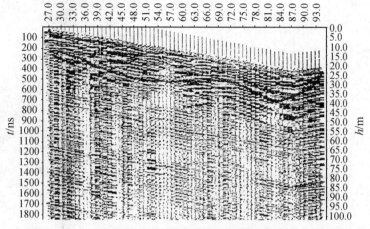

图 14.11　湖北巴东新城滑坡的探地雷达图像（李大心，1994）

　　软土包括淤泥、黏土和部分粉质黏土，多为湖相或海相沉积，大多处在低洼处，在自然状态下不会形成滑坡，当大型工程基坑开挖时，软土出露在陡坎上，引起软土中的应力不平衡。这种软土地层抗剪切力差，极易剪切滑动，使上覆地层应力失衡，形成滑坡。滑动面常切过上覆地层延伸到地表。在横切滑体主轴方向上，可由探地雷达图像中反射波同相轴的错断判别软土滑坡滑动面的位置与形态。上海广灵四路的滑坡就属于这类滑坡。上海污水合流工程在跨越一条河道时，开挖河道形成临河陡坎，使切向应力失衡，引起软土地层滑动。

## 14.4　地裂缝探测

　　地裂缝是地表岩体、土体在自然或人为因素下产生开裂，并在地面形成裂缝的地质现象。当地裂缝出现在人类活动地区时，会对人类生产与生活构成危害。地裂缝是一种地质灾害，在全球许多国家都有发生。我国是地裂缝分布最广的国家之一，在河北、山西、山东、江苏、陕西和河南等省都有发生，出现地裂缝的城市有西安、大同、邯郸、保定、石家庄和天津等，而以西安的地裂缝最典型和严重。地裂缝对西安的城市规划和建设构成制约，对地面建筑、道路和地下管线等构成严重危害。

　　地裂缝常常是一些地质作用（如地震、断裂活动、地面沉降或塌陷）的附属产物，按成因可分为构造地裂缝、非构造地裂缝和混合成因地裂缝。地裂缝的形成和发展受特定地质环境、地貌单元和人类活动影响，一旦产生地裂缝，为了确定地裂缝的成因并采取合理的控制措施，就要对地裂缝的几何形态、分布范围和产状进行探测，而地质雷达方法是对地裂缝进行探测的有效手段之一。地层受剪切和张力作用产生裂缝，造成地层某一位置错断，在垂直裂缝走向方向测量时，地裂缝在雷达剖面上表现为反射波同相轴错断，如图 14.12 所示。

　　延边市某大学新校区拟建场地位于布哈通河北岸冲洪积相三级阶地上，第四系地层以黏土为主，基岩为全风化泥岩和全风化砂岩，它们呈互层状出现，揭露的砂岩层厚度约为 7m，泥岩层厚度为 2~3m。在拟建场地开挖平整的全风化砂岩中，有几条裂缝呈近东西向分布（见图 14.13），可见到的裂缝宽度约为 20cm，下延深度不详。在出露的断面上可见裂缝穿透泥岩砂岩互层，在砂岩层内裂缝横向发育，在泥岩层内裂缝呈近闭合状。为了评价场地地基的稳定性，了解地裂缝的规模、产状及延伸，进一步确定地裂缝的成因，在场地内开展了探地雷达和高密度电法探测。

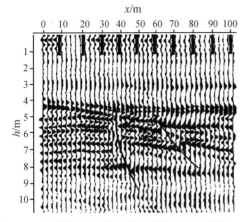

图 14.12　地裂缝上的探地雷达剖面（王玉海等，2001）　　图 14.13　延边市某大学新校区拟建场地地裂缝照片

探地雷达测线垂直裂缝带走向分布，采用 SIR-2 型探地雷达，使用 60MHz 天线以剖面法探测，测点间距为 0.5m。探地雷达探测结果显示（见图 14.14），场地上裂缝倾角近乎直立，最大下延深度为 6～8m，主裂缝带由 4 条走向近乎平行的裂缝密集分布组成，在主裂缝带以外，还有一条隐伏的裂缝位于主裂缝带北侧的薄层泥岩之下，走向与主裂缝带的一致。观察裂隙面呈凹凸不平状，表现为张性节理特征。探地雷达与高密度电法探测结果还显示出场地内的一条正断层位于主裂缝带以北，在部分剖面上有较好的显示，断层走向与裂缝带走向大体一致；场地以南的二级阶地上有一条破碎带，其视宽度约为 30m，埋深约为 8m。

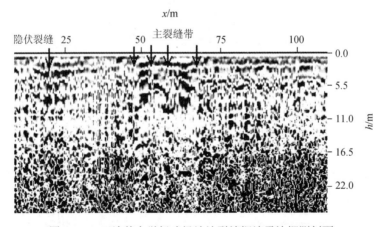

图 14.14　延边某大学拟建场地地裂缝探地雷达探测剖面

探地雷达、高密度电法探测和地质调查结果认为，场地内的地裂缝受控于场地内的断层，而砂岩上部的泥岩层被挖掉使得地表水直接作用到砂岩上，是造成裂缝加速扩展的主要因素。裂缝对地基的稳定性有较大的影响，建议对裂缝采取必要的封闭和防渗措施，防止地下水的潜蚀和运移及地表水的冲刷使裂缝进一步扩大或产生新的裂缝。

## 14.5　活动断层的探测与评价

随着经济的高速发展，大城市的建设规模越来越大，人口密度迅速增长，生活水平和生活质量不断提高。在这种形势下，人们更关注自己生存环境的安全性。城市的地震和地质体活动是危及人们安全的主要因素之一。开展大城市地震活断层探测与地震危险性评价工作，不仅可以使城市规划更科学、合理，而且可以使新建的重要设施、生命线工程、居民小区等尽可能地避开活断层。尽早对建在活断层上或附近的重要建筑设施采取防范措施，能有效地减轻城市地震灾害，确保人民生命财产安全，保持社会稳定，使经济建设可持续发展。

城市活断层探测的目的是，准确查明地表附近活动断层的空间分布，确定深部延伸情况，揭示地下介质的特性和深部构造环境，为活断层地震危险性评价提供依据。城市活动断层的探测一般以反射波地震勘探为主要手段，其提供的断层空间位置、几何形态、上断点层位等信息是确定断层空间分布与评价断层活动性的主要依据，但在第四系盖层较浅的地质环境下，地震勘探对第四系覆盖的分层效果较差，提供的上断点深度往往有较大的偏差。为了更准确地揭示断层的上部特征与所位于的地层，需要配合采用其他地球物理方法，如高密度电法、探地雷达和瞬变电磁等方法往往作为城市活动断层探测的辅助手段。

探地雷达方法是一种高分辨率浅层探测技术。在长春市活动断层探测与地震危险性评价中，探地雷达方法不仅确定了各目标断层上部的形态特征、上断点埋深和产状，而且清晰地显示了断层的垂向断距和断裂带附近岩石的变形情况；探地雷达剖面上对岩土的分层结果，为准确和科学地评价断层的活动提供了重要依据。

长春市区白垩系基岩埋深一般为 10～25m，呈北东走向，倾向北西，倾角较小，第四系覆盖底层为粉砂、粗砂，厚 2～5m，上层为粉质黏土。根据长春市区基岩与第四系盖层特点和探地雷达对长春市活动断层的探测结果，在探地雷达剖面上对断层识别的依据如下。

（1）第四系地层与白垩系基岩呈近水平状不整合接触，上下层位介质的相对介电常数差异明显，因此在探地雷达能够达到的探测深度内，基岩顶部的反射波同相轴呈强振幅近水平状显示，该特征可作为结合钻孔资料确认基岩顶界面的依据。

（2）在探地雷达剖面上对基岩顶界面反射波同相轴进行横向对比追踪，同相轴的错断或连续性差成为判定断层存在的主要依据。

（3）基岩顶部发生的明显变形会在雷达剖面上显示出来，而在断点附近突然发生的岩石形变往往与断裂有关，这是判定断层真实性的佐证。

（4）在断层破碎带内，介质因含水量和矿化度的变化改变了相对介电常数，使破碎带下方介质对电磁波的吸收系数发生变化，与断裂带两侧在雷达回波的幅度和视频率上有明显的差异。

RD2-1 测线位于 $F_2$ 断层东北段的兴隆山，钻探资料显示第四系覆盖厚度约为 23m。在 RD2-1 测线的探地雷达剖面图（见图 14.15）上，沿 600ns 处的强反射波同相轴横向对比追踪可见，断点位于水平坐标的 887m 和 1165m 处，断点两侧出现岩层变形区。断层面倾向北西，断层 $F_{2-1}$ 为逆冲断层，断层 $F_{2-2}$ 为正断层。以电磁波在黏土中的传播速度 0.08m/ns 计算，上断点埋深分别为 24.8m 和 26.0m。

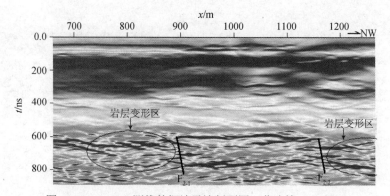

图 14.15　RD2-1 测线的探地雷达剖面图（薛建等，2008）

采用探地雷达方法确定断层的空间分布时，应该遵循以下原则。

（1）探地雷达测线的间距应满足相应比例尺下断点外延相互连接的相关要求。

（2）同一条断层的倾向和性质应相近。

（3）同一条断层的视宽度和垂向断距应相近。

（4）同一条断层在雷达剖面上反映出的电性异常特征应相近。

探地雷达方法在长春市区不同的地质单元（如波状台地、I级阶地和河谷谷地）上都取得了较好的分层效果，雷达剖面上准确地显示出了断层上断点穿切的地层，为分析断层的活动提供了科学依据。

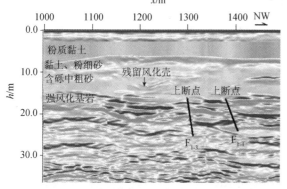

图 14.16 RD1-2 测线的探地雷达剖面图（薛建等，2008）

RD1-2 测线位于波状台地，钻孔 ZK01～ZK03 给出的第四系厚度约为 13.0m，分为两个亚层：0～9m 为粉质黏土层，9～13m 为中细砂、泥砾层；13m 以下为白垩系基岩，上部为强风化层，厚度约为 2.0m，下部为中风化基岩。结合钻孔资料分析，RD1-2 测线的探地雷达剖面（见图 14.16）自上而下可分为粉质黏土层（0～8m）、黏土/粉细砂层和含砾中粗砂层（8～14m）、强风化基岩（14～17m）。剖面上显示的两个断面的上断点消失在强风化基岩上界面，未见扰动上覆第四系地层下界面的迹象，判断该断层的最后活动年代为白垩系晚期，为前第四系断层。

## 14.6  垃圾掩埋场地选址与调查

目前，我国城市每人每天的平均垃圾产生量约为 1kg，并以每年 10%的速度增长，若不能妥善处理这些垃圾，必将成为社会公害。

城市垃圾的处理措施主要有焚烧、堆肥和卫生填埋三种。以前，我国大多数城市采用卫生填埋法，即一层垃圾、一层土交错填埋，边卸边压实，最后封土覆盖。

采用卫生填埋处理措施时，首先要选好场地，要因地制宜地选择天然河塘、洼地、荒谷、废矿坑和废采石场等。然而，要采取防渗和集气措施，尽可能地减少对土壤、水源和大气的污染。因此，在选择场地时必须考虑下列地貌和地质因素：①必须选在洪泛区外，尽量避开地面径流，防止填埋场地遭受水灾；②场地要有足够的容量，并能顺利排泄地表水；③避开地震区、滑坡区、区域性断层通过区、矿床、溶洞、文物和珍贵动植物生长栖息地等；④到地下水水源地及其他水源地的距离应大于 200m；⑤填埋场底部应有厚 1.5m 以上的黏土层。

进行垃圾填埋场地选址调查、垃圾对场地周边的污染调查、垃圾填埋位置的调查时，可以采用探地雷达方法。图 14.17 所示为垃圾填埋位置调查的探地雷达图像。由图可见，因为填埋于地下的垃圾与周围介质存在密度、电导率和介电常数的较大差异，所以

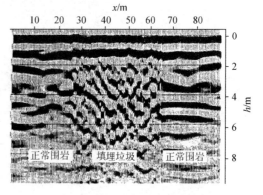

图 14.17  垃圾填埋位置调查的探地雷达图像（杜树春，1996）

垃圾填埋区与围岩在反射波形特征上明显不同，正常围岩的反射波同相轴平滑连续，而在垃圾填埋部位，反射波同相轴不连续，反射信号杂乱。

垃圾填埋后，各种物理、化学和生物作用会使填埋体不断产生渗漏液，这些液体一旦流出掩埋场地，就会严重污染周围的土壤和地下水。在我国早些时间，因垃圾污染土壤和地下水的事件时有发生。例如，吉林工业渣堆淋滤液渗漏导致几十平方千米内 1800 眼水井报废；佳木斯 140 多万吨工业和生活垃圾堆放场渗漏，硝酸基苯和酚污染地下水，使 6 个自来水厂报废。流出的液体污染土壤或岩石，使土壤或岩石的导电性离子增多，介电常数与未被污染的土壤或岩石发生改变，如果存在足够大的差异，就会给探地雷达探测被污染区域提供地球物理条件。此时，合理地布置雷达测线并采用合适的采集参数，就可探测出被污染区的规模和液体流出及扩散的通道。

## 14.7　地下废弃物调查

地下燃料油和汽油储罐无论是在使用过程中还是废弃后，一旦发生泄漏，燃料就会流到地下水供给系统，引发严重的环境污染。许多已废弃的储油罐在地表上无显示，在移动或修补它们时，必须精确地圈出位置，以免因钻孔或挖掘造成意外的穿破而污染周围的环境。对地下废弃物的调查内容包括废弃物的埋藏深度、平面位置和形态特征。燃料储罐等废弃物的介电常数与围岩的介电常数存在明显的差异，且埋深一般较浅，因此为探地雷达方法的应用提供了条件。

图 14.18 所示为美国纽约州某加油站两个废弃储油罐的探地雷达图像。由于无其他可靠的证据证明储油罐的存在，盲目开展钻探又可能会损坏储油罐、污染周围的环境，采用了探地雷达进行了探测。探地雷达探测精确地圈定了储油罐的位置、数量和埋深。图 14.18(a)所示的探地雷达剖面上显示了两个储油罐；图 14.18(b)是其中一个储油罐上的纵向探地雷达剖面，根据探地雷达反射波双曲线的波峰可以精确确定储油罐的长度。

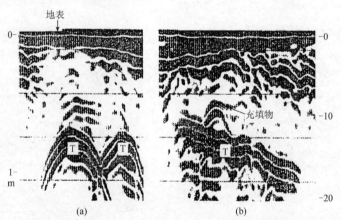

图 14.18　美国纽约州某加油站两个废弃储油罐的探地雷达图像（Mellett，1995）

## 14.8　油气污染监测

随着社会的发展，油气污染成为环境污染的一个主要方面，采用地球物理方法监测或探测油气在地下的运移过程，不仅可以减少因油气渗漏造成的损失，而且对环境的改善具有重要指导意义。利用物理模拟实验的方法，可以模拟实际油气泄漏的情况和油气污染范围。实践证明，探地雷达是油气泄漏探测与监测的良好方法，对于解决地下油气管线的油气泄漏，该方法不仅快捷，而且能有效地确定油气污染的范围与强度。

采用砂作为模型实验材料，模型长度、宽度和高度分别为1.9m、1.1m和1.0m。测量采用SIR-2型雷达，采用900MHz单体天线，利用1升原油作为油气污染材料。模型材料砂比较干燥，含泥量少。通过对已知物体及已知深度进行探地雷达测量，利用介电常数与速度的近似公式计算相对介电常数约为10。利用中间梯度法，测量实验砂的平均电阻率和极化率分别为200Ω·m和2.1%。

该物理模型的模拟实验以实际油气泄漏和运移为基础。图14.19的中心线偏右为一原油泄漏源。共完成7条测线，测线间距为10cm。采用连续和点测两种方式，点测时的点距为1cm。限于篇幅，这里只给出部分测量结果。图14.20所示为无原油污染时的雷达剖面图。比较图14.20与图14.21可知，当砂表面有油气污染时，探地雷达的波形幅度明显降低，而雷达波的速度明显提高，穿透能力明显增强，这主要是由油气的电阻率较高而介电常数较小引起的。图14.23所示为图14.21减去图14.20后的雷达剖面图，可见油气的泄漏范围非常清晰，在油气污染范围下方，模型底部的反射较强，原因是砂中有油气后，雷达波的穿透能力增强。图14.22所示为原油在砂中运移4小时后的雷达剖面图，图14.24所示为图14.22减去图14.20后的雷达剖面图。可见，由于原油的运移，油气浓度降低反映为波形幅度降低，而油气污染的范围明显增大。因此，使用探地雷达进行油气污染的探测与监测具有较好的效果。

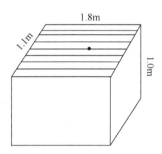

图14.19 物理模型及测线图（黑点为注油中心）

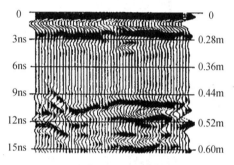

图14.20 无原油污染时的雷达剖面图

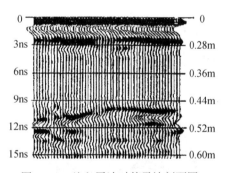

图14.21 注入原油时的雷达剖面图

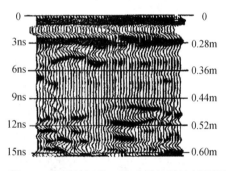

图14.22 原油运移4小时后的雷达剖面图

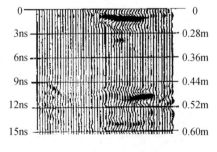

图14.23 图14.21减去图14.20后
的雷达剖面图

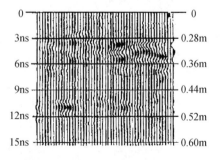

图14.24 图14.22减去图14.20后
的雷达剖面图

# 习　　题

**14.1**　简述环境地质灾害勘查的任务、内容及常用方法。

**14.2**　地下溶洞、采空区、空穴等应如何探测？

**14.3**　如何应用探地雷达探查地裂缝、活断层？

**14.4**　垃圾掩埋场的选址原则是什么？简述如何进行选址及监测。

# 参考文献

[1]　李大心. 探地雷达方法与应用[M]. 北京：地质出版社，1994.

[2]　程业勋，杨进，赵章元. 环境地球物理学的现状与发展[J]. 地球物理学进展，2007, Vol. 23, No. 4.

[3]　薛建，张良怀，等. 应用探地雷达探测活断层[J]. 吉林大学学报（地球科学版），2008, Vol. 38, No. 2.

[4]　王玉海，江涛. 地质雷达在检测地裂缝中的应用[J]. 勘查科学技术，2001 年第 3 期.

[5]　何金武，徐干成，郑建中. 地质雷达在地下洞穴探测中的应用[J]. 工程物探，2008.

[6]　王俊如，绿继东. 地质雷达在环境地质灾害探测中的应用[J]. 地质与勘探，2002, Vol. 38, No. 3.

[7]　杜树春. 地质雷达及其在环境地质中的应用[J]. 物探与化探. 1996, Vol. 20, No. 5.

[8]　邢文宝. 探地雷达在岩溶地质勘察中的应用[J]. 铁道建筑技术，2006 年第 4 期.

[9]　刘红军，贾永刚. 探地雷达在探测地下采空区范围中的应用[J]. 地质灾害与环境保护，1999, Vol. 10, No. 4.

[10]　Mellett J. S. *Ground Penetrating radar applications in engineering, environmental management, and geology*[J]. Journal of Applied Geophysics, 1995, Vol.33, Issue 1-3, 157-166.

# 第 15 章　土壤探测与农业领域应用

随着技术的发展，探地雷达在农业领域正发挥着越来越重要的作用。在土壤调查中应用探地雷达技术，不仅可以降低调查成本、提高调查效率，而且探地雷达方法的无损性可以使得人们开展重复调查或监测。探地雷达可用于开展土壤结构、土壤成分、土壤排水系统、植被根系和作物生长情况的探测或调查，为精细农业提供重要的方法和技术。

## 15.1　土壤参数探测

土壤是近地表最重要的农业资源，它关系到农业生产与人类生存环境。常规土壤调查是指土壤科学家采用地表观测及各种传感器、螺旋钻或挖掘进行调查，对土壤进行分类，确定土壤类型的边界，效率低、费用高。探地雷达方法为土壤调查和探测提供了一种重要的方法。20 世纪 80 年代初，美国开始利用探地雷达进行土壤调查（Doolittle，1982），经过 20 世纪 90 年代的方法研究以及 21 世纪前十年软/硬件的发展与解释技术的完善，探地雷达已广泛用于土壤调查、农业调查探测等多个领域，调查参数包括土壤填图的单元范围、厚度、分布和空间变异性，土壤的属性（如含水量、容重、有机质含量等），以及植物根系、地下果实、土壤三维结构（如土壤内的管道、裂隙）等。探测结果不仅服务了土壤或农业资源的评价，而且为土壤演化和气候演化提供了重要依据。表 15.1 中给出了采用 GPR 方法的土壤探测内容与探测技术。

国内也开展了探地雷达在土壤与农业领域的应用，包括土壤介电常数与含水率的关系研究、土壤含水量的探测研究、盐碱化地区土壤的碱化层厚度探测研究等。

表 15.1　采用 GPR 方法的土壤探测内容与探测技术（Zajícová and Chuman，2019）

| 应　用 | 方　法 |
| --- | --- |
| 土壤含水量 | 由已知反射器反射的波的双向传播时间进行速度分析 |
| | 通过共同中点采集方法进行速度分析 |
| | 地面波速度 |
| | 导波速度和散射 |
| | 反射系数 |
| | 早期信号分析 |
| | 全波反演 |
| | 其他波形反演建模方法 |
| 土壤盐分 | 反射系数 |
| 土壤质地 | 早期信号分析 |
| | 波形反演建模方法 |
| 土壤剖面地层学 | 反射成像 |
| | 波形反演建模方法 |
| 有机层厚度估计 | 反射成像 |
| | 全波反演 |
| 泥炭地地层学 | 反射成像 |

| 应　用 | 方　法 |
|---|---|
| 泥炭地的生物气 | 反射成像 |
| | 信号速度分析 |
| | 信号频谱分析 |
| 根和根系统 | 反射成像 |
| 根直径和生物量 | 从信号强度或波形中提取索引 |

### 15.1.1　土壤的电磁性质

地表土壤相对来说比较复杂，土壤的电学性质主要受磁化率、电导率和介电常数控制。根据 Keller and Frischknecht（1966），当施加外电磁场时，极化将导致介质中的电荷分离，而介电值衡量的是介质在给定场强下存储电荷的相对能力，介电损耗衡量的是转移和存储在极化中的电荷比例的量度。简单材料中电荷的分离可以解释如下：①电子运动时电荷中心相对于原子核的偏移（电子极化）；②带正电的原子核相对于带负电的原子核的移动（分子极化）；③偶极分子的旋转（定向极化）；④离子对势垒漂移（界面极化）。

土壤介电常数 $\varepsilon$ 是一个复数，是频率的函数。相对介电常数 $\varepsilon_r$（也称介电值或介电常数）是复介电常数（$\varepsilon$）与自由空间的介电常数（$\varepsilon_0$）之比，其中。介电常数可以表示为

$$\varepsilon_r = \varepsilon_r' + j\frac{\sigma}{\varepsilon_0 \omega} \tag{15.1.1}$$

式中，$\omega$ 是电磁波角频率；$\varepsilon_0$ 是自由空间的介电常数，$\varepsilon_0 = 8.85 \times 10^{-12}$ F/m；$\frac{\sigma}{\varepsilon_0 \omega} = \tan\delta$ 表示损耗正切。介电常数的实部可在 1（空气）和 81（20℃时的自由极性水）之间变化，土壤中水的介电常数取决于水分子在土壤颗粒周围的结合程度。

探地雷达基于高频电磁波在介质中的传播规律，因此测量结果反映了介质的电磁特性和具有电性差异的界面分布。界面上的反射系数定义为

$$R_c = \frac{\sqrt{\varepsilon_{r2}} - \sqrt{\varepsilon_{r1}}}{\sqrt{\varepsilon_{r2}} + \sqrt{\varepsilon_{r1}}} \tag{15.1.2}$$

式中，$R_c$ 是反射系数，$\varepsilon_{r2}$ 和 $\varepsilon_{r1}$ 是介质 2 和介质 1 的相对介电常数。

一般来说，介质的电磁特性可用电磁阻抗来表示，后者由介电常数、电导率和磁导率组成。在一般的土壤介质中，磁导率的影响可以忽略不计。土壤由不同的相态（固态、液态和气态）成分组成，因此土壤的介电常数由这些相态成分的特性和比例决定。Salat and Junge（2010）的研究表明，介电常数与土壤的干质量密度之间存在线性相关性，而干燥土壤的介电常数很大程度上取决于它们的孔隙率和压实度，表明土壤压实降低了孔隙率，进而降低了气体的比例，导致介电常数增大。例如，André 等（2012）利用探地雷达检测出了葡萄园由农业机器压实的土壤层。另外，介电常数随矿物成分的变化而显著变化，特定矿物（如方解石与石英）的含量越高，其介电常数的数值就越高。另一方面，干燥土壤的介电常数随土壤有机质含量的增大而降低，土壤容重降低，干燥的未分解生物质的介电常数接近 1，但湿润土壤的介电常数随有机质含量或其生物质分解的增加而增加。

在近地表的常见物质中，水的介电常数是最高的，因此含水量对土壤的介电常数有着显著影响（Annan，2009）。关于含水量与介质介电常数关系的模型有很多，包括阿尔奇定律（Archie，1942）、复折射率法（Birchak et al.，1974）、Topp 模型（Topp et al.，1980）和 Bruggeman-Hanai-Sen

（BHS）等效介质模型（Sen et al.，1981）。对普通介质来说，这些模型非常有效，例如在确定沙土的结构或孔隙分布时发挥了重要作用。然而，对于细粒介质，则需要对这些模型进行改正（van Dam et al.，2003）。例如，Conyers（2012）发现向具有相似介电常数的干燥样品中添加相同量的水会使得介电常数不同。可见，利用探地雷达检测介电常数并以此确定土壤特性参数（如水分、孔隙率或体积密度）时，必须根据模型与实际测试综合确定。

在实际测量中，Saarenketo（1998）观测到土壤水的介电常数对毛细管水、吸湿水和自由（重力）水来说是不同的。自由水的介电常数为78～88，吸湿水的介电常数低于4，毛细管水的介电常数介于前两者之间。这种效应是由具有较大比表面积的颗粒（黏土或腐殖质）引起的，因为这些颗粒具有更高的固定水分子的潜力。因此，水分子不能对电磁场做出反应并降低土壤介电常数（Lauer et al.，2010）。土壤含水量-介电常数随土壤水分类型比例的变化而显著变化。同样，介电常数受土壤阳离子交换容量（Cation Exchange Capacity，CEC）的影响，随 CEC 的增加而增加（随着阳离子浓度的增加，水合阳离子将破坏土壤颗粒周围的水分子排列结构）。

除了土壤介质组分的特性，介电常数还取决于电磁信号频率，特别是当土壤含水量较高时。图 15.1 所示为介电常数与频率的关系图。干燥介质的介电常数随频率变化较小，而水含量增加时，电磁信号频率与介电常数的依赖性增加。一般来说，介质的介电常数随着频率的增加非线性下降；然而，由于偶极极化过程，这只适用于大于 1GHz 的频率。

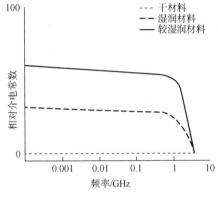

图 15.1　介电常数与频率的关系图

影响探地雷达测量的另一个物理特性是土壤电导率，该特性会降低探地雷达测量的穿透深度，导致所发射的电磁信号衰减。电导率主要受含水量和盐度的影响，其次受黏土含量的影响，尤其是主要的黏土矿物类型。研究表明，黏土具有高电磁信号衰减。例如，在黏土含量为 35%及以上的土壤中，探地雷达测量的穿透深度不超过 0.5m。为此，通常不建议将探地雷达用于黏土土壤调查。一般来说，粒度并不起主要作用，因为影响黏土电导率的主要因素是土壤 CEC。

## 15.1.2　土壤含水量探测

土壤水分估算是探地雷达在土壤调查中最常见的应用。目前，常用的几种方法都是测量土壤介电常数，以介电常数与含水量的关系模型为基础对土壤的含水量进行探测的。

土壤含水率是表征土壤水分状况、反映土体组成的一个重要指标。准确测定土壤含水率在土壤、环境、生态等许多领域中都非常重要。目前，测定土壤含水率的方法主要有如下几种：①烘干法，这是目前国际上仍在沿用的标准方法，测量结果较准确，但不能实现原位测定，且土壤取样的工作量很大；②以中子法为代表的核技术法，这种方法可以在原位快速地测定土壤含水率，但由于放射性等原因而无法普及使用；③时域反射法（Time Domain Reflectometry，TDR），这种方法利用电磁波测定土壤含水率，具有快速、简便、精确等特点，应用较为普遍；④遥感测定法，这种方法利用主动或被动遥感手段实现大面积土壤含水率的测定，具有实时动态监测的特点。前三种方法都属于小尺度定点测定方法，不足之处是测定工作量大、效率低，很难满足对大量测点数据的需求。遥感测定法是一种大范围、大尺度的测定方法，其测算结果的空间分辨率往往偏低，且易受地表植被覆盖等客观因素的影响，其原理方法、结果精度都有待进一步提高。因此，在土壤含水率测定的方法中，缺少一种适合于中尺度土壤含水率测定的技术。

探地雷达测定土壤含水率的原理与 TDR 的原理相似。通常，水的介电常数是 81，而空气的介电常数是 1。对大多数地质环境来说，当介质均一时，水是导致介电常数差异的主要因素。含水量的变化会导致介质的介电常数变化，当介质中的含水率增大时，介电常数的值也增大，而电磁波在介质中的传播速度则降低。图 15.2 所示为电磁波速度与含水量的关系图。

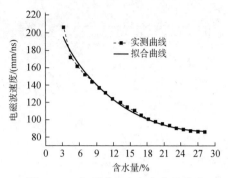

图 15.2  电磁波速度与含水量的关系图（吴信民等，2007）

目前，实际工作中最常用的反映介电常数与含水量关系的拟合公式是由 Topp 等提出的 Topp 公式：

$$\theta = -5.3\times10^{-2} + 2.92\times10^{-2}\varepsilon - 5.5\times10^{-4}\varepsilon^2 + 4.3\times10^{-6}\varepsilon^3 \tag{15.1.3}$$

以及由 Roth 等提出的 Roth 公式：

$$\theta = -7.8\times10^{-2} + 4.48\times10^{-2}\varepsilon - 1.95\times10^{-3}\varepsilon^2 + 3.61\times10^{-5}\varepsilon^3 \tag{15.1.4}$$

由以上拟合公式可知，要得到土壤含水率，就必须知道土壤对应的介电常数 $\varepsilon$。介电常数可以采用实测方式得到，或者利用电磁波速度与介电常数的关系计算：

$$v = \frac{c}{\sqrt{\varepsilon}} \tag{15.1.5}$$

式中，$\varepsilon$ 为介质的介电常数，$c$ 为真空中电磁波的传播速度，$c = 0.3\text{m/ns}$，$v$ 为电磁波在土壤中的传播速度。土壤中电磁波的速度 $v$ 可通过宽角法或共深点法进行现场实测，或者查经验数值表得到。已知反射层位的深度时，也可结合电磁波双程走时利用下面的公式计算：

$$v = \frac{\sqrt{4z^2 + x^2}}{t} \tag{15.1.6}$$

式中，$z$ 为目标深度（单位为 m），$x$ 为发射天线和接收天线之间的距离（单位为 m），$t$ 为电磁波在土壤中的双程走时（单位为 ns）。

确定电磁波在土壤介质中的传播速度 $v$ 后，首先求介质的介电常数 $\varepsilon$，然后用式（15.1.3）或式（15.1.4）计算土壤含水率，是探地雷达测定土壤含水率的基本原理。显然，此时，精确求出电磁波在土壤中的传播速度就成了测定土壤含水量的主要问题。采用探地雷达测定土壤含水量的研究成果很多，但反射波法和地面波法等仍是主要方法。

反射波法以反射界面作为深度的标识，利用反射波时间来确定波速，进而测定含水率。反射波法分为固定天线距法和变天线距法。固定天线距法是发射天线和接收天线以固定的间距沿测线同步移动的一种测量方法，该方法要求地下目标体明确并能在雷达剖面上观测到，所测定的含水率是一定深度范围内的平均含水率；变天线距法是测定介质电磁波速度时常用的共中心点法和宽角法，它采用不同间距的发射天线和接收天线对同一测线重复观测，利用同一界面上反射波同相轴的斜率求电磁波在介质中的传播速度，要求雷达剖面上出现明显的反射界面。

地面波利用发射天线和接收天线间的部分辐射能量在表层土壤中的传播来测定土壤表层含水率。图 15.3 所示为电磁波在两种介质中传播的示意图。Sperl 提出了利用地面波测定土壤含水率的程序：测量时，发射天线和接收天线紧贴地面，利用变天线距法测定地面波在天线间距间的传播时间，选择一个天线间距清晰地分离空气波与反射波。利用该天线间距，采用固定天线距法建立地面波传播时间与介电常数之间的关系：

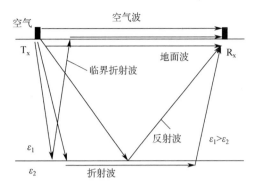

图 15.3 电磁波在两种介质中传播的示意图

$$\varepsilon = \left(\frac{c}{v}\right)^2 = \left(\frac{c(t_{GW} - t_{AW}) + x}{x}\right)^2 \qquad (15.1.7)$$

式中，$t_{GW}$ 为地面波传播时间，$t_{AW}$ 为空气波传播时间，$x$ 为天线间距。

具体方法包括电磁波速度分析法、地面波法、反射幅度分析法、早期信号分析法和全波形反演法。

### 1. 电磁波速度分析法

这种传统方法通常基于来自不同土壤层的电磁信号反射率，它使用探地雷达天线反射传播时间和土壤层深度来确定电磁波速度，进而计算土壤介电常数。该方法已用于绘制土壤含水量及确定地下水位界面。目前，常用的方法包括 CMP（共中心点剖面）方法和利用已知深度的反射边界方法。存在有多个反射界面时，CMP 方法可以估计垂直剖面中的土壤含水量，如图 15.4 所示。

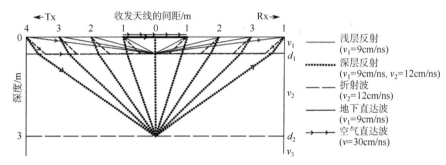

图 15.4　CMP 方法使用不同深度的反射层估计垂直剖面中的土壤含水量；
$v_1$, $v_2$, $v_3$ 表示信号速度（van Overmeeren et al.，1997）

### 2. 地面波法

地面直达波从发射天线沿地表介质传播到接收天线，根据接收时间，推算土壤上部表层的地面波速度，可以确定土壤含水量。例如，使用 CMP 测量（见图 15.5）或广角反射和折射（Wide Angle Reflection and Refraction，WARR）测量来获得地面波。土壤中的电磁信号速度由地面波传播时间和天线间隔距离计算得出，同时根据天线的频率特征，确定影响电磁波的深度：

$$z = \frac{1}{2}\left(\frac{vS}{f}\right)^{1/2} \qquad (15.1.8)$$

式中，$z$ 是地面波影响深度，$v$ 是土壤中的电磁波速度，$S$ 是发射天线和接收天线的间距，$f$ 是探地雷达信号的频率。地面波是继空气直达波之后最先到达接收器的。

在实际测量中，多偏移测量方法既昂贵又耗时，空间分辨率较低，因为单个参数值来自随着天线距离的增加而进行的多次测量。因此，建议使用共同偏移方法。地面波的传播时间是相对于空气波的到达时间计算的，但在干燥条件下，很难区分地面波和空气波。

地面波穿透及探地雷达地面波的采样深度取决于天线频率。Huisman（2003）等使用 225～450MHz 的天线频率，建议该深度为 10cm。Grote 等（2003）使用 450MHz 和 900MHz 的天线建议深度为 17～25cm。Galagedara 等（2005）进行的数值模拟表明，在干燥土壤中，频率为 100MHz 时的穿透深度为 0.85m，频率为 200MHz 时的穿透深度为 0.38m，频率为 450MHz 时的穿透深度为 0.26m，频率为 900MHz 时的穿透深度为 0.13m。在潮湿的土壤中，穿透深度减小。穿透深度受天线间距的影响，即穿透深度随着天线间距的增大而增加。

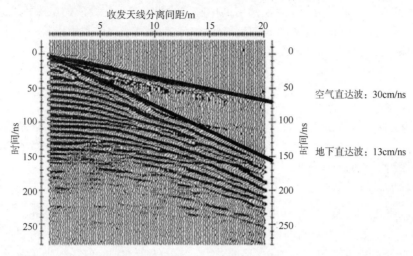

图 15.5　CMP 测量描绘的空气波和地面波（van Overmeeren et al.，1997）

　　地面波法被认为是相对可靠的，且已应用于监测土壤含水量的季节性变化。然而，在特定条件下，当土壤的厚度小于 GPR 信号的波长时，如果存在强反射层，那么在土壤剖面下方或测量的土壤剖面下方具有更高的信号速度，探测结果存在误差。例如，当低孔隙率基岩上的浅层土壤或所研究的土壤剖面的上部为干燥的沙子或砾石时，下部潮湿土壤的探测误差较大。又如，当深层存在永久冻土层或降水在相对均质的土壤中形成湿入渗前沿时，就会出现这些情况探测结果误差较大的情况。在这种情况下，由于导波和临界折射电磁波的产生，地面波很难识别。在这些情况下，低速层捕获部分 GPR 信号并充当波导。捕获的信号是到达低速层下边界的电磁波，其角度超过斯涅尔临界角，因此这些波被完全反射。随后，它们以相同的角度到达该层的上边界，并再次完全反射。最终，它们在低速层中水平扩散。

　　导波具有色散特性，而色散特性由介电常数、波导层厚度和下伏层的介电常数决定（van der Kruk et al.，2006），因此可用于特定条件下的土壤水分估算。图 15.6 所示为导波探测方案及界面上电磁波的折射和反射。为此，引入一种类似于分析多道地震数据记录的分散瑞利波的方案。最初的单层方法后来扩展到多层，并用于被其上层降水润湿的土壤及另一场试验中的层状沙土。Strobbia and Cassiani（2007）提出了另一种多层 GPR 波导模型，以解决由最低速度层的主导影响导致的土壤厚度低估问题。在该模型中，最湿层的土壤含水量测量得非常精确（不确定性在几个百分点内），但相邻层的水分可能是错误的。Mangel 等（2015）建议使用分段线性函数模型，以便更好地表示波导中水分布的渐变性质。

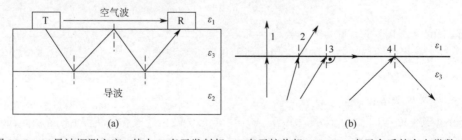

图 15.6　(a)导波探测方案，其中 T 表示发射机，R 表示接收机，$\varepsilon_1$, $\varepsilon_2$, $\varepsilon_3$ 表示介质的介电常数，$\varepsilon_1 < \varepsilon_2 < \varepsilon_3$；(b)界面上电磁波的折射和反射，其中 1 表示直接波，2 表示折射波，3 表示斯涅尔临界角，4 表示反射波，$\varepsilon_1$ 和 $\varepsilon_3$ 表示介质的介电常数，$\varepsilon_1 < \varepsilon_3$

### 3. 反射幅度分析法

反射幅度分析法通过分析从不同层反射的电磁波的幅度来确定介质的电磁特性（Reppert et al.，2000）。土壤表面也可作为幅度分析的反射层。空气的相对介电常数用作其中一种介质的介电常数，土壤的相对介电常数由反射幅度定义：

$$\varepsilon_r = \left(\frac{1 + A_r/A_m}{1 - A_r/A_m}\right)^2 \tag{15.1.9}$$

式中，$\varepsilon_r$ 是土壤的相对介电常数；$A_r$ 是检测到的反射幅度；$A_m$ 是完全反射器（通常为金属板）的反射幅度。Ardekani（2013）对反射幅度分析法进行了测试，结论是其对沙质土壤的测量结果较准确，但对粉质土壤的测量结果较差。

### 4. 早期信号分析法

为了避免使用共偏移距天线可能出现的地面波和空气波不易分离的问题，Pettinelli 等提出了早期信号分析法。早期信号分析法分析的是多个时窗中雷达轨迹的包络幅度。这种分析适用于包含空气和地面波子波的 GPR 信号的早期部分。研究表明，波形在幅度和时间拉伸方面有所不同，且这些变化与土壤电参数（介电常数和电导率）有关。例如，较大的幅度和较短的波长对应于较低的土壤介电常数值（见图 15.7）。通过考察波形属性与 TDR 测量的土壤电磁特性之间的关系，Di Matteo 等（2013）添加了一个使用格林函数且包含地面波原理和反射幅度分析法的数学模型，模拟表明早期信号受土壤介电常数变化的影响比受土壤电导率的影响更大。土壤电导率影响探地雷达波形的峰值，但对早期幅度与介电常数之间的相关性没有显著影响。Ferrara 等（2013）应用该方法测量现场的土壤含水量，发现地面波法和多偏移量 CMP 法之间的一致性很好。Algeo 等（2016）测试了地面波法的富含黏土的土壤经灌溉后，监测土壤含水量变化的方法。数学模型不断改进，探索出了更好的参数，如发射机和接收机之间的距离或天线在地表以上的位置。

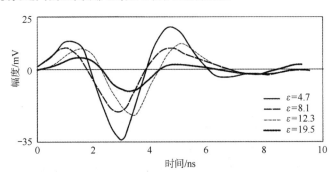

图 15.7　土壤介电常数对早期信号幅度的影响，表明反射幅度随着
材料介电常数的增大而减小（Pettinelli et al.，2007）

Benedetto（2010）将理论和原理与基于菲涅耳理论和瑞利散射的早期信号分析联系起来，分析了频谱对土壤水分的依赖性。频谱是用快速傅里叶变换提取的，且随着土壤含水量的增加，峰值向低频移动。

### 5. 全波形反演法

Lambot 等（2004）提出了在频域中运行的信号响应的数值建模并反演雷达信号的全波形，这种方法采用宽带频率天线的宽频谱取代多偏移天线方法，使用离地 GPR 设备和位于地面上方的空气耦合天线来增强表面反射并抑制更深的反射。天线位置在地面上的高度决定更深层的影响。

Weihermüller 等（2007）对该方法进行了测试，以确定土壤表层（约 10cm）中的含水量。Lambot

等（2008）的研究表明，该方法在沙质土壤中表现良好（与体积和 TDR 测量结果一致）。除了那些土壤水分接近含水饱和度的土壤，这也可通过较高的电导率来解释。除了黏土含量和盐度，电导率还取决于含水量（Mourmeaux et al.，2014）。Minet 等（2012）提出了类似的发现。测量时，对粉质土壤使用了 1.1m 高度的离地天线和 200～800MHz 的频率。在较高的频率下，测量还受到土壤粗糙度的影响（Minet et al.，2011）。根据瑞利标准，如果突起高度超过 $\lambda/8$（Lambot et al.，2006），则认为表面是粗糙的。Tran 等（2015）使用 Lambot and André（2014）提出的地面 GPR 系统测试了全波反演法估计田间土壤湿度。地面版的全波形反演方案也适用于地面波法，Busch 等（2014）随后使用 200MHz 的天线和 WARR 方法在粉砂土壤中进行了测试。除了介电常数，Busch 等还改进了地面波法以测量土壤电导率。

## 15.1.3 土壤地层学研究应用

探地雷达成功应用的主要原因是土壤介电常数和电导率差异，而这些差异与土壤属性如含水量、土壤成分和结构紧密相关，因此研究人员也利用探地雷达来研究土壤地层学，即基于不同土壤层位具有不同的含水量和结构参数（如土壤质地或土壤有机质含量等），通过探地雷达数据进行区分。Van Dam and Schlager（2000）探测到风成沉积物中的土壤层位，当体积含水量超过 0.055 时，可能会探测到质地差异，为土壤地层学研究提供了基础数据。

### 1．土壤剖面结构调查

美国和澳大利亚在 20 世纪 70 年代末到 90 年代，利用天线频率为 100～500MHz 的探地雷达系统进行了复杂的土壤地层调查：利用探地雷达信号反射幅度和相位的可视化，进行了沙质土壤层位对比，确定了不规则和规则的水平泥质层位与深度；区分了胶结、硬化或冻结的土壤层；在粗沙质地土壤中检测到 R 或 C 层位时，层位深度测量误差为 2%～40%。由于黏土较高的电导率降低了电磁信号的穿透力，对质地细腻土壤的调查误差较大。

此外，Zhang 等（2014）在不同湿度条件下观测到了剖面反射波形态，因为含水量的不同突出了界面的反射，在不同湿度和不同质地的土壤探测中得到了较明显的反射界面。另外，在潮湿条件下，代表土壤层界面的清晰反射有时被植物根系破坏，André 等（2012）使用电磁信号反射的二维和三维可视化显示了砾石沙质土壤及葡萄园中黏磐土的地层学特征。

Buchner 等（2012）提出利用探地雷达信号反演来研究土壤地层学特征，首先对信号响应进行数值建模，模拟可能的场景，然后用优化方法获取的反射传播时间和幅度的平方差估计土壤含水量和地层的几何形状（形状、厚度）等参数（见图 15.8）。数值建模方法通常需要多偏移天线设置数据或多频率数据。Buchner 等（2012）使用了在多个位置通过共偏移天线获取的数据，且证明使用该方法可以以 5cm 的精度确定地下地层，还可以同时估计各层的含水量，偏差为 2%。

### 2．土壤中有机质层的厚度

近年来，探地雷达方法已用于确定碳储量及估计环境建模的有机层厚度。土壤的有机质含量对土壤的利用非常重要，但土壤非常复杂，有机质成分没有特殊的介电特性，因此利用探地雷达进行探测比较困难，而近年来的研究多是理论研究和实验研究。André 等（2016）开展了森林落叶等产生的腐殖质试验探测。在实验室中，测试了干燥（含水量为 1.4%）土壤中有机质和有机矿物层的相对介电常数：很容易用肉眼辨别的腐植层（OL 层）的介电常数为 $\varepsilon = 1.19$；落叶分解后形成的腐植层（OF 层）的介电常数为 $\varepsilon = 3.95$（干燥条件下）。在自然条件下（OL 层的体积含水量为 4.4%，OF 层的体积含水量为 13.5%～22.8%），观测到 OL 层的介电常数为 $\varepsilon = 2.9$，OF 层的介电常数为 $\varepsilon = 6.3$。图 15.9 显示了腐植层相对介电常数估计值（$\varepsilon_{r,OF}$）与 OF 层腐植堆积密度的关系曲线。实验系统采用超宽带喇叭天线，频带范围为 0.8～5.2GHz，采用网络分析仪作为发射接收系统。

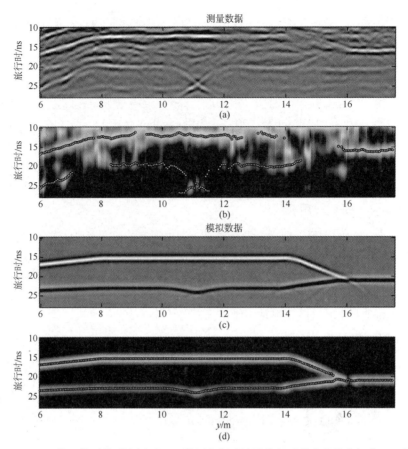

图 15.8 (a)物理模型的雷达剖面；(b)使用高斯滤波器卷积后的公共偏移部分；(c)用
于初始参数集的相应模拟部分；(d)使用高斯滤波器卷积后的公共偏移部分

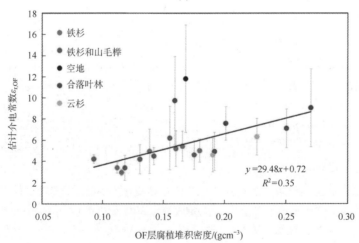

图 15.9 腐植层相对介电常数估计值（$\varepsilon_{r,OF}$）与 OF 层腐植堆积密度的关系曲线

## 15.1.4 泥炭湿地调查

由于二氧化碳的排放带来了巨大的环境问题，特别是近些年对碳排放的限制及我国双碳目标
的提出，土壤的碳排放及土壤的碳汇作用研究越来越受到重视。全球泥炭沼泽面积占陆地总面积
的 2.5%～3.5%，土壤富含有机碳（12%～60%），碳储量占全球陆地碳储量的 20%，是陆地生态系

统的重要碳汇。由于气候持续变暖和近年来人类干扰和破坏活动的加剧，泥炭沼泽中湿地的泥炭就是一个非常重要的问题。我们需要清楚地调查泥炭的分布，进而分析环境响应。

我国学者在东北和西北的广大湿地开展了调查工作，其中探地雷达作为一种重要的方法，用于确定泥炭层的分布。例如，中国地质调查局成都中心的李富等采用探地雷达进行泥炭调查，为精细确定泥炭量提供了重要的基础数据。图 15.10 所示为四川红原县日干乔湿地水上探地雷达 L1 线剖面图。

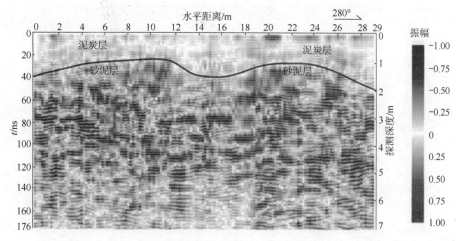

图 15.10　四川红原县日干乔湿地水上探地雷达 L1 线剖面图（李富，2021）

从探地雷达剖面图可见：泥炭层对应的电磁波信号较弱，厚度为 1.0～1.6m；砂泥层对应的电磁波反射信号较强，厚度为 4.5～5.5m。探地雷达方法也可快速地确定泥炭层的厚度变化。

国外学者也广泛开展了泥炭的探地雷达调查与研究。几十年来，探地雷达一直用于估计泥炭沼泽的深度，有时也用于划分不同泥炭含量的沼泥层。

泥炭的含水量可达 95%。取决于植物分解速度和植物种类组成，泥炭的介电常数达可 50～70。相比之下，矿物土壤中的最大体积土壤含水量通常为 30%～40%，产生的差异使得泥炭-矿物土壤边界易于检测。Walter 等（2016）利用探地雷达确定了两种泥炭（苔属植物泥炭和褐苔泥炭）之间的边界，由于不同植物物种的存在，它们的特征表现为不同的体积密度和有机质含量。

基本图像处理用于可视化泥炭-矿物土壤边界。在有利条件下，探地雷达信号可以在泥炭剖面中穿透高达 10m，并提供平均精度为 0.25m 的地层学数据。电磁波传播速度通常使用手动探针数据确定，或者使用 CMP 方法进行校准来确定，但很少通过反射双曲线进行分析。图 15.11 所示为取芯结果和探地雷达测量结果。然而，手动探针数据和 CMP 方法的准确性及 GPR 测量的准确性都存在不确定性，具体总结如下：手动探针可以击中泥炭中的人工制品或穿透至下面的沉积物，而 CMP 方法的不准确性是由泥炭地层中存在的不同介电常数值引起的。大多数研究得出的结论是，探地雷达测量可以帮助泥炭调查，但不能作为一种独立的方法使用，而应该与其他地球物理方法或人工探测相结合（Proulx-McInnis et al.，2013）。

研究表明，探地雷达还可用于调查泥炭地中的生物气并监测生物气的季节性动态。此外，人们还提出了一种监测气体释放的方法，这种方法使用从泥炭-底土边界反射的电磁信号的双向传播时间来估计固相、液相和气相的比例。然而，这种方法需要每个相的已知介电常数和泥炭孔隙率。此外，气泡的大小可通过接收到的 GPR 信号的光谱分析来估计，因为小于波长的气泡会导致散射衰减。

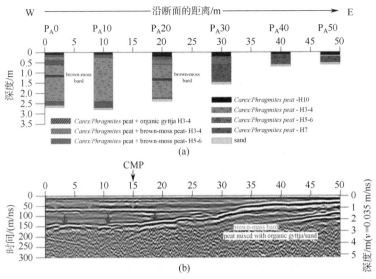

图 15.11 (a)取芯结果，其中 $P_A0 \sim P_A50$ 表示岩芯位置。岩性描述包括泥炭类型、分解程度和腐植黑泥类型；(b)探地雷达测量结果，显示了 CMP 调查的位置。对应不同层界面的反射用彩色箭头标记。左边的 $y$ 轴显示电磁波的传播时间，右边的 $y$ 轴显示深度

### 15.1.5 土壤中植物根系的检测

探地雷达在研究树根生物量和树根结构方面具有潜在的用途，而这些研究主要由森林生态学家和树木生理学家开展。

#### 1. 植物根系异常及生物量

土壤中植物根系比较复杂，需要在小网格上进行详细测量并使用三维图像可视化，才能得到根系的明显异常特征。Borden 等（2016）采用探地雷达方法确定了五个物种（三角杨、黑胡桃、红栎、云杉和柏树）在沙质壤土质地的灰棕色淋溶土中的根系结构，无损地确定了土壤中的树根生物量，为不同树种间种及种植模式提供了科学依据。

图 15.12 所示为 Boden 等人在加拿大利用探地雷达开展不同树种测量的照片，图 15.13 所示为探地雷达数据处理结果图。随后，利用三维测量结果得到了被测量树种土壤中根系的生物量。

图 15.12 (a)加拿大安大略省圭尔夫大学农林业研究站中红栎的 GPR 调查网格设置照片；(b)GPR 数据采集网格设计的平面图示意图。树干底部由位于网格中心的圆圈表示。红线表示 GPR 数据收集在 $x$ 和 $y$ 方向上的横断面，间距为 10cm

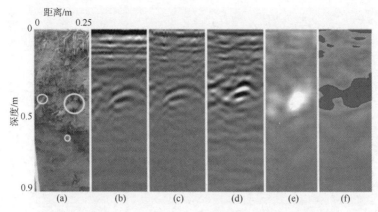

图 15.13 探地雷达数据处理结果图：(a)开挖剖面，圆圈为黑胡桃根；(b)原始探地
雷达图像；(c)去背景后的图像；(d)偏移处理后的图像；(e)经希尔伯特变
换后的幅度图像；(f)提取的 GPR 生物量指数

## 2. 植物根系果实监测

探地雷达具有无损和高效的特点，正被人们逐渐用于地下根系作物的精细管理和监测，以便结合地上和地下的数据信息来更准确地预测根系产量。

木薯长期以来都被称为"饥荒储备作物"，可在不利的气候和土壤条件下茁壮成长，且收获窗口较宽。小农户从事大多数木薯种植，为淀粉、优质面粉、乙醇和其他工业产品提供了原料。

Delgado 等（2017）利用探地雷达，通过检测其生长周期中的总根生物量变化预测了根系膨胀率的能力，结果表明利用不同时间点的探地雷达数据，采用线性回归模拟木薯膨胀率，得到相关系数为 $r = 0.79$。利用探地雷达数据建模方法，可以预测木薯的地下生物量并估计根系膨胀率，以选择早期根系膨胀。图 15.14 所示为典型木薯的形态特征及三个深度的探地雷达切片图。

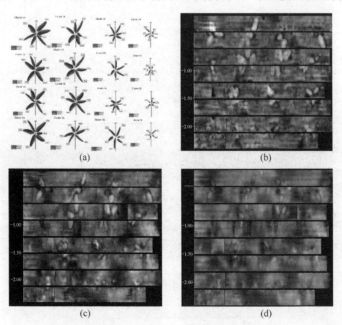

图 15.14 典型木薯的形态特征及三个深度的探地雷达切片图：(a)木薯地
下形态特征；(b)0.05m 深度的探地雷达切片图；(c)0.10m 深度
的探地雷达切片图；(d)0.15m 深度的探地雷达切片图

图 15.15 所示为利用探地雷达估计的木薯质量和实际质量统计结果图。

## 15.2 土壤层与基岩层深度探测

影响土壤介电常数的因素主要是土壤的类型、土壤的含水量及矿化度等,如干土壤的介电常数为3～5,湿土壤(含水量为 20%)的介电常数为 4～40、沼泽森林肥土的介电常数约为 12。土壤介电常数的差异,使得我们可以采用探地雷达区分不同类型的土壤层,如对第四系土壤与基岩及第四系黏土中的各亚层的划分。

长春市双龙堡附近第四系粉质黏土层厚 5～8m,基岩为强风化泥岩,埋深为 12～16m,在粉质黏土与强风化泥岩之间有一层厚 4～6m 的砂、泥砾层。为了确定基岩埋深的变化,采用探地雷达进行探测。使用的仪器为 SIR-2 型探地雷达,天线中心频率为 40MHz,采用剖面法测量,采样时窗为

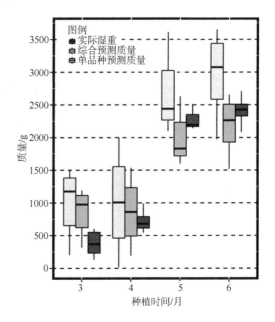

图 15.15  利用探地雷达估计的木薯质量和实际质量统计结果图

1000ns,测量点距为 2m,收发天线距为 2m,电磁波速度以宽角法测量为 0.075m/ns。图 15.16 所示为长春市双龙堡测线黏土层厚度探测的探地雷达剖面图,很好地显示了各岩土层位的界线及基岩顶界面的形态,170ns 附近的强反射界面确定为粉质黏土下界面。在测线上,粉质黏土层的厚度为 5.6～6.8m,黏土层下面为砂、泥砾层,250～400ns 处起伏的反射波同相轴确定为风化泥岩的上界面。

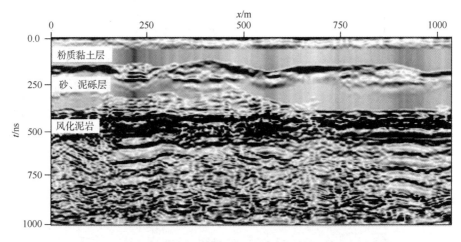

图 15.16  长春市双龙堡测线黏土层厚度探测的探地雷达剖面图

图 15.17 所示为长春市许家窝铺测线土壤分层的探地雷达剖面图,图中很好地区分了黑色耕植土、黄色黏土、粉细砂、中粗砂和风化泥岩的界限。探测中使用的仪器为 SIR-2 型探地雷达,天线中心频率为 60MHz,测点间距为 1m。

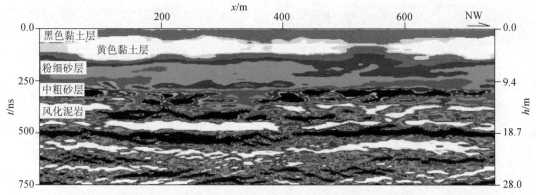

图 15.17  长春市许家窝铺测线土壤分层的探地雷达剖面图

## 15.3  碱化层厚度与含盐度探测

### 15.3.1  碱化层厚度探测

盐碱地是盐类集积的一个种类，是指土壤中所含的盐分影响到作物的正常生长。根据联合国教科文组织和粮农组织的不完全统计，全世界盐碱地的面积为 9.5438 亿公顷，其中我国为 9913 万公顷。我国碱土和碱化土壤的形成，大部分与土壤中碳酸盐的累积有关，因此碱化度普遍较高，严重的盐碱土壤地区植物几乎不能生存。

盐碱土的成因是，在一定的自然条件下，各种易溶性盐类在地面上做水平方向与垂直方向的重新分配，使盐分在集盐地区的土壤表层逐渐积聚起来。

吉林省西部地区是松嫩平原最典型的盐碱地分布区，也是我国土地盐碱化最严重的地区之一。盐碱地主要分布在通榆、大安、前郭、镇赉、长岭、乾安等地区（见表 15.2）。

表 15.2  吉林省西部盐碱化土壤集中分布区

| 县　市 | 盐碱化总土地面积（万公顷） | 占该县市土地总面积的比例（％） | 盐碱化程度 | | |
| --- | --- | --- | --- | --- | --- |
| | | | 轻度面积（万公顷） | 中度面积（万公顷） | 重度面积（万公顷） |
| 镇赉 | 17.15 | 31.9 | 4.66 | 3.66 | 8.83 |
| 通榆 | 34.25 | 40.4 | 17.39 | 3.41 | 7.45 |
| 大安 | 28.78 | 59.0 | 5.71 | 1.74 | 21.33 |
| 前郭 | 19.13 | 29.9 | 9.51 | 3.76 | 5.86 |
| 长岭 | 16.43 | 28.9 | 6.02 | 6.15 | 4.26 |
| 乾安 | 14.03 | 39.7 | 4.31 | 0.34 | 6.27 |

受自然环境变化和人类过度利用的影响，本地区土地盐碱化呈加速发展趋势，盐碱化面积扩大，20 世纪 50 年代、80 年代和 90 年代的盐碱化面积分别约为 107.7、144 和 166.7 万公顷；盐碱化程度加重，重度盐碱化（见图 15.18）面积占盐碱化总面积的比例已由 20 世纪 50 年代的 24% 增至 20 世纪八九十年代的 30%。

吉林省西部土壤盐碱化已成为本区生态环境的主要问题，直接威胁当代人的生活和后代人的生存。系统分析该地区土壤形成、发展和演化过程中区域生态环境的演变规律，确定土壤环境的主要影响因素，探讨土壤环境变化的实质，从而为防治该区域土壤退化、维持区域农业可持续发展提供科学依据。

图15.18 重度盐碱化景观

为了寻找一种能快速评价盐碱化土壤中含盐量和有机质含量等指标的变化的技术手段，在白城地区开展了探地雷达应用研究，研究内容如下：在一个数十平方千米的实验研究区内，采用探地雷达方法开展碱化层深度变化规律的调查研究，提供实验区内碱化层埋深变化规律的资料，通过对实验区内土壤有机质含量和土壤含盐量的测定，找出介质的介电常数与土壤有机质含量和土壤含盐量的相关关系。

表15.3所示为实验区土壤的有机质含量和水溶盐含量等地球化学分析结果。探地雷达对耕地土、盐碱土的探测结果发现，雷达波在耕地土中传播时，波形较稳定，振幅大，频率偏低，相位连续，因此其分辨率较高，穿透能力有所下降；在松散和含盐成分较大的介质中（草甸土），波形相位可连续追踪，振幅减小，频率升高，穿透能力降低；在含盐成分较高的介质中（盐碱土），波形相位基本不连续，振幅小，信噪比低，频谱成分发生分化，穿透能力低。苇塘、沼泽地段的含盐碱成分很大，同时含水量也较高，矿化度高，导致电磁波能量极度衰减，穿透能力极弱。在草地上，茂盛的植被增大了综合介电常数，对电磁波有衰减作用，使电磁响应频率成分降低。含盐过渡带的含水量由下至上逐渐减少，而含盐量逐渐增加，导致地下潜水面以下饱和水带介质的介电常数和电导率大于含盐过渡带。雷达电磁波在松散的土层中的响应表现为频率较低、相位连续、能量强。在穿透盐积累带时能量被吸收得较多，土壤颗粒和不均匀盐化含量使过渡带的图像出现一些不均匀电磁波绕射和散射。在毛细管蒸发面上的盐分积累层中，电导率急剧增大，电磁场能量衰减大，吸收强，振幅减小，与上覆脱盐土壤表层的突变面形成电磁波的强反射面。由此，可划分出土壤受淋溶作用后的脱盐表层厚度。

表15.3 实验区土壤的有机质含量和水溶盐含量等地球化学分析结果

| 编号 | 采样深度 | 土样 | 有机质（%） | pH值 | 水溶盐总量（%） | 含水量（%） | 土壤类别 |
|---|---|---|---|---|---|---|---|
| 1 | 30cm | -3 | 1.55 | 7.93 | 0.083 | 15.90 | 耕地 |
| 2 | 30cm | -1 | 1.24 | 8.04 | 0.065 | 12.44 | 耕地 |
| 3 | 40cm | 004-2 | 0.63 | 9.86 | 0.946 | 15.99 | 灰黑色草甸土 |
| 4 | 40cm | 006-2 | 0.37 | 9.41 | 0.643 | 13.18 | 黄褐色盐碱土 |
| 5 | 40cm | 008-2 | 0.39 | 10.04 | 0.265 | 14.61 | 灰白色盐碱土 |
| 6 | 40cm | 010-2 | 0.56 | 10.03 | 0.487 | 16.96 | 灰黑色盐碱土 |
| 7 | 40cm | 012-2 | 0.63 | 9.66 | 0.678 | 18.82 | 灰黑色盐碱土 |
| 8 | 40cm | 016-2 | 0.65 | 9.48 | 0.552 | 18.82 | 灰褐色盐碱土 |
| 9 | 40cm | 020-2 | 0.57 | 8.92 | 0.276 | 19.37 | 灰黑色砂质盐碱土 |
| 10 | 40cm | 024-2 | 0.81 | 9.21 | 0.174 | 18.65 | 灰褐色盐碱土 |

　　探地雷达剖面分层示意图如图15.19所示，从中可以看出雷达图像反映了受淋溶作用后表土脱盐底界面、毛细管蒸发面、潜水面、相间表土层、盐分积累带、含盐过渡带、饱和水带的特征。

　　图15.20所示为对17个采样点的探地雷达数据做希尔伯特变换后的数据图像，即盐碱厚度探地雷达探测图像。上中部的阴影区是含盐度和含水量的综合反映，当含量达到一定浓度时，电磁波产生一个强反射面，相当于蒸发面。图像左侧的土壤为耕地，土壤层厚、松散，有机质量含量

高，盐碱积累程度低。图像中部的土壤中含盐量增加。图像右侧土壤中的含沙量增大，淋溶作用增强，含盐量相对减少，pH 值下降，表层有机质相对增加。通过分析该图像，可以定性地区分盐碱程度不同的地段分界面，计算出各层的厚度。

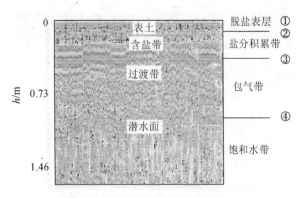

图 15.19　探地雷达剖面分层示意图：①地表；②表土，脱盐底界面；③毛细管蒸发面；④潜水面

　　划分土壤边界的目的主要是确定盐碱地、植被草地、农作物田地，以便准确地控制盐碱化边界。图 15.21 所示为耕地与盐碱地分界的探地雷达图像。图像右侧为耕地，有机物质含量高，盐碱含量低，表层偏酸，土壤浅部含水量较小；图像左侧为盐碱地，有机质含量低，土壤盐碱含量高。耕地土表层较松散，盐碱地表层板结，电磁波在耕地土上传播的频率比在盐碱地上传播的频率略低。电磁波在耕地土上传播时，反射波相位变化缓慢，同相轴连续性好。盐碱地上因土壤盐碱化程度在横向上和纵向上都不均匀，电磁波在盐碱地中传播时，反射波相位变化大，同相轴连续性差。

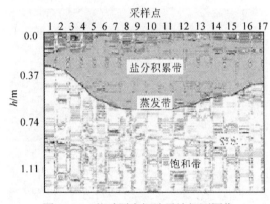

图 15.20　盐碱厚度探地雷达探测图像

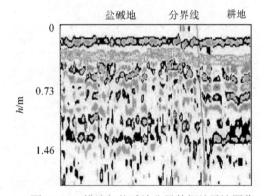

图 15.21　耕地与盐碱地分界的探地雷达图像

　　探地雷达探测表明，实验区域的土壤盐碱化程度横向上是不均匀的，呈"花斑"状分布；纵向上，盐碱化集中在地表及地表向下的某段深度内，探地雷达反映的碱化厚度一般为 0.3～0.7m，该厚度可能对应着土壤水溶盐总量为 0.2%～0.4%的层位。

　　时域脉冲雷达的理想频谱是以载频 $f_0$ 为中心、包络呈辛克函数状、间隔为脉冲重复频率的梳齿状频谱。实际上，不同土壤因含水量、含盐量、有机质含量及土壤板结程度等的不同，雷达波的频谱变得极为复杂。为了研究电磁波在盐碱土上的频谱特征及频谱与土壤有机质含量的关系，作者采用移动时间窗口的方法，取记录中的前 256 个数据进行了分析。将频谱曲线中 36MHz 附近出现的谱峰称为 1 号峰，将 75MHz 附近出现的谱峰称为 2 号峰，将 116MHz 附近出现的谱峰称为 3 号峰，分析发现，对有机质含量为 0.83%～1.55%、水溶盐总量为 0.065%～0.54%、pH 值为 7.64～8.98 的耕地测点，频谱曲线中的 1 号与 2 号峰突出，很少出现 3 号峰；对有机质含量为 0.2%～0.56%、水溶盐总量为 0.32%～0.72%、pH 值为 9.5～10.2 的盐碱地测点，雷达波频谱曲线中 3 号峰突出。由此可见，耕地土对雷达波的吸收主要是对高频分量的吸收，而盐碱土对雷达波的吸收主要是对低频分量的吸收。图 15.22 所示为耕地、草地和盐碱地上雷达波的频谱曲线，图中的 1～3 号测点为灰黑色耕植土，6～8 号测点为褐色草甸土，17～21 号测点为灰白色盐碱土。

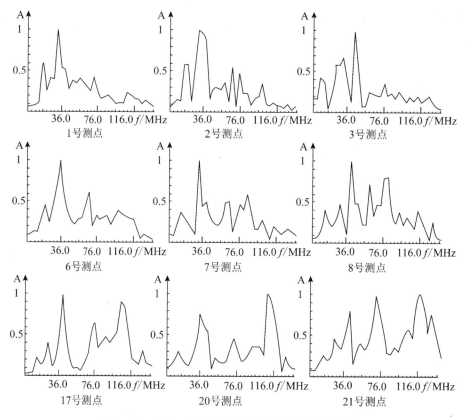

图 15.22 耕地、草地和盐碱地上雷达波的频谱曲线

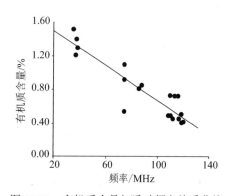

图 15.23 有机质含量与瞬时频率关系曲线

为了研究雷达波瞬时频率与土壤有机质含量的关系，将频段为 36～150MHz、幅值明显的高频峰值的频率与该测点的有机质含量、水溶盐含量及 pH 值进行了相关分析，结果表明，雷达波的瞬时频谱与土壤化学成分具有一定的相关性，其中，瞬时频率的高频分量与土壤有机质含量的负相关性最明显（见图 15.23）。土壤有机质含量是评价土壤盐碱化程度的重要参数，因此，在含有耕地与盐碱地的同一测区中，当表层土壤含水量大致相同时，可根据雷达波瞬时频率与有机质含量的相关性，大致确定土壤的有机质含量和水溶盐总量的范围，进而对土壤盐碱化程度做出评价。

## 15.3.2 土壤盐分和土壤质地

土壤盐分和黏土含量可通过与土壤水分含量基本估计相同的原则来估计。事实上，土壤盐度是由孔隙水中的盐含量决定的，它随着电导率的增大而增加。因此，可以使用反射系数和反射幅度分析来估计土壤盐度。反射幅度受电导率的影响，并随盐度和反射系数的增大而增加。Rejšek 等（2015）在现场测量期间观测到了高盐度土壤的不同反射率。此外，人们还使用三维建模估计了盐渗透的深度。

探地雷达也被用来估计黏土含量。梅多斯等（2016）使用沙漠路面的早期信号幅度分析，根据黏土的电导率引起的信号衰减来估计黏土含量。Tosti 等（2013）改进了这种方法，即使用傅里叶变换提取反射频谱。如数值研究和实验室条件下观察到的那样，随着黏土含量的增大，频率峰值在较低频率处发生了显著变化（见图15.24）。

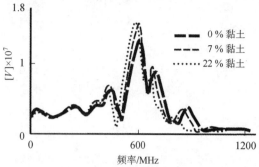

图 15.24　探地雷达信号频率峰值随黏土含量的增大向低频移动（Benedetto and Tosti，2013）

## 15.4　洪积扇区砾石层厚度探测

吉林省白城市洮儿河冲积扇区自洮儿河、交流河出口向东南方向呈扇形散开；冲积扇区地表平坦，扇顶（高程为210m）微向前缘倾斜；上游坡度较陡（15‰），下游坡度较缓（7‰）。至前缘向平原过渡，地形平坦，地面高程为143～145m，形成沼泽湿地，其物质组成为上更新统至全新统的冲积卵砾石和沙砾石层。在洪积扇地区，地表土壤的深度较浅，因此常出现漏水、漏肥现象，极大地影响了农业生产。可见，对洪积扇地区的砾石层进行探测，了解其深度方向的分布规律，对合理安排土壤进行各种农作物的种植、灌溉具有重要意义。

洪积扇区砾石层厚度调查的测线长度为21km，探测时采用频率为60MHz的天线，测量点距为10m。砾石松散堆积，厚度大，因此需要对原始数据进行数据处理以消除各种干扰，采用的数据处理模块为增益调整、反卷积滤波、偏移和希尔伯特变换等，形成探地雷达剖面图，参照测区钻探资料划分层位，根据各个地层对应的探地雷达剖面上的反射波的频率和相位特征，最终完成对地层厚度变化的追踪。

图15.25所示为吉林省西部洪积扇区探地雷达探测剖面图。由图可见，雷达波振幅的纵向变化分为三部分，即剖面的上部、中部和下部。这与研究区土壤和沉积物的分布关系密切。剖面上部是砂质黏土和含砂砾黏土，深度为1.5～4m，介电常数值较大，出现较强的反射振幅。剖面的中部是砂砾石层，深度为10～16m，局部有一定的起伏，这与洪积扇形成时的古地貌有很大的关系，砂砾石为该区的主要含水层，介电常数较大，反射振幅较小；剖面下部是黏土层，介电常数较大，呈现较强的反射波振幅。中间的砂砾石层根据探地雷达测量结果划分为上层和下层，上层的反射振幅相对较强，下层的雷达波振幅相对较弱。造成这种地球物理现象的原因有二：一是物质成分有一定的差异，二是地下水的饱和度不同。

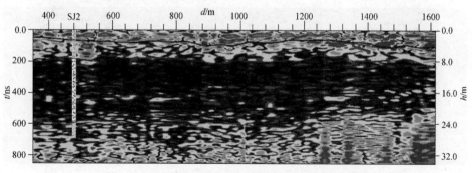

图 15.25　吉林省西部洪积扇区探地雷达探测剖面图

## 15.5　土壤污染探测

土壤污染是全球三大环境要素（大气、水体和土壤）污染问题之一，也是全球普遍关注和研究的主要环境问题。土壤污染对环境和人类造成的影响与危害是，它可能导致土壤的组成、结构和功能发生变化，进而影响植物的正常生长发育，导致土壤生产力下降，造成有害物质在植物体内积累，通过食物链进入人体而危害人体健康。

土壤污染物主要来自以下几方面。

(1) 工业（城市）废水和固体废物中常含有多种污染物，长期用于灌溉农田，会使污染物在土壤中积累，进而使土壤受到重金属、无机盐、有机物和病原体的污染。

(2) 农药和化肥。大量使用农药、化肥和除草剂也会造成土壤污染，如 DDT 等在土壤中长期残留，氮、磷等化学肥料未能被植物完全吸收而在根层以下积累，成为潜在的污染物。

(3) 牲畜排泄物和生物残体中常含有寄生虫、病原体和病毒，利用其作为肥料，若不进行物理和化学处理，则会引起土壤和水体污染，并通过农作物危害人体健康。

(4) 大气中的 $SO_2$ 和颗粒物可通过沉降或降水而进入农田，引起土壤酸化和盐基饱和度降低。

被污染土壤的电阻率和介电常数肯定会发生变化，因此我们可以使用探地雷达探测和圈定土壤污染区域。作为一种近地表的高分辨率探测方法，探地雷达正逐渐成为探测近地表土壤污染的主要地球物理方法之一。资料显示，利用探地雷达剖面上反射波的变化来确定土壤污染区的空间分布特征以及污染物迁移导致的土壤污染方面的研究已取得良好效果。Benson 在美国亚利桑那州和犹他州利用 GPR 资料，依据 GPR 图像与烃类污染之间的关系圈出了烃类污染范围；Jorge L. Porsani 等在巴西东南部圣保罗州里奥克拉罗市的一个废物填埋场，成功地采用探地雷达圈出了残余固体废弃物产生污染扩散的区域。雷少刚等将无污染土沙样装入容器，采用 TLD 2000 探地雷达和 900MHz 的天线进行扫描探测，开展了土壤污染的探地雷达探测实验，实验时土沙样中分别加入了柴油和 NaCl 溶液。图 15.26 所示为加入 NaCl 污染时的探地雷达剖面，实验说明在含水量基本一致的土壤中，对于 NaCl 浓度从 1g/L 增大为 15g/L，雷达反射信号能量逐渐减弱，反射轴逐渐变得不连续，出现断续现象，最后出现缺失，伴随出现多次反射波逐渐消失。造成该现象的原因是，当电磁波在潮湿土壤中传播时，电磁波能量被土壤吸收，土壤电导率越大，吸收能力越强，随着无机污染土中 NaCl 浓度的增加，整个环境的电导率逐渐增大。

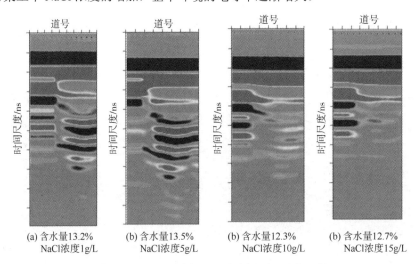

图 15.26　加入 NaCl 污染时的探地雷达剖面（雷少刚等，2008）

目前，探地雷达探测土壤污染的工作还处于探测与圈定污染范围领域，探地雷达方法还不能给出土壤污染程度的定量评价，而利用探地雷达信号的速度和振幅等信息反演介电常数，建立介电常数与污染含量的对应关系，进而实现对土壤污染程度的评价，将是今后开展的主要研究工作。

# 习　题

**15.1**　简述探地雷达在土壤和农业领域中的应用方向。

**15.2**　简述土壤含水率的测定方法，说明探地雷达是如何确定土壤含水率的。

**15.3**　简述探地雷达圈定盐碱地范围的原理和方法。

# 参考文献

[1] 雷少刚，卞正富. 探地雷达测定土壤含水率研究综述[J]. 土壤通报，2008, Vol. 39, No. 5.

[2] 雷少刚，侯晓东，等. 利用探地雷达确定土中污染物含量的研究[J]. 湖南大学学报（自然科学版），2008, Vol. 35, No. 11.

[3] 李富，欧阳渊，等. 物探方法在泥炭调查中的应用研究[J]. 合肥工业大学学报（自然科学版），2021, 44(09): 1237-1243.

[4] 吴信民，曹俊昌，等. 黏土中电磁波速度与含水量关系研究与应用[J]. 水文地质工程地质，2007 年 5 期.

[5] 胡振琪，陈宝正，等. 应用探地雷达测定土壤的含水量[J]. 河北建筑科学学院学报，2005, Vol. 22, No. 1.

[6] 徐白山，田刚，曾昭发，等. 白城地区盐碱地分层划界的探地雷达方法研究[J]. 长春科技大学学报，2001, Vol. 31, No. 4.

[7] 薛建，曾昭发，等. 探地雷达在吉林西部地区探测土壤碱化层[J]. 物探与化探，2005, Vol. 29, No. 5.

[8] 薛建，曾昭发，等. 吉林西部洪积扇地区砾石层厚度的地质雷达探测[J]. 中国地球物理学会第 21 届年会，2005.

[9] Doolittle J. A. *Characterizing soil map unit woth the ground penetrating radar*[J]. Soil Surv. Horiz., 1982, 23(4): 3-10.

[10] Remke L., van Dam, Brian Borchers, et al. *Methods for prediction of soil dielectric properties: a review*[J]. Proc. SPIE 5794, Detection and Remediation Technologies for Mines and Minelike Targets X, (10 June 2005).

[11] Salat C., Junge A. *Dielectric permittivity of fine-grained fractions of soil samples from eastern Spain at 200 MHz*[J]. Geophysics, 75 (2010), pp. J1-J9, 10.1190/1.3294859.

[12] Cassidy N. J. *Electrical and magnetic properties of rocks, soils and fluids*[J]. H. M. Jol (Ed.), Ground Penetrating Radar Theory and Applications (2009), pp. 41-72, 10.1016/B978-0-444-53348-7.00010-7.

[13] Pettinelli E., Vannaroni G., et al. *Correlation between near-surface electromagnetic soil parameters and early-time GPR signals: an experimental study*[J]. Geophysics, 72 (2007), p. 28-31.

[14] Zajĺcová K., Chuman T. *Application of ground penetrating radar methods in soil studies: a review*[J]. Geoderma, Volume 343, 2019, p.116-129.

[15] Frédéric André, François Jonard, et al. *In situ characterization of forest litter using ground-penetrating radar*[J]. Journal of Geophysical Research: Biogeosciences, vol.121, no.3, pp.879, 2016.

[16] Borden K. A., Thomas S. C., Isaac M. E. *Interspecific variation of tree root architecture in a temperate agroforestry system characterized using ground-penetrating radar*[J]. Plant Soil, 2016, 1-12.

[17] Delgado A., Hays D. B., Bruton R. K., et al. *Ground penetrating radar: a case study for estimating root bulking rate in cassava (Manihot esculenta Crantz)*[J]. Plant Methods, 13 (2017), p. 65, 10.1186/s13007- 017-0216-0.

[18] Rejšek K., Hruška J., et al. *A methodological contribution to use of Ground-Penetrating Radar (GPR) as a tool for monitoring contamination of urbansoils with road salt*[J]. Urban Ecosyst. 2015. 18, 169-188.

[19] Tosti F., Patriarca C., et al.. *Clay content evaluation in soils through GPR signal processing*[J]. J. Appl. Geophys. 2013, 97, 69-80.

[20] Algeo J., Van Dam R. L., Slater L. *Early-time GPR: a method to monitor spatial variations in soil water content during irrigation in clay soils*[J]. Vadose Zone, 2016, 15.

[21] Ardekani M. R. *Off-and on-ground GPR techniques for field-scale soil moisture mapping*[J]. Geoderma 200-201, 2013, 55-66.

[22] Benedetto, A. *Water content evaluation in unsaturated soil using GPR signal analysis in the frequency domain* [J]. Appl. Geophys., 2010, 71, 26-35.

[23] André F., van Leeuwen, et al. *High-resolution imaging of a vineyard in south of France using ground-penetrating radar, electromagnetic induction and electrical resistivity tomography*[J]. Appl. Geophys., 2012, 78, 113-122.

[24] André F., Jonard F., et al. *In situ characterization of forest litter using ground-penetrating radar*[J]. Geophys. Res. Biogeosci., 2016, 121, 879-894.

[25] Annan A. P. *Ground penetrating radar principles, procedure & applications. ground penetrating radar theory and applications*[J]. IV. Elsevier Science, 2009.

[26] Archie G. E. *The electrical resistivity log as an aid in determining some reservoir characteristics*[J]. Trans. AIME 145, 1942, 54-62.

[27] Birchak J. R., Gardner C. G., et al. *High dielectric constant microwave probes for sensing soil moisture*[J]. Proc. IEEE 62, 1974, 93-102.

[28] Borden K. A., Isaac M. E., et al. *Estimating coarse root biomass with ground penetrating radar in a tree-based intercropping system*[J]. Agrofor. Syst., 2014, 88, 657-669.

[29] Buchner J. S., Wollschläger U., Roth K. *Inverting surface GPR data using FDTD simulation and automatic detection of reflections to estimate subsurface water content and geometry*[J]. Geophysics, 2017, 77, H45-H55.

[30] Busch S., van der Kruk J., Vereecken H. *Improved characterization of fine texture soils using onground GPS full-waveform inversion*[J]. Trans. Geosci. Remote Sens., 2014, 52, 3947-3958.

[31] Conyers L. B. *Interpreting Ground-Penetrating Radar for Archaeology*[M]. Left Coast Press, Walnut Creek, 2012.

[32] Di Matteo A., Pettinelli E., Slob E. *Early-time GPR signal attributes to estimate soil dielectric permittivity: a theoretical study*[J]. IEEE Trans. Geosci. Remote Sens., 2013, 51, 1643-1654.

[33] Ferrara C., Barone P. M., et al. *Monitoring shallow soil water content under natural field conditions using the early-time GPR signal technique*[J]. Vadose Zone J., 2013, 12.

[34] Galagedara L.W., Redman J. D., et al. *Numerical modeling of GPR to determine the direct ground wave sampling depth*[J]. Vadose Zone J., 2005, 4, 1096.

[35] Grote K., Hubbard S., Rubin Y. *Field-scale estimation of volumetric water content using ground-penetrating radar ground wave techniques*[J]. Water Resour. Res., 2003, 39, 1-14.

[36] Huisman J. A., Hubbard S. S., et al. *Measuring soil water content with ground penetrating radar a review*[J]. Vadose Zone J., 2003, 2, 476-491.

[37] Keller G. V. and Frischknecht F. C. *Electrical Methods in Geophysical Prospecting*[M]. Pergamon Press, Oxford, 1996.

[38] Lambot S., Slob E. C., et al. *Modeling of GPR signal and inversion for identifying the subsurface dielectric properties frequency dependence and effect of soil roughness*[C]. In: Proc. Tenth Int. Conf. Grounds Penetrating Radar, 2004, pp. 79-82.

[39] Lambot S., Antoine M., Vanclooster M., et al. *Effect of soil roughness on the inversion of off-ground monostatic GPR signal for noninvasive quantification of soil properties*[J]. Water Resour. Res.,2006, 42, 1-10.

[40] Lambot S., Slob E., Chavarro D., et al. *Measuring soil surface water content in irrigated areas of southern Tunisia using full-waveform inversion of proximal GPR data*[J]. NEAR Surf. Geophys., 2008, 6, 403-410.

[41] Lambot S., André F. *Full-wave modeling of near-field radar data for planar layered media reconstruction*[J]. Trans. Geosci. Remote Sens., 2014, 52, 2295-2303.

[42] Lauer K., Albrecht C., Salat C., et al. *Complex effective relative permittivity of soil samples from the taunus region*[J]. Earth Sci., 2010, 21, 961-967.

[43] Mangel A. R., Moysey S. M. J., et al. *Resolving precipitation induced water content profiles by inversion of dispersive GPR data: a numerical study*[J]. Hydrol., 2015, 525, 496-505.

[44] Minet J., Wahyudi A., Bogaert P., et al. *Mapping shallow soil moisture profiles at the field scale using*

*full-waveform inversion of ground penetrating radar data*[J]. Geoderma, 2011, 161, 225-237.

[45] Minet J., Bogaert P., et al. *Validation of ground penetrating radar full-waveform inversion for field scale soil moisture mapping*[J]. Hydrol., 2012 424-425, 112-123.

[46] Mourmeaux N., Tran A. P., Lambot S. *Soil permittivity and conductivity characterization by full-wave inversion of near-field GPR data*[C]. Proc. In: 15th Int. Conf. Grounds Penetrating Radar, 2014, pp. 497-502.

[47] Proulx-McInnis S., St-Hilaire A., Rousseau A. N., et al. *A review of groundpenetrating radar studies related to peatland stratigraphy with a case study on the determination of peat thickness in a northern boreal fen in Quebec, Canada*[J]. Prog. Phys. Geogr.,2013, 37, 767-786.

[48] Reppert P. M., Morgan F. D., Toksoz M. N. *Reflection coefficients*[J]. Appl. Geophys., 2000, 43, 189-197.

[49] Saarenketo T. *Electrical properties of water in clay and silty soils*[J]. Appl. Geophys., 1998, 40, 73-88.

[50] Sen P. N., Scala C., Cohen M. H. *A self-similar model for sedimentary rocks with application to the dielectric constant of fused glass beads*[J]. Geophysics, 1981, 46, 781-795.

[51] Strobbia C., Cassiani G. *Multilayer ground-penetrating radar guided waves in shallow soil layers for estimating soil water content*[J]. Geophysics, 2007, 72, J17.

[52] Topp G. C., Davis J. L., Annan A. P. *Electromagnetic determination of soil water content: measurements in coaxial transmission lines*[J]. Water Resour. Res, 1980, 16, 574-582.

[53] Tran A. P., Bogaert P., Wiaux F., et al. *High-resolution space-time quantification of soil moisture along a hillslope using joint analysis of ground penetrating radar and frequency domain reflectometry data*[J]. Hydrol., 2015, 523, 252-261.

[54] van Dam R. L., Schlager W. *Identifying causes of ground-penetrating radar reflections using time-domain reflectometry and sedimentological analyses*[J]. Sedimentology, 2000, 47, 435-449.

[55] van Dam R. L., van den Berg E. H., Schaap M.G., et al. *Radar reflections from sedimentary structures in the vadose zone*[J]. In: Ground Penetrating Radar in Sediments, , 2003, pp. 257-273.

[56] van der Kruk J., Streich R., Green A. G. *Properties of surface waveguides derived from separate and joint inversion of dispersive TE and TM GPR data*[J]. Geophysics, 2006, 71, K19.

[57] Walter J., Hamann G., Lück E., et al. *Stratigraphy and soil properties of fens: geophysical case studies from northeastern Germany*[J]. Catena, 2016, 142, 112-125.

[58] Weihermüller L., Huisman J. A., Lambot S., et al. *Mapping the spatial variation of soil water content at the field scale with different ground penetrating radar techniques*[J]. Hydrol., 2007, 340, 205-216.

[59] Zhang J., Lin H., Doolittle J. *Soil layering and preferential flow impacts on seasonal changes of GPR signals in two contrasting soils*[J]. Geoderma, 2014. 213, 560-569.

# 第16章 考古探测应用

埋藏于地下的文化遗产见证了史前文化活动和人类发展，作为一种迅速减少的资源，需要保护并为后代保存。地层会不可避免地被发掘过程破坏，因此每次考古发掘只能进行一次。在进行考古发掘时，关于考古发掘现场埋藏的考古结构的先前信息通常非常有限或者完全缺乏。作为保护遗产的一项措施，非侵入性地球物理考古勘探方法是在已知埋藏有文化遗产的地下获取考古结构信息的主要手段。探地雷达最初主要应用于地质与工程目的，但考古学家们很快就敏锐地感觉到可用探地雷达来定位、表征埋藏于地下的古迹特征和相关的地层信息。

探地雷达首次尝试用于考古领域发生在 1975 年的美国新墨西哥州查科峡谷（Vickers et al.，1976）。查科峡谷中的遗址是研究北美古印第安人生活的重要资料。1975 年，在查科峡谷实施探地雷达探测的主要目的是发现埋藏于地下约 1m 的石墙。多个探地雷达剖面记录了来自石墙的反射。随之，探地雷达不断地被用于不同的地区，主要集中在美国东部，以寻找埋藏于地下的谷仓、石墙、地下储藏室等（Bevan and Kenyon，1975；Keyon，1977）。这些探测实例表明，探地雷达在考古领域的应用获得了成功。

1979 年，在塞浦路斯的哈拉·苏丹清真寺遗址（Fischer et al.，1980）和萨尔瓦多的塞伦遗址（Sheets et al.，1985）也开展了探地雷达探测。由于这两处场地土壤干燥，电磁波信号清晰地反映了埋藏于地下的围墙、房屋的地基和其他考古学特征。

1982—1983 年，在加拿大拉布拉多的红海湾历史古迹场地，利用探地雷达对坟墓、埋于地下的人造物品和 16 世纪巴斯克捕鲸者村庄中房屋的围墙进行了探测（Vaughan，1986）。该场地土壤湿润且含有大量的卵石，给探地雷达的探测造成了困难。探地雷达探测到了被海滩沉积和黏土所掩埋的深度在 2m 以内的目标物。后来的挖掘证实了探地雷达的探测结果。探地雷达的结果显示，坟墓中的物品（如尸骨和金属物品）与周围的海滩沉积在探地雷达剖面上形成了强烈对比，但有些坟墓表现出了清晰的扰动土特征异常。

20 世纪 80 年代中期，日本开展了一系列利用探地雷达寻找地下 16 世纪房屋、古坟和文化层的研究（Imai el al.，1987）。在这些研究中，房屋被火山浮石和土壤掩埋在地下约 2m 的黏土层中。黏土层和上覆浮石的界面产生了明显的探地雷达反射，识别出了包含石器制品的不同时期的三个文化层，并与开挖结果的吻合性非常好。

从 20 世纪 80 年代末期到 90 年代早期，探地雷达在考古调查中取得了较好的效果。这些研究是通过识别异常来寻找文化特征和估计深度的。例如，美国怀俄明州的拉勒米堡历史古迹（De Vore，1990）、英国的罗马城墙（Stove and Addyman，1989）、美国伊利诺州的罗克维尔山遗址和夏威夷瓦胡岛的库阿洛公园（Doolittle and Miller，1991）等。

1993 年后，Goodman 及其同事在日本率先使用时间和深度切片、计算机二维模型和三维结构重建（Goodman，1994；Goodman and Nishimura，1993；Goodman et al.，1994；Goodman et al.，1995）等新技术探测和绘制了埋于地下的陶瓷窑炉、壕沟包围的古坟、块石堆砌的独立坟墓等。2006 年，《考古勘探》杂志出版了探地雷达应用于考古探测的专辑，推动了探地雷达在考古方面的应用。

1997 年，Conyers 和 Goodman 出版专著《探地雷达：考古学家导论》，较全面地描述了探地雷达的方法原理及在不同场地实施考古调查的实例。2005 年和 2013 年，Conyers 分别出版专著《考古探地雷达》和修订后的《考古探地雷达（第 3 版）》，重点介绍了探地雷达数据采集和处理技术。

值得一提的是，作者详细介绍了雷达波在地下介质中的传播行为，让考古学家了解了探地雷达技术的局限性。2014 年，Conyers 出版了《考古探地雷达数据解释》一书，旨在阐述探地雷达数据采集和处理后如何展示有趣的图像并解释它们的科学意义。

使用探地雷达进行考古探测时，首先要对遗迹及其环境进行分析，即对其埋深、几何形状、电磁特征、文化层性质等进行分析，以便确定选择何种雷达系统、天线频率和其他测量参数，如天线间距、采样间隔、采样时窗、测点间距等。

进行探测时，若已知遗迹走向，则沿遗迹走向垂直布设测线；若遗迹方向未知，则采用方格网布测。测量结束后，对数据进行信号处理，以便抑制噪声和增强有效信号，进而获取感兴趣的地下信息。最后，对遗迹、遗物的雷达图像异常进行考古学解释。

## 16.1 遗址勘查

遗址是古代人类活动的遗迹，表现为不完整的残存物，具有一定的区域范围。很多史前遗址、远古遗址都深埋于地表以下。世界各处都留有不同时期的遗址。探地雷达方法在大型遗址勘查、掩盖于植被、表土之下的遗址勘查等方面发挥着重要作用。

### 16.1.1 基于三维阵列探地雷达系统的大规模考古遗址勘查

1994 年，位于瑞典斯德哥尔摩以西约 30km 的马拉伦湖比约尔科岛上的维京时代聚居地比尔卡被列入联合国教科文组织世界文化遗产目录。比尔卡的地表具有理想的地球物理探测条件，遗址文化层的总厚度达 2m，其中包含各种不同的考古结构。自维京时代以来，由于未受现代建筑活动和集约农业的干扰，这些考古结构大多保存良好。2010 年，Trinks 等发表了他们利用三维阵列探地雷达系统对此处面积约 3 公顷考古遗址的探测结果。

MALA 成像雷达阵列系统（MALA Imaging Radar Array，MIRA）是多通道探地雷达系统。MIRA 的标准系统配备 17 个雷达天线（400MHz），其中 9 个发射天线和 8 个接收天线相互错排为两排，如图 16.1 所示。MIRA 系统最多可配备 16 个发射天线和 15 个接收天线。除了主频为 400MHz 的天线，还提供 200MHz 和 1.3GHz 的天线。每个接收天线接收两个相邻发射天线的信号，在 400MHz 天线的情况下有 16 个通道，测线间隔为 8cm，对应于波长的 1/4。仪器制造商与瑞典国家遗产委员会合作，在比尔卡进行了大规模实验研究，覆盖了约 3 公顷的调查区域，得到了高密度空间采样数据，如图 16.2 所示。

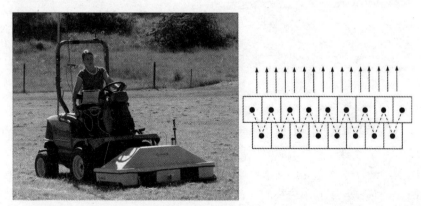

图 16.1　安装在割草机前方液压箱内的 MIRA 成像雷达阵列系统由 16 个通道（400MHz 天线）组成，通道间距为 8cm。MIRA 天线阵列包含 17 个雷达天线（8 个接收天线和 9 个发射天线）。虚线表示发射天线和接收天线的组合，箭头表示 16 个通道

图 16.2　实验测量区域位于维京时代的聚居地比尔卡，区域面积约为 3 公顷

现场数据采集由图 16.1 所示的装备完成，装备以 4km/h 的速度沿长度为 170m 的平行条带进行测量。采用同样的参数设置，可以实现 19km/h 的数据采集速度，但数据采集速度受地表粗糙度、障碍物及转弯测量等的限制。与使用车前挂系统的方式相比，使用拖曳天线阵列更适合不平坦的地形和高速测量。经过 5 小时的连续测量，采集了 56 个条带的数据，覆盖面积为 $150\,\mathrm{m} \times 62\,\mathrm{m} = 9300\,\mathrm{m}^2$，总测线长度为 134.4km。测线间距和测点间距均为 8cm。在 3 天时间里完成了占地约 3 公顷的实验区域的测量，此后又在 2 天时间里完成了数据处理。

探地雷达数据以极高的分辨率给出了比尔卡复杂文化层中具有考古意义的新特征，如图 16.3 所示。在图 16.3(a)中，标有字母 A 的灰色带表示一座古老内城城墙的墙基，图 16.3(b)则显示了位于外城区山脚下一座建筑的地下分布信息，该建筑的详细信息如图 16.4 所示。

图 16.3　(a)整个调查区域的 GPR 探测结果，标有字母 A 的灰色带表示一座古老内城城墙的墙基；(b)黑框中的细节显示了外城区山脚下的一座建筑的地下分布信息

在图 16.4(a)中，探地雷达数据时间切片显示了一栋长 20m、宽 9m 的侧壁略弯房屋的结构。在建筑的东南角可以看到南北向的 5 个点状异常，这些异常被解释为桩孔或孔中的石头。可识别的最小桩孔的直径为 25cm。建筑中央的一个明显的圆形异常被解释为炉灶区，而不同振幅显示的形状和条带被解释为内部分区或不同楼层的细微结构。图 16.4(b)显示了根据不同探地雷达数据的时间切片对建筑进行的解释，包含了更多的桩孔和西部的一栋小建筑。注意，一条沟渠（开挖带或排水设施）沿西南-东北方向穿过了建筑。

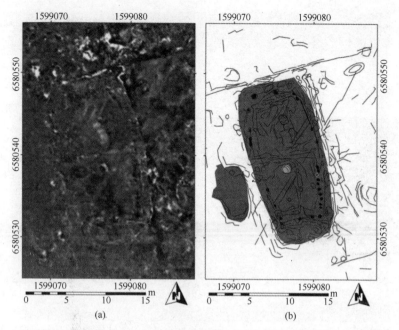

图 16.4　(a)探地雷达数据时间切片；(b)根据不同探地雷达数据的时间切片对建筑进行的解释

## 16.1.2　日本群马县浮石层下的遗址构造调查

在日本群马县的北群马郡子持村，古坟时代以前的聚落被掩埋在榛名山的火山灰和浮石厚堆积层下。因为被火山喷发物迅速掩埋，古代聚落保存状态良好，是考古学非常珍贵的研究资料。

图 16.5 所示为竖穴式住居遗址的探地雷达剖面。在黑色耕土层、轻石层、火山灰层覆盖下，住居的地面及住居建筑的围堤（周围的堆土）清晰可见。竖穴式住居的建造方式如下：从地表面呈圆形或方形向下挖掘约 1.5m 深，在地面上建造屋顶，并用围堤体保护屋顶与地表的相接处，如图 16.6 所示。探地雷达剖面中清晰地反映了住居内的地面和围堤体。

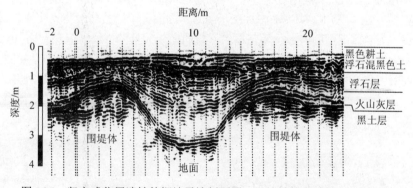

图 16.5　竖穴式住居遗址的探地雷达剖面图（子持村教育委员会，1988）

图 16.6　竖穴式住居断面图

图 16.7 所示为被浮石掩埋的古坟遗址的探地雷达剖面，天线的主频为 200MHz。该剖面清晰地捕捉到了在黑色耕土层、轻石层、火山灰层、黑褐色土层覆盖下，来自隆起坟丘和坟丘周围围沟的反射。

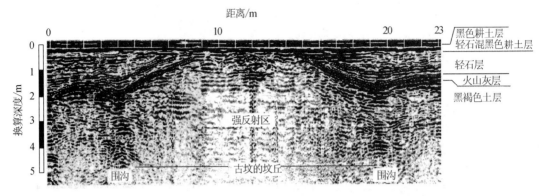

图 16.7　被浮石掩埋的古坟遗址的探地雷达剖面图（子持村教育委员会，1988）

### 16.1.3　古矿坑遗址探测

作为考古任务之一，古矿坑探测和挖掘可以分析古代生产力水平及一些重要的历史事件。

大冶铜录山古铜矿遗址是我国西周末期与春秋时期古代人采集铜矿的遗址。该遗址与炼铜遗址一起解决了中国青铜文化起源的疑案。现开挖的 VII 号矿体 I 号遗址表明，当时巷道支护技术先进，巷道排水设施完善；遗物中有提升、照明、洗矿、采装等工具，证明当时已成功地解决了一系列重大采矿技术问题，形成了一套较完整的矿山生产技术。这是中国对世界采矿技术的重大贡献，有极大的文物价值。由于古铜矿遗址下面还埋有铜矿体，矿山为了扩大生产，需要进行开采，为了协调矿山开采与古铜矿遗址保护之间的关系，1990 年 10 月有关部门开始研究古铜矿遗址原地保护方案，采用探地雷达探测古铜矿遗址规模（李大心和祁明松，1992）。

探测使用脉冲 EKKO IV 探地雷达。考虑到探测目标的大小和深度，选择中心频率为 100MHz 的天线，点距为 0.2m。图 16.8 和图 16.9 所示的雷达剖面显示，素填土与风化原状土均为密集的高频窄反射波，而老窿区中的回填土为强反射，横向变化大且同相轴难追踪。图 16.10 所示为雷达解释结果与勘探结果对照图。如图所示，在有钻孔的部位，雷达解释结果与钻探结果基本一致。结果表明，在对不规则的古采矿遗址进行详细调查时，可以利用探地雷达方法对开采区形态进行细致描述。

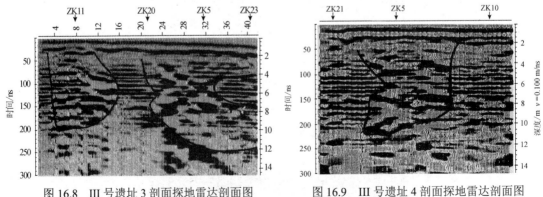

图 16.8　III 号遗址 3 剖面探地雷达剖面图　　　　图 16.9　III 号遗址 4 剖面探地雷达剖面图

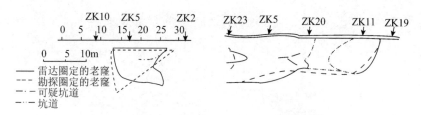

図 16.10　雷达解释结果与勘探结果对照图

## 16.2　古墓勘查

### 16.2.1　日本南九州地下横墓穴

地下横墓穴是日本南九州独特的墓室类型（见图 16.11），它先地表向下垂直挖掘 2～4m，后在穴底水平横向掘进建筑墓室。和一般的古墓不同，这种墓穴的绝大部分地表上没有坟丘，因此经常发生墓室崩塌致使地面下陷（类似于空洞），导致墓穴被人们偶然发现。这种古墓成群出现，如果因地表塌陷而发现一座古墓，那么在其周边一定存在数座至数十座地下横墓穴。

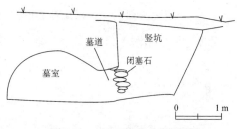

图 16.11　地下横墓穴断面图

日本小林市教育委员会于 1989 年利用探地雷达对这种古墓进行了调查，目的是确定横墓穴的位置。测线呈间隔 10m 的网格状布设。调查地区的地层由火山喷出的土壤形成，从地表开始的地层顺序为表层土、黑色土、红 Hoya 层、Loam 层和小林 Bola 层。图 16.12 所示为地下横墓穴的探地雷达剖面图，天线的主频为 350MHz。如图所示，深度 2.0m 处的连续反射面对应于小林 Bola 层，Loam 层中深度 0.5～1.6m 处是典型的空洞反射模式，对应的是地下横墓穴。根据探地雷达探测的结果，共有 15 座地下横墓穴被发现，现在则作为遗址公园被保存下来。图 16.13 所示为已挖掘地下横墓穴的闭塞石。

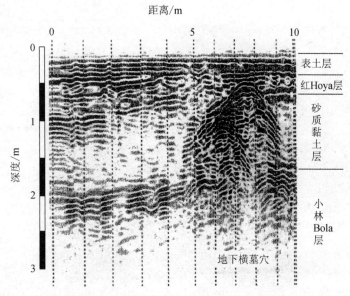

图 16.12　地下横墓穴的探地雷达剖面图（小林市教育委员会，1989）

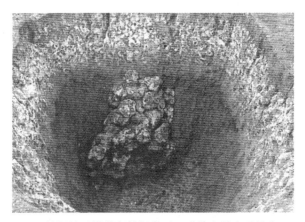

图 16.13　已挖掘地下横墓穴的闭塞石（小林市教育委员会，1990）

## 16.2.2　西都原古坟群第 100 号坟

西都原古坟群位于日本宫崎县中部，建于公元 3 世纪到 7 世纪，包括前方后圆坟、圆坟、方坟、地下横墓穴、横墓穴等共 311 座，很多坟墓直到今天仍然完好无损地保存着。其中最典型的是前方后圆形（钥匙孔形）坟。这种坟墓是通过挖掘深沟，掘取深沟中的材料来建造的。外围边界深沟的形状可用来帮助鉴定坟墓建造的年代。在西都原古坟群共发现了三种边界深沟的形状，如图 16.14 所示。

图 16.14　边界深沟形状帮助确定古坟建造年代

图 16.15　西都原古坟群第 100 号坟

1999 年，考古人员使用探地雷达探测了西都原古坟群第 100 号坟（见图 16.15）周围深沟的形状（Jol，2009）。在实施探地雷达探测前，曾进行过初步挖掘，但未获得深沟形状的信息。在第 100 号坟上，共用两种天线开展了探测（见图 16.16）。为了获得高分辨率结果，首先使用主频为 500MHz 的天线，测线间距为 0.25m，分别沿东西和南北方向采集数据，目的是探测可能存在的埋藏位置。然后，使用主频为 300MHz 的天线，测线间隔为 1m，希望能得到坟墓周围深沟的信息。

图 16.17 所示为 300MHz 天线探测结果的时间切片。从浅部雷达数据的水平切片上，能发现一些现代特征，如步行小路等。较深水平切片的深度为 193～335cm，显示了部分深沟的痕迹。在这个深度之间，并非每个深度切片都反映了深沟结构。为了强化有用信息，更好地描绘深沟的形状，采用了一种特殊的处理方式，这种处理方式称为"叠加分析"。

图 16.16　第 100 号坟实景和探测布置

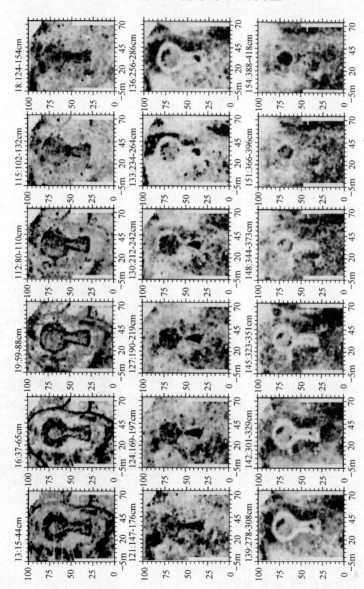

图 16.17　300MHz 天线探测结果的时间切片。在较浅的切片上可以发现小路、台阶和钥
匙孔状坟丘的痕迹；在深度大于 190cm 的切片上记录了来自深沟的反射

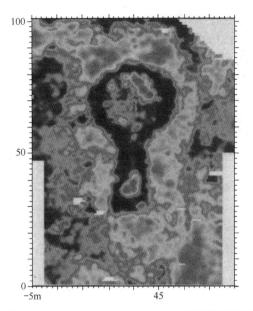

图16.18 对300MHz和500MHz天线的雷达数据进行叠加分析后形成的复合图像

在叠加分析中，首先找出那些包含目标的切片，然后使用计算机程序对独立切片自动拾取每个网格的强反射。这样，就形成了一幅只包括每个时间切片中相对较强反射的复合图像。叠加分析不仅可以用于一个天线或一个源获取的数据，而且可以用于不同的数据，从而获得复合反射图。

对300MHz天线的雷达数据和部分500MHz天线的雷达数据采用了针对强反射的叠加分析，获得了最终的复合图像，如图16.18所示，深沟的形状可被初步认定。图16.14中的模型A可被排除，因为雷达图像显示边界的侧边并不是直线。对于是模型B还是模型C，存在一定的争论。很多人推测钥匙孔底东侧的较强反射对应的可能是一个半三角形的形状，因此大多数考古学者更接近于认为第100号坟属于模型C，即它建造的年代约在公元4世纪。

### 16.2.3 西都原古坟群第111号坟

西都原古坟群中的第111号坟，建于公元6世纪。由于存在坟丘，第111号坟布置探地雷达测线的地表起伏较大，坟丘最陡处的倾角达25°。探地雷达在具有明显地表起伏的场地进行探测时，起伏的地表会使天线倾斜，造成电磁波的传播路径发生改变，以致获得扭曲的地下结构信息。为了准确地获得地下结构的信息，需要消除地表起伏所造成的影响。

在已知电磁波速度的情况下，通常用"静校正"方法对二维雷达数据进行地形校正。但是，传统的静校正方法只是根据地形起伏对雷达道的旅行时进行校正。当场地出现明显的地形变化时，还需要对天线倾斜进行校正（Goodman et al., 2006）。速度的选取对天线倾斜校正有很大影响，因此对同样的反射剖面采用了不同的速度进行校正，如图16.19所示。图16.19(a)至图16.19(c)都经过了地形静校正，其中图16.19(a)未对天线的倾斜进行校正，而图16.19(b)和图16.19(c)分别以7cm/ns和12cm/ns的速度校正了天线的倾斜。从三幅剖面中均可看到清晰的反射，它们来自墓室顶部，但其空间的延展程度却很不相同。在图16.19(c)中，利用12cm/ns速度校正过的墓室顶的反射就远小于图16.19(a)中的反射。墓室被挖掘后（见图16.20），证实墓室的大小与图16.19(c)中所揭示的信息非常接近。

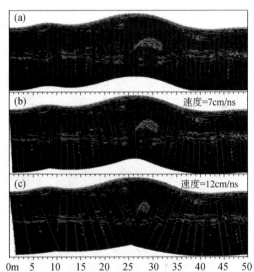

图16.19 在第111号坟获得的经过地形校正的二维雷达剖面：(a)未对天线倾斜进行校正的雷达剖面；(b)以速度7cm/ns校正天线倾斜的雷达剖面；(c)以速度12cm/ns校正天线倾斜的雷达剖面

 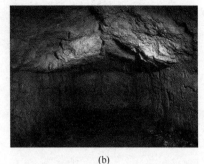

(a)                                          (b)

图 16.20    已挖开的第 111 号坟

### 16.2.4    德国中世纪教堂下墓葬

三维探地雷达数据为解释和理解考古遗址的复杂地下结构提供了一种有利的工具。为了实现高效的数据采集，大多数研究都采用了基于全球定位系统（GPS）的解决方案。然而，当卫星覆盖率低（如在城市或室内）时，基于 GPS 的测量解决方案可能无法提供所需的精度（通常在厘米范围内）。常用的三维探地雷达数据的分析与解释方法主要是经典时间切片分析和图像可视化（如三维等振幅显示）。Böniger and Tronicke（2010）结合自跟踪全站仪（TTS）采集了三维探地雷达数据，通过数据的属性分析获得了欧洲中世纪教堂下墓葬的位置。

戈尔姆老教堂（Old Chapel Golm）是德国波茨坦市最古老的建筑之一。1718 年，当地一对贵族夫妇的墓葬被移入这座教堂的下面。为了充分了解教堂的历史，需要在教堂内找到墓葬的埋葬地点。在此次研究中，采用了天线主频为 500MHz 的探地雷达系统。因为是在室内进行三维数据采集，所以无法使用实时动态 GPS 测量装置进行定位。研究采用了 TTS 与标准商用探地雷达系统相结合的测量方案。图 16.21 中显示了这套装置，包括用于厘米精度实时定位的 TTS、用于将数据实时传输至探地雷达控制单元的两个无线电调制解调器，以及用于实时显示坐标的 GPS 中继器。

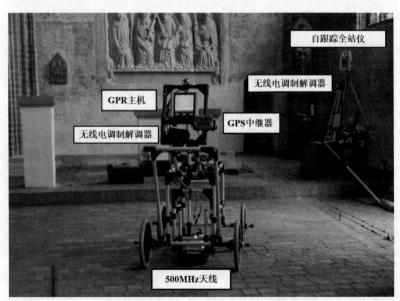

图 16.21    室内三维探地雷达数据采集装置

教堂内探地雷达测量的面积约为 $6\,\mathrm{m} \times 12\,\mathrm{m} = 72\,\mathrm{m}^2$。图 16.22 显示了 8.7ns（约 0.5m）的时间切片。在图 16.22(a)中可以看出两个几乎为矩形的高振幅异常，它们位于北向 2~5m 和东向 8~11m

处，被认为是两个墓穴。图 16.22(b)至(d)分别是能量、相关性和相似性属性的时间切片。能量属性增强反射信号强度的差异，而相关性和相似性属性则突出数据中存在的不连续性。图16.22(b)显示，能量属性增强了左侧的墓穴而弱化了右侧的墓穴。能量属性的成功需要目标特征与周围环境相比具有显著的振幅变化。图 16.22(c)和(d)所示的相关性和相似性属性都成功地描绘了两个墓穴的结构边缘，更有利于目标特征分离和深入解释。计算相关性和相似性属性时，归一化计算过程使得属性值的范围为[0,1]（从不相关/不相似到相关/相似）。相关性和相似性属性分析结果可提高三维等值面等数据可视化的计算效果。

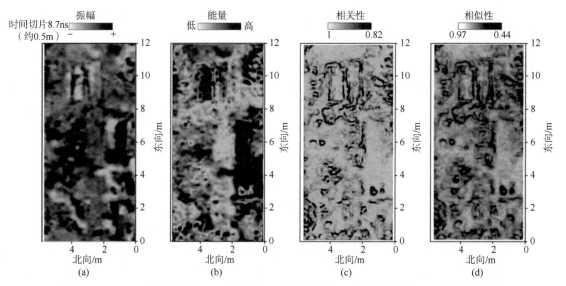

图 16.22  8.7 ns 的时间切片：(a)高振幅；(b)能量属性；(c)相关性属性；(d)相似性属性

## 16.3  文物保护

### 16.3.1  古塔结构探测

多宝塔是位于浙江省普陀山普济寺内的元代石结构古塔，塔高约 16.90m，占地面积约为 12.0m×12.0m = 144.0m²，距今已有 700 多年的历史。因年代久远及近代的损坏，现塔身佛像已面目全非，望柱和望板裂缝处处可见，塔顶的马耳与顶部的连接钢筋已严重锈蚀。为了保证结构的安全，2003 年初，普陀山佛教学会经文化管理部门及其他相关管理部门批准，对该塔进行了修缮。显然，结构的安全性分析是进行修缮的重要依据之一。出于文物保护和安全目的，无损检测成了必然手段。因为探地雷达能兼顾塔身及基础的测量，且稳定性好，所以选用探地雷达测试方案（汤永净等，2004）。

本次探测采用脉冲 EKKO IV 型探地雷达。为了测得基础的埋深和宽度，在塔周布置测线 12 条，范围为塔底边宽的 3 倍，选用频率为 100MHz 的天线，根据经验，天线距分别设为 1m、0.6m 和 0.4m，在测量点距为 0.2m 的测线上进行数据采集。为了探测塔身部分的断面尺寸，即判断塔身是否是空心的，选用中心频率为 200MHz 的天线，天线距分别设为 0.4m、0.3m 和 0.2m，在测量步长为 0.1m 的测线上进行数据采集。参考初步地质勘察报告和塔身岩石鉴定结果，推定基础的波速为 0.08m/ns，塔身的波速为 0.1m/ns。

通过追踪沿测线方向的同相轴，发现在基础测线 1 的探地雷达剖面（见图 16.23）中，横坐标为 8.8m、12m、24m 和 27.2m 处的同相波发生错断，推断这些位置是介质发生改变的地方；深度为 3.5m 处波的发射最强烈，从 3.5m 处向上追踪波形至 1.2m 范围内，波形相似、整齐，推断范围 1.2～3.5m 内的介质相似且排列整齐。其他测线剖面与图 16.23 相似。推测基础的埋深约为 3.5m，基础宽度约为 16.2m，基础尺寸如图 16.25 所示。在图 16.24 所示的基础测线 2 的探地雷达剖面中，发现水平距离 5m、15m 和 20m 对应的深度分别为 1.5m、2.0m 和 2.3m，这三处有明显的异常，进而用滤波处理断定这些异常处为金属块体，其分布如图 16.25 所示。塔身测量结果显示，一层和二层塔身的波形均匀，同相轴连续、平直，未出现异常，因此推测一层和二层塔身的断面是以塔的外边尺寸为边长的实心截面；三层塔身测线出现空洞波形，表明三层塔身的断面是以三层塔的外边尺寸为边长、壁厚为 0.8～1.0m 的空心截面。

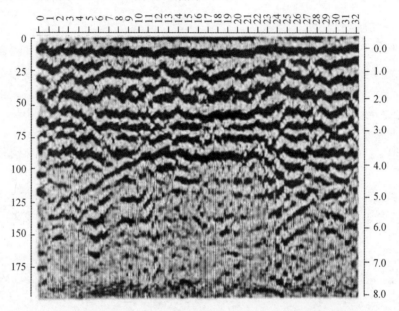

图 16.23　多宝塔基础测线 1 的探地雷达剖面图

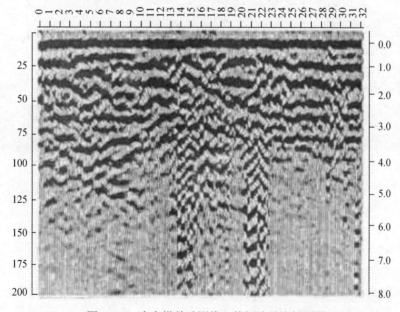

图 16.24　多宝塔基础测线 2 的探地雷达剖面图

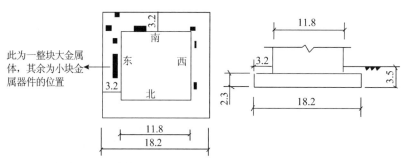

此为一整块大金属体，其余为小块金属器件的位置

图 16.25　推断解释的基础平面图和剖面图（单位：m）

## 16.3.2　意大利马特拉岩石教堂壁画保护

意大利南部的马特拉古石城是在岩石中开凿出的城市，1993 年被列入联合国教科文组织世界遗产名录。马特拉的穆尔吉亚地区由石灰岩构成，区域海侵淹没了穆尔吉亚构造隆起，并在穆尔吉亚构造隆起的断裂上形成了白垩纪碳酸盐沉积（格拉维纳组钙质岩）的薄层（不超过几十米厚）。马特拉的穆尔吉亚岩石教堂公园建造于此处，出于修复目的，De Giorgi 等（2022）对其中的两座教堂进行了探地雷达探测，以现场调查关注岩石稳定性条件，包括岩体广泛存在的断裂及沿线的崩塌风险。

被调查的教堂是圣母玛利亚（Madonna delle Croci）岩石教堂，其平面图如图 16.26 所示。该教堂开凿在格拉维纳组的钙质岩中，在教堂入口处和后殿可以看到近乎垂直和倾斜的破裂面与地层相交。

地层

(a)　　　　　　　　　　　　　　(b)

图 16.26　圣母玛利亚岩石教堂的平面图：(a)教堂入口，红色虚线对应外部钙质岩断裂，红色虚线标记地层；(b)后殿的壁画及拱顶，红色虚线标记垂直和倾斜裂缝

在教堂后殿的壁画上布置了探地雷达测线，如图 16.27 所示。探测使用了 IDS GeoRadar 公司的探地雷达系统，该系统配备了中心频率为 2GHz 的天线，测线间距为 10cm。探地雷达数据经过了零时刻校正、去背景、增益和偏移处理，偏移速度为 8cm/ns。

图 16.28 所示为探地雷达沿壁画测线得到的三个深度切片的数据，深度分别为 2.5cm、16.5cm 和 26cm。探地雷达数据的包络振幅显示，壁画浅部（2.5cm 切片）存在许多裂缝，由图中的白色虚线标记。壁画的中下部（26cm 切片）可能存在一个空洞。壁画的表面条件不允许天线（尤

其是天线轮）牢固地贴在其表面上，以防止损坏艺术品，因此天线定位存在误差，估计的定位误差最大为30cm。

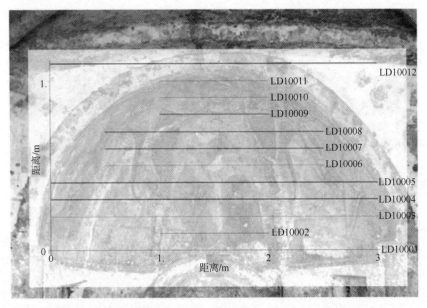

图 16.27　圣母玛利亚岩石教堂后殿的壁画上布置的探地雷达测线

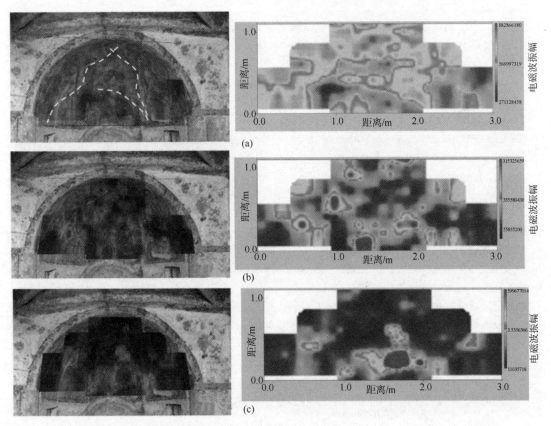

图 16.28　探地雷达沿壁画测线得到的三个深度切片的数据：(a)2.5cm；(b)16.5cm；(c)26cm

# 习　题

**16.1**  简述探地雷达在考古探测应用中的优缺点。

**16.2**  举例说明探地雷达在文物保护中的应用。

**16.3**  探地雷达在文保应用中需要注意的事项有哪些?

# 参考文献

[1]  子持村教育委员会. 昭和 62 度年西组遗迹探底雷达探测报告书[R], 1988.

[2]  李大心, 祁明松. 地质雷达探测古矿坑遗址研究[J]. 地球科学, 1992, 17(6): 719-726.

[3]  汤永净, 侯学渊. 多宝塔基础尺寸及塔身断面尺寸: 雷达测试在古塔结构分析中的应用[J]. 地下空间, 2004, 24(2): 170-173.

[4]  小林市教育委员会. 二原地区埋藏文物的发掘调查: 探地雷达遗迹调查报告书[D], 1989.

[5]  小林市教育委员会. 东二原地下式横墓穴群（小林市文物调查报告书第二集）[D], 1990.

[6]  子持村教育委员会. 平成 9 年度国库辅助事业浅田遗迹确认调查: 探底雷达探测委托第三部分[D], 1998.

[7]  Bevan B. W., and Kenyon J. *Ground-penetrating Radar at Valley Forge*[J]. Geophysical Survey Systems, North Salem, New Hampshire, 1975.

[8]  Conyers L. B. *Ground-penetrating Radar for Archaeology*[M]. Alta Mira Press: Walnut Creek, CA, 2005.

[9]  Conyers L. B. *Ground-penetrating Radar for Archaeology, 3rd Edition*[M]. Rowman and Littlefield, Lantham, Maryland, USA, 2013.

[10]  Conyers L. B. *Interpreting Ground-penetrating Radar for Archaeology*[M]. Routledge: New York, 2014.

[11]  Conyers, L. B. and Goodman, D. *Ground penetrating radar: an introduction for archaeologists*[M]. AltaMira Press, A Division of Sage Publications, Inc., 1997.

[12]  De Giorgi L., Lazzari M., Leucci G., Persico, R. *Geomorphological and non-destructive GPR survey for the conservation of frescos in the rupestrian churches of Matera (Basilicata, southern Italy)*[J]. Archaeological Prospection. 2020, 1-9.

[13]  De Vore S. L. *Ground-Penetrating Radar as a survey Tool in Archaeological Investigations: An Example form Fort Laramie National Historic Site*[J]. The Wyoming Archaeologist, 1990, 33:23-38.

[14]  Doolittle J. A., Miller W. F. *Use of Ground-Penetrating Radar Techniques in Archaeological Investigations* [C]. In Applications of Space-Age Technology in Anthropology Conference Proceedings, Second Edition. NASA Science and Technology Laboratory, Stennis Space Center, Mississippi, 1991.

[15]  Fischer P. M., Follin S. G., and Ulriksen P. *Subsurface Interface Radar Survey at Hala Sultan Tekke*[J]. Studies in Mediterranean Archaeology, 1980, 63: 48-51.

[16]  Goodman D. *Ground-penetrating Radar Simulation in Engineering and Archaeology*[J]. Geophysics, 1994, 59: 224-232.

[17]  Goodman D., Nishimura Y. *A Ground-Radar View of Japanese Burial Mounds*[J]. Antiquity, 1993, 67: 349-354.

[18]  Goodman D., Nishimura Y., and Rogers J. D. *GPR Time-Slices in Archaeological Prospection*[J]. Archaeological Prospection, 1995, 2: 85-89.

[19]  Goodman D., Nishimura Y., Uno R., and Yamamoto T.. *A Ground Radar Survey of Medieval Kiln Sites in Suzu City, Western Japan*[J]. Archaeometry, 1994, 36: 317-326.

[20]  Goodman D., Nishimura Y., et al. *Correcting for topography and the tilt of ground-penetrating radar antennae*[J]. Archaeological Prospection, 2006, 13, 157-161.

[21]  Imai T., Sakayama T., and Kanemori T. *Use of Ground-Probing Radar and Resistivity Surveys for Archaeological Investigations*. Geophysics, 1987, 52:137-150.

[22] Jol H. M. *Ground penetrating radar: theory and applications*[M], Elsevier Science, The Netherlands, 2009.

[23] Kenyon J. L. *Ground-Penetrating Radar and Its Application to a Historical Archaeological Site*[J]. Historical Archaeology, 1977, 11: 48-55.

[24] Sheets P. D. *The Ceren Site: A Prehistoric Village Buried by Bolcanic Ash in Central America*[M]. Harcourt Brace Jovanovich, Fort Worth, 1992.

[25] Stove G. C., and Addyman P. V. *Ground Probing Impulse Radar: An Experiment in Archaeological Remote Sensing at York*[J]. Antiquity, 1989, 63: 337-342.

[26] Trinks I., Johansson B., Gustafsson J., et al. *Efficient, large-scale archaeological prospection using a true three-dimensional ground-penetrating Radar Array system*[J]. Archaeol. Prospect., 2010, 17: 175-186.

[27] Vaughan C. J. *Ground-Penetrating Radar Surveys Used in Archaeological Investigations*[J]. Geophysics, 1986, 51: 595-604.

[28] Vickers R. S., Dolphin K. T., and Johnson D. *Archaeological Investigations at Chaco Canyon Using Subsurface Radar*[C]. In Remote Sensing Experiments in Cultural Resource Studies, edited by T.R. Lyons, pp. 81-101. Chaco Center, USDINPS and the University of New Mexico, Albuquerque, 1976.

# 第17章 极地与深空探测应用

极地和深空探测是探地雷达进行科学探索的主要内容，也是探地雷达发展的重要动力源泉。目前，探地雷达已成为极地科考和深空探测的重要手段，并且取得了大量成果。本章就这两个方面应用情况进行介绍，但由于篇幅限制，对极地航空雷达和轨道雷达的仪器不做详细介绍。

## 17.1 极地探地雷达应用

包括雪、冰川、冰盖和冰架、冰山和海冰、湖泊与河流冰以及永久冻土和季节性冻结地面在内的冻结部分，组成了地球系统的冰冻圈。极地地区包括世界海洋和冰冻圈的很大一部分：它们包含了相当于全球海洋 20%的表面区域、超过 90%的世界连续和不连续永久冻土、69%的世界冰川区域（包括世界上的冰盖、几乎所有的世界海冰和冬季积雪最持久的陆地区域）。作为地球系统的组成部分，极地地区通过共同的海洋、大气、生态和社会系统与世界其他地区相互作用，是全球气候系统的关键组成部分。

如图 17.1 所示，北极是被陆地包围的海洋，南极是被海洋包围的大陆。过去 20 年，北极地表气温的增长速度是全球平均水平的两倍多。地球上仅有的冰雪覆盖面积大于 5 万平方千米的大陆冰川是格陵兰冰盖和南极冰盖。冰盖质量变化和早期冰盖的演化是地球物理探测的主要目标。

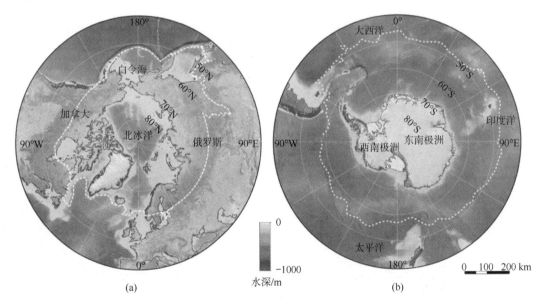

图 17.1 (a)北极地区地图；(b)南极地区地图（Meredith et al.，2019）

对雷达来说，冰和雪的电导率通常较低（小于 1mS/m），是一种非常好的电磁波传播介质。在冰盖区域开展的雷达调查中，根据不同探测尺度和频率的需求，探冰雷达（Ice Penetrating Radar，IPR）主要分为无线电回波测深（Radio-Echo Sounding，RES）雷达和探地雷达两种。探冰雷达技术的发展最早起源于 1933 年，当时美军发现利用雷达高度计在南极冰盖上空的读数不准时，由此发现电磁波在冰雪介质中衰减较小，具有良好的穿透性。1955 年开始，在冰川学中就开始利用雷达方法展开对南极冰盖厚度的探测。1957 年，Waite 等人在冰川学领域中首次利用雷达高度计探测到了西南极罗斯冰架的底部，由此产生了 RES 技术。50～150MHz 探地雷达的探测深度可达 3～4km，在山地冰川同样具有很好的探测深度。在近几十年来的极地冰盖调查中，具有高效、高分辨率、穿透能力强、低后勤保障要求等优点的探冰雷达技术是应用最广泛的一种地球物理探测方法，主要用于测量南极、格陵兰岛及其他山地冰川的冰厚度、冰下地形和冰内部层，进而用于估计冰下水的范围和冰内、冰底的热状态。

极地冰盖冰下地形的雷达探测是为了确定冰下基底位置，目的是限制冰下地形，进而确定冰盖厚度。冰盖几何形态的确定最初主要是为了评估冰盖冰体总量和对海平面贡献的潜力。现在，探冰雷达仍然是研究极地冰盖及其地下特性的主要方法。最明显的地下特征之一是冰床，因为冰下沉积物和/或岩石提供了一个高反射率的界面，在雷达回波中，即使是覆盖在最厚冰层上，也很容易分辨出来。

### 17.1.1　中国南极考察队获得高分辨率三维冰下地形

冰穹 A 是南极冰盖的最高点，海拔超过 4000m，具有地球上最低的年平均表面温度和最慢的表面冰流速（0.3m/年），被认为是研究南极冰盖早期演化和最有可能保存百万年以上冰层的地方。更高分辨率的冰厚度和基岩地形有助于更准确地估计深部冰芯的冰龄，甚至可以寻找新的冰芯钻探地点。过去在三个南极夏季，中国南极考察队对冰穹 A 区域［见图 17.2(a)］进行了地面雷达调查：一是 2004/05 年中国第 21 次南极科考队（CHINARE 21）利用峰值传输功率为 1kW、载波中心频率为 60MHz 和 179MHz 的地面双频探冰雷达系统，完成了花瓣状雷达路线调查；二是 2007/08 年中国第 24 次南极科考队（CHINARE 24）利用中心频率为 179MHz 的单频多极化雷达系统完成了 30km×30km 区域、5km 网格间距的三维网络雷达路线调查；三是 2012/13 年中国第 29 次南极科考队（CHINARE 29）利用中国自主研发的中心频率为 150MHz、峰值传输功率为 500W 的高分辨率深冰雷达系统完成了昆仑站周边 20km、线距 1.5km 的调查［现场调查路线位置如图 17.2(b)和(c)所示］。冰下地形如图 17.2(d)雷达剖面图像中箭头指示的冰岩界面所示。数据经过简单的去冗余道、时深转换后，将冰表面高程减去冰厚就得到冰下地形高程。最后利用 ArcGIS 中的ANUDEM 方法插值，建立研究区域冰盖厚度的三维分布结果，网络分辨率为 150m。精细的新冰下地形数字高程模型［见图 17.2(e)］揭示了冰穹 A 区域详细的冰下地貌，如深冰下槽及其分支、支流河谷、平坦宽阔的槽底、高地、山脊和山峰。新的冰厚数据也为寻找新的冰芯钻探地点起到了重要作用（Cui et al.，2015，2016）。

### 17.1.2　日本南极考察队获得高分辨率三维冰下地形

日本南极考察队（JARE）已在东南极高原冰穹 F 区域［见图 17.3(a)］钻取了两个冰芯，最大深度年龄分别为 340ka 和 720ka。第二个冰芯的深度为 3035.22m，冰底的温度达到熔点。从冰芯中获取关于过去和现在的气候以及预测未来气候变化的知识至关重要。而深冰芯选址需要有关冰盖冰下地形和内部冰层结构的详细信息。从 1984 年至 2019 年，JARE 已在冰穹 F 区域开展了超过30 年的地面雷达调查［见图 17.3(b)］，测线间距为 250～500m，能够帮助获得空间分辨率为 500m的新区域冰厚数据网络，可利用冰下条件来识别百万年古老冰是否存在及其分布情况（Tsutaki et al.，2021）。JARE 雷达调查使用峰值传输功率为 1kW 的非相干脉冲调制 VHF 雷达系统，天线为八木天线，中心频率为 179MHz、60MHz 和 30MHz 等，发射脉冲宽度为 60ns、250ns、500ns 和1000ns。JARE 通常选择更宽的脉冲进行冰层厚度测量，以便利用更高能量的电磁波检测目标冰床地形。冰岩界面［见图 17.3(c)中的红线］拾取由雷达底部反射界面回波峰值功率确定。数据处理采用简单的水平平滑滤波来提高信噪比，采用时深转换获得冰盖厚度。利用 GIS 软件中的克里金插值方法将冰厚数据插值到 500m 分辨率网格［见图 17.3(d)］。新的冰厚数据显示了冰下山谷和穹顶 F 区域以南高地的复杂地形。利用地形数据进一步分析表明，区域基岩山坡延伸出陡峭粗糙的冰岩界面，而山峰和冰下盆地则存在相对平坦的界面；水文分析意味着在冰下山谷和盆地中存在未知的冰下水流网络与冰下湖泊；新的冰厚图和冰下环境发现对确定最古老冰层钻探区的可能位置有很大的约束限制。

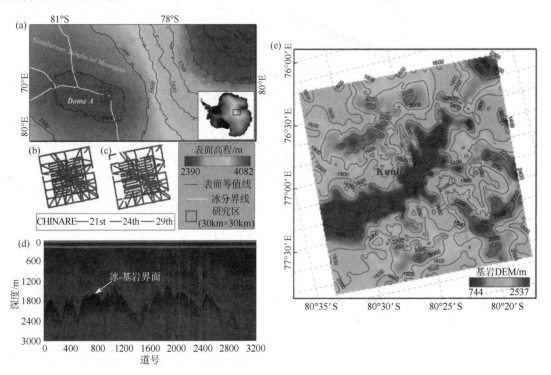

图 17.2　(a)南极冰穹 A 区域位置图；(b)雷达路线图 1；(c)雷达路线
图 2；(d)雷达剖面图；(e)新冰下地形数字高程模型图

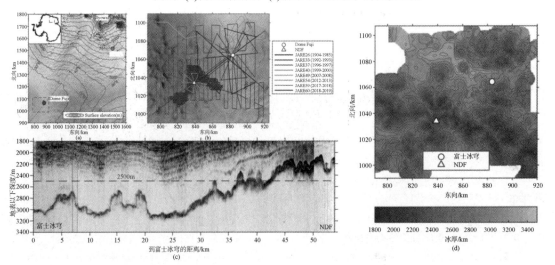

图 17.3　(a)南极高原冰穹 F 区域位置图；(b)雷达路线图；(c)雷达剖面图；(d)冰盖厚度数字高程模型图

### 17.1.3　机载雷达调查数据揭露格陵兰和南极冰盖冰下地形

　　如前两个局部区域雷达调查冰下地形的研究那样，探冰雷达自发明以来就在极地地区得到了广泛应用，且随着区域雷达调查数据的不断更新，格陵兰冰盖和南极冰盖的冰下地形数据集也在不断地被更新，如南极冰盖冰下地形数据库就从版本 1 更新到了版本 3。图 17.4 所示为利用最新冰下地形数据库绘制的极地冰盖冰下地形图（Morlighem et al.，2017，2020），表征了许多冰下山脉和深冰槽系统，揭示了冰盖冰下基底条件的空间变异性。通过对特定雷达剖面进行更详细的分析，许多研究人员还研究了区域基础特征，包括冰下沉积物、冰下地下水和冰下湖泊，这些区域的每个新发现都有助于提高对流动机制的理解。

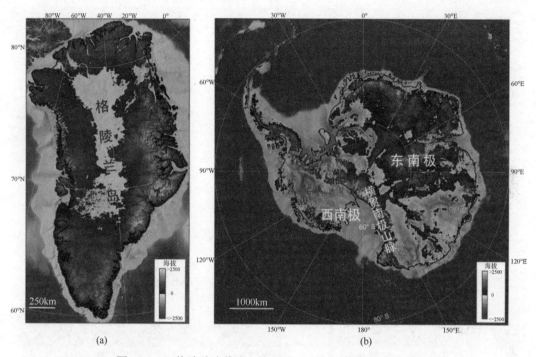

图 17.4　(a)格陵兰冰盖冰下地形图；(b)南极冰盖冰下地形图

## 17.2　极地内部冰层探测

除了冰下地形几何形态，冰盖内部反射层形态也是冰雷达探测非常重要的目标之一，它记录着冰盖流动过程和冰雪历史沉积过程，是非常重要的古气候记录档案。为此，国际南极科学研究委员会（SCAR）于 2018 年批准了一个南极冰盖等时冰层模型构建（AntArchitecture）行动小组。小组的目标是利用雷达探测成像的内部等时层和表面冰层，通过发展新技术开发一个覆盖整个大陆的年龄深度的南极冰层模型，以便用于确定南极冰盖在过去演化周期中的稳定性。

最原始的冰层是冰盖上游的主要内部特征，随着地表积雪被压实和掩埋，逐渐在冰盖内产生冰层。由于每个冰层都有独特的介电特性，探冰雷达能够探测并追踪到各个反射层，它们的形态可以揭示过去和现在的冰流信息。然而，这种类型的未受干扰的原始冰层只在缓慢移动的冰盖流动中发现，通常在积雪占主导地位的冰盖高地地区。中心频率为 150MHz 的突发脉冲和啁啾脉冲的两个探冰雷达系统的探测数据，经过合成孔径偏移处理，追踪到的东南极内陆最广泛的冰盖内部等时层（即相同年龄层）数据集如图 17.5 所示。这些反射层位的组合剖面长度超 40000km，连接了毛德皇后地（DML）、冰穹 F（DF）、塔洛斯巨蛋（Talos Dome）、冰穹 C、Vostok 和冰穹 A 等冰芯钻点或考察站点位置，是操作员花费数年手动追踪连续层的结果。每个等时层的相对厚度可用来推断过去的累积率或限制冰芯的层年龄。

图 17.6 所示为使用工作频率范围为 170～230MHz 的新型多通道高分辨率 VHF 雷达获取的东

南极冰穹C附近区域的雷达剖面等时层年龄-深度关系。该地面车载冰雷达系统有八个发射和接收通道，与八个单基地天线配对。数据处理包括相干叠加、脉冲压缩、运动补偿、相干通道结合、中值滤波和时深转换。研究利用等时层年龄-深度关系和冰流模型推导出小冰穹 C 区域位于约2525m深的 100 万年古老冰仍然保存完好，具有足够的分辨率（14±1ka/m）来解决 41ka 冰川周期的冰盖稳定性研究。

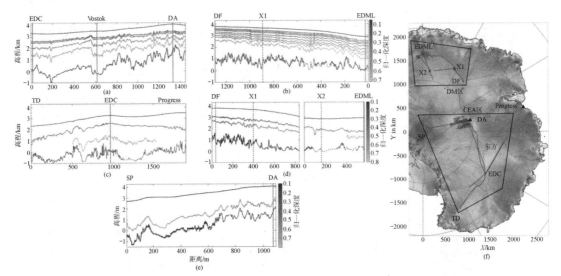

图 17.5　(a)~(e)利用冰芯与交叉点追踪的东南极内陆连续等时层高程图；(f)冰雷达探测路线图

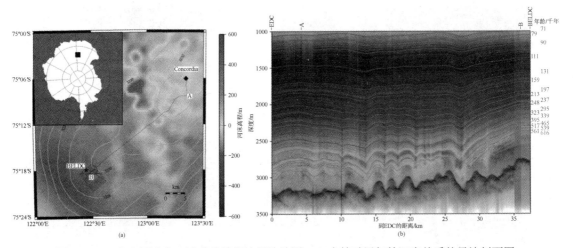

图 17.6　(a)东南极冰穹 C 冰芯选址探冰雷达地图；(b)含等时层年龄深度关系的雷达剖面图

在快速冰流区，由于冰流运动速度差异、会聚流和冰下障碍物周围的流动引起的冰应力梯度增加，冰层发生弯曲变形。变形后的不连续内部层的形态和空间分布还可用于推断过去和现在的冰流状态，有助于揭示整个格陵兰岛和南极洲冰流位置和速度的时间变化。采用中心频率为 150MHz、带宽为 12MHz 的机载探冰雷达系统，探测到西南极威德尔海扇区未变形、流动非常缓慢的冰下存在因以前的增强流动而变形的分层冰，其雷达剖面如图 17.7 所示。雷达剖面揭示了深处弯曲、破碎的不连续冰层和近冰表连续、平坦冰层之间的冰盖内部层形态分布的明显差异。详细分析发现，这些从弯曲层到平坦层的变化，可用冰盖动力学从快流到慢流的转变来解释。

图17.8所示为4ka～0.4ka前西南极威德尔海扇区冰盖流动路径变化示意图（Siegert et al.，2013）。

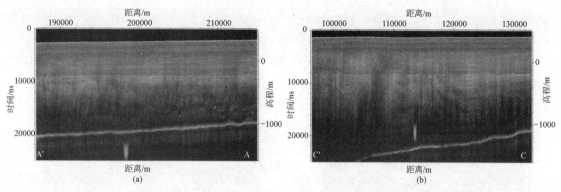

图 17.7　西南极威德尔海扇区弯曲未变形冰层上覆平坦冰层的探冰雷达剖面图

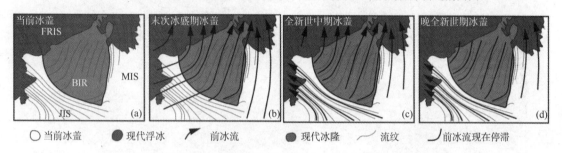

○ 当前冰盖　● 现代浮冰　↗ 前冰流　● 现代冰隆　⌒ 流纹　⌐ 前冰流现在停滞

图 17.8　西南极威德尔海扇区冰盖流动路径变化示意图：(a)当前冰盖；
(b)末次冰盛期冰盖；(c)全新世中期冰盖；(d)晚全新世期冰盖

## 17.3　极地冰底特征探测

### 17.3.1　冰底单元

冰底单元是指冰床界面附近明显不同的冰川内部结构，是被人们提出的一个新的广义概念，包括之前研究发现的复冻结冰。这些处于复杂冰底特征环境中的未知成分和起源的结构特征可为冰下过程和冰盖历史提供信息。然而，它们的形成机制目前仍不明确，可能涉及冰底堆积羽流、冰柱内流变对比和底部的可变活动条件等。

一种假设认为冰底单元与压力相关的冰点降低导致向上移动的融水结冰和增生，当融水重新冻结到冰盖底部时形成复冻结冰。图 17.9(a)和(b)所示分别为机载探冰雷达和车载地面探冰雷达在东南极冰穹 A 区域观测到的冰盖底部的明亮反射结构，振幅强于内部反射层但弱于冰岩界面，呈不同的冰包形态，被认为是冰底冻结的结果（Bell et al.，2011；Tang et al.，2015）。这种复冻结基底单元从冰盖下方冻结成一个连贯体，通过其结构或其他变质转变与上覆的冰分离。另一种可能的机制是分布西南极的冰川碎屑沉积物夹层，与典型的等时层相比，冰可能会在连续的层中堆积，发生高度变形或破裂。图 17.9(c)是由极化雷达机载科学仪器（PASIN）观测的冰底单元雷达图像及图像反射特征分类解释。原始雷达数据通过在将相邻脉冲叠加之前校正相邻脉冲之间的相位差的层优化 SAR 处理技术来防止相消干涉（Goldberg et al.，2020）。观测和建模研究都表明，即使是孤立堆积的冰底单元，也会显著改变周围冰柱的冰层，使冰芯难以解释；堆积的冰底单元还可通过融化和再冻结过程中的变形与软化来影响冰流（Bell et al.，2014）。因此，这些变形的冰底单位与基底动力学和冰盖稳定性密切相关。

### 17.3.2　冰下湖探测

冰下湖是古气候条件的记录档案，为微生物生命提供栖息地并调节冰流、基底水文、生物地球化学通量和地貌活动。冰下湖在地球物理调查中主要有两种表现形式：一是剖面中光滑、平坦和明亮的雷达反射区域（稳定冰下湖）；二是在重复高程观测中确定的局部高程变化点（活跃冰下湖），这些湖泊通常是在快速流动的冰川或增强的冰流支流中发现的。如图 17.10 所示，目前在全球共发现冰下湖 773 个，其中包括南极冰盖的 675 个、格陵兰冰盖的 64 个、德文冰帽下的 2 个、冰岛冰帽下的 6 个和山谷冰川的 26 个（Livingstone et al.，2022）。

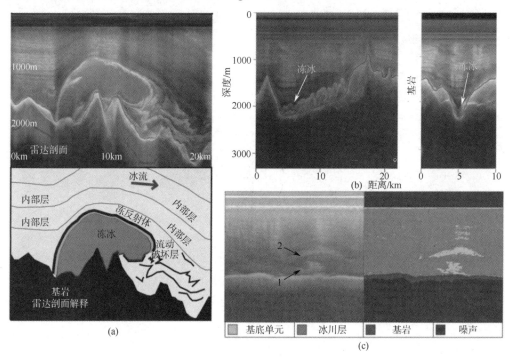

图 17.9　复杂冰底反射特征结构：(a)东南极冰穹 A 区域发现的复冻结冰雷达剖面及其解释（Bell et al.，2011）；(b)东南极内陆发现的复冻结冰雷达剖面（Tang et al.，2015）；(c)西南极冰盖底部发现的基底单元雷达剖面及其特征分类（Goldberg et al.，2020）

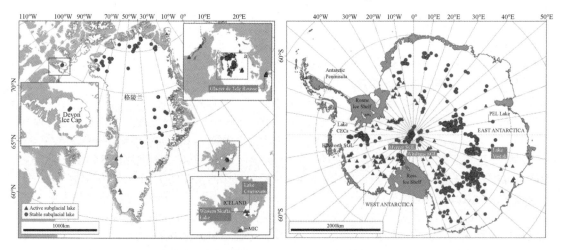

图 17.10　(a)北半球冰下湖位置图；(b)南极冰下湖位置图。红色圆圈代表稳定冰下湖，蓝色三角形代表活跃冰下湖（Livingstone et al.，2022）

图 17.11 所示为不同冰下湖的雷达剖面图。

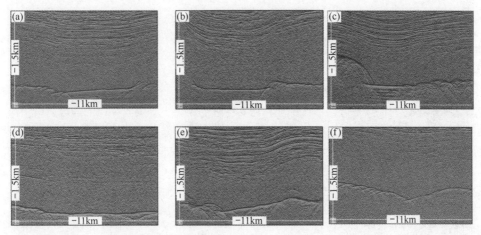

图 17.11　不同冰下湖的雷达剖面图（Siegert et al.，2005；Carter et al.，2007）

从图中可以看出，在冰雷达数据处理中，最明确的冰下湖泊如图 17.11(a)至(c)所示，具有比其他基底界面更高回波强度、更高平整度和光滑度的特点。然而，如图 17.11(d)至(f)所示，雷达图像观测中冰下湖的视觉判断较模糊，没有特别光滑的冰水界面（Carter et al.，2007）。因此，许多学者还利用冰下湖的其他固有特征（如高回波强度、低坡度和高平滑度）和回波散色特性（如镜面反射率、拖尾冰床回波、冰床相干指数和冰床回波反射率变异性等）来识别冰下湖和冰下排水系统（Livingstone et al.，2022）。冰下湖的多样性表明，其与上覆冰体的特征以及冰床的地形和材料有关。然而，由于目前地球物理探测数据有限，水文预测表明全球仍有数千个未被发现的冰下湖。高山冰川地区冰下湖的突然流失会对下游的人口构成威胁，为了更好地了解脆弱地区冰川下的储水和排水，以及气候变暖导致的风险如何变化，对冰下湖的识别和表征是当务之急。

### 17.3.3　冰川下地下水位探测

在格陵兰岛 Hiawatha 冰川下的撞击坑中，冰雷达探测发现了冰底下方约 10m 深处的异常平坦和明亮的表面，它被怀疑是冰下水位。基于 2016 年 5 月获得的多通道相干雷达探测仪数据集，研究人员设计了两个三层地质模型，以利用雷达回波的强度来检验这一假设。雷达系统由三个八元素阵列天线组成，在 10kHz 的脉冲重复频率下，工作频率为 150～520MHz。原始数据经过脉冲压缩和合成孔径处理后，数据的垂直（距离）分辨率为 0.5m，沿轨道（方位角）分辨率为 15m。图 17.12所示为冰雷达调查位置和雷达图像中冰下地下水位位置。假定的地下水位反射的峰值功率是使用手动选择的局部深度窗口来限制反射的。辐射分析表明，地下水位反射通常比上覆冰基层反射强10dB 以上，表明冰下存在水饱和物质，即地下水含水层（Bessette et al.，2021）。

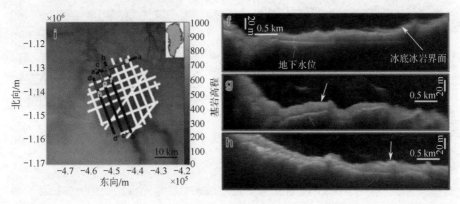

图 17.12　(a)冰雷达调查位置；(c)～(d)雷达图像中冰下地下水位位置（彩色箭头所示）

## 17.4 极地冰内结构探测

### 17.4.1 极地积雪

极地表面积雪的质量输入可用表面质量平衡来表示，这是研究不同气候条件下冰盖状态时最重要的参数。探地雷达的优点是可以在比钻孔和冰芯更远的距离上提供对冰盖的连续测量，当与其他测量相结合时，也可用来估计过去的冰盖表面物质平衡率。探冰雷达系统无法解析冰盖顶部数百米内的浅层内部反射层，可使用调频连续波（Frequency-Modulated Continuous Wave，FMCW）探冰雷达系统对极地表面积雪层进行探测。中国第 32 次南极科考队（CHINARE 32）利用 FMCW 系统对中山站至冰穹 A 内陆断面进行了地面调查，东南极 FMCW 调查路线位置图如图 17.13(a)所示。系统天线发射频率为 0.5～2GHz、变化周期为 4ms 的电磁波。随着深度的增加，反射信号的强度由于复介电常数随深度的增大而变化。复介电常数的实部主要受密度变化的影响，虚部主要受电导率和介电各向异性的影响。冰盖浅部积雪（雪粒）密度随着冰柱深度的增大而增加，直到稳定为 $830kg/m^3$，对复介电常数的影响最大。如图 17.13(b)所示，雷达剖面显示了垂直堆叠的多个内部反射层，呈现出清晰的分层结构。由于地表坡度、高程、风向、风速等因素的影响，表面物质平衡变异性会影响沿走向的同一反射层的深度。图 17.13(c)和(d)分别显示了不整合接触的不连续反射层和强烈倾斜内部反射层结构。这种反射层几何形状可能是由局部冰流使得多个内部层重叠并与雪混合导致雷达反射失真引起的。此外，地表雪的融化也会导致内部反射层消失（Guo et al.，2020）。

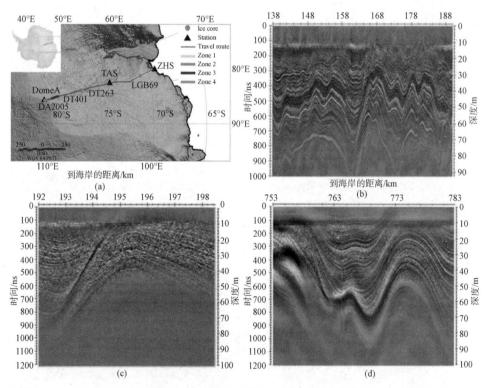

图 17.13　(a)东南极 FMCW 调查路线位置图；(b)雷达剖面 1；(c)雷达剖面 2；(d)雷达剖面 3

### 17.4.2 蓝冰

覆盖南极冰盖 12 万平方千米的蓝冰区是"水平取芯"收集"冰序列"气候记录的最佳场所，较垂直取芯具有非常大的后勤优势。蓝冰区被定义为具有相对较低地表反照率的裸露冰区域，通常在山脉的背风区形成，其中向上的冰流围绕山脉和/或流入山峰以补偿地表消融（类似于侵蚀引起的山区基岩隆起），使得更深、更老的冰向其暴露的表面上升，通常呈波纹状蓝色冰面。

利用探地雷达调查西南极爱国者丘陵蓝冰区，以确定冰流和/或积累的历史变化。2013 年，使用 200MHz 的脉冲 EKKO 1000 探地雷达系统以剖面法采集模式在蓝冰区中央获得了 800m 长的剖面（AA'），时窗为 7000ns，测量间隔为 0.1m，共极化天线垂直于测线方向。2014 年使用共偏移测量方式从蓝冰区边缘向马蹄谷延伸，得到大小约为 7km×9km 和 1km×1.5km 的测线网格，如图 17.14 所示。

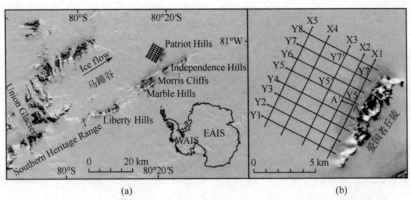

图 17.14　(a)西南极马蹄谷冰盖爱国者丘陵位置图；(b)探地雷达测线图

使用软件 Reflexw 对数据进行常规处理，包括零时刻校正、背景去除、高通滤波、带通滤波、绕射叠加偏移、能量衰减增益和时深转换（电磁波在冰中的传播速度取为 0.168m/ns，该速度会低估远离蓝冰区的冰层深度）。图 17.15 所示为探地雷达剖面及拾取的明显反射层。

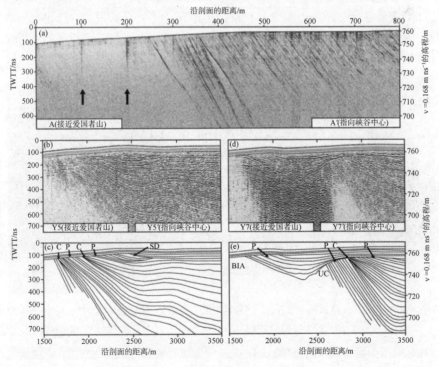

图 17.15　(a)探地雷达剖面 1，(b)探地雷达剖面 2；(c)从剖面 2 拾取的明显反射层；
(d)探地雷达剖面 3；(e)从剖面 3 拾取的明显反射层

由雷达剖面可以看出，雷达反射强度随着深度的增加和降低，限制了对深部冰层的分析。在剖面最上部 50m，连续且一致陡峭的倾等时线（同相轴）占主导。也就是说，内部反射层从冰柱下部向上相交于蓝冰区表面，发散的反射层表明等时线倾角发生显著变化。雷达网格测线显示了雪粒区的各种内部结构特征，包括被截断的雪粒层、进积层理序列、表面整合层、不整合面，以及表现出汇聚趋势的雪粒层和表面积雪。蓝冰区相互平行的内部层倾角发生的微小变化，预计是由不同的积雪、埋藏和随后的冰流随着时间的推移而发生的，而倾角的显著变化代表更大规模的变化。这些不连续性与氘同位素记录的当地气候的突然变化相关，因此代表了原本基本上不间断的 3 万年气候记录的中断。考虑到雷达剖面中的不整合结构，层断裂可能是由如下两种机制之一形成的：①冰流线轨迹的变化；②地形、积雪和风的局部相互作用。

因此蓝冰区探地雷达观测到的连续和不连续的倾斜等时层数据集不仅可以与氘同位素衍生的晚更新世/早全新世气候记录进行比较，以帮助气候记录解释；而且冰层连续性特征可与冰流模式相关联用于研究 Horseshoe Vally 冰盖流动的历史和演变研究（Winter et al.，2016）。另外，蓝冰区也提供了非常直接的横向冰芯的气候记录。

### 17.4.3　冰裂隙

冰盖中的冰裂隙是由冰运动产生的局部剪切和拉伸应力导致的垂直裂缝，它不仅可能分布在表面雪粒层（超过一年的积雪），而且可能分布在大气冰和海冰深处。冰盖下隐藏的冰裂隙，会使得极地地面调查非常危险。如图 17.16 所示，理想的冰裂隙呈倒楔形，底部逐渐变细至零宽度。由于冰墙的消融和硬化、冰流造成的不均匀变形、雪或融水的部分填充或从墙壁迁出的冰透镜体，楔形的几何形状会随着年龄的增长而变得不规则。因为机载雷达探测网络测线控制不佳以及飞行速度和高度会导致分辨率下降，且雪桥厚度可薄至 0.3m，所以探地雷达具有准确探测冰盖下裂隙的优势。探地雷达图像中的冰裂隙通常具有雪桥、绕射和空隙三个特征：①强双曲线绕射造成可变雪密度层产生的平滑起伏反射层中断；②明显的垂直柱或楔形，具有持续低幅度的回波，因为冰层中的空隙阻止了反射回波；③空白柱上方有一层薄薄的雪粒层（一年以上的雪），代表了空隙上方的雪桥（Williams et al.，2014）。

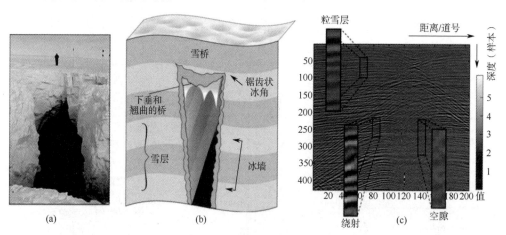

图 17.16　(a)具有约 8m 厚雪桥和 12m 宽冰裂隙的照片（Arcone et al.，2016）；(b)冰裂隙横截面示意图；(c)雷达图像中裂隙的三种特征：雪粒层、绕射和空隙（Williams et al.，2014）

在南极麦克默多剪切带，利用由 400MHz 天线和地球物理调查系统 SIR30 的 32 位双通道控制单元组成的探地雷达系统，得到了简单的冰裂隙雷达剖面，如图 17.17 所示。图 17.17(a)和(c)为索引灰度强度图，揭示了许多相对较弱的绕射波；图 17.17(b)和(d)分别是对应于图 17.17(a)和(c)的线性彩色强度图，它未显示较弱的双曲线，因此更好地揭示了裂缝图像。图 17.17(a)和(b)中裂隙的最大宽度约为 2m，雪桥的厚度为 2m，图 17.17(c)和(d)中裂隙的宽度约为 1m，雪桥的厚度约为 1m。

## 17.5 月球探地雷达应用

目前，多项任务携带探地雷达对地外星球的表面进行了探测，其中三项针对月球的任务使用的探地雷达如下：嫦娥三号任务使用探月雷达（Lunar Penetrating Radar，LPR），嫦娥四号任务使用探月雷达（LPR），嫦娥五号任务使用月壤探测雷达（Lunar Regolith Penetrating Radar，LRPR）。探地雷达技术在月球与行星探测中的应用，始于中国嫦娥三号月球探测任务。探月雷达，作为嫦娥三号和嫦娥四号任务最重要的载荷之一，被搭载在月球巡视器上对月下结构进行探测。与嫦娥三号和嫦娥四号的探月雷达不同，嫦娥五号的月壤探测雷达装备在着陆器上，采用阵列天线，在原地进行探测。

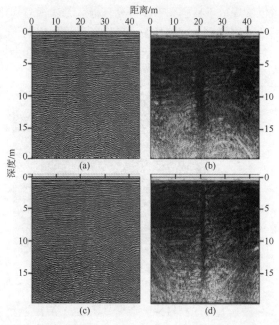

图 17.17 简单的冰裂隙雷达剖面（Arcone et al., 2016）

### 17.5.1 嫦娥三号探月雷达

2013 年 12 月 2 日，嫦娥三号在中国西昌卫星发射中心成功发射，成为我国第一个实现月球软着陆的登月探测器。2013 年 12 月 14 日，嫦娥三号在雨海西北部（19.51°W，44.12°N）成功着陆，标志着人类自 20 世纪 80 年代后人造航天器首次返回月球表面。此前，两个轨道探测器嫦娥一号和嫦娥二号作为中国月球探测计划（CLEP）第一阶段的一部分，分别于 2007 年和 2010 年成功发射。嫦娥三号和嫦娥四号任务作为中国月球探测计划的第二阶段，分别于 2013 年和 2018 年成功发射，在月球表面实现探测。嫦娥五号任务作为中国月球探测计划的第三阶段，于 2020 年成功发射，实现样品返回。图 17.18 所示为嫦娥三号、嫦娥四号和嫦娥五号着陆地点示意图。

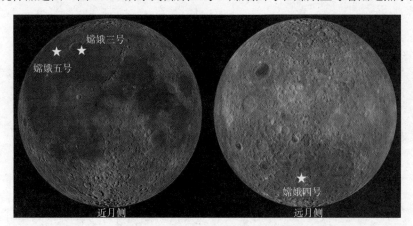

图 17.18 嫦娥三号、嫦娥四号和嫦娥五号着陆地点示意图

探月雷达作为嫦娥三号任务最重要的探测仪器之一（见图 17.19），其目的是探测着落区的地下结构：①探测月球月壤的厚度和结构；②探测浅层月壳的地质构造。根据探月雷达测量的数据，

可以实现以下科学和工程研究目标：①获得巡视路线上月壤层的厚度分布，为反演月壤和浅层岩石的电磁参数及估算月壤层矿产资源提供依据；②更好地了解月球地形特征与地质构造的关系，为月球地形形态和地质研究提供科学依据；③为详细研究月球的形成和演变提供科学依据；④为未来确定月球基地的位置提供必要的科学依据。

 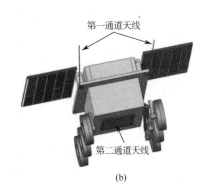

(a)　　　　　　　　　　　　　　　　(b)

图 17.19　嫦娥三号任务的玉兔号月球车及探月雷达天线位置示意图

为了实现探测目标，在探月雷达系统中设计了两个通道。通道 1（CH-1）工作的中心频率为 60MHz，工作频段为 40～80MHz，深度分辨率小于 10m。通道 1 主要用于探测巡视路径下浅月壳的地质结构。通道 2（CH-2）工作的中心频率为 500MHz，工作频段为 250～750MHz，深度分辨率小于 30cm。通道 2 用于探测巡视区域月壤层的厚度和结构。探月雷达通道 1 和通道 2 的主要技术参数如表 17.1 所示。

表 17.1　探月雷达通道 1 和通道 2 的主要技术参数

| 参　　　数 | 通道 1 | 通道 2 |
| --- | --- | --- |
| 天线类型 | 偶极天线 | 领结天线 |
| 天线中心频率（MHz） | 60 | 500 |
| 天线带宽（MHz） | 41 | 500 |
| 天线电压驻波比 | ≤3 | ≤1.8 |
| 发射脉冲振幅（V） | 1000（5%偏差） | 400（5%偏差） |
| 发射脉冲重复频率（kHz） | 0.5，1，2 | 5，10，20 |
| 发射脉冲上升时间（ns） | ≤2 | ≤1 |
| 接收器带宽（MHz） | 10.193 | 10.136 |
| 接收器采样频率（MHz） | 400 | 3200 |
| 接收器动态范围（dB） | 103.3 | 96.7 |
| 系统增益（dB） | 152 | 133.3 |
| 标准数据速率（bps） | 6.94k | |
| 总质量（kg） | ≤5.5 | |
| 功率（W） | 9.8 | |
| 探测深度（m） | ≥100 | ≥30 |
| 垂向分辨率（m） | ≤10 | ≤0.3 |

嫦娥三号的玉兔号月球车携带探月雷达对地下地质结构进行了探测，共在月表上行走了 114.8m 的距离（见图 17.20）。

结合月壤的形成机制和研究区域的地质构造，对探月雷达 CH-2 数据进行了分层解释。陨石撞击玄武岩覆盖层后形成月壤。随着月壤的增厚，小型陨石无法破碎月壤较深的部分，导致不同深度月壤的粒径和岩石碎块的大小有所不同。根据岩石碎块的数量，将月壤分为风化程度不同的两层（见图 17.21 中的 I 和 II）。"风化"主要是指撞击月球表面的陨石的机械作用，以及太阳和宇宙粒子的影响。

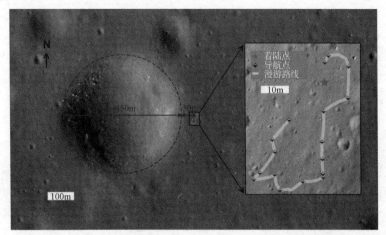

图 17.20  嫦娥三号着陆点附近的撞击坑及月球车的行走路线（图像由 LROC 拍摄）

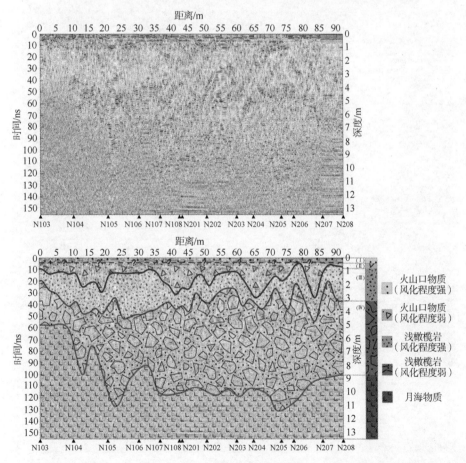

图 17.21  (a)嫦娥三号探月雷达 CH-2 数据；(b)嫦娥三号探月雷达 CH-2 数据解释结果，其中月壤可分为四层：风化程度较强的撞击坑溅射物（I），风化程度较弱的撞击坑溅射物（II），风化程度较强的古月壤（III）和风化程度较弱的古月壤（IV）。之下为基岩玄武岩层（V）

名为嫦娥三号的撞击坑（见图 17.20）距离着陆点约 50m。撞击坑的溅射物覆盖了着陆区域。与月壤的分层一样，溅射覆盖物经过很长一段时间（约 5000 万年）后，也可分为风化程度不同的两层（见图 17.21 中的 III 和 IV）。

CH-1 数据（见图 17.22）显示，着陆区上层月壤之下是爱拉托逊纪玄武岩层，厚约 35m（见图 17.22 中的 d 层），在 35m 和 50m 深度的两个同相轴之间的层位（见图 17.22 中的 e 层）是雨海纪的熔岩流（大于 3.3Ga）。在 50m 和 140m 之间的较深层可能代表了最新的雨海玄武岩（见图 17.22 中的 f 层）。更深处的同相轴解释存在一些争议。总之，探月雷达 CH-1 揭示了着陆区的多次火山碎屑/熔岩填充事件。

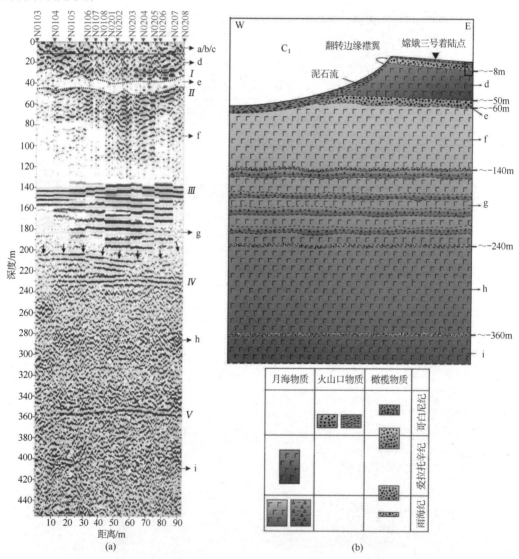

图 17.22　(a)嫦娥三号探月雷达 CH-1 数据；(b)数据解释结果

## 17.5.2　嫦娥四号探月雷达

2019 年 1 月 3 日，嫦娥四号成功着陆在南极-艾特肯盆地的冯·卡门撞击坑中。作为世界上首个在月球背面软着陆并实现巡视探测的航天器，其主要任务是着陆月球背面表面，继续更深层次地探测月球背面地质、资源等方面的信息，完善月球的档案资料。

装备在嫦娥四号玉兔二号月球车上的探月雷达（见图17.23）与嫦娥三号探月雷达一样，可以高分辨率地探测月球背面次表层地质结构与月壤厚度，能够实现月下透视，提供地下层位与结构剖面。作为嫦娥三号的备份星，嫦娥四号探月雷达与嫦娥三号探月雷达是一致的。所不同的是，与嫦娥三号探月雷达相比，嫦娥四号探月雷达除了在探测区域上实现了突破，还实现了探月雷达的长周期探测。到目前为止，随着玉兔二号巡视器在冯卡门撞击坑中的持续巡视，探月雷达仍在持续不断地采集数据。

图 17.23　嫦娥四号任务的玉兔二号月球车

　　2019年1月至2020年7月，搭载探月雷达的玉兔二号月球车在前20个月昼里行驶了近500m的距离，如图17.24所示。

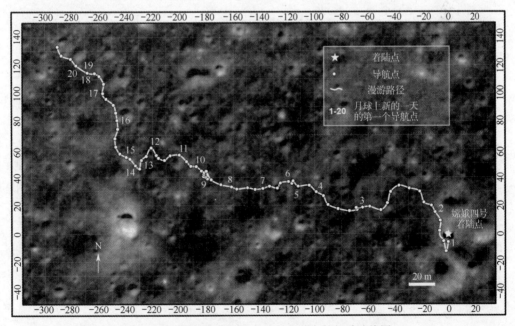

图 17.24　嫦娥四号的玉兔二号月球车的行驶路线图

　　针对CH-2数据［见图17.25(a)］，基于目前对嫦娥四号着陆区冯·卡门撞击坑演化的认识，辅以新的数据和解释，得到了近表层结构模型［见图17.25 (b)］。

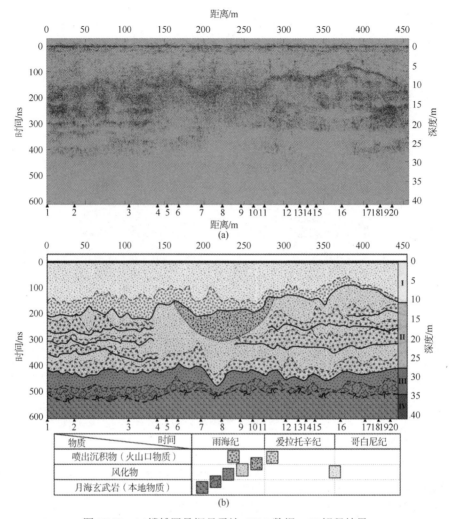

图 17.25　(a)嫦娥四号探月雷达 CH-2 数据；(b)解释结果

（1）表层的月壤层。从平静的爱拉托逊纪到哥白尼纪，地表物质已通过陨石撞击和各种其他空间风化作用形成了月壤层。

（2）撞击坑溅射物层。在雨海纪末期和爱拉托逊纪初期，冯·卡门撞击坑内外的溅射物在着陆区的玄武岩基岩上方形成了层状沉积层。在每次溅射物覆盖的间隔期间，暴露在表面的物质受到机械风化作用，导致石块的大小和频率分布降低。通过这种机制，溅射物沉积层会导致两个亚地层结构，上部亚层主要由含有少量分散岩块的细颗粒物质组成，而下部亚层更不均一。

（3）古月壤层。该层是在当时暴露的玄武岩表面上发育的，随后被撞击溅射物覆盖。古月壤层也可分为两个亚地层结构，每个亚地层结构都具有不同的粒度和岩块分布。

（4）玄武基岩层。从最深的信号中没有检测到明显的反射，表明该深度的材料相对均匀。因此，该层可能代表玄武岩基岩，撞击坑地貌证据也表明了这种可能性。另一种可能性是，在这样的深度存在角砾岩/断裂玄武岩，但因超出雷达探测极限而未产生清晰的反射。

　　基于嫦娥四号 CH-1 雷达数据和冯·卡门撞击坑地质事件，对着陆点的深层地质结构进行了分析。图 17.26 显示了着陆区推断的地层结构，表 17.2 说明了各地质单元的组成、类型和厚度。

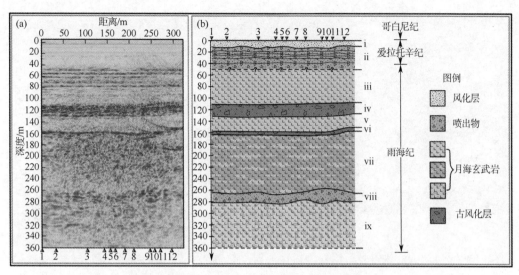

图 17.26　嫦娥四号探月雷达 CH-1 的数据和解释结果

表 17.2　各地质单元的组成、类型和厚度

| 编　号 | 名　称 | 厚度和位置 | 层位描述 |
|---|---|---|---|
| i | 月壤层 | 12m<br>（0～12m） | 地表物质在爱拉托逊纪和哥白尼纪发生不同大小陨石物质的碰撞。随着时间的流逝，这些碰撞使表面材料形成了称为"月壤层"的细粒度层 |
| ii | 溅射物和本地物质的交替层 | 38m<br>（12～50m） | 冯·卡门撞击坑附近的一些撞击坑形成于雨海纪末和爱拉托逊纪初 |
| iii | 玄武岩 | 60m<br>（50～110m） | 在雨海纪，玄武岩淹没冯·卡门撞击坑底部。该层是最年轻的玄武岩层，是富含 HCP 的玄武岩 |
| iv | 古月壤层 | 20m<br>（110～130m） | 具有与月壤层相同的机制。在两个玄武岩覆盖之间的时期，陨石撞击使当地物质形成了古月壤层 |
| v | 玄武岩 | 28m<br>（130～158m） | 该层为玄武岩，与单元 iii 相似 |
| vi | 古月壤层 | 5m<br>（158～163m） | 该层为古月壤层单元，与单元 iv 相似 |
| vii | 玄武岩 | 200m<br>（163～263m） | 该层是与单元 iii 和 v 不同的玄武岩单元，可能是有多个熔岩流的夹层 |
| viii | 奥尔德撞击坑的喷出物 | 17m<br>（263～280m） | 根据深度和厚度，该层很可能是由奥尔德撞击坑的溅射物形成的 |
| ix | 玄武岩 | 80m<br>（280～360m） | 该层是玄武岩单元。与单元 iii、v、vii 不同，该层可能含有大量火山碎屑岩 |

## 17.5.3　嫦娥五号探月雷达

嫦娥五号是中国首个实施无人月面取样并返回的月球探测器，2020 年 11 月 24 日，嫦娥五号探测器成功发射升空并进入预定轨道。12 月 1 日，嫦娥五号在月球正面预选着陆区着陆。12 月 17 日凌晨，嫦娥五号返回器携带月球样品着陆地球。嫦娥五号探测器配置了降落相机、全景相机、月球矿物光谱分析仪和月壤探测雷达。

与嫦娥三号和嫦娥四号的探月雷达不同，嫦娥四号的探月雷达装备在着陆器上，月壤探测雷达必须在原地工作。为了解决静止探测问题，月壤探测雷达采用阵列天线，每个天线都可用作发射或接收天线。月壤探测雷达共使用了 12 个天线，分三组分布在取样装置周围，如图 17.27 所示。

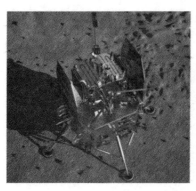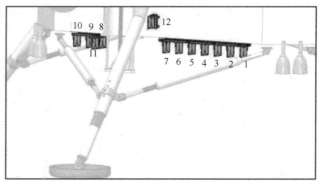

图 17.27　嫦娥五号月壤探测雷达

图 17.28(a)所示为嫦娥五号月壤探测雷达数据；图 17.28(b)所示为经基尔霍夫偏移处理后的结果；图 17.28(c)所示为经脊线检测后中心频率处的时频切片，其中的黑色虚线表示钻孔位置，红色虚线表示钻孔时遇到的障碍物深度（约 0.75m）。

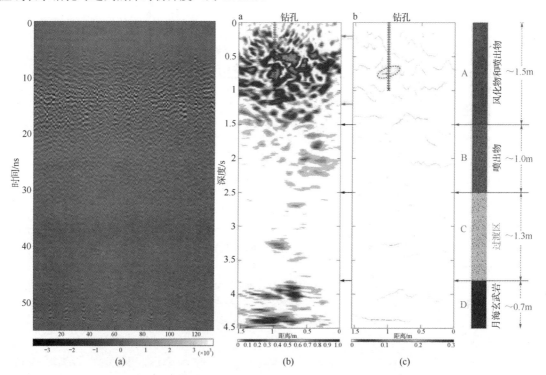

图 17.28　(a)嫦娥五号月壤探测雷达数据；(b)偏移处理后的结果；
(c)中心频率处的时频切片（Su et al.，2022）

嫦娥五号着陆点的地层学分析结果表明，尽管月壤中包含一些外来溅射物，但着陆点的实际沉积物仍以本地质为主。嫦娥五号着陆点的地下构造根据反射的幅度/能量分布可分为四个地层单元：强反射单元、亚强反射单元、弱反射单元和微反射单元（从单元 A 到 D）。图 17.28(c)中脊线的长度和倾斜方向反映了碎屑岩的大小和排列方式，表明单元 A 和 C 主要由无序的碎屑岩组成。单元 B 和 C 的碎石数量随着埋深的增大而减少。随着深度的进一步增大，单元 D 中的岩石尺寸要大得多，反射面也更平坦。底部单元 D 的厚度超过 1m，内部有细微反射，表明该层的成分比较均匀。因此，单元 D 可以是玄武岩基岩。嫦娥五号任务的钻孔过程表明,月壤雷达数据是可靠的,可以揭示月球风化层的地下结构。图 17.28(b)揭示的强反射位置与基尔霍夫偏移结果和检测结果［见图 17.28(c)］高度吻合。

## 17.6 火星探地雷达

携带探地雷达的火星探测任务到目前为止有两项:携带地下探测雷达成像仪(Radar Imager for Mars' Subsurface Experiment,RIMFAX)的毅力者号任务;携带火星车地下穿透雷达(Rover Penetrating Radar,RoPeR)的天问一号任务。

### 17.6.1 毅力者号 RIMFAX

毅力者号着陆在火星的 Jezero 撞击坑中(见图 17.29),这是一个直径约为 45km 的撞击坑,位于 Isidis 盆地西北缘的 Nili Fossae 地区。

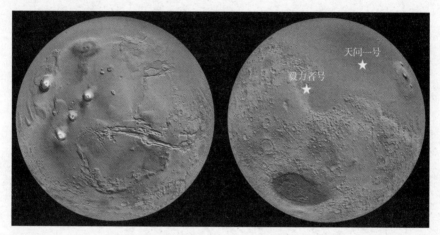

图 17.29 毅力者号和天问一号着陆点示意图

利用 RIMFAX,毅力者号可揭示隐藏的地质信息,帮助科学家找到火星历史演化环境的相关线索,尤其是那些可能为生命存活提供了必要条件的线索。RIMFAX 的主频为 650MHz,频带范围为 150~1200MHz。毅力者号火星车探测仪器示意图如图 17.30 所示。

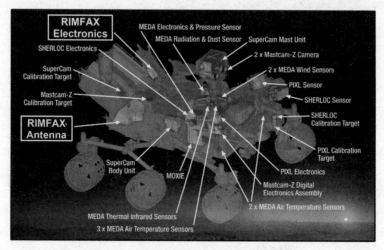

图 17.30 毅力者号火星车探测仪器示意图

如图 17.31 所示，RIMFAX 从 2021 年 2 月 18 日的着陆位置（Sol 0）开始到 2021 年 9 月 19 日（Sol 204）采集了连续的雷达图像。巡视器围绕 Jezero 火山口底部的 Séitah 构造特征行进，然后向东穿过 Sol 201 的 Artuby Ridge 并进入 Séitah 地层。

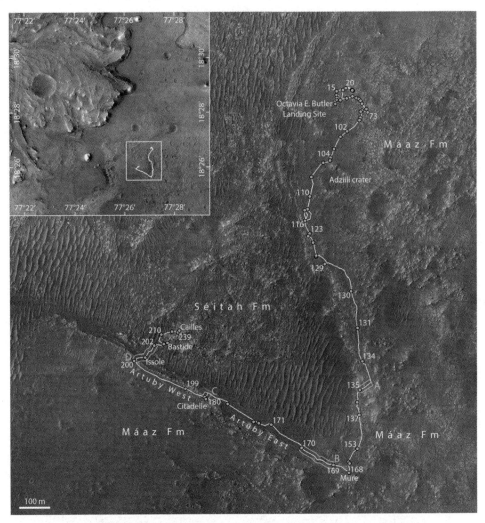

图 17.31  从 Sol 0 到 Sol 204 的毅力者号的路径图。路径段 A 到 D（蓝色框）
路径通常垂直于 Séitah 的边界，且观测到了反射同相轴

图 17.32 显示了从 Sol 86 到 Sol 204 的雷达剖面。在 Sol 204 之后，漫游车随后在 Séitah 内向东移动了约 160m，在 Brac 采集样本，然后向西返回 Artuby Ridge，在 Issole 采集样本。

RIMFAX 雷达剖面揭示了火星车路径上普遍存在的地下分层（见图 17.33 和图 17.34）。探地雷达的层反射是由不到 10cm 尺度上的介电特性差异引起的。由于火星温度低，预计不存在间隙液态水，反射主要归因于地下密度/孔隙率的变化。在从 Sol 113 至 Sol 127、从 Sol 178 至 Sol 201 和从 Sol 278 至 Sol 280 期间，RIMFAX 检测到较厚的近地表层，该层的雷达反射率低于内部的平均雷达反射率。这些低反射区域表明相对不存在明显的内部散射。整个地下分层结构似乎是在平行于 Séitah 边界的 Máaz 地层中保持水的。然而，当火星车路径在 Sols 135、169、170 和 178 期间变得更垂直于 Séitah 的边界时，分层结构的倾角可高达 15°。这些远离 Séitah 东部和南部边界的向下倾斜层的配置表明，Séitah 地层位于火星车采样的 Máaz 地层之下。

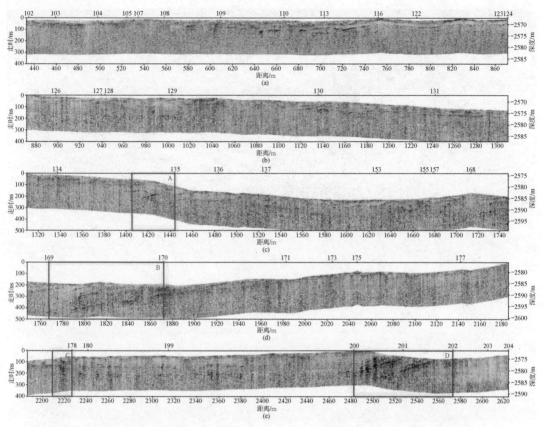

图 17.32　RIMFAX 雷达剖面：(a)从 Sol 102 到 Sol 124；(b)从 Sol 126 到 Sol 131；(c)从 Sol
134 到 Sol 168；(d)从 Sol 169 到 Sol 177；(e)从 Sol 178 到 Sol 204

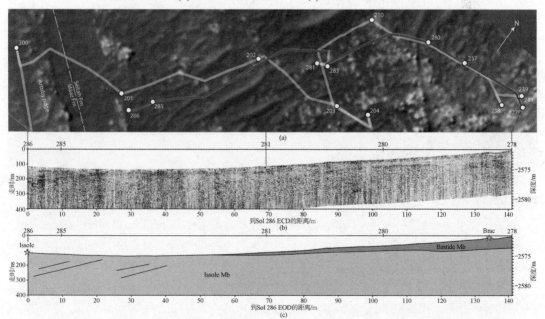

图 17.33　从 Sol 278 到 Sol 286 获取的 RIMFAX 雷达图：(a)毅力者号火星车在 Issole 和 Brac
之间穿过 Séitah 的 HiRISE 图像；(b)从 Sol 278 到 Sol 286 在 Brac 和 Issole 之间
横穿的 RIMFAX 数据；(c)Brac-Issole 之间雷达图像的解释图

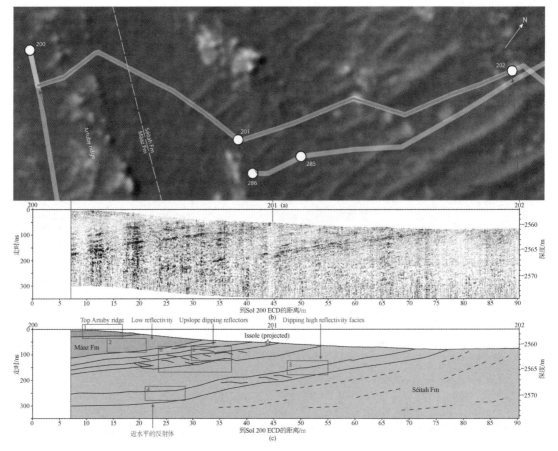

图 17.34　从 Sol 201 到 Sol 202 获得的 RIMFAX 雷达图：(a)从 Sol 200 到 Sol
202 路径的 HiRISE 图像；(b)RIMFAX 图像；(c)解释剖面

　　火星车向东北垂直穿过 Artuby Ridge 进入 Séitah，通过包括雷达图像在内的证据。在 Sol 201
和 Sol 202 之间，观察到一个长 80m 的构造，其引起的倾斜反射同相轴从表面延伸到约 15m 的深
度。这些结构与 Artuby Ridge 平行于地表的抗侵蚀岩石露头有关。沿 Brac-Issole 采集的雷达图像
显示，与 Artuby 山脊相关的大倾角反射同相轴以东没有明显的分层结构。而 Jezero 陨石坑底部的
埋藏结构可能与火成岩活动的历史和多次水事件的历史有关。

### 17.6.2　天问一号 RoPeR

　　2021 年 5 月 15 日，搭载祝融号火星车的天问一号火星探测器降落在乌托邦平原，任务是调
查地表成分、风化层特征、水冰分布、磁场和地表环境。

　　祝融号火星车上配备了 6 台科学仪器，包括具有双频通道（CH1：35～75MHz；CH2：0.45～
2.15GHz）的 RoPeR（见图 17.35），RoPeR 是火星上第一个通过两个不同频率探测近地下结构的
多极化雷达。

　　祝融号火星车成功着陆在火星北部的乌托邦平原后，火星车上的探地雷达随即对着陆区域的
地下结构展开探测。中国科学院地质与地球物理研究所联合国家空间科学中心和北京大学等科研
团队对祝融号火星车前 113 个火星日的低频雷达数据开展研究，揭示了地下两套"沉积颗粒向下
逐渐变粗"的沉积层序，表明着陆区古代可能发生了多期次的洪水沉积事件；在 80m 深度范围内
未发现岩浆活动和液态水、卤水存在的证据，但不排除盐冰存在的可能性。

图 17.36 所示为天问一号任务着陆点及祝融号火星车路径图。

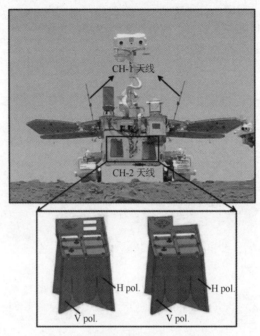

图 17.35　祝融号火星车上的 RoPeR

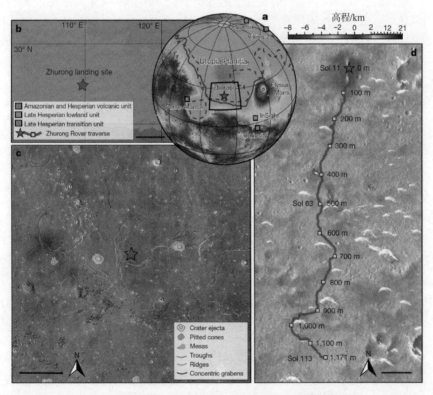

图 17.36　天问一号任务着陆点及祝融号火星车路径图

低频雷达数据展示了 10～80m 深度范围内的高精度地下反射剖面 [见图 17.37]，表明存在分层结构：第一层的厚度小于 10m，平均介电常数为 3～4，被解译为火星土壤层。第二层的深度为

10～30m，通过雷达信号数值模拟验证，该层的反射特征来源于大量石块，其尺寸随深度的增加逐渐增大，反射能量随深度的增大逐渐增强，平均介电常数为4～6。第三层的深度为30～80m，同样具有由弱到强的反射模式变化特征，但具有更强的反射和更高的平均介电常数值（6～7），表明第三层的石块尺寸更大且分布更杂乱。

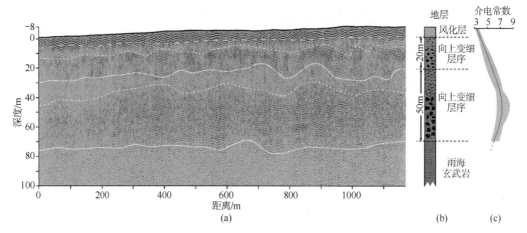

图 17.37　天问一号 RoPeR 通过一雷达数据显示地下多层序列

根据雷达信号特征和反演的介电常数进行地质解译后，认为巡视区在晚西方纪至早亚马逊纪可能发生了灾难性洪水事件，形成了向上变细的沉积序列（第三层）；之后在亚马逊纪经历了短暂洪水、长期风化或重复撞击作用导致的火表改造事件，产生了由小石块堆叠构成的向上变细的地层序列（第二层）。此外，雷达图中各层之间的平滑过渡和估算的地下介电常数表明，在祝融号火星车着陆区地下 80m 内未发现玄武岩厚层。

# 习　题

**17.1**　请介绍月壤和火星表层介质电性参数，说明其是否适合探地雷达测量。

**17.2**　请介绍嫦娥三号、四号、五号探月雷达系统的特点。

**17.3**　简述毅力号和天门一号雷达参数及探测的成果。

**17.4**　介绍火星水冰探地雷达异常的特点。

# 参考文献

[1]　Fang G, Zhou B, Ji Y, et al. *Lunar penetrating radar onboard the Chang'E-3 mission*[J]. Research in Astronomy and Astrophysics, 2014, 14(12):1607-1622.

[2]　Feng J.Q., Su Y., et al. *An imaging method for Chang'E-5 Lunar Regolith Penetrating Radar*[J]. Planetary and Space Science, Volume 167, 2019, Pages 9-16.

[3]　Li C., Liu J., Ren X., et al. *The Chang'e 3 Mission Overview*[J]. Space Science Reviews, 2015, 190(1-4):85-101.

[4]　Heiken G., Vaniman D., French B. *Lunar Source-Book: A User's Guide to the Moon*[M]. New York: Cambridge University Press, 1991.

[5]　Zhang L., Zeng Z. F., et al. *A Story of Regolith Told by Lunar Penetrating Radar*[J]. Icarus. 2019, 321: 148-160.

[6]　Xiao L., Zhu P., Fang G., et al. *A young multilayered terrane of the northern Mare Imbrium revealed by Chang'E-3 mission*[J]. Science, 2015, 347(6227): 1226-1234.

[7]　Li C., Xing S., Lauro S. E., et al. *Pitfalls in GPR Data Interpretation: False Reflectors Detected in Lunar Radar*

*Cross Sections by Chang'E-3*[J]. IEEE Transactions on Geoscience and Remote Sensing, 2017, 99: 1-11.

[8] Liu J., Ren X., Yan W., et al. *Descent trajectory reconstruction and landing site positioning of Chang'E-4 on the lunar farside*[J]. Nature communications, 2019, 10(1): 1-10.

[9] Ling Zhang, Yi Xu, et al. *Rock abundance and evolution of the shallow stratum on Chang'E-4 landing site unveiled by lunar penetrating radar data*[J]. Earth and Planetary Science Letters. 2021, 564(7):116912.

[10] Hamran S. E., et al. *RIMFAX: A GPR for the mars 2020 rover mission*[J]. Ground Penetrating Radar (IWAGPR), Florence, Italy, Jul. 2015, pp. 1-4.

[11] Svein-Erik Hamran, David A. Paige, et al. *Ground penetrating radar observations of subsurface structures in the floor of Jezero crater, Mars*[J]. Science Advances, Sci. Adv. 2022, 34, 8.

[12] Liu J. J., Li C. L., et al. *Zhang Geomorphic contexts and science focus of the Zhurong landing site on Mars*[J]. Nat Astron 6, 65-71 (2022).

[13] Tan X., Liu J. J., et al. *Design and validation of the scientific data products for China's Tianwen-1 mission*[J]. Space Sci. Rev. 217, 69 (2021).

[14] Zhou B., Shen S. X., et al. *The Mars rover subsurface penetrating radar onboard China's Mars 2020 mission*[J]. Earth Planet. Phys. 4, 345-354 (2020).

[15] Li C., et al. *Layered subsurface in Utopia Basin of Mars revealed by Zhurong rover radar. Nature*[J]. doi: 10.1038/s41586-022-05147-5, 2022.

[16] Meredith M., Sommerkorn M., Cassotta S., et al. *Polar Regions. Chapter 3, IPCC Special Report on the Ocean and Cryosphere in a Changing Climate*[J]. 2019.

[17] Cui X., Sun B., Guo J., et al. *A new detailed ice thickness and subglacial topography DEM for Dome A, East Antarctica*[J]. Polar Science, 2015, 9(4): 354-358.

[18] Cui X. B., Sun B., Su X. G., et al. *Distribution of ice thickness and subglacial topography of the "Chinese Wall" around Kunlun Station, East Antarctica*[J]. Applied Geophysics, 2016, 13(1): 209-216.

[19] Tsutaki S., Fujita S., Kawamura K., et al. *High-resolution subglacial topography around Dome Fuji, Antarctica, based on ground-based radar surveys over 30 years*[J]. The Cryosphere, 2022, 16(7): 2967-2983.

[20] Morlighem M., Williams C., Rignot E., et al. *BedMachine v3: Complete bed topography and ocean bathymetry mapping of Greenland from multi-beam radar sounding combined with mass conservation*[J]. 2017.

[21] Morlighem M., Rignot E., Binder T., et al. *Deep glacial troughs and stabilizing ridges unveiled beneath the margins of the Antarctic ice sheet*[J]. Nature Geoscience, 2020, 13(2): 132-137.

[22] Winter K., Woodward J., Ross N., et al. *Radar-detected englacial debris in the West Antarctic Ice Sheet*[J]. Geophysical Research Letters, 2019, 46(17-18): 10454-10462.

[23] Lilien D. A., Steinhage D., Taylor D., et al. *Brief communication: New radar constraints support presence of ice older than 1.5 Myr at Little Dome C*[J]. The Cryosphere, 2021, 15(4): 1881-1888.

[24] Siegert M., Ross N., Corr H., et al. *Late Holocene ice-flow reconfiguration in the Weddell Sea sector of West Antarctica*[J]. Quaternary Science Reviews, 2013, 78: 98-107.

[25] Bell R. E., Ferraccioli F., et al. *Widespread persistent thickening of the East Antarctic Ice Sheet by freezing from the base*[J]. Science, 2011, 331(6024): 1592-1595.

[26] Tang X., Sun B., Guo J., et al. *A freeze-on ice zone along the Zhongshan-Kunlun ice sheet profile, East Antarctica, by a new ground-based ice-penetrating radar*[J]. Science bulletin, 2015, 60(5): 574-576.

[27] Goldberg M. L., Schroeder D. M., et al. *Automated detection and characterization of Antarctic basal units using radar sounding data: Demonstration in Institute Ice Stream, West Antarctica*[J]. Annals of Glaciology, 2020, 61(81): 242-248.

[28] Bell R. E., Tinto K., Das I., et al. *Deformation, warming and softening of Greenland's ice by refreezing meltwater*[J]. Nature Geoscience, 2014, 7(7): 497-502.

[29] Livingstone S. J., Li Y., Rutishauser A., et al. *Subglacial lakes and their changing role in a warming climate*[J]. Nature Reviews Earth & Environment, 2022, 3(2): 106-124.

[30] Siegert M. J., Carter S., Tabacco I., et al. *A revised inventory of Antarctic subglacial lakes*[J]. Antarctic Science, 2005, 17(3): 453-460.

[31] Carter S. P., Blankenship D. D., et al. *Radar-based subglacial lake classification in Antarctica*[J]. Geochemistry, Geophysics, Geosystems, 2007, 8(3).

[32] Bessette J. T., Schroeder D. M., et al. *Radar-Sounding Characterization of the Subglacial Groundwater Table Beneath Hiawatha Glacier, Greenland*[J]. Geophysical Research Letters, 2021, 48(10): e2020GL091432.

[33] Guo J., Yang W., Dou Y., et al. *Historical surface mass balance from a frequency-modulated continuous-wave (FMCW) radar survey from Zhongshan station to Dome A*[J]. Journal of Glaciology, 2020, 66(260): 965-977.

[34] Winter K., Woodward J., et al. *Assessing the continuity of the blue ice climate record at Patriot Hills, Horseshoe Valley, West Antarctica*[J]. Geophysical Research Letters, 2016, 43(5): 2019-2026.

[35] Williams R. M., Ray L. E., et al. *Crevasse detection in ice sheets using ground penetrating radar and machine learning*[J]. IEEE Journal of Selected Topics in Applied Earth Observations and Remote Sensing, 2014, 7(12): 4836-4848.

[36] Arcone S. A., Lever J. H., et al. *Ground-penetrating radar profiles of the McMurdo Shear Zone, Antarctica, acquired with an unmanned rover: Interpretation of crevasses, fractures, and folds within firn and marine iceGPR profiles of the McMurdo shear zone*[J]. Geophysics, 2016, 81(1): WA21-WA34.

# 第 18 章　地雷和未爆炸弹与穿墙探测

如今，全球约有 68 个埋有地雷和未爆炸弹的国家或地区，数千万颗杀伤地雷至今仍未排除，每年因新的局部战争又有约 100 万颗地雷投入使用。一方面，各国虽然为扫除战后遗留的地雷和未爆炸弹的问题投入了大量的人力、物力和财力，但效果并不理想，残余地雷和未爆炸弹伤人事件仍然时有发生。另一方面，这些地雷和未爆炸弹对环境造成了很大的污染和破坏，阻碍了经济的发展。因此，有效解决地雷和未爆炸弹探测问题已成为国际社会关注的热点、难点问题，特别是战后的排除地雷和未爆炸弹工作对探测技术提出了更高的要求。

## 18.1　地雷和未爆炸弹

### 18.1.1　地雷

目前，世界上的地雷多种多样，使用过的有 2000 多种，其原理通常是利用目标的直接作用（压、拉、松等）或利用目标产生的物理场（磁、声、震动和红外等）来启动引信，也有采用主动式引信的，如用绳索、有线电、无线电等来操纵爆炸。通常，地雷按用途可分为 4 类：反坦克地雷、防步兵地雷、反直升机地雷和特种地雷。最常用的是反坦克地雷和防步兵地雷，反坦克地雷是针对重型车辆设计的，引爆压力为 1470～2940N，人踩踏到这类地雷通常不会引发爆炸。

战后对平民造成伤害和阻碍经济发展的主要是防步兵地雷，这种地雷一般分为爆破型和破片型两类。破片型防步兵地雷是利用炸药的力量散射出大量破片、弹丸来杀伤有生力量的地雷。它们不仅埋在地下，有时也安放在地上，起爆时会向一定的方向弹起，在直径 30m 范围内是致命的。爆破型防步兵地雷是利用装药爆炸产生高温高压气体形成的爆轰波直接杀伤有生目标的地雷，一般带有 30～200g 的爆炸物，当雷盖受到 70～300N 的压力时，地雷起爆，但一般不是致命的，只会造成伤残。一般来说，这种地雷的结构简单、体积小（直径为 5～10cm，高度为 3～8cm）。较现代的此类地雷外壳一般由塑料或木头等非金属制成。由于结构简单、造价低廉，这种地雷被大量地部署在世界各地，引发了许多经济发展和人道主义问题。同时，由于这种地雷体积较小、金属含量较低，一旦这种地雷被埋在地下，就很难被发现。图 18.1 所示为阿富汗排雷现场发现的埋藏于地下的地雷。

图 18.1　阿富汗排雷现场发现的埋藏于地下的地雷（冯旦摄于阿富汗）

### 18.1.2　未爆炸弹

典型的未爆炸弹（Unexploded Ordnance，UXO）是由外壳、爆炸物和发射体组成的，尽管有多种尺寸且形状不同，但主要的 UXO 形状是旋转对称的。典型 UXO 的直径是 20～40cm，高度是 20～150cm，一般埋在表层下几厘米到几米的位置。UXO 的定位是不同的（很少使用垂直定位），具体取决于它们的金属外壳和相对尺寸。与地雷相比，UXO 更易探测，探测 UXO 的主要任务通常不是探测物体本身，而是识别 UXO 目标。

## 18.2　地雷和未爆炸弹探地雷达响应特征

探地雷达对地雷和 UXO 的探测与普通雷达对空中的目标探测有着很大的不同。地雷和 UXO 本身的属性与埋藏的环境复杂且多变：第一，现代防坦克地雷和防步兵地雷通常只含有少量的金属成分，且金属含量不一；第二，埋藏环境（如地表地形、地下介质介电常数的变化、地下电磁波的传播损失等）对雷达回波的影响复杂多变；第三，在地雷和 UXO 探测中，发射天线和接收天线与探测目标的距离较近，通常属于近源场，这也与普通雷达的发射天线和接收天线置于远源场不同。

目标体的电磁响应特征一般都由其固有的共振复值频率决定，而这些频率完全由目标体本身的形状结构、内部结构和方位走向等因素决定。在 UXO 和金属防坦克地雷的探测中，这些特点非常适用，但很难探测到无金属外壳、金属含量很低的防步兵地雷。这种防步兵地雷相对复杂的内部结构等特点使得我们很难探测到上述的共振特性。图 18.2 所示为大小不同但都呈圆柱形的防步兵地雷（C 型和 F 型）以不同埋深（出露地表、掩盖、浅埋）埋到干沙介质中时的频率域响应，这些响应未显示出明显的共振信息，图 18.3 所示为它们的时间域响应。

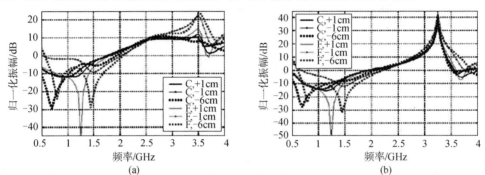

图 18.2　大小不同但都呈圆柱形的防步兵地雷（C 型和 F 型）以不同埋深（出露地表、掩盖、浅埋）埋到干沙介质中时的频率域响应（Kovalenko et al.，2002）

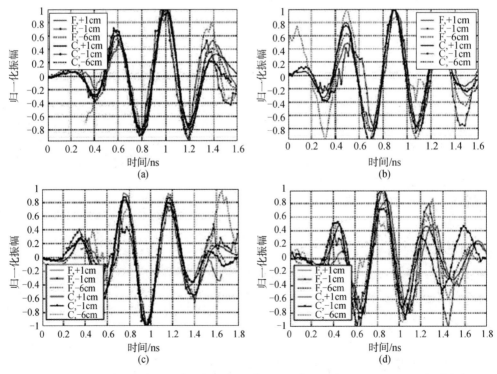

图 18.3　大小不同但都呈圆柱形的防步兵地雷（C 型和 F 型）以不同埋深（出露地表、掩盖、浅埋）埋到干沙介质中时的时间域响应（Kovalenko et al.，2002）

### 18.2.1 极化特征

反射波的极化特征可将被探测目标分成旋转对称的和旋转不对称的。由于大部分地雷都是旋转对称的物体，这种方法可用于将探测的反射目标体归类为地雷目标和非地雷目标。对于完全旋转对称的目标，其反射信号中的交叉极化分量接近零。图 18.4 所示为干沙中一个埋深为 6cm 的圆形金属平板的极化响应信号，其交叉极化分量 $S_{xy}$ 和 $S_{yx}$ 相比共极化分量 $S_{xx}$ 和 $S_{yy}$ 非常微弱。然而，对于地雷目标，尽管它们是旋转对称的，但某些地雷的反射信号中仍会显示相对较强的交叉极化分量 $S_{xy}$ 和 $S_{yx}$。

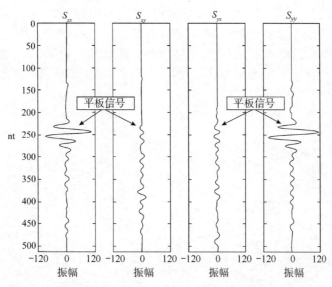

图 18.4  干沙中一个埋深为 6cm 的圆形金属平板的极化响应信号（Roth et al.，2003）

图 18.5 所示为干沙中一个埋深为 1cm 的 PMN-2 地雷的极化响应信号，其交叉极化分量 $S_{xy}$ 和 $S_{yx}$ 相比共极化分量 $S_{xx}$ 和 $S_{yy}$ 相对较强，极可能是由 PMN-2 地雷（一种压发式爆破型防步兵地雷）中的水平雷管引起的。

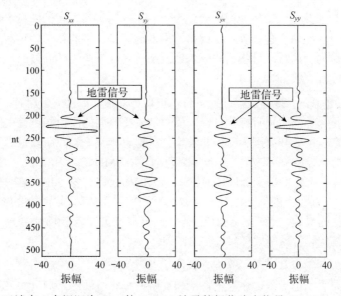

图 18.5  干沙中一个埋深为 1cm 的 PMN-2 地雷的极化响应信号（Roth et al.，2003）

## 18.2.2　埋藏环境影响

为防止地雷爆炸，为地雷探测设计的探地雷达的天线（阵列）都是升离地面的，因此电磁波的透射损失、吸收衰减及地表和地雷表面的反射等因素会对探地雷达的探测造成重要影响。

对天线扫描高度确定的探地雷达来说，电磁反射信号的振幅主要取决于地雷和周围环境的介电常数等参数的差异及地雷的大小。因为地雷的埋深通常以厘米计，而在厘米级距离内的传播损耗通常不大（小于 10dB），所以地雷埋深一般来说不是影响地雷反射信号振幅的主要因素。图 18.6 所示为三种埋深（出露地表、掩盖、浅埋）下防步兵地雷的探地雷达响应振幅，图 18.7 所示为归一化地面杂波后的地雷响应振幅。埋深为 6cm 的地雷的响应振幅只比出露地表的地雷的响应振幅小几分贝，同时所有埋深的地雷的响应振幅均在探地雷达的可探测动态范围内（约 60dB）。注意，埋在高损耗介质中的地雷响应振幅不一定比埋在干沙中的地雷响应振幅小，因为高损耗介质与地雷的相对介电常数之差要比干沙与地雷的相对介电常数之差大，造成高损耗介质中的地雷对电磁波的反射系数大，反射的能量也相对较多。

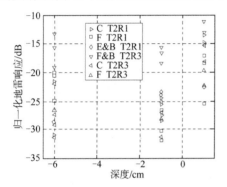

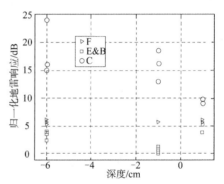

图 18.6　三种埋深（出露地表、掩盖、浅埋）
下防步兵地雷的探地雷达响应振幅
（Kovalenko and Yarovoy，2003c）

图 18.7　归一化地面杂波后的地雷响应振幅
（Kovalenko and Yarovoy，2003c）

## 18.2.3　杂波影响

杂波是限制雷达探测能力最重要的因素之一，它不仅由埋藏介质的随机不均性等因素引起，而且由各种反射体引起，如小金属碎片、榴弹、用过的子弹、弹药箱、动物洞穴、地下裂缝、岩石等。根据杂波信号的到达时，可将杂波分为地表杂波（地表产生的回波）和地下杂波（地下介质不均匀产生的回波）。

对于传统的 GPR 系统，地面反射和地下目标反射可以很好地区分。然而，在地雷（特别是出露地表的防步兵地雷）探测中，目标体响应一般与地表交界面的反射相重叠，因此很难在时间域中将地雷反射和地表反射分开。因为干沙非常均匀且地表非常平整，所以地表和地下杂波相对较小。即使是在这样的理想条件下，较大的防步兵地雷（如 PMN-2）的信杂比也仅约为 25dB。通常情况下，较小的防步兵地雷（如无金属环的 NR-22）的信杂比约为 5dB，这与目前大多数自动识别目标算法要求的 10dB 以上的信杂比有一定的差距。在实际雷场中，埋藏介质复杂多变，随着介质介电常数不均匀性的增加，信杂比会急剧减小，这就解释了许多 GPR 系统能在实验室中非常成功地探测到地雷而在实际雷场中效果却较差的原因。

地面杂波由地面粗糙度和土壤的介电常数决定。一般来说，地表越粗糙，介电常数越大，杂波越强烈，同时杂波大小也受入射波极化特性和反射波极化特性的影响。如果垂直极化的电磁波倾斜入射到地表，地表散射杂波中的垂直极化振幅值通常要高于水平极化振幅值。随着入射角的增大，两种极化方式的地表杂波振幅值都有所增加，这是前视 GPR 系统设计和探测中应注意的问题。一般认为垂直极化的电磁波能更好地将能量入射到介质中，而实际情况是，有时垂直极化的入射电磁波获得的信杂比不如水平极化的入射电磁波。这种地雷和杂波的不同极化特性也许可用于区分地雷响应和杂波。

从原理上说，尽管 GPR 能够探测地雷和 UXO，但是实际上它的探测能力严重地受信杂比的影响。地下介质的不均匀、地表的粗糙等因素都会影响到 GPR 的探测能力。因此，工作频带的选择、电磁波入射角度的考虑及极化特性的分析，在 GPR 地雷和 UXO 探测中都是很重要的研究对象。

## 18.3 专用探地雷达系统设计

在系统设计上，传统 GPR 系统和专用于探测地雷和 UXO 的 GPR 系统有如下不同之处：第一，为了区分来自地雷表面和地表的反射信息，专用 GPR 系统要求能达到几厘米的分辨能力，有些系统为了能更好地识别地雷信号，甚至要求能分辨来自地雷上表面和下表面的信息；第二，为了避免激发地雷，专用 GPR 系统的天线（阵列）系统必须升离地表。升离高度受到雷场地形的限制，一般来说，手持系统的最小升离高度为几厘米，车载式系统的升离高度约为几分米；第三，专用 GPR 系统与传统系统相比，要求有更高的稳定性和准确性。在 GPR 系统设计方面，专用系统的某些方面和公路检测用 GPR 系统有一些相似之处，如天线都是升离地表的。

### 18.3.1 工作频带

地雷探测要求 GPR 系统的分辨率能达到几厘米（针对典型的防步兵地雷）。为了满足该要求，专用 GPR 系统的频带宽度通常为几千兆赫兹。Cherniakov and Donskoi（1999）认为，理想的 GPR 系统应该覆盖所有频率。在实际情况中，因为系统设计中的天线系统大小问题，不容易获得非常低的工作频率，所以低截频率通常是从 200MHz 到 2GHz。而对于高于 3GHz 以上的频率，由地表不平和埋藏介质不均引起的传输损耗和杂波对探测的影响较大，所以常用的工作频带是从 200MHz 到 3GHz，但也有系统使用低至 50MHz、高至 12GHz 的频率。

一般来说，地雷埋设大致分为两种情况：第一种情况是，地雷在地表以上或几乎出露地表；第二种情况是，地雷被埋在介质中。对于第一种情况下的探测，要求将地雷信息从周围环境信息中区分出来，因为这种情况下不需要电磁波穿透地下介质，所以通常使用高频超宽带的电磁波。工作频带一般至少是 2GHz，频率通常从 1GHz 到几 GHz。对于第二种情况下的探测，需要考虑传输损耗和一定的穿透深度。与此同时，因为地下介质中电磁波的传播速度远低于空气中的传播速度，所以相同频率的脉冲长度被有效地压缩了，因此，这种情况通常使用相对较低的频率，低截频率可以低到 100MHz，工作带宽一般在 1GHz 以上。

类似于传统的 GPR 系统，专用 GPR 系统也可设计成脉冲系统或步进频率系统。然而，由于超宽频带的要求，许多系统被设计为步进频率系统。

### 18.3.2 天线系统

为了满足 GPR 系统要求的高穿透能力和高分辨能力，必须仔细考虑和设计天线系统与数据处理方式。天线系统是专用 GPR 系统硬件中最重要的组成部分。在地雷探测中，天线系统必须升离地面，这是专用系统与其他 GPR 系统相比天线设计方面的特殊要求。天线放在地面以上时，会提高天线的输入阻抗和发射/接收天线间的天线耦合，且电磁波直接发射到空气介质中，使得天线系统的选择有别于传统 GPR 的天线系统。专用系统中较常用的天线有 TEM 天线、喇叭天线、Vivaldi 天线、脉冲辐射天线和螺旋天线。为了实现专用系统所需的性能，发射天线通常应该满足如下条件。

（1）能发射短超宽带脉冲且系统噪声（天线内的振荡）应非常小。来自地表界面的反射信号在天线内的振荡噪声非常容易掩盖来自浅埋地雷的反射信号，因此对系统噪声的要求非常严格。

（2）天线系统应能覆盖一个最优的扫描区域。因为足够大的扫描区域能提供充足的数据进行处理（原始数据中的双曲形时距曲线应长到足以用于探测），同时足够小的扫描区域可尽可能地减小地表杂波和环境噪声。

（3）天线系统必须升离地面，以避免触发地雷。

因为接收天线的主要作用是测量散射场，所以理想的接收天线应该满足如下条件。

（1）能接收最小失真的超宽频带信号。

（2）能在较小的孔径内有效地接收信号，因为在较大孔径内接收信号的平均效应可能降低系统的水平分辨能力。

（3）天线系统必须升离地面，以避免触发地雷。

如果天线系统能同时进行全极化测量，就是非常不错的进步。

图 18.8　ALIS 系统。金属探测器线圈上有两个屏蔽的螺旋天线（佐藤源之教授提供）

除了上述基本要求，对使用分离的发射/接收天线的天线系统来说，发射/接收天线间的互相屏蔽也非常重要，否则天线间的耦合可能会掩盖浅埋地雷反射回来的信号，进而限制整个 GPR 系统的动态范围。

手持式 GPR 系统的天线在实际探测中一般都离地面较近，其发射天线和接收天线一般都使用相同类型的天线，且体积较小。常用的天线类型有偶极子天线、领结天线、螺旋天线、缝隙天线等。天线系统中的电阻用于降低内部振荡，屏蔽材料用于降低发射/接收天线间的耦合。体积小和接近地表的特点使得它们能逐点测量电磁波散射场。图 18.8 所示为典型的手持式 GPR 系统——ALIS 系统，其金属探测器线圈上有两个屏蔽的螺旋天线。当然，这样的天线系统也可用于车载式系统，其主要优点是，能精确测量地雷附近区域的散射场。

车载式地雷探测用 GPR 系统一般都使用天线阵列（组），通常一个天线阵列（组）由几对发射/接收天线组成，每对中的天线类型都是相同的。系统中较常用的天线有 TEM 天线、喇叭天线、Vivaldi 天线、缝隙天线和螺旋天线。使用天线阵列（组）可提高探测效率，但探测速度不会超过几千米/小时。然而，天线阵列（组）会使得未来进行全极化测量成为可能。图 18.9 所示为车载式地雷探测用 SAR-GPR 系统，其拆解图清楚地显示了由天线组构成的天线系统。

(a)SAR-GPR 系统现场试验情况

(b)拆解的 SAR-GPR 系统

(c)SAR-GPR 系统的天线组

图 18.9　车载式地雷探测用 SAR-GPR 系统（Feng et al.，2009）

### 18.3.3　系统稳定性

地雷探测最重要的方面是稳定性和准确性。尽管大多数 GPR 都能探测地下目标体，但地雷探测用 GPR 需要更高的稳定性，其故障率须保持为非常低的水平。同时，一些目标识别算法要求非常精确地测量地下目标体的散射场，最大相对误差不能超过 1%，且专用系统的线性性质也是一个重要参数，接收通道的线性动态范围应大于 40dB。同时，在接收端应谨慎使用某些非线性信号处理技术。系统的距标不稳定和模数转换误差也会降低系统测量的准确性。然而，因为上述误差一般都是满足高斯分布的随机量，所以也可通过多次采样并取平均的方法来减小误差。

## 18.4　信号处理和成像

### 18.4.1　处理流程

信号处理是专用 GPR 系统中非常重要的部分。针对地雷和 UXO 目标，当前信号处理算法的研究重点集中在三个主要方面：信杂比的提高、目标成像和目标分类识别。现代专用 GPR 系统主要有车载式 GPR 系统和手持式 GPR 系统，图 18.10 显示了两种系统的典型成像处理流程。处理流程一般包括耦合消除、带通滤波、道均衡、速度分析、插值、动校正、叠加、叠后偏移等模块。图 18.10(a) 和图 18.10(b)是车载式 SAR-GPR 系统的成像处理流程，图 18.10(a)中采样动校正、叠加和叠后偏移模块的处理时间较短，适合野外现场快速处理；图 18.10(b)中采样叠前偏移模块的处理时间较长，但成像效果较好，适合高精度成像处理；图 18.10(c)所示为手持式 GPR 系统的成像处理流程，与车载式 SAR-GPR 系统的处理流程的不同主要是使用了插值模块。

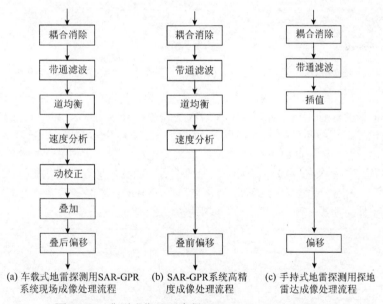

(a) 车载式地雷探测用SAR-GPR　(b) SAR-GPR系统高精　(c) 手持式地雷探测用探地
　　系统现场成像处理流程　　　度成像处理流程　　　　雷达成像处理流程

图 18.10　典型成像处理流程（Feng and Sato，2004)

不论是车载式 GPR 系统还是手持式 GPR 系统，处理流程中都使用了耦合消除模块，因为专用 GPR 系统中发射/接收天线间距较小，相互间的耦合很强，非常容易掩盖从目标体反射回来的有效信号。图 18.11 所示为天线耦合及耦合消除前后的实测信号。天线耦合信号在野外实测现场可通过将天线指向天空进行测量获得背景信号，背景信号中的主要成分是天线间的耦合信号。野外现场处理可直接在频率域或时间域中进行，通过将背景信号从实测信号中减去来达到耦合消除的目的。对比天线耦合信号和耦合消除前的实测信号发现，两者的振幅和形态非常相似；对比耦合消除前的实测信号和耦合消除后的实测信号发现，两者的差别较大。这种情况说明在耦合消除前的实测信号中，天线耦合占比较大，而有效信号占比较小，所以耦合消除是信号处理中比较重要的一环。

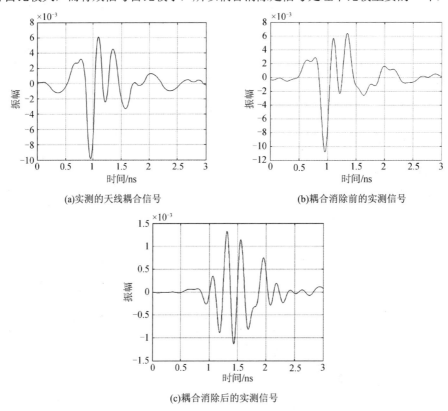

(a)实测的天线耦合信号      (b)耦合消除前的实测信号

(c)耦合消除后的实测信号

图 18.11　天线耦合及耦合消除前后的实测信号（Feng and Sato，2004）

　　对于车载式 GPR 系统，为了提高信杂比和成像效果，当对探测速度要求不高的情况下，可以使用多次覆盖的方式进行测量。此时，在发射天线和接收天线间距大（远道）的情况下获取的信号振幅值，要比发射天线和接收天线间距小（近道）的情况下获取的信号振幅值小。图 18.12(a) 所示为一个实测的共中心点（CMP）多次覆盖信号集，第 5 道（远道）信号的振幅值整体上明显小于第 1 道（近道）信号的振幅值。因此，为便于后续的信号处理，道均衡是比较重要的一个处理模块。图 18.12(b)所示为道均衡处理后的共中心点（CMP）多次覆盖信号集，第 5 道（远道）信号的振幅值整体上明显加强，所有道信号的振幅值之间的差别不再明显。

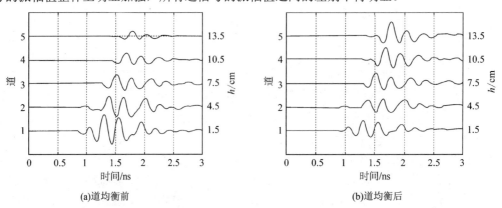

(a)道均衡前          (b)道均衡后

图 18.12　实测的一个共中心点（CMP）多次覆盖信号集（Feng and Sato，2004)

速度是专用 GPR 系统信号处理中非常重要的
一个参数，其估算精度将直接影响到目标体埋藏
深度的估计精度和目标体成像的效果。在探测现
场，可通过便携仪器直接测量周边埋藏介质的相
对介电常数来计算速度参数。然而，这种方法存
在一些问题：一般来说，这种仪器大多是通过测
量介质含水率来估算相对介电常数的，因此会引
入一定的误差；这种测量需要接触埋藏介质，因
此只能在探测现场外围进行测量，对于速度属性
横向变化较大的介质来说，误差较大。如果车载
式 GPR 系统使用了多次覆盖方式进行测量，那么
可以利用多次覆盖数据进行速度估计，而不需要
进行额外的测量。速度估计算法可以借用地震勘
探领域常用的速度谱技术。图 18.13 所示为从 CMP

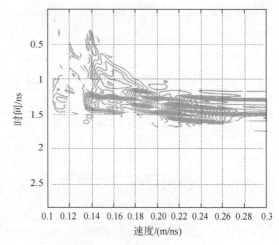

图 18.13　从 CMP 数据获取的速度谱
（Feng and Sato，2004）

数据获取的速度谱，在速度谱上可通过等值线的最高点来拾取测量位置的均方根速度，然后使用
Dix 公式计算层速度等参数。

### 18.4.2　探地雷达测量地表地形

地表杂波是限制专用 GPR 系统探测能力的重要因素之一，预知地表地形能在信号处理中有效
地抑制地表杂波；同时，地表地形也会影响到电磁波空-地之间的传播特征。对车载式 GPR 系统
来说，因为天线在测量时通常保持在离地较高的平面上进行信号发射与接收，所以地形的变化直
接反映天线到地表距离的变化。在探测车上装载激光测距仪，可进行较为准确的地表地形测量，
但需要在进行 GPR 探测前预先对探测区域进行扫描，因此采用激光测距方法既增加车载设备又增
加工作时间。

在实际探测情况下，GPR 系统能得到来自地表这个空-地界面的响应信号。因为空气介质和
地下介质之间的介电常数值相差较大，所以来自地表的响应信号的振幅值一般较大，在时间域中
就能较好地识别。因此，可通过拾取地表反射波的初至来估计地表地形。

然而，如果地表地形变化剧烈且起伏较大，那么地表散射波可能会影响地表地形的测量精
度。在这种情况下，需要在拾取地表反射波的初
至之前，插入偏移处理模块来提高地形测量精
度。图 18.14 所示为实验室内带有陡峭面的沙丘模
型，模型的长度和宽度都约为 40cm，高度约为
7cm。针对该模型使用 SAR-GPR 进行二维扫描测
量，测线间距和测点间距均为 1cm。图 18.15 所示
为偏移前后的地表响应信号，所有信号中地表响
应的振幅值相对较强，能很好地识别。可以看出，
图 18.15(a)和图 18.15(c)中非陡峭面处的响应信号
在偏移处理前后变化不大，图 18.15(b)中陡峭面
处的响应信号在偏移处理前后发生了明显变化，
箭头所指处的散射信号被收敛。

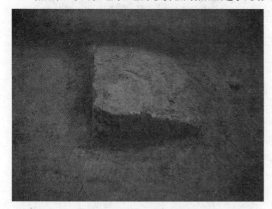

图 18.14　实验室内带有陡峭面的沙丘模型
（Feng et al.，2009）

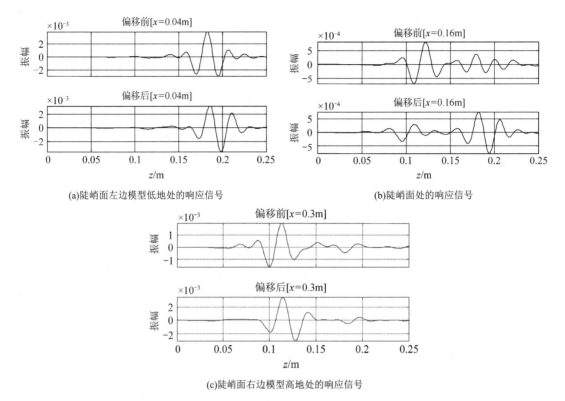

(a)陡峭面左边模型低地处的响应信号    (b)陡峭面处的响应信号

(c)陡峭面右边模型高地处的响应信号

图 18.15　偏移前后的地表响应信号（Feng et al.，2009）

图 18.16 所示为偏移前后的地表地形测量剖面图，其中实线是偏移后的剖面图，虚线是偏移前的剖面图。可以看出偏移前后陡峭处地形测量值的变化，结合图 18.15(b)还可看出偏移可以收敛散射信号，提高地表地形测量精度。

图 18.17 所示为地表地形探地雷达测量结果图。

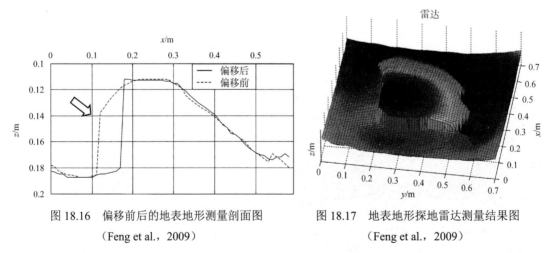

图 18.16　偏移前后的地表地形测量剖面图  图 18.17　地表地形探地雷达测量结果图
（Feng et al.，2009）        （Feng et al.，2009）

### 18.4.3　多次覆盖提高信杂比

埋藏介质的随机不均性等因素会引起地下杂波，限制探测的效果。这类杂波具有一定的随机性，而这种随机性随电磁波传播路径的不同而不同，所以可用多次覆盖的探测方式结合信号处理技术来抑制此类杂波。所谓多次覆盖，是指对某个观测点进行不同传播路径的多次观测，其中共中心点

（CMP）观测方式是一种常用的多次覆盖观测方式。CMP 观测方式是指发射天线组和接收天线组关于一个中心点对称布置而进行的多次覆盖观测。信号处理部分主要包括动校正和叠加。

图 18.18 所示为实验室内地雷埋藏示意图，图 18.19 所示为穿越埋藏地雷的 GPR 垂直剖面，图 18.20 所示为叠加后的多次覆盖 GPR 垂直剖面。主测线剖面是测线方向的垂直剖面,联络测线剖面是垂直测线方向的垂直剖面。图 18.19 和图 18.20 中的箭头指出了地雷模型的响应信号。对比单次覆盖和叠加后的多次覆盖垂直剖面图发现，多次覆盖方式地雷模型响应信号的振幅值要远大于单次覆盖方式。在 1.45ns 处，单次覆盖方式下的信杂比（SCR）约为 0.35，而多次覆盖方式下的信杂比约为 1.1。

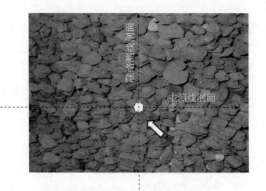

图 18.18　实验室内地雷埋藏示意图
（Feng et al.，2009）

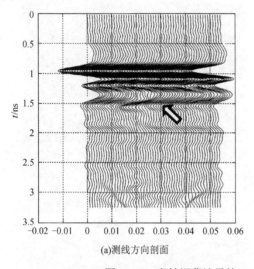

(a)测线方向剖面

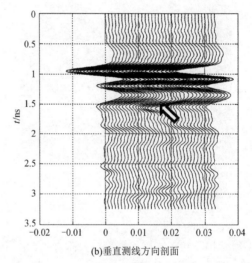

(b)垂直测线方向剖面

图 18.19　穿越埋藏地雷的 GPR 垂直剖面（Feng et al.，2009）

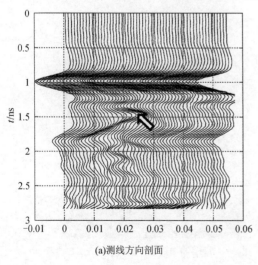

(a)测线方向剖面

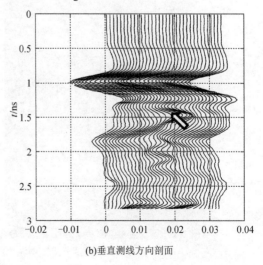

(b)垂直测线方向剖面

图 18.20　叠加后的多次覆盖 GPR 垂直剖面（Feng et al.，2009）

### 18.4.4　偏移成像

偏移技术在地震勘探数据处理中有近 50 年的应用历史，现在已被广泛用于探地雷达信号处理中。偏移技术可在目标的真实的位置成像，相应地增大信杂比。偏移技术一般分为叠后偏移和叠前偏移两类：叠后偏移是指在叠加后进行偏移处理的技术，主要是针对自激自收零偏移距数据进行的处理技术，如果是非零偏移距的数据，一般在偏移前要经过动校正和叠加处理；叠前偏移是指在叠加前进行偏移处理的技术，这种技术直接处理非零偏移距数据，处理时间相对较长，效果较好。

专业 GPR 系统的发射天线和接收天线一般是分离的，因此测量得到的数据一般都是非零偏移距数据，叠前偏移能取得较好的效果。当然，为了提高处理数据的精度，叠后偏移也是不错的选择。图 18.21 所示为 Type 72 地雷模型在实验室中的两种实验情况，目标体是 Type 72 地雷模型：一种非金属外壳且金属含量极低的防步兵地雷，其直径约为 78mm，高度约为 40mm。图 18.21(a) 所示为水平放置的埋藏在非均匀介质中的地雷模型，图 18.21(b) 所示为倾斜放置的埋藏在均匀介质中的地雷模型。用车载式 SAR-GPR 在这两种实验情况下分别进行二维（C-Scan）扫描，线间距和测点间距均为 1cm。

(a)水平放置的地雷模型被埋藏在非均匀介质中　　(b)倾斜放置的地雷模型被埋藏在均匀介质中

图 18.21　Type 72 地雷模型在实验室中的两种实验情况（Feng et al.，2004）

图 18.22 所示为偏移处理前两种实验情况下的 3D 成像结果。图 18.22(a)中反映出了较强的杂波情况，即杂波基本掩盖了地雷模型的响应，所以在这种情况下很难形成清晰的地雷映像；图 18.22(b)反映出了倾斜地雷等复杂埋藏情况下的目标体，由于电磁波传播特征等原因，不能在目标埋藏位置处清晰成像。

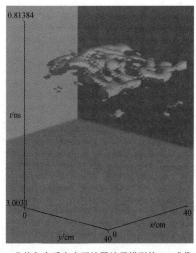 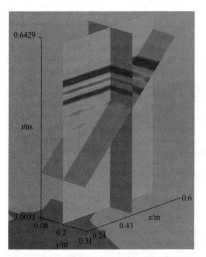

(a)非均匀介质中水平放置地雷模型的 3D 成像　　(b)均匀介质中倾斜放置地雷模型的 3D 成像

图 18.22　偏移处理前两种实验情况下的 3D 成像结果（Feng et al.，2004）

图 18.23 所示为偏移处理后两种实验情况下的 3D 成像结果。图 18.23(a)和图 18.23(b)均得到了较清晰的 3D 地雷映像，说明偏移处理能较好地实现目标归位及提高信杂比。

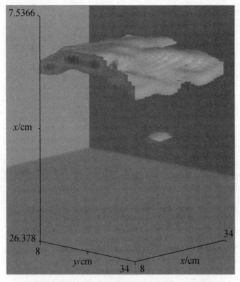
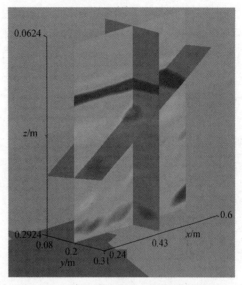

(a)非均匀介质中水平放置地雷模型的 3D 成像　　(b)均匀介质中倾斜放置的地雷模型的 3D 成像

图 18.23　偏移处理后两种实验情况下的 3D 成像结果（Feng and Sato，2004）

## 18.5　穿墙雷达探测

超宽带穿墙雷达作为一种新兴的雷达技术，可用于探测被障碍物阻挡的隐藏目标体，在抗震救灾、城市作战、反恐斗争、警戒、安检、医学等军民用领域有着广泛的应用前景。在地震或火灾等灾害救援中，穿墙雷达可以帮助救援人员快速定位坍塌墙体或隔断障碍物后的人体目标，提高救援效率；在反恐斗争、城市作战及人质解救中，应用穿墙雷达可对特定场景区域进行侦查和探测，协助定位墙后的恐怖分子和人质位置，便于抓捕敌人和解救人质，进而提高军队城区作战的能力和人质解救成功概率，减少不必要的人员伤亡；在安全监测领域中，穿墙雷达可用作一种隐形监视技术，对重要场景区域动态实时全天候远程监测，确保重要物资和财产的安全，以及协助医护人员对重症病人进行远程监护等。

根据穿墙雷达的工作模式，穿墙雷达可分为合成孔径雷达（Synthetic Aperture Radar，SAR）成像系统和多输入多输出（Multiple-input and Multiple-output，MIMO）雷达成像系统。SAR 穿墙雷达系统的收发天线装在轨道上，移动时形成合成孔径扫描成像，聚焦成像结果具有较高的方位分辨率（Dehmollaian et al.，2009），典型代表有国防科技大学研制的 UWB SAR 穿墙雷达系统（张澜子等，2013）、美国陆军实验室 SAR 体制的 SIRE 车载穿墙雷达系统（Le et al.，2009）等。MIMO 雷达技术于 2003 年和 2004 年提出（Bliss et al，2003；Fishler et al.，2004），它采用多个发射和接收天线，发射正交波形，可以扩大实际阵列单元的孔径，数据采集速度快，具有较好的空间采样能力。MIMO 体制的穿墙雷达只需要少量的天线单元就可提高系统的空间采样能力，实现与均匀阵列或合成孔径雷达系统基本一致的成像效果，能够有效地降低系统成本，且在保持方位分辨率的同时提高数据采集速度。美国麻省理工学院（MIT）实验室曾设计出一种超宽带时分 MIMO 阵列雷达（Ralston et al.，2010），这种雷达可对近距离目标进行实时穿墙成像。下面以 MIMO 雷达成像系统为例，介绍穿墙雷达的成像基础、算法和实验测试结果。

### 18.5.1 超宽带 MIMO 雷达穿墙成像基础

在穿墙应用中，步进频连续波（Stepped-Frequency-Continuous-Waveform，SFCW）信号是频率域雷达最常采用的信号形式之一，采用 SFCW 技术的雷达系统与时域脉冲雷达系统相比，具有更灵活的频带控制能力和更适应所选天线的工作频带（Yarovoy et al.，2007；Zhuge et al.，2007；Liu et al.，2011）。

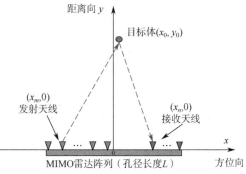

图 18.24  普通 MIMO 雷达阵列成像几何图

#### 1. 信号模型与传统后向投影算法

设图 18.24 中的 MIMO 雷达阵列采用 SFCW 信号模型，阵列包含 $M$ 个发射天线和 $N$ 个接收天线。第 $m$ 个发射天线和第 $n$ 个接收天线分别位于 $(x_m, 0)$ 和 $(x_n, 0)$，其中 $m = 1, 2, \cdots, M$，$n = 1, 2, \cdots, N$。矢量网络分析仪（Vector Network Analyser，VNA）发射的 SFCW 信号可以表示为

$$s_{\mathrm{T}}(t) = \sum_{q=1}^{Q} \mathrm{e}^{-\mathrm{j}2\pi(f_0 + (q-1)\Delta f)t} \mathrm{rect}(t/T - q) \tag{18.5.1}$$

式中，$\Delta f$ 是频率步长，$Q$ 是频率的个数，$T$ 是每个频率的停留时间。

设一个目标点位于 $(x_0, y_0)$，对第 $m$ 个发射天线、第 $n$ 个接收天线和第 $q$ 个频率点，有 $f_q = f_0 + (q-1)\Delta f$，目标体的回波信号可以写为

$$s_{m,n,q} = \alpha \exp\left(-\mathrm{j}2\pi f_q \tau_{mn}\right) \tag{18.5.2}$$

$$\tau_{mn} = \frac{\sqrt{(x_0 - x_m)^2 + y_0^2} + \sqrt{(x_0 - x_n)^2 + y_0^2}}{2} \tag{18.5.3}$$

式中，$\tau_{mn}$ 是接收信号的时延，$\alpha$ 是目标的反射系数，$c$ 是光速。对于分布式目标，接收信号的表达式可以表示为

$$s_{m,n,q} = \iint_{x_0, y_0} \alpha(x_0, y_0) \mathrm{e}^{-\mathrm{j}2\pi f_q \tau_{mn}} \, \mathrm{d}x_0 \mathrm{d}y_0 \tag{18.5.4}$$

后向投影算法（Back Projection，BP）已广泛用于 MIMO 穿墙雷达的二维成像。另外，MIMO 雷达的阵列结构千变万化，且布阵形式灵活，而 BP 算法的优点之一就是其本身不受阵列的配置结构限制，即它可实现对任意几何配置 MIMO 阵列测得的回波数据进行目标场景重建的相干叠加成像。下面在 SFCW 信号模型基础上，简单介绍传统频率域后向投影算法（Frequency-Domain Back Projection，FDBP）的基本原理（Halman et al.，1998；Carin et al.，1999；Lei et al.，2007；McCorkle and Rotheart，1996）。

如图 18.25 所示，将成像场景的区域网格化，每个网格交点可视为一个像素点，网格大小的选择方法是像素点间隔同时小于设计雷达系统的方位和距离分辨率。通过 SFCW 信号 MIMO 雷达系统的一次采样，共得到 $MN$ 道频率域回波数据，包括相位和幅值的数据信息。在成像区域场景中的像素点 $(x, y)$ 处，对于式（18.5.4）中的回波信号，网格点的后向散射系数（或像素值）为

$$I(x, y) = \sum_{q=1}^{Q} \sum_{m=1}^{M} \sum_{n=1}^{N} s_{m,n,q} \, \mathrm{e}^{\mathrm{j}2\pi f_q \tau_{mn}^*} \tag{18.5.5}$$

成像区域划分的像素点的时延为

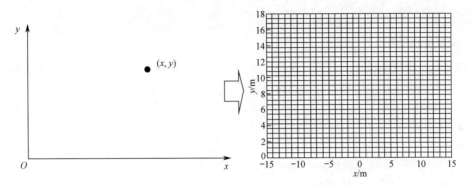

图 18.25　BP 成像场景坐标区域及网格化示意图

$$\tau_{mn}^* = \frac{\sqrt{(x-x_m)^2 + y_0^2} + \sqrt{(x-x_n)^2 + y_0^2}}{c} \qquad (18.5.6)$$

根据式（18.5.6）就可得到接收信号对应的散射强度值。对于分布式目标，重建成像区域中每个像素点的系数可以表示为

$$I(x,y) = \iint_{x_0 y_0} \alpha(x_0, y_0) \sum_{q=1}^{Q} \sum_{m=1}^{M} \sum_{n=1}^{N} s_{m,n,q} \, e^{j2\pi f_q (\tau_{mn}^* - \tau_{mn})} dx_0 dy_0 \qquad (18.5.7)$$

将成像区域中的所有网格点按上式进行相干叠加，结果即为成像区域的二维聚焦图。点目标位置与像素点坐标位置越接近，计算的像素点值就越大，因此通常会清晰地显示目标体的位置。

### 2. MIMO 雷达二维成像参数

要实现 MIMO 雷达的二维成像，就需要有距离向的分辨率和方位向的分辨率。MIMO 雷达的很多成像方法源自合成孔径雷达成像方法。根据 SAR 成像的基础理论可知，MIMO 雷达的带宽和孔径可以提供距离分辨率与方位分辨率，即 UWB 信号的带宽 $B$ 决定 MIMO 阵列雷达的距离分辨率；MIMO 线性阵列的孔径长度 $L$ 决定系统的方位分辨率。

距离分辨率定义为距离向相邻两个散射点的最小可分辨距离。SFCW 信号的 MIMO 雷达在理想均匀中的距离分辨率为

$$\delta_r = \frac{v}{2B} = \frac{v}{2N\Delta f} \qquad (18.5.8)$$

式中，$v$ 为雷达波的速度，$B$ 为发射信号的带宽。由上式可知，SFCW 信号雷达系统可根据天线的性能及应用场景选择适当的带宽，发射信号的带宽越宽，距离分辨率就越高。

方位分辨率定义为方位向相邻两个散射点的最小可分辨距离。应用超宽带信号进行 MIMO 雷达成像，在理想的均匀空气介质中，可以套用 SAR 成像原理和天线设计理论。MIMO 雷达的方位分辨率为

$$\delta_a = \frac{\lambda R_0}{2L} \qquad (18.5.9)$$

式中，$\lambda$ 为信号的中心频率对应的波长，$L$ 为天线阵列的等效孔径长度，$R_0$ 为测定目标体的距离。由此可见，适当增大 MIMO 阵列的孔径长度可以提高方位分辨率。

线性稀疏阵列的 SAR 成像的旁瓣水平受等效虚拟天线阵元数量的影响（Zhuge and Yarovoy, 2011），其公式为

$$\mathrm{SL} = -20\lg K \qquad (18.5.10)$$

式中，$K$ 为等效线性虚拟天线阵列的天线数量。

### 3. 墙体影响分析

一般来说，在穿墙成像中，墙壁厚度影响目标成像位置的原因如下：首先，当墙体厚度不可忽略时，电磁波在墙体中的相对缓慢传播会引起附加的时间延迟，导致穿墙成像结果中的目标位置比实际位置偏远。其次，墙体内外电磁波的折射和散射会导致原电磁波的传播路径不再是直线，目标的成像位置会进一步产生方位偏移。该误差受墙体的相对介电常数和厚度的影响。图 18.26 所示的 MIMO 雷达穿墙成像场景原理示意图简要说明了上述两点。可以看到，墙的存在是如何导致二维成像结果的误差的。墙壁的介电常数大于空气的介电常数，在电磁波的传播过程中，墙内外界面处发生多次反射和折射，若按在均匀介质中成像处理，就会出现目标体距离向的偏移与方位向的散焦现象。

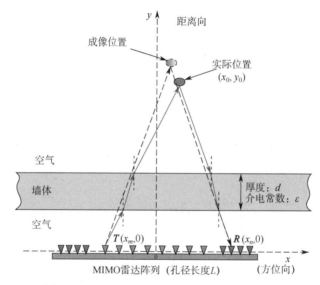

图 18.26　MIMO 雷达穿墙成像场景原理示意图

电磁波在墙内传播过程中，能量发生改变，墙后目标反射回波的幅度要小得多，即墙体对雷达电磁波有衰减效应（Song et al.，2018）。在穿墙探测过程中，当电磁波传播时，发射的电磁波必须至少通过墙体两次才能从目标回到雷达接收机，因此进一步降低了接收到的目标信号的能量。在振幅衰减方面，前墙壁面的第一次反射最强，高阶反射可以忽略不计。隐藏在墙后的目标（如第二面墙或人体目标）的信号信息主要通过第一次传输来传递。注意，与墙壁面反射和天线间的直接耦合相比，由于墙体的衰减，人体目标的反射信号相对较低，这无疑增加了穿墙成像的难度。因此，在后续穿墙实验中，在阵列收发天线之间加入了吸波材料，研究采用背景去除法、直达波去除法、改进的互相关 BP 算法及射线追踪墙体校正法来提高穿墙成像的效果。

## 18.5.2　超宽带 MIMO 雷达穿墙成像算法

穿墙成像是穿墙 MIMO 雷达系统中最重要的信号处理步骤之一。所用的成像算法应尽量简单稳定而又高效，且算法要适应阵列结构设计与 MIMO 雷达独特的数据采集方式。同时，对穿墙的场景应用来说，电磁波穿透墙体时会产生反射/折射、能量衰减和速度变化等现象。因此，一般还要考虑墙体的存在对雷达电磁波带来的影响：墙体折射电磁波带来的速度改变会使得时延增大，传播路径的改变会使得成像目标位置发生偏移，墙体对电磁波的反射强干扰和目标体反射信号穿墙后的能量衰减等会造成伪像。

BP 成像算法以其方便性和鲁棒性成为最实用的穿墙成像方法之一。BP 算法对 MIMO 阵列雷达成像的最大优势是，它本身不受阵列配置结构的影响，一般可进行"相干叠加"得到二维成像结果。然而，BP 方法重建的目标图像一般存在一些伪像，而伪像一般源于周围环境杂波、墙体的多次反射、阵列稀疏结构。产生伪影的另一种原因是 SFCW 的频带有限，每个空间采样点的距离压缩信号在时域中是一个类 sinc 函数。强目标的旁瓣在近距离内会产生伪值，即产生伪影。下面采用基于互相关的时间域 BP 算法（CC-TDBP）来快速地抑制伪像杂波；考虑到墙体对电磁波折射率和速度的影响，还将介绍墙后目标成像的校正算法。

### 1. 基于互相关的时间域 BP 算法

对于基于 SFCW 的雷达系统，距离分辨率由频带决定。UWB 信号可在较低的硬件要求下获得较高的距离分辨率。因此，采用超宽带 SFCW 信号模型。

图 18.27 所示为基于 SFCW 的 MIMO 阵列雷达的成像模型原理示意图，其中包含 $M$ 个发射天线和 $N$ 个接收天线。第 $m$ 个发射天线和第 $n$ 个接收天线分别位于 $(x_m, 0)$ 和 $(x_n, 0)$，$m = 1, 2, \cdots, M$，$n = 1, 2, \cdots, N$。给定一个点目标 $(x_0, y_0)$，则其到第 1 对发射天线和接收天线（第 1 个采样点）的平均距离为

$$R_l = \frac{R_m + R_n}{2} = \frac{\sqrt{(x_m - x_0)^2 + y_0^2} + \sqrt{(x_n - x_0)^2 + y_0^2}}{2} \quad (18.5.11)$$

式中，$l = (m-1)N + n = 1, 2, \cdots, MN$。然后，假设整个成像场景网格化，在 $X$ 轴和 $Y$ 轴上划分出对应 $J \times I$ 个像素点的网格，像素点之间的距离要小于相应方向的分辨率。有一组目标，每个目标都位于 $X$-$Y$ 坐标系中的给定网格上。对于第 1 个采样点和第 $q$ 频率 $f_q = f_0 + (q-1)\Delta f$，解调的接收信号表示为

$$S(l, q) = \sum_{i=1}^{I} \sum_{j=1}^{J} \alpha(x_i, y_j) \exp\left(-\mathrm{j}2k_q R_l(x_i, y_j)\right) + n(l, q) \quad (18.5.12)$$

式中，$k_q = 2\pi f_q / c$ 是波数，$R_l(x_i, y_j)$ 是网络 $(x_i, y_j)$ 和第 1 个采样点之间的平均距离，$f_0$ 是起始频率，$\Delta f$ 是频率步长，$\alpha(x_i, y_j)$ 是目标的反射系数，$c$ 是光速，$n(l, q)$ 是噪声。

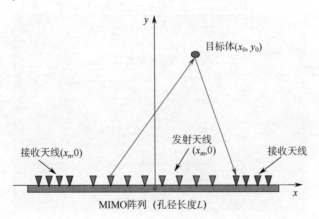

图 18.27　基于 SFCW 的 MIMO 阵列雷达的成像模型原理示意图

在自由空间或均匀介质中，采用传统的 BP 算法，目标回波延迟直接对应于目标与天线之间的线性距离。典型的 BP 方法之一是频域反投影（Frequency-Domain Back Projection，FDBP）方法，这种方法对接收到的所有频率和采样点的信号进行相干相加，进而估计目标的反射系数。对于接收信号 $S(l, q)$，点 $(x_i, y_j)$ 的反射系数（像素值）为

$$\alpha(x_i, y_j) = \frac{1}{QL} \sum_{q=1}^{Q} \sum_{l=1}^{L} S(l,q) \exp\left(+\mathrm{j}2k_q R_l(x_i, y_j)\right) \qquad (18.5.13)$$

BP 算法可以对在多数几何配置下采集的回波数据进行目标重建，缺点是在每个方位向都需要计算雷达与所有网格点的距离，因此比较耗时。在实际应用中，BP 方法的时间域后向投影（Time-Domain Back Projection，TDBP）以其简单性而最常用于 MIMO 雷达成像，可以显著节省计算时间。在此基础上，TDBP 的公式可以写成

$$\alpha(x_i, y_j) = \frac{1}{L} \sum_{l=1}^{L} S_t\left(l, 2R_l(x_i, y_j)/c\right) \qquad (18.5.14)$$

式中，

$$S_t\left(l, 2R_l(x_i, y_j)/c\right) = \frac{1}{Q} \sum_{q=1}^{Q} S(l,q) \exp\left(+\mathrm{j}2k_q R_l(x_i, y_j)\right) \qquad (18.5.15)$$

以上两式是第 1 采样点的距离压缩信号，通过快速傅里叶逆变换（Inverse Fast Fourier Transformation，IFFT）和插值处理可以很容易地得到。图 18.28 所示为 TDBP 算法流程图。

基于互相关的 TDBP（CC-TDBP）算法在 MIMO 成像模型基础上加入了互相关处理，能有效地抑制伪像和旁瓣杂波，提高图像的分辨能力。该方法首先计算所有空间采样点时间域值的互相关，然后求和得到最终结果。互相关方法融合所选采样点的所有二维图像，最终目标的二维图像可以表示为

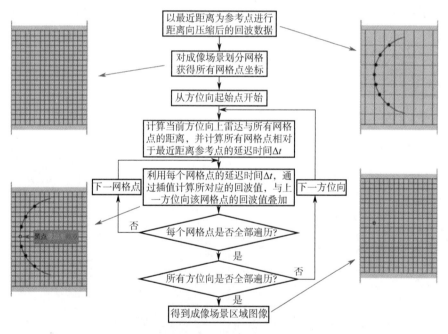

图 18.28 TDBP 算法流程图

$$\alpha(x_i, y_j) = \sum_{l_1=1}^{MN-1} \sum_{l_2=l_1+1}^{MN} S_t\left(l_1, \tau(l_1, x_i, y_j)\right) S_t\left(l_2, \tau(l_2, x_i, y_j)\right) \qquad (18.5.16)$$

式中，$\tau(l_1, x_i, y_j) = 2R_{l_1}(x_i, y_j)/c$，$\tau(l_2, x_i, y_j) = 2R_{l_2}(x_i, y_j)/c$。

图 18.29 所示为 MIMO 二维成像仿真结果。仿真采用 MIMO 天线发射 0.4～2.6GHz 的 SFCW 信号，频点数为 256。三个目标的位置分别为 $(-1,3), (0,1)$ 和 $(1.5,5)$。图 18.29(a) 和图 18.29(b) 分别

显示了 TDBP 算法和 CC-TDBP 算法的二维成像仿真结果，对比发现加入互相关算法后，目标成像位置更清晰。

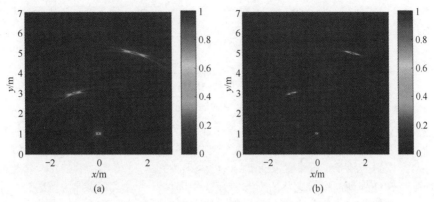

图 18.29　MIMO 二维成像仿真结果：(a)TDBP 算法；(b)CC-TDBP 算法

### 2. 墙后目标成像的校正算法

如图 18.30 所示，在穿墙雷达成像中，环境模型由三个参数描述：墙壁的位置、厚度和介电常数。当线性 MIMO 阵列与墙壁平行时，可以通过墙壁前表面与线性 MIMO 阵列之间的距离来定义墙壁的位置。

墙的介电常数对墙后目标的成像定位精度有重要影响。一般来说，墙体影响目标成像位置的原因如下：电磁波在墙体内的较慢传播会产生附加的时间延迟；电磁波在墙体内外的折射和散射导致电磁波传播路径不再是直线。这些误差主要受墙体介电常数和厚度的影响。

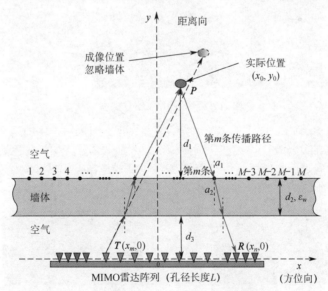

图 18.30　超宽带 MIMO 穿墙雷达的穿墙成像模型

在 TDBP 算法中，需要知道波场从发射天线传播到目标并散射回接收天线的传播时间。稀疏阵列的 MIMO 雷达采样数据成像可在墙体模型上建立一定数量的折射点，重新计算射线路径得到目标成像的准确位置。在图 18.30 中，假设有 $M$ 条路径从一个天线穿过墙壁，成像区域中的点 $P$ 是第 $m$ 条路径上的像素，入射角为 $\alpha_1$，折射角为 $\alpha_2$，电磁波在墙体内的平均传播速度为 $v_{\mathrm{w}}$，墙体（假设为均匀墙体）的相对介电常数为 $\varepsilon_{\mathrm{w}}$，墙体厚度为 $d_2$，MIMO 阵列的等效相位中心到墙壁表

面的距离为 $d_3$，从 $P$ 点到墙的距离是 $d_1$。根据斯涅尔定律有

$$\frac{\sin\alpha_1}{\sin\alpha_2} = \frac{c}{v_{\rm w}} \tag{18.5.17}$$

式中，$v_{\rm w} = c\sqrt{1/\varepsilon_{\rm w}}$。从一个天线到 $P$ 点的行程时间为

$$T_P = \left(\frac{d_1 + d_3}{\cos\alpha_1} + \frac{d_2\sqrt{\varepsilon_{\rm w}}}{\cos\alpha_2}\right)\frac{1}{c} \tag{18.5.18}$$

然后，用同样的方法计算所有 $M$ 条传播路径的单向传播时间，并由 $M$ 条传播路径插值得到墙后任意一点的传播时间。任何天线的单向行程时间都可类似地计算。下面构建每个天线的 $M = 501$ 射线路径，假设来自发射天线 $\mathrm{Tx}_1$ 的成像区域中的单向行程时间是 $T_{\rm t1}$，接收天线 $\mathrm{Rx}_1$ 的行程时间是 $T_{\rm r1}$。对于发射天线 $\mathrm{Tx}_1$ 和接收天线 $\mathrm{Rx}_1$，可由 $T_1 = T_{\rm r1} + T_{\rm t1}$ 得到墙后的整个传播时间。根据所设计的稀疏 MIMO 阵列，可得到从所有发射天线和接收天线到墙后成像区域的整个行程时间。最后，成像算法可直接对 MIMO 阵列天线接收到的数据进行聚焦并重建目标位置。

图 18.31 所示为穿墙 MIMO 雷达实验场景，两个人体目标位于 22.5cm 厚的固体实心墙后面。墙壁中电磁波的速度约为 0.137m/ns，墙壁的相对介电常数约为 4.8。MIMO 阵列沿墙壁侧面的方位向平行放置，阵列的等效相位中心线在离墙壁面约 15cm 处，成像区域坐标系的原点是等效相位中心线的中点。

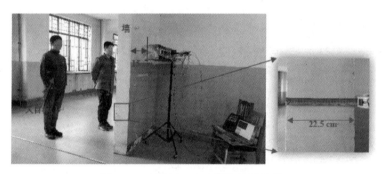

图 18.31　穿墙 MIMO 雷达实验场景

图 18.32 所示为穿墙 MIMO 雷达实验结果。观察发现，二维成像中的两个目标都可以很容易地重建和区分。目标的位置在图中用红色圆圈标记。由于墙体效应如折射色散和电磁波波速的变化，会产生额外的时间延迟和目标偏移，导致 CC-TDBP 成像结果中目标位置偏离其真实位置（白线）。在二维校正后的 CC-TDBP 成像结果中，目标定位结果得到了显著改善。

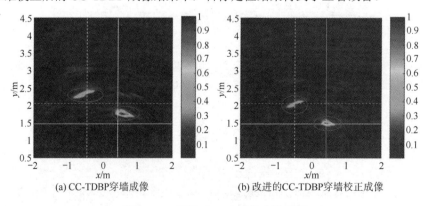

(a) CC-TDBP 穿墙成像　　　　　　(b) 改进的 CC-TDBP 穿墙校正成像

图 18.32　穿墙 MIMO 雷达实验结果

# 习　题

**18.1** 地雷探测雷达系统与传统探地雷达系统相比，在系统设计上有哪些特殊要求？

**18.2** 地雷探测雷达天线系统与传统天线系统相比，在系统设计上有哪些特殊要求？

**18.3** 地雷探测雷达系统在信号处理方面有哪些特殊要求？

**18.4** 当前地雷探测雷达的信号处理算法存在哪些问题？

# 参考文献

[1] Xuan Feng, Motoyuki Sato. *Pre-stack Migration Applied to GPR for Landmine Detection*[J]. Inverse Problems, 2004, 20(6): S99-S115.

[2] Xuan Feng, Motoyuki Sato, et al. *CMP Antenna Array GPR and Signal-to-Clutter Ratio Improvement*[J]. IEEE Geosicience and Remote Sensing Letters, 2009, 6(1), 23-27 .

[3] Xuan Feng, Motoyuki Sato, et al. *Profiling the Rough Surface by Migration*[J]. IEEE Geosicience and Remote Sensing Letters, 2009, 6(2), 258-262.

[4] Xuan Feng, Takao Kobayashi and Motoyuki Sato. *Migration trajectory and migration aperture of SAR-GPR in rough ground area*[J]. Proceeding of SPIE, 2006, 6217(2),6217-25.

[5] Xuan Feng, Takao Kobayashi, et al. *Migration and interpolation for the hand-held GPR MD sensor system (ALIS)*[J]. Proceeding of SPIE, 2006, 6217(2), 6217-2M.

[6] Xuan Feng and Motoyuki Sato. *Landmine imaging by a hand-held GPR and metal detector sensor (ALIS)*[J]. IGARSS 2005: IEEE International geoscience and remote sensing symposium, 2005, July, Seoul, SOUTH KOREA.

[7] Xuan Feng, Zheng-shu Zhou, et al. *Estimation of ground surface topography and velocity model by SARGPR and its application to landmine detection*[J]. Proceeding of SPIE, 2005, 5794(1), 514-521.

[8] Xuan Feng, Jun Fujiwarad, et al. *Imaging algorithm of a Hand-held GPR MD sensor (ALIS)*[J]. Proceeding of SPIE, 2005, 5794(2), 1192-1199.

[9] Harry M. Jol. *Ground Penetrating Radar: Theory and Applications*[J]. Elsevier Science, 2009.

[10] Kovalenko V., Yarovoy A., et al. *Full-polarimetric measurements over a mine field-like test site with the video impulse ground penetrating radar*[C]. Proceedings, Detection and Remediation Technologies for Mines and Minelike Targets VIII. Proceedings SPIE, 2003a, Vol. 5089, Part I, pp. 448-456.

[11] Kovalenko V., Yarovoy A., et al. *Application of Deconvolution and Pattern Search Techniques to High Resolution GPR Data*[C]. Proceedings, International Conference on Electromagnetics in Advanced Applications ICEAA'03, 2003b, Torino, pp. 699-702.

[12] Kovalenko V. and Yarovoy A. *Analysis of target responses and clutter based on measurements at test facility for landmine detection systems located at TNO-FEL*[C]. Proceedings, International Workshop on Advanced GPR, 2nd, Delft University of Technology, Delft, 2003c, pp. 82-87.

[13] Kovalenko V., Yarovoy A. and Ligthart L.P. *Object detection in 3D UWB subsurface images*[C]. Proceedings, European Microwave Conference, 34th, 2004, pp. 237-240.

[14] Kovalenko V., Yarovoy A. and Ligthart L. P. *A novel clutter suppression algorithm for landmine detection with GPR*[J]. IEEE Transactions on GeoScience and Remote Sensing, 2007a, Vol. 45, pp. 3740-3751.

[15] Kovalenko V., Yarovoy A. et al. *Polarimetric feature fusion in GPR for landmine detection*[C]. Proceedings, International Geoscience and Remote Sensing Symposium (IGARSS2007), 2007b, pp. 30-33.

[16] Roth F., Genderen, et al. *Radar response approximations for buried plastic landmines*[C]. Proceedings International Conference on Ground Penetrating Radar, 9th, Proceedings SPIE, Vol. 4758, 2002, pp. 234-239.

[17] Roth F., Genderen, et al. *Processing and analysis of polarimetric Ground Penetrating Radar landmine signatures*[C].

Proceedings, International Workshop on Advanced GPR, 2nd, Delft University of Technology, Delft, 2003, pp. 70-75.

[18] Kovalenko V., Yarovoy, et al. *Full-polarimetric measurements over a mine field-like test site with the video impulse ground penetrating radar*[C]. Proceedings, Detection and Remediation Technologies for Mines and Minelike Targets VIII. Proceedings SPIE, 2003a, Vol. 5089, Part I, pp. 448-456.

[19] Kovalenko V., Yarovoy A., et al. *Application of Deconvolution and Pattern Search Techniques to High Resolution GPR Data*[C]. Proceedings, International Conference on Electromagnetics in Advanced Applications ICEAA'03, Torino, 2003b, pp. 699-702.

[20] Kovalenko V. and Yarovoy A. *Analysis of target responses and clutter based on measurements at test facility for landmine detection systems located at TNO-FEL*[C]. Proceedings, International Workshop on Advanced GPR, 2nd, Delft University of Technology, Delft, 2003c, pp. 82-87.

[21] Kovalenko V., Yarovoy A. and Ligthart L. P. *Object detection in 3D UWB subsurface images*[C]. Proceedings, European Microwave Conference, 34th, 2004, pp. 237-240.

[22] Kovalenko V., Yarovoy A. and Ligthart L. P. *A novel clutter suppression algorithm for landmine detection with GPR*[J]. IEEE Transactions on GeoScience and Remote Sensing, 2007a, Vol. 45, pp. 3740-3751.

[23] Kovalenko V., Yarovoy A. and Ligthart L. P. *Polarimetric feature fusion in GPR for landmine detection*[C]. Proceedings, International Geoscience and Remote Sensing Symposium (IGARSS2007), 2007b, pp. 30-33.

[24] Cherniakov M. and Donskoi L. *Frequency band selection of radars for buried object detection*[J]. IEEE Transactions of Geoscience and Remote Sensing, Vol. 37, 1999, pp. 838-845.

[25] Carin L., Geng N., McClure M., et al. *Ultrawide-band synthetic-aperture radar for mine-field detection*[J]. IEEE Antennas and Propagation Magazine, Vol. 41, 1999, pp. 18-33.

[26] Carin L., Sichina J. and Harvey J. F. *Microwave underground propagation and detection*[J]. IEEE Transactions on Microwave Theory and Techniques, Vol. 50, 2002, pp. 945-952.

[27] Chen C. C. and Peters Jr, L. *Buried unexploded ordnance identification via complex natural resonances*[J]. IEEE Transactions of Antennas and Propagation, Vol. 42, 1997, pp. 1645-1654.

[28] Chen C. C., Nag S., Burnside W. D., et al. *A standoff, focused-beam land mine radar*[J]. IEEE Transactions of Geoscience and Remote Sensing, 2000, Vol. 38, pp. 507-514.

[29] Chen C. C., Higgins M. B., et al. *Ultrawide-bandwidth fully-polarimetric ground penetrating radar classification of subsurface unexploded ordnance*[J]. IEEE Transactions of Geoscience and Remote Sensing, 2001, Vol. 39, pp. 1221-1230.

[30] Cherniakov M. and Donskoi L. *Frequency band selection of radars for buried object detection*[J]. IEEE Transactions of Geoscience and Remote Sensing, 1999, Vol. 37, pp. 838-845.

[31] Cosgrove R. B., Milanfar P. and Kositsky J. *Trained detection of buried mines in SAR images via the deflection-optimal criterion*[J]. IEEE Transactions on Geoscience and Remote Sensing, 2004, Vol. 42, pp. 2569-2575.

[32] Collins L. M., Zhang Y., Li, et al. *A Comparison of the performance of statistical and fuzzy algorithms for unexploded ordnance detection*[J]. IEEE Transactions on Fuzzy Systems, 2001,Vol. 9, pp. 17-30.

[33] Dogaru T., Collins L. and Carin L. *Optimal time-domain detection of a deterministic target buried under a randomly rough interface*[J]. IEEE Transactions on Antennas and Propagation, 2001, Vol.49, pp. 313-325.

[34] Gader P. D., Mystowski M. and Zhao Y. *Landmine detection with Ground Penetrating Radar using hidden Markov models*[J]. IEEE Transactions Geoscience and Remote Sensing, 2001a, Vol. 39, pp. 1231-1244.

[35] Gader P. D., Keller J. and Nelson B. *Recognition technology for the detection of buried land mines*[J]. IEEE Transactions on Fuzzy Systems, 2001b, Vol. 9, pp. 31-43.

[36] Gader P. D., Lee W. H. and Wilson J. *Detecting landmines with ground penetrating radar using feature-based rules, order statistics, and adaptive whitening*[J]. IEEE Transactions of Geoscience and Remote Sensing, 2004, Vol. 42, pp. 2522-2534.

[37] Gunatilaka A. and Baertlein B. *Feature-level and decision-level fusion of noncoincidently sampled sensors for land mine detection*[J]. IEEE Transactions on Pattern Analysis and Machine Intelligence, 2001, Vol. 23, pp. 271-293.

[38] Ho K. and Gader P. *A linear prediction land mine detection algorithm for hand held ground penetrating radar*[J]. IEEE Transactions of Geoscience and Remote Sensing, 2002, Vol. 40, pp. 963-976.

[39] Ho K. C., Collins L. M., et al. *Discrimination mode processing for EMI and GPR sensors for hand-held land mine detection*[J]. IEEE Transactions of Geoscience and Remote Sensing, 2004, Vol. 42, pp. 249-263.

[40] Le-Tien T., Talhami H. and Nguyen D. T. *Target signature extraction based on the continuous wavelet transform in ultra-wideband radar*[J]. IEE Electronics Letters, 1997, Vol. 33, pp. 89-91.

[41] Kovalenko V., Yarovoy A. and Ligthart L. P. *A novel clutter suppression algorithm for landmine detection with GPR*[J]. IEEE Transactions on GeoScience and Remote Sensing, 2007a, Vol. 45, pp. 3740-3751.

[42] O'Neil K. *Broadband bistatic coherent and incoherent detection of buried objects beneath randomly rough surfaces*[J]. IEEE Transactions on Geoscience and Remote Sensing, 2000,Vol. 38, pp. 891-898.

[43] O'Neil K. *Discrimination of UXO in soil using broadband polarimetric GPR backscatter*[J]. IEEE Transactions on Geoscience and Remote Sensing, 2001, Vol. 39, pp. 356-367.

[44] O'Neil K., Lussky Jr., R.F. and Paulsen, K.D. *Scattering from a metallic object embedded near the randomly rough surface of a lossy dielectric*[J]. IEEE Transactions on Geoscience and Remote Sensing, 1996, Vol. 34, pp. 367-376.

[45] Osumi N. and Ueno K. *Microwave holographic imaging method with improved resolution*[J]. IEEE Transactions on Antennas and Propagation, 1984, Vol. 32, pp. 1018-1026.

[46] Osumi N. and Ueno K. *Microwave holographic imaging of underground objects*[J]. IEEE Transactions on Antennas and Propagation, 1985,Vol. 33, pp. 152-159.

[47] Plett G, Doi T., and Torrieri D. *Mine detection using scattering parameters and an artificial neural network*[J]. IEEE Transactions on Neural Networks, 1997, Vol. 8, pp. 1456-1467.

[48] Potin D., Vanheeghe, et al. *An abrupt change detection algorithm for buried landmines localization*[J]. IEEE Transactions on Geoscience and Remote Sensing, 2006, Vol. 44, pp. 260-272.

[49] Savelyev T. G, van Kempen L., et al. *Investigation of time-frequency features for GPR landmine discrimination*[J]. IEEE Transactions on Geoscience and Remote Sensing, 2007,Vol. 45, pp. 118-129.

[50] Sagues L., Lopez-Sachez, et al. *Polarimetric radar interferometry for improved mine detection and surface clutter suppression*[J]. IEEE Transactions on Geoscience and Remote Sensing, 2001, Vol. 39, pp. 1271-1278.

[51] Torrione P., Throckmorton C. et al. *Performance of an adaptive feature-based processor for a wideband ground penetrating radar system*[J]. IEEE Transactions on Aerospace and Electronic Systems, 2006, Vol. 42, pp. 644-658.

[52] Wilson J. N., Gader P., Lee, et al. *A large-scale, systematic evaluation of algorithms using Ground Penetrating Radar for landmine detection and discrimination*[J]. IEEE Transactions on Geoscience and Remote Sensing, 2007, Vol. 45, pp. 2560-2572.

[53] Xu X., Miller E., Rappaport C. and Sower G. *Statistical method to detect subsurface objects using array ground-penetrating radar*[J]. IEEE Transactions on Geoscience and Remote Sensing, 2002, Vol. 40, pp. 963-976.

[54] Yarovoy A. G, Schukin, et al. *The dielectric wedge antenna*[J]. IEEE Transactions on Antennas and Propagation, 2002b, Vol. 50, pp. 1460-1472.

[55] Yarovoy A. G, Savelyev, et al. *UWB array-based sensor for near-field imaging*[J]. IEEE Transactions on Microwave Theory and Techniques, 2007a, Vol. 55,pp. 1288-1295.

[56] Zhao,Y., Gader P., Chen P. and Zhang Y. *Training DHMMs of mine and clutter to minimize landmine detection errors*[J]. IEEE Transactions on Geoscience and Remote Sensing, 2003, Vol. 41, pp. 1016-1024.

[57] Bliss D. W., Forsythe K. W. *Multiple-input Multiple-output (MIMO) Radar and Imaging: Degrees of Freedom and Resolution*[C]. Conference on Signals, Systems & Computers. IEEE, 2004.

[58] Carin L., Geng N., Mcclure M. et al. *Ultra-wide-band Synthetic-aperture Radar for Mine-field Detection*[J]. IEEE

Antennas and Propagation Magazine, 1999, 41(1), 18-33.

[59] Dehmollaian M., Thiel M., Sarabandi K. *Through-the-Wall Imaging Using Differential SAR*[J]. IEEE Trans. Geosci. Remote Sens., 2009, 47(5), 1289-96.

[60] Fishler E., Haimovich A., Blum R., et al. *MIMO Radar: An Idea Whose Time Has Come*[C]. Proceedings of the IEEE radar conference, 2004.

[61] Halman J. I., Shubert K. A., Ruck G. T. *SAR Processing of Ground-penetrating Radar Data for Buried UXO Detection: Results from A Surface-based System*[J]. IEEE Transactions on Antennas and Propagation, 1998, 46(7), 1023-1027.

[62] Lei C., Ouyang S. *A Time-domain Beamformer for UWB Through Wall Imaging*[C]. IEEE Region 10 Conference, 2007.

[63] Liu L., Liu S., Liu Z. et al. *Comparison of Two UWB Radar Techniques for Detection of Human Cardio-respiratory Signals*[C]. in Proc. 25th Int. Symp. Microwave and Optics Technol (ISMOT 2011), Prague, Czech Republic, 2011.

[64] McCorkle J. W. and Rotheart M. *An Order N2log(N) Back Projection Algorithm for Focusing Wide-angle Wide-bandwidth Arbitrary-motion Synthetic Aperture Radar*[J]. SPIE Radar Sensor Technology, Orlando, FL, 1996, 25-36.

[65] Ralston T. S., Charvat G. L., Peabody J. E. *Real-time Through-wall Imaging Using an Ultrawideband Multiple-input Multiple-output (MIMO) Phased Array Radar System*[C]. IEEE International Symposium on Phased Array Systems & Technology, 2010.

[66] Song Y., Hu J., Chu N., et al. *Building Layout Reconstruction in Concealed Human Target Sensing via UWB MIMO Through-Wall Imaging Radar*[J]. IEEE Geoscience and Remote Sensing Letters, 2018, 15, 1199-1203.

[67] Yarovoy A. G., Zhuge X., et al. *Comparison of UWB Technologies for Human Being Detection with Radar*[C]. European Radar Conference. IEEE, 2007.

[68] Zhuge X., Savelyev T. G., Yarovoy A. G. *Assessment of Electromagnetic Requirements for UWB Through-Wall Radar*[C]. International Conference on Electromagnetics in Advanced Applications. IEEE, 2007.

[69] Zhuge X. & Yarovoy A. G. *Sparse Multiple-input Multiple-output Arrays for High-resolution Near-field Ultra-wideband Imaging*[J]. Iet Microwaves Antennas and Propagation, 2011, 5(13), 1552-1562.

[70] 张斓子，陆必应，等. 基于因子分析法和图像对比度的穿墙雷达杂波抑制. 电子与信息学报，2013, 35(11), 2686-2692.